畜禽群发病防治

(第3版)

甘孟侯　蒋金书　主编

中国农业大学出版社

编　者　甘孟侯　郑世军　苏敬良　蒋金书　韩　博

内容提要

本书包括畜禽传染病、寄生虫病、营养代谢及中毒性疾病、鸡、猪“群发病”4个部分。传染病部分介绍了76种畜禽传染病的病原体、流行特点、症状、病理剖检、诊断、治疗和防治措施；寄生虫病部分介绍了73种寄生虫病病原体、发育史、症状、诊断、治疗和预防；营养代谢，中毒病，鸡、猪“群发病”部分介绍了48种营养代谢、中毒病等疾病的病因、症状、治疗及预防办法。

本书可作为高等农业院校兽医专业以外各专业的兽医教材，包括成人教育、各种培训班、函授、农业学校、职业中学的教材，以及自学丛书。也可供各级兽医科技干部、院校师生参考。

第三版说明

本书第二版出版发行已逾10年，我国的教育、科技、畜牧生产、动物疾病及防治等方面都发生了巨大变化，为适应时代和科技进步及需求，出版社考虑到实际的需要，组织作者对再版图书进行了修改和补充。作者们除对内容进行增删外，其中传染病部分增加8个危害严重新发的传染病，寄生虫部分增加1个病，使本书内容更为丰富、充实，能够满足教学、生产的需求。

传染病部分由甘孟侯教授、郑世军教授、苏敬良副教授修订；寄生虫病部分由蒋金书教授修订；营养代谢、中毒性疾病等由韩博教授修订。对参与第二版编写而第三版未参加修订的林昆华教授、李庆怀教授表示感谢。

由于作者专业水平有限，不当之处，请读者批评、指正。

甘孟侯

2009年6月

再版说明

本书出版已近10年，科学技术有了新的进步；近些年来，我国的饲养业得到较快的发展，动物疾病的种类和防治技术也有新的变化；高等农林院校兽医专业以外的各专业，对兽医教材需求量明显增多。基于以上三方面的客观要求，作者与出版社商定，对原书进行修改、再版。

这次再版时，除对内容作了增删外，传染病部分增加了21种病；营养代谢、中毒病部分增加5种，鸡的杂症8种全是新增加的，使本书内容更加丰富、充实，能够满足目前教学和生产上的需要。

传染病部分由甘孟侯教授编写，寄生虫部分由蒋金书教授、林昆华教授编写，营养、代谢、中毒病及杂症部分由李庆怀教授编写。虽经作者努力，缺点和疏漏在所难免，恳请读者批评、指正。

甘孟侯

1997年6月

第一版前言

随着我国畜牧业的发展，大规模的集约化饲养日渐增多，采用机械化、自动化、半自动化的饲养管理方式，在这种条件下，一些畜禽的群发病的防治，已经成为畜牧工作者十分重视的问题和兽医工作者重要的任务。我们编写这本《畜禽群发病防治》，就是为了适应当前畜牧生产的需要，对保证集约化饲养的稳步发展，加速畜牧业现代化的建设，以及对公共卫生都是十分重要的。

本书的编写不是以学科系统为主的，而是以畜种为主，力求理论联系实际，反映新的科技成果，通俗易懂，力求使广大的基层科技人员看得懂，学得会，用得上。本书包括畜禽传染病、寄生虫病、营养代谢和中毒性疾病三大部分。传染病由甘孟侯编写，寄生虫病由蒋金书、林昆华编写，营养代谢和中毒病由李庆怀编写。由于编者水平所限，时间仓促，书中不当之处在所难免，恳请读者指正。

编　者

1988 年 5 月

目　录

第一篇　畜禽常见的传染病

第二篇 畜禽常见的寄生虫病

第四篇　鸡、猪的其他“群发病”

第一篇

畜禽常见的传染病

第一章　畜禽传染病的流行规律及其防控措施

一、感染和传染病的概念

病原微生物侵入动物机体，在一定的部位定居、生长繁殖，从而引起机体产生一系列的病理反应，这个过程称为感染。在感染过程中，病原微生物和动物机体在一定环境条件影响下进行相互斗争，其结果表现出不同的形式：当病原微生物具有相当的毒力和数量，而机体抵抗力相对较弱时，动物就表现出可见的临诊症状，这一过程称为显性感染；如果侵入的病原微生物定居在某一部位，虽能进行一定程度的生长繁殖，但动物不出现任何症状，这种状态称为隐性感染，处于这种情况下的动物称为隐性带菌（毒）者。

如果病原微生物侵入动物体不引起感染过程，很快被清除，称该动物不易感。如果病原侵入机体并引起感染过程，动物机体迅速动员防御力量将病原消灭，动物的这种抗感染状态称为抗感染免疫。如果动物对某一病原感染没有免疫力（即没有抵抗力），病原感染后出现临床症状，则该动物称为易感动物。病原微生物只有侵入易感动物才能引起感染过程，使动物出现疫病。病原微生物和动物机体之间的相互作用始终在进行着，贯串着整个生物进化过程。在实际工作中掌握和利用病原感染过程的基本规律，对有效防控疫病具有重要意义。

凡是由病原微生物引起，具有一定的潜伏期和临诊表现，称为感染性疾病。如果该感染性疾病具有传染性，称之为传染病。大部分感染性疾病属于传染病，然而某些感染性疾病不具有传染的特点，譬如破伤风。传染病的表现虽然多种多样，但也有共同特性，根据这些特性可将传染病与其他非传染性疾病相区别，这些特性包括：

（1）传染病是由病原微生物与动物机体相互作用引起的。每一种传染病都有其特定的致病微生物，如猪瘟是由猪瘟病毒引起的，没有猪瘟病毒就不会发生猪瘟，而鸡新城疫则是由鸡新城疫病毒引起的。

（2）传染病具有传染性和流行性。从传染病病畜（禽）体内排出的病原微生物，侵入另一个有易感性的健康动物（禽）体内，可引起同样症状的疾病，并能在动物群中互相传染。当条件适合时，在一定的时间内，在某地区具有易感性的动物群中，可能有许多动物被感染，致使传染病蔓延开来，形成流行。

（3）大多数耐过传染病的动物（禽）能获得特异的免疫性，也就是病畜（禽）在耐过传染病痊愈之后，动物机体能产生特异性免疫，在一定时间内或者终生对该种传染病不再感染。

（4）被感染的机体能发生特异性免疫应答，产生特异性抗体和细胞免疫力等，可以用血清学等方法进行检测。

（5）大多数传染病具有特征性的临诊表现，有一定的潜伏期。从发病到痊愈（或死亡），又有一定的病程和经过。

二、感染的类型

感染的过程是病原与宿主相互斗争的复杂过程，表现出多种形式或类型。感染的类型分法较多，在实际工作中，通常按病程的长短分为下列几种类型。

(1)最急性型。病程短促，常在数小时或一天多突然死亡，症状和病变不明显，如发生炭疽、绵羊快疫和猪丹毒时，可出现该种病型。此型常见于疾病流行初期。

(2)急性型。病程较短，几天至两周不等，并伴有明显而典型的临诊症状，如急性炭疽、口蹄疫、猪瘟、猪丹毒等。

(3)亚急性型。病程稍长，临诊表现不如急性明显，是一种比较缓和的类型，如疹块型猪丹毒、亚急性马传染性贫血等。

(4)慢性型。病程发展缓慢，常在1个月或2个月以上。临诊症状常不明显，甚至不表现症状，如慢性马鼻疽、马传染性贫血、结核病、布鲁菌病等。

(5)隐性型。某些病原长期处于潜伏感染状态，当动物出现应激或其他因素导致抵抗力下降时，转变成临床可见的疾病。譬如圆环病毒2型感染、条件性病原菌感染等。

传染病的病程长短取决于动物机体的抵抗力和病原的致病力，以及预防、医治工作等因素。同一传染病的病程是可以转变的，如急性猪瘟可以转变为慢性经过。相反，慢性鼻疽、马传染性贫血、结核病等，在病情恶化时也可转为急性经过。

另外一些分法是：按感染的部位分为全身感染和局部感染；按病原的种类分为单纯感染、混合感染和继发感染；按症状是否典型分为典型感染和非典型感染；按疾病的严重性分为良性感染和恶性感染；按感染的发生分为内源性感染和外源性感染；病毒的持续感染和慢病毒感染等等。

三、宿主抗感染免疫的基本过程

动物的免疫系统是经长期进化而形成的机体防御体系，包括免疫器官、免疫细胞以及免疫分子。免疫系统的各种因素巧妙地相互协作，通过免疫应答的方式为机体发挥正常的生理功能提供保障。固有免疫又称为先天性免疫(innate immunity)，是机体免疫防御的重要组成部分，包含4类防御屏障，即机械屏障、生理屏障、细胞吞噬屏障以及炎症反应屏障。固有免疫不仅在病原感染早期阻止、抑制与杀灭病原，而且还是通向获得性免疫(acquired immunity)的桥梁。固有免疫与获得性免疫在不同层次上相互密切配合，最终彻底清除感染，恢复和维持机体的正常生理功能，因此，免疫在机体疫病防御中起着至关重要的作用。

在宿主初次感染病原早期，固有免疫发挥主要作用，尤其是吞噬细胞在消灭和清除病原中起关键作用，不仅如此，吞噬细胞在消灭病原的同时，还根据病原能否在细胞内寄生的特点将其抗原标志部分(即抗原表位)递呈给特异性T淋巴细胞(包括CD4和CD8T细胞)，使之活化，进一步分化为效应性T细胞和记忆性T细胞，发挥细胞免疫的作用。CD4T细胞在B细胞活化中起重要的辅助作用，促使B细胞活化并分化为浆细胞产生抗体，发挥体液免疫作用，同时有部分活化的B细胞分化为记忆性B细胞。获得高质量功能性记忆细胞是接种疫苗预防传染病的理论基础。

宿主初次接触抗原（接种疫苗或感染病原）后产生免疫应答，这一过程包括固有免疫消灭、清除和处理抗原，向获得性免疫过渡，针对该抗原的特异性B细胞和T细胞被活化，分化为浆细胞产生抗体和效应性T细胞，随着抗原被清除效应性淋巴细胞（细胞毒T细胞和浆细胞）逐渐凋亡消失，而记忆性T、B淋巴细胞长期存活，这些记忆性淋巴细胞宛如训练有素的士兵，当同一种抗原再次侵入宿主时，立即被活化，产生大量的效应性细胞，发起攻击（即回忆性免疫应答的过程），将其消灭，譬如：浆细胞产生抗体中和病原或阻断病原感染靶细胞，效应性T细胞摧毁已经感染病原或匿藏病原的靶细胞。因此，疫苗接种的主要目的是获得功能性的记忆性淋巴细胞，消除病原感染。然而，机体对不同抗原产生的免疫应答是区别对待的，譬如对能在细胞内增殖的病原（病毒、胞内寄生菌-李氏杆菌、沙门菌、布鲁菌、结核分枝杆菌等），主要采取细胞免疫为主，以细胞毒T细胞破坏其赖以生存的环境（感染细胞），使病原释放出来，在体液免疫的配合下，将病原彻底清除；对胞外寄生菌（如大肠杆菌、葡萄球菌、链球菌等）和灭活疫苗，机体主要产生体液免疫应答，因为这类抗原不在宿主细胞内寄生。由于抗体不能进入细胞内中和病原，但可以阻止病原入侵细胞，也可以中和体液内的病原，还可以通过初乳（或卵黄抗体）给初生动物（或雏禽）提供早期保护，因此对病毒和胞内寄生菌的免疫预防，除了要诱导产生高亲和力的抗体外，更重要的是要诱导机体产生细胞免疫应答，清除细胞内的病原，而只有弱毒活苗，才能有效刺激机体产生较强的细胞免疫，所以在免疫预防病毒性传染病和胞内寄生菌引起的传染病中，诱导机体产生细胞免疫力是十分重要的。

四、传染病的发展阶段

畜禽传染病的发展过程在大多数情况下可分为4个阶段，即潜伏期、前驱期、明显（发病）期和转归期。

（1）潜伏期。病原侵入动物体后，从开始繁殖到出现最初临诊症状这段时间称潜伏期。

不同的传染病其潜伏期长短不尽相同，就是同一种传染病的潜伏期长短也有较大的变动范围，如炭疽的潜伏期最长为14 d，最短的仅数小时，平均1～5 d。急性传染病的潜伏期一般较短，疾病经过较严重，而慢性传染病的潜伏期一般较长，病程亦较轻缓。畜禽传染病的潜伏期的长短与侵入动物体的病原种类、数量、毒力、动物机体的抵抗力和病原的侵入途径和部位等因素有关。

某些传染病，处于潜伏期时感染动物就可能成为传染源，在执行防控措施时具有重要的实践意义。

（2）前驱期。潜伏期过去以后即转入前驱期。此期大多数传染病病畜（禽）表现体温升高、食欲减退、精神沉郁、脉搏加快、呼吸增数、生产能力降低等一般的临诊症状。前驱期通常数小时或1～2 d。

（3）明显（发病）期。前驱期之后，表现出该种传染病的特征性的临诊症状。此期是疾病发展的高峰阶段，在诊断上比较容易识别。

(4)转归期(恢复期)。动物抵抗力增强,转入恢复期。此期的特点是临诊症状逐渐减轻或消失,体内病理变化逐渐减弱,恢复过程加强,病原被逐渐清除,正常的生理机能逐步恢复;如果病原的致病性增强,或动物机体的抵抗力减弱,则动物可发生死亡。

五、畜禽传染病的流行病学

(一)流行过程的3个基本环节

畜禽传染病流行病学的主要任务是研究传染病在畜禽群中发生、传播和终止的规律。畜禽传染病的一个基本特征是能在家畜之间直接或间接(通过媒介物)相互传染,构成流行。畜禽传染病的流行过程,一般需要经过3个阶段,即病原从受感染的宿主(传染来源)排出;病原在外界环境中停留;经过一定的传播途径,侵入新的易感动物体内而形成新的传染。如此连续不断地发生、发展,形成流行过程。传染病之所以能在畜禽群中发生、传播和流行必须具备3个必要的环节,即传染来源(传染源)、传播途径和易感动物。

1. 传染来源(传染源) 凡能成为传染病的病原寄居、生长、繁殖,并能向外界排出病原的动物宿主称为传染源。传染源就是受感染的动物,包括传染病病畜和带菌(毒)动物。

(1)患病动物病畜是主要的传染来源,不同病期的病畜,其传染性大小也不同。按病程的经过可分为:

①潜伏期病畜(禽)。在这段时期,大多数传染病的病原数量还较少,不能向外排出,但也有少数传染病,如猪瘟、口蹄疫、狂犬病等在潜伏期时能够排出病原,能引起传染。

②临诊症状明显期病畜(禽)。此期的动物传染性最大,可排出大量毒力很强的病原,是最危险的传染源。

③转归期病畜(禽)。一般情况下,这一时期病畜(禽)的传染性较小甚至无传染性,但有些动物在临床转归期仍能排出病原,随病种不同而异,如猪气喘病、布鲁菌病等在临诊恢复期仍能排出病原。

(2)带菌(毒)动物。有些感染动物外表无临诊症状,处于隐性感染阶段,但体内有病原存在,并能繁殖和排出体外。这样的动物往往被人们忽视,如慢性马传贫、猪痢疾、猪传染性萎缩性鼻炎、猪气喘病等、鸡白痢、禽白血病等。带菌(毒)的期限长短不一,从外观上一般不易查出,所以不能及时采取防控措施。如果检疫不严,病原常常可以随动物运输散播到其他地区。成为重要的传染源,造成很大的经济损失。

2. 传播途径 病原从传染源排出后,经过一定的方式侵入并感染健康动物,病原侵入宿主的感染方式称为传染病的传播方法和传播途径。了解传染病的传播方式和传播途径就能够制止病原不断地向外界扩散和传播,防止易感动物受传染,切断传播途径是防控畜禽传染病的最重要环节之一。传播途径可分为水平传播和垂直传播两大类。

病原水平传播可分为直接接触传播和间接接触传播两种。

(1)直接接触传播。在没有任何外界因素的参与下,病原通过被感染的动物(传染源)与健康动物直接接触而引起的传染。动物在交配、舐咬时发生这种接触,如狂犬病病畜咬伤健康动物,并随着唾液将狂犬病病毒带进伤口,引起狂犬病。这种传播方式的特点是一个接一个发生，有明显的连锁性。由于这种传播方式受到限制，一般不易造成广泛的流行。

(2)间接接触传播。在外界环境因素的参与下，病原通过媒介(污染的物体、饲料、饮水、土壤、空气、活的传播者等)间接地使健康动物发生传染，称为间接接触传播。大多数传染病以间接接触为主要传播方式，如口蹄疫、猪瘟、鸡新城疫等，同时也可以通过直接接触传播。间接接触传播常有以下几种途径：

①通过被污染的物体传播。被病畜、隐性感染动物的分泌物和排泄物，以及病畜尸体及其流出物污染的各种用具，如毛刷、挽具、挤奶桶、运输车辆、饲槽、饮水桶和厩舍中的地面、墙壁等，都可以成为散播病原的传播物。

②通过污染的饲料和水传播。许多以消化道为主要侵入途径的传染病，都是通过污染的饲料和水而传播的，如炭疽、鼻疽、结核病、布氏杆菌病、口蹄疫、沙门菌病、猪瘟、鸡新城疫、禽流感等。

③通过污染的土壤传播。随病畜分泌物、排泄物或尸体一起落到土壤中，并能在土壤中生存很久的病原称为土壤性病原。由这种病原所引起的传染病有炭疽、气肿疽、破伤风、猪丹毒等。一般来说，经污染土壤传播的传染病其病原对外界环境的抵抗力较强，可以较长时间成为传染病的疫源地。

④通过空气传播。病原在空气中既不能繁殖，也不能增强毒力，空气可以作为病原在一定时间内暂时存留的环境。经空气而散播的传染主要通过飞沫和尘埃为媒介而传播。当病畜咳嗽喷鼻时，经飞散在空气中带有病原的微细泡沫而散播的传染称为飞沫传染。所有的呼吸道传染病主要通过飞沫而传播的，如结核病、猪气喘病、猪繁殖与呼吸综合征、鸡传染性喉气管炎等。

病原由病畜和带菌者随分泌物和排泄物排出，干燥后，由于空气流动冲击，带有病原的尘埃飞扬于空气中，在一定时间内，病原微生物可以在空气中停留。当健畜呼吸时吸入了附有病原的尘埃而发生传染，称为尘埃传染。如结核病、炭疽和其他某些病毒性传染病常由尘埃传染。在舍饲条件和拥挤时有利于空气传播病原。

通过人、畜(禽)或其他动物等活的媒介物而传播：如由吸血昆虫、野生动物、野禽、啮齿类等活的媒介传播。

垂直传播即从母体到后代的传播。有以下几种方式：

(1)经胎盘传播。受感染的孕畜经胎盘血流将病原传播到胎儿使其受感染，如猪瘟、猪细小病毒感染、伪狂犬病、布鲁菌病等。

(2)经卵传播。带有病原的卵细胞而使胚胎感染，主要见于禽类，如禽白血病、鸡传染性贫血、鸡白痢沙门菌、禽脑脊髓炎等。

(3)经产道传播。病原经孕畜阴道、子宫颈口到达绒毛膜或胎盘引起胎儿感染，或胎儿经严重污染的产道时，胎儿经皮肤、呼吸道、消化道感染，如大肠杆菌、葡萄球菌、链球菌、沙门菌等。

3. 畜禽的易感性　易感性是指畜禽对某种传染病病原感染的敏感程度。其感受性有无或高低，直接影响传染病能否造成流行以及疫病的严重程度。易感性的高低与病原的种类和毒力强弱有关，但主要的还是由动物体的特异免疫状态、遗传特性及非特异性抵抗力等因素决定的。另外，动物体所处的外界环境条件和饲养管理卫生条件等因素也可影响畜群的易感性和病原的传播。给畜禽注射疫苗、抗血清使其获得抵抗力，或通过母源抗体使畜禽变为不易感，这是常采取的疫病防控措施。

(二)流行过程的特征

1. 流行过程的表现形式　家畜传染病的流行过程中，根据在一定时间内发病率的高低和传播范围的大小(即流行强度)，可区分为4种表现形式。

①散发性。发病数目不多，在一个较长时间里只有个别的零星发生，称为散发。可能因为：畜群对某种传染病的免疫水平较高；某病的隐性感染比例较大；某病的传播需要一定条件(如破伤风病需要较深的创伤和厌氧条件有利于破伤风梭菌感染)。

②地方流行性。在一定的地区或畜禽群中，发病的数量较多，但传播的范围不大，带有局限性传播特征，称为地方流行性，如猪丹毒、炭疽、气肿疽等。

③流行性。是指在一定时间内一定畜禽群出现比平常更多的病例，疾病发生频率较高的一个相对名词。流行性疾病传播范围广、发病率高，可在短时间内传到几个乡、县甚至省。这些疾病往往是病原毒力较强、传播方式多以及畜禽群易感性较高，如猪瘟、鸡新城疫、口蹄疫等。

④大流行性。发病数量大，流行的范围可传播到几个省甚至全国或几个国家。如口蹄疫、流行性感冒都曾出现过大流行。

上述几种流行形式的区分是相对的，有条件的，不是固定不变的。

2. 流行过程的季节性和周期性　季节性是指某些畜禽传染病发生在一定季节或在一定的季节内发病率升高。其原因有：季节对活的传播媒介(如节肢动物)有影响，夏季蝇、蚊、虻类等吸血昆虫大量滋生、活动，能传播某些疾病；季节对病原在外界环境中存在和散播有一定的影响。夏季气温高，病原易失去活力，口蹄疫夏季发生少或停止；洪水、多雨时易使土壤中病原散播；季节可以影响家畜的活动和抵抗力。

周期性是指某些家畜传染病的发病率呈现周期性的上升和下降，即经过一定的间隔期间(常以数年计)可见到同一传染病再度流行，这种现象叫做家畜传染病的周期性。两个发病高潮的中间一段时间，叫做流行间歇期。

在传染病流行期间，易感动物发病死亡或淘汰，其余的患畜康复或隐性感染而获得免疫力，因而使疫病停止流行。经过一定时间后，免疫力逐渐消失，或新的一代出生，或引进易感的家畜，使畜群易感性增高，可能引起传染病重新暴发流行。

(三)流行病学分析中常用频率指标

1. 发病率　发病率是表示畜群在一定时间内某病的新病例发生频率。发病率能完全反映出传染病的流行情况，但不能说明整个流行过程，因为常有许多家畜呈隐性感染，同样是传染源。因此，不仅要统计病畜，计算发病率，而且还要统计隐性患畜，计算感染率。

$$发病率(\%)=\frac{某期间内某病新病例数}{某期间内该畜群动物的平均数}\times 100$$

2. 感染率　感染率是指用临诊诊断法和各种检验法(微生物、血清学、变态反应等)检查出来的所有感染家畜头数(包括隐性患畜)占被检查家畜总头数的百分比。

$$感染率(\%)=\frac{感染某传染病的家畜头数}{检查总头数}\times 100$$

3. 患病率(流行率、病例率)　患病率是在某一指定时间畜群中存在某病的病例数的比率，代表在指定时间畜群中疾病的数量上的一个断面。

$$患病率(\%)=\frac{在某一指定时间畜群中存在的病例数}{在同一指定时间畜群中动物总数}\times100$$

4. *死亡率* 死亡率是指某病病死动物数占某种动物总头数的百分比。不能说明传染病发展的特征。

$$死亡率(\%)=\frac{因某病死亡动物头数}{同时期某种动物总头数}\times100$$

5. *致死率（病死率）* 致死率是指因某病死亡的家畜头数占该病患畜总数的百分比。它能表示某病临诊上的严重程度。因此，能比死亡率更为精确地反映出传染病的流行过程。

$$致死率(\%)=\frac{因某病致死患畜头数}{该病患畜总头数}\times100$$

六、畜禽疫病防控的基本原则

动物疫病防控的基本原则是“以预防为主”，控制传染源、切断传播途径、提高动物免疫力。根据这一原则，在实践中采取生物安全、药物防控和免疫防控3项措施。

（一）生物安全

生物安全（biosecurity）是疫病防控的核心内容，主要通过各种控制措施杜绝或减少病原入侵。

1. *人员控制* 饲养员、参观人员和养殖场主都是潜在的病原传播者，病原有可能通过这些人带入养殖场，因此无论任何人在入场时必须按疫病防控条例严格消毒（消毒剂浸泡鞋底，更换衣帽，洗手，经过紫外灯照射消毒区等）。尤其是饲养员和养殖场主外出后返回养殖场时，要严格认真消毒，避免到集市、活动物或生肉市场光顾，家中避免饲养与养殖场中相同种类的动物。

2. *车辆控制* 交通工具是病原传播的潜在载体，运送饲料、活动物或人员的车辆都可能携带病原传入养殖场。因此，对入场车辆彻底消毒是防控动物疫病传播的重要手段。入场消毒池中的消毒液要定期更换，池中消毒液深度要浸没车辆轮胎直径的1/3，消毒池长度要满足车辆轮胎的1.5～2个周长。有条件的养殖场，最好在车辆入场前进行高压冲洗。

3. *工具、饲料和水控制* 养殖场使用的工具、饲料和水具有潜在传播病原的危险。平时要定期对场中的工具（料车、饮水器等）进行消毒处理。另外，经常检查养殖场中饲料和饮水污染情况；控制养殖场中的啮齿类动物和家养伴侣动物的出没。

4. *动物和昆虫控制* 养殖场中鼠、狗、猫和其他动物以及昆虫是病原的潜在携带者和传播者。他们通过污染饲料和饮水传播疾病，因此防控动物和昆虫接触动物饲料、水源和养殖环境是生物安全的重要内容。

5. *野鸟控制* 野鸟尤其是迁徙鸟类对传播禽流感起着非常重要的作用，严防鸟类进入养禽舍，建场时远离水塘、湖泊和迁徙鸟栖息地、驱赶野鸟尤其是食腐肉鸟（如乌鸦等）都是避免病原传入的重要措施。

6. 检疫、隔离和监测 对引进动物进行严格的检疫、隔离和监测是防范病原入场的基本措施，坚持“自繁自养”和“全进全出”的原则，最大限度地控制动物疫病。

7. 环境控制 清洁的养殖环境对动物生长非常重要，养殖环境包括舍内和舍外环境，由堆积的垫料、粪尿等发酵后产生的氨气、硫化氢、一氧化碳等有毒有害气体对动物生长非常不利，使动物易患呼吸道疾病，适当对舍内进行通风换气、温度控制、降低粉尘保持舍内空气清洁，对健康养殖十分重要。另外定期消毒养殖环境能有效降低单位空间内病原的数量，对防控动物疫病十分有利。

(二)药物防控

药物防控是集约化养殖的重要内容，由于疫病的发生与养殖密度关系密切，而养殖密度又与经济效益有关，因此药物防控成为集约化养殖疫病防控的重要手段。药物防控包括环境消毒、预防性给药和药物治疗 3 个方面：

1. 环境消毒 定期消毒养殖环境是降低单位空间病原数量的有效方法。动物疫病的发生虽然与感染病原种类有关，但更决定于该病原的感染量。通常情况下，某一病原入侵后，经过在动物体内一段时间的增殖，该感染动物成为传染源，通过排泄物、分泌物、咳嗽或喷嚏产生的气溶胶向环境中散播病原，污染环境，使环境中病原的数量激增，易感动物大量感染病原爆发疫病。由于动物接触病原的数量与疫病发生直接相关，因此减少养殖环境中的病原数量对控制动物疫病十分关键。定期环境消毒的目的就是最大限度减少环境中单位空间病原的数量。

2. 预防性给药 根据当地疫病流行情况，在易感动物生长的某些阶段，有目的性地在饲料或饮水中加入适当种类和剂量的抑/抗菌药物或其替代物(如有益的芽孢杆菌、双歧杆菌、乳酸杆菌等)，使动物安全度过敏感期。但某些药物不易长期使用，以避免药物残留或产生耐药性。

3. 药物治疗 通常情况下，在动物出现临床症状时，采取针对病原感染的动物进行药物治疗或为防止继发感染而进行的预防性给药措施，待完全控制疫情后，停止用药。药物治疗主要针对细菌性疾病，是控制细菌性病原在动物体内增值的有效方法，在临床上可降低畜禽死淘率。

(三)免疫防控

免疫防控是通过给动物接种疫苗或注射抗体(抗血清或卵黄抗体)，使动物产生特异性免疫力。需要明确的是，免疫预防仅仅是疫病防控中的辅助性手段，绝不是接种疫苗就万事大吉。实践证明，无论宿主的免疫力如何坚强，也只能抵抗一定程度的病原感染，不能抵御大量的强毒攻击，因此环境卫生控制是疫病防控的根本。通过适当的环境卫生消毒措施，降低病原在畜/禽舍内的含量，减少动物接触病原的机会，在适宜的免疫措施配合下，动物才能得到保护，发挥最佳生产性能，取得最大经济效益。

在采取免疫预防措施时，应考虑以下因素：

1. 疫苗接种只是疫病防控的辅助性手段 免疫接种不一定都能产生预期的预防效果，这与诸多因素有关，如疫苗质量、疫苗血清型、免疫时间和剂量、免疫抑制病、遗传特性等。即使免疫动物，有时也会发病，因为大量病原攻击会突破疫苗免疫所产生的保护力，因此在免疫防控的同时也必须加强环境卫生控制，以最大限度减少环境中的病原数量，保护动物健康。

2. 经济效益与风险评估　决定接种某种疫苗要考虑经济效益，评估不进行免疫接种存在的风险。风险评估应考虑猪(禽)场的以往病史、目前疫病流行情况、动物是否安全等。同时，还需考虑疫苗效力和副作用，尤其要对种畜/禽进行较全面的风险评估。

3. 免疫目的与免疫程序　除特殊情况外，疫苗接种应按标签说明进行，根据保护对象制定免疫程序，譬如，如果保护对象是新生动物，免疫接种应在动物生产前 3～5 周进行，获得高水平的母源抗体；如果疫苗接种是预防繁殖障碍性疾病，则在配种前接种疫苗较为合理。

4. 常见的疫苗种类和使用的一般原则　目前免疫防控普遍使用的疫苗有活疫苗和灭活苗两大类：

①活疫苗。活疫苗包括弱毒活苗、活载体疫苗和基因缺失苗。弱毒活苗是将病原通过一定宿主系统(如细胞培养、接种动物)传代使毒力致弱制成的，也有非致弱的自然弱毒疫苗。活载体疫苗是将保护性抗原表位插入活载体(病毒载体或细菌载体)制成的活疫苗。基因缺失苗是将病原毒力基因去除而制成的疫苗。活疫苗在使用上要求达到一定的条件，保证接种时有足够的活菌/毒量进入体内，如果接种时疫苗的活力不足(即多数死亡)达不到有效剂量，就难以刺激机体产生具有保护性的免疫力。一般而言，弱毒疫苗的抗原表位全面，免疫效果较好，若使用恰当，能引起机体产生坚强的免疫力。基因缺失苗的免疫效果与敲出哪段基因有关，如果敲出的那段基因对宿主免疫力有抑制作用，则该苗的效果优于弱毒苗，但若敲出的毒力基因没有免疫抑制作用，仅与复制有关，则该苗的效果不及弱毒苗，因为病原在体内需要复制才能刺激机体产生坚强的细胞免疫力，另外某些毒素具有较好的免疫原性，敲出后势必影响机体的免疫应答，从效果上不如弱毒苗。活载体疫苗相对保护力较弱，因为引起免疫应答的抗原表位种类有限，只能引起机体针对某种(些)抗原的免疫应答，但通常活载体本身是抵抗另一种疾病的弱毒或基因缺失苗，因而一次免疫可以预防两种或多种疾病。活载体疫苗应用的实际效果是机体针对载体的免疫力强，而针对插入抗原的免疫应答程度有限。由于上述原因，在不同环境和饲养条件下使用何种活疫苗应有选择性，譬如在污染严重的发病场应选择弱毒活苗或效果好的基因缺失苗，而在环境较好、饲养管理水平高以及没有疫病流行的养殖场，根据需要，可考虑选用活载体疫苗，减少免疫次数，降低应激反应，提高动物的生产性能。

②灭活苗。灭活苗往往加有佐剂，譬如油佐剂灭活苗、氢氧化铝胶苗等，灭活苗可诱导机体产生坚强的体液免疫应答，产生高效价的抗体，但细胞免疫应答较弱。循环抗体能够中和病原或阻断病原感染靶细胞，但对已经进入细胞内的病原无能为力，因为抗体不能进入细胞内发挥作用。细胞免疫专门解决细胞内病原的问题，通过效应性 T 细胞将病原感染细胞破坏，使细胞内的病原释放出来，在抗体、补体和其他炎性因子的作用下通过直接中和、调理和补体级联反应，最后在吞噬细胞的协助下将病原消灭和清除。因此，灭活苗最好要与活苗交替使用。在动物生产前 2～3 周用灭活苗接种可提高初乳中的抗体含量，对保护幼畜有利。

5. 联苗和单苗的使用要因地制宜　一般而言，单苗的效果要好于联苗，然而联苗一次免疫可防几种疾病，省事省力。应该选择联苗还是单苗要看养殖场的疫病控制情况。基本原则是：如果养殖场疫病控制情况较好、环境控制和饲养管理到位，可使用联苗，减少应激反应；如果养殖场环境较差，疫情不断，建议使用单苗，以获得最好的免疫效果。两种单苗的使用时间最少间隔 3 d 以上，否则先接种的疫苗对后接种的疫苗影响较大。

七、畜禽传染病综合防控技术

(一)畜禽传染病的发生及危害

病原微生物(病原)侵入动物机体,在一定部位定居、生长繁殖,引起动物机体产生一系列病理反应,这个过程称为感染。当动物机体有强大的防御能力时,病原被清除或被消灭,不至于损害动物机体,动物不出现临诊病状;相反,若侵入动物机体的病原具有相当的毒力和数量,动物机体的防御力又相对地较弱时,病原在动物机体内生长、繁殖,并对动物机体造成损害,动物机体表现出一定的临诊病状,就发生了传染病。可见,动物机体受到感染(或称传染)后,并不都会发病出现临诊表现。当然,侵入动物机体病原的毒力和数量、动物的健康状态、免疫力的水平、所处的环境、饲养管理和卫生条件、防疫制度和执行强度、社会因素等都会影响畜禽传染病的发生和流行。

集约化饲养业在我国已经兴起,养殖业得到很大发展,先后建立起相当数量和一定规模的集约化养殖场。其特点是规模大、数量多、密集饲养、周转快、与市场交往频繁、生产工艺先进、有较完整的饲养技术,包括良种、营养齐全的饲料、饲养管理、疾病防治、配套建筑和设备等,其中,建立现代的兽医防疫体系,防控疫病发生是十分重要的。集约化饲养的规模大、密度高,这就为传染病的发生和流行创造了有利条件,密集饲养动物接触密切,一旦有疫病传入,特别是呼吸道传染病,就可能在动物群中很快传播开。除了造成死亡直接经济损失外,动物发育不良、生长缓慢、拖延育肥时间、药物、人力等方面的损失也是十分可观的,还会给饲养场留下后患。如果在良种选育期间发生某种传染病,就有可能使育种工作停止,甚至前功尽弃。因此,各级主管工作的领导和专业人员,千万不可掉以轻心,必须树立牢固的、全方位的防疫观念,切实做好防疫工作,以保证养殖业顺利、健康的发展。

(二)畜禽传染病防控的原则及主要措施

畜禽传染病在动物群中发生和传播,造成流行,必须具备传染源、传播途径和易感动物3个相互连接的条件,只有这3个环节同时存在时才能使传染病造成流行。我们的任务就是要针对引起传染病的这3个基本环节,采取综合防控措施消除和切断疫病流行。同时,还必须根据不同种类的传染病,采取特异的、有针对性的措施,才能有效地预防和防控畜禽传染病的发生和传播。

根据我国目前养殖业的情况,在疫病防控方面应该特别重视抓好以下工作:树立牢固的防疫意识,预防家畜疫病是发展养殖业的基本要素之一。为了控制和消灭某些疫病,广大的畜牧、兽医工作者进行了系统、不懈的努力,取得了经验,收到了很显著的效果,使某些危害较严重的疫病得到了根本控制,从而保证了我国养殖业的顺利发展。

从20世纪70年代后期开始,我国现代化养殖业不断发展,经营规模、生产方式、设备、管理、饲料和技术手段等许多方面都与传统的饲养业不同,有了很大的进步。但是,我们应当清楚地认识到,动物疫病仍是现代化养殖业的最大威胁。

根据我国当前疫病发生状况及特点分析,国内原有的疫病尚未得到有效的控制,新的疫病又已出现和流行，疫病的种类明显增多；以往不曾重视的条件性疾病现已较普遍地发生，继发或并发，并已对养殖业构成严重威胁；国内流通渠道增多，范围扩大和频繁，带来新的威胁和疫病蔓延；病原对饲养环境污染严重，持续地威胁着养殖业；建筑、设备、管理上的不完善和存在的弊病，有利于疫病的发生和蔓延；生物制品、消毒药物和器械的不足，品种不齐全，质量不过关，也不适应和不能满足当前养殖生产快速发展的需要；兽医防疫卫生规范化、制度化的措施尚未完全建立或不能认真执行等，都是现代养殖业中面临的现实问题，也是防疫中的新课题。要求全国从事养殖与疫病预防的全体同仁，特别是领导同志，要有一个共同的认识，即树立起坚定的防疫观念，有一个全方位的防疫思想。

1. 贯彻执行《中华人民共和国动物防疫法》和《中华人民共和国进出境动植物检疫法》 2007年8月30日中华人民共和国第十届全国人民代表大会常务委员会第二十九次会议修订通过《中华人民共和国动物防疫法》，自2008年1月1日起施行。动物防疫法对动物防疫有总的要求，对动物疫病的预防也有具体的办法，对加强动物防疫活动的管理，对预防、控制和扑灭动物疫病，促进养殖业发展，保护人民健康，维护公共卫生安全有十分重要的意义。

1991年10月30日全国人大常委会通过的《中华人民共和国进出境动植物检疫法》对于防止经口岸从国外引进种畜和家畜产品传入疫病是十分重要的。

这些法规的公布和实行，使得有关方面的领导、管理人员、技术和生产人员都要建立防疫和检疫的法制观念，自觉遵守并执行。作为现代养殖企业，在生产及流通过程中，涉及农、商、贸、运输、屠宰、加工等许多部门，因此，应该各方面与之密切配合，根据实际情况把防疫工作贯穿于各个环节中，综合防控疫病的发生和流行。

2. 认真贯彻“预防为主，防重于治”和综合防疫的方针　集约化养殖场饲养数量多，密集饲养，任务大，更要按照和执行《法规》的要求，转变防疫观念，贯彻“养重于防，防重于治，养防并举，综合防治”的方针，建立与健全疫病防控生物安全体系，克服“重治轻防，只治不防”的消极被动的错误思想；开展群防群治工作，把防病工作认真落实到实处，固定专人，指导和抓好饲养管理和防疫工作，使之形成制度，坚持不懈，贯彻始终。

贯彻执行预防为主的方针，必须采取综合的配套防疫卫生措施。综合防疫措施包括场址的选择、畜舍设计与合理布局，科学和优良的饲养管理，创造适合家畜生长、发育、生产的生态环境，供给营养全面的饲料，培育健康的种畜群，保持清洁的饲养环境，防控病原微生物的增加和蔓延，适时计划科学的免疫程序和免疫接种等，在这样总体的卫生防疫观念指导下，就能取得防控疫病的主动权，使畜禽群少发病或不发病，保证养殖业获得好的经济效益和社会效益，保持养殖生产持续、稳定、健康的发展。

所谓综合的配套措施，包括疫情报告、检疫、监测、诊断、隔离、消毒、免疫接种、药物防治、淘汰和处理畜禽尸体等各个方面。我国现代化养殖企业在综合防治方面都有比较成功的经验，建立了一套防疫卫生制度。但仍要着重指出：综合防疫卫生措施是人人皆知的、老生常谈的一句话。无数事实证明，只要将综合防治措施坚持始终，认真落实到实处，定能收到成效，否则，将带来难以估计的损失。

3. 要坚持“自繁自养”的原则　“自繁自养”是防止外来疫病传入养殖场的一项重要措施。在市场经济情况下，动物的流通范围大，流动频繁。现在已经出现有花高价从国外买种畜，将某些传染病带入国内，在国内引起疫病的发生和流行，猪繁殖与呼吸综合征就是外来疫病传入我国的典型事例。多年发展养殖业的经验已经反复证明，凡是坚持自繁自养的养殖场很少发生或不发生传染病。作为集约化养殖业，必须建立较完善的繁育体系，至少应建有良种繁殖场和商品繁殖场，根据发展计划，养有一定数量的母畜，解决畜源不足的问题。

如果进行品种调配或必须从异地引进种畜时，必须从非疫区的健康场选购。在选购前应对引进畜禽作必要的检疫和诊断检查，购进后一般要隔离饲养 1 个月，经过观察无病后，才能合群并圈，并需根据具体情况给引进畜禽进行预防注射。

4. 适时开展免疫防控计划　免疫预防是防控家畜传染病发生的关键措施。用疫苗给动物接种，能使动物产生特异性抵抗力，在一定时间内动物对某些疫病具有抵抗力，这是预防传染病的重要手段。为此，第一，要对当地传染病发生的种类和流行状况有明确的了解，针对当地发生的疫病种类，确定应该接种哪些疫苗。第二，要做好疫病的检疫和监测工作，进行有计划的免疫接种，减少免疫接种的盲目性和浪费疫苗。第三，要按照不同传染病的特点、疫苗性质、动物种类及状况、环境等具体情况，建立科学的免疫程序，采用可靠的免疫方法，使用有效的疫苗，做到适时进行免疫，保证较高的免疫密度，使动物保持高免疫水平。第四，要避免发生免疫失败，及时找出造成免疫失败的原因，并采取相应的措施加以克服。只有这样，才能保证免疫接种的效果，才有可能防止或减少传染病的发生。究竟哪些病用哪些疫(菌)苗，用什么方法进行免疫接种，将在以后章节的各种疫病中介绍。

县级兽医站或饲养场建立兽医生物药品低温储运体系，保证疫苗运输、保管和使用的冷藏条件也是十分重要的。

5. 做好养殖场环境、圈舍的清洁、卫生及消毒工作　动物传染病可能有一种或两种以上传播途径，消毒、清洁卫生、杀虫、灭鼠等方法是消灭病原、清除外环境的传播因素、切断传染病传播途径的重要方法。如预防消化道传染病，应抓好饲料、饮水、饲养管理用具、环境及粪、尿、污水的管理；预防呼吸道传染病，应保持猪舍空气流通，降低饲养密度及空气消毒等；预防虫媒传染病，应改善环境卫生、驱杀蚊虫等。

清圈消毒是消灭外界环境中的病原、切断和防控疫病发生的主要措施，圈舍地面、墙、栏杆、笼架上的粪尿要及时清除，饲槽及用具要勤加清洗。根据当地疫情和具体条件，定期对圈舍、食槽及饲养管理用具进行消毒。做好粪、尿、污物及污水的处理，防止环境污染。

6. 加强饲养管理，增强畜禽的抵抗力　动物能否发病，同个体天然的抵抗能力有密切关系。加强动物的饲养管理，注意环境卫生，执行严格的兽医卫生制度，增强机体健康和对外界致病因素的抵抗力，也是积极预防传染病的重要条件。同时，也要重视饲料和饮水的清洁卫生，不喂腐烂、发霉和变质饲料，圈舍要经常打扫，保持清洁、干燥，冬季要注意防寒保暖工作，食槽和管理用具保持清洁等等，都是预防疫病不可忽视的内容，也是保证动物生长发育和体格健壮、抗病力强的基本条件。实行"全进全出"的饲养制度是集约化饲养的先进方法之一，有利于环境消毒和疫病防控。

7. 重视场址选择，合理建筑、设计及布局　通过我国近 30 多年发展集约化养殖业的教训和经验，认识到养殖场场址的选择、合理建筑、设计及布局也是防控疫病发生的内容之一。

养殖场要建筑在背风向阳、地势高燥、排水方便、水源充足、水质良好、交通方便，远离公路、河流、村镇、集市、居民区、工厂、学校等至少 500 m 以上的上风向。特别远离畜禽屠宰、肉类和畜产品加工厂。

生产区与生活区必须严格分开。原种场、种畜场、商品场、养禽的孵化场等必须分开，相距 500 m 以上。各场之间应有隔离设施。

兽医室、病理剖检室、病死畜禽焚尸炉和粪便处理场都应设在距养殖场 200 m 外的下风头。粪便要在场外进行发酵处理。

要建饲料塔或饲料库，将饲料直接送饲料塔或料库。装料麻袋最好本场专用，以免外场带入病原。

养鸡场的蛋盘和蛋箱、消毒池建在生产区围墙同一平等线上，回场蛋盘车停在场外，蛋盘、蛋箱放入消毒池浸泡消毒 4～6 h，然后取出洗净备用。

养殖场大门、生产区入口要建一宽同门口，长于汽车轮一周半的消毒池。各车间门口建宽同门口、长 1.5 m 的消毒池。生产区门口还要建更衣消毒室和淋浴室。场周围应建围墙和防疫沟，以防闲人和动物进入。

养殖场应建深水井和水塔，用管道将水直接送入圈舍内。

8. 严格执行经常性的防疫卫生规章制度

(1)要订立具体的兽医防疫卫生制度，明文张贴，作为全体人员的行动准则，遵照执行。

(2)本场职工进入生产区，要在消毒室洗澡消毒后，更换消毒衣裤和靴帽，经消毒池消毒后方可进入。

(3)种畜场谢绝参观。非生产人员不得进入生产区。维修人员也需消毒后才能进入。

(4)场门口或生产区入口处的消毒池内消毒液必须及时更换，并保持一定深度和浓度。冬季可加盐防止结冰。车辆进场时需经消毒池，并对车身和车底盘进行喷雾消毒。

(5)保持畜舍的清洁卫生，饲槽、饮水器定期洗刷。地面保持清洁、干燥，定期进行消毒。畜舍保持空气新鲜，光照、通风、温度、湿度应符合饲养管理卫生要求。

(6)引进动物前、出售或转群时，圈舍及用具要彻底进行清扫、冲洗及消毒，并空闲一定时间。

(7)定期进行场区环境消毒及舍内定期消毒(猪、禽可带畜消毒)。

(8)养禽场要严格执行种蛋及孵化室的兽医卫生防疫要求。

(9)清理场内卫生死角，消灭蚊蝇，消除蚊蝇滋生地。

(10)饲养人员要坚守岗位，自觉遵守防疫制度，严禁串舍、串圈。各圈舍用具和设备必须固定使用。

以上介绍的家畜传染病防控原则和技术是适合我国现代养殖业实际的，但由于饲养的畜种和规模不同，饲养条件和方法上的差异等因素，要结合实际情况有所侧重和加强，或增加具体的内容，以期更有效地预防某些传染病的发生。

八、畜禽传染病的扑灭措施

一旦发生畜禽传染病时，为了扑灭疫病的流行，必须立即查明和消灭传染来源；切断传播途径和提高畜禽对传染病的抵抗力，采取综合性防控和扑灭措施，主要内容与原则如下：

(1)查明和消灭传染来源。发生传染病时，兽医应将疫情(包括可疑疫情)立即向上级有关部门报告。报告的内容包括：畜别、发病时间、地点、发病及死亡头数、临诊症状、病理剖检变化、初步诊断及其防治情况等。必要时通知邻近乡、村及有关饲养场，以便采取预防措施。

(2)传染病的诊断。当畜禽发生传染病时，兽医应立即到现场进行疫情调查，了解发生情况，是什么地方传来的，病死畜禽的年龄、种别、性别及其头数，病畜禽的临诊症状和治疗效果及其病理解剖变化，以及采取病料进行病原学检查等。将所收集的材料加以综合分析，做出诊断，并提出相应的畜禽传染病防控措施。根据疫病种类请求上级部门现场诊断或医检。

(3)检疫、隔离。发生畜禽传染病的养殖场或自然村的全部畜禽要进行检疫。检疫的方法有测温、观察症状、血清学及变态反应等。对检出的病畜禽要隔离、治疗，疑似病畜禽应分开隔离，加强观察。不管是病的或疑似病的畜禽，都应指定专人饲养管理，固定用具，加强消毒工作；对健康的畜禽，可根据情况用免疫血清或疫苗进行紧急预防注射。譬如发生猪瘟时，用猪瘟兔化弱毒疫苗对未发病的猪进行紧急预防注射。

(4)封锁疫区。对流行剧烈、严重和传播迅速的传染病，如炭疽、口蹄疫、禽流感等，应在当地政府领导下划定疫区，发布封锁令进行封锁。根据我国划区封锁的经验，应按"早、快、严、小"的原则进行。"早"就是早期发现，"快"是快隔离、快封锁，"严"是严格执行各种防疫措施，"小"是把疫区控制在最小的范围内。要严格按照我国政府颁发的"具体传染病"规定的实施细则执行有关封锁措施。

在最后一头病畜痊愈或死亡处理后，再经一定时间(该病的潜伏期，如炭疽 15 d，口蹄疫 14 d 等)，不再出现新的病例，报请上级部门批准，经过彻底消毒后，才发布解除封锁令。

(5)彻底消毒。对被污染的圈舍、运动场地、饲养管理用具及环境等，都要进行彻底的消毒。

可以根据不同的疫病选用消毒药物。

(6)处置死畜禽和淘汰的病畜禽要合理处置。按有关规定作无害化处理。

(7)对易感动物的措施：加强对畜禽的饲养管理，增强畜禽群抗病能力；每年定期搞好畜禽的预防接种工作，如炭疽芽孢苗、破伤风类毒素、猪瘟兔化弱毒疫苗、猪肺疫菌苗、猪丹毒菌苗、猪伪狂犬病疫苗、鸡新城疫疫苗、马立克病疫苗、鸡痘苗等的预防接种。

九、畜禽传染病的治疗

治疗是防控畜禽传染病的一项重要措施，它可减少因传染病所造成的经济损失，同时也是消灭传染来源的办法之一，是综合防疫措施的一个组成部分。

对畜禽传染病的治疗一般分为两个方面：一方面是针对病原的治疗，如特异的高免血清(康复动物血清)、卵黄抗体、抗生素疗法和化学药物治疗；另一方面是针对动物机体的治疗，如加强护理工作和多种对症治疗。

治疗细菌性传染病，目前广泛采用抗生素、磺胺类药物治疗。对病毒性传染病尚无特异的治疗方法，高免血清、康复动物血清或全血在疾病早期应用，有较好的疗效。除了特异性治疗外，抗生素等药物多用于防控细菌继发感染，对症疗法也是十分必要的。

在发病场进行畜禽传染病治疗时，病畜(禽)必须严格隔离。对病畜的分泌物、排泄物及所污染的饲料、饮水、垫草(土)和用具等，应随时进行清除和消毒处理。病畜(禽)要由专人管理，无关人员严禁接触。对病畜(禽)要加强护理，增强对传染病的抵抗力。总之，绝不能因治疗某种传染病而造成疫情的扩散。

随着现代畜牧业的发展，集约化饲养方式的采用，一旦有疫病发生，对这些发病群体，应用药物防治也是重要措施之一，某些疫病采用抗生素、磺胺类药物和喹诺酮类药物后，常可收到良好的防治效果。一般将药物按照一定比例混入饲料或饮水中进行口服，是群体性药物防治的主要方式。必须指出，长期盲目或滥用抗菌药物，已经产生某些耐药菌株，影响防治效果，也对人类健康带来严重的危害，应该引起高度重视。我们在防治工作中需要进行药物敏感试验，选择有敏感性的药物用于防治才能收到良好的效果。

十、兽医生物制品

兽医生物制品大致分为 3 类：预防性生物制品、诊断用生物制品和治疗用生物制品。

(一)预防性生物制品

预防性生物制品主要有疫苗和抗血清(或卵黄抗体)，疫苗种类较多，主要有弱毒活疫苗、灭活疫苗、基因工程疫苗、合成肽疫苗、类毒素、DNA 疫苗等。

1. *弱毒活疫苗*　该类疫苗是强毒株病原通过人工致弱而制成的，或从动物中分离到的自然弱毒毒株(菌株)。弱毒疫苗株保持了强毒病原的主要抗原特性，致病力较低。通过接种弱毒疫苗可使动物获得较强的特异性抵抗力。譬如猪瘟兔化弱毒疫苗、炭疽弱毒芽孢疫苗、新城疫弱毒疫苗、鸡传染性囊病弱毒疫苗等。

2. *灭活疫苗*　主要是由强毒株病原经灭活剂灭活后制备的疫苗，疫苗中常常加入佐剂以加强免疫效果。譬如禽流感灭活疫苗、新城疫灭活疫苗、猪繁殖与呼吸综合征灭活疫苗等。

3. *基因工程疫苗*　包括基因重组疫苗和基因缺失疫苗。基因重组疫苗是用基因工程技术将病原保护性基因片段插入活载体而制成的基因重组活载体疫苗，譬如痘病毒活载体疫苗。基因缺失疫苗是将病原的毒力基因敲出，使其致病力降低而制成的疫苗，譬如猪伪狂犬基因缺失疫苗。近几年，通过反向遗传操作技术对病毒拯救制备成弱毒疫苗，其特点是通过分子生物学技术可对病毒进行最大限度的改造，目前该类疫苗还没有商品化。

4　*合成肽疫苗*　通过人工化学合成或利用分子生物学技术制备的保护性抗原肽，并与适当的佐剂混合后制备成的疫苗，譬如口蹄疫多肽疫苗。

5. *类毒素*　将病原代谢产生的外毒素经甲醛灭活后加入适当的佐剂而制备的疫苗，譬如破伤风类毒素疫苗。

6. DNA *疫苗*　将病原保护性基因片段插入真核表达载体后制备的疫苗。通常情况下，该类疫苗与相应的蛋白疫苗交替使用才能取得较好的免疫效果。

(二)诊断用生物制品

该类生物制品是利用抗原抗体反应的敏感性与特异性原理，制备用于检测抗原或抗体的标准生物制剂，包括诊断用的标准抗原、标准阴、阳性血清等。其商品形式包括利用各种检测方法制备的诊断或检测用试剂或试剂盒。譬如鸡白痢全血平板凝集抗原、猪瘟抗体间接血凝检测试剂盒、猪繁殖与呼吸综合征 ELISA 试剂盒、禽白血病检测试剂盒等。

(三)治疗用生物制品

治疗用生物制品有两类:一类是采用特定的抗原免疫动物而制成的高免疫血清、卵黄抗体或抗毒素,譬如鸡传染性囊病高免血清或卵黄抗体、破伤风抗毒素、抗蛇毒毒素等。另一类是以基因工程技术制备的某些生物制剂,譬如干扰素、抗菌肽等。

第二章　人畜共患的主要传染病

一、炭　　疽

炭疽(anthrax)是由炭疽杆菌所引起的各种家畜、野生动物和人类共患的传染病。在临诊上表现为急性、热性、败血性症状。在病理变化上的特点是呈败血症变化、天然孔出血、血液凝固不良、脾脏显著肿大、皮下及浆膜下组织呈出血性胶样浸润。

新中国成立后由于采取了综合性防疫措施,基本上控制了本病的流行,目前仅在个别地区有散发或偶有地方流行。

病原　炭疽杆菌是长而直的大杆菌,长达 3～4 μm,宽 1～1.5 μm,有荚膜,无鞭毛,不能运动。在病畜体内单个存在或 3～5 个菌体相连形成短链,菌体连接处如刀切状或微凹,很像竹节,游离端则钝圆。在培养基中则形成由十个至数十个菌体相连的长链。菌落为灰白色,表面粗糙,低倍镜检查时,菌落边缘呈卷发状。在动物体内能形成荚膜,但在普通培养基上荚膜消失。在活的炭疽病畜体或死亡后未经解剖的尸体内,不形成芽孢,一旦暴露于空气中,接触了游离氧,在一定温度下(12～42℃)就可形成芽孢。芽孢呈卵圆形或圆形,位于菌体中央或稍偏向一端。本菌为革兰染色阳性菌。

炭疽杆菌存在于炭疽污染的尸体、土壤和水中。病畜死亡后各个脏器、血液、淋巴系统、分泌物及排泄物等处均有炭疽杆菌存在。其中以脾脏的含菌量为最多,血液的含菌量次之。

炭疽杆菌的繁殖型菌体对外界的抵抗力较弱,在夏季未解剖的尸体中经 24～96 h 死亡。在阳光照射下能生存 6～15 h,在干燥的血液里可生存一个月。加热 70℃经 10～15 min,或煮沸可立即死亡。在低温－20～10℃生存 3 周,未剖开的尸体,炭疽杆菌在骨髓中可存活1周。一般的消毒药能在短时间内杀死本菌。但形成炭疽芽孢后则抵抗力特别强大,在干燥状态下,可存活 50 年以上,在直射阳光下可生存 100 h。在炭疽污染的土壤、皮张、毛及炭疽尸体掩埋地中能存活数年至数十年。如在粪堆中发酵温度达到 72～76℃时则可在 4 d 内死亡。煮沸需 15 min 以上,在 121℃高压灭菌须 10～15 min 才能杀死。消毒药为 5%石炭酸经 1～3 d,3%～5%来苏儿经 12～24 h,4%碘酊经 2 h 可杀死芽孢。畜舍、用具、粪便等现场消毒可用 20%漂白粉,或 3%～5%热氢氧化钠溶液、2%～4%甲醛、0.5%过氧乙酸、0.1%升汞液消毒。炭疽杆菌污染的皮张,浸于 2%盐酸、10%的食盐中,在 30℃下需 48 h,在 18～22℃下需 72 h 才能达到消毒的目的。

流行特点　各种家畜、野生动物和人都有不同程度的易染性。绵羊、牛、驴、马、骡、山羊、鹿最多发病,骆驼、水牛及野生动物次之,猪发病较少,犬、猫最低,家禽一般不感染。野生动物,如狼、狐狸、豹等吞食炭疽尸体而发病,并可成为本病的传播者。人主要通过污染炭疽杆菌的畜产品而感染。

患病动物是主要的传染源。在发病处于菌血症时,可随粪、尿、分泌物及天然血液排出体外。炭疽病畜及死后的畜体、血液、脏器组织及其分泌物、排泄物等均含有大量炭疽杆菌,如果处理不当则可散布传染。例如:尸体掩埋不严或太浅,甚至随着剥皮、解剖和随地乱扔,被猫、犬、鸟及野兽等扒食,可将皮肉、内脏拖到很远的地方散布病原;另外从病畜口、鼻、肛门、阴道流出的血液、病畜炭疽痈破溃液等污染厩舍、饲养管理用具、饲草、饲料,一经接触健康家畜,就可能被传染而发病。被污染的土壤、水源及牧地还可成为炭疽长久的疫源地。

本病传染的途径有三,首先,主要通过消化道感染,因采食被炭疽杆菌污染的草料,或饮过被污染的井水、河水,以及在污染牧地放牧受到感染。其次,通过皮肤感染,主要是由带有炭疽杆菌的吸血昆虫叮咬及创伤(如绵羊的剪毛、断尾、去势及口、咽黏膜创伤等)而感染。再次,通过呼吸道感染,是由于吸入混有炭疽芽孢的灰尘,经过呼吸道黏膜侵入血液而发病。

炭疽芽孢在土壤中生存时间较久,可使污染地区成为疫源地。大雨、江河涨水或洪水泛滥时可将土壤中病原菌冲刷出来,污染牧场或饲料、水源等引起传染。本病有一定季节性,夏季发病较多,秋、冬发病较少。夏季发生较多,可能与放牧时间长,气温高,雨量多,吸血昆虫大量活动等因素有关系。有的地区发病是因从疫区运入病畜产品,如骨粉、皮革、羊毛等而引起。

症状 自然感染的潜伏期一般为 1～5 d,最长可达 14 d。

1. 绵羊和山羊 常为最急性,山羊比绵羊更为敏感,羊群中常可引起大批死亡。羊发病时病程很短,常见突然倒地,全身痉挛,瞳孔散大,磨牙,天然孔出血,约数分钟即死亡。有时是头天晚上入圈时羊健康如常,次日早上发现死亡。羊群放牧外出时,病羊常掉群、喜卧,不爱吃草,行走摇摆,可视黏膜暗紫色,战栗,心跳加快,呼吸困难,突然倒地,头向后背,咬牙,瞳孔散大,0.5～2 h 死亡。

2. 牛 牛患炭疽大多为急性型。

最急性型:病牛突然发病,体温升高,可视黏膜发紫,肌肉震颤,步行不稳,呼吸困难,心悸亢进,濒死时可见天然孔流血。可于数小时内死亡。

急性型:体温升高到 41～42℃,脉搏 80～100 次/min 以上,呼吸急促,食欲减退,最后废绝。乳牛泌乳量减少,反刍减弱或停止,常发生中度的臌气,孕牛流产。严重病例兴奋不安,惊慌鸣叫,甚至向人及动物冲撞。兴奋过后,继以高度沉郁。此时,呼吸困难,肌肉震颤,步履蹒跚,可视黏膜发紫,甚至见有小点出血,严重时可见鼻腔、肛门及阴道出血,尿暗红色甚至有血尿。1～2 d 内体温下降,呼吸极度困难,发抖,痉挛而死。

亚急性型:症状与急性相似,唯较轻而缓慢。病牛于喉部、颈部、胸前、腹下及外阴部发生水肿,初热痛,后变冷无痛,甚至中央坏死,炭疽痈。有时发生咽炭疽,舌肿大呈暗紫色,流带血唾液,呼吸十分困难,张口喘息。当发生肠炭疽痈时,腹泻带血。本型常于 3～5 d 死亡。

3. 马、骡、驴 一般是急性或亚急性,极少数量呈急性发生。

急性型:病初呈现腹痛症状,使人怀疑为肠便秘,但没有粪结和气体蓄积的现象。体温升高到 41℃以上,食欲减低或废绝,出汗,呼吸增快,可视黏膜充血、发紫,严重时见有出血点。全身战栗,常见胸前、腹下、外阴部浮肿,最初热痛,后变冷无痛,快者 8～12 h 死亡,一般 1～2 d 死亡。死后多数病马天然孔出血。

亚急性型:病势较慢,上述各部皮肤浮肿,可发生坏死和溃疡,即所谓炭疽痈。还见于口腔及肠道等处黏膜。

4. 猪 猪对炭疽的抵抗力较强,因此,猪发生炭疽大多数是慢性经过,病猪生前无明显临诊症状，多在屠宰后肉品卫生检验时才被发现，其特点见病理剖检变化。

亚急性型：主要是咽炎的表现，体温升高，精神沉郁，食欲不振，咽喉部明显肿胀，吞咽和呼吸困难，颈部活动不灵活。口鼻黏膜呈蓝紫色，最后窒息而死。

急性型：本型在国内只少数几次报道，主要是急性败血性变化，体温升高到 41.5℃以上，精神沉郁，食欲废绝，呼吸困难，可视黏膜发紫，1～2 d 死亡。

发生肠炭疽时，病猪发生便秘及腹泻，甚至粪中带血，重者可死亡，轻者可恢复健康。

病理剖检　炭疽病畜尸体内的炭疽杆菌，暴露在空气中则形成芽孢，抵抗力很强不易彻底消灭，为此，在一般情况下，对病畜禁止剖检。必须进行剖检时，应在专门的剖检室进行，或离开生产场地，准备足够的消毒药剂，人员应有安全的防护装备。

1. *急性败血型*　尸体迅速腐败而膨胀，尸僵不全，天然孔流出带泡沫的血液。可视黏膜呈暗紫色，有出血点，剥开皮肤可见皮下、肌间、浆膜、肾周围及咽喉部有红色或黄红色胶样浸润，并有数量不等的出血点。血液黏稠，颜色为黑紫色呈煤焦油样，不易凝固。脾脏高度肿大，比正常大 3～5 倍，包膜紧张，切面脾髓软如泥状，黑红色，用刀可大量刮下。淋巴结肿大，出血。肺充血、水肿。心、肝、肾也有变性。胃肠有出血性炎症。

2. *局部炭疽*　体表痈肿部呈现浆性出血性水肿。肠型多见十二指肠及空肠，初红色圆形隆起，界限明显，表面覆有纤维素，随后发生坏死，形成灰褐色痂，周围组织及肠系膜出血。

咽型炭疽可见扁桃体坏死，喉头、会咽、颈部组织发生炎性水肿。周围淋巴结肿胀、出血、坏死。

需要指出：①猪多在宰后检验中发现慢性炭疽。据上海食品公司调查，头颈部检出率占 87.2%。其特征变化是咽部发炎，扁桃腺肿大、坏死。颌下淋巴结肿大、出血和坏死，切面干燥、无光泽，呈砖红色，有灰色或灰黄色坏死灶。周围组织有大量黄红色胶样浸润。②山羊急性型炭疽，病情急剧，死亡羊只内脏常无炭疽病变，除脾脏、淋巴结有轻度肿胀外，几乎与正常屠宰羊相似，应予注意。

诊断　炭疽病畜的经过很急，死亡较快，根据临诊症状诊断比较困难。确诊要靠死后微生物学检查及血清学诊断。

1. *临诊及流行情况诊断*　对于原因不明而突然死亡或临诊上出现体温升高、腹痛、痈肿、血便、病情发展急剧，死后天然孔出血等病状时，首先要怀疑为炭疽病，同时调查本地区有关炭疽发生情况，病畜种类、季节性、发病和死亡率等。调查历年炭疽死尸掩埋情况，炭疽预防注射情况等，为进一步确诊提供依据。

2. *细菌学诊断*　简便的方法是死畜耳静脉或四肢末梢的浅表血管采取血液涂片，用姬姆萨或瑞特染色液染色，用显微镜检查，可以看到单个或短链有荚膜的两端平截竹节状大杆菌，即可确诊。猪体局部炭疽涂片的菌体形态常不典型。如果尸体不新鲜时，要注意与类炭疽杆菌相区别，所以，腐败病料不适于镜检。

有条件的单位，还可进行细菌分离培养检查。

3. *动物感染试验*　将病料用无菌生理盐水稀释 5～10 倍，对小鼠皮下注射 0.1～0.2 mL，或豚鼠 0.2～0.5 mL，家兔 1.0 mL，经 2～3 d 死亡。死亡动物的脏器、血液等抹片，经瑞特染色镜检，可见多量有荚膜的成短链的炭疽杆菌。也可用病料进行培养及炭疽沉淀反应检查。

4. *血清学诊断（炭疽沉淀反应（Ascoli 氏反应））*　取病死动物的组织（脾、肝等）数克，剪碎或捣烂，加5～10倍生理盐水，煮沸10～15 min，冷后过滤或离心沉淀，用毛细吸管吸取上清液，沿管壁慢慢加入已装有炭疽沉淀素血清（成品）的细玻璃管内，形成整齐的两层液面，在两液的接触面出现白色的沉淀环判为阳性（反应在1～5 min内出现，生皮病料抗原，在15 min内出现白轮）。这个反应特异性高，操作简便、迅速，检出率高，即使腐败的炭疽材料，仍可出现阳性反应。县、乡兽医院（站）平时购入一定数量的沉淀血清，放冰箱保存备用，对及时确诊本病有现实意义。

送检病料的方法：及时而正确地送检病料对实验室检验是十分重要的。

(1)病畜生前可由耳静脉采血，痈型者可抽取水肿液，肠型者可取粪便（无菌脱脂棉棒吸取），分别放入灭菌试管中，用棉塞将口塞紧，外包蜡纸、牛皮纸或塑料送检。也可用末梢血管血液涂片，自然干燥后，将玻片涂抹面相对叠放，中间夹隔火柴棒，两端细线扎紧，外用塑料包好送检。

(2)炭疽尸体，在消毒好后切取一个耳朵，包在浸过5%石炭酸溶液的布片内，装于灭菌广口瓶中或其他不漏水的容器内送检。

5. 其他分子生物学诊断　有实验室设备和有条件时还可用聚合酶链反应等方法检查。

治疗　本病病程短促，病情急剧，早期确诊并及时治疗十分重要。必须在严密隔离和专人护理的条件下进行治疗。

1. 血清疗法　抗炭疽血清是治疗炭疽的特效生物制剂，病初应用可获良好效果。马、牛一次量为100～300 mL，大猪为50～100 mL，绵羊、山羊和小猪为30～80 mL。可一半静脉注射，一半皮下注射。必要时可在12 h或24 h重复注射1次。为避免过敏反应，最好使用同种动物的抗炭疽血清。如用异种动物的血清，应先皮下注射0.5～1 mL，观察0.5 h后无特殊反应再注射全量。

2. 抗生素和磺胺类药物治疗　以青霉素疗效高，马、牛每次为300万～400万IU，肌肉注射，每日2次，连用2～3 d。绵羊、山羊、猪每次肌肉注射40万～80万IU，每日注射2次，连续2～3 d。土霉素1～2 g，静脉注射或肌肉注射。或青霉素与土霉素、四环素同时使用。链霉素、氯霉素也有疗效。

磺胺噻唑、磺胺二甲基嘧啶等，每千克体重可用0.1～0.2 g，分6次口服，间隔4 h，连续3～5 d。或用10%～20%磺胺嘧啶钠或磺胺噻唑钠溶液，马、牛为100～150 mL静脉注射或肌肉注射，每日2次。青霉素与磺胺合用，疗效更好。

肠炭疽还需配合口服克辽林（臭药水），每日3次，马、牛每次为15～20 mL，羊、猪每次为2～5 mL。

此外，还需配合对症疗法，并加强护理工作。

防治措施

(1)对炭疽常发地区或威胁区的家畜，每年应定期进行预防注射，以增强机体的特异性抵抗力，这是预防本病的根本措施。我国目前应用的有以下两种菌苗。

无毒炭疽芽孢苗：1岁以上马、牛皮下注射1 mL；1岁以下马、牛0.5 mL；绵羊、猪皮下注射0.5 mL（对山羊不要应用）。注后14 d产生免疫力，免疫期为1年。Ⅱ号炭疽芽孢苗：各种家畜均皮下注射1 mL，注射后14 d产生免疫力，免疫期为1年。

不满1个月的幼畜，临产前2个月的母畜，瘦弱、发热及其他病畜不宜注射。

(2)凡是不明原因死亡的牲畜，不准剥皮吃肉，应经兽医人员检验后再做处理。死尸防止到处乱扔，应在指定的地点深埋。屠宰厂、肉联厂应加强检疫工作，严格执行兽医卫生措施。

(3)发生炭疽后，应立即报告上级，迅速查明疫情，作出诊断，采取坚决措施，尽快扑灭疫情。

①对全部易感动物进行测温和临诊检查，如果发现病畜及可疑病畜，立即隔离并用抗炭疽血清、青霉素等抗菌药物进行治疗。对假定健康家畜先行注射炭疽血清（马、骡为30～40 mL)，在8～12 d内用炭疽芽孢苗进行主动免疫注射。

对发病群未出现病状的山羊肌肉注射青霉素，每千克体重为1万IU，每日2次，连续3 d，可使死亡快速停止，效果良好。

②根据发病现场牲畜及地理情况，划定疫区，进行封锁，并严格执行规定的封锁措施。在最后一头病畜痊愈或死亡后14 d不再发现新病畜时，方可解除封锁。解除前进行一次终末消毒。

③对尸体及排泄物、病畜污染的褥草、饲料、表土等，在指定的地点深埋或焚烧。严禁剥皮吃肉，以免人被感染和散播病原，不允许将尸体抛于野外或江河之中，以保护土壤、牧场和水源不受污染。

④对病畜污染的圈舍、饲养管理用具、车辆等用10%～20%漂白粉，3%～5%热火碱水消毒。病畜污染和停留地的表土要铲除15～20 cm，与20%漂白粉液混合再深埋。污染的饲料、粪便、垫草和废弃物烧掉。

被炭疽杆菌污染的毛、皮可用2%盐酸或10%食盐溶液浸泡2～3 d消毒。或者用福尔马林熏蒸消毒。

炭疽具有重要的公共卫生意义，加强人对该病的防护十分重要。人可感染发病，人炭疽潜伏期一般为2～3 d，临床上常表现为皮肤炭疽、肺炭疽和肠炭疽3种类型，还可继发败血症及脑膜炎，一旦发生应及早送医院治疗，以保护人们的生命安全。特别是从事畜牧养殖、防治、屠宰加工、制革工作等部门的工作人员，要特别重视炭疽病的预防工作。

二、结　核　病

结核病(tuberculosis)是由结核分枝杆菌所引起的人、畜、禽的一种慢性传染病。病的特征是在机体多种组织中形成结核结节和干酪样坏死或钙化病灶。

本病在我国乳牛中发生较多，黄牛、猪、鸡也有发生。特别是这些年，乳牛结核病的危害加大，造成较大的经济损失。

病原　分枝杆菌属的结核分枝杆菌、牛分枝杆菌、禽分枝杆菌3个种引起。在形态、培养特性上不完全一致。结核杆菌为革兰阳性菌，用一般染色法难以着色，常用抗酸染色法。染色的方法是：在已干燥、固定好的抹片上，滴加石炭酸复红染色液，加热至发生蒸汽，维持3～5 min，水洗，用3%盐酸酒精脱色，再用美蓝液复染1 min，水洗后镜检。结核杆菌染成红色。由于不能被盐酸酒精脱去红色，所以，属抗酸染色菌。其他细菌一般染成蓝色。

结核分枝杆菌含有丰富的脂类，所以在外界环境中生存力较强，对干燥、腐败及一般消毒药的耐受性亦较强。在干燥痰中10个月，尘土中2～7个月，粪、土壤中6～7个月，水中5个月，奶中90 d，直射阳光下2～4 h死亡。寒冷、低温也不影响生活力。在干燥的条件下，可耐受100℃ 20 min。对湿热抵抗力不强，加温60℃ 30 min死亡。因此，牛奶巴氏消毒(65℃

30 min)后即可饮用。

结核分枝杆菌在10%漂白粉、10%氯亚明及70%酒精中很快死亡。5%来苏儿48 h,5%甲醛溶液12 h才被杀死。

结核分枝杆菌对一定酸碱度有相对耐受性,所以,在实验室常用4%氢氧化钠,或6%硫酸,或3%盐酸来处理病料,有利于细菌分离培养。

本菌对一般及广谱抗生素、磺胺药不敏感,但对链霉素、异烟肼、对氨基水杨酸等有不同程度的敏感性。

流行特点 本病可侵害多种动物,50多种哺乳动物,25种禽类可患病。在家畜中以牛最敏感,其中以奶牛发病最多,其次为黄牛、牦牛、水牛;也常见于猪和鸡;绵羊、山羊少发,单蹄兽罕见。野生动物中猴、鹿多发,狮、豹也有发生。

牛型菌主要侵害牛,其中以乳牛发病最多,人次之,马、绵羊、山羊、猪少见。实验动物以家兔最敏感,天竺鼠次之。禽型菌主要侵害家禽、水禽,但鸭、鹅、鸽较不敏感。猪可得病,牛和绵羊则少见。人偶然也可得病。实验动物以家兔最敏感,天竺鼠有抵抗力。人型菌主要侵害人、猿、猴等,牛、猪少见。实验动物以天竺鼠最敏感,家兔也可得病,但少死亡。

人可感染牛型菌,牛也感染人型菌,牛传染给人的几率较多,这种人、牛相互感染的现象应予注意。

结核病畜(禽)是主要的传染来源,特别是向体外排菌的开放性畜禽是最危险的传染源。病畜(禽)可以通过多种途经排出病原,污染周围环境、地面、饲料、畜(禽)舍、饲管用具等,再传给健康畜、禽。

本病传染方式有3种:①呼吸道。病牛咳嗽喷出的飞沫,通过呼吸道而传染。②消化道。污染的草料和饮水被健康动物食入,犊牛多因喝带菌的牛奶而感染。猪、鸡大多经消化道感染。③交配感染。生殖道结核主要由这种方式传染。

饲养管理不良,牛舍过于拥挤,潮湿污秽,光照不好等有利于病菌扩散。成年牛感染高于青年牛和犊牛。长期不检疫或检疫、隔离措施不严时造成的危害甚大。

症状 结核病具有病程长、治愈慢、易传染、易复发、易恶化的特点。由于患病器官不同,症状也不一致。

1. 牛 以肺部结核为主,潜伏期较长。开始表现为有力的干性短咳,常发生于早晚、起立、运动、吸入冷空气或含尘土的空气时。食欲、反刍和精神无明显变化。随着病情发展,咳嗽次数增加,干咳或变为湿咳。有黏性或脓性鼻液,呼吸次数增多,严重者呼吸困难。胸部听诊时,肺泡音粗粝,有干性或湿性啰音。胸膜发生结核时,还可以听到摩擦音。肺部叩诊时有浊音区。病牛日渐消瘦、贫血和易于疲劳。有的体表淋巴结肿大。有的病牛,还发生全身性粟粒结核或弥漫性结核肺炎,这时病牛体温升至40℃以上,热型为弛张热或稽留热,精神及食欲不振,产奶量下降,呼吸困难,最后衰竭死亡。

乳房结核:乳房可摸到局限性或弥散性无痛无热的硬结。乳上淋巴结肿大。泌乳量减少,乳汁初期无明显变化,严重时变为水样稀薄或混有脓块。有的乳房发生萎缩,两侧不对称,乳头变形,甚至停止泌乳。

肠结核:多见于犊牛,表现为食欲不振,消化不良,慢性臌气。发生顽固性腹泻,消瘦,粪便半液体状,混有黏液和脓。若波及肝、肠系膜淋巴结等腹腔器官时,直肠检查可能发现。

生殖器官结核:比较少见。病牛表现性机能紊乱,母牛发生流产、不孕,发情频繁,性欲增强，慕雄狂。有的病牛生殖器官形成结节或溃疡，从阴道流出白色或微黄色分泌物，其中混杂有絮片状和黏脓性物，甚至混杂有血丝。公牛副睾或睾丸肿大，硬而痛，甚至阴茎前部发生结节、糜烂等。

中枢神经结核：常常侵害脑及脑膜表现为神经症状如运动障碍、神情恐慌、应激性增加，癫痫样发作。此型多见于幼畜，成年牛亦可见到。作者曾见到一例犊牛，在延脑脑膜有一小结核结节，临床上常表现癫痫样发作。

淋巴结结核：身体各部淋巴结核可能是原发或次发，可见于体表的颌下、肩前、股前、腹股沟、咽及颈部淋巴结。淋巴结肿大、硬结，无热痛，常出现高低不平，不与皮肤粘连。在幼畜如犊牛，淋巴结有时破溃，咽后淋巴结肿大常压迫喉门，呼吸很困难。若纵膈淋巴结受害肿大，常压迫食道，病牛兼有慢性臌气的症状。

2. 猪　主要通过消化道感染。多表现为淋巴结核，如颌下、咽、颈及肠系膜淋巴结肿大，高低不平，有的破溃排出脓块或干酪样物，不易愈合。很少出现明显的临诊症状。

3. 鹿　常由牛型结核菌引起。肺部结核表现咳嗽，由干咳变湿咳，早晚多见，病重时呼吸次数增加，呼吸困难，肺部听诊有摩擦音，体表淋巴结肿大，病鹿贫血、消瘦。肠结核时可持续性下痢，最后衰竭死亡。

4. 禽　主要危害鸡和火鸡，以成年鸡和老鸡多发。主要经消化道感染。多发生于肝、脾、肠浆膜或内脏器官，临诊上无特殊症状，仅表现贫血、消瘦、羽毛松乱、鸡冠萎缩、跛行及产蛋减少或停止。

5. 猴　主要经呼吸道或消化道感染，且多为人型结核菌。患病猴咳嗽、消瘦。临诊上需经 X 光透视方可诊断。在肺、胸膜、胸腔淋巴结、腹膜及腹部器官上出现结节。

病理剖检　由于患病动物机体反应性及病程不同，病理变化也有变化。病畜（禽）内脏器官有多个突起的小结节，大小不一，从粟粒大至鸡蛋大，白色或黄褐色、坚实。病程呈急性经过的新鲜结节，四周有一圈红色区，并有较小的结节。慢性时结节切开有干燥的坏死物质，形同奶酪，有的见钙化的石灰质，切开时有沙砾感觉，四周形成较厚的结缔组织。有的干酪样坏死中心变为脓性液体，在肺脏可见坏死溶解组织排出后，形成肺空洞。在胸、腹膜上有时可见到粟粒至豌豆大的小结节，呈灰白色或灰黄色，质硬，似珍珠状，故有“珍珠病”之称。这些小结节还可互相联合如葡萄状。结节中心常为干酪化或钙化。也有的小结节形成一蒂与浆膜连接。肠的病变多发生于小肠和盲肠，往往形成溃疡，如同钮状溃疡，大小不一。乳房结核切开时，可见大小不一的病灶，内含干酪样物质。

诊断

1. 临诊症状　畜（禽）群有咳嗽、进行性消瘦、肺部异常、牛等淋巴结肿大、乳房内有硬结及不明原因的消瘦等表现时，可疑为本病。

2. 病理剖检　较为典型，如前病理剖检所述。

3. 变态反应　这是诊断的主要方法，可作为常规检疫列为制度来执行。我国结核病检查使用的是结核菌素，它是用结核杆菌培养物经过加温、过滤、浓缩等步骤制成的，其主要成分是结核杆菌的蛋白质抗原。目前各地采用皮内注射法和点眼法同时进行。对畜、禽检疫的具体操作及判定，按农业部颁发的检疫规程进行。

4. 实验室检查

(1)病料涂片用抗酸染色法染色后镜检。分离培养一般不进行。

(2)动物接种。豚鼠对牛型结核杆菌较为敏感。可取病料 1 mL 注射于豚鼠鼠蹊部皮下，注射后约 10 d，局部发生硬结，逐渐肿大，3 周后变为溃疡，1～2 个月后全身患结核死亡。肝、脾、肺及淋巴结有多量结核结节。如被检材料怀疑为禽型结核杆菌，最好接种鸡和家兔。家兔接种后，一般在 10 周内死亡，主要在肝、脾发生结核病灶。

(3)近年来采用荧光抗体法检查病料中的结核菌。用 PPD-ELISA 方法检测牛结核病。

防治措施

1. 定期检疫　对牛群每年定期用结核菌素进行变态反应检查。早期发现病牛及时隔离。对开放性病牛和无使用价值的牛全部淘汰。对从异地引进的牛只必须进行检疫，健康者方可引进、混群饲养。

2. 分群隔离饲养　在普查的基础上，将牛分成健康群、假定健康群、结核菌素阳性群和犊牛培育群。各群分隔饲养，固定用具和人员，并坚决执行有关兽医防疫措施。

假定健康牛群，每年进行 2～3 次检疫，发现阳性病牛，及时送至病牛群隔离饲养。

3. 培育健康犊牛　从病牛群培育健康牛只是一项积极的措施。病母牛所产犊牛立即隔离于犊牛群，喂初乳 3～5 d，然后喂给消毒奶。生后 1 个月进行第一次检疫，3～4 月龄进行第二次检疫，6 月龄进行第三次检疫，3 次检查都是阴性反应，可放入假定健康育成牛群饲养；阳性反应者放入病牛群饲养，或作淘汰处理。

4. 加强兽医卫生措施，杜绝传染，消除传递因素

(1)产房要进行消毒，保持清洁干燥，垫铺褥草。临产母牛在产房分娩。要妥善处理胎衣、羊水及污染物。

(2)加强对奶产品的卫生管理工作。

(3)固定饲养管理工具及运输车辆，并保持清洁。

(4)加强饲养员及兽医人员的防护和卫生工作。

5. 必要时，对种禽可用禽结核菌素进行变态反应检查

6. 牛型和禽型结核杆菌可使人致病　主要通过消化道感染，特别是小孩饮用带菌的生牛奶而患病，所以，牛奶消毒后饮用是预防人患结核的重要措施。结核病人不准饲养畜禽，以防人畜互相传染。

三、布氏杆菌病

布氏杆菌病(brucellosis)是人、畜共患的一种慢性传染病。本病的特征是妊娠母畜发生流产、胎衣不下、生殖器官及胎膜发炎。公畜表现为睾丸炎及不育等。

本病分布世界各地，给畜牧业和人的健康造成危害，我国某些地方人畜均有发生，因此，防治本病有重要的意义。

病原　本病是由布氏杆菌引起的。布氏杆菌属有 6 个种，即牛、羊、猪、沙林鼠、绵羊和犬布氏杆菌。每种还可分为不同的生物型，如牛有 7 个，羊有 3 个，猪有 5 个。这 6 个种及其生物型的特征，相互间有差别，但形态及染色特性无明显差别。我国新疆于 1983 年从进口羊的后代中分离到绵羊种布氏杆菌。

本菌为革兰阴性球状短杆菌，用病料涂片镜检时，常密集成堆、成对或单个排列。由于本

菌吸收染料过程较慢，较其他细菌难以着色，所以，常用科兹洛夫斯基染色法染色，布氏杆菌呈红色，其他细菌呈绿色。染色的方法是：病料涂片干燥后，滴加2%沙黄液，加热至蒸汽1～2 min，水洗，再滴加1%孔雀绿溶液复染(不加热)1～2 min，水洗、干燥后镜检。

本菌为需氧兼性厌氧菌。牛、羊种布氏杆菌从病料初次分离培养时，需在10% CO_2 环境中才能生长，几代后则不需要。初次分离培养时，生长缓慢，常要一周以上才能充分发育，待驯化后传代，则2～3 d就能生长良好。

布氏杆菌对干燥有较强抵抗力，如在干燥土壤中存活2个月；干的胎膜内存活4个月；污染粪水中存活4个月以上；衣服、皮毛上可保存5个月。对寒冷抵抗力也强，冷乳中最长活40 d，在冷暗处的胎儿体内可存活6个月。但对热很敏感，70℃ 5～10 min死亡，煮沸即死亡。兽医常用的一般消毒药，如3%石炭酸、来苏儿、臭药水、5%漂白粉、2%甲醛液、5%石灰水等，都能在较短时间内将其杀死。

流行特点　多种动物和禽类对布氏杆菌均有不同程度的易感性。但自然病例中以牛、羊、猪多发。它们各对同种布氏杆菌最为敏感，如牛主要由牛种菌引起，羊种亦可致病，羊主要由羊种菌引起，猪种菌亦可引起；猪主要由猪种菌引起，羊、牛种菌亦可致病；人主要由羊种菌引起，猪、牛种菌亦可引起。试验动物中以豚鼠和小鼠最易感染。

病畜或带菌动物(包括野生动物)是主要传染来源。病菌主要存在于胎儿、胎衣、乳房及淋巴结中。当病畜流产时是最危险的时期，可从胎儿、胎衣、胎水、奶、尿、阴道分泌物中大量排出，污染产房、羊圈、牛舍、猪圈、草场及其他物品。流产母畜的乳汁也在一定时间内排菌。病公畜的精液中也可有病原体，随精液传播疾病。

本病的传染途径主要是消化道，即通过采食被污染的饲料和饮水感染。其次是皮肤、黏膜及生殖道。本菌有强的侵袭力和扩散力，不仅可从破损的皮肤侵入机体，而且可从无创伤的皮肤、黏膜侵入机体。交配传染者少，猪是重要传染途径之一。若病公猪精液中有病原体，对人工授精母猪可产生严重的危害。某些吸血昆虫(如蜱)也可能传播本病。

母畜较公畜易感；幼畜对本病有一定抵抗力，随着年龄增长易感性增高，性成熟后对本病很易感。所以，第一胎母牛最敏感，3个月以下羔羊有相对免疫性，5月龄以下猪对本病有抵抗力。

症状

1. 牛　牛患病多为隐性经过，临床上常不被重视。妊娠母牛最常见的症状是流产，可于妊娠任何时期发生，但常发生于怀犊6～8个月。流产胎儿多为死胎，有时产出弱胎不久即死亡。流产前数小时食欲减退，部分牛有起卧、努责等不安表现。流产后常排出污灰至棕色恶露。有的病牛不发生流产，有时产出弱胎。有的牛胎衣不下，发生子宫炎，从阴道不断流出污秽棕红色物。大多数牛只发生一次流产，重复流产者少。流产牛可以再受孕，但亦有少数不孕者。

病牛还常见关节炎，如膝关节和腕关节等，关节肿胀、疼痛，滑液囊炎时出现“水瘤”，初有波动，后被逐渐吸收，甚至关节发生愈着。病牛表现跛行。

公牛主要表现睾丸及副睾炎，初肿胀有热痛，后变坚硬，严重者可能发生坏死，失去配种能力。

2. 绵羊及山羊　主要症状为流产，在自然条件下，多在妊娠后期即第3～4个月发生，多数产出死胎，少数产出活的弱羔。严重时，山羊流产可达50%～90%，绵羊流产可达40%。有的病羊还发生关节炎和滑液囊炎，出现跛行。公羊发生睾丸炎，有热痛，但少见。绵羊可引起副睾炎。有的病羊发生慢性子宫炎可达数月，绵羊可长久不妊。流产后约有10%～20%不孕，即使不流产，羔羊的死亡率也高。乳山羊还可见乳房炎，乳汁有凝块，乳量减少。

3. 猪　与牛、羊发病稍有不同，病猪有较明显症状。母猪主要症状是流产，大多发生在怀孕的第30～50 d或80～110 d，早期流产的胎儿和胎衣多被母猪吃掉，常不被发现。流产前的症状也不明显。流产的胎儿大多为死胎，并可发生胎衣不下及子宫炎，影响配种。有的病猪产出弱胎。流产后又可怀孕，重复流产的较少见。新受感染猪场流产数多，据某猪场统计，在1 287头母猪中，流产率为28%，可见其损失是很大的。

公猪主要症状是睾丸炎和附睾炎，一侧或两侧无痛性肿大，有的极为明显。有的病状较急，局部有热痛，并伴有全身症状。有的病猪睾丸发生萎缩、硬化，性欲减退，丧失配种能力。据某猪场报道，在14头公猪中，9头发生睾丸炎，可见其危害性非常大。

无论公母猪都可能发生关节炎，大多发生在后肢，偶见于脊柱关节。局部关节肿大、疼痛，关节囊内液体增多，出现关节强硬，跛行。据某地统计，有41%的病猪呈现跛行。

病理剖检

胎儿：皮下肌间有出血性浆液性浸润。浆膜上有絮状纤维素块，胸、腹腔有微红色液体及混有纤维素。第四胃(真胃)中有黄色或白色黏液和絮状物，有的黏膜上见有小出血点。胃、肠、膀胱黏膜及浆膜上可能有出血点。淋巴结、肝、脾等有不同程度肿胀，有的散布坏死灶。猪胎儿变化同上，但常有木乃伊化。

胎衣：绒毛膜下胶样浸润，胎膜增厚，覆有纤维素和脓性物，呈灰黄或黄绿色，有时见充血或出血。子叶充血、肿大及发生糜烂。流产的猪胎衣充血、出血和水肿，表面覆盖淡黄色渗出物，有的还见坏死区域。

母体子宫：黏膜充血、出血和炎性分泌物。母猪可见黏膜上有许多如大头针帽至粟粒大的淡黄色化脓或干酪化小结节，内含脓液或豆腐渣样物质。

公畜生殖器官：睾丸及副睾常见炎性坏死灶，鞘膜腔充满浆性渗出液；慢性者睾丸及副睾结缔组织增生、肥厚及粘连。精囊可能有出血及坏死灶。公猪睾丸及副睾肿大，切开见有豌豆大小的坏死灶和化脓灶，甚至有钙化灶。公猪还见有关节炎，滑液囊有浆液和纤维素，重时见有化脓性炎症和坏死，甚至还见脊柱骨、管骨的炎症或脓肿。

诊断　引起流产的原因较多，流行病学、症状及剖检变化是诊断的重要依据，但要确诊，必须有赖于实验室细菌学、血清学、变态反应及分子生物学的检验，特别是本病多呈隐性感染，只有采取多种方法多次检验，方可达到早期诊断的目的。

1. 细菌学检查

(1)病料抹片染色镜检。流产胎儿中常有大量细菌，尽早地收集胎膜水肿液、流产胎儿的胃内容物、脾、肝、淋巴结、胎盘坏死部分等组织作抹片，用柯兹洛夫斯基染色法染色(见病原部分)，常可见到成丛的红色球杆状布氏杆菌，其他细菌呈绿色。

(2)培养。有条件的单位可进行细菌分离培养工作。

2. 动物接种　无菌取胎儿脾、肝、胃内容物，加生理盐水磨碎，肌肉或腹腔、皮下注射两只豚鼠。接种前采血作布氏杆菌凝集反应检查，接种后4～6周，再采血作布氏杆菌凝集反应，观察凝集反应滴度是否升高，若接种后凝集反应血清滴度达到1∶(5～10)或更高时，即为阳性。同时扑杀豚鼠，取脾、肝和淋巴结作细菌分离培养，若分离培养有可疑菌落，则用已知布氏杆菌阳性血清作凝集反应,凝集反应为阳性,则可确定为布氏杆菌。若血清滴度达到1:(5～10)或更高,即使分离不出布氏杆菌,也可诊断为布氏杆菌病。

3. 血清学凝集反应 血清学诊断最具有实际意义。一般是细菌侵入机体后,经7～15 d血液中就出现凝集抗体,随后凝集滴度逐渐增高。病畜流产后10 d以上,大多数有1:(100～1 000)的滴度,阳性反应可保持几个月甚至2～3年以上。因此,流产后采血时间要在7～10 d以后为好。目前,广泛采用凝集反应,常用的有血清玻板凝集反应和血清试管凝集反应。具体操作方法及判定按农业部颁发的操作规程。

需要指出,本试验还不能检出全部病畜,在潜伏期病畜,少数怀孕后期及慢性病畜多呈阴性反应,据报道,病羊阴性反应可达24%。另外,还由于其他细菌感染,可出现非特异性反应,在山羊、猪常见。所以,在羊血清试验时,要用5%～10%盐水稀释血清,检出率才高。有的正常猪只血清凝集滴度可达1:(25～50),所以,还须结合全群及其他表现才能判定为布氏杆菌病猪。

4. 变态反应诊断 羊感染布氏杆菌后20～30 d以上出现变态反应,它比凝集反应出现稍迟,但持续时间较长,如羊、猪在病愈后1～1.5年才逐渐消失。我国对绵羊、山羊的布氏杆菌病采用布氏杆菌水解素进行大群检疫。具体操作方法按农业部颁发的检疫规定。

5. 牛乳汁环状反应诊断 这种诊断方法,可作为一种辅助检查法,用于牛群筛选普查。由于此法很灵敏,一头病牛的乳与几头健康牛的乳混合时(整桶或零售牛奶),仍可出现阳性。因此,可先测混合奶,以判定牛群有否布氏杆菌病,若有阳性反应,再分别检查病牛。

此法操作简单易行,绝大部分阳性病例都从奶中排菌,如与血清凝集反应同时并用,不仅可提高检出率,也可说明病的活动性。本法的缺点是:初乳或产犊后14 d内的乳、泌乳后期的乳、一般乳房炎的乳、接种疫苗后6个月内的乳、日产乳量低于5 kg的乳等等不适于此法检验。另外,有些牛虽然奶中有凝集素,但不一定出现乳汁环状反应或反应不明显。具体操作方法见本节附录农业部颁发的方法。

6. 补体结合反应 病畜感染后7～14 d血中出现补体结合抗体,保持时间比凝集素为长,特异性和敏感性高,非特异性小,对布氏杆菌病诊断有特殊的诊断价值。但由于此法操作复杂,一般实验室不作此项检查。

7. 近年来的几种方法 近年来,还用间接血凝试验、酶联免疫吸附试验、荧光抗体法等检验本病。

8. 鉴别诊断 羊要与衣原体性流产区分;猪要与细小病毒感染、猪繁殖与呼吸综合征、猪伪狂犬病、乙型脑炎等引起的流产区别。

防治措施

1. 坚决保护健康畜群 对从未发生过布氏杆菌病的健康畜群,必须贯彻预防为主的方针和坚持自繁自养的原则,防止从外部引入病畜。若必须从外单位引进动物时,应从无此病地区购买,购进后隔离观察2个月,并进行检疫,确实健康的方可并群饲养。同时,也要防止运入被污染的畜产品和饲料。每年定期对畜群作布氏杆菌病检疫,以能及时发现病畜。若有原因不明的流产时,必须严格隔离流产动物,对流产胎儿及胎膜要进行微生物检查,而且要严格消毒处理,对流产动物作血清学检查,直到证明为非传染性流产时,才能取消隔离。

2. 受威胁畜群的预防措施

(1)对畜群进行定期检疫(至少1年1次)并当成一项防疫制度固定执行,以能及时发现和处理病畜。

(2)定期进行免疫注射，是控制本病的有效措施。目前，我国生产有3种布氏杆菌疫苗，供生产单位应用。

①布氏杆菌猪种二号菌苗(简称S2疫苗)。供预防山羊、绵羊、猪和牛布氏杆菌病。用法及用量如下：

口服法：口服菌苗不受怀孕限制，可在配种前1～2个月进行，亦可在怀孕期使用。畜群每年服苗1次。口服剂量是：山羊和绵羊不论年龄大小，每头为100亿活菌；牛为500亿菌；猪口服2次，每次200亿菌，间隔1个月。如果畜群大，可按全群动物数计算所需菌苗量，将菌苗拌入水中或饲料中，让全群饮服。如果畜群头数少，可逐头灌服。

在饮服时，不能用热水以免烫死细菌，拌入饲料中时，应避免使用含有抗生素添加剂的饲料、发酵饲料或热饲料。在服菌当天、前后一天应停用抗生素添加饲料和发酵饲料。

喷雾法：用于山羊、绵羊。将羊赶入室内关闭门窗，按羊数计算需苗量，每头羊20亿～50亿活菌，用常水适当稀释进行喷雾。喷毕让羊在室内停留20～30 min，孕畜不能喷雾。

注射法：皮下或肌肉注射，山羊注射剂量为25亿，绵羊为50亿。猪注射2次，每次200亿，间隔1个月。牛不采用注射法。孕畜不能注射。

免疫期：羊不论口服、喷雾或注射，免疫期均为3年；牛口服菌苗，免疫期暂定2年；猪口服或注射，免疫期暂定1年。

②布氏杆菌羊种5号菌苗(简称M5疫苗)。预防牛和绵羊、山羊布氏杆菌病。免疫方法可采用皮下接种、气雾和灌服免疫。

牛：皮下接种250亿活菌；室内气雾250亿菌；室外气雾400亿菌。

羊：皮下接种10亿活菌；室内气雾25亿菌；室外气雾50亿菌；饮服或灌服250亿。

妊娠期及种公畜不进行接种。牛、羊检疫阴性的进行接种。农牧区检疫有困难的牛、羊可不经检疫进行接种。犊牛在3～8月龄接种，成畜一般不接种。连续接种2～3年的牛、羊群，可间隔1～1.5年进行检疫，根据检疫结果，决定要否继续接种。

上述各种活疫苗，虽是弱毒疫苗，工作人员仍应做好消毒和防护工作，以防感染。

③牛种19号菌苗。适用于预防牛、绵羊布氏杆菌病。对牛的免疫效果很好，用量为600亿～800亿活菌，对绵羊的免疫量为300亿～400亿活菌。

犊牛在5～8月龄时注射1次，在18～20月龄(即第一次配种前)再注射1次。对牛的免疫力6年内无显著变化。以后可根据牛群布氏杆菌病流行情况决定是否再注射。孕牛不得注射。

绵羊每年配种前1～2个月注苗1次，孕羊严禁注射，对绵羊的免疫期为9～12个月。

19号菌苗对猪和山羊不宜注射。

3. 病畜群的康复措施

(1)定期检疫和隔离病畜。用凝集反应或变态反应定期普遍检疫，将检出的阳性动物清除，或隔离饲养，曾检出病畜的畜群在未达到净化以前，应当做可疑病畜群隔离饲养，并定期进行检疫，及时挑出病畜。对隔离群要严格执行隔离措施，避免病、健畜接触，防止人员互相串往。

(2)畜群经多次检疫挑出阳性畜后仍不断有阳性畜出现时，可注射疫苗预防。

(3)加强消毒及兽医卫生措施。对隔离场所、用具、奶具等进行常规的消毒。作好产房的清洁卫生及消毒工作。妥善处理流产胎儿、胎衣、胎水及分泌物。粪便堆积发酵后利用。乳汁经消毒后利用。加强工作人员的防护工作，特别是发生流产时及产羔接羔季节的防护。

(4)病畜的处理。病畜头数不多且价值不大者，以淘汰屠宰为宜。实践证明，逐步淘汰和肉品合理利用是一种积极的措施，各地可因地制宜采用。此外，对病畜进行对症治疗，如剥离胎衣，子宫炎时的冲洗和治疗，抗生素(四环素、土霉素、链霉素、磺胺类药物)的应用等等。笔者曾在某牛场暴发流产时用土霉素 2 g 配成 5%溶液，肌肉注射，每日 1 次，连注 4 次，制止了流产的继续发生。

(5)培育健康幼畜。这是净化病畜群，更新畜群的一项积极措施。据实际观察，约 50%以上隐性病畜在良好隔离条件下可经 2～4 年而自愈。所以，母牛可用健康公牛精液进行人工授精，从而培育健康牛群。羊群也可根据当地具体情况参照办理。

病牛所产犊牛，产后马上隔离于犊牛群，喂母乳 3～5 d，以后喂健康牛乳或消毒乳。在 6～9月龄内进行 2 次血清凝集反应，如 2 次均为阴性反应者可认为健康牛，转入育成牛群饲养。阳性反应者送入病牛群。

羊只达 4 月龄时，分群饲养，定期多次检疫，逐步淘汰病羊。

布氏杆菌病有重要的公共卫生意义，人类可以感染布氏杆菌病，传染的途径是食入、接触和吸入。凡在牧场、屠宰场、畜产品加工厂、兽医、实验室工作的人员都可能感染，特别是患畜流产和分娩时感染机会最多。病人以发热、寒战、盗汗、关节炎、神经痛、睾丸炎等多种表现，有的病人可反复发作，多年不愈。因此，除有赖于动物布氏杆菌病的预防和净化外，还应加强宣传教育，建立和健全兽医卫生制度，注意个人防护，必要时可进行菌苗预防(用 104M 疫苗，剂量 50 亿菌/人次，皮上划痕，严禁皮下或肌肉注射)，保证人们的健康。

附：布氏杆菌病全乳环状反应操作方法

1. 方法　取小试管一支，用 1 mL 吸管吸取牛的新鲜全乳 1 mL，加入玻璃小试管内，再加入 1 滴(约 0.05 mL)着色的全乳环状反应抗原，混匀，置 37℃温箱或水浴中 1 h 后取出，判定结果。

2. 判定

强阳性反应(＋＋＋)：乳柱上层乳脂形成明显红色环带，乳柱白色，临界分明。

阳性反应(＋＋)：乳脂层呈红色，但不显著，乳柱略带颜色。

弱阳性反应(＋)：乳脂层环带颜色，乳柱不褪色。

疑似反应(±)：乳脂层带颜色不明显，分界不清，乳柱不褪色。

阴性反应(－)：乳柱上层无任何变化，乳柱颜色均匀。

注意事项：凡腐败、变酸、冻结、脱脂以及病牛的乳不得用于本试验。

四、口　蹄　疫

口蹄疫(foot and mouth disease，FMD)是偶蹄兽的一种急性、热性、高度接触性传染病。临诊特点为口腔黏膜、蹄部和乳房皮肤形成水疱和溃烂，故民间有“口疮”、“蹄癀”之称。人也可以感染。

口蹄疫在世界许多国家和地区都有广泛流行，它是各国最受重视的传染病之一。由于病毒易变异，感染动物广泛，传染性很强，如不采取有效防治措施，则传播极快，往往能造成大面积流行，遭受巨大的经济损失。我国也有发生和流行。

病原 口蹄疫的病原体是口蹄疫病毒。本病毒具有多型性和变易性的特点，目前已知全世界有 A、O、C、南非 1、南非 2、南非 3 和亚洲 1 型等 7 个血清型。各型之间抗原性不同，彼此之间不能交互免疫。各型在发病症状上没有什么不同。每一个血清型又可分为若干亚型，现已知的亚型有 70 个以上，各亚型的免疫原性都有或多或少的交叉性，与主型有一定区别。各型引起的症状没有什么不同，这对诊断和防治造成复杂化。

口蹄疫病毒存在于病畜的血液、水疱液、水疱皮、口涎、奶、眼泪、尿、粪等全身各种组织、分泌物及排泄物中。病毒的致病力很强，1 g 新鲜病牛舌皮，捣成糊状，加水 10 t 稀释，取 1 mL 接种健康牛舌面还可引起发病。

口蹄疫病毒对外界环境的抵抗力很强，在牛毛上能生存 4 周，饲料中生存 4 个月，饲具、土壤、粪及干草上生存 1 个月以上，夏季牧场上可保持 14 d。病毒在低温条件下生存力强，在体外能耐寒冷几个月不死，所以，冬季多发病。冻干病毒在冷冻情况下可保持致病力 52 个月以上。水疱皮内的病毒，在 −30～−70℃可保持 12 年。高温和阳光易杀死病毒，在直射阳光下，病毒经 60 min 死亡；加热 70℃ 30 min，煮沸即死。酸和碱对口蹄疫病毒的作用很强，常用 2%～3%火碱、30%草木灰、1%～2%甲醛溶液、0.5%过氧乙酸、4%碳酸钠溶液、5%次氯酸钠、5%氨水等消毒。石炭酸、酒精等对病毒无作用。食盐对病毒无杀灭作用，如在普通盐渍的肉和皮中病毒可活 1.5 个月以上。50%甘油生理盐水中在 5℃时能存活 360～400 d，所以，常用以保存病毒。肉品在 10～12℃经 24 h，或 4～6℃经 24～48 h，由于肉内产生乳酸，使 pH 下降至 5.3～5.7 使其中病毒死亡，但骨髓、淋巴结不易产酸，病毒能存活 1 年以上。

流行特点 口蹄疫能侵害多种(33 种)动物，在自然流行时，主要发生于偶蹄兽，以黄牛、奶牛(特别是纯种黄牛)最敏感，其次为水牛、牦牛、犏牛、猪(尤其是纯种白猪)，再次是绵羊、山羊、骆驼等。野生偶蹄兽也能发病，如黄羊、野牛、野猪、鹿等。幼龄动物较老龄动物易感，死亡率也高。

病畜是最危险的传染来源，可通过各种分泌物和排泄物排毒，尤其是发病初期排毒量最大，毒力最强。另外，康复家畜还可带毒，带毒期长短不一，曾有人报道病牛有 50%可带毒 4～5 个月，甚至康复一年后的牛运到非疫区引起本病暴发。

病畜是主要传染源，在发病初期排毒量最多，毒力最强。传染途径主要是消化道，常通过污染的饲料及饮水侵入体内，亦可经损伤的黏膜(口、鼻、眼、乳腺)和皮肤感染。近年来证明本病亦可通过呼吸道吸入污染的空气而感染，感染量可较口服少 1 万～10 万倍。猪经呼吸排至空气中的病毒量相当于牛的 20 倍，在传播上起重要作用。

牧区病羊患病时，症状轻微，易被忽视，可成为长期的传染源。病猪的排毒量远远超过牛、羊，在本病的传播上起着重要的作用。从流行病学的观点来看，绵羊是本病的“保存器”，猪是本病的“扩大器”，牛是“指示灯”。

牲畜和畜产品的调运、被污染的饲料、饮水、饲管用具、车船、放牧地、野生动物、鼠、犬、鸟类及人都是重要的传播媒介。近些年证明，病毒能随风刮散到 50～100 km 以外的地方，可见空气也是一种重要的传播媒介。由于上述媒介的移动，常是本病广泛流行和远距离的跳跃式发生的重要原因。

本病的流行特点是：传染快、流行广、发病率高，在同一时间内，往往牛、羊、猪一起发病。

但有时牛、羊发病，猪少发或不发；有时只猪发病，牛羊少发或不发，后者是一新的发病动态。一般幼畜易感性比老龄畜大，死亡率高。新流行区发病率可达100%，老疫区发病率为50%左右。本病一年四季都可发生，在牧区大多在秋末开始，冬季和早春达到高峰，春秋减少，夏季基本平息。农区发病基本相似，以寒冷季节最多发。本病常沿交通线向四周扩散。

症状

1. 牛 潜伏期一般是2～4 d，最短为24 h，最长为14 d。病牛体温升至40～41℃，食欲减退，精神委顿，乳牛产乳量下降。病牛不敢大胆咀嚼，检查口腔黏膜时，口温高，可见黏膜发红，不久，唇内、齿龈、舌面和颊部黏膜出现水疱，如黄豆、蚕豆大小，或更大，初为淡黄色透明液，后变浑浊，破溃后留下表浅的鲜红色湿润的烂斑。水疱常几个相连，形成一大的破溃面。病牛流涎很多，常下流成线状，口角呈白泡沫状，挂满嘴边，采食反刍停止，常有吸吮声。鼻镜有时可见水疱或烂斑。当黏膜水疱破裂后，体温恢复正常。

在口腔发生水疱的同时或稍后，病牛的蹄部趾间、蹄踵、蹄冠等部出现水疱，病牛不愿站立和行走，跛行。水疱很快破溃，出现糜烂，然后愈合。如不及时护理，地面污秽不洁，则可被污染，糜烂部出现化脓和坏死，严重时可使蹄匣脱落，甚至发生死亡。牛的其他部位，如乳房、乳头皮肤和鼻端等部亦可发生水疱及糜烂。怀孕母牛可能发生流产或早产。

成年牛发病后一般为良性经过，死亡率很低，不超过1%～3%。但有些情况下可出现恶性口蹄疫，其死亡率可达20%～50%，这主要是由于病毒侵害心肌所致。病牛全身症状明显，精神萎靡，反刍停止，虚弱，肌肉颤抖，心跳加快，节律不齐，站立不稳，行走摇晃，因心肌麻痹倒地而死。

犊牛发病时，大多看不到特征性水疱，主要表现为出血性肠炎和心肌麻痹，在体温升高时发生腹泻，死亡率很高。

2. 羊 症状与牛大致相同。绵羊感染率低，症状轻，主要侵害蹄部，出现跛行。口腔少发，不流涎，食欲无明显变化。山羊患病比绵羊重，死亡率也高，多见于口腔发病。羔羊发生出血性胃肠炎，常因心肌炎造成大量死亡。孕羊可发生流产。

3. 猪 主要症状表现在蹄部。病初体温升高至40～41.5℃，精神不振，食欲减少。在蹄冠、蹄叉和蹄踵部皮肤出现局部红、热、敏感，不久形成水疱，内有灰白色或灰黄色液体。开始时水疱有米粒或绿豆大小，后约达蚕豆大。水疱破溃后，形成出血的暗红色糜烂面，随后结痂而愈。蹄部刚出现水疱时跛行不明显，当人们看出明显跛行不敢站立时，水疱多已破溃。当蹄部有继发感染时，严重者病猪蹄壳可发生脱落。

病猪鼻盘、齿龈、舌、颚部等也可出现水疱，破溃后露出浅的溃疡面，不久可愈合。少数病例，母猪的乳房、乳头皮肤发生水疱。

一般来说，猪多呈良性经过，死亡较少。仔猪发病重，主要发生急性胃肠炎，剧烈拉稀，迅速脱水死亡。有些仔猪表现为高热、萎靡、心跳和呼吸加快、痉挛号叫、心肌麻痹而死。剖检时可见心肌炎变化，常称“虎斑心”。仔猪病死率60%以上。

4. 骆驼、鹿 骆驼、鹿发病的症状大致与牛相似。

诊断 本病的流行情况和临诊症状都很典型，易于辨认和作出初步诊断。但考虑到本病危害巨大和病毒具有多型性的特点，发病地区必须采集病料，迅速送到国家指定的检验点进行检查，以能作出确诊和鉴定病毒型别，以利于及时控制本病和使用相同型别的疫苗。若使用疫苗型别与发病毒型不符，就不能收到预期的防疫效果。

送检病料常采取牛舌面或猪蹄部水疱皮或水疱液。水疱皮最好多采几头病畜，数量在10 g左右，要新鲜成熟，未破裂无异味的致密组织，不要破裂、溃疡、易碎、腐败的水疱皮。采取水疱皮时应尽量防止污染。水疱皮放入盛有50%甘油生理盐水的消毒瓶中，瓶口用蜡封固。水疱液用消毒过的注射器抽取，装于消毒试管或小瓶内，亦须用蜡封固。也可采取病后20～60 d的恢复血清送检。送检病料均须用冰瓶保存送往，并附有疫病发生情况的说明。

若当地有传染性水疱性口炎时，要注意与口蹄疫相区别。前者流行范围小，发病率低，死亡更少见，只有马、驴发病。用动物接种则可区别，方法是：用病牛舌黏膜悬液接种两头牛，一头为肌肉或静脉注射，另一头将舌上皮划破，用病料涂布接种；用同样方法接种两匹马或驴。若是口蹄疫只牛发病，马不发病；若为传染性水疱性口炎，牛、马(或驴)均发病。

猪口蹄疫、猪水疱病、猪水疱性口炎和水疱性疹4种病的区别诊断，见猪水疱病部分。

由于一般化验室不进行该病的检验工作，有关实验室的检查方法和毒型鉴定工作不做介绍。现已有放射免疫、免疫荧光抗体法、被动血凝试验、核酸探针等技术鉴定毒型。

防治措施

1. 发生口蹄疫时的紧急扑灭措施

(1)上报疫情，及时确诊。若有疑似口蹄疫发生时，应立即向上级有关部门报告疫情，并通知邻近场、村加强防疫。同时迅速采取病料，送往国家指定的机构检验，鉴定毒型，确定毒型对预防注射有重要作用。还须成立防疫领导指挥机构，遵照“早、快、严、小”的原则，采取综合的紧急措施，就地消灭。

(2)划定疫区，严格封锁。将发病的场、村划定为疫点，疫点要求封死，人畜不能出入，坚决贯彻各项封锁措施。疫区要求封严，出入要进行检疫、消毒。疫区要设立标志，指定绕行路线，按照当地政府指挥部的命令，在最后一头病畜痊愈后半个月进行1次大消毒，后解除封锁。

(3)疫区内的病畜和可疑病畜按指挥部的要求进行扑杀处理。并严格执行各种防控措施。

(4)非疫区和威胁区按照主管部门的安排，用国家生产和提供的与当地发生毒型相同的弱毒疫苗或灭活疫苗进行预防注射，提高易感家畜对口蹄疫的特异性抵抗力，是综合防治措施最重要的环节。

2. 平时的预防措施　对家畜加强检疫工作，常发地区要定期注射口蹄疫疫苗。为保护我国边境地区，防止本病从邻国传入，对易感动物进行预防注射，建立免疫地带是十分必要的。

五、流行性乙型脑炎

流行性乙型脑炎(epidemic encephalitis B)是由流行性乙型脑炎病毒引起的一种人、畜共患传染病。家畜中马发病出现高热、黄疸及中枢神经机能紊乱—沉郁、兴奋和意识障碍。猪表现为高热、流产、产死胎及公猪睾丸炎。其他畜(牛、羊等)和家禽大多为隐性感染。本病常于夏末秋初流行，有明显的季节性。

乙型脑炎起源于日本，又称日本乙型脑炎，亚洲地区的日本、朝鲜、菲律宾、泰国、印度尼西亚、印度及我国都有发生，其他国家称为日本脑炎，为了与日本冬季流行的一种嗜眠性脑炎(甲型脑炎)相区别，故将本病称为乙型脑炎。

病原　日本乙型脑炎病毒属黄病毒科、黄病毒属，是一种小的病毒。马、牛、羊、猪、鸡都有相当高的隐性感染率，病毒在感染动物血液内存留的时间短，主要存在于脑、脑脊髓液和死产胎儿的脑组织，以及血液、脾、肿胀的睾丸，以肿胀睾丸的含毒量最高。流行地区的吸血昆虫，特别是伊蚊属和库蚊属昆虫体内能分离到病毒。

病毒可以凝集雏鸡、鹅、鸭和绵羊的红细胞。试验动物中各种年龄的小鼠都有高度的易感性，其中以 1～3 日龄的乳鼠最易感。小鼠脑内接种最好，皮下、腹腔、静脉、鼻腔等途径接种都可以感染。家兔、豚鼠、猫、鸽、鸡等对本病的易感性都很低。

病毒对外界环境抵抗力不强。56℃经 30 min，70℃经 10 min，100℃经 2 min 可死亡。在低温下存活时间长，在 0℃中保存 3 周左右，－20℃下保存 1 年，－70℃下保存数年。在 50% 甘油生理盐水中于 4℃时存活 6 个月。在 pH 7 以下或 pH 10 以上病毒活性很快下降，最适 pH 为 7.5～8.5。常用的消毒药有良好的消毒作用，如 3%来苏儿、石炭酸可于数分钟内杀死病毒。高锰酸钾、福尔马林、升汞等亦有良好的杀灭作用，对氯仿、乙醚、胰酶等也敏感。

流行特点　流行性乙型脑炎是一种自然疫源性疾病，原来传播于无人居住地区的野生温血动物，后来传到人类，成为人和动物共患的一种传染病。

在自然情况下，在家畜马、骡、驴、猪、牛、羊、鸡、鸭、犬、猫及野鸟中都能感染本病。马最易发病，猪、人次之，其他畜禽多为隐性感染。

本病主要由带毒媒介昆虫的叮咬传播，当蚊虫叮咬病人及隐性感染和病毒血症期（血液中可带毒 3～7 d）的动物时，病毒即随血液进入蚊体，此蚊再叮咬健康的动物或人体，则引起病毒的传播。几乎按蚊属、库蚊属、伊蚊属的各种蚊以及库蠓等均能传染，其中尤以三带喙库蚊为本病的主要传染媒介。感染本病毒的蚊子终身具有传染性，并能随雌蚊越冬，经卵传代。因此，带毒越冬蚊能成为次年感染动物和人的传染源，所以，媒介蚊虫不仅是本病的传播媒介，也是病毒的储存宿主。这样，可使病毒在流行地区延续下去。

人和动物感染病毒后，绝大多数是无症状的隐性感染，血清中有中和抗体、补体结合抗体和血细胞凝集抗体，可以通过血清学反应的方法检查出来。据本病流行地区的调查，人、马、骡、驴、牛、猪、犬、猫及鸡的中和反应阳性率都很高。

本病发生与媒介蚊虫的滋生与活动有密切关系，因而有明显的季节性，常于夏末秋初流行，一般是 7～9 月份，10 月份明显减少。但由于我国地域很大，南北方还略有差异，一般是南方 6～7 月份，东北 8～9 月份达到高峰。

马发病与年龄有一定关系，3～4 岁以下的马临诊发病数相对较多，尤其是当年驹发病最多。据某地 171 例发病年龄统计，1 岁占 38.6%，2 岁占 18.1%，3 岁占 15.2%，4 岁占 8.7%，5 岁占 4.6%，6～8 岁占 15.0%，可见年龄越大发病越少。张家口地区在 638 匹病畜中，3 岁以下幼驹占 82.7%，在幼驹中又以当岁及 1 岁的较多。新调入疫区的马匹易发病。

猪的发病年龄与性成熟有关，大多在 6 月龄左右发病。其特点是感染率高，发病率低（20%～30%），死亡率低，常因并发症死亡。新疫区发病率高，病情严重，以后逐年减轻，最后多呈无症状的带毒猪。

（一）马流行性乙型脑炎

症状　潜伏期为 1～2 周。病马体温升高达 39.5～41℃，精神沉郁，头颈下垂，可视黏膜潮红或轻度黄染，食欲减少或废绝，肠音低沉，排粪困难。

病马主要表现为神经症状，即沉郁、兴奋或麻痹。

在沉郁型时，病马表现为精神沉郁，头颈低下，反射迟钝或消失，呆立不动，食欲废绝，眼半闭呈睡眠状，视力减弱或失明，以下颌靠着食槽，或以头顶墙，或以前胸靠在木栏上，有时头向一侧，作转圈运动或无目的地向前走动，遇障碍物不知停止，或两前肢交叉，或四肢失去平衡，走步摇晃，草含在口中无咀嚼动作。幼驹不知吮乳。严重时，肌肉颤抖，不自主运动，磨牙，面部肌肉麻痹，唇下垂，甚至前躯或后躯及全身麻痹，感觉消失，站立不稳，易摔倒，卧地不起，四肢作游泳姿势。以沉郁型病马为多见，病程为 1～4 周，如早期治疗，加强护理，多数可以治愈。

兴奋型病马，表现为狂暴不安，极度兴奋，无目的地乱冲乱撞，难以制止。有的挣断缰绳，不顾周围物体，低头向前冲，或撞在墙上，或掉入沟、坑及河内。咬肌强直，眼球突出。后期衰弱无力，卧地，四肢前后划动如划船动作，鼻孔开张，呼吸困难，心跳加快，最后衰竭而死。此型病马较少，病程短，大多在 1～3 d 死亡。

多数病马沉郁和兴奋交替出现。有沉郁和兴奋症状外，食欲障碍，口流带泡沫液体，磨牙，视力减弱或完全失明，颜面神经麻痹，嘴唇歪向一侧，或舌唇下垂，不能咀嚼和吞咽，或有阵发性抽搐。

病理剖检 尸体剖检肉眼变化不明显。仅见到脑脊髓液增多，脑膜充血、水肿，有时出血。切面见脑实质出血及小的软化灶。内脏可见肺水肿，肝、肾浊肿及胃肠出血性炎症等变化。脑组织切片检查，可见典型的非化脓性脑炎变化，即脑组织见有淋巴细胞和大单核细胞等细胞浸润；血管周围形成管套现象，细胞特别集中于血管周围的淋巴间隙。神经细胞和胶质细胞呈退行性变化。神经节细胞肿大，细胞内空泡形成，核膨大和崩解，胶质细胞增生，在神经周围特别增多，有不同程度的神经吞噬现象。

诊断 根据流行特点、临诊症状及病理组织学观察，可以作出初步诊断。进一步作血清学检查及病毒分离，即可确诊。

1. *流行特点及临诊症状* 本病以 3 岁以下幼驹多发，尤其是当年的驹。有明显的季节性，在夏末秋初流行，7～9 月份达到高峰，与当地蚊虫出现有密切关系。病马表现体温升高、黄疸、沉郁、兴奋及意识障碍等明显的神经症状。

2. *病理学变化* 脑组织切片观察，可见典型的非化脓性脑炎变化。

3. *血清学诊断* 一般是抗体在病初检不出或滴度很低，3～5 周达最高峰，后逐渐降低。

(1)补体结合试验。采取病马血清两份，一份为发病初期血清，一份为发病后 3～4 周的血清，或采取发病后 2 周左右的一份血清，做补体结合试验。如果恢复期的补反滴度比病初期高 4 倍以上，或一份血清的补反滴度在 16 倍以上，结合临诊症状即可确诊。老疫区马匹病后1 年内补反试验为阳性结果。

(2)中和试验。一般用小鼠脑内接种法，根据试验血清与对照接种小鼠的 LD_{50} 效价比较，计算出中和指数。凡中和指数≥50 者为阳性，10～49 者为可疑，≤9 者为阴性。中和抗体在感染后 2～3 周出现，感染后 10 年左右仍为阳性，可用于流行病学调查。

(3)血细胞凝集抑制试验。见单项试验方法。

4. *病毒学诊断* 在初发本病的地区，对初发病例分离病毒进行鉴定，是确诊本病的最准确的方法。用无菌操作采取病死或濒死病马的大脑皮质、海马角、丘脑各一小块，放入 50%甘油生理盐水瓶中，送化验室作病毒分离及鉴定工作。

5. *诊断方法* 用荧光抗体法反向间接血凝试验、免疫酶组化染色等方法诊断。

6. *鉴别诊断* 在马属动物主要与霉玉米中毒作区别诊断。霉玉米中毒病畜体温正常，有腹痛和下痢症状，无黄疸。粪中有潜血。妊娠后期母马发生早产，生下的幼驹多数很快死亡。病畜有喂过霉玉米的历史，停喂霉玉米后，即逐渐停止发病。发病无季节性和地区性。成年畜、壮畜发病多，使役较重的发病多，吃奶幼驹不发病。病畜多在短时期内集中发生，其中以驴多发。剖检死畜，脑部有出血、水肿及液化坏死灶。

治疗 病马由于中枢神经机能发生紊乱，常引起循环、消化和泌尿系统的障碍。因此，除对病马加强护理外，应采取降低颅内压，调整大脑机能，解毒等综合性治疗措施。及早治疗效果好。

1. 加强护理 指定专人看护，放在阴凉、安静而宽敞的马厩，避免音响刺激，防止外伤。有食欲的病马，喂给青草或青干草，少给精料，勤给饮水，在草水中放些人工盐。无食欲的病马，可人工投服稀粥、豆浆、葡萄糖等。不能站立者，应厚垫褥草，勤翻身，如发生褥疮要及时处治。也可用麻袋等自制吊带，将病马吊立，以利病的治疗和恢复。

2. 降低颅内压 对病初兴奋狂暴病马，可颈静脉放血 1 000～2 000 mL，放血量要根据病马营养状况及体格大小等具体情况而定。静脉注射 25%山梨醇或 20%甘露醇（不要与氯化钠同时应用），每次用量按每千克体重 1～2 g 计算，间隔 8～12 h 再注射 1 次。在间隔期间内再注射一些高渗葡萄糖效果更好。山梨醇和甘露醇为脱水剂，注射后 2～4 h 常大量排尿，神经症状可减轻。如无山梨醇和甘露醇时，可静脉注射 10%～25%高渗葡萄糖溶液 500～1 000 mL。在病后期血液黏稠时，可注射 10%浓盐水 100～300 mL。

3. 调整大脑机能 兴奋时可用氯丙嗪或异丙嗪肌肉注射，每次 200～500 mg，或用 10%溴化钠溶液或安溴注射液 50～100 mL，静脉注射。或用水合氯醛 20～50 g，淀粉浆 500～1 000 mL灌肠。

4. 强心、利尿、解毒 对沉郁型可反复注射樟脑制剂或安那加、高渗葡萄糖液。40%乌洛托品溶液 50 mL，一次静脉注射，每日 1 或 2 次。5%小苏打液 300～500 mL 静脉注射。

5. 防止并发症 常用青霉素、链霉素，或用 10%磺胺嘧啶钠静脉注射。

6. 中药疗法 常用石膏汤、双花汤加减等。

防治措施

(1)做好灭蚊防蚊工作。灭蚊防蚊是切断传播途径的好方法。结合爱国卫生运动，充分发动群众，贯彻“打早、打小、打了”的原则，冬季抓消灭过冬蚊，春季抓消灭初生一代蚊，在蚊蝇多的季节，抓好填坑堵洞和药物毒杀等除害工作，以消灭幼虫滋生地和成蚊。

(2)在疫区为了增强马骡对本病的特异性抵抗力，对 4 个月到 1.5 岁的马、骡、驴和从非疫区引进的马匹，用兽用乙型脑炎弱毒疫苗预防注射。每年在流行前 1～2 个月进行，每次皮下或肌肉注射 1 mL。当年驹 1 年注射 1 次后，第二年必须再加强注射 1 次。本疫苗注射 2 次（间隔 1 年），有效期暂定 3 年。

(3)病驹群用母马血 100 mL，给健康驹皮下注射，据观察，有一定预防效果。

(4)加强饲养管理，增强马的体质。

(二)猪流行性乙型脑炎

症状 猪感染乙型脑炎时，临诊上几乎没有呈现脑炎症状的病例，猪常突然发病，体温升至 40～41℃，稽留热，持续数日或十余天。病猪精神委顿、嗜睡，食欲减少或废绝。粪干呈球状，表面附白色黏液。有的可见有一过性的发热和精神、食欲不振的表现。个别猪后肢呈轻度麻痹，步行不稳。也有的病猪因后肢关节肿胀、疼痛而发生跛行。

猪的流行性乙型脑炎主要表现为妊娠母猪突然发生流产，产出死胎、弱胎和木乃伊胎。感染母猪不管在妊娠中或流产后，均无明显的异常表现，对以后配种也无影响。流产胎儿的状态也是多样的，无一定的规律，我们可以看到不同妊娠阶段死亡的胎儿，小至拇指大，大到正常分娩胎儿一样，皮肤、内脏和脐带暗褐色，有不同过程的木乃伊死胎儿。有的胎儿发育一般正常，生后 1～5 d 出现癫痫样症状而死亡。胎儿生长发育正常，生后能张口和伸动四肢，不久即死亡。出生胎儿外观无多大异常，只是由于脑水肿而头部膨大 2～3 倍和腹水症死亡。产出正常胎儿，在哺乳期生长发育良好。

病公猪病初高热后，主要发生睾丸肿大(多为一侧性，也有两侧性的)。睾丸肿大的程度也不一致，一般大于正常的 1 倍左右。患病睾丸阴囊皱襞消失，发亮，有热痛的变化。经 3～5 d 后肿胀可渐消退，恢复到正常状态，这种猪仍能配种。有的猪睾丸缩小变硬，失去繁殖能力。如仅一侧，仍有配种能力。

病理剖检 公猪睾丸有不同程度的肿大，睾丸实质充血或出血，有小的坏死灶。偶有睾丸硬化，体积缩小。切开阴囊，可见与睾丸粘连，实质部分已结缔组织化。

子宫内膜充血，黏膜上覆黏液，并有小点出血。发热和流产病例，常见黏膜下组织水肿，胎盘呈炎性浸润。

流产或早产胎儿见脑水肿，皮下血样浸润，肌肉似水煮状，退色。腹水增多。胎儿常呈木乃伊化，从拇指大到正常大小。肝、肾肿大，在肝、脾、肾实质中有坏死灶。全身淋巴结出血。肺淤血、水肿或有肺炎灶。

病理组织学检查，成年猪脑组织有轻度非化脓性脑炎变化。

诊断 乙型脑炎的诊断主要依靠临诊症状和流行病特点。妊娠母猪，特别是初产和新自外地引入的妊娠母猪发生流产，产出不同胚胎时期死亡的大小不一的木乃伊胎和死胎，或产弱胎，或出产头、腹水肿胎儿，或生后 1～5 d 发生癫痫症状死亡仔猪等，加之本病有较强的季节性，公猪发生睾丸肿大多为一侧性等，就应怀疑是乙型脑炎。

鉴别诊断 布氏杆菌病与本病很相似。猪布氏杆菌病大多发生于妊娠第三个月，多为死胎，少有木乃伊胎，胎盘出血明显，表面有黄色渗出物覆盖；子宫黏膜有粟粒大的化脓灶和干酪化小结节；公猪睾丸大多发生两侧肿大，副睾也肿胀，还有发生关节炎，特别是后肢；流行无明显季节性等。

猪细小病毒病多发生在第一胎母猪，有流产、死胎、木乃伊胎或产弱仔，无神经症状。

母猪发生伪狂犬病常出现流产、死胎及木乃伊胎；小猪有神经症状。

要最后确诊还须进行实验室诊断，可以采取血清和病理材料进行血清学检查及分离病毒，以及病理组织学检查。

防治措施 猪流行性乙型脑炎无特殊治疗办法，对猪来说也无治疗必要，多为隐性感染，一旦确诊或疑为病猪时，应采取果断的淘汰措施。死胎儿、胎盘及阴道分泌物必须深埋，妥善处理。猪舍和用具要消毒。

某些发病猪场，在流行期前 1～2 个月采用乙型脑炎弱毒苗皮下注射可收到较好效果。4 个月以上至 2 岁以上的后备公母猪都可注射。

六、狂　犬　病

狂犬病(rabies)俗称疯狗病,是由狂犬病病毒引起的人畜共患的一种急性接触性传染病。临诊特征是病畜兴奋、狂躁不安和意识障碍,最后发生麻痹而死亡。我国各地城乡均有不同程度的发生,是国家高度重视防治的疫病之一。

病原　狂犬病病毒为弹状病毒科狂犬病病毒属,核酸结构为单股RNA。病毒在电镜下观察,外形似子弹,一端圆另一端扁平,长180～250 nm,宽75～80 nm,有囊膜。

病毒主要存在于动物的中枢神经组织、唾液腺和唾液中。在中枢神经(尤其在海马角、大脑皮质、小脑)细胞的胞浆中形成特异的包涵体,称为内基氏(Neigri氏)小体,呈圆形、卵圆形或梭形,嗜酸性,用姬姆萨液染色染成红色。在内基氏小体内部有嗜碱性小颗粒,(呈紫红色),数目不定。

狂犬病病毒习惯上分为街毒和固定毒。街毒是从狂犬病病犬、其他动物和人分离的天然病毒;固定毒是将街毒通过兔脑内多次继代,使之对人畜的毒力减弱,失去致病性,可用来制备弱毒疫苗。

病毒不耐热,70℃ 15 min,100℃ 2 min可杀死。在50%甘油缓冲液中4℃条件下存活数月至1年。冷冻或冻干状态下可长期保存病毒。酸、碱、日光、紫外线、超声波、石炭酸、福尔马林、1%～2%肥皂水、70%酒精、0.01%碘液、新洁尔灭等兽用消毒液可使病毒死亡。

流行特点　人和各种畜禽、野生动物对本病均有易感性。家畜中犬、猫、牛、马、羊、猪、骡、驴、骆驼、鹿,野生动物中尤以犬种动物如犬、狐、狼等多能感染发病。人也有较高的易感性。据文献记载,狂犬病总数中,各动物所占比例为:犬72%,牛18.4%,马4.2%、猪3%、鹿5.5%。

1997年有人对欧洲20个国家发生的15 726例狂犬病的统计,野生动物为83.4%,家畜为16.5%,人为0.1%。

病畜及带毒的野生动物是传染源。患病的犬和野犬是人和家畜的主要传染来源。野生动物如狼、狐、獾、浣熊、猴等常是传染源和病毒的贮存宿主。南美的吸血蝙蝠及北美的食虫蝙蝠和食果蝙蝠的唾液腺带狂犬病病毒,在传播本病上起重要作用。

本病的传播方式主要通过咬伤而感染。当健康动物皮肤黏膜有破伤时,接触病畜的唾液也可能感染。也有人报告经过消化道黏膜或呼吸道(含病毒的气溶胶微粒)感染的病例。

症状　潜伏期的长短不一,变动很大,与动物的易感性、咬伤口距中枢的距离、深度、侵入病毒的毒力和数量等有关。如果伤口距离大脑较近,伤口也深,病毒量多而毒力强时,则潜伏期短,发病快速。一般为2～8周,最短8 d,长者可达数月或1年以上。犬、猫、狼、羊及猪平均为20～60 d,牛、马30～90 d,人为15～60 d。

犬　典型的可分前躯期、兴奋期及麻痹期。

1. 前躯期或沉郁期　病犬精神沉郁,喜躲在暗处,不听人呼唤。食欲反常,喜吃异物(碎石、泥土、干草、木片、布块等),喉头轻度麻痹,唾液开始增多,反射机能亢进,轻度刺激即易兴奋,有时望空扑咬,舌舐咬伤局部,后躯软弱。

2. 兴奋期或狂暴期　经过1～2 d前躯期后进入兴奋期。病犬高度兴奋,攻击人畜,无目的地奔走,一天可游走几十千米;多半不回主人家。狂暴往往与沉郁交替出现。随病程发展,病犬疲惫不堪，卧地不动，但当受到外界刺激时又可出现新的发作，狂乱攻击，表现出一种特殊的斜视和惶恐情绪。有的病犬看见水或听到水声时，马上疯狂发作，故称恐水症。由于咽喉肌麻痹，吠声嘶哑，下颌麻痹，吞咽困难，流涎和夹尾，神情紧张。

3. *麻痹期* 兴奋期2～4 d后进入麻痹期。病犬消瘦，精神高度迟钝，咽喉麻痹，下颌下垂，舌脱出口外，从口中流出带泡沫的唾液。后躯麻痹，尾下垂在两腿间，行走摇摆，卧地不起，最后衰竭和呼吸麻痹而死亡。

整个病程6～8 d，有的可延至10 d。有的病犬兴奋期很短或有轻微表现即转为麻痹期，称为沉郁型狂犬病。表现喉头、下颌、后躯麻痹、流涎、张口，吞咽困难和恐水等，经2～4 d死亡。

牛 通常为狂暴型。病初精神沉郁，食欲及反刍减少，不久表现为兴奋不安，试图挣脱缰绳，冲撞墙壁，跃踏饲槽，磨牙，流涎。病牛一般少有攻击人畜的现象。兴奋发作后有短暂沉郁期，后又出现狂暴，最后麻痹，口角流涎、伸颈，吞咽困难，不能饮食，最后衰竭死亡。

马 病初咬伤部奇痒，回头啃咬或磨擦伤部而出血，兴奋时冲击人畜，乱咬马槽，并食木片或粪便等。最后咽喉发生麻痹、流涎、卧地，衰竭死亡。

猪 病猪兴奋不安，横冲直撞，攻击人畜。叫声嘶哑、流涎。在发作间歇期，常钻入垫草中，轻微刺激即可一跃而起，无目的乱跑，最后发生麻痹，2～4 d死亡。

猫 病猫一般呈狂暴型，症状与犬相似。发作期不断咪叫，攻击其他动物和人。猫患病病程较短，2～4 d死亡。

诊断 根据发病特点、临诊症状，结合有被咬伤病史，可作出初步诊断。

实验室检查很重要，包括以下内容：

1. *病理组织学检查* 采取病畜的大脑海马角或小脑作触片或组织切片染色检查，镜下观察有无内基氏小体。80%～95%病犬可检出内基氏小体。猫脑为75%，人脑为70%。牛、猪检出率较低。若检查结果为阴性时，还不能完全否定狂犬病，为慎重起见，还可进一步作其他诊断方法。

2. *动物接种* 取病脑做成10%乳剂，按常规方法处理后，给5～6日龄乳鼠(3日龄内乳鼠更敏感)脑内接种，每只0.01～0.03 mL，每份样品接种4～6只乳鼠。如有狂犬病病毒，一般在注后1～2周内小鼠出现兴奋和麻痹症状而死亡，或于接种后第5、7天可扑杀1只检查脑组织内基氏小体。为缩短检查时间，可取脑触片，用荧光抗体法检查。

3. *荧光抗体法* 取可疑病畜脑组织或唾液腺制成触片或冰冻切片，用荧光抗体染色，在荧光显微镜下观察，如被检胞浆内出现黄绿荧光颗粒即为阳性。此法快速，特异性强，世界卫生组织向各国推荐此法，已被许多国家采用。

4. *其他方法* 还可用ELISA、核酸探针、琼脂扩散、中和试验、补体结合试验等法检验。

防治措施 为了保证人畜的安全，预防狂犬病的发生十分重要。

(1)动员群众科学养犬或少养犬。扑杀野犬，防止野犬等咬伤家畜。

(2)认真执行有关省市颁布的养犬管理办法。

(3)预防注射。对家犬进行防疫注射、登记、发放家犬免疫牌证。这是一项艰巨而细致的工作，也是确保人畜健康的最好办法。

狂犬病疫苗可用于犬类及其他动物狂犬病的预防。按卫生部、农业部指定或推荐的狂犬病灭活菌、弱毒苗或狂犬病联苗进行免疫注射，均应按各生产厂家的疫苗使用说明书办理。

(4)人和家畜被患狂犬病犬或可疑病畜咬伤后,应尽快采取紧急防治措施,及时对伤口进行局部处理,使局部多量出血(挤压等),再用肥皂水、70%酒精、碘酊、醋酸、3%石炭酸、硝酸银等冲洗处理,并尽快用狂犬病疫苗进行紧急接种,使被咬动物在病的潜伏期产生主动免疫。如有条件或咬伤距头部较近且严重,最好用抗狂犬病高免血清联合使用,每千克体重1.0~1.5 mL。

(5)病犬及病畜立即扑杀,必须烧掉或深埋。

公共卫生 加强公共卫生管理,对家养犬、伴侣动物犬等严格管理,坚持推行疫苗免疫。人患狂犬病大都是由患狂犬病的动物咬伤所致。病初表现为头痛、食欲不振、恶心和呕吐等;咬伤的局部发热、发痒,有蚁走感觉。脉搏加快,多泪,流涎,出汗,呼吸和吞咽困难,见水表现恐惧,故又名"恐水症"。在发作间歇期,表现忧郁、恐惧,伴有幻听、幻视,有时狂躁,失去自制。通常在发病3~4 d后,因全身麻痹死亡。人被狂犬病畜咬伤后应立即对伤口进行处理,及早接种狂犬病疫苗,同时结合注射狂犬病免疫血清,以免发病。

七、破 伤 风

破伤风(tetanus)是人、畜的一种经创伤感染的急性、中毒性传染病。又名强直症、锁口风、脐带风等。本病的特征是病畜全身骨骼肌或某些肌群呈现持续的强直性痉挛和对外界刺激的兴奋性增高。

我国各地呈零星散发,若以某地区作一统计,发病和死亡造成的损失还是不小的,特别是公畜及猪阉割时由于消毒不严引起发病的为多见。

病原 为破伤风梭菌,革兰染色阳性厌氧菌,大多单独存在,间呈短链排列。有鞭毛,能运动。无荚膜,能形成芽孢,其直径较菌体大,位于菌体的一端,形似鼓槌状。

破伤风梭菌在畜体内或人工培养基内均能产生痉挛毒素、溶血毒素和非痉挛毒素3种毒素。毒素的毒性特强,特别是痉挛毒素。毒素是一种蛋白质,酸、碱、日光、高温、蛋白分解酶等能破坏它。我们用作预防注射的破伤风明矾沉降类毒素,就是根据这个原理经甲醛处理后制成的。

破伤风梭菌繁殖体对一般理化因素的抵抗力不强,煮沸5 min死亡。一般兽医常用消毒药均能在短时间内杀死。但形成芽孢的细菌抵抗力很强,在阴暗处可存活10年以上,在表层土壤中存活数年。含有芽孢的材料须煮沸1~3 h才能杀死。5%石炭酸经15 min,5%煤酚皂溶液经5 h,0.1%升汞经30 min,10%碘酊、漂白粉和3%过氧化氢经10 min,3%福尔马林经24 h才能杀死芽孢。

破伤风梭菌广泛存在于施肥的土壤和尘土中,并常见于健康马、牛等家畜和人的粪便内。同时,芽孢在阴暗干燥处能活10年以上,在土壤表层存活数年。这表明,病原体广泛存在,只要有适宜的伤口就可能感染发病。

流行特点 各种家畜均有不同程度的易感性,马、骡、驴最易感,猪、牛、羊次之,犬、猫在例外情况下发病。人也很易感。

破伤风梭菌广泛分布于自然界,在自然情况下,通常是通过各种创伤感染,如一般发生的刺伤、裂伤、口腔伤口、分娩创伤、去势、剪毛、断尾、断角、牛上鼻环、脐带伤、钉蹄铁误伤、开放性骨折和鞍具伤等均易感染。

必须说明，并非一切创伤都可以引起发病，而是必须具备一定条件。由于破伤风梭菌是一种厌氧菌，所以，伤口狭小而深，伤口内发生坏死，或伤口被泥土、粪、痂皮封盖，或创伤内组织损伤严重、出血、有异物，或与需氧菌混合感染等情况时才是本菌最适合的生长繁殖场所。由于细菌生长发育，产生毒素，引起发病。在临诊上有不少病例往往找不到伤口，这可能是在潜伏期中伤口已愈合，或可能经子宫、胃肠黏膜损伤（牛见于瘤胃）感染。本病无季节性，通常为零星散发。一般说来，幼畜比成年、老龄畜发病多，羔羊、幼驹可由脐带感染，仔猪常因阉割引起。

症状 本病潜伏期长短不一，一般为1～2周。新生幼畜通过脐带感染后可于24 h内出现症状。

1. 马、骡、驴 发病初期，只见运步稍显强拘，咀嚼和吞咽小心而缓慢，照常进行拉车使役，这时，常被人们忽视。随后出现全身肌肉强直性痉挛。

在头部，因咬肌痉挛，开口困难，采食和咀嚼障碍，严重时牙关紧闭，不能采食和饮水，唾液外流，发出一种特异的吸吮声响，口臭。瞳孔放大，瞬膜外露（抬头时最明显），两耳竖立不能转动，两鼻孔张开呈喇叭状。

头颈伸直，不能灵活转动，颈静脉沟深陷，背肌僵硬，腰背强拘，腹部蜷缩，肋骨突出，沿肋软骨部形成陷沟。尾根高举，偏于一侧。

站立时四肢强直开张，状如木马（图2-1），行走困难，转弯或后退体态僵硬，容易跌倒，重者不能站立。

图2-1 马破伤风的强直症状

病马神态清楚，有饮食欲，但反射兴奋性增高，轻微的声响、触摸、强光等刺激时，病畜惊恐不安，大出汗，加重全身肌肉挛性收缩。

由于患畜的兴奋与全身肌肉痉挛，必然引起呼吸、循环和消化系统的障碍。呼吸浅表增数，肺泡音增强，有急性肺水肿时可听到啰音。后期心跳加快，节律不齐，脉搏增数、细而硬。肠音稀少，排粪迟滞，粪球干硬。病畜体温一般都正常或稍高，濒死前可升高到42℃以上。

凡病情经过较慢，兴奋性不太高，能开口两指以上，治疗及时的病例一般都有治愈的希望。若病程发展急剧，迅速出现牙关紧闭，兴奋性很高，惊恐不安，大出汗，以及发现较晚，治疗不及时的病例，往往预后不良。从实际中观察如能耐过10 d，又无并发症，大多数可以治愈。

严重病例，由于肌肉强直痉挛，消耗大量热能，加之呼吸困难，供氧不足，使体内糖和脂肪分解代谢不全，容易发生酸中毒，心力衰竭死亡。由于喉头肌肉痉挛，亦可因食物误入气管而发生异物性肺炎死亡。

驴的破伤风病状一般不如马、骡明显，兴奋性不太高，瞬膜多数不突出。

2. 牛 多因产犊、去角和带鼻环引起发病。头颈伸直，腹部紧缩，弓背，反刍和嗳气停止，常发生臌胀。其他症状与马相似，只是症状较轻，兴奋性增高不明显，病死率也较低。

3. 绵羊和山羊 多因脐带伤、断尾、去势、剪毛及分娩伤感染。全身强直，不能自由起卧，头向后弯，多偏向一侧，有腹泻和臌气。一般症状同马相似。病死率较高，羔羊可达100%。

4. 猪 多因阉割消毒不严引起。四肢僵直，耳直立，尾不摆动，牙关紧闭，重者发生全身痉挛和角弓反张。对外界兴奋性增高，常有"吱吱"的尖细叫声。

诊断　根据特征的临诊症状常可确诊。

治疗　早发现，早治疗，加强护理及综合治疗是提高治愈率，减少损失的主要环节。

1. 加强护理　将病畜隔离在光线较暗、通风良好、清洁干燥的房舍内，铺垫褥草，冬季要保温。大家畜的重病例要用吊带吊起，防止卧倒和摔跌。要使病畜保持安静，避免各种刺激，以减少痉挛发作次数。清水和细软的饲草放于近旁，与口唇一样高，以便自由采食。对不能吃喝的病畜，可经鼻胃管投服稀粥、麸皮水等营养丰富的易消化食物。口腔发臭时，可用淡盐水或0.1%高锰酸钾溶液冲洗。对停药观察的恢复期病畜，少给勤添逐渐增加草料，防止过食。能够走动的病畜，每天可牵动缓慢走动，促进早日恢复肌肉功能，要特别防止因转弯或后退等发生摔倒。

2. 及时发现并处理伤口　这是特别重要的环节之一。彻底清除伤口处的痂盖、脓汁、异物和坏死组织，然后用3%过氧化氢或1%高锰酸钾或5%碘酊消毒，并结合抗生素注射，以消除病原继续产生毒素。

3. 药物治疗

中和毒素：早期及时应用抗破伤风血清(破伤风抗毒素)是特别重要的。目前一般主张大剂量注射，大家畜总用量为80万～100万IU，中等马为40万～60万IU，幼畜、羊、猪为10万～20万IU。大家畜可首次40万IU，以后每日20万IU，连续3 d。也有一次用80万IU，其中10万～20万IU皮下注射，其余量静脉注射。注射的方法：皮下、肌肉或静脉注射，也可一半静脉注射(静脉注射时，先注少量观察10 min是否出现过敏反应，无反应时便可继续注射)。

镇静解痉：当病畜出现强烈兴奋和痉挛时，大家畜深部肌肉注射氯丙嗪150～400 mg，幼驹50 mg，每日1～2次，连用数日。25%硫酸镁溶液50～100 mL，缓慢静脉注射或肌肉注射，每日1～2次。水化氯醛25～50 g，温水1 000 mL，加适量淀粉灌肠。腰背部肌肉僵硬或牙关紧闭病例，可用1%普鲁卡因或25%硫酸镁分数点位注射，每点位10 mL左右。咬肌痉挛开口困难时，可用1%普鲁卡因10 mL和0.1%肾上腺素0.6～1 mL混合注射。

对症疗法：40%乌洛托品液50 mL静脉注射，每日1～2次，连续3～4 d。为维持体况，可用25%葡萄糖液500 mL，复方生理盐水500～1 500 mL，1次静脉注射，每日1～2次。同时每天静脉注射维生素C和维生素B_1各20 mL。如有酸中毒症状可加5%苏打液300～500 mL。心脏衰弱时，也可用强心剂。为调整胃肠，解除粪便蓄积，可用健胃散、人工盐及缓泻剂，必要时用温水3 000～5 000 mL灌肠，甚至掏出直肠内蓄粪。

抗生素疗法：体温升高或有继发感染时，可用抗生素或磺胺类药物治疗。

中药疗法：中药追风散、防风散(加减千金散)、天麻散等多用于治疗，一般中兽医书上都有介绍，不再抄录。

防治措施

(1)每年定期注射破伤风明矾沉降类毒素，马、骡、驴、鹿皮下各注射1 mL，小驹等幼畜、绵羊及山羊各皮下注射0.5 mL。注射后1个月产生免疫力，免疫期为1年，第2年再注射1次，免疫期可达4年。为防止幼驹发病，可于生后5～6周注射破伤风类毒素。6个月后需再注射1次。

(2)防止外伤感染。经常防止或减少伤口的发生和及时进行处治，十分重要。应该对饲养员和使役员进行宣传教育，经常检查鞍具是否合适，在放牧及使役过程中，注意防止外伤发生，如有发生，要及时告诉兽医人员进行处治。另外，去势、剪毛、断脐、断尾、接产及各种外科手术，如消毒不严容易感染，这就要求畜牧兽医工作人员遵守各项操作规程，注意术部和器械的消毒，及时处治各种外伤。对发生大的创伤、深创伤的家畜，可以注射破伤风抗毒素血清预防。在进行外科手术时，可注射破伤风抗毒素血清（马、牛各为 1 万～3 万 IU，小猪因阉割注射 3 000 IU 预防）。

第三章　猪的传染病

一、猪　瘟

猪瘟(hog cholera，classical swine fever)又称“烂肠瘟”，是猪的一种急性、发热、高度接触性传染病。急性病例呈败血症的临诊症状，剖检可见内脏器官出血、坏死和梗死。慢性经过的病例，主要是纤维素性坏死性肠炎。常有副伤寒及巴氏杆菌病继发感染。近些年来，从全国范围来讲，我国主要以非典型猪瘟发生为主，应该重视这一发病动态。

猪瘟是威胁养猪业最严重的疫病之一。所有养猪场都应贯彻“预防为主”的方针，切实做好防疫工作，杜绝或减少猪瘟造成的损失。

病原　猪瘟是由黄病毒科瘟病毒属的猪瘟病毒引起的。猪瘟病毒只有一个血清型，但病毒的毒力有强、中、弱。猪瘟病毒与牛黏膜病病毒、边界病病毒有共同抗原，可呈交叉反应。猪瘟病毒存在于病猪的各部内脏器官和组织中，所以，在分泌物和排泄物中有病毒存在，以病猪发热体温达到最高时，病毒含量最多，如果污染周围环境，可将病毒传播开来。对于有易感性的猪，极微量的病毒也可以致病。

猪瘟病毒可在猪的脾、淋巴结、肾、骨髓、睾丸等组织的细胞内生长繁殖，但不引起细胞病变。猪瘟病毒经过许多次在兔体继代繁殖，逐渐适应于家兔，使家兔发生定型热反应，对猪的致病力逐渐丧失，而免疫原性仍然保持，给猪注射能产生坚强的免疫力。我国广泛应用的猪瘟兔化弱毒疫苗，就是通过这种方法培育成功的。猪瘟兔化弱毒还可适应于山羊、牛体，制成疫苗。

猪瘟病毒对自然环境的抵抗力较强。由于病毒存在的条件不同，存活时间也不同。干燥条件易于毁灭病毒，在一般情况下，将病猪赶出猪圈后，使猪舍保持干燥和较高温度，经过1～3周，将易感猪放入常不再引起猪瘟。病毒对热的抵抗力颇强，阳光直接照射5～9 h未能使滤过的病毒丧失其致病力，紫外光照射1 h，不能杀死滤过血清中的病毒，70℃加热消毒一般需要60 min才死亡。低温条件下，病毒可保持其毒力数月之久，如病毒材料在冰箱中可保存4个月，真空冻干后可保持1年以上，在冷冻猪肉中可保持数周或数月。腌制或熏制的病猪肉中病毒可存活6个月以上。腐败易使病毒生活力消失，如血液、尸体及尿中由于腐败作用可于2～3 d被杀死，在骨髓中可保存1～2个月，在腐败情况下，仍能保持15 d，因此，粪尿及被污染的土壤，在气温较高时，堆积发酵数日病毒便失去传染力。

猪瘟病毒对消毒药的抵抗力强，最有效的消毒药是2%氢氧化钠热溶液，或20%～30%热草木灰水，或5%～10%漂白粉液，或2%次氯酸钠、2%克辽林，在1 h内可杀死病毒。在冬季为防冻起见可于氢氧化钠溶液中加5%食盐。

流行特点　在自然情况下，猪和野猪均可感染发病，任何年龄、品种、性别的猪都可以发病。猪是唯一的自然宿主。

病猪是主要的传染来源,传染途径主要是消化道,凡食入被病猪分泌物和排泄物污染的饲料或饮水,就能被传染。污染的猪舍、运动场地和饲管用具都能传播本病。残羹、泔水喂猪须煮沸后利用。本病也可通过呼吸道、眼结膜及皮肤伤口感染。猪只的买卖、运输、尸体处理不当、肉品卫生检验不严,兽医卫生措施执行不力,人、动物、飞禽和昆虫等都可成为间接的传染媒介,促进本病的发生和流行。

当低毒力的猪瘟病毒感染妊娠母猪,使子宫中胎儿受到感染,造成死产或产出后不久发病和死亡,也有少数成活的仔猪,可长期带毒。分娩时还可排出大量病毒。持续感染貌似健康的妊娠母猪,通过胎盘传染使仔猪患病,是近些年防治中十分棘手的问题。先天被感染出生时正常的仔猪,可保持健康数月,并不断散播病毒,分布于猪群中,难以发现,在猪瘟流行病学上有重要意义,这种现象已引起国内兽医工作者的重视。

必须指出,处于潜伏期的病猪和康复猪,持续感染的猪,在一定时期内还可不断排出病毒,是危险的传染来源,这些在流行病学方面有重要的危害意义。

本病不受气候和季节等因素的影响,任何时候都可发生。不按期进行预防注射的地区,一旦发病,在短期内,可造成广泛的流行,发病和死亡率都很高。在常发地区或注射密度不很高的地区,可呈零星散发。在猪瘟发病过程中,由于机体抵抗力降低,机体内原有的条件性病原菌,如猪霍乱杆菌和巴氏杆菌等,可乘虚而入,引起继发病,使病情加重和复杂化。

症状 病的潜伏期为 4～21 d,一般为 5～7 d,依照病程长短分为最急性、急性和慢性 3 种。

最急性:此型在流行初期可见,病猪常无明显症状,突然死亡。经过稍久,可见体温升高到 41～42℃,食欲减少,委顿,眼、鼻黏膜充血,极度衰弱等一般症状。病程为 1～2 d,死亡率高。

急性:这是较常见的类型。除不食、精神差、喜卧、弓背、寒战及衰弱等一般病状外,还有以下一些较典型的变化:体温升高到 40.5～42℃,眼结膜发炎,流出脓性分泌物,常将上下眼睑粘住,甚至见到眼结膜有小出血点;鼻黏膜也常见发炎,有脓性分泌物流出;病初便秘,粪轮发黑,有如算盘珠子,后见腹泻,恶臭,带黏液或带血;在病猪鼻端、耳后、腹部、四肢内侧等毛稀皮薄处,出现大小不等的紫红色斑点或片状斑,指压不褪色;公猪的包皮发炎,阴鞘积尿,用手挤压时,有恶臭浑浊液体射出。

小猪有神经症状,常发生于过度刺激或在喂食时,走到食槽前欲吃食,突然后退,发出尖叫声,倒地,肌肉抽动,眼球上转,磨牙,前后肢不停地伸动,全身痉挛,1～2 min 自然起立,或在此时死亡。

急性病例,多在 1 周左右死亡,死亡率可达 60%～80%。

慢性:急性不死转为慢性,或开始即呈慢性经过。病猪症状不规则,体温时高时低,食欲时好时坏,便秘与腹泻交替发生,腹泻时间较长,病猪明显消瘦,毛焦肷吊,精神委顿,行走不稳,一般病程达 20 d 或以上,死亡居多。

近些年来,国内多有非典型性或称温和型猪瘟病猪出现,应予注意鉴别。其特点是病势较缓和,病程较长,临诊症状及剖检变化局限且不典型,发病率和死亡率都较低,发病和死亡大多为仔猪,较大的猪一般能耐过,需进行实验室检查方能确诊。这些年来,初生仔猪猪瘟的发生也是发病的新动向。

病理剖检 猪瘟的病理变化是比较典型的。因此,尸体剖检是较简单易行的可靠诊断方法。当然，由于猪体抵抗力和病毒毒力强弱不同，其病变也不完全一致，有的病例典型些，有的病例则只见少数有诊断价值的病变，所以在发病初期，应尽可能地多剖检几头死猪，综合分析，进行判断。

最急性病例常无明显的病理变化，或仅能看到浆膜、黏膜和部分器官的出血现象。

急性猪瘟剖检时，主要呈现典型的败血症变化，有诊断价值的变化是：皮肤上和皮下脂肪有出血点和出血斑；颚凹、颈部、鼠蹊部、肾旁及肠系膜等处淋巴结肿大，呈暗红色，切面周边出血，或红白相间，构成所谓大理石样。肾脏不肿大，色淡或土黄色，被膜下及皮质部有散在或密集、数量不等的小出血点，肾盂、肾乳头，甚至输尿管也可见到出血（图 3-1）；脾脏不肿大，被膜上有小丘状出血，50%～70%的尸体，见脾边缘有暗紫色的出血性梗死，大小不等，突出于被膜表面（图 3-2）。喉头黏膜，会厌软骨、膀胱黏膜、心外膜（尤其左心耳）、肺膜、肠浆膜、肠黏膜及腹膜有大小不一、数量不等的出血点或出血斑（图 3-3、图3-4）。

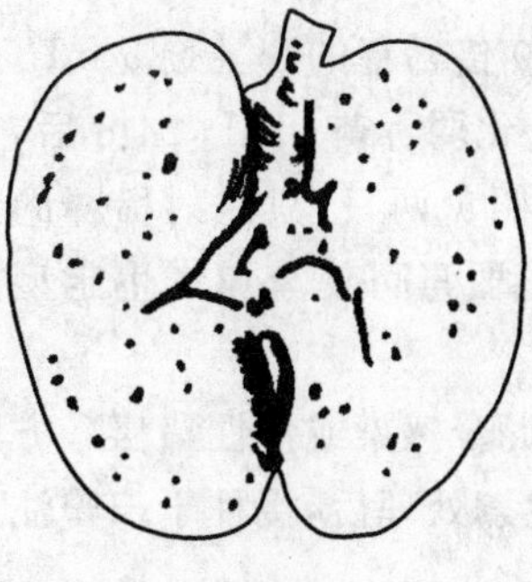

图 3-1 猪瘟肾脏出血

图 3-2 猪瘟脾边缘出血性梗死

图 3-3 猪瘟喉头及会厌软骨出血

图 3-4 猪瘟膀胱黏膜出血

病程较长的慢性病例，特征的变化是在盲肠、结肠及回盲肠口黏膜，发生纤维素性坏死性肠炎，即通称的扣状溃疡。在盲肠和结肠黏膜上，见大小不一的圆形扣状溃疡，呈轮层状纤维素性坏死，突出于肠表面（图3-5），可单个存在，也可互相融合，色灰褐或黑褐色，中央稍低陷。如有继发细菌感染，其变化更严重和多样化。

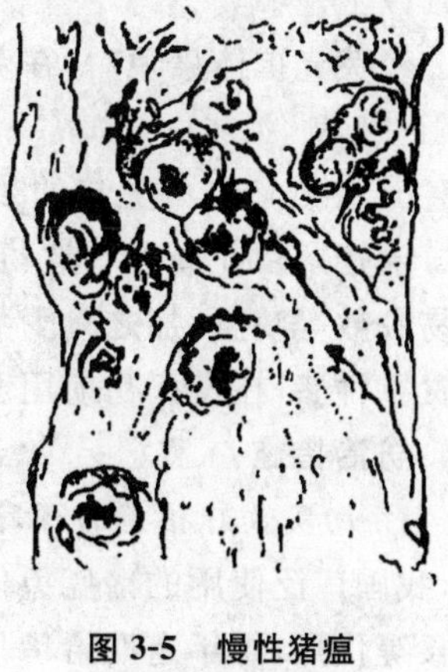

图 3-5 慢性猪瘟结肠扣状溃疡

死产的胎儿皮下水肿，胸水、腹水增多。有的胎儿头和四肢变形呈畸形，肺和小脑发育不良。初生不久死亡的仔猪皮肤和内脏器官出血。

诊断 猪病症状大同小异，初期症状及剖检又不明显，早期正确的诊断对于及时采取防治扩散和扑灭本病具有十分重要的意义。本病主要依靠流行特点、临诊症状及病理变化 3 方面进行判断。

1. 流行病学调查　本病只有猪发病，任何品种、性别、年龄的猪只一年四季都可发病。发病率和死亡率均高，常在发病后1周左右发病和死亡率达到高峰。到达发病地点后，应查明猪群是否进行过预防注射？所用疫苗的种类及用量？最近有否新购入猪只？周围村户疫情如何？发病数量？死亡情况？症状、剖检变化及药物治疗效果如何？

2. 临诊症状　猪瘟的特点是：体温升高，稽留热；脓性结膜炎；初便秘后腹泻；皮肤上有红点或红斑，指压不退；全身虚弱无力，行走不稳；用抗生素及磺胺类药物等治疗无效。

3. 病理变化　全身浆膜、黏膜和皮肤有出血点或出血斑；淋巴结周边出血；脾边缘梗死；肾、膀胱和会厌软骨出血。病程较长的病例，盲肠、结肠及回盲口处有扣状溃疡等。

4. 实验室诊断　我国经过多年广泛免疫注射，猪瘟的发生，出现一些新的变化，光靠发病特点、症状和病理变化难以确诊，必须依靠实验室检验方能作出正确诊断。

血液学检查：猪瘟病毒感染的病例白细胞和血小板明显减少。血相中嗜中性白细胞出现核左移现象，嗜中性白细胞数相对增加，淋巴细胞减少，红细胞数减少，重病例可减至约300万/mm^3，白细胞9 000/mm^3，甚至低到3 000/mm^3。

病毒分离：有条件的单位可进行。

细菌分离：对诊断单纯猪瘟和区别诊断有一定价值。但如分离出病原菌也不能否认猪瘟，因在猪瘟后期常有沙门菌或巴氏杆菌继发感染。

猪瘟兔化弱毒兔体交互免疫试验：将可疑病猪的脱纤血液或10倍稀释的脾乳剂5 mL，肌肉注射于两只家兔，5 d后再给家兔耳静脉注射20倍稀释的猪瘟兔化弱毒苗1 mL，24 h后，每隔6 h测温1次，连测3 d，如无定型热反应，就可证明是猪瘟。对照兔两只，只注射稀释的猪瘟兔化弱毒1 mL，则有定型热反应。本法特异性强，利用猪瘟兔化弱毒可使家兔产生定型热反应，猪瘟病毒不能产生定型这一现象作出诊断。

生物学试验：是可靠的诊断方法，特别是对临诊表现不典型的混合感染或慢性猪瘟。方法是将病猪血液或1∶10脾组织乳剂作为接种材料，经过滤或加抗生素处理后，接种于未曾注射过猪瘟疫苗的易感健康猪，观察其是否发生猪瘟。

荧光抗体试验：最近数年在国内外采用。可用于检查组织培养中的病毒，取病死猪组织淋巴结、脾、肾、回肠或活体组织（扁桃体为首选病料），制成冰冻切片或抹片，据介绍检出率达90%以上。

经荧光抗体染色后，在荧光显微镜下检查，可见被检病料上皮细胞内有亮绿色荧光斑，即为阳性。

5. 鉴别诊断　见猪的4种主要传染病鉴别诊断表。

治疗　目前尚无有效药物能治愈猪瘟，抗猪瘟血清由于成本高、用量大、保存和运输不便、容易失效等缺点，加之只少数生物药品厂才能生产，所以，不能广泛使用。在备有血清的单位，对贵重种猪，在发病初期用于治疗有一定疗效。

防治措施

1. 切实做好猪瘟的预防注射工作　这是提高猪只特异性抵抗力，防止猪瘟发生的关键措施，我国广泛使用的猪瘟兔化弱毒疫苗，具有制造简便、成本低、安全有效、产生免疫力快、免疫期长等优点，每年定期给猪只进行猪瘟疫苗注射，采取定期注射与经常补针相结合的办法，特别是因各种原因在定期注射时没能注射的猪只，事后及时补针，十分重要，要求防疫注射密度高，采取登记、卡耳标记等办法，以达到头头注射，个个免疫。猪瘟兔化弱毒冻干苗（或细胞苗)，稀释后大小猪一律肌肉注射 1 mL。注射后第 4 天即可产生免疫力，免疫期可达一年以上。对猪瘟免疫程序多数同志主张，20～25 日龄首次免疫，在 50～60 日龄进行第二次免疫注射，以后每年免疫注射射 1 次。近些年采用哺乳前注射的方法(乳前免疫)也在应用。

国内养猪单位要制定或选择适合本场科学的免疫程序，每年农业部都推荐有猪瘟的免疫程序可以参考。

2. 实行自繁自养的办法　仔猪出售前进行预防注射及驱虫。若需要从外地购猪只，最好从安全区选购，运回后，还需隔离饲养半个月左右，并进行疫苗注射，经观察认为健康者，方可混群饲养。许多猪场多因乱购猪只引发猪瘟，应予避免。

3. 加强农贸市场的管理和运输检疫工作　杜绝病猪在集市出售和收购。生猪交易市场、猪库、屠宰场等猪只集中场所，特别应该加强兽医卫生及检疫措施。

4. 全方位推行生物安全措施，是保证规模饲养场，减少或不发生猪传染病最重要的技术措施　更新防疫观念，树立"养重于防，防重于治，养防并举，综合防治"的防病观念，真正做到健康养殖，这是所有的养殖者遵循的原则。

5. 发生猪瘟时的紧急措施　早期确诊，及时采取措施，对控制猪瘟，减少经济损失有重要意义。

(1)对全群猪只进行检查，病猪及可疑病猪，立即隔离饲养，指定专人负责管理。

(2)对病猪特别是贵重的种猪，在备有抗猪瘟血清的单位，可用于治疗，对早期病猪有一定疗效。用量按瓶签说明。

考虑到猪瘟死亡率高和又无特效药物治疗的特殊情况，可将达到一定重量的病猪进行急屠和处理。

(3)对病场及附近尚未发病的猪只，马上全部用猪瘟兔化弱毒疫苗进行紧急注射。在潜伏期的病猪注苗后，可能发病和死亡，从猪瘟的病性和疫苗产生免疫力快的特点分析，编者多年现场经验证明，在疫区采取紧急注射办法，常可有效地制止新的病猪出现，缩短流行过程，减少部分损失，是可行的积极措施。

(4)发病猪舍、运动场、饲养管理用具，用 2％热碱水或 30％草木灰水进行消毒。粪尿及垫草等污物，堆积发酵后作肥料利用。

(5)死猪应深埋或销毁、化制。急屠的病猪可在指定的地点进行，按主管部门的意见处理。绝不允许将病猪生肉在市场出售或分吃。病猪的血水、内脏的病变部分、毛及洗刷脏水，坚决全部深埋，或与粪土、垫草堆积发酵后利用。所用刀、板、盆、筐、桶等用具，及污染的地面用热碱水消毒处理。总之，坚决不能因处理病猪不当而传播疾病。

二、猪 丹 毒

猪丹毒(erysipelas suis)是猪的一种急性、败血性传染病。主要症状为败血症表现和皮肤上出现疹块。慢性病猪主要表现为心内膜炎和关节炎。

病原　猪丹毒的病原是猪丹毒丝菌。本菌为纤细平直或稍弯曲的小杆菌，长 1～1.5 μm、宽 0.2～0.4 μm。在死猪的脾、肝、肾等病料涂片中，本菌呈单个、成对或成堆存在，在白细胞内一般成丛存在。在慢性心内膜炎赘生物和陈旧的培养物中，多呈长丝状，并成丛存在。为革兰阳性菌，不能形成芽孢和荚膜，无运动性。

本菌呈微需氧性，在普通培养基上可以生长，培养适温为37℃。pH 7.2～7.5，在普通琼脂平板上形成半透明极小的圆形菌落，如添加血液或血清时则生长较好，为圆形、光滑、边缘整齐的小菌落，在鲜血琼脂培养基上，菌落周围形成狭窄绿色溶血圈。在肉汤培养中，呈均匀的微浑浊，不形成菌膜，底部有少量沉淀，振摇后，沉淀物上升呈絮片状。在明胶穿刺培养时，沿穿刺线呈放射状生长，表现为特征性的试管刷状。

猪丹毒丝菌的血清型可分为24个。我国收集的148株中，121株是1a型（占81%），2型27株（占18.2%）。实际中使用的弱毒苗菌种是1a型。

猪丹毒丝菌对外界环境的抵抗力很强。在阴暗的地方可以生活1个月以上，在室温下耐受干燥数月；在阳光下生活10～14 d才死亡，在熏制病猪肉内可生活3个月，于腌肉中达170 d；在死后深埋1.5 m，经231 d后尸体内尚有活菌。污染的粪和垫草堆肥发酵时，半月内可杀死。本菌对热的抵抗力不强，在50℃加热15～20 min，或在70℃加热5 min可杀死，煮沸后很快死亡。含菌的肉块厚15 cm，煮沸2～3 h可完全灭菌，对猪丹毒丝菌，一般兽医常用消毒药液均能很快杀死。

流行特点 在自然条件下，猪对本菌最敏感。不同年龄和品种的猪均易感。本菌可能感染几乎所有各种家畜和禽类。在自然情况下，我国曾有水牛、绵羊、马感染本病的报道。国外介绍绵羊、牛、马、鹿、野鸡、火鸡、鸡、鸭、鸽、鸟类（麻雀等）、鼠类、野兔和鱼类也可感染本病。小鼠和鸽对丹毒丝菌易感，常作为试验动物用于诊断。

本病的传染途径主要是消化道。污染的饲料、饮水、土壤、猪舍和饲养管理用具、通过消化道侵入猪体。其次是经过皮肤伤口感染。人通过伤口感染，称为“类丹毒”，少呈败血病症状，常为局部炎症和化脓，有时引起关节炎。某些吸血蚊、蝇也可作为本病的传染媒介。我国曾观察到黑花蚊和厩蝇与本病流行有关。

病猪和带菌猪是主要传染来源。据试验证明，某些外表健康的猪只（35%～50%），在扁桃体和消化道中带有此菌。当不利因素降低猪体抵抗力时，毒力相对增强，也能导致猪只发病，排出有致病力的病菌，传染其他健康猪。所以，即使没有从外地传入的原因，也可发生猪丹毒，这就是内源性传染。另据报道，已知50多种哺乳动物、50%的啮齿动物和30种野鸟中分离到本菌。鱼类也可带菌。

猪丹毒的流行有一定的季节性。大多发生在气候较暖和的初夏和晚秋季节，但由于我国地幅辽阔，南北方气温差异很大，流行季节不可能一致。据报道，基本规律是：北方各省6～9月份是流行季节；中南各省7～9月份是流行季节，其他月份只有零星发生，南方各省则全年都有发生，尤以9～12月份较多。据作者等对京郊死亡猪只检验统计，7月份至翌年2月份都有发生，以11～12月份为多，多呈散发性。

本病大多发于3～6月龄的猪只，哺乳猪和老猪发病较少。国内调查是：4～6月龄的猪最多，占56%；1～3月龄占29%；7～9月龄占8%；10～12月龄占5%；1岁以上占2%。据作者等对京郊送检猪只统计，从1月至1岁多均有发生，体重在10～75 kg之间。

本病有一定常在性，呈散发或地方流行。

症状 人工感染的潜伏期为3～5月，最短为24 h，最长为7 d。根据临床病猪病程长短，一般分为急性、亚急性和慢性3种。

急性（败血型）：此型最为常见，在流行初期，常有一两头猪无任何临诊表现突然死亡，其他猪相继发病和随之死亡。体温高达 42℃以上，食欲减少或废绝，寒战、喜卧，行走摇摆不稳。结膜潮红，有浆性分泌物。呕吐，初粪软，后腹泻。此时病猪如若不死，可在胸、腹、四肢内侧、耳部皮肤上，出现大小不等的红斑，指压红色暂时消退。此时病猪可视黏膜发绀，呼吸困难，站立不稳。如不及时治疗，多数病猪在 2～3 d 内死亡。病死率可达 80%。

亚急性(疹块型)：这是经过较轻的一种，除上述一般病状外，以皮肤上出现疹块为特征。体温较少超过 42℃，病后 1～2 d，在背、胸、颈、腹侧及四肢的皮肤上，出现深红、黑紫色大小不等的疹块，其形状有方形、菱形、圆形、或不规则，或融合连成一大片，疹块部稍凸起，中间苍白，界限明显，很像烙印，故有“打火印”之称。白猪容易见到，而黑猪不易看到，常急宰刮毛后才被发现。随着疹块出现，体温下降，病势减轻，数天后疹块逐渐消退，凸起部渐下陷，最后形成干痂，表面脱落而自愈。此型病程 10～12 d，死亡率低。个别病例也有转为急性或慢性的。

极个别病猪，背部皮肤发生坏死，皮肤发黑变成较硬厚痂，和皮下组织分离，被毛零乱，十分难看，犹如南方遮雨的破蓑衣一样，覆盖于背部，不久可脱落。有时见到病猪的耳或尾部发生坏死脱落。如有继发感染，则病情复杂，病程延长。

慢性：单独发生慢性的少见，大多由急性转变而来。主要症状为心内膜炎或关节炎，或两者并发。患慢性心内膜炎的病猪，体温正常或稍高，食欲时好时坏，生长发育不良，被毛粗乱无光泽，贫血，时有腹泻，体弱无力，不爱走动，驱赶跑动时呼吸困难，心跳加快，心律不齐，衰竭，甚至发生虚脱和死亡。重症者 2～4 周内死亡。患慢性关节炎病猪，可见股关节、腕关节和跗关节发炎肿大，初热痛，跛行，行走步态僵硬，喜卧，甚至不能行走和站立，食欲也是时好时坏，生长发育迟缓。

病理剖检　急性死亡的病猪，可见皮肤发红，淋巴结急性肿大，切面多汁，有出血点；胃底部及小肠(主要是十二指肠和空肠前段)黏膜红肿，上覆黏液及出血，大肠无明显变化；脾肿大，呈紫红色，包膜紧张，质地柔软，切面脾髓隆起，红白髓界限不清，用刀易刮脱；肾脏肿大，呈不均匀的紫红色，切面皮质部呈红黄色，有大头针帽大小的出血点，稍隆起如“糖葫芦串”。心内外膜出血，心包积液。疹块型丹毒可见皮肤呈现典型的疹块病变，以白猪或煺毛后更明显，有部分死尸脾、肾还可出现前述病理变化。慢性病猪心内膜的损害，大多见于左心的房室瓣(二尖瓣)上，出现典型的菜花样赘生物。慢性关节炎时，可见关节肿大，关节液增多，有纤维素渗出，关节囊增厚，滑膜表面有绒毛样增生物。

诊断　猪丹毒的诊断，主要依靠流行特点、临诊症状及病理变化 3 方面，进行病原学检查更可确诊。

1. 流行特点　本病有一定季节性，以 3～6 月龄的猪发病最多。在流行初期，猪群中常为最急性经过，突然死亡一两头，且大多为健壮猪，以后陆续发病或死亡，如能及时采取有效措施，常可终止流行。猪丹毒发生有较明显的常在性。青霉素治疗效果良好。

2. 临诊症状　败血型猪丹毒，以体温升高达 42℃以上，突然发病和死亡，皮肤红斑指压退色及呕吐等症状为特征。疹块型以病猪体表皮肤上出现典型疹块为主症。慢性病猪有心内膜炎及关节炎的相应临诊表现。

3. 病理变化　有诊断价值的病理变化是淋巴结肿大、切面多汁或有出血。脾肿大，呈紫红色，切面结构不清，易刮脱。肾肿大，皮质部肾小球出血。胃底部及小肠(十二指肠及空肠前段)呈卡他性或出血性炎症。慢性病例可见左心二尖瓣有菜花样赘生物或有关节炎。

4. 细菌学检查　以新鲜病料(心血、脾、肾、肝、淋巴结、病变的心内膜和关节炎病变部)抹片，革兰染色后镜检可见单个或成堆的细长小杆菌，白细胞内也可见到细菌，在慢性心瓣膜制片上可见单个或成堆的长丝状菌体，如有必要时可进行培养检查和分离鉴定。

5. 动物试验　用稀释病料 0.2 mL 皮下注射于小鼠，或 1 mL 肌肉注射于鸽，待动物在 3～5 d 死亡后，由心血和脏器再作病料镜检或细菌分离工作。

6. 血清学试验　有血清凝集试验、SPA 协同凝集试验、免疫荧光抗体直接法、琼扩试验等。

治疗　发病后首先是早期确诊，隔离病猪，及时治疗对猪丹毒有较好的治疗效果。

1. 抗生素疗法　青霉素是治疗猪丹毒的首选抗生素，用量按每千克体重 10 000 IU 计算，每日 2～3 次肌肉注射。应该指出，经过治疗后，体温下降，食欲和精神好转时仍须继续再注射 2～3 次，巩固疗效，防止复发或转为慢性。

土霉素盐酸盐，按每 10 kg 体重 0.2～0.4 g 计算，用专门配用的稀释液稀释后，深部肌肉注射。四环素按每千克体重 5 000～20 000 IU 肌肉注射，每日 1～2 次。或用 10%磺胺噻唑钠 20～40 mL，肌肉注射，每日 1～2 次。四环素、金霉素也有疗效。

2. 血清疗法　如备有抗猪丹毒血清的单位也可用于治疗。

防治措施

1. 未发病时的经常性预防工作　如前所述，某些健康猪，猪体内带有猪丹毒丝菌，当抵抗力降低时，可引起发病。因此，提高猪体抵抗力是预防本病的重要措施。主要是加强猪的饲养管理，给以营养丰富的饲料，猪圈勤清扫，保持圈舍干燥清洁。

每年定期进行预防注射。当前我国使用的有两种菌苗。

(1)猪丹毒氢氧化铝甲醛菌苗。10 kg 以上的断奶猪，皮下或肌肉注射 5 mL，10 kg 以下或尚未断奶的猪，皮下或肌肉注射 3 mL。注苗后 21 d 产生免疫力，免疫期为 6 个月。

(2)猪丹毒 GC_{42} 弱毒疫苗。为冻干苗，使用时用 20%氢氧化铝生理盐水稀释，大小猪一律皮下注射 1 mL，含菌 7 亿。注苗后 7 d 产生免疫力，免疫期为 6 个月。口服时每头 2 mL，含菌 14 亿，服后 9 d 产生免疫力，免疫期达 6 个月。

2. 发生猪丹毒后，猪场环境及饲养管理用具，应进行消毒　猪粪及垫草集中堆肥，发酵腐熟后作肥料用。病死的猪或屠宰猪可高温处理，血液、内脏等深埋。屠宰和解剖人员应加强防护工作，免受猪丹毒丝菌感染，如有发病，立即就医。兽医人员与饲养员密切配合，注意观察整个猪群的发病动态，以便及时发现病猪，采取措施，减少损失。

人感染后称为“类丹毒”，发病后立即就医，平时做好预防工作。

三、猪巴氏杆菌病(猪肺疫)

猪巴氏杆菌病(swine pasteurellosis)叫猪肺疫，俗称“锁喉风”或“肿脖子瘟”。它是由多杀性巴氏杆菌引起猪的急性流行性或散发性和继发性传染病。急性病程呈出血性败血病、咽喉炎和肺炎的病状，慢性病程主要为慢性肺炎症状，散发性发生。

病原　猪肺疫的病原体是多杀性巴氏杆菌，为细小球杆菌，宽 0.25～0.4 μm，长 0.5～1.5 μm。革兰染色为阴性。无鞭毛，不形成芽孢。在血液和组织的病原菌，用美蓝、石炭酸复红，用瑞特或姬姆萨液染色，菌体呈明显的两极着色特性。新分离的强毒菌株具有荚膜，但在培养基培养时，荚膜迅速消失，本菌为需氧及兼性厌氧菌，可在普通培养基上生长，如添加血液或血清，则生长良好。在琼脂平板上，形成湿润、光滑、边缘整齐的圆形露珠样灰白色小菌落，不溶血。在肉汤中呈均匀一致的中等度浑浊，有黏性沉淀物，培养久时，表面形成菌膜。

新分离的细菌，其菌落的荧光性很强。我国科学工作者，自畜禽病例分到两大菌落型，一为对猪等畜类有强大毒力的Fg菌落型；另一为对鸡等禽类毒力强大的Fo菌落型。自急性病例分离的Fg型，菌落在肉眼下现微蓝色荧光，在45°折光下荧光呈蓝绿色而带金光，边缘有红黄色光带。自慢性散发性病例或健康带菌者分离的多为Fo型，肉眼观察呈乳白色，荧光微弱，折光下荧光呈橘红色而带金色，边缘有乳白色光带。不同畜群来源分离的巴氏杆菌，对不同畜禽的毒力和抗原性均有很大差异，如由猪、水牛、黄牛、牦牛及绵羊分离的Fg型菌，均对猪有强大毒力，但对鸽及鸡的毒力微弱。相反，自猪、兔、水牛及鸡分离的Fo型菌，对鸽及鸡的毒力均属强大，而对猪的毒力则微弱。另外，还有无荧光型(Nf)。

根据巴氏杆菌特异性荚膜抗原的不同，分为A、B、D、E和F 5个血清群，在猪以A及D型为最常见。以菌体抗原分型，共16个型，我国分离的猪巴氏杆菌以5∶A和6∶B为主，8∶A与2∶B次之。我国科学工作者从猪分出的23个菌株中14个属B型，7个属A型，2个是D型，这与其他一些国家的结果不甚一致。目前我国生产的猪巴氏杆菌病菌苗所用的菌种就是B型。

本菌对外界环境的抵抗力不强，直射阳光下经10～15 min死亡，在表层土壤中存活7～8 d；在疏松的粪便中经14 d死亡；如堆积发酵则2 d可死亡，说明腐败易致死亡。在60℃加热10 min，加热到100℃立即死亡。一般常用的消毒药，都可在数分钟杀死本菌，但10％克辽林在1 h内尚不能杀死此菌，不宜采用。

流行特点 猪和其他畜禽一样，在健康猪上呼吸道中常带有本菌，但多半为弱毒或无毒的类型。国内某单位，曾在30.6％的健康猪发现带有本菌，并皆为Fo型。有人检查屠宰猪扁桃体带菌率达63％。由于猪群拥挤、圈舍潮湿、卫生条件差、长期营养不良、处于半饥饿状态、寄生虫病、长途运输及气候骤变等等不良因素，降低了猪体的抵抗力，或发生某种传染病时，病菌乘机侵入机体内繁殖，而增强毒力，引起发病。这种以内源性感染为主的猪肺疫，呈散发性发生。在自然条件下很少能传染另外的健康猪。当然，由于细菌通过发病猪体毒力增强后，仍可传染另外健康猪，因此，不能忽视健康带菌猪在传染来源上的作用。

流行性猪肺疫以外源性感染为主，病原主要为Fg型菌，病猪为主要传染来源，细菌随病猪的分泌物、排泄物以及尸体的内脏和血液等污染周围环境，通过被污染的饲料、饮水和其他器物经消化道感染发病。接触和通过飞沫经呼吸道传染是次要的传染方式，间有经伤口感染的，国内用解剖禽霍乱的刀阉猪，或将鸡霍乱死鸡喂猪引起猪肺疫的事例，已有数起。

本病大多发生于中、小猪，成年猪患病较少。一年四季都可发生，但以秋末春初及气候骤变的发病较多，在南方大多发生在潮湿闷热及多雨季节。猪只的饲养管理不当、卫生条件过劣、饲料和环境的突然变换及长途运输等，都是发生本病的诱因。据多年观察，在华北地区，特别是北京地区，很少见有流行性猪肺疫发生，大多呈零星散发，且大多为慢性经过，更多见于继发于其他传染病，如常是慢性猪瘟，仔猪副伤寒和喘气病的继发病。

症状 潜伏期长短不一，随细菌毒力强弱而定，自然感染的猪快者为1～3 d，慢者为5～14 d。

根据临诊病程，可分为最急性、急性和慢性3种。最急性和急性病例，常由强毒的Fg菌型引起，且呈流行性发生；慢性经过病例，大多由弱毒的 Fo 型菌引起，且呈散发性或继发性发生。

最急性型：常见于流行初期，病猪于头天晚吃喝如常，无明显临诊症状，次晨已死在圈内。症状明显的可见体温升高至 41℃以上，食欲废绝，精神沉郁，寒战，可视黏膜发绀，耳根、颈、腹等部皮肤出现紫红色斑。较典型的症状是急性咽喉炎，颈下咽喉部急剧肿大，呈紫红色，触诊坚硬而热痛，重者可波及耳根和前胸部，致使呼吸极度困难，叫声嘶哑，常两前肢分开呆立，伸颈张口喘息，口鼻流出白色泡沫液体，有时混有血液，严重时呈犬坐姿势张口呼吸，最后窒息而死。病程 1～2 d。病死率很高。

急性型：是本病常见的病型，主要表现为肺炎症状，体温升至 41℃左右，精神差，食欲减少或废绝，初为干性短咳，后变湿性痛咳，鼻孔流出浆性或脓性分泌物，触诊胸壁有疼痛感，听诊有啰音，呼吸困难，结膜发绀，皮肤上有红斑。初便秘，后腹泻，消瘦无力。大多 4～7 d 死亡，不死者常转为慢性。

慢性型：初期症状不显，继则食欲和精神不振，持续性咳嗽，呼吸困难，进行性消瘦，行走无力。有时发生慢性关节炎，关节肿胀，跛行。有的病例还发生下痢。如不加治疗常于发病 2～3 周后衰竭而死。

病理剖检 最急性病例为败血症的变化，全身皮下、黏膜、浆膜有明显的出血。在咽喉部黏膜因炎性充血、水肿而增厚，使黏膜高度肿胀、引起声门部狭窄。周围组织有明显的黄红色出血性胶冻样浸润。淋巴结急性肿大，切面红色，尤其颚凹、咽背及颈部淋巴结明显，甚至出现坏死。胸腔及心包积液，并有纤维素。肺充血、水肿。脾有点状出血，但不肿大。心外膜出血。

急性型病例主要表现肺部炎症。肺小叶间质水肿增宽，有不同时期的肝变期，质度坚实如肝，切面有暗红、灰红或灰黄等不同色彩，呈大理石样。支气管内充满分泌物。胸腔和心包内积有多量淡红色浑浊液体，内混有纤维素。胸膜和心包膜粗糙无光泽，上附纤维素，甚至心包和胸膜发生粘连。胸部淋巴结肿大或出血。

慢性经过者，尸体消瘦，肺炎病变陈旧，有的肺组织内有坏死或干酪样物。胸膜增厚，甚至与周围邻近组织发生粘连。支气管和肠系膜淋巴结有干酪样变化。

诊断 本病应根据流行病学、症状、病理变化及细菌学检查的综合分析、判定。

1. 流行特点 本病常见于中、小猪发病；一年四季中，以秋末春初及气候骤变季节发生最多，南方易发生于潮湿闷热的 5～9 月份，长途运输、饲管不当、卫生极差及环境突变等是发病的诱因，我国北方或华北地区，大多为散发或继发性猪肺疫，南方则以流行性猪肺疫出现。

2. 临诊症状 急性病例一般病程较短，可突然死亡，典型的表现是急性咽喉炎，颈部高度红肿，热而坚硬，呼吸困难及肺炎病状。散发或继发性的慢性病猪，症状不显，易和其他传染病相混淆。

3. 病理变化 最急性病例，表现为败血症的变化，咽喉部急性炎症。急性病例，主要为肺的不同肝变肺炎灶，以及胸部淋巴结的炎症。慢性病例为肺部较陈旧的肺炎灶。

4. 鉴别诊断 与猪瘟、丹毒的区别，见猪的常见 4 种传染病鉴别表（表 3-1）。最急性病例，咽喉部的肿胀和炎症，剖检时的胶冻样浸润都与败血型的炭疽相似，但猪急性炭疽很少发生，且不形成流行。剖检时炭疽脾脏肿大与肺疫不同，如取局部病料作细菌学检查，两者病原形态明显不同，易于区别。

5. 细菌学检查　由于健康猪的带菌现象，细菌学检查的诊断价值不大，仅能证明有本菌的存在，即使在病灶检出巴氏杆菌，也不能完全否定其他传染病的存在。只有当如与炭疽鉴别时，细菌检查才有价值。

表 3-1　猪瘟、猪丹毒、猪肺疫、仔猪副伤寒鉴别诊断简表

病名	猪瘟	猪丹毒	猪肺疫	仔猪副伤寒
流行特点	不分年龄、性别、品种，一年四季都可发生；发病多，死亡率高，通常在发病后 1 周左右，发病和死亡达到高峰；呈流行性；注意近些年非典型猪瘟的发生	以 3～6 月龄的猪发病多，常在初夏及晚秋季节发生；发病初期常为最急性经过，突然死亡	秋末春初气候骤变时发生，中、小猪多发；多为散发或继发	主要侵害 1～3 月龄猪只；寒冷潮湿季节、饲养管理及卫生条件不良时发病较多；散发或地方流行性；慢性最为常见
临诊症状	体温 41℃左右；化脓性结膜炎；初便秘，后腹泻；皮肤上有紫红色斑点，指压不褪色；公猪包皮囊积尿；小猪有神经症状	体温 42℃或更高；急性皮肤发红，常突然死亡，有的病猪皮肤上出现不同形状的紫红色疹块，界限明显；慢性病例有关节炎，跛行	体温 41℃上下；急性咽喉部肿胀，呼吸困难，犬坐姿势，口鼻流出白色泡沫液体；皮肤上有红色出血点。多有肺炎症状	急性体温 41℃以上，慢性体温一般无变化；持续性下痢，粪臭；并发肺炎者咳嗽，有时呼吸困难；病末期十分瘦弱，皮肤上有紫色斑
病理变化	淋巴结潮红，切面周边出血，大理石状；心内外膜出血，以左心耳为重；肾色淡，有小出血点，严重者肾盂、输尿管出血；膀胱黏膜出血；会厌软骨出血；脾边缘有梗死；慢性者大肠黏膜纽扣状溃疡	淋巴结肿大，切面多汁；胃及十二指肠黏膜红肿及出血；肾肿大，皮质部有针头大红点，稍隆起；脾肿大，紫红色；慢性病例左心内膜菜花样赘生物或关节炎	咽喉部肿大，周围组织胶样浸润；淋巴结肿大，切面出血；肺有不同肝变期，切面呈大理石状，或纤维素性胸膜炎和心包炎	盲结肠黏膜有圆形堤状溃疡或弥漫性坏死，肠管变厚，无弹性；肠系淋巴结呈干酪样坏死，淋巴管呈索状肿；肝脏有灰黄色小坏死灶
病原	为猪瘟病毒。一般常规检查为阴性	为猪丹毒丝菌，病料检查有纤细多形小杆菌，单个或成丛存在；用小鼠或鸽接种可得阳性结果	为巴氏杆菌，有两极着色特性；用家兔、小鼠接种可得阳性结果	为猪霍乱及猪伤寒沙门菌等；为两端钝圆小杆菌；在鉴别培养基上(如麦康、SS)长出特征性菌落
治疗	无特效药	青霉素有特效	青霉素、链霉素及磺胺注射液有疗效	氯霉素及喹诺酮类药物等有疗效

治疗　隔离病猪，及时治疗。可根据药物情况选用下列治疗方法。

20％磺胺噻唑钠或磺胺嘧啶钠注射液，小猪为 10～15 mL，大猪为 20～30 mL，肌肉或静脉注射，每日 2 次，连用 3～5 d。

青霉素和土霉素的剂量及用法同猪丹毒的治疗。链霉素为 1 g，一日分 2 次肌肉注射。

抗猪肺疫血清(抗出血性败血症多价血清)在疾病早期应用，有较好的效果。

防治措施

(1)在部分健康猪的上呼吸道带有巴氏杆菌，由于不良因素的作用，常可诱发本病。因此，预防本病的根本办法，必须贯彻“预防为主”的方针，消除降低猪体抵抗力的一切不良因素，加强饲养管理，做好兽医卫生工作，以增强猪体的抵抗力。

(2)每年春秋两季定期进行预防注射,以增加猪体的特异性抵抗力。我国目前使用两种菌苗,一为猪肺疫氢氧化铝菌苗,断奶后的大小猪只一律皮下或肌肉注射5 mL。注射后14 d产生免疫力,免疫期为6个月。口服猪肺疫弱毒冻干菌苗,按瓶签说明的头份,用水稀释后,混入饲料或饮水中喂猪,使用方便。不论大小猪,一律口服1头份,免疫期6个月。还有供注射的弱毒疫苗。

(3)发病时,猪舍的墙壁、地面、饲管用具要进行消毒,垫草烧掉或与粪便堆积发酵。

(4)慢性小僵猪淘汰处理为好。

四、猪沙门菌病(仔猪副伤寒)

猪沙门菌病(swine salmonellosis,swine paratyphoid)又称仔猪副伤寒,由沙门菌引起的仔猪传染病。急性病例为败血症变化,慢性病例为大肠坏死性炎症及肺炎。本病大多发生于1～4月龄仔猪,成年猪很少发病。

我国各地的猪场及养猪单位都有发生,特别是在饲养卫生条件不好的猪场,经常患有本病,给养猪业造成很大损失。

病原 沙门菌已有2 000多个血清型,我国已发现200多个血清型。本病病原主要是猪霍乱沙门菌、猪伤寒沙门菌、鼠伤寒沙菌、肠炎沙门菌等。沙门菌为需氧和兼性厌氧菌,不形成芽孢和荚膜,一般均能运动,为革兰阴性菌,在普通培养基上生长良好。

沙门菌对外界不利因素的抵抗力强,干燥和冷冻对细菌无多大影响。干燥的环境中经4个月不死。在污染的水中能生存4个月以上,在粪便和土壤中能生存10个月。在10%～19%的氯化钠的腌肉中75 d可不死。在牛奶等食品中,不但能存活而且还能繁殖。对某些理化因素抵抗力较弱,直射阳光能迅速杀死,加热到60℃经20 min即死。但猪霍乱沙门菌和鼠伤寒肠炎沙门菌能形成耐热的毒素,加热到75℃经1 h不被破坏,所以含菌的猪肉,如不充分煮熟,常会引起人的食物中毒。一般兽医常用消毒药均可很快杀死本菌。

流行特点 病猪及某些健康带菌猪是主要传染来源。病原菌存在于肠道中,通过粪尿不断排泄到外界环境中,污染饲料、饮水、猪圈、食槽及周围环境,经过消化道感染发病。还有的少数可通过带菌母体子宫内感染或脐带感染。

沙门菌有时存在于健康猪肠道内而不引起发病。但当由于各种不良因素使猪体抵抗力降低时,细菌就能迅速繁殖,引起内源性感染。由于细菌通过猪体毒力增强,结果可使其他猪发病,引起流行。

本病一年四季均可发生,但以春冬气候寒冷多变时节发生最多。据我们对北京及周围地区的142例统计,主要发生于12月份及翌年1～2月份。仔猪饲养管理不当,圈舍潮湿、拥挤、缺乏运动,饲料单纯,缺乏维生素及矿物质或品质不良,骤然更换饲料、气候突变、长途运输等等都是发病的主要诱因。当然,带菌猪的存在,是本病发生的主要原因,这些不良因素的存在更有利于本病传播和造成流行。我们也曾见到,似无不良诱因时,也引起慢性发生的病例。

本病主要是1～3月龄(体重10～15 kg)的猪发病,常呈散发性,有时呈地方性流行。但在不利因素作用下,有时可引起很大的损失。我们曾在京郊两个国营农场观察到:一个农场因饲料突变和卫生条件差引起一次流行死亡107头,死亡率达50%,另一个农场因长途运输、护理及到场后管理不当引起一次流行死亡 314 头，死亡率达 41%，而且绵延不断，持续 1.5～2 个月，虽经采取防治措施，常不能终止其流行。

猪副伤寒带菌猪较普遍，病原菌广泛分布于外界环境中，因此有些地区本病长期存在，时而暴发，时而暂停，几乎每年所生小猪都有一部分发生，构成本病的常在性。

据实际观察，当有些传染病发生时，常有副伤寒的继发或合并发生。我们对送检猪只 142 例统计，单纯副伤寒 104 例，并发巴氏杆菌病 6 例，猪瘟并发 32 例，所以，在诊断时应注意鉴别。

症状　本病的潜伏期长短，决定于仔猪抵抗力的强弱、传染方式以及细菌的数量和毒力，短的 2 d，长的 1 个月，通常为 4～6 d。按症状分为急性和慢性两型，以慢性型为常见。

急性(败血型)：发病初期多为急性经过、病猪体温升高至 41℃左右，食欲不振或废绝，精神委靡，喜藏于垫草内，寒战。鼻盘发干，眼结膜发红，有黏性分泌物。初便秘，后腹泻，排出淡黄色恶臭的稀粪，有时不见腹泻。在发病的 2～3 d，在鼻端、耳、颈、腹及四肢内侧皮肤上出现紫色斑。此时病猪迅速衰竭，行走不稳，弓背弯腰，毛焦肷吊，呼吸困难，心脏衰竭而死亡，病期为 3～5 d，死亡居多。

慢性：为最常见的病型，由急性转来或一开始即呈慢性经过。其病状与急性相似，只不过症状不明显或缓和些，据观察，最主要的特征症状是下痢，而且形式多样。粪便呈粥状或水样，为灰白、黄绿、黄褐、灰绿或污黑色，恶臭，有时混有血液。严重时，肛门失禁，在吃食、躺卧或起立和行走时都可出现下痢，粪便自然下流，使尾部及整个后躯沾污，有的咳嗽时，呈喷射状排出稀粪水。有的病猪下痢与便秘交替进行。有的病猪还发生肺炎，有咳嗽和呼吸加快症状。一般来说，慢性病猪体温稍高或正常，有食欲，后期废绝，也有的病猪死前还吃，喜喝脏水。有的病猪皮肤上出现湿疹样变化，由于持续下痢，病猪日渐消瘦、衰弱，被毛粗乱无光，行走摇晃，甚至体瘦如柴，皮包骨，最后极度衰竭而死。

据观察，流行初期多为急性经过，病猪在 2～5 d 死亡，发病 1 周后急性死亡较少，一般在 8～10 d 死亡，慢者多在病后半个月以上死亡，甚至有长达 2 个月的。不死病猪生长发育停滞，成为僵猪。

病理剖检　急性病例主要表现为败血症的变化。淋巴结肿大，呈紫红色，切面外观似大理石状，与猪瘟的变化相似。脾肿大，呈暗紫色，触之似橡皮样感觉，切面蓝红色。肝、肾、心外膜见有出血点。胃肠黏膜红肿，形成皱褶，上附黏液，可见出血点，重者呈弥漫性出血。肺有卡他性炎症变化。皮肤上有紫红色斑块。病程稍长的病例，大肠黏膜有散在的麸皮状的坏死物。

慢性病例的典型病变主要在大肠，特别是盲肠和结肠前段黏膜的坏死和溃疡。初期肠壁淋巴滤泡发生肿大，为绿豆至黄豆大，逐渐演变发生坏死，向四周扩延，边缘隆起堤状，中央下陷，坏死物呈灰绿、黄褐、黄绿、污黑等不同颜色，肠壁出现大小不等的圆形溃疡。有的溃疡互相融合，形成小块溃疡。有的病例，见整个肠黏膜，特别是盲肠，发生弥漫性坏死及糜烂，表面被覆灰黄色麸皮样坏死物，粗糙不平；肠壁变厚，缺乏弹性。也见有表层黏膜条状坏死的。

肠系膜淋巴结肿大，切面呈灰紫或土灰色，呈髓样变化，甚至可见到灰白色坏死灶。肠系膜淋巴管变粗，为灰白色索状。

部分病例，肝脏被膜下有针头大或小米粒大灰黄色结节坏死灶，脾脏有的正常，有的脾髓增生肿大，质度变实。也有见小叶性肺炎的。

诊断 慢性副伤寒由于发病特点、症状及剖检变化都较典型，不难做出诊断。但急性病例与猪瘟、丹毒很相似，应注意鉴别诊断。

1. 流行病学特点 本病发生于1～3月龄仔猪，地方流行或散发，流行缓慢。常在寒冷气候多变及阴雨连绵季节发生。有降低仔猪抵抗力的致病应激因素存在。

2. 临诊症状 初期急性发生时，与猪瘟、丹毒相似，需结合其他资料综合判断。典型的症状是持续下痢，呈慢性经过，部分仔猪还有肺炎症状。

3. 病理变化 大肠有典型的溃疡，或弥漫性坏死，肠壁变厚。肝、淋巴结等为干酪样坏死。

4. 细菌分离 急性病例可从实质器官分离出病原菌，慢性病例不易成功。如已分离到沙门菌，也须结合其他症状、病理及流行特点进行分析，排除混合感染，综合判定。

治疗 对全群仔猪进行观察，发现病猪后立即隔离，及时治疗，并指定专人负责照料，治疗方法甚多，介绍数种供选用。

呋喃唑酮（痢特灵）：每日2次口服，每次0.2～0.3 g，连服3～5 d。据试验观察疗效显著。

土霉素：按每千克体重0.1 g计算，口服每日2次，连服3 d。

氯霉素：按每千克体重0.1 g计算，每日2次口服。氯霉素注射液每千克体重20～30 mg每日肌肉注射2次。合霉素用量要加大1倍。

复方新诺明：每天每千克体重0.07 g，分两次口服，连用3～5 d。

磺胺脒：按每天每千克体重0.2～0.4 g计算，分两次口服，连用3～5 d。磺胺-5甲氧嘧啶、磺胺-6甲氧嘧啶或磺胺甲基异噁唑（SMZ）等与抗菌增效剂（TMP）按5∶1混合，按每千克体重25～30 mg口服，每日2次。

呋喃唑酮20 g，磺胺脒40 g，次硝酸铋20 g，苏打20 g，混匀，每日2次，每次1 g口服，连服3～5 d。

如果仔猪发病数量较多，在饲料中混入抗菌药物（按饲料之比）喂给，可收到治疗效果。如用于预防目的，剂量减半，连喂1～2周。

喹诺酮类药物也有较好治疗效果。盐酸环丙沙星、恩诺沙星，每千克体重2.5 mg，肌肉注射，每天2次，连用2～3 d。

需要指出，各地治疗方法甚多，疗效也有差异，在治疗过程中，要结合发病当时具体情况进行。无论采用何法，都必须坚持改善饲养管理及卫生条件相结合，才能收到满意效果。

防治措施

1. 未发病时的经常性工作 如前所述，本病是由于仔猪的饲养管理的卫生条件不良促进发生和传播的。因此，预防本病的根本措施是必须认真贯彻“预防为主”的方针。首先应该改善饲养管理和卫生条件，增强仔猪的抵抗力。饲管用具和食槽经常洗刷，圈舍要清洁，经常保持干燥，勤换垫草，及时清除粪便，以减少感染机会。哺乳及培育仔猪防止乱吃脏物，给以优质而易消化的饲料，防止突然更换饲料。

2. 在本病常发地方进行预防 可对1月龄以上哺乳或断奶仔猪，用仔猪副伤寒弱毒冻干菌苗进行预防，用20%氢氧化铝生理盐水稀释，肌肉注射1 mL，免疫期为9个月；口服时，按瓶签说明，服前用冷开水稀释成每头份5～10 mL，掺料中喂服，口服免疫反应轻微。或将1头剂疫苗稀释于1～10 mL冷开水中给猪灌服。

3. 发病后的措施

(1)病猪及时隔离和治疗。

(2)圈舍要清扫、消毒,特别是饲槽要经常刷洗干净。粪便堆积发酵后利用。

(3)根据发病当时疫情的具体情况,对假定健康猪可在饲料中加入抗菌药物进行预防。连喂 3～5 d,有预防效果。

(4)死猪应深埋,切不可食用,防止人发生中毒事故。

五、猪支原体肺炎(猪地方流行性肺炎，猪气喘病)

猪支原体肺炎(mycoplasmal pneumonia of swine)又称猪地方流行性肺炎,我国俗称猪气喘病,是猪的一种慢性、接触性传染病。主要临诊症状是咳嗽和气喘。剖检变化为肺的尖叶、心叶和膈叶的对称性实变。病多呈慢性经过,常有其他病菌继发感染。

本病在我国许多地区都有发生,由于带菌病猪的存在和分布面较广,除发生死亡外,病猪生长发育缓慢,造成饲料和人力的浪费。同时,病猪带菌时间长,母猪感染后,常可影响后代的健康,不能做种用,影响良种推广。也是 SPF 猪场要求净化的疫病之一。

病原　以前误认为本病的病原体是一种病毒,故曾有病毒性肺炎之称。从 1965 年以来,证明本病是由猪肺炎支原体引起的,同时建议称此病为猪肺炎支原体病或猪流行性肺炎。我国多称猪气喘病。

猪肺炎支原体是一种较小的、呈球状和多形态的微生物。能在无细胞的人工培养基上生长,但发育极为困难,要求有严格的培养条件,分离用的培养基大多是组织培养平衡盐类溶液,加入乳清蛋白水解物,酵母浸出物及猪血清,培养材料中必须没有其他支原体存在。本菌对乙醚敏感,对葡萄糖能利用并产酸,1∶5 000 的美蓝溶液可抑制生长。适于在 37℃有氧条件培养。

病原体对外界环境及理化学因素的抵抗力不强,当排出体外后,其生存时间一般不超过 36 h,日光、干燥及常用的消毒药液,都可在较短时间杀灭病原。病肺组织中的病原体在 －15℃可保存 30～45 d,在 1～4℃存活 7 d。对青霉素、链霉素和磺胺不敏感。在人工感染时,用金霉素、土霉素、卡那霉素、林肯霉素、泰乐菌素等广谱抗生素,可阻止肺炎病变发展。

在自然感染病例,常有巴氏杆菌、沙门菌、球菌、猪鼻支原体等继发菌参加。

流行特点　本病只能使猪患病,其他种家畜、动物和人都不感染。任何年龄、性别、品种和用途的猪都能感染发病。只是哺乳仔猪和断乳仔猪,患病后症状明显,死亡率高。

病原体存在于病猪呼吸器官内,随病猪咳嗽、气喘和喷嚏的飞沫排出体外。病猪与健康猪同圈,同运动场或同地放牧直接接触时,经呼吸道感染发病。因此,在通风不良和比较拥挤或密集饲养的猪舍中,容易互相传染,成为集约化饲养的常见呼吸道病。

病猪和隐性带菌猪是本病的主要传染来源,特别是隐性带菌病猪是最大的祸根,在实际工作中经常可以遇到,很多猪场由于购买种猪或互相买卖,将隐性病猪引入后,造成本病的流行。隐性病猪无明显临诊症状,外表与健康猪无异,不易识别。更主要的是一些人,思想麻痹,根本不当成病,其危害更大。病母猪常使吃奶小猪受到传染,在产仔季节,几窝小猪互相串群,或断奶后并群,相互传染,使本病在猪群绵延不断。加之病猪在很长时间内,甚至在病状消失后,还可排出病原体。因此，一个猪场一旦传入本病后，如不狠下决心，采取综合措施，很难净化本病。

本病一年四季均可发生，但一般在气候多变、阴湿、寒冷的冬春季节发病严重，症状明显。这是影响本病发生和加剧病情的主要因素之一。本病以慢性经过为主，在新发病的农牧场或农户猪群，常呈急性暴发，病势强烈，发病和死亡较多，随后渐渐缓和，在老疫区呈隐性经过，发病猪数少，大多是仔猪发病，如此绵延不断地传染下去。由于传染祸根仍然存在，一旦调入新的健康猪只和大量新生仔猪出生时，病势再度转剧，以后又渐缓和，如此规律流行不止，危害甚大。

饲养管理和卫生条件不良又是影响本病发生和加重病情的主要因素，如饲料质量差或不足，缺乏维生素或突然更换饲料，圈舍阴暗潮湿，寒冷，拥挤和通风不良，长途运输，寄生虫病等，都可促进病情加重，且为继发细菌感染创造条件，促使病情复杂化，甚至引起死亡。

症状 本病的潜伏期依气候、饲养管理和个体不同而有差异，一般平均在 4～10 d，有的更长。

本病大多呈慢性经过，主要的临诊症状为咳嗽和气喘，体温、食欲和精神都无明显变化，随着病情的发展，其主要症状表现明显和严重，因此，不宜将本病分为急性、亚急性、慢性和隐性病型，这些病型常可随各种条件因素的影响而互相转变，加重或减轻，很难截然划分。

病的早期，病猪，特别是小猪，主要症状就是咳嗽，在吃食、剧烈跑动、早晨出圈、夜间和天气骤变时，发生最多，大多为单声干咳。病猪体温、精神、食欲都无明显变化。此时常常被人们忽视，我们曾将这样的断奶病小猪扑杀，肺部已有典型气喘病病灶形成。随着病程延长，咳嗽加重，次数增多，由单声咳嗽变为五六声甚至十余声连续咳嗽，干咳变为湿咳。病猪咳嗽时常站立不动，弓背、伸颈、头下垂几乎接近地面，直到呼吸道中分泌物咳出为止。病的中期，出现喘气症状，腹部随呼吸动作而有节奏的扇动，特别是在站立不动或静卧时明显，呼吸次数每分钟为 40～70 次，甚至达到 100 次左右，小猪为多。一般情况下，病猪的精神、食欲和体温也无多大变化。病的后期，呼吸急促，呼吸次数增多，病猪呈犬坐姿势，张口呼吸或将嘴支于地面而喘息，表情十分痛苦，咳嗽次数少而沉弱，似有分泌物堵塞，难以咳出。听诊肺部有干性或湿性啰音，呼吸音似拉风箱样。这时病猪精神委顿，食欲废绝，体温可能超过 40.5℃，被毛粗乱，结膜发绀，怕冷，行走无力，最后可因衰竭窒息而死。

有其他继发病时，病猪体温升高，不食，腹泻，全身情况恶化，并有继发病的相应症状。

在初发病猪群，常病情急剧，1～2 周死亡，但大多数是慢性经过，病程延续很长，2～3 个月或半年，甚至 1～2 年以上。所以，在一个病猪场中，母猪、公猪和肥猪，除了不明显的咳嗽和气喘症状外，呼吸、体温、食欲和精神等全身状况都无大变化。公猪照常配种，母猪仍能正常发情、受孕和产仔，肥猪仍可肥育增重，只不过生长速度略受影响，我们曾见到症状已消失的肥猪，在屠宰时肺部仍有典型气喘病病变。当饲养管理不良、气候突变或饲料骤然更换时，病猪可出现咳嗽加重，呼吸增数，气喘明显，食欲减少或废绝，体温增高，精神不振等全身症状，如能及时改进饲养管理，或应用抗生素、磺胺类药物及其他对症治疗，可使病猪临诊症状消退，似已恢复健康(肺部病灶无任何好转)。仔猪则有所不同，一般是发病急、病情重，死亡率高，特别是断奶前后，15 kg 以内的小猪。病期较长的小猪，被毛粗乱，消瘦而衰弱，生长发育缓慢或停滞，常成为“侏儒猪”(俗称小老头猪)，曾观察到，4 月龄体重只有 7.5 kg，体重不是与日俱增，而是与日俱减。在改善饲养管理条件下，病仔猪如能抗过 20 kg 以上，常可逐渐健康成长而育肥。

病理剖检　本病的主要病变在肺脏和肺部淋巴结。肺的心叶、尖叶、膈叶前下缘及中间叶，发生对称性实变（图 3-6）。实变区大小不一，呈淡红色或灰红色，随病程延长、病变部转为灰白色，或灰黄色。初带有胶样浸润的半透明状，呈淡灰红色，界限分明，如鲜嫩肉一样，俗称“肉变”，切面压之流出黏性浑浊的灰白色液体。随着病程的发展，病变部的颜色转为灰白或灰黄，硬度增强，和胰脏组织相似，有“胰变”之称。随病期延长，胶样浸润减轻，在肺膜下隐约可见粟粒大黄白色小点，切面致实、隆起，小支气管肥厚，从小支气管壁中，流出白色黏液或带泡沫的暗红色液体。病变部与周围组织界限明显，病灶周围气肿，其他部分肺组织有不同程度的淤血和水肿。肺门和纵膈淋巴结肿大，质硬，断面呈黄白色，淋巴滤泡明显增生。

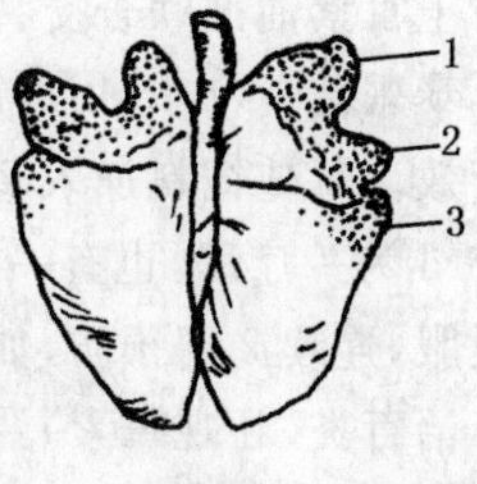

图 3-6　猪气喘病常发部位

1. 尖叶　2. 心叶　3. 膈叶前下缘

单纯气喘病时，其他内脏器官无明显的异常变化。有其他细菌继发感染时，肺脏上还可能见到巴氏杆菌性肺炎，脓灶形成，肺膜常与胸壁、心包等处粘连或愈着等病理变化。

诊断　根据本病的流行病学、临诊症状和病理变化，常可作出诊断。

（1）从流行病学特点看，本病只有猪发生，任何年龄、性别、品种和用途的猪都可发病，但以小猪症状明显，死亡率高些，体格健壮的猪只，只是偶有咳嗽声。本病以慢性经过为主，在新疫区可呈急性暴发。在饲养管理不良、天气突然变化时，症状随之明显而恶化，用一般药物治疗后，症状暂时消退，以后又能复发。

（2）临诊症状以咳嗽和气喘为特征，体温、精神和食欲正常，病程较长。随着不良因素的影响，症状明显或加剧。

（3）病理剖检时，以两肺的心叶、尖叶和膈叶发生对称性的实变，以及肺门淋巴结肿大增生为特征，其他器官无明显变化。

（4）X 线检查对隐性病猪、早期病猪及可疑病猪有诊断价值，有条件的地区可采用。

（5）近些年来在血清学诊断上提出一些新方法，如酶联免疫吸附试验、微量补体结合试验、微粒凝集试验、免疫荧光试验等。

（6）在鉴别诊断方面，主要注意与肺丝虫和蛔虫的区别，肺丝虫和蛔虫幼虫都可引起咳嗽。但在肺丝虫引起的咳嗽时，可于粪便中检出虫卵或幼虫，剖检时可在支气管内发现虫体，并在膈叶的后缘形成病变和见到虫体。蛔虫幼虫所引起的咳嗽，数天内逐渐消失，无气喘症状。

特别应注意与猪传染性胸膜肺炎区别（见后）。

治疗　我国各地对猪气喘病采用过多种中西药物治疗，所用药物大多是对症治疗，只能减轻症状、促进炎性吸收，防止继发感染和增强病猪体质，因此，临床上给以合理的治疗，帮助病猪康复是必要的。也须指出，各种治疗方法的效果，受着多方面的复杂因素影响，同一疗法效果不同，常与病情的轻重，机体抵抗力的强弱，饲养管理条件的好坏及气候条件等有密切关系。因此，加强病猪的饲养管理与药物治疗相结合，早期治疗，才能收到较好的效果。

土霉素盐酸盐：按每日每千克体重 40～50 mg 计算，用 5％氯化镁溶液（药厂配有这种溶媒）或用 5％葡萄糖溶液稀释，肌肉注射，每日 1 次，5～7 d 为一疗程，必要时可再用一疗程。20％～25％土霉素碱油剂（花生油或豆油或茶油），按猪只大小每头每次为 1～5 mL，肌肉注射，3 d 注射 1 次，共用 6 次。

卡那霉素：按每千克体重2万～4万IU计算，每日1次肌肉注射，连续3～5 d为一疗程。或与土霉素油剂联合交替应用，可以提高疗效。

泰乐菌素(tylosin)：每千克体重8～10 mg，肌肉注射，每日1次，连注3 d为一疗程，有一定疗效。每吨饲料加入200 g林可霉素(licomycin)，连喂3周，或按每千克体重50 mg肌肉注射，5 d为一疗程，也有一定效果。泰妙菌素(tiamulin，商品名：枝原净)每千克体重50 mg拌料投服，连续2周预防，如每千克体重100 mg拌料治疗，连喂两周，有一定效果。

治百炎(壮观霉素)：按每千克体重40 mg，每日肌肉注射，5 d为一疗程。

为防止继发感染，可用青霉素、链霉素及磺胺类药物。为缓解喘息可注射3%盐酸麻黄素或2.5%氨茶碱等对症疗法。

防治措施 本病只有猪患病，病猪与健康猪接触通过呼吸道传染，病原体在外界生存时间不长，一般理化因素容易致死，这都是控制和消灭本病的有利因素。但由于本病普遍存在，一般情况下只见猪只咳嗽，病重时用抗菌药物后症状又会减轻，人们易产生麻痹思想，所以难达到净化本病。

1. 未发病时的经常性工作

(1)在没有发生猪气喘病的饲养场、户，要坚持认真贯彻自繁自养的原则，防止从外单位买进病猪，这是预防本病的关键措施。许多实际教训证明，很多健康猪群发生气喘病，主要是从外地买进慢性或隐性病猪引起的。因此，为进行品种调换和推广良种，必须从外单位引进猪只时，应该认真了解猪源所在地区有无本病流行，如有可疑疫情，坚决不要买回。认为健康的猪，购入后也须隔离饲养，观察1～2个月，经观察无本病时，方准混群饲养。在集市上买猪，更是危险的做法。

(2)平时注意加强饲养管理，饲料适当调配，喂给营养齐全的科学配方饲料。猪舍保持清洁、干燥、通风，防寒保暖，避免过于拥挤。定期做好消毒工作。对断奶仔猪定期进行驱虫工作。

(3)中国兽医监察所和江苏农科院研制的猪喘气病弱毒菌苗，每头份加灭菌生理盐水5 mL，摇匀，右侧胸腔注射。成年种猪每年注射1次。仔猪7～15日龄免疫接种1次。后备种猪配种前再注射1次。

2. 发病时的控制措施 采取早期发现，严格隔离，加强饲养管理，对症治疗，淘汰病猪，更新猪群的办法。

(1)早期发现，严格隔离病猪。早期发现的方法是：一听(听咳嗽)二查(查呼吸动作及次数)三剖检。

听咳嗽：在清晨、夜间、喂食及跑动时，注意有无咳嗽发生。

查呼吸：在猪只安静伏卧时，或站立不动时，观察呼吸次数及腹部扇动情况，只要我们能对猪群进行细致和反复的观察，不难查出病猪。

剖检病猪：猪群中有死亡病猪，剖检时在肺部可发现典型的气喘病病变。虽然前述方法未见可疑病猪，如剖检时见到典型病变，也可证明猪群中有气喘病存在。在有设备条件的地区还可应用X线检查。

查出的病猪进行隔离，专人管理，严格防止病猪与健康猪接触。切断传染锁链，对防止本病蔓延有重大意义。

(2)加强对病猪的饲养管理。饲养管理的好坏对本病的发生和病猪的康复有密切关系。

不少饲养场、户的实践经验证明,病猪不借助任何药物,单纯依靠改善饲养管理条件,不但可以控制其流行,并能促进病猪的康复。

(3)圈舍经常保持清洁干燥,冬季要防湿保干,防寒保暖。根据圈舍大小分养猪只,防止堆压拥挤。病猪舍及管理用具,定期消毒。粪便堆积一处发酵后作肥料。

(4)病猪不能留作种用,宜育肥淘汰食用。

(5)治疗病猪。

(6)培养健康猪群。规模饲养的种猪场执行净化本病的措施。商品猪场则不必要花较大代价进行净化工作。在种猪场可利用康复母猪培育出健康猪群,关键在于严格隔离饲养和坚决执行各项防疫卫生制度。对可疑病猪及假定健康猪应隔开饲养,随时注意观察,发现病猪立即隔离病猪群,病猪症状消失者坚决不能返回健康群。母猪在严格隔离条件下单圈饲养,观察后代有无气喘病,如能做到"母猪不见面,小猪不串圈",连续观察 2～3 窝后代,到断奶时证明没有发生气喘病者,可认为该母猪是健康的。从仔猪中进行选育,逐渐扩大健康猪群,只要能够做到以上要求,结合较好的饲养管理条件,经过 2～3 年细致的观察和工作,是能够培育出无气喘病猪群的。

当前在集约化饲养猪场的饲养方式下较难办到,最好的办法是剖腹取胎或自然分娩后立即隔离,人工哺乳,培育健康仔猪。也可采用药物预防和早期断奶等方式培育无气喘病的健康种猪群,这时要付出较大代价。

六、大肠杆菌病

大肠杆菌病(colibacillosis)是由致病性大肠杆菌引起的畜禽共患传染病,是畜禽常见的传染病之一,造成较大的危害。

大肠杆菌是中等大小、两端钝圆的杆菌,不产生芽孢,有鞭毛,能运动,革兰染色阴性。在普通培养基上长出隆起、光滑、湿润的乳白色圆形菌落;在麦康和远藤氏培养基上形成红色菌落;在伊红美蓝琼脂上形成带金属光泽的黑色菌落。

大肠杆菌的血清型甚多,根据菌体抗原(O)、鞭毛抗原(H)及荚膜抗原(K)的不同,构成不同的血清型。现已知 O 抗原有 173 种,H 抗原 64 种,K 抗原 103 种。近些年,菌毛(F)抗原也用于血清学鉴定。根据大肠杆菌对人畜致病性不同,分为:①产肠毒素大肠杆菌(简称 ETEC),借助于菌毛的附着因子,黏附于小肠黏膜表面生长繁殖,产生耐热和不耐热肠毒素,引起肠炎和腹泻;②肠致病性大肠杆菌(简称 EPEC),不产生肠毒素,是引起婴儿腹泻的病原,病原黏附在小肠肠壁细胞表面引起腹泻;③侵袭性大肠杆菌(简称 EIEC),不产生肠毒素,能侵袭大肠上皮细胞,引起炎症和溃疡,发生腹泻和血便。

大肠杆菌广泛存在于自然界,在水和土壤中可存活数月之久。60℃加热 15 min 可杀死,兽医常用消毒药液也可杀死。

猪大肠杆菌病在我国发生最多的有 3 种:仔猪黄痢、仔猪白痢和水肿病。

(一)仔猪黄痢

仔猪黄痢(yellow scour of newborn piglets)又称早发性大肠杆菌病,是由大肠杆菌引起的5日龄内仔猪的急性肠道传染病，主要症状以拉黄色稀粪和急性死亡为特征，有高的发病率和死亡率。

本病在我国较多的猪场都有发生，是危害仔猪最重要的传染病之一。

引起发病的大肠杆菌主要的血清型是：O_8 ：K_{88}、K_{99}，O_{60} ：K_{88}，O_{138} ：K_{81}，O_{139} ：K_{82}，O_{141} ：K_{88}、K_{85}，O_{115} ：K_{99}，O_{149} ：K_{91}、K_{88ac}，O_{147} ：K_{89}、K_{88ac}，O_{101}、O_{45}等，这些菌株大多数能形成肠毒素，引起仔猪发病和死亡。

流行特点 本病主要在生后数小时至1周龄以内仔猪发病，以1～3日龄最为多见，1周以上的仔猪很少发病。育成猪、肥猪、母猪及公猪都未见发病。

在产仔季节常常可使很多窝仔猪发病，一般是先由1头开始，再传染其他仔猪，每窝仔猪发病率最高可达100%，死亡率也高，有时可使全窝仔猪死亡，不死者生长发育也缓慢。从实际观察到，黄痢严重程度与母猪胎次有一定关系，即第一胎母猪所产仔猪发病率最高，死亡率也高。带菌母猪是主要传染来源。从外场引进种猪将本病带入，所产仔猪留种繁殖，致使疫情扩大。或由外地引进断乳仔猪将病带入。本菌主要通过带菌母猪粪便排出体外，污染地面、饲槽等处。仔猪出生后通过污染母猪的乳头和皮肤将病菌吃进胃肠道，引起发病。如有不良应激存在(产仔季节、仔猪密度大、环境卫生不良等)时，发病和死亡率则更高。

症状 仔猪出生时尚还健康，快者数小时后突然发病和死亡。病猪主要症状是拉黄痢，粪大多呈黄色水样，内含凝乳小片，顺肛门流下，其周围大多不留粪迹，易被忽视。下痢重时，小母猪阴户尖端可出现红色，后肢被粪液沾污，捕捉挣扎或鸣叫时，粪水常由肛门冒出。病仔猪精神沉郁，不吃奶，脱水，昏迷而死。急者不见下痢，身体软弱，倒地昏迷死亡。

病理剖检 主要变化是小肠急性卡他性炎症，表现为肠黏膜肿胀、充血或出血。肠壁变薄、松弛。胃黏膜有红肿。肠系膜淋巴结充血肿大，切面多汁。心、肝、肾有变性，重者有出血点。

诊断

1. 特点 本病主要是1～3日龄仔猪发病和死亡；初产母猪所生仔猪发病多，死亡快；临诊症状主要是拉黄色粪水；死后剖检主要是胃肠卡他性炎症。根据这些特点，可作出初步诊断。

2. 实验室检验 取病死仔猪小肠内容物，接种于麦康盖琼脂培养基上做细菌分离，挑选红色菌落作溶血试验和生化反应等鉴定工作。并将分纯的菌株进行血清型测定，或口服感染初生仔猪，发生黄痢即可确诊。

3. 与仔猪红痢区别 仔猪红痢也大多发生于1～3日龄，病程短，死亡率高，与黄痢有些相似。但仔猪红痢以排出红色黏性稀粪为特征。剖检时，腹腔内有多量淡红色液体，小肠内容物大多为红色，并混杂有小气泡，肠系膜内也有小气泡，肠黏膜出血和坏死。取肠内容物加倍量灭菌盐水稀释、离心，取上清液0.1～0.3 mL，给体重20 g小鼠静脉注射，可使小鼠迅速发生死亡，并可由尸体分离出C型产气荚膜梭菌。

治疗 仔猪发病后应及时进行药物治疗。在治疗病猪前，最好分离出致病性大肠杆菌做纸片药敏试验，以选出抑菌作用最强的治疗药品。

下面介绍几种抗菌药物和用法供选用：土霉素0.2～0.3 g，每日3次，连用3 d；氯霉素注射液1 mL，肌肉注射，每日2次，连用3 d；合霉素0.5 g口服，每日2次，连服3 d。磺胺甲基嘧啶、磺胺二甲基嘧啶、磺胺5-甲氧嘧啶或磺胺6-甲氧嘧啶同抗菌增效剂(TMP)按5∶1配合，0.1～0.2 g 口服，每日 1 次，连用 3 d。

喹诺酮类药物，如恩诺沙星、环丙沙星、诺氟沙星等都有较好治疗效果。微生态活菌制剂也可供防治。

在有本病发生的猪群，待仔猪产出后尚未吃奶前，全窝仔猪每头口服抗菌药物，连续 3 d，以作预防。也有给母猪用药间接进行预防的，但药物必须经过母猪吸收后，再通过乳汁供给仔猪，效果较差。

防治措施

(1)不从有病猪场引进繁殖母猪。

(2)平时做好圈舍周围的环境卫生工作。改善怀孕母猪的饲养管理，保证胎儿正常发育和健壮。

(3)母猪临产小猪前，要将圈舍打扫干净，清除粪便，作好消毒。母猪乳头及乳房要擦洗干净，把每个乳头的奶挤掉少许，再固定喂奶。

(4)尽量哺喂初乳，使初乳抗体迅速进入初生仔猪小肠并吸收，增强初生仔猪对本病的特异抵抗力。为了提高初乳中的抗体水平，国内用菌苗对产前母猪注射，使母猪得到免疫，通过初乳，保护仔猪不发病。国内还有用本场淘汰母猪的全血或血清，给初生仔猪口服或注射，进行预防，据称有一定预防效果。

(5)预防注射。仔猪大肠杆菌三价苗(带有 K_{88}、K_{99}、987P 抗原)妊娠母猪在产仔前 40 d 和 15 d 各肌肉注射 5 mL 使初生仔猪吮吸初乳而获得被动免疫。

仔猪大肠杆菌病 K_{88}、K_{99} 双份基工程灭活苗和仔猪大肠杆菌病 K_{88}、LTB 双份基因工程疫菌也有预防效果。按疫苗使用说明书进行。

(二)仔猪白痢

仔猪白痢(white scour of piglets)又称迟发性大肠杆菌病，是 10～30 日龄以内仔猪的常发疾病，在临诊上以下痢，排出灰白色粥状粪便为特征。在剖检上主要为肠炎变化。

仔猪白痢在我国各地猪场均有不同程度的发生，能引起病猪死亡及影响生长发育，对养猪业的发展有相当大的影响。

病原　仔猪白痢一般是指主要由大肠杆菌引起的，所以又叫仔猪大肠杆菌病。实际观察中，一些非细菌性的原因，亦能引起仔猪白痢，这两者互相联系互相影响。

细菌性原因，主要是由血清型 O_5 ：K_{88} 的大肠杆菌引起，O_{60}、O_{115}、O_{141}、O_{147} 血清型次之。有的地方与引起仔猪黄痢、猪水肿病的血清型相同。有的地方还有另外一些血清型引起。

流行特点　大肠杆菌广泛地存在于养猪环境中，如被粪便污染的地面、水源、饲料及其他物品中，经消化道吃进本菌，如在出生后很短时间内随着吸吮母奶而吃进去。在正常条件下，这种肠道常在菌不表现致病作用，但在仔猪抵抗力减弱或消化机能障碍时，便可引起仔猪发病下痢，以致败血症死亡。

本病一年四季都可发生，但一般以严冬、早春及炎热季节发病较多。据笔者观察，在气候突然转变，如下大雪、寒流及暴雨后发病仔猪突然增多，有时不采取治疗措施也可自愈。

本病的发生与仔猪日龄有关，主要发生于 10～30 日龄仔猪，以 2～3 周发病最多，7 d 以内或 30 d 以上发病的较少。

饲养管理和卫生方面的各种不良因素都是引起本病发生的重要原因，已如前述，不再重复。

症状 病猪主要发生下痢，粪便为白色、灰白色或黄白色，粥样，有腥臭味。有时粪中混有气泡。病猪体温一般不升高，精神尚好，到处跑动，有食欲。如不及时采取处治措施，下痢可逐渐加剧，肛门周围、尾及后肢常被稀粪沾污，仔猪精神委顿、食欲废绝，消瘦，走路不稳、寒战，喜钻入垫草中。如并发肺炎则呼吸加快。若治疗不及时或治疗不当，常经 5～6 d 死亡。也有病期延长到 2～3 周以上的。病程较长而恢复的仔猪生长发育缓慢。总的说来，如能改善饲养管理，及时进行治疗，预后是良好的。

病理剖检 死猪胃黏膜潮红肿胀，以幽门部最明显，上附黏液，少数严重病例有出血点。肠黏膜潮红，肠内容物呈黄白色，稀粥状，有酸臭味，有的肠管空虚或充满气体，肠壁菲薄而透明。严重病例黏膜有出血点及部分黏膜表层脱落。肠系膜淋巴结肿大。肝和胆囊稍肿大。肾脏呈苍白色。病程久者可见肺炎病变。

诊断 根据本病发生特点、症状、病理变化及结合饲养管理和卫生条件分析，容易作出诊断。

流行病学特点：仔猪白痢大多发生在母猪饲养管理和卫生条件不良的养猪场内的 10～20 日龄的小猪，一窝仔猪中陆续发生或同时发生；一年四季均可发生，但在严冬及炎热季节发生较多；每当气候突然变坏时，发病数显著增多。

临诊症状的特征表现是排出灰白色的粥状粪便，有腥臭味。病理剖检变化是胃肠卡他性炎症。

治疗 发现仔猪白痢后要及时进行治疗，不论采用何种治疗方法，只有在早期治疗和改善饲养管理的前提下才能获得良好的效果。

治疗仔白痢的药物种类很多，一般大多是抑菌、收敛及促进消化的药物。由于各个养猪单位环境卫生及饲养管理不同，以及病仔猪的日龄大小和发病时气候等不同，各种药物的疗效也不一致，就是同一药物，在不同的两地治疗的效果也不相同。

对于单纯由于过热、受冷感冒而诱发的下痢，或轻微的消化不良性下痢，若及时发现，改善饲养管理，用收敛药物稍加治疗或不用药物治疗，便可恢复健康。如为细菌性下痢，则须应用杀菌、抑菌的药物，才能有良好的疗效。根据以上认识，介绍几种治疗药物，供选用。

(1)白龙散。白头翁两份，龙胆粉一份，混匀，每日 1 次，每次 10～15 g，连服 2～3 d。

(2)大蒜 500 kg，甘草 120 g，切碎后加白酒 500 mL，浸泡 5～7 d。取原液 1 mL 加水 4 mL 灌服，每日 2 次。

(3)金银花大蒜液。取金银花 100 g，加水 800～1 000 mL，煮沸至 300 mL 左右时，用纱布过滤、去渣，滤液再加热浓缩为 100 mL。另取大蒜 10 g，捣碎，加水 100 mL，浸泡 2～3 h 后过滤，去渣。取 2 份金银花浓缩液和 1 份大蒜浸出液混合，体重 3.5～7.5 kg 小猪，每次灌服 15～20 mL，7.5～15 kg 小猪，每次灌服 20～30 mL，每日 2 次，一般 2 d 即愈。

(4)促菌生或调痢生(8501)。按说明书应用。

(5)链霉素 1 g，胃蛋白酶 3 g，混匀，5 头小猪 1 次分服，每日 2 次。

(6)磺胺脒 15 g，次硝酸铋 15 g，胃蛋白酶 10 g，龙胆末 15 g，加淀粉和水适量，调匀，供 15 头小猪上下午各服 1 次。

(7)磺胺脒 0.5 g，苏打 0.5 g，乳酸钙 0.5 g，加淀粉和水适量，调匀，1 次口服。

(8)氯霉素按每次 0.25 g 计算，每日 2 次，连服 3 d。氯霉素注射液 250 mg，每日 1～2 次肌肉注射，连用 2 d。

(9)土霉素或金霉素糖粉，每次 0.2～0.4 g，每日 2 次。

(10)0.2%亚硒酸钠溶液，肌肉注射，体重 2.5 kg 以下为 1 mL，2.5～5 kg 猪为 1～1.5 mL，7.5 kg 以上猪为 2 mL。

(11)硫酸亚铁 2.5 g，硫酸铜 1 g，氯化钴 1 g，溶于 1 000 mL 水中，在母猪喂奶前，涂于乳头上，稍大时可拌入饲料中给食。对贫血性下痢有一定效果。

(12)埋线疗法。穴位：后三里、脾俞、尾本。方法：先将四号羊肠线剪成 2～3 cm 长，放酒精中浸泡。穴位用碘酊消毒后，用缝针于穴位下方把羊肠线引入穴位部皮下即成。剪断两端线头，用手轻提皮肤，防止线头露在皮肤外面，以防感染化脓或擦掉。一般 1 次埋线后 2～3 d 痊愈。

防治措施 根据仔猪发生下痢的规律，本病的防治必须采取综合性的措施，积极改善饲养管理及卫生条件，做好经常性工作是预防本病的关键。

(1)加强妊娠母猪和哺乳母猪的饲养管理。母猪饲养管理的好坏，直接影响到仔猪的健康状况，要选种选配，避免近亲繁殖，老弱或母性不良的母猪不宜作种用。根据母猪不同，合理调配饲料，使母猪在怀孕期及产后有较好的营养，保持泌乳量的平衡，防止乳汁过浓或过稀。母猪产仔前，将圈舍打扫干净，母猪乳房用温水洗净、擦干。

(2)做好仔猪的饲养管理。

(3)改善猪舍的环境卫生。猪舍地面经常保持清洁、干燥；做好防寒保暖或防暑工作；食槽、饮水槽经常刷洗，保持清净。

(4)药物预防。在出生仔猪没吃初乳前，给仔猪喂服助消化、抗菌等药物预防。

(三)猪水肿病

猪水肿病(edema disease of pigs)又名猪胃肠水肿，是断奶前后仔猪的一种急性散发性疾病。主要表现为突然发病，运动共济失调，惊厥，局部或全身麻痹及头部水肿。剖检变化为头部皮下、胃壁及大肠间膜的水肿。

本病在我国较多地区有所发生，死亡率较高。

病原 一般认为本病是由溶血性大肠杆菌引起的，其血清型常见的是 O_{139} ：K_{82}(B)，O_2 ：K(L)，O_8、O_{138} 和 O_{141} 等菌株。大多数菌株有产生毒素的能力，并能溶解绵羊红细胞。在鲜血琼脂表面菌落周围出现 β 型溶血。

关于本病发生的机理，目前有两种看法，一种认为，当致病性血清型大肠杆菌在肠道内大量繁殖时，可产生毒素，经肠道吸收进入血液后，引起毒血症，导致水肿病的发生。可以从刚死亡仔猪肠内容物和肠系膜淋巴结中分离到本菌，其纯培养物可使仔猪和小鼠发病，纯培养物也能产生相同于肠道内的毒素。用自然死亡病例的肠内容物上清液静脉注射于健康仔猪，可部分引起发病。相反，喂给仔猪溶血性大肠杆菌也有不发病的。

溶血性大肠杆菌产生的毒素，对热较为敏感，用肠内容物上清液加热至 65℃，经 15 min 使毒素破坏，在 60℃经 15 min 使毒素毒力减弱，在零下低温可保存较长时间。

另一种看法，认为发病与过敏反应和应激有关。一定血清型大肠杆菌少量存在于仔猪肠道内，所产生的酯多糖(内毒素)不断被肠道吸收，然后由网状内皮系统消除，在此过程产生一种组织致敏抗体。当某些诱因和应激因素存在时，使肠蠕动和分泌机能降低，大肠杆菌迅速增殖。仔猪大量吸收酯多糖，使已被致敏的仔猪发生速发型过敏性反应，其反应表现为水肿病，或为神经症状。

流行特点 本菌在部分健康母猪和感染的仔猪肠道内存在，在一定条件下大量繁殖，随粪便排出体外，污染饲料、饮水及环境，通过消化道传至其他健康猪。

本病主要发生于断乳前后的仔猪，以春秋产仔季节发生较多。在仔猪群中，部分仔猪常突然发病，迅速死亡。据对某些猪场观察，大多是体格健壮、营养佳良的仔猪发病，常是仔猪群中突然急速死亡1～2头，其他仔猪不见发病；有时较多仔猪先后发病，有时一群仔猪中几头发病，而在远隔的仔猪中又有几头发病。总的趋势是发病率差异很大，而致死率甚高，可达80%～100%，一般不广泛传播。

猪水肿病的发生，一般认为与以下应激因素有关。

(1)仔猪在断奶前后由于饲料和环境的急剧改变，管理不善，圈舍卫生条件差，或缺乏维生素或矿物质等，引起肠道微生物区系的变化，促进某些微生物的生长繁殖，引起发病。

(2)仔猪断奶后，喂给大量浓厚的精饲料，引起胃肠机能紊乱，有利于本菌的繁殖和产生毒素，诱发本病。我们曾多次观察到某些猪场发病，与此有关。

(3)气候变化，阴雨潮湿，由于寒冷的作用，本菌在肠内大量增殖，产生内毒素，并经吸收后引起速发性过敏反应，而使血管通透性增高，发生水肿。

(4)仔猪生后，母源抗体的传递是通过小肠吸收母乳而获得。断奶前后的仔猪发病，与仔猪特异性抗体的减少或消失有关。初生后发生过黄痢病而康复的仔猪，一般不再发生水肿病。

症状 在疾病暴发初期，常见不到症状就突然死亡。发病稍慢的早期病猪，表现为精神沉郁，食欲不振，多数体温不高，有的升高到40.5～41℃，行走不稳，摇摆，四肢运动不协调。有些病猪无目的地走动或转圈，或类似盲目乱冲。有的病猪前肢跪地，两后肢直立，突然猛向前跃；当各种刺激或捕捉时，十分敏感，触之惊叫，突然倒地，四肢乱动弹，呈游泳姿势，空嚼磨牙，口流泡沫液体。后期反应迟钝，呼吸困难，声音嘶哑，腹泻或便秘。病猪常见眼睑水肿，严重时上下眼睑间仅现一小缝隙。然后逐渐延至颜面、颈部、头部变"胖"。

病程较快，除最急性死亡外，一般在3 d以内死亡或可耐过，年龄稍大的猪，病期可长至5～7 d。

病理剖检 病程长短不同，剖检变化不全一样，主要的变化是水肿。

上下眼睑、颜面、下颌部、头顶部皮下水肿，切开水肿部呈灰白色凉粉样，厚度可达0.5～1 cm，流出少量白色或黄白色液体。

胃壁及肠系膜水肿最为典型。胃壁特别是胃大弯部显著水肿，在胃的肌肉层和黏膜层之间，切开呈胶冻样，流出清亮无色或呈黄白色液体，水肿厚度可达0.5～3 cm。有时水肿病灶较小，须多切几处方可见到。贲门部也常见到水肿。结肠肠间膜水肿也很明显，整个肠间膜凉粉样，切开有无色液体流出，肠道黏膜红肿，大肠壁也发生水肿。

全身淋巴结几乎都有水肿，尤以肠系膜淋巴结明显。还有不同程度的充血或出血变化。

肺水肿，心包、胸腔、腹腔内积液，呈无色或淡黄色，暴露空气后很快凝固或成胶冻样。脑膜充血，大脑间有水肿或有出血点。部分病例，其他器官亦有出血和变性的变化。

诊断 猪水肿病的诊断主要依据临诊症状及剖检变化。特点是断奶前后小猪发病，病程短，常是突然死亡。发病大多是营养良好和体格健壮的仔猪。临诊症状主要是体温不高，四肢运动障碍，后躯无力，摇摆和共济失调，眼睑、颜面及头部水肿。剖检主要特征是胃大弯，肠间膜和淋巴结水肿。

实验室检查时，可从小肠内容物和肠系膜淋巴结分离出溶血性大肠杆菌，并鉴定其血清型。必要时进行动物试验。

本病须与营养不良性水肿相区别：营养不良性水肿，病程长，结膜贫血、黄染，一般无神经症状，尸体消瘦，皮下及体内脂肪呈胶冻样水肿，实质脏器呈营养不良性变性，如肝肿大，呈土黄色。改善饲养条件，增加蛋白质及青绿饲料后，常可逐渐恢复；从肠系膜淋巴结中分离不到溶血性大肠杆菌，缺乏典型的临诊变化。

治疗 目前对本病缺乏特异疗法，治疗方法不少，但疗效不高，一般以综合疗法较好。

(1)硫酸镁(或硫酸钠)15～30 g，双氢克脲噻 20～40 mg，维生素 B_1 100 mg，加水 1 次投喂。

(2)链霉素 1 g，一日口服或两次注射，或链霉素 0.5 g，维生素 B_{12} 200 mg 肌肉注射。笔者曾在某猪场应用，取得较好效果。

(3)链霉素 1 g，氢化可的松 50～100 mg，肌肉注射，连用 3 d。

(4)青霉素或磺胺药注射液，肌肉注射或加入 5%葡萄糖盐水静脉注射。

(5)氯丙嗪每千克体重 2 mg，肌肉注射，或安乃近肌肉注射 5 mL。

(6) 5%～10%氯化钙和 40%乌洛托平各 5～10 mL 混合，静脉注射或腹腔注射。

(7)20%甘露醇 30～50 mL 或 25%山梨醇 30～50 mL，静脉注射。

(8)强心、补液中，加入维生素制剂。

(9)据报道，某些缺硒地区，发生猪水肿病时，亚硒酸钠有一定疗效。

防治措施 本病的预防主要是加强断奶前后仔猪的饲养管理工作，使仔猪断乳后能较快适应独立生活。断奶不要太突然。避免突然改换饲料。防止饲料单一或过于浓厚，增加维生素丰富的饲料。缺硒地区补硒有一定效果。圈舍要干燥、清洁。

七、仔猪梭菌性肠炎(仔猪红痢)

仔猪梭菌性肠炎(clostridial enteritis of piglets)又叫仔猪红痢或仔猪传染性坏死性肠炎等，是初生仔猪的急性传染病。其特征是排出红色粪便，肠坏死，病程短，致死率高。常常造成初生仔猪整窝死亡，损失很大。

病原 仔猪红痢的病原为 C 型产气荚膜梭菌。此菌革兰染色为阳性，是长的大杆菌，长 4～8 μm，宽 1～1.5 μm。本菌能形成芽孢，芽孢大于菌体的宽度，位于菌体中央，呈椭圆形，似梭状，故名梭菌，无鞭毛，不能运动，在动物体内及含血清的培养基中能形成荚膜，是本菌特点之一。本菌为厌氧菌，在马丁氏血液琼脂平皿上，菌落呈圆形，边缘整齐，表面光滑、隆起，周围有明显的透明的β溶血环。在厌气肉肝汤中生长较快，如在 37℃条件下培养 2～3 h 即开始生长，肉汤呈均匀浑浊，并产生大量气体。在厌气肉肝汤中生长，可产生强烈的致死毒素，引起仔猪肠毒血症、坏死性肠炎。根据产生的毒素不同，可分为 A、B、C、D、E 5 个血清型。根据毒素种类不同，用以鉴定不同的菌型。

本菌广泛存在于自然界，通常存在于土壤、饲料、污水、粪便及人畜肠道中。梭菌繁殖体的抵抗力并不强，一旦形成芽孢后，对热力、干燥和消毒药的抵抗力就显著增强。

流行特点 在发病猪群中,C型产气荚膜梭菌常存在于一部分母猪的肠道中,随粪便排到体外,污染周围环境。猪舍的地面、垫草、饲养管理用具和运动扬,以及周围的土壤,都存有此菌。初生仔猪生后很快接触被污染的母猪体表和乳头、泥土和垫草,将本菌芽孢吞入消化道内而感染发病。芽孢在猪体小肠中发芽繁殖,并产生大量毒素,引起肠黏膜发炎、出血或上皮坏死。毒素通过肠壁吸收而引起毒血症,致使仔猪发病和死亡。本菌不进入血流,但可侵入肠道浆膜下和肠系膜淋巴结中,引起炎症,并产生气体。

本病主要发生在生后1～3 d以内的仔猪(1周龄以上的很少发病),发病快,病程短,死亡率极高。发病率最高可达100%,死亡率50%～90%以上。品种和季节对发病无明显影响。

症状 仔猪红痢常在仔猪出生后数小时至1～2 d发病,发病后数小时至2 d可死亡。在最急性病例中,病状很不明显,生后吃奶及精神还好,常突然不吃母奶,精神沉郁,病仔猪不见拉稀即死亡。在虚脱或昏迷、抽搐状态下死亡。病程稍长的病例,可见病仔猪不吃奶,精神沉郁,离群独处,怕冷,四肢无力,行走摇摆,腹泻,排出灰黄或灰绿色稀粪,后变为红色糊状,故称红痢。粪便很臭,常混有坏死组织碎片及多量小气泡。体温不高,很少升到41℃以上。大多数病仔猪死亡,甚至整窝仔猪全部死亡,极少部分仔猪耐过后可恢复健康。

病理剖检 典型的病理变化在小肠。剖开腹腔后,清楚地看到某一小肠段(多数在空肠)呈深红至黑紫红色,病变和正常肠段两端界限明显,剪开肠管可见肠腔内充有红黄色或暗红色内容物,其内混杂多量气泡,肠黏膜潮红肿胀、出血,甚至出现灰黄色麸皮样坏死。有些病例在肠浆膜下及肠系膜内积有数量不等的小气泡。肠系膜淋巴结肿大或出血。腹腔内有多量红黄色积液。有的病例可见到胸水及心包液增多,心外膜出血。肝淤血或出血,色泽深浅不均,质较脆,脾脏边缘和肾皮质部有小出血点。

诊断 仔猪红痢的流行特点、症状和病理变化都很典型,不难做出诊断。

本病主要发生在生后3 d内的仔猪,出血性下痢,发病急剧,病程短促,死亡率极高。剖检可见空肠段有出血性炎症及坏死,肠浆膜下有小气泡,肠腔内容物呈红色并混杂小气泡,这些都是本病的诊断特征。

细菌学及毒素的检查,是实验室诊断的依据,一般可进行下列工作:

1. 病料显微镜检查 用病变明显的肠内容物涂片,革兰染色后镜检,常见到大量的形态一致的革兰阳性大杆菌,单个、两连或短链,菌端整齐,其中一部分呈芽孢形态出现。

2. 肠内容物毒素检查 取刚死亡的病猪空肠内容物,酌加1～2倍生理盐水稀释,混合均匀后,以每分钟3 000转离心30～60 min,用灭菌滤器过滤后,取滤液0.2～0.5 mL,静脉注射体重为18～32 g小鼠。大部分小鼠可于5～10 min内迅速死亡,这证明肠内容物中有毒素存在。如果在0.2～0.5 mL肠内容物的滤液中,加入C型和D型产气荚膜梭菌抗毒素血清0.1 mL作中和试验,这种毒素即被C型产气荚膜梭菌抗毒素中和,再静脉注射小鼠,则不引起死亡,而不能被D型产气荚膜梭菌抗毒素中和。证明死亡仔猪肠内容物中的有毒物质是C型产气荚膜梭菌产生的毒素,这种毒素不能被D型产气荚膜梭菌抗毒素中和。

注意,国内还有A型产气荚膜梭菌引起的仔猪发病的报道。

3. 细菌的分离与鉴定 主要从小肠内容物中分离细菌,内脏器官则不一定能分出细菌。少数病例能由肝、脾、心脏、血液、肠淋巴结、胸腹水及心包液等分离出细菌。

将细菌培养于厌气肉肝汤中也可测定培养液中的毒素,方法与肠内容物毒素检查相同。

防治措施

(1)在发病猪群中,对怀孕母猪于产前1个月及产前半个月各肌肉注射仔猪红痢氢氧化铝菌苗,剂量为5～10 mL。以后再产仔于产前半个月注射3～5 mL,能使母猪产生坚强的免疫力。初生仔猪可从免疫母猪的初乳中获得抗体,对仔猪的保护力几乎可达100%。

(2)产房要清扫干净,并用消毒药进行消毒。临产前做好接产准备工作,母猪奶头要用清水擦干净,以减少本病的发生和传播。

(3)在常发病猪场,可在仔猪出生后,用抗生素类药物(如青霉素、链霉素、土霉素等)进行预防性口服,对病仔猪可用氨苄青霉素口服治疗。据观察有一定效果。

八、猪痢疾(血痢)

猪痢疾(swine dysentery)又称血痢,是由猪痢疾短螺旋体引起猪的一种严重的肠道传染病,主要临诊症状为严重的黏液性出血性下痢,急性型以出血性下痢为主,亚急性和慢性以黏液性腹泻为主。剖检病理特征为大肠黏膜发生卡他性、出血性及坏死性炎症。

我国某些猪场也有发生,造成一定损失。

病原　为猪痢疾短螺旋体,革兰染色阴性,是两端尖锐、形如双雁翼状,菌体多为2～4个弯曲,新鲜病料在暗视野显微镜下,可见活泼的蛇样运动,以姬姆萨氏和镀银染色为好。本菌为严格的厌氧菌,培养要求较严格,一般不作培养。在鲜血琼脂上,可见明显的β溶血。

猪痢疾短螺旋体存在于病猪的病变肠段黏膜、肠内容物及排出的粪便中。本菌对外界环境抵抗力较强,在密闭猪舍粪尿沟中可存活30 d,土壤中存活18 d,粪中61 d,粪堆中3 d。阳光照射、加热及一般消毒药剂均可杀死这种病菌。

流行特点　病猪和带菌猪是主要的传染源,经常随着粪便排出大量病菌,污染饲料、饮水、猪圈、饲槽、用具、周围环境及母猪躯体(包括奶头),当仔猪出生后通过消化道感染,在断奶前后发病。

本病多因引进带菌的种猪(无症状的带菌猪可通过粪排菌3个月以上)引起发病。小鼠、犬、燕八哥及病场中的野鼠均可能成为传播媒介。

不同品种、年龄的猪均可感染,以2～3月龄幼猪发生最多。发病率达75%,病死率10%～30%。一年四季均可发生,流行初期呈最急性和急性,病死率高,其后多呈亚急性和慢性,影响生长发育。饲养管理不良,缺乏维生素和矿物质可促进本病发生并加重病情。

症状　猪群起初暴发本病时常呈急性,后逐渐缓和为亚急性和慢性。

最常见的症状是出现程度不同的腹泻。一般是先拉软粪,渐变为黄色稀粪,内混黏液或带血。病情严重时所排粪便呈红色糊状,内有大量黏液、血块及脓性分泌物,有的拉灰色、褐色甚至绿色糊状粪,有时带有很多小气泡,并混有黏液及纤维素伪膜。病猪精神不振,厌食及喜饮水,弓背,脱水,腹部卷缩,行走摇摆,用后肢踢腹,被毛粗乱无光,迅速消瘦,后期排粪失禁。肛门周围及尾根被粪便沾污,起立无力,极度衰弱死亡。大部分病猪体温正常,40～40.5℃,但不超过41℃。慢性病例症状轻,粪中含较多黏液和坏死组织碎片,病期较长,进行性消瘦,生长停滞。

从拉稀粪开始至死亡经7～10 d。少数病猪经治疗不见好转,病程可达15 d以上。

病理剖检　主要病变局限于大肠(结肠、盲肠)。急性病猪为大肠黏液性和出血性炎症,黏膜肿胀、充血和出血,肠腔充满黏液和血液;病程稍长的病例主要为坏死性大肠炎,黏膜上有点状、片状或弥漫性坏死,坏死常限于黏膜表面,肠内混有多量黏液和坏死组织碎片。其他脏器常无明显变化。

诊断

(1)发病特点。在自然情况下只有猪发病,各种年龄、品种的猪都可感染,但主要侵害的是2～3月龄的仔猪;小猪的发病率和死亡率都比大猪高;病猪及带菌猪是主要的传染来源,本病的发生无明显季节性;由于带菌猪的存在,经常通过猪群调动和买卖猪将病传开。带菌猪在正常的饲养管理条件下常不发病,当有降低猪体抵抗力的不利因素如饲料不足、缺乏维生素和应激存在时,便可促进引起发病。

(2)临诊上体温正常,以血性下痢为主要症状;病猪经用药物治疗后,大部分病猪病状减轻或逐渐消失,但停止用药后,隔3～4周又可重复出现,在一栋猪舍中连绵不断发生。

(3)剖检时,急性病例为大肠黏液性和出血性炎症;慢性病例为坏死性大肠炎。其他脏器常无明显变化。

(4)病原学诊断。①取病猪新鲜粪便或大肠黏膜涂片用姬姆萨、草酸铵结晶紫或复红染色液染色、镜检,高倍镜下每个视野见3个以上具有3～4个弯曲的较大螺旋体,即可怀疑此病;②分离培养:需在厌氧条件下进行,要求较高,无实验室设备条件时不进行病原检查。

(5)血清学诊断。有凝集试验、免疫荧光试验、间接血凝试验、酶联免疫吸附试验等,以凝集试验和酶联免疫吸附试验较好,可作为综合判断的一项指标。

(6)鉴别诊断。注意与传染性胃肠炎、流行性腹泻的区别诊断。

治疗 病猪及时用药物治疗常有一定效果,如痢菌净(MAQO,3-甲基-乙酰基-喹噁啉-1,4-二氧化物)每千克体重5 mg,口服,每日2次,连服3 d为一疗程,或按0.5%痢菌净溶液每千克体重0.5 mL,肌肉注射;二甲硝基咪啶、硫酸新霉素、痢特灵、林肯霉素、四环素族抗生素等多种抗菌药物都有一定疗效。需要指出的是该病治后易复发,需要坚持疗程治疗和改善饲养管理相结合方能收到好的效果。

防治措施

(1)防止从病场购入带菌种猪,坚持自繁自养原则;如果引入,猪只需隔离观察和检疫,健康者方可并群饲养。

(2)做好猪舍环境的清洁卫生和消毒工作;消毒后的猪舍,空闲1个月后方可引进新猪饲养;处理好粪便。

(3)病猪最好全部淘汰,以除祸患。对病猪也可用药物治疗。

(4)坚持药物、管理和卫生相结合的净化措施可收到较好的净化效果。

九、伪狂犬病

伪狂犬病(pseudorabies;morbus Aujeszky)是由伪狂犬病病毒引起的家畜和野生动物的一种急性传染病。成年猪呈隐性感染或有上呼吸道卡他性症状,妊娠母猪发生流产、死胎,哺乳仔猪出现发热、脑脊髓炎和败血症症状,最后死亡。

1902年匈牙利Aujeszky首先发现,现已在世界各洲的许多国家发生,且疫情不断扩大蔓延。我国1948年首先发现猫伪狂犬病，目前该病广泛存在于我国各地，尤其是猪的伪狂犬病，疫情还在扩大，对我国养猪业构成严重威胁。

病原 伪狂犬病病毒属于疱疹病毒科、α疱疹病毒亚科，呈球形或椭圆形，病毒粒子约150～180 nm。基因组为线状双股RNA，有囊膜和纤突。能在猪肾细胞和鸡胚成纤维细胞内增殖，并产生细胞病变，有核内嗜酸性包涵体。伪狂犬病毒只有一个血清型，但不同毒株间存在差异。

本病毒对外界环境的抵抗力较强，加热55～56℃经30～50 min死亡，在低温条件保存时间长；在猪舍内可存活1个月以下，对日光敏感，1%氢氧化钠、福尔马林、次氯酸钠等消毒有效。

流行特点 猪、牛、羊、犬、猫等多种动物都可自然感染；病猪、带毒猪和带毒鼠类是本病的重要传染来源。病毒从病猪的鼻液、唾液、乳汁、尿中排出，通过直接接触或间接接触，经呼吸道、消化道、皮肤伤口及配种等途径感染；母猪感染后6～7 d乳中可排毒，持续3～5 d，仔猪吸乳而感染；妊娠母猪通过胎盘感染胎儿。附近猪场间可通过空气传播。牛可因接触病猪而感染，牛与猪之间也可互相传播。本病多发生在冬、春季节，在常年产仔情况下季节性不明显，哺乳仔猪发病后多归死亡。实验动物中，家兔最敏感，小鼠、大鼠、豚鼠等也能感染。

症状 随猪龄的不同症状有很大差异，但都无瘙痒症状。新生仔猪及4周龄以内仔猪，常突然发病，体温升至41℃以上，病猪精神委顿、厌食、有呕吐或腹泻；随后可见兴奋不安、步态不稳、运动失调、全身肌肉痉挛，或倒地抽搐；有时呈不自主地前冲、后退或转圈运动；或前肢呈八字形呆立；随着病程发展，出现四肢麻痹，倒地侧卧、头向后仰、四肢乱动、空嚼流涎、叫声嘶哑、喘气，最后死亡，病程1～2 d，死亡率很高。

4月龄左右的猪、多表现轻微发热、流鼻液、咳嗽、呼吸困难，有的出现腹泻，几天可恢复。也有部分出现神经症状而死亡。

妊娠母猪发生流产、死胎或木乃伊胎，产出的弱胎，多在2～3 d死亡。流产率可达50%。

成年猪一般呈隐性感染，有时见上呼吸道卡他性炎症症状、发热、咳嗽，鼻腔流出分泌物，精神委顿等一般症状。一般在1周内恢复。

病理剖检 一般无特征性病变。鼻腔卡他性或化脓性炎症，咽喉部黏膜水肿，并有纤维素性坏死性伪膜覆盖；肺水肿，淋巴结肿大，脑膜充血水肿，脑脊髓液增多；胃肠卡他性或出血性炎症；有的病例，可见肝、脾等实质脏器有坏死灶。镜检脑有明显的非化脓性脑炎病变；流产胎儿的肝、脾、淋巴结及胎盘绒毛膜有凝固性坏死。

诊断

1. *发病特点* 猪等多种动物可自然感染；病猪、带毒猪是重要传染来源，通过消化道、呼吸道、伤口及配种等发生感染；母猪感染后，仔猪哺乳而感染；妊娠母猪通过胎盘侵害胎儿。多发生在冬、春季节，哺乳仔猪死亡率很高。

2. *临诊症状* 随着猪只年龄不同，症状有较大差异，以哺乳仔猪患病后症状明显，有典型的神经症状，死亡率甚高。妊娠母猪主要表现为繁殖障碍——流产、产死胎或木乃伊胎。其他年龄的猪只表现为一般症状，无特征病症。

3. *剖检* 剖检时主要见呼吸系统的病变和明显的非化脓性脑炎变化。

4. *动物接种试验* 取病料(脑、脾等)制成1：10悬液，加青霉素、链霉素处理，离心，取上清液1 mL皮下或肌肉注射于家兔，2～3 d后，家兔注射部奇痒，不断摩擦或啃咬局部，致使该部脱毛、皮肤出血,经 1～2 d 后麻痹死亡。如将上述病料喂猫,2～4 d 后猫头部奇痒、喉头麻痹、流涎、不吃、委顿,24～36 h 死亡。也可用病料接种 1～4 周龄小鼠,小鼠有奇痒症状,多在 3～5 d 内死亡。

5. 血清学方法　免疫荧光法检查脑、扁桃体压片或冰冻切片,见细胞核内荧光;中和试验、间接血凝抑制试验、琼扩试验、补反、ELISA 等也可用于诊断。

6. 有条件的单位,可进行病毒分离工作

防治措施

(1)本病无特效的治疗方法。在必要时,可用高免血清治疗,可收到降低死亡率的效果。

(2)猪是本病重要的带毒者,防止购买种猪时带入病原;在购买前,作血清学检查,血清学阳性猪购入后隔离或混群饲养。

(3)消灭猪场内的老鼠对预防本病有重要意义;同时,还要控制犬、猫、鸟类和其他禽类进入猪群。

(4)加强生物安生措施,做好消毒工作。

(5)疫苗接种是预防和控制本病的最主要和有效的方法。现已有弱毒苗、灭活疫苗及基因缺失弱毒苗供选用。请按所用疫苗使用说明书进行。

(6)种猪场可制定并实施净化措施,在一定时间内使猪伪狂犬病得到净化,保证出售猪只无伪狂犬病。要达到这一要求,需要坚持不懈的踏实工作。

十、猪繁殖和呼吸综合征

猪繁殖和呼吸综合征(porcine reproductive and respiratory syndrome,PRRS)是猪的一种急性、高度传染性的病毒性传染病,使受感染的猪群发生以繁殖障碍和呼吸系统症状为特征的疫病,表现为流产、产死胎、木乃伊胎、产弱仔和呼吸困难,是危害养猪业最严重的病毒性疫病之一。

1987 年首次报道于美国,其后在欧洲许多国家也暴发了相似的疫病。德国、荷兰、法国、加拿大、英国、西班牙、比利时、丹麦、马尔他等国家相继发生,使疫病不断扩大,曾以不同的描述和命名进行了报道,譬如:神秘病(MSD)、猪不育和呼吸系统综合征(SIRS)、猪流行性流产和呼吸系统综合征(PEARS)、蓝耳病、猪繁殖障碍和呼吸系统综合征(PRRS)等等。

1991 年 4 月,欧洲共同体在布鲁塞尔召开专门会议,采用了 PRRS 一名,同年 6 月,荷兰中央兽医研究中心从病猪分离到病毒,定名为 Lalystad 病毒(LV)。随后,德国、美国等也相继报告从病猪中分离到该病病毒,美国学者称为猪不孕及呼吸道病毒。

1992 年 5 月在美国明尼苏达州召开此病的首次国际会议上,与会人员一致同意采用欧洲通用的 PRRS 命名此病。自 1981 年以来,PRRS 传遍整个北美及欧洲,发病近 20 个国家,我们的邻国日本、朝鲜、菲律宾及我国台湾省也有发生本病的报道,对养猪业造成了严重的经济损失。我国郭宝清等 1996 年 3 月份报道,已从国内暴发疑似 PRRS 的流产胎儿中分离到 LV,并鉴定为美洲型 LV。作者同时对某些猪群进行血清学调查,共检测 10 个地区的 10 个猪场 151 份血清,结果 4 个地区 4 个猪场 99 份血清中检出 PRRS 抗体阳性血清 58 份,阳性率 58.6%,这就肯定了我国有此病发生和存在。陈博文等 1996 年报道,我国从加拿大进口的

279头种猪血清检出PRRS病毒抗体，在隔离检疫期间有45头猪发病，死亡13头，从病猪中分离到LV，经鉴定为美洲型LV。

病原 该病毒是一种有囊膜的RNA病毒，电子显微镜下观察，病毒呈球形，其粒子的直径45～65 nm，二十面体对称，核衣壳直径为25～35 nm，衣壳上有长5 nm的短突起，囊膜内含有脂质。在氯化铯(CsCl)中的浮密度为1.19 g/mL，在蔗糖中的浮密度为1.14 g/mL。根据病毒形态、理化特性、基因组成和复制特性，将该病毒归于套式病毒目、动脉炎病毒科、动脉炎病毒属。

PRRS病毒在许多细胞和鸡胚中不能生长增殖，目前已知，病毒可在猪原代肺泡巨噬细胞(PAM)、CL_{2621}细胞系和MA_{-104}细胞系克隆株Marc145三种细胞上增殖，并可产生明显的细胞病变(CPE)。

由于该病毒有明显变异性，国外习惯上将病毒分为美洲毒株和欧洲毒株，两种毒株的抗原性不尽相同。所有美洲株都相近似。病毒间有良好的交叉保护作用，如Quebec株和美国ATC_{2385}株之间有90%同源性。但欧洲株Lelystad病毒与美国ATC_{2332}株之间仅有50%～70%的同源性。美洲株和欧洲株之间没有完全的交叉保护，就是同种毒株的不同分离株间也存在不同程度的抗原性差异。

PRRS病毒不能凝集鸡、鸭、猪、绵羊、山羊、牛、小鼠、大鼠、兔、豚鼠和人的O型红细胞，所以，不能用血凝和血凝抑制试验来诊断该病。

该病毒对氯仿、乙醚敏感。对温热和外界环境理化因素的抵抗力不强。如加热56℃ 15～20 min、37℃ 10～24 h、20℃ 6 d、4℃ 30 d都可使病毒的传染滴度下降10倍；56℃加热45 min、37℃ 48 h可使病毒灭活。在－70℃条件下，病毒保存18个月以上，其感染滴度不受影响。当pH小于5或大于7时，病毒的感染滴度降低90%。在血浆中存活不超过5 d。在发病猪场，环境、用具及建筑物，在3周内仍有感染力。

流行特点 本病是一种高度接触性传染病，呈地方流行性。猪是唯一的易感动物，各种年龄、品种和用途的猪均可感染，但以妊娠母猪和1月龄以内的仔猪最易感，并表现出典型的临诊症状。

该病病毒可以通过多种途径进行传播。病猪和带毒猪是主要的传染源。病毒由病猪的鼻腔分泌物、病公猪精液和尿中排出。粪便排毒少。呼吸道是该病的主要感染途径，空气传播和感染猪的流动是主要的传播方式；传播方向与主风向相同，在该病流行期即使是严格封闭式管理的猪群也同样发生感染。高湿、低温气候及低风速有利于空气传播，在适宜的条件下，可将病毒传到相当远的地方去。感染猪的流动(调运、买卖等)也是重要的传播方式，可使该病传播到较远的地方。患病母猪所生仔猪及其粪、尿污染的环境、饲养管理用具、运输工具等均可成为本病的传播媒介。无临诊症状的猪也能传播本病，并持续数月。妊娠病母猪可垂直传给仔猪，公猪精液、啮齿动物、禽类、野生动物等都是该病发生的传播的方式和媒介。目前，尚未发现昆虫传播该病。猪肉、猪产品没见能传播的报道。也没见人感染的报道。曾从野鸭和珍珠鸡的粪便中分离到PRRS病毒。

持续感染是PRRS的重要流行病学特征，病毒可在感染猪体中存在很长时间，并可排出病毒。PRRS是主要的免疫抑制病，危害甚大。

症状 发病猪只的临诊表现有差异，与猪群的饲养管理、机体免疫状况、病毒毒株和毒力强弱、有无继发感染等因素密切相关。主要表现是：

1. 种母猪　主要表现为精神沉郁，食欲减少或废绝，咳嗽，不同程度的呼吸困难，间情期延长。妊娠母猪发生早产、后期流产、产死胎、胎儿木乃伊化、产弱仔猪等。部分新生仔猪表现呼吸困难，运动失调及轻瘫等症状，产后1周内死亡率明显增高(40%～80%)。少数感染母猪表现暂时性的体温升高(39.6～40℃)。个别病猪的双耳、腹侧及外阴皮肤呈现一过性的青紫色或紫斑块。少数母猪表现为产后无乳、胎衣停滞及阴道分泌物增多等现象。

2. 仔猪　以1月龄内仔猪最易感，并表现出典型的临诊症状。体温升高至40℃以上，呼吸困难，有时呈腹式呼吸，食欲减退或废绝，腹泻，离群独处或互相挤在一起。被毛粗乱，肌肉震颤，共济失调，有的病仔猪呈"八字形"呆立，后躯瘫痪，渐进性消瘦，眼睑水肿。有的仔猪表现口鼻奇痒，常用鼻盘、口端摩擦圈舍壁栏，鼻有分泌物，少部分仔猪可见耳部、体表皮肤发紫症状。死亡率可高达83%，甚至100%。耐过猪生长缓慢，易继发其他疾病。

3. 育肥猪　育肥猪对本病易感性较差，感染后仅表现轻度的症状，呈一过性的厌食及轻度的呼吸困难。少数病例表现为咳嗽及双耳背面、边缘、腹部及尾部皮肤出现一过性的深紫色或斑块。常见亚临诊和持续感染病猪。易发生继发感染并出现相应的症状。

4. 种公猪　发病率较低，为2%～10%，症状表现厌食、精神差、呼吸加快，消瘦，无明显发热现象，少数公猪出现双耳或体表皮肤变色发绀。精子数量减少和活力下降从而造成精液质量降低。

目前，也有采用急性、亚急性和慢性来描述临诊症状的，但其基本的特征症状同上面介绍的相同。若取亚急性或慢性经过的病例，则其症状就不够典型了。

如有继发感染，可见继发病的相应症状，使临诊表现更为复杂，应注意鉴别。

2006年夏秋季节，我国南方部分地区猪群出现以高热、厌食或不食、咳嗽、喘等严重呼吸道症状、神经症状、严重全身症状和高死亡率的一种新的传染病。即所谓的猪的"高热病"，后经调查，病原分离鉴定，最终证实猪繁殖与呼吸综合征病毒变异株(非结构蛋白NSP2基因存在2个不连续缺失)是本病的主要病因，随后将由该繁殖与呼吸综合征病毒变异株引起的"高热病"命名为高致病性猪蓝耳病。高致病性猪蓝耳病在2007年、2008年仍在某些地区发生，但整体流行、发生态势有所减弱，在临床工作中应重视观察和区别。

病理剖检　病毒通过口鼻等途径进入猪体，在感染后12～24 h，便可在感染猪的血液中发现高滴度的PRRS病毒，感染的猪便出现发热、厌食、精神沉郁、嗜睡等临诊症状。病毒在肺泡巨噬细胞中繁殖，然后大量的病毒进入血流和其他组织。可以从肺泡巨噬细胞、肺、心、肝、肾、脑、脾、淋巴结、胸腺、扁桃体、骨髓、外周血白细胞、血浆及血清中分到病毒。所以，病毒血症的猪、活产、死产和小猪，均可在组织中分到病毒。发生自溶的胎儿不能分离到病毒。

妊娠母猪和青年母猪感染PRRS病毒后，在妊娠的后期病毒很容易穿过胎盘，引起胎儿感染，造成妊娠母猪发生早产、流产、死胎、产弱仔猪等。

PRRS造成的病理变化，最常见的是局限性间质性肺炎，随着感染时间延长，可波及肺的各个肺叶。小猪还可见胸腔积清亮液体，肾周围脂肪、皮下、肠系膜淋巴结水肿。组织学检查可见肺泡壁增厚，有单核细胞及巨噬细胞浸润，肺泡上及细胞变性，肺泡腔内有蛋白碎片物，较多的肺泡巨噬细胞被破坏，肺泡巨噬细胞的减少和肺泡功能下降，使猪只更易发生继发感染。其他组织器官如鼻、支气管、淋巴结、脾、心肌、脑、肝、肾也有不同程度的组织学变化。

高致病性猪蓝耳病的病理变化更为明显和严重。

诊断　本病仅根据临诊症状及流行病学特征很难作出诊断，必须排除其他有关的猪繁殖和呼吸系统的疾病，才能怀疑为此病。本病的确诊需借助于实验室诊断技术，包括病理组织学变化、病毒分离与鉴定、检测抗原及血清学诊断，其中病毒的分离与鉴定是该病最确切的一种方法。

1. 临诊的疑似内容　母猪发生流产、死胎、产弱仔、胎儿木乃伊和呼吸困难；新生仔猪的呼吸困难和高度的致死率(80%～100%)；青年猪的轻度症状。荷兰提出3个临诊指标：怀孕母猪感染后症状明显，至少出现20%胎儿死产，8%以上母猪流产和哺乳仔猪死亡率26%以上。上述3个指标只要有2个符合时，就可认为本病的临诊诊断成立。

2. 病毒分离　将感染猪及流产、死产胎儿的肺及其组织作成匀浆混合物，接种到猪原代肺泡巨噬细胞或 CL_{2621}、或 Marcl45 细胞，可见到特征性 CPE 者，表明病毒分离阳性，其后再作鉴定。木乃伊胎儿和已发生自溶的胎儿不能用作病毒分离。

3. 抗体检测　目前有4种方法检测血清中 PRRS 病毒抗体，即免疫过氧化物酶单层细胞试验(IPMA)、间接荧光抗体试验(IFA)、血清中和试验(SN)和酶联免疫吸附试验(ELISA)，这4种方法各有优缺点，其中常用的是 PAM 和 IFA。国内目前就是采用这两种方法检测的。

4. 分子生物学诊断技术　用高致病性猪蓝耳病病毒反转录聚合酶链式反应(RT-PCR)检测，以区分变异毒株。

5. 病理组织学检查　由于本病无明显的肉眼变化，组织学检查是必要的，间质性肺炎是常见的变化。还可见到鼻炎、脑炎、心肌炎等病理变化。重视高致病性猪蓝耳病的病理变化。

6. 鉴别诊断　鉴别诊断十分重要，要与我国发生相似症状的病毒病和细菌病区分开，如猪细小病毒感染、猪伪狂犬病、猪流感、猪瘟、猪乙型脑炎、衣原体病、钩端螺旋体病、布氏杆菌病、霉菌病等区分，以免误诊。

与之鉴别的内容请参看有关病的介绍。

防治措施　目前对本病尚无特异的治疗方法，控制其流行的关键是切断该病的传播途径。

(1)做好进境猪只的口岸检疫工作，防止从国外引进种猪时带入此病。

(2)国内种猪交换和购买种猪时必须从无此病的种猪场引入种猪，除了要搞清所引猪场的疫情外，还应进行血清学检查，阴性者方可引入。引入后仍需隔离检疫3～4周，健康者方可混群饲养。

(3)规模化猪场要建立和执行生物安全措施，加强饲养管理，搞好环境卫生，定期进行消毒，以防止疫病的传入。

(4)PRRS 尚无特效的治疗和防治办法，可以采用一些旨在缓解临诊症状，预防和控制细菌继发感染，药物防治是常采用的方法，在一定时间往饲料中添加抗菌药物，如土霉素、金霉素、泰妙菌素、阿莫西林、利高霉素等，对防治猪只的常见细菌性继发感染是有益处的。

(5)做好其他疫病的预防接种工作，特别是猪瘟、猪伪狂犬病和猪气喘病等的控制。

(6)免疫接种是预防措施中重要的方法，国内已有 PRRS 灭活苗和弱毒苗供选用，按疫苗使用说明书进行。

高致病性猪蓝耳病有专用的弱毒疫苗或灭活疫苗，具体的免疫程序和方法，可参照高致病性猪蓝耳病免疫技术规范进行。

(7)一旦发生和确诊为高致病蓝耳病时，应按照“高致病性猪蓝耳病防治技术规范”的要求进行处置。

十一 圆环病毒 2 型感染

猪圆环病毒 2 型感染(porcine circovirus type 2 infection,PCV2)是由圆环病毒 2 型引起的一种新的猪病毒病的总称,包括断奶仔猪多系统衰竭综合征(PMWS)、猪皮炎-肾病综合征(PDNS)、繁殖障碍、肺炎、肠炎、先天性震颤等。

本病 1991 年在加拿大北部地区猪群暴发一种断奶仔猪呼吸困难、腹泻、贫血和进行性消瘦为主要病征的新的疾病,严重影响猪只的生长发育,造成巨大的经济损失,随后称此病为断奶仔猪多系统衰竭综合征(postweanting multisystematic wasting syndrome, PMWS)。Nayar 等 1997 年从患病猪体内分离到猪圆环病毒,并用分离株感染悉生猪和普通猪,产生与自然病例相同的临床症状,确认 PCV2 是 PMWS 的病原,随后在美洲、欧洲、亚洲很多国家相继报告了 PMWS 的发生和流行。我国 2001 年朗洪武报道了河北某猪场分离到 2 株圆环病毒,其后我国许多猪场有发病、流行和检出 PCV2 感染的报道,现已是全国普遍存在,特别是 PCV2 与猪呼吸与繁殖综合征(PRSSV)共感染最为普遍和严重,是养猪业最大的威胁。

病原 猪圆环病毒 2 型(PCV2)属圆环病毒科圆环病毒属的成员,呈二十面体对称,无囊膜,单股 RNA 病毒,病毒粒子直径为 17～22 nm,在氯化铯中的浮密度为 1.37 g/cm^3,沉降系数为 52 S。本病毒不凝集牛、羊、猪、鸡等多种动物和人的红细胞。

PCV2 有高的稳定性,在 pH 3 的酸性环境、氯仿作用及 70℃时能存活较长时间,对多种消毒药具有高度抵抗力。

根据 PCV 的致病性、抗原性及核苷酸序列将 PCV 分为两个基因型,即 PCV-1 和 PCV-2 型,两型间没有血清学交叉反应,核苷酸序列的同源性为 68%～76%。PCV2 可在 PK_{15} 细胞上生长良好,但不产生细胞病变,也可在其他猪源细胞上生长,同样不产生细胞病变。

流行特点 PCV2 主要感染猪,猪是天然宿主,各种年龄、不同性别的猪都可感染,但不是所有感染猪都会表现出明显的症状。病猪和带毒猪是主要的传染源。经口腔、呼吸道(鼻腔)途径感染,本病可水平传播,也是通过胎盘垂直传播,也可能经过精液传播。

病猪通过鼻液、粪便等途径排出病毒,因而污染的饲养管理用具等可成为传播媒介。买卖、运输、迁移可促进本病传播。

PCV1 型对猪无致病性,但能产生血清抗体。

饲养管理不良、断奶时环境差、不同来源及不同年龄的猪只混群,饲养密度过高及一切降低猪体抵抗力的因素都可诱发本病。

在养猪生产中,本病常与猪 PRRS、猪细小病毒或其他细菌混合感染,使病猪病情严重,症状复杂多样,死亡率增多。

症状 猪群感染 PCV2 型后,可以不表现出临床症状,血清学检验时,阳性率很高,也有猪只出现临床症状。现介绍有明显临床症状的类型。

1. 断奶仔猪多系统衰竭综合征(PMWS) 此病型具有诊断价值的症状是发病仔猪渐进性消瘦和生长迟缓,不一定每个病猪都能见到,但从发病群中可以见到。

临床上可以见到病猪食欲不振,精神沉郁,行动缓慢,生长发育不良,被毛粗乱,可视黏膜苍白和黄疸,站立不稳,走路摇晃,咳嗽,呼吸困难,腹泻。体表淋巴结肿大,腹股沟淋巴结可以摸到。死亡率50%以上，甚至达到100%。如果猪群饲养管理不良，环境卫生差，拥挤，空气污染，不良应激因素存在。以及继发或并发感染，都可增加病情严重和死亡率增高。

2.猪皮炎与肾病综合征　PDNS最常见的临诊症状是8～18周龄猪皮肤上形成圆形或形状不规则、呈现红色到紫色的丘疹病变，病变中央呈黑色，病变常融合成大的片状斑块。病变通常出现在猪的后腿、胸腹部，也可扩散至喉、体侧或耳。感染轻的猪可自行康复，感染严重的猪可表现出跛行、发热、厌食、体重下降。

3.繁殖障碍　PCV2感染母猪可出现繁殖障碍，临诊表现为流产，产死胎、木乃伊胎和产弱仔，仔猪断奶前死亡率升高。

4.先天性震颤　临诊上早已观察到猪的先天性震颤，近年来证实发生先天性震颤的初生仔猪的大脑和脊髓中含有PCV2核酸和抗原。

临床诊断中，PCV2感染可以引起肺炎症状，在猪呼吸道综合征(PRDC)中起着重要作用。PCV2感染还可以引起猪的腹泻，病猪消瘦。PCV2引起的肺炎或肠炎易与其他疾病的症状混淆，在临床上一般不易区分。

病理剖检　断奶仔猪多系统衰竭综合征(PMWS)的肉眼可见的病理损伤变化很大，主要可见肺脏肿胀，间质增宽，或有点状出血，质度硬似橡皮，其上散在有大小不等的褐色实变区，实变区可在肺脏的前下缘融合成片。全身淋巴结，特别是腹股沟、纵隔、肺门和肠系膜淋巴结显著肿大，切面为灰黄色，或有出血。肾脏灰白，皮质部散在或弥漫性分布白色坏死灶。脾脏轻度肿胀。肝脏可能有中等程度的黄疸和/或明显萎缩伴有肝小叶融合。胃肠道有时呈现不同程度的损伤，胃的食管部黏膜苍白、水肿和非出血性溃疡，肠道尤其是回肠和结肠段肠壁变薄，肠管内液体充盈。继发细菌感染的病例可出现相应疾病的病理变化，如胸膜炎、心包炎、腹膜炎、关节炎等。

皮炎与肾病综合征(PDNS)病例在猪的后肢和会阴部，乃至全身出现明显的坏死性皮炎；肾脏苍白、极度肿胀，皮质部有出血或淤血斑点。

诊断　由PCV2感染引起的断奶后多系统衰竭综合征及皮炎和肾病综合征，依据流行特点和临诊症状、剖检病变，可以作出初步诊断，确切诊断需依靠实验室相关技术。而与PCV2感染有关的繁殖障碍、肺炎、肠炎等，仅靠临诊症状是没有诊断价值的。

1.临诊诊断要点

(1)PMWS主要发生在5～12周龄的仔猪，仔猪断奶前生长发育良好。

(2)在一定时期内，猪场中同窝或不同窝的断奶仔猪既有呼吸道症状，又有腹泻等表现，抗生素治疗无效或疗效不佳，病程长的猪生长发育迟缓、体重下降，有时出现皮肤苍白或黄疸。

(3)死亡猪只剖检具有PMWS的病理变化，尤其是淋巴结肿胀，切面出血或呈灰黄色，脾脏轻度肿胀，肺脏肿胀，间质增宽，表面散在有大小不等的褐色实变区。其他脏器也可能有不同程度的病变和损伤。

(4)PDNS主要发生于8～18周龄的猪，皮肤上有较典型的皮炎变化，因本型死亡猪只，可见皮肤变化，肾脏明显肿大，皮质部苍白及出血，或见坏死性肾小球炎。

2.实验室诊断

(1)病毒的分离与鉴定。无PCV污染的PK15细胞最常用于PCV2的分离。可取死亡猪的肺脏、淋巴结、肾脏、血清等作为病原的分离材料。由于PCV2在细胞培养中不产生细胞病变，因此，病料盲传1～3代后应进行PCV2抗原或核酸的检测加以鉴定。

(2)病毒的检测。可采用PCR、原位核酸杂交、间接免疫荧光试验、间接免疫过氧化物酶试验等直接检测病料中的PCV2核酸或抗原。

(3)抗体检测。可采用酶联免疫吸附试验(ELISA)、免疫荧光抗体技术、免疫过氧化物酶单层细胞试验等,检测猪血清中的PCV2抗体。但由于PCV1和PCV2之间存在抗原交叉反应,因此已有的方法不能完全区分PCV1和PCV2感染。制备PCV2特异性的单克隆抗体,或者特异性的重组抗原能够满足建立特异性血清学方法的需要。国内已建立了利用基因工程表达的PCV2重组蛋白作为抗原的ELISA抗体检测方法。

需要注意的是目前在临诊上多种病原的合并感染十分普遍,因此在检测PCV2的同时,应同时检测其他病原体(如PRRSV、PRV、PPV、副猪嗜血杆菌等)。

防治措施 迄今为止还没有控制PMWS及PCV2感染所致其他疾病的有效措施,也没有切实有效的商品化疫苗和药物用来防治PCV2感染。而且PCV2对常规消毒剂抵抗力很强,给猪场的净化工作带来了困难。目前,控制PMWS应采取综合性的控制措施。

(1)改善饲养方式,做到养猪生产各阶段的全进全出,避免将不同日龄的猪混群饲养,从而减少和降低猪群之间PCV2的接触感染机会。

(2)建立猪场完善的生物安全体系,将消毒卫生工作贯穿于养猪生产的各个环节。最大限度地降低猪场内污染的病原微生物,减少或杜绝猪群继发感染的几率。由于PCV2对一般的消毒剂抵抗力强。因此,在消毒剂的选择上应考虑使用广谱的消毒药。

(3)加强猪群的饲养管理,降低猪群的应激因素。很多应激因素都可诱发、促进PMWS的发生和加重发病猪群的病情,导致死亡率上升,因此,应尽可能地减少猪群的应激因素,避免饲喂发霉变质或含有真菌毒素的饲料,做好猪舍的通风换气,改善猪舍的空气质量,降低氨气浓度。保持猪舍干燥、清洁,降低猪群的饲养密度。

(4)提高猪群的营养水平。由于PCV2感染可以导致猪群的免疫功能下降,因此,营养是影响PMWS的一个重要因素。通过提高猪群的蛋白质、氨基酸、维生素和微量元素等水平,提高饲料的质量,提高断奶猪的采食量,给仔猪饲喂湿料或粥料,保证仔猪充足的饮水,可以在一定程度上降低PMWS的发生率和造成的损失。

(5)采用药物预防方案,控制猪群的细菌性继发感染。没有有效的药物可以用于PMWS的治疗,即使一些继发的细菌性疾病,治疗效果也不好,因此,应提前采用药物预防来控制细菌性继发感染,可以试用以下药物用于预防:

①仔猪用药:哺乳仔猪在3、7、21日龄注射长效土霉素(200 mg/mL),每次0.5 mL,或者在1、7日龄和断奶时各注射头孢噻呋(500 mg/mL)0.2 mL;断奶前1周至断奶后1个月,用泰妙菌素(50 g/t)+金霉素或土霉素或强力霉素(150 g/t)+阿莫西林(500 g)拌料饲喂,或者添加2%氟苯尼考(1 000~1 500 g/t)+泰乐菌素(200~250 g/t)。继发感染严重的猪场,可在28、35、42日龄各注射头孢噻呋(500 mg/mL)0.2 mL。

②母猪用药:母猪在产前1周和产后1周,饲料中添加支原净(100 g/t)+金霉素或土霉素(300 g/t)。

(6)做好猪场猪瘟、伪狂犬病、猪细小病毒感染,气喘病等疫苗的免疫接种。规模化猪场应提倡使用猪气喘病灭活疫苗免疫接种,有利于提高猪群呼吸道和肺脏的免疫力,可减少呼吸道病原体的继发感染。

十二、猪多发性浆膜炎与关节炎

猪多发性浆膜炎与关节炎(swine polyserositis and arthritis)又称副猪嗜血杆菌病(haemophilus parasuis infection)、格氏病(glasser's disease)、猪纤维蛋白浆膜炎和关节炎(porcine fibrionserositis and arthritis)。在临床上主要表现为关节肿胀、疼痛、跛行、呼吸困难,以及胸膜、心包腹膜和四肢关节浆膜的纤维性炎症为特征。

本病目前呈世界性分布,在养猪业发达国家均有此病的流行和发生。近些年来,我国很多地区都有本病发生和流行的报道,是一些病毒性疾病(如猪繁殖与呼吸综合征、猪断奶后多系统衰竭综合征等)的继发病,给养猪业造成了较严重的经济损失。

病原 副猪嗜血杆菌属于巴氏杆菌科嗜血杆菌属(*Hameophilus*)成员,为革兰染色阴性的小杆菌,美蓝染色呈两极着色特性。呈丛、球杆状,长丝状的多形状。无鞭毛和芽孢,通常有荚膜,但体外培养时会受到影响。本菌有多个血清型,根据免疫扩散试验,可将已分离到的菌株分为 15 种血清型,以 4、5 和 13 型最为常见。不同血清型的菌株,其毒力差异很大。

本菌为需氧或兼性厌氧,最适生长温度为 37℃,pH 7.6～7.8。生长时需烟酰胺腺嘌呤二核苷酸(NAD 或 V 因子),所以,体外培养本菌时可用巧克力琼脂或与葡萄球菌交叉培养的鲜血琼脂(可形成卫星现象)。血液培养基上无溶血现象。初次分离培养时最好提供 5%～10% 的 CO_2。

副猪嗜血杆菌对外界环境的抵抗力不强。干燥环境中容易死亡。60℃ 5～20 min 可被杀死,4℃可存活 7～10 d。对消毒药较敏感,常用的消毒药即可将其杀死。对结晶紫、杆菌肽、红霉素、林可霉素、四环素、土霉素、卡那霉素、磺胺类药物等敏感。

流行特点 易感动物主要为 2 周龄至 4 月龄的青年猪,尤其是哺乳仔猪、断奶后 10 d 左右的猪更易发生,发病率 10%～20%,病死率可达 50%。病猪和带菌猪为主要传染源,无症状的带菌猪是最危险的传染源,本菌常存在于猪的上呼吸道,构成其正常菌群。本病主要通过空气直接接触传播,亦可通过消化道传播。

本病一般呈散发,也可呈地方流行性。饲养管理不善、空气污浊、拥挤、饲养密度过大、长途运输、天气骤冷等应激因素都可引起本病的暴发,并使病情加重,因此,应激因素常是本病发生的诱因。本病发生和流行的严重程度以及造成的经济损失与猪群中猪肺炎支原体、猪繁殖和呼吸障碍综合征病毒、猪圆环病毒 2 型、猪流感病毒、伪狂犬病病毒和猪呼吸道冠状病毒等病原体的存在有密切关系。

症状 本病多继发于猪繁殖和呼吸障碍综合征病毒、猪流感病毒、猪呼吸道冠状病毒、猪肺炎支原体、猪圆环病毒 2 型等病原体感染,或与这些病原体混合感染。人工接种试验的潜伏期为 2～5 d,一般几天内发病。临诊上主要表现为发热,食欲不振或厌食,眼睑水肿,鼻孔周围附有脓性分泌物。被毛粗乱,消瘦,反应迟钝,咳嗽,呼吸困难,共济失调。关节肿胀,跛行,侧卧。可视黏膜发绀,虚弱,继而因窒息和心力衰竭死亡。急性感染后的母猪可发生流产。

剖检变化 主要肉眼病变有胸膜、腹膜、心包膜、关节的浆膜,甚至脑膜出现纤维素性炎症，表现在单个或多个浆膜表面出现浆液性或化脓性的纤维蛋白渗出物，呈淡黄色蛋皮样或条索状的伪膜覆盖在浆膜和关节表面。腕关节和跗关节出现病变频率高，脑膜病变较少见。全身淋巴结肿大，切面呈一致的灰白色。

显微镜下可在渗出物中观察到纤维蛋白、中性粒细胞和较少量的巨噬细胞。

诊断 根据本病的流行病学、临诊症状和病理变化特点可以做出初步诊断，确诊须进行病原的分离培养和鉴定。

1. 流行病学特点 主要发生于2周龄至4月龄的青年猪，尤其以5～8周龄的断奶仔猪最易感；一般散发；多继发于其他病毒性疾病或混合感染；病的发生和严重程度通常与气候骤变、饲养条件突然改变以及其他病原体的感染相关。

2. 临床症状和病理学诊断 临诊上主要表现为咳嗽、呼吸困难、眼睑水肿、消瘦、关节肿大、跛行、共济失调等特点。剖检以胸膜、腹膜、心包膜及腕关节、跗关节表面有浆液性或纤维性渗出物为特征。

3. 细菌的分离鉴定 采取治疗前发病急性期病猪的浆膜表面渗出物或血液，接种到巧克力琼脂培养基或用羊、马或牛鲜血琼脂并与葡萄球菌做交叉画线接种，培养24～48 h。副猪嗜血杆菌在葡萄球菌菌落周围生长良好，呈卫星现象。然后取可疑菌落进行生化鉴定和血清型定型。

4. 鉴别诊断 诊断时应注意与链球菌、猪丹毒丝菌、猪胸膜肺炎放线杆菌、猪沙门菌等败血性细菌传染病，以及由猪鼻支原体引起的多发性浆膜炎和关节炎相区别。

防治措施

1. 预防措施

(1)预防本病的发生首先应加强饲养管理，严格执行猪场兽医卫生消毒制度，避免或减少应激因素的发生，如防止饲养条件的突然改变和其他病原微生物的感染。

(2)当有应激发生时，可提前给猪群投给预防剂量的抗生素（如阿莫西林、氟甲砜霉素）或磺胺类药物，可以起到预防本病发生的作用。

(3)新引进猪群时，应先隔离饲养，并维持2～3个月的适应期，以使那些没有免疫接种但有感染条件饲养的猪群建立起保护性免疫力。

(4)有本病流行的猪场，可用副猪嗜血杆菌灭活疫苗实施疫苗免疫接种，这是预防本病发生的有效措施。最好用分离自本场的菌株制备灭活疫苗，以最大可能地保证疫苗毒株的血清型与流行菌株一致，以获得最佳的免疫保护效果。母源抗体对新生仔猪有被动免疫保护作用，这对防止本病的发生起着非常重要的作用。母猪接种疫苗后，可对4周龄以内的仔猪提供保护性免疫力。可用相同血清型的灭活疫苗对仔猪进行免疫接种。

2. 治疗 猪群发病后应及时治疗，并对全群猪施行治疗。可用氨苄青霉素、青霉素、庆大霉素、新霉素、四环素和磺胺二甲氧嘧啶、增效磺胺、头孢类等药物，用药剂量要足，发病猪只采用口服或注射途径效果较好。需要注意的是副猪嗜血杆菌很多菌株对抗生素都存在耐药性，如红霉素、壮观霉素、四环素等，因此，进行治疗时应选用一些敏感的药物，目前头孢类（如头孢噻呋）的效果较好。

十三、猪附红细胞体病

猪附红细胞体病(swine eperythrozoonosis)是由猪血支原体(mycoplasma haemosuis)引起猪的一种以急性黄疸性贫血和发热为特征的传染病。该病又称黄疸性贫血、类边虫病、赤兽体病或红皮病。

本病由Doyle于1932年首次在印度报道,同年美国学者从以贫血和黄疸为主要病征的病猪血液中发现了立克次氏体样或原虫样小体;Splitter和Williamson于1950年发现引起猪贫血、黄疸的病原与当时已知的牛附红细胞体(*E. wenyoni*)和绵羊附红细胞体(*E. ovis*)相似,从而确认引起猪贫血和黄疸的病原为猪附红细胞体(*E. suis*)。目前本病广泛分布于北美洲、欧洲、亚洲、非洲、大洋洲的许多国家和地区,呈全世界分布。1972年在我国江苏省南部报道猪红皮病,后来被证实为猪附红细胞体病。随着我国规模化养猪业的发展,猪附红细胞体病也成为养猪生产中的突出问题,特别是20世纪90年代以来,在广东、河北、河南、山东等十几个省、市均有该病发生的报道,该病流行和发生越来越严重,给我国的养猪业造成了较大的经济损失,成为养猪生产中的常发病和继发病。

病原　本病病原是新近成立和命名的猪血支原体(mycoplasma haemosuis),是一种多形态微生物,多呈环形、球形和椭圆形,少数呈杆状、月牙状、顿号形、串珠状等不同形态。平均直径为0.2～2.5 μm,单独、成对或成链状附着于红细胞表面。在电镜下,猪血支原体呈圆盘状,有一层膜包被,无明显的细胞壁和细胞核结构,在胞浆膜下有直径为10 nm的微管,有类核糖体颗粒。暗视野和相差显微镜下,在水浸片或血浆中可见到猪血支原体做进退、屈伸、多方向扭转等自由运动。猪血支原体对苯胺色素易着色,革兰染色阴性,姬姆萨染色呈淡红或淡紫红色,瑞特染色为淡蓝色。在红细胞上以二分裂方式进行增殖。迄今尚无法在非细胞培养基上培养附红细胞体。

猪血支原体对干燥和化学药品比较敏感,0.5%石炭酸于37℃经3 h可将其杀死,一般常用浓度的消毒药在几分钟内即可将其杀死;猪血支原体可耐低温,在加15%甘油的血液中于－37℃感染力可保存80 d;在加枸橼酸盐的抗凝血中,置5℃能保存15 d,在脱纤血中－30℃保存83 d仍有感染力,冻干保存可存活2年。

流行特点　猪血支原体只感染家养猪,不感染野猪。各种品种、性别、年龄的猪均易感,但以仔猪和母猪多见,其中哺乳仔猪的发病率和死亡率较高,被阉割后几周的仔猪尤其容易感染发病。猪血支原体在猪群中的感染率很高,可达90%以上。

病猪和隐性感染带菌猪是主要传染源。隐性感染带菌猪在有应激因素存在时,如饲养管理不良、营养不良、温度突变、并发其他疾病等,可引起血液中猪血支原体数量增加,出现明显临诊症状而发病。耐过猪可长期携带该病原,成为传染源。

猪血支原体可通过接触、血源、交配、垂直及媒介昆虫(如蚊子、虱、蝇)叮咬等多种途径传播。动物之间可通过舔伤口、互相斗咬或喝血液污染的尿液以及被污染的注射器、手术器械(消毒不严)等媒介物而传播;交配或人工授精时,可经污染的精液传播;感染母猪能通过子宫、胎盘使仔猪受到感染。

猪附红细胞体病一年四季都可发生,但多发生于夏、秋和雨水较多的季节,以及气候易变的冬、春季节。气候恶劣、饲养管理不善、疾病等应激因素均能导致病情加重，疫情传播面积扩大，经济损失增加。猪附红细胞体病可继发于其他疾病，也可与一些疾病合并发生。

症状 猪感染猪血支原体病原后，多呈隐性经过，当疾病、饲养管理不善、气候突变、换料、转栏等应激因素引起猪群抵抗力下降时暴发本病。潜伏期一般为 6～10 d。

1.仔猪 仔猪感染发病后症状明显，常呈急性经过，发病率和死亡率较高。急性期主要表现为皮肤黏膜苍白和黄疸，其中小于 5 日龄的仔猪主要表现为皮肤苍白和黄疸；4 周龄猪则以贫血为主，偶尔可见黄疸。病猪精神不振、食欲下降或废绝、反应迟钝、步态不稳、消化不良。体温升高至 42℃，呼吸困难，虚弱，四肢特别是耳廓边缘发绀，耳廓边缘的浅至暗红色是其特征性症状。有的可见整个耳廓、尾及四肢末端明显发绀。当感染持续的时间较长或发生持续感染时，耳廓边缘甚至耳廓可能发生坏死。耐过仔猪往往生长不良而成僵猪，并可能再次发生感染。慢性附红细胞体病病猪表现为消瘦、苍白，有的出现荨麻疹型或病斑型变态反应，一般在腹部皮下可见出血点。严重病例，病死率可达 30%或以上。

2.育肥猪 感染后呈典型的溶血性黄疸，贫血症状较少见。常见皮肤潮红，毛孔处有针尖大小的微细红斑，尤其以耳部皮肤明显，体温升高达 40℃以上。精神委靡不振，食欲下降。死亡率较低。

3.母猪 呈急性或慢性经过。感染常见于临产母猪或分娩后 3～4 d，急性期母猪表现食欲不振、精神委靡，持续高热达 42℃，贫血，黏膜苍白，乳房或外阴水肿可持续 1～3 d，母猪奶量下降。感染母猪可发生繁殖障碍，表现为早产、产弱仔和死胎。母猪的受胎率降低，不发情或发情不规律。

病理剖检 死亡猪剖检主要病变为黄疸和贫血，全身皮肤、黏膜、脂肪和脏器显著黄染，常呈泛发性黄疸。全身肌肉色泽变淡，血液稀薄呈水样，凝固不良。全身淋巴结肿大，潮红、黄染、切面外翻，有液体渗出。胸腹腔及心包积液。肝脏肿大、质脆，细胞呈脂肪变性，呈土黄色或黄棕色。胆囊肿大，含有浓稠的胶冻样胆汁。脾肿大，质软而脆。肾肿大、苍白或呈土黄色，包膜下有出血斑。膀胱黏膜有少量出血点。肺肿胀，淤血水肿。心外膜和心冠脂肪出血、黄染，有少量针尖大出血点，心肌苍白松软。软脑膜充血，脑实质松软，有针尖大的细小出血点，脑室积液。

诊断 根据流行病学、临诊症状和病理变化可以对本病做出初步诊断，但确诊需进行实验室诊断。

1.流行病学特点 主要发生于夏秋温热和雨水较多的吸血昆虫出没频繁的季节；各种年龄的猪均可感染发病，且以仔猪发病率和死亡率高，仔猪多发生于阉割后几周；同群中个体较大的常先发病，个体小的后发病；母猪多发生于临产母猪或分娩后 3～4 d；气候恶劣、饲养管理不善、疾病等应激因素诱发本病，并可使病情加重，疫情传播面积扩大。

2.临诊要点 仔猪感染后多为急性经过，出现黄疸、贫血、高热；育肥猪感染后以典型的黄疸多见，贫血症状较少见；病猪耳部先变为紫红色，随后全身潮红或为紫红色，即所谓的“红皮猪”等为特征性临诊症状；感染母猪可见高热达 42℃，贫血，乳房和外阴水肿及产死胎、弱仔等繁殖障碍症状。

3.剖检病变诊断要点 以全身皮肤、黏膜、脂肪显著黄染；心、肝、脾、肺、肾水肿、黄染；腹腔和心包积液等剖检病变为特征。

4.实验室诊断

(1)血常规检查。红细胞偏低，均值 300 万/mm^3，血色素降低约 52%；白细胞增高，均值为1.16万/mm^3;单核细胞增高,淋巴细胞和中性粒细胞降低。

(2)鲜血压片镜检。从病猪耳静脉采血,加等量生理盐水混合后,加盖玻片,在400~600倍显微镜或暗视野显微镜下,检查有无附着在红细胞表面或游离于血浆中的病原体,病原体呈球形、逗点形、杆状或颗粒状。血浆中的虫体可做伸展、收缩、转体等运动。显微镜下还可见红细胞的形态发生了变化,呈菠萝状、锯齿状、星状等不规则形态。

(3)涂片染色镜检。取血液涂片,进行姬姆萨染色,镜检,可见染成粉红色或紫红色的、呈不规则环形或点状的虫体。

(4)血清学检查。血清学方法不仅可以诊断本病,而且可以进行流行病学调查和疾病监测。常用的血清学方法包括补体结合试验、间接血凝试验、荧光抗体试验、酶联免疫吸附试验。

(5)分子生物学方法。可采用PCR或核酸探针检测血液中的猪血支原体,一般在猪感染病原体后24 h即可出现PCR阳性。

(6)动物试验。取可疑患猪血液接种健康实验动物(小鼠、兔、鸡等)或鸡胚,接种后观察其反应,并采血检查猪血支原体。

防治措施

1.预防措施　对本病应采取综合性的防治措施。

(1)加强猪群的日常饲养管理,饲喂高营养的全价饲料,保持猪群有良好的健康状况;保持猪舍有均衡和良好的温度、湿度和通风;避免和消除一切应激因素,特别是在本病的高发季节,应扑灭蜱、虱子、蚤、螫蝇等吸血昆虫。

(2)对注射针头、注射器应严格进行消毒,无论疫苗接种,还是治疗注射,应保证每猪一个针头,做好局部消毒。母猪接产时应严格消毒。

(3)加强环境卫生消毒,保持猪舍的清洁卫生,粪便及时清扫,定期消毒,定期驱虫,减少猪群的感染机会和降低猪群的感染率。

(4)药物预防,可定期在饲料中添加预防量的土霉素、四环素、强力霉素、金霉素、阿散酸,对本病有很好的预防效果。每吨饲料中添加金霉素48 g或每升水中添加50 mg,连续用7 d,可预防大猪群发生本病;分娩前给母猪注射土霉素(11 mg/kg体重),可防止母猪发病;对1日龄仔猪注射土霉素50 mg/头,可防止仔猪发生附红细胞体病。

2.治疗　对猪附红细胞体病进行早期及时治疗可收到很好的效果。四环素、卡那霉素、强力霉素、土霉素、黄色素、血虫净(贝尼尔)、氯苯胍、砷制剂(阿散酸)等可用于治疗本病,一般认为四环素和砷制剂效果较好。

(1)新胂凡纳明(九一四),每千克体重10~15 mg,静脉滴注,同时静注维生素C、葡萄糖,连用3 d。

(2)土霉素,每吨饲料600~800 g,治疗2~3个疗程。或按每千克体重3 mg四环素或土霉素,肌肉注射。

(3)发病仔猪也可用磺胺5-甲氧嘧啶注射液肌肉注射,每天1次,连用3 d,同时可注射铁制剂一次。

(4)贝尼尔(血虫净)每千克体重5~7 mg,深部肌肉注射,48 h后可重复注射1次。发病初期治疗效果较好。

十四、猪流行性感冒

猪流行性感冒(swine influenza)简称猪流感,是由猪流感病毒引起猪的一种急性、热性、高度接触性呼吸道传染病。临诊上以突然发病、发热、咳嗽、呼吸困难、衰竭,然后迅速康复为主要特征,病情在短时间内可以波及全群。

本病最早于1918年在美国中北部流行,其病理变化和临诊症状与当时正流行的人流感非常相似。直到1931年才分离得到第一株猪流感病毒。迄今猪流感已遍及欧洲、美洲、亚洲、非洲、澳洲等世界各地。我国大部分地区的血清学调查结果显示,猪流感病毒在我国猪群中的感染十分普遍,且时有暴发。

病原 猪流感病毒(swine influenza virus,SIV)属正黏病毒科的A型流感病毒。病毒粒子多呈球形,直径80～120 nm。病毒初分离时呈长短不一的丝状,传代后会变为球形。有囊膜。囊膜表面上突出的糖蛋白,通常称为纤突(spike),是主要的表面抗原,由血凝素(HA)和神经氨酸酶(NA)组成。血凝素中含有中和抗体所作用的主要表位,并与病毒吸附红细胞的功能有关,还可以诱导病毒囊膜与细胞膜的融合。神经氨酸酶则有助于新的病毒粒子从细胞中释放出来。通过病毒粒子表面的HA抗原和NA抗原的不同,可以区分流感病毒的亚型。A型流感病毒的血清亚型多,目前已有15种不同的血凝素抗原(H1～H15)和9种不同的神经氨酸酶抗原(N1～N9)。猪群中广泛流行的血清亚型主要有古典型猪H1N1、类禽型H1N1、类人型H3N2,此外,还存在H1N2、H4N6、H1N7、H3N6。近年来,有猪感染禽流感病毒H9N2、H5N1的报道。

猪流感病毒基因组为单股负链RNA,分大小不同的8个片段,长约13.6 kb,共编码10种病毒蛋白。节段1和2分别编码多聚酶蛋白PB2和PB1;节段3编码PA蛋白,也与聚合酶活性有关;节段4编码血凝素蛋白HA;节段5编码核衣壳蛋白NP;节段6编码神经氨酸酶NA;节段7编码基质蛋白主要有M1、M2,可能作为支架蛋白,与病毒的形态有关;节段8编码非结构蛋白NS1和NS2,可能参与病毒基因组的转录。

猪流感病毒能凝集多种动物及人的红细胞。对干燥和低温有抵抗力,冻存或－70℃可保存很长时间。60℃ 20 min即可灭活。对环境抵抗力不强,一般的消毒药都能将其杀死。

流行特点 猪流感发病猪群的病程、病情及严重程度与猪流感病毒毒株和毒力、猪的年龄与免疫状态、环境因素、继发或并发感染有关。

不同年龄、性别和品种的猪均有易感性。一年四季均可发生,但其流行有明显的季节性,天气多变的早春、初秋及冬季较易发生。病猪、带毒猪和康复猪是本病的主要传染源。主要通过飞沫经呼吸道传播,传播较迅速,2～3 d内可波及全群。该病发病率高(可高达100%)、病死率低,通常不超过4%,但猪流感病毒感染常引起肺部的继发感染。常见混合感染的病原体有PRRSV、猪呼吸道冠状病毒(PRCV)、胸膜肺炎放线杆菌(APP)、支气管败血波氏杆菌、多杀性巴氏杆菌、副猪嗜血杆菌、猪肺炎支原体、猪链球菌等。继发感染会使病程延长、病情加重,甚至导致死亡,引起发病猪群的死亡率升高。猪流感还可以引起妊娠母猪流产,新生仔猪死亡。

症状 潜伏期为2～7 d,猪群发病突然,传播快,可迅速波及全群,体温升高达40～42℃,

病猪食欲废绝或减退，精神极度委顿，卧地不起，扎堆，呼吸急促，呈腹式呼吸，常夹有阵发性咳嗽，眼、鼻流黏液分泌物。病程3～7 d。大部分猪可自行康复，病死率1%～4%。若出现继发感染则病情加重，死亡率升高。个别病例可转为慢性，猪只生长发育受到影响。妊娠母猪感染后会出现流产、产弱胎或产仔数减少。

剖检变化 单纯的猪流感剖检病变表现为病毒性肺炎，病变主要集中在呼吸器官。鼻、咽、喉、气管和支气管的黏膜充血、肿胀，表面覆盖有黏稠的液体，小支气管和细支气管内充满泡沫样渗出液。肺脏的病变主要在心叶和尖叶，呈暗红至紫色、病肺水肿、间质增宽，质硬，与正常组织界限明显。病情严重者可蔓延至大部分肺脏。肺部及纵隔淋巴结明显肿大、水肿。严重病例会发展为支气管肺炎、纤维素样胸膜肺炎。脾脏肿大。胃肠黏膜发生卡他性炎症，胃黏膜严重充血，特别是胃大弯部。流产胎儿肺发育不良。

诊断 根据流行病学特点、临诊症状和病理剖检变化可做出初步诊断。目前，在规模化猪场疾病多而复杂，特别是呼吸道疾病十分突出，猪流感是呼吸道疾病综合征的原发性疾病。猪流感在临诊上常常表现不典型，因为并发或继发感染存在而使其临诊症状变得复杂。因此，实验室诊断和检测流感病毒是十分必要的。

1.病原分离与鉴定 可采取发病2～3 d急性病猪的鼻腔分泌物、气管或支气管渗出液，也可采取急性病死猪的脾脏、肝脏、肺脏、肺区淋巴结等组织，进行猪流感病毒的分离。病料加抗生素处理后可接种9～11日龄鸡胚羊膜腔和尿囊腔中，或MDCK细胞。37℃孵育3～4 d，收集尿囊液和羊膜腔液，用血凝（HA）和血凝抑制试验（HA）鉴定病毒的血清亚型。

2.抗体检测 通过检测猪血清抗体可以确诊猪流感，最常用的血清学方法是血凝抑制试验。一般采用双份血清，第一份血清样本采于发病猪群的急性期，第二份血清采于发病后2～3周恢复期。如果恢复期血清中的HI抗体效价比急性期血清高4倍，即可诊断为猪流感。

3.猪流感病毒的检测 可以采用RT-PCR直接检测病料中的猪流感病毒。以外，也可应用抗原捕获ELISA、IFA、免疫组化等技术检测分泌物或组织中的猪流感病毒。

鉴别诊断应与猪气喘病、猪传染性胸膜肺炎、猪繁殖与呼吸综合征、猪肺疫等相区别。

防治措施

(1)加强平时的饲养管理，保持猪舍清洁、干燥，在阴雨潮湿和气候多变的季节注意防寒保暖，对猪群定期驱虫。尽量不要在寒冷多雨、气候骤变的季节长途运输猪只。

(2)建立健全猪场的卫生消毒措施。对猪舍和饲养环境定期消毒，可用0.03%的百毒杀或0.3%～0.5%的过氧乙酸喷洒消毒。

(3)引进猪只需严格隔离，并进行血清学检测，防止引入带毒的血清学阳性猪。

(4)疫苗免疫接种是预防猪流感的有效手段，国外已研制出猪流感灭活疫苗，并已商品化在市场供应。

(5)猪场一旦暴发猪流感时，应立即将病猪隔离，改善猪只的饲养管理，对猪群加强护理，对猪舍及污染环境、饲养管理用具进行严格消毒，以阻止本病的扩大和蔓延。

(6)对病猪提供清洁饮水，供给营养丰富的饲料。对病猪采取对症治疗，如解热镇静剂，肌肉注射30%安乃近3～5 mL，复方安基比林2～5 mL；根据可能的继发感染，还可使用抗生素或磺胺类药物，以及中西结合的中药方剂；增进猪只抵抗力的药物或抗病毒药物等都可据情况使用，以能尽快使疫情得到控制。

十五、猪传染性胃肠炎

猪传染性胃肠炎(transmissible gastroenteritis of pigs,TGE)是由冠状病毒属的猪传染性胃肠炎病毒引起的一种急性、高度接触性的传染病。临诊上以呕吐、严重腹泻、脱水和以10日龄内仔猪高度死亡率为特征。该病在我国时有发生,给养猪业造成较大损失。

病原 由冠状病毒科的冠状病毒属的猪传染性胃肠炎病毒引起,是单股RNA型,在电子显微镜下看到的病毒颗粒形态不规则,有球形、椭圆形和多边形,并可见到囊膜及表面棒状突出物,具有日冕特征。病毒粒子直径80～120 nm。

一般可用易感仔猪人工感染或细胞培养的方法繁殖病毒。病毒能在猪肾单层细胞、猪甲状腺细胞、唾液腺细胞及犬肾细胞中生长。

在急性期,几乎病猪的全部脏器均有病毒存在,但很快消失,较长时间存在于病猪的十二指肠和空肠黏膜中,回肠及肠系膜次之,肠内容物及排泄物中亦有存在。该病毒只有一个血清型。

本病毒对外界环境的抵抗力不强,加热至45℃经45 min,或65℃ 30 min可杀死;在冰冻条件下,病毒在－20℃中可存活6～8个月以上;在pH 4～9时病毒稳定,在pH 3时死亡;乙醚和氯仿对病毒有杀灭作用,对胰蛋白酶有抵抗力;直射阳光照射6 h病毒死亡,在暗处经7 d还有感染力。紫外线能使病毒很快死亡。本病毒不耐干燥和腐败。一般消毒药,如石炭酸、过氧乙酸、次氯酸钠、氢氧化钠、福尔马林等在短时间内可杀死。

流行特点 除猪外,其他动物对本病均不感染,但可从口服病毒的猫、犬(7～14 d)、狐狸(15 d)和燕八哥(32 h)的粪中回收到病毒。

各种年龄的公母猪、肥育猪及断乳仔猪均可感染发病,但症状轻微,并可自然康复,以10日龄内的哺乳仔猪死亡率最高,可达100%,随年龄增大死亡率稳定下降。如某种畜场哺乳仔猪死亡率达90%,而种公猪、母猪发病率虽高达84%～92%,但无一死亡。从日本的一篇报道中可看出年龄与发病和死亡率的关系,见表3-2。

表3-2 发病和死亡与日龄的关系

猪日龄	饲养头数	腹泻头数	发病率/%	死亡头数	死亡率/%
1～5	17	17	100	17	100
6～10	8	8	100	5	62.5
11～20	27	27	100	18	66.7
21～45	104	104	100	31	29.8
46～90	41	41	100	2	4.9
90以上	173	169	92	0	0

病猪及康复后带毒猪是本病的主要传染来源。传染途径主要是消化道,通过吃入含有病毒的饲料和饮水而传染。经呼吸道亦可传染,特别是密闭式猪舍,湿度大,猪只集中更易发生。

本病常为地方流行性发生,发生原因常与引进带毒的康复猪有密切关系。据试验观察,约50%感染康复猪在康复2～8周的猪粪中仍有病毒存在,带毒最长达104 d。这些猪如果引入一个易感猪群，便能引起本病暴发。人、车辆、鸟类、动物等亦可能成为机械性传播的媒介。

一般来说，本病发生无明显季节性，我国大多流行于冬春寒冷时节，在产仔旺季发生较多。在新发病猪群，几乎全部猪只均可感染发病，病后并能获得主动免疫力。在老疫区免疫母猪所产仔猪发病率低，症状较轻，死亡很少，甚至不发病，但在断奶后也可感染发病，因此，饲养头数较多的猪群一年四季可能连续不断地发生本病。

症状　本病潜伏期较短，仔猪为 12～24 h，大猪为 2～4 d，本病传播迅速，数日内可蔓延全群。仔猪的典型临诊表现是突然发生呕吐，接着出现急剧的水样腹泻，粪水呈黄色，淡绿或白色，内含未消化的小乳块。病猪迅速脱水，体重下降，精神委顿，被毛粗乱无光，吃奶减少或停止吃奶，战栗、口渴、消瘦，2～5 d 内死亡，1 周龄以下哺乳仔猪死亡率为50％～100％，随着日龄增加，死亡率很少或不发生死亡，病愈仔猪增重缓慢，生长发育受阻，甚至成为僵猪。

架子猪、肥猪及公母猪主要是食欲减退或消失，有时可见呕吐，然后是水样腹泻，粪水呈黄绿、淡灰或褐色，混有气泡。哺乳母猪泌乳减少或停止，5～7 d 病情好转，随即恢复，极少死亡。妊娠母猪发病后少见流产。大猪病状轻重不一，有时仔猪已感染发病而哺乳母猪本身确无明显症状出现。

体温大多数正常或低于常温，也有少数病例在前驱期体温升高 1℃左右，但在主要症状出现后体温即正常或低于常温。

病理剖检　仔猪脱水现象明显。最常见的肉眼变化为卡他性胃肠炎，其程度轻重不一。胃内充满凝乳块，胃底部黏膜轻度充血，小肠内充满白色或黄绿色液体，肠壁变薄而缺乏弹性，黏膜有轻度充血，肠系膜血管常充血扩张，淋巴管中缺少乳糜。肠系膜淋巴结红肿。亦有报告见有较严重的病变病例。

将空肠剪开，用生理盐水将粪便冲掉，在玻璃平皿中铺平，加入少量生理盐水，在低倍显微镜下，可见到空肠绒毛显著缩短。组织学检查，主要表现为小肠绒毛变短或萎缩，上皮细胞变性、坏死和脱落。病状严重病例还可有其他器官的变化。

诊断　猪传染性胃肠炎易与其他原因引起的腹泻相区别。主要的诊断要点如下。

疾病发生较突然，传播迅速，常在数日内传遍猪群，大小猪只都可感染发病。

临诊症状主要是严重的水泻。哺乳仔猪发病后死亡率最高，随年龄增加死亡率降低，大猪发病后常一周内自行康复，极少死亡。

在有条件的单位，必要时可人工感染易感仔猪，观察发病情况。

病理变化的主要特点是：胃内充满凝乳块；小肠肠壁变薄，充满黄绿色液体；小肠肠系膜淋巴管内缺乏乳糜，以及组织学检查时小肠绒毛变短、萎缩及上皮细胞变性、坏死和脱落等。

国内已采用免疫荧光抗体诊断。取急性病猪空肠，制成冰冻切片，用免疫荧光抗体染色，在荧光显微镜下检查，上皮细胞胞浆内发现亮绿色荧光，便可确诊。

有条件的单位，还可进行病毒分离、测定中和抗体。用 RT-PCR、DOT-ELISA 等方法。

注意与猪流行性腹泻区分，该病症状、流行情况及病理变化与猪传染性胃肠炎相似，只是致死率稍低（50％左右），2 周龄仔猪很少死亡，在猪群中的传播速度相对缓慢一些。需根据血清学诊断进行区别，可用免疫荧光、免疫酶标技术和免疫电镜检查。

防治措施

(1)目前对本病尚未发现特效的治疗方法。很多试验证明，抗菌药和化学药品对本病没有明显的治疗作用，因为年龄较大的猪有能自愈的特点，有时易造成一种错觉，误认为某些药物疗效很好。当然，对症治疗，防治继发感染有助于加速恢复。采用停食或减食，多给清洁饮水或易消化饲料，小猪进行补液、给口服补液盐（处方：氯化钠 3.5 g，氯化钾 1.5 g，碳酸氢钠 2.5 g，葡萄糖 20 g，常水 1 000 mL）等措施，有一定良好作用。

（2）由于此病发病率很高，传播快，一旦发病，采取隔离、消毒等措施效果不大，加之康复猪可产生一定免疫力，规模不大的猪场，全场猪只暴发流行后获得免疫本病即可停止流行。在规模较大的猪场一旦发病后，可对未分娩母猪及年龄较大的猪只进行人工感染，使之短期内发病，疫情中止。还可使哺乳仔猪从免疫母猪的初乳中获得免疫力，从而保护仔猪免疫感染，是值得参考的防治方法。

（3）用猪传染性胃肠炎弱毒疫苗和猪流行性腹泻二联灭活疫苗或弱毒苗免疫注射。

十六、猪流行性腹泻

猪流行性腹泻（porcine epidemic diarrhea，PED）是由冠状病毒属的猪流行性腹泻病毒引起的一种肠道传染病，以排出水样稀便、呕吐、脱水为特征。该病在我国时有发生，临诊上与猪传染性胃肠炎难以区别。

病原 病原为冠状病毒科冠状病毒属的猪流行性腹泻病毒，为 RNA 型病毒，病毒呈多形性，直径 95～190 nm，有囊膜，囊膜上有花瓣状突起。与猪传染性胃肠炎病毒进行交叉中和试验、猪体交互保护试验、ELISA 试验等，证明本病毒与传染性胃肠炎病毒没有共同的抗原性。

本病毒不能凝集家兔、猪、大鼠、小鼠、犬、马、牛、羊、鸡和人的红细胞。本病只有一个血清型。

病毒对外界环境的抵抗力不强，在 60℃ 30 min 失去感染力。对乙醚、氯仿等敏感，一般消毒药都可将其杀死。

流行特点 病猪是主要传染源，通过粪便排出病毒，污染饲料、饮水和环境，通过消化道感染。各种年龄的猪都易感，哺乳仔猪、架子猪、育成猪发病率可达 100%，母猪 15%～90%。本病多发生于寒冷的冬季，12 月份至翌年 2 月份多发。

症状 病猪出现呕吐、腹泻和脱水。粪稀如水，灰黄色或灰色，在吃食或吮乳后发生呕吐；体温稍高或正常，精神、食欲变差。不同的年龄症状有差异，年龄越小，症状越重，1 周以内仔猪发生腹泻后 2～4 d 脱水死亡，死亡率平均为 50%；断奶仔猪、肥育猪及母猪常呈厌食、腹泻，4～7 d 恢复正常。成年猪仅发生厌食和呕吐等症状。

病理剖检 与猪传染性胃肠炎相似。

诊断

1. *流行特点* 病猪是主要传染来源，各种年龄的猪都能感染发病，哺乳仔猪和肥育猪发病率可达 100%，母猪为 15%～90%；有明显季节性，主要发生于冬季，也能在夏季发生，我国以 12 月份至翌年 2 月份发生最多。

2. *临诊症状* 与猪传染性胃肠炎相似。

3. *病理变化* 与猪传染性胃肠炎相似。

4. *实验室诊断* 本病的发病特点、临诊症状和病理变化与猪传染性胃肠炎十分相似；本病的病死率略低于传染性胃肠炎，症状程度较轻。在猪群中的传播也比较缓慢一些，要确切区分开，必须进行实验室诊断。常用方法有：

(1)免疫荧光染色检查。取病猪小肠作冰冻切片或小肠黏膜抹片，风干后丙酮固定，加荧光抗体染色，水洗后盖片、镜检。腹泻后 6 h 空肠和回肠的荧光细胞检出率达 90%～100%。

(2)免疫电镜。

(3)酶联免疫吸附试验(ELISA)。检查仔猪和成年猪粪便和肠内容敏感可靠。

(4)RT-PCR、血凝试验等。

防治措施　参看猪传染性胃肠炎一节。

十七、猪细小病毒病

猪细小病毒病(porcine parvovirus infection)是由猪细小病毒引起猪的繁殖障碍疫病之一，该病的特点主要是受感染的母猪，特别是初产母猪产出死胎、畸形胎、木乃伊胎、弱仔猪及健康仔猪，母猪自身无明显的症状。

该病在我国较多的猪场发生，特别是前些年最初兴建规模化猪场时，曾引起暴发流行，造成相当大的危害，现已是猪场常见的疫病。

病原　为猪细小病毒科细小病毒属的猪细小病毒。在电镜下病毒外观呈六角形或圆形，无囊膜，平均直径为 22±2 nm。病毒核酸型为单股 DNA。

病毒能在原代和继代的胎猪肾、初生仔猪肾细胞、睾丸细胞、PK_{15} 等组织上生长繁殖，并可出现细胞病变。

病毒具有血凝活性，能凝集豚鼠、人的 O 型、恒河猴、小鼠、大鼠、猫、鸡的红细胞，其中以豚鼠红细胞最敏感，故可用血细胞凝集反应诊断本病。

猪细小病毒对热、脂溶剂及胰蛋白酶具有很强的抵抗力，加热 56℃ 48 h、70℃ 2 h 仍有感染力，80℃ 5 min 可使病毒失去活力。4℃或 4℃以下病毒稳定，在－20℃及－70℃能存活 1 年以上。氯仿、乙醚不影响病毒感染性。pH 3～9 时经 90 min 病毒稳定，pH 2 时 90 min 才不感染。甲醛蒸汽和紫外线需较长时间才能杀死它。0.5%漂白粉液、2%氢氧化钠液 5 min 可杀死病毒，3%甲醛需 1 h。

流行特点　细小病毒可使猫、牛、犬、貂、猪等发生不同特点的疫病。猪细小病毒主要引起猪的繁殖障碍，以胚胎和胎儿感染及死亡为特征。不同品种(含野猪、SPF 猪)、各种年龄、不同用途的猪都可感染。

本病的传播途径，既可水平传播又可垂直传染，消化道、呼吸道、交配、胎盘感染是常发的传染途径。污染物及鼠亦是重要传播媒介。

感染的公猪和母猪是主要传染源。交配、胎盘传染、感染母猪所产死胎、弱胎、活胎、健康仔猪及子宫内分泌物等均含有病毒和可造成传播。从感染公猪的精子、精索、副睾、副性腺中分出病毒，并能通过交配传给易感母猪。污染的猪舍是猪细小病毒的储藏所，病猪离开猪舍空圈 4.5 个月，经常规办法清扫的猪圈，当再次放入易感猪仍能被感染。

本病有较高的感染性，易感的健康猪群一旦传入病毒，3 个月内几乎能导致 100%的感染。本病主要见于初产母猪，呈地方流行或散发，特别是猪群初次感染时，可呈急性暴发，造成头胎母猪流产、产死胎等繁殖障碍，损失很大。主要发生在春、秋产仔季节。易感猪感染后一周左右，血清学检查可测出抗体，并可持续数年。

症状　仔猪和母猪感染通常表现为亚临床型，即没有典型的临诊表现。

头胎或经产母猪主要的（通常也是唯一的）临诊症状是母源性繁殖障碍，怀孕母猪产出大部分死胎、木乃伊胎、畸形胎及正产胎儿，或产少数弱仔，不久即死亡。感染母猪可重新发情，受孕。有时也可导致公、母猪不育。

妊娠母猪感染时间不同，表现也不一致。流产可发生于全部妊娠期，当早期胚胎受到感染时，胚胎、胎儿死亡（死亡率 80%～100%），死亡胚胎可能被母体迅速吸收，母猪不孕和重复发情。在怀孕中后期感染，使部分胎儿死亡，形成不同程度的木乃伊胎儿，随正常分娩时与胎儿，弱胎猪、活仔猪一起排出。

公猪感染后，受精率和性欲没有明显影响。

病理剖检　不见明显病变，或仅见子宫内膜轻度的炎症，胎盘有钙化现象；受感染胎儿出现不同程度的发育不良，出现木乃伊、畸形、溶解的腐黑胎儿；感染胎儿可见充血、水肿、出血、体腔积液、脱水（木乃伊化）等病变。

诊断

1. 流行特点　猪细小病毒主要引起猪的繁殖障碍；不同年龄、性别的家猪和野猪可感染；本病主要发生于初产母猪；可水平传播和垂直传播，特别是购入带毒猪后可引起暴发流行；本病具有很高的感染性，易感的健康猪群一旦病毒传入，3 个月内几乎可导致猪群 100%感染；感染群的猪只，较长时间保持血清学反应阳性。

2. 临诊症状　如果在一个猪场，在同一时期内有多头母猪（特别是第一胎母猪）发生流产、死胎、木乃伊胎、胎儿发育异常等病象，而母猪本身没有任何临诊症状，同时证明有传染性时，应考虑有本病的可能。

3. 病原分离及鉴定　取流产胎儿、死胎的脑、肺、肾等病料送检，作细胞培养和鉴定、血凝试验或荧光抗体检查。但须注意，大于 70 日龄的木乃伊胎、死胎和初生仔猪，不宜送检，可能因含有抗体干扰，影响检验结果。

4. 血清学诊断　有血凝及血凝抑制试验、中和试验、酶联免疫吸附试验、琼脂扩散试验及补体结合试验等，其中最常应用的是血凝抑制试验。

5. 鉴别诊断　引起母猪繁殖障碍的原因很多，有传染性和非传染性两方面。传染性因素主要与猪繁殖和呼吸综合征、伪狂犬病、猪乙型脑炎、布氏杆菌病和衣原体等引起的流产相区别。

防治措施

（1）对本病无有效的治疗方法，也无治疗的必要。

（2）坚持自繁自养的原则。防止带毒猪引入无本病的猪场，引进种猪时进行猪细小病毒病的血凝抑制试验，当 HI 滴度在 1∶256 以下或阴性时才能引进。

（3）人工免疫接种。疫苗有灭活疫苗和弱毒疫苗两种，我国普遍使用的是灭活疫苗，初产母猪和育成母猪，在配种前一个月免疫注射。经产母猪一般不再引起流产、死产。

（4）处女母猪推迟在 9 月龄后配种，以便大多数处女母猪建立起主动免疫。

（5）因本病发生流产或木乃伊猪同窝的幸存者（健康仔猪）不能留作种用。

十八、猪传染性萎缩性鼻炎

猪传染性萎缩性鼻炎(swine infectious atrophic rhinitis,AR)是猪的一种慢性呼吸道疾病。其特征为鼻炎,颜面部变形,鼻甲骨尤其是鼻甲骨下卷曲发生萎缩和生长迟缓。常发生于2～5月龄的猪,现在几乎遍及世界养猪业发达的地区,我国亦有本病发生,也是SPF猪场要求净化的疫病之一。

病原　病原为支气管败血波氏杆菌Ⅰ相菌(简写Bb)和多杀性巴氏杆菌毒素源性菌株(简写Pm)联合感染。继发的微生物如绿脓杆菌、嗜血杆菌及毛滴虫等,可加重病情。

支气管败血波氏杆菌为革兰阴性球状杆菌,散在或成对排列,偶见短链。不能形成芽孢,能运动,有两极着色的特点。培养基中加入血液或血清有助于此菌生长。在鲜血培养基上生长能产生β溶血,在葡萄糖中性红琼脂平板上呈烟灰色透明的中等大小菌落。在肉汤培养基中有腐霉气味。在马铃薯培养基上使马铃薯变黑,菌落黄棕而带绿色。不发酵醣类,使石蕊牛乳变碱,但不凝固。

支气管败血波氏杆菌有三个菌相,Ⅰ相菌病原性较强,是有荚膜的球形或球杆状,有表面K抗原和强坏死毒素(类内毒素),Ⅱ相和Ⅲ相菌毒力较弱。Ⅰ相菌在不适宜条件下可向Ⅱ、Ⅲ相菌变异。

产毒素的多杀性巴氏杆菌(主要是D型)一般特性见前介绍。

本菌对外界环境抵抗力不强,一般消毒药均可杀死病菌。

流行特点　本病在自然条件下只见猪发生,各种年龄的猪都可感染,最常见于2～5月龄的猪。在生后几天至数周的仔猪感染时,发生鼻炎后多能引起鼻甲骨萎缩;年龄较大的猪感染时,可能不发生或只产生轻微的鼻甲骨萎缩,但一般表现为鼻炎症状,病状消退后成为带菌猪。

病猪和带菌猪是主要传染来源。病菌存在于上呼吸道,主要通过飞沫经呼吸道感染。本病的发生多数是由有病的母猪或带菌母猪传染给仔猪的。昆虫、污染物品及饲养管理人员,在传播上也起一定作用。所以,健康猪群,如果不从病猪群直接引进猪只,一般不发生本病。一般说来,被污染的环境和用具,只要停止使用数周,就不会传递本病。

饲养管理条件不好,卫生条件差,猪圈潮湿、寒冷,猪只拥挤、缺乏运动,饲料单纯及缺乏钙、磷等矿物质等,常易诱发本病,加重病的演变过程。

症状　受感染的小猪出现鼻炎症状,打喷嚏,呈连续或断续性发生,呼吸有鼾声,常用前肢搔抓鼻部,或鼻端拱地,或在墙壁,食槽边缘摩擦鼻部,从鼻孔流出分泌物。分泌物先是透明水样的,继之为黏液或脓性物,甚至流出血样分泌物,或引起不同程度的鼻出血。

在出现鼻炎症状的同时,病猪的眼结膜常发炎,从眼角不断流泪。由于泪水与尘土沾积,常在眼眶下部的皮肤上,出现一个半月形的泪痕,呈褐色或黑色斑痕,故有“黑斑眼”之称。

有些病例,在鼻炎症状发生后几周,症状渐消失,并不出现鼻甲骨萎缩。大多数病猪,进一步发展引起鼻甲骨萎缩。当鼻腔两侧损害大致相等时,鼻腔的长度和直径减小,使鼻腔缩小,可见到病猪的鼻缩短,向上翘起,而且鼻背皮肤发生皱褶,下颌伸长,上下门齿错开,不能正常咬合。当一侧鼻腔病变较严重时,可造成鼻子歪向一侧,甚至成45°角歪斜(图3-7)。由于鼻甲骨萎缩,致使额窦不能以正常速度发育,以致两眼之间的宽度减小,头的外形发生改变。

有些病猪由于某些继发细菌通过损伤的筛骨板侵入脑部而引起脑炎。发生鼻甲骨萎缩的猪群往往同时发生肺炎，并出现相应的症状。

病理剖检　病变限于鼻腔和邻近组织。病的早期可见鼻黏膜及额窦有充血和水肿，有多量黏液性、脓性渗出物蓄积。病的进一步发展，最特征的病变是鼻甲骨萎缩，大多数病例是下鼻甲骨的下卷曲受损害，鼻甲骨上下卷曲及鼻中隔失去原有的形状，弯曲或萎缩。鼻甲骨严重萎缩时，使腔隙增大，上下鼻道的界限消失，常形成空洞。

图 3-7　猪萎缩性鼻炎的鼻部歪斜

诊断　如果猪群中出现典型的临诊症状，诊断并不困难，但在病的早期或轻型病例，单凭临诊表现实难作出诊断，常需借助于其他的方法。

1. 症状　病猪打喷嚏，经常在圈舍周围器物上摩擦鼻部，从鼻孔流出黏脓性分泌物，有“泪斑”，鼻腔弯曲或歪向一侧，或下颌伸长，上下门齿不能正常咬合。

2. 病理变化　在基层单位较简易的诊断方法，是将可疑病猪屠宰后，在其头部的第一臼齿和第二臼齿之间，用锯锯成横断面，观察鼻甲骨及鼻中隔的变化。正常的鼻甲骨明显地分为上下两个卷曲，占据整个鼻腔的大部分，鼻中隔正直(图 3-8)。当鼻甲骨萎缩时，卷曲变小而钝直甚至消失，形成空洞，鼻中隔弯曲(图 3-9)。

图 3-8　正常鼻甲骨
(鼻中隔正直，上下卷曲正常)

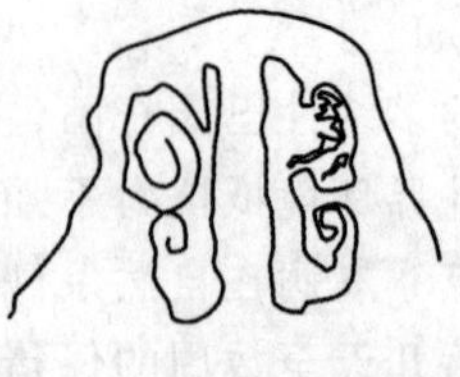

图 3-9　一侧鼻甲骨明显萎缩

3. 细菌检查　先将病猪鼻外部污染物擦干净，再用灭菌的棉棒探进鼻腔中部，小心转动几次，取出黏性分泌物作细菌培养。最常用的培养基是葡萄糖血清麦康盖琼脂或胰蛋白琼脂，于 37℃条件下培养 48 h。支气管败血波氏杆菌的菌落呈烟灰色、中等大小的透明菌落，并有特殊的霉臭味。将可疑菌落作进一步培养和鉴定。用抗 K 和抗 O 血清做凝集试验确认Ⅰ型菌。

4. 血清学诊断　猪感染本病后 2～4 周，血清中出现凝集抗体，至少维持 4 个月，但仔猪感染后须 12 周龄后才能检出抗体。我国用试管凝集法检查，1∶80＋＋以上为阳性，1∶40＋＋为可疑，1∶20 以下为阴性。此外，还可用荧光抗体技术诊断。

防治措施　本病的感染途径主要是由哺乳期病母猪传染给仔猪，使其代代仔猪受到传染。病仔猪又传染给其他仔猪。

(1)加强我国进境猪的检疫，防止从国外传入。现已查明，我国某些地区猪场从国外引进种猪将此病传入，应采取坚决的淘汰和净化措施。

(2)对无本病的健康猪场，其防治的主要原则是：坚决贯彻自繁自养，加强检疫工作及切实执行兽医卫生措施。必须引进种猪时，要到非疫区购买，并在购入后隔离观察 2～3 个月，确认无本病后再合群饲养。

(3)淘汰病猪。将有病状的猪全部淘汰育肥,以减少传染机会。但有的病猪外部症状不明显时,检出率很低,所以又不是彻底根除病猪的方法。比较彻底的措施,是将出现过病猪的猪群,全部育肥淘汰,不留后患。

(4)隔离饲养。凡曾与病猪或可疑病猪接触过的猪只,隔离观察3～6个月;母猪所产仔猪,不与其他猪接触;仔猪奶后仍隔离饲养1～2个月;再从仔猪群中挑选无病状的仔猪留作种用,以不断培育新的健康猪群。发现病猪立即淘汰。这种方法在我国还较适用,但也要下功夫才能办到。

至于剖腹取胎、隔离饲养仔猪,从中选育出健康猪的净化方法,花费太大,难以坚持。

(5)用Bb(Ⅰ相菌)灭活菌苗和Bb-Pm灭活二联苗接种。在母猪产仔前2个月及1个月接种,保护仔猪几周内不感染。

(6)药物预防。哺乳仔猪从15日龄能吃食时起,每天可按每千克体重喂给20～30 mg金霉素或土霉素,连续喂20 d,有一定效果。或在母猪分娩前2～3周至产后2周,每吨饲料中加入100～125 g磺胺二甲基嘧啶和磺胺噻唑钠。

在治疗方面,每吨饲料中加入磺胺甲氧嗪100 g,或金霉素100 g,或加入磺胺二甲基嘧啶100 g、金霉素100 g、青霉素50 g三种混合剂,连续喂猪3～4周,对消除病菌、减轻症状及增加猪的体重均有好处。其他抗菌药物也可应用。

有人介绍用链霉素治疗有较好效果,方法是:1月龄仔猪10万IU,4月龄仔猪15万IU,每日2次,肌肉注射,连用3 d。也可用链霉素溶液(每毫升含5万IU)冲洗鼻腔。

对早期有鼻炎症状的病猪,定期向鼻腔内注入卢格氏液、1%～2%硼酸液、0.1%高锰酸钾液等消毒剂或收敛剂,都会有一定好处。

后面两种方法,在规模化猪场难以应用。

十九、猪传染性胸膜肺炎

猪传染性胸膜肺炎(procine contagious pleuropneumonia)是由胸膜肺炎放线杆菌引起的猪的一种呼吸道传染病,临诊上以胸膜肺炎为特征,急性病例死亡率较高,慢性病例常可耐过。本病是我国近些年才确诊的一种新病,在某些地区发生,造成一定的损失。

病原 病原为胸膜肺炎放线杆菌,革兰染色阴性,为多形态的小球杆状菌或纤细小杆菌,不形成芽孢,致病菌有荚膜,能产生毒素,病料中的病菌染色检查可见两极着色特点,病原培养要求较严格,需在10%CO_2条件下进行;在血液琼脂平板上培养呈β溶血。

该菌血清型较多,目前已知有15个血清型。1987年通过病猪及血清分型证实我国已有本病存在,血清学调查平均阳性率达60%,目前已分离的有血清2、3、4、5、7、10型等,5、7型居多,为主要毒力血清型。

本菌对外界环境的抵抗力不强,常用的消毒药可杀死;对土霉素等四环素族抗生素、青霉素、头孢类药物、泰乐菌素、磺胺密啶等敏感。

流行特点 病猪和带菌猪是本病的传染来源,由于购买种猪将带菌猪或慢性感染猪混入猪群,通过飞沫或直接接触而传播;公猪配种也可传播;各种年龄的猪均易感,但以3月龄猪最易感;最急性、急性型发病率很高,80%～100%,死亡率40%～100%;一年四季均可发生,运输、混群、饲养管理不良、卫生条件差和恶劣性气候明显影响发病和死亡的高低。以冬季和春季发病率较高。

症状

最急性型:猪只突然发病,体温升至41.5℃以上,精神沉郁,食欲废绝,腹泻;后期呼吸高度困难,常呈犬坐姿势,张口伸舌,从口鼻流出血色带泡沫的分泌物,心跳加快,口、鼻、耳四肢皮肤呈暗紫色,在36~48 h内死亡,个别猪见不明显症状即死亡;病死率达80%~100%。

急性型:较多的猪发病,体温40.5~41℃,不食,咳嗽,呼吸困难,心跳加快,全身症状明显,受饲养管理条件和气候影响,病程长短不定,可转为亚急性或慢性。

亚急性或慢性型:体温不高,全身症状不明显,只见间歇性咳嗽,生长迟缓。有的呈隐性感染存在于猪群。

病理剖检 主要是肺炎和胸膜炎。根据病程长短稍有差异,一般特点是:气管和支气管内有大量血色液体和纤维素,黏膜水肿、出血和增厚,肺脏充血、肿大、出血、间质水肿和肝变,病程长者有大小不等的坏死灶和脓肿;胸腔积液,胸膜表面覆有纤维素,病程较长者,常与胸膜发生粘连。

诊断

1. 流行特点 我国发生的以血清5、7型菌为多;有一定季节性,冬春季发病多,应激因素影响发病和死亡率的高低。

2. 症状 以呼吸系统的症状为主症。

3. 病理变化 以呼吸系统的病变为典型,肺和胸膜有明显的炎症变化。剖检观察,断奶前后发病仔猪,36.7%和51.9%有胸膜肺炎病变,育肥猪中70%有胸膜肺炎病变。

4. 细菌分离、鉴定 从鼻、支气管分泌物和病肺等病料涂片染色、镜检和分离培养,进一步鉴定。

5. 血清学 有补体结合试验、凝集试验、乳胶凝集试验、ELISA和琼脂扩散试验。补体结合试验在感染10 d即可检出抗体,3~4周达最高水平,可持续数月,补反可用作血清学调查,清除隐性感染猪;补反麻烦,目前认为ELISA更为实用。

在我国,要特别注意与猪喘气病进行区别诊断。

治疗 发现病猪要早期及时治疗,青霉素、氨苄青霉素、氯霉素、增效磺胺药物、卡那霉素、四环素、新霉素、泰乐菌素、壮观霉素+林可霉素等用于治疗,疗效较好;如结合饲料和饮水中添加药物,效果可能更好;注意耐药菌株的出现,要及时更换药物或联合用药;慢性病猪药物治疗效果不佳。

防治措施

(1)预防本病须采取综合的防疫,加强饲养管理和卫生措施,减少各种应激因素是重要的措施。

(2)防止由外场购入慢性、隐性猪和带菌猪,一旦传入健康猪群,特别是种猪群,则难以从猪群中清除。引入新猪前要了解疫情,不从可疑猪场引猪;引入后需进行隔离并进行血清学检查,阴性猪方可混群饲养。

(3)感染猪群可用血清学方法检查,清除隐性和带菌猪,重建健康猪群。

(4)感染猪群进行药物防治和淘汰病猪,也是值得推荐的防治方法。

(5)国内外已有商品化的灭活苗供预防注射。国内以血清7型菌制备的油佐剂灭活苗对断奶仔猪免疫,有较好效果。

二十、猪水疱病

猪水疱病(swine vesicular disease,SVD)是由肠道病毒属的猪水疱病病毒引起的一种急性、热性、接触性传染病。主要特征是猪的蹄部、鼻端、口腔黏膜,甚至乳房皮肤发生水疱。本病1966年首次发生于意大利,1972年在英国流行。其后在其他一些国家相继发生。1973年国际兽医局和欧洲口蹄疫委员会召开会议,定名为猪水疱病。由于本病传染快,发病率高,严重影响养猪业的发展,各级行政部门和兽医人员,应该十分重视本病的预防工作。

病原　本病病原属小核糖核酸病毒科属肠道病毒属。与口蹄疫病毒差异较大,而与人科赛奇 B_5 病毒有密切的亲缘关系。病毒呈球形,直径为 30～32 nm,目前尚未分离出有不同的血清型。病毒能适应于乳鼠和幼年金黄地鼠培养,不适应于乳兔、鸡胚、鸡胚组织培养。病毒能在猪肾、金黄地鼠肾初代或传代细胞培养中很好繁殖,并表现特征性的细胞致病作用,而在牛和其他动物的细胞培养中则不能生长繁殖。

病毒主要存在于病猪的水疱液、水疱皮及淋巴中,其他如血液、肌肉、内脏、皮、毛、粪便等也含有一定量的病毒。

病毒对外界环境抵抗力较强。在冷冻条件下可存活较长时间。在普通冰箱温度可存活74 d,在普通冰瓶(1～2℃)保存10 d,病毒滴度未见降低。水疱皮在－20℃冰冻保存时,其中病毒可存活540 d,在－30℃保存2.5年,对猪仍有较强的致病力。病毒抗热性也较强,在50℃经30 min仍不丧失感染力,在60℃经30 min或在80℃经1 min可使病毒破坏。屠宰病猪在65～67℃经3～5 min烫毛后,取其水疱皮磨碎,接种健康猪,还能使半数猪发病。夏天中午土温在44～60℃时,日照1 h可杀死土表1～2 cm深处的病毒,冬天需日光照射16 h,可杀灭土表1 cm深处的病毒。在猪粪、被污染的猪舍中存留8周以上。病猪肉腌制3个月仍可分离到病毒。

一般常用的消毒药,如3%～5%来苏儿、10%石灰水等消毒效果不明显。3%福尔马林、2%过氧乙酸、10%漂白粉和5%氨水有消毒作用,可用于污染圈舍、饲管用具和运动车船的消毒。如能提高温度可加快灭活的速度。

流行特点　在各种家畜中,只有猪能感染发病。水牛、黄牛、马、驴、绵羊、山羊、兔、鸡、豚鼠、灰鼠等都不发病,任何品种、性别、年龄的猪都可发生。不同条件的养猪场发病率由10%～100%不等。

病猪的分泌物、排泄物和产品(头、蹄、血、肉、内脏),污染饲料、饮水和周围环境,通过消化道感染发病。皮肤和黏膜伤口也可感染。一年四季都可发生,一般在冬春寒冷季节流行最多,特别是在猪比较集中的地方,如收购站、猪库、大型屠宰场、长途运输等,猪密度大,拥挤,调动频繁,饲养管理条件又差,接触和传染机会多,发病也严重。因此,本病多集中在大中城市周围,铁路沿线,食品系统的猪仓库和肉联厂等地,一般说农村发生较少,特别是交通闭塞的农村不见发病。病猪的头、蹄有病部分,含毒量最高,传染性大。调运病猪污染的车、船、用具,病猪的新鲜粪尿,流行地区的泔水、洗肉水等都是重要的传播媒介。所以加强运输和食品系统的检疫工作十分重要。

症状　潜伏期一般为2～5 d,有时延至7 d以上。病猪主要症状是跛行,不愿起立,检查可见蹄冠、蹄叉、蹄底或悬蹄发生水疱。水疱由米粒大至黄豆大，数目不等。水疱内充满清亮或淡黄色液体，常连成一片，压之稍软，经 1～2 d 破溃，露出红色的、浅的破溃面，以后逐渐结痂恢复。病猪疼痛，运步困难，跛行很明显。病初可见体温升至 40～41℃，待水疱破溃后则恢复正常。

若破溃部继发感染，可引起蹄壳脱落，病猪不能站立，跪地爬行或卧地不起。部分病猪(5%～10%)在鼻盘和口腔黏膜或齿龈及舌面出现水疱和溃疡。部分哺乳母猪(约 8%)乳房上也出现水疱。

在发病初期，病猪常有体温升高，可达 40～41℃，并伴有精神差，食欲减少症状，哺乳母猪乳房发生水疱，因疼痛常不愿给仔猪哺乳，可造成仔猪无奶而死。病小猪生长发育停滞，肥猪掉膘严重。孕猪间有流产现象。总的说来，本病的经过一般较轻，死亡率低，病程 7～10 d 便可自愈。

诊断 本病临诊症状典型，蹄部出现水疱。流行特点是仅猪发病，不难作出诊断。但在临诊上与口蹄疫、水疱性口炎及水疱疹极为相似，常不能区分开，所不同者，口蹄疫还可引起牛、羊、骆驼等偶蹄动物发病；水疱性口炎除传染牛、羊、猪外，尚传染马；水疱疹及水疱病只传染猪，而不传染其他家畜。因此，一旦有可疑病猪发生时，应立即报告上级兽医机构，组织会诊，尽早确诊并采取措施。

病猪在出现水疱后 4～5 d 的血清中即有较多的中和抗体，采取病猪或康复猪血清与水疱病病毒作中和试验，能使 1～2 日龄乳鼠受到保护不发病。其他如动物接种，病毒理化特性及组织培养等方面也是可靠的诊断方法。

将病料分别接种 1～2 日龄乳小鼠和 7～9 日龄乳鼠。如二组乳鼠均死者为口蹄疫；1～2 日龄乳小鼠死亡，而 7～9 日龄乳鼠不死者，为猪水疱病。病料在 pH 3～5 缓冲液处理后，接种 1～2 日龄乳鼠死亡者为猪水疱病，反之则为口蹄疫。

能使猪口、蹄部发生水疱为特征的病毒，已确定的有口蹄疫病毒、水疱性疹病毒、水疱性口炎病毒以及猪水疱病病毒，它们都能使猪发生类似症状的疾病。因此，为确定疾病的性质，必须对病原体进行鉴别，其要点如表 3-3 和表 3-4 所示。

表 3-3 几种水疱性传染病动物接种鉴别

实验动物	口蹄疫	水疱性口炎	水疱疹	猪水疱病
猪	+	+	+	+
马	－	+	－	－
牛	+	+	－	－
羊	+	+	－	－
豚鼠	+	+	－	－
哺乳地鼠	+	+	－	+
哺乳小鼠	+	+	－	+
成年小鼠	－或+	+	－	－
鸡	－	+	－	－
兔	－或+	－或+	－	－

注：+为阳性反应；－为阴性反应。

表 3-4　几种水疱性传染病病毒病原特性比较

项　目	口蹄疫	水疱性口炎	水疱疹	猪水疱病
病毒分类	鼻病毒属	弹状病毒属	嵌杯病毒属	肠道病毒属
形态	近球形	弹头形有突起边缘	近圆形有深色斑点	近球形
大小	24 nm	175 nm×65 nm	35 nm×40 nm	29 nm×32 nm
在 pH 5 时的稳定性	不稳定	稳定	稳定	稳定
在 1 mol/L 氯化镁中于 50℃的稳定性	不稳定	未测	不稳定	稳定
对乙醚的抗性	能抵抗	不稳定	能抵抗	能抵抗
沉降系数(S)	140～150	625	160～170	150～160
浮密度(g/mL)	1.38～1.43	1.25	1.37～1.38	1.34～1.35
抗原型	7 个主型 75 个亚型	2 个型	9 个型	1 个型

反向间接血凝试验、间接夹心 ELISA、病毒分离、琼脂扩散试验、微量中和试验、免疫荧光等方法也可用于诊断。

防治措施　猪水疱病的危害是严重的，一旦发现可疑病猪后，应立即逐级上报，并采取病料，送往有关诊断室尽早确诊，并采取有效措施。

在技术上应该采取“预防为主”的方针，“早、快、严、小”的原则，“封锁、隔离、消毒、治疗”的措施，及时扑灭。

疫情发生后，根据发病范围划定疫点、疫区进行封锁，特别是生猪集中和调动频繁的单位，要立即停止收购和外调猪只。从疫点运送到猪库或屠宰场的猪，应及时屠宰，不要与其他健猪混群。病猪产品(特别是头、蹄)未经无害处理不得利用和出售。

病猪要早期发现，迅速隔离，指定专人分圈饲养，改善饲养管理条件，促进早日恢复健康。严禁将病猪出卖或调出疫点。

被污染的猪圈、场地、过道、食槽及管理用具用 5%氨水、3%甲醛液或 10%漂白粉溶液消毒。粪便堆积发酵后利用。

病初用高免血清或康复血清治疗有较好效果。病猪的治疗，主要促进破溃组织早期愈合，防止化脓，缩短病程。一般多采取对症疗法。首先要加强护理工作，圈舍要干燥清洁，做好环境卫生和供给优质饲料。水疱破溃面可用 0.1 高锰酸钾、2%明矾水、盐水等冲洗，再撒涂碘甘油(5%碘酊 1 份，甘油 1 份混合)、龙胆紫或冰硼散等。蹄部可用 0.1%高锰酸钾、1%来苏儿、新洁尔灭等消毒药液冲洗干净，然后涂碘甘油、鱼石脂软膏、磺胺软膏或生肌散，蹄壳脱落者可以淘汰。必要时注射抗生素或磺胺类药物，以防止继发感染。

在威胁区和疫区内可用疫苗进行预防注射。用豚鼠化弱毒苗和细胞弱毒苗注射，有较好预防效果。

未发病的地区要特别重视检疫，防止从外地买进病猪，大量猪只调运是十分危险的。如必须购买种猪时，从无疫情地区选购，运入后隔离饲养半月以上，经观察无病者方可混群饲养。各级生猪收购人员和兽医人员，要做好平时的检疫工作。利用城市泔水喂猪时，须先煮开后再喂。在猪只收购站和屠宰场周围的场村，要随时注意疫情动态，防止因拉粪肥及下脚料等将病带入。

二十一、猪链球菌病

猪链球菌病(streptococcosis suis)是由几种主要链球菌引起猪的急性败血性、局灶性淋巴结化脓、脑膜炎及关节炎的疾病，本病在我国时有发生。猪链球菌2型引起人的感染和死亡受到广泛的关注，该病具有十分重要的公共卫生意义。

病原 链球菌在自然界分布广、种类多，有的致病，有的不致病。本菌呈圆形或卵圆形，常呈链状排列，长短不一，革兰染色阳性。在普通琼脂培养基上生长不良，添加血液、血清时，生长良好，在菌落周围形成溶血环(α型或β型)。

根据兰氏(Lancefield)血清学分类，将链球菌分为19个血清群(A-U)。猪败血性链球菌主要由C群兽疫链球菌和类马链球菌引起，D群的猪链球菌、L群链球菌及E群链球菌也可使猪发病。淋巴结化脓主要由E群链球菌引起。

本菌对外界环境的抵抗力不强，对干燥、高温等都很敏感；抗生素、磺胺类药物有杀灭作用；常用消毒药也可很快将其杀死。

流行特点 病猪和带菌猪是主要传染源，排泄物和呼吸道中均有病原菌，病猪与健康猪接触，经呼吸道和消化道感染，被病原菌污染的饲料、饮水及物体，都可成为传播媒介。各种年龄、品种的猪只都可感染，仔猪感染多为败血症和脑膜炎，架子猪感染多表现为化脓性淋巴结炎。本病一年四季都可以发生，春、秋季多发，呈地方流行。病猪或带菌猪的买卖、流动、运输、饲养管理不良、猪舍卫生差、潮湿等都可促进本病的发生和流行。

症状

急性败血型：突然发生，体温升到40～42℃，全身症状明显，精神沉郁，食欲减退，结膜潮红，流泪，流鼻液，便秘；部分病猪见关节炎，跛行或不能站立；有的病猪出现共济失调，磨牙、空嚼或昏睡等神经症状，后期呼吸困难，1～4 d死亡。死亡率可达80%。

脑膜脑炎型：多见于哺乳猪和断奶仔猪；除体温升高、不食等全身症状外，很快表现出神经症状，四肢共济失调、转圈、磨牙、仰卧、后肢麻痹、爬行；部分病猪出现关节炎；病程1～5 d。

关节炎型：由前两型转来，或发病即表现为关节炎症状，一肢或几肢关节肿胀、疼痛、跛行，重者不能站立；精神和食欲时好时坏、衰弱而亡，或逐渐复；病程2～3周。

淋巴结脓肿型：多见于颌下淋巴结，有时见于咽部和颈部淋巴结。淋巴结肿胀，有热痛、根据发生部位不同可影响采食、咀嚼、吞咽和呼吸；有的咳嗽、流鼻液；淋巴结脓肿成熟，中央变软，皮肤变薄，后自行破溃流出脓汁，以后全身症状好转，局部治愈；病程2～3周。

病理剖检

败血型：鼻、气管、肺充血；全身淋巴结肿大、出血；心包积液，心内膜出血；脾、肾肿大，出血；胃肠黏膜充血、出血；关节囊内有胶样液体或纤维素脓性物。

脑膜脑炎型：脑膜充血、出血，脑脊髓白质和灰质有小点出血；心包、胸腔、腹腔有纤维素性炎症变化；淋巴结肿大、出血。

关节炎型和淋巴结脓肿型如临诊症状所见。

诊断

1. 流行特点 病猪和带菌猪是传染源，通过呼吸道和皮肤损伤感染，小猪由脐带感染；大、小猪都可感染，哺乳仔猪发病和病死率都高，架子猪次之，成年猪更少；一年四季均可发生，以5～11月份发生较多；淋巴结化脓主要发生于架子猪，传播缓慢，发病率低，但可在猪群中陆续发生。

2. 临诊症状　表现为淋巴结脓肿型者易于诊断；其他各型易与其他疾病混淆，必须进行实验室检查方可作出诊断。

3. 细菌学检查

(1)取病料涂片染色(革兰、美蓝)、镜检，可见革兰阳性，单个、成对和链状排列的球菌；

(2)病料接种于血液琼脂平皿，37℃培养24～48 h，可见β溶血的细小菌落，选取菌落抹片、染色、镜检亦见上述相同细菌。选取纯菌落进行生化试验和生长特性鉴定。也可进一步作血清学及分型鉴定。

4. 动物接种　病料制成5～10倍乳剂，给家兔皮下或腹腔注射1～2 mL，或小鼠皮下注射0.2～0.5 mL，接种动物死亡后，从心血、脾脏抹片或分离培养，进一步确诊。

治疗　由于本菌对抗生素及磺胺类药物都较敏感，所以，一旦怀疑或诊断为本病时，要及时进行治疗。对急性、脑膜脑炎型、关节炎型病猪及时用大剂量青霉素、土霉素、四环素、喹诺酮类药物、头孢类和磺胺类药物治疗，有一定效果；对淋巴结化脓病例，早期用抗菌药物治疗有效，若见脓肿成熟后，切开脓肿，排除脓汁，局部按外科方法处理。

防治措施

(1)清除养猪环境中易引起外伤的因素；同时，要做好饲养管理、猪舍、环境、用具的消毒卫生工作。

(2)必要时可用猪链球菌氢氧化铝菌苗(C群猪链球菌制成)免疫接种，按瓶签注明的头份，加入20%氢氧化铝胶生理盐水或生理盐水稀释，每头猪皮下注射1 mL，或口服4 mL。免疫期半年。猪链球菌2型灭活疫苗，对预防该型菌株引起的疾病有较好的预防效果。

(3)必要时，可在饲料中加入抗菌药物进行预防。

(4)杜绝扑杀、屠宰、加工和贩卖病猪或病死猪。病死猪深埋，做好无害化处理。

(5)饲养员、屠宰工人、检疫人员要做好个人防护，预防感染发病。猪链球菌2型在我国1998年和2005年曾引起人感染和死亡的事例，具有重要的公共卫生意义。

二十二、猪　痘

猪痘(swine pox)常叫天花，是猪的一种急性、热性、接触性传染病。其特征是在皮肤上发生典型的丘疹和痘疹。

本病发生较普遍，一般是良性经过，但在部分养猪单位，由于饲养管理不良，并有继发感染时，仔猪死亡率还是很高，所以不要忽视它的危害。

病原　猪痘是由猪痘病毒和痘苗病毒引起的。这种病毒人工感染各种家畜和实验动物不能引起反应，也不能产生对其他痘病毒的免疫性。猪痘病毒可在猪肾细胞内培养，4～5代后使细胞发生致病变作用，并在细胞内产生空泡和包涵体。

痘病毒对理化学因素抵抗力较弱。上皮组织中的病毒，在干燥条件下可保存1年以上，冻干的病毒可保存几年。腐败条件下可很快杀死病毒。痘毒在空气中和室温下易失去毒力，在50℃经15 min死亡，2%碱溶液经数分钟可杀死。

流行特点　病毒随着皮肤痘疹的渗出液、脓疱和脱落的上皮痂而散布于周围环境中。

本病主要是病猪与健康猪直接接触经损伤的皮肤而感染。特别是猪虱、蚊、蝇等外寄生虫在本病传播上有很重要的作用。

本病大多发生于4～6周龄的哺乳和断乳仔猪，仔猪发病急重，死亡率高，成年猪常呈隐性经过。仔猪一旦患病后可产生终生免疫力。猪痘呈地方流行性发生。

由于痘病毒在干痂中生活时间较长，感染的猪虱体内可保存几个月的传染力，所以，在发病猪场，可年年造成仔猪发病，形成地方流行。一般来说，在阴雨、寒冷、猪舍潮湿不净、拥挤、营养不良时，发病和死亡均增高。

症状 潜伏期为4～7 d。病初体温升高到41℃以上，食欲减退，精神欠佳，出现结膜炎，咳嗽，流鼻液。随之出现典型的痘疹。

在病猪皮薄毛少的部位，即鼻吻、眼睑、腹部、四肢内侧，甚至在全身体表皮肤上，或口鼻黏膜上出现痘疹。

病初皮肤上出现圆形红色斑点，后逐渐扩大，形成硬固的红色结节样丘疹，凸出于皮肤表面，略呈半球形，表面光滑，边缘为淡灰色，随后结成暗棕色痂块，最后脱痂而愈。病程10～15 d。猪痘一般没有明显的水疱和脓疱过程。

在发痘过程中，病猪皮肤患部发痒，常在猪圈墙壁、栏柱等处摩擦，致使皮肤流出血性液体。局部黏附泥土、垫草，结成厚壳，致使皮肤变厚或形成皱褶。

本病大多数为良性经过，死亡较少。有些病猪不出现典型的发痘过程，发病轻微很快痊愈，相反，极少数病猪，不仅全身出痘，还可在猪的口腔、鼻、咽喉，甚至肺部发生水疱和溃烂，出现不食、虚弱、腹泻、肺炎等症状，这种病猪大多最后死亡。年龄较小的仔猪，死亡率较高，特别是在气候恶劣、卫生条件差及营养不良的情况下更为严重。

诊断 本病主要根据流行病学及临诊症状进行诊断。在同一时期内，较多的仔猪先后发病，在发病猪群中，常可见到明显痘疹的变化，根据这些症状就可以确诊。

有条件和必要的单位可进行生物学试验。取水疱的上皮在研钵内磨碎，用10倍生理盐水稀释，将乳猪的耳部和股内侧皮肤划破，涂擦上述可疑病料，如有痘疹出现即可确诊。

防治措施 发病后，将病猪隔离饲养。如发病数很多，难以隔开，要搞好圈舍卫生，加强饲管，防止继发感染。无特异的治疗办法。发病猪数不多，也有人力时，局部也可用0.1%～0.5%高锰酸钾溶液或1%～2%硼酸溶液或淡盐水或花椒艾叶水洗，然后涂上碘酊或紫药水、碘甘油、消炎软膏等。如果有继发感染时，可用磺胺或抗生素治疗。

平时的预防工作，主要是加强饲养管理，搞好环境卫生。消灭猪虱具有重要的预防作用。

二十三、非洲猪瘟

非洲猪瘟(African swine fever，ASF)是由非洲猪瘟病毒引起猪的一种急性、出血性、高度传染性的一种猪病毒性传染病，其特征是死亡率高，发热，皮肤有变红的区域和内脏器官严重出血。其病型可分为最急性、急性、亚急性、慢性和隐性型。临诊症状与古典型猪瘟十分相似，只有用实验室方法才能进行可靠的鉴别诊断。非洲猪瘟是世界动物卫生组织(OIE)规定的15种A类疾病之一。

非洲猪瘟1909年在东非肯尼亚首次在欧洲移民带来的家猪群中被发现后，从1909—1912年共暴发了15次，死亡率高达98.9%。其后在南非(1933)、葡萄牙(1957)、西班牙(1960)、法国(1964 和 1968)、意大利(1967)、马尔他、撒丁岛(1978)、古巴(1971)、巴西(1978)、多米尼加和海地(1979)、比利时(1985)、荷兰(1986)、科特迪瓦(1996)等许多国家和地区发生。给这些国家的养猪业带来巨大的经济损失。我国是世界上养猪最多的国家,虽然至今尚未发生该病,但在国际贸易和旅游活动日益频繁的今天,应对该病的传入保持高度警惕,严加防范。

病原　非洲猪瘟病毒(ASFV)1995 年第六次国际病毒分类委员会(ICTV)将其归为非洲猪瘟病毒科的非洲猪瘟病毒属的唯一成员。成熟的 ASFV 直径为 175～220 nm,完整的病毒颗粒 CsCl 浮密度为 1.23 g/cm^3。病毒粒子呈二十面体对称,外有囊膜,衣壳内部呈几个同心圆结构。基因组为双股的线状 DNA,大小为 170～190 kb。DNA 分子具有共价的闭合末端,并有倒置末端重复子及发夹结构。基因组的中央部分约有 150 kb 为保守区,而末端为可变区。全基因序列由 170 101 个核苷酸组成,有 151 个开放阅读框,编码 5 个多基因群。ASFV 是一个很复杂的病毒,已被鉴定的结构蛋白有 28 种,在被感染的巨噬细胞中,已被鉴定出 100 种以上的病毒诱导蛋白,其中至少 50 种能与感染猪或康复猪的血清反应,40 种能与病毒粒子相结合。这些蛋白中如 P_{73}、P_{54}、P_{30} 和 P_{12} 有很好的抗原性。虽然还不清楚这些蛋白在诱导保护性免疫反应中所起的作用,但它们是很好的抗原,可用于 ASF 的血清学诊断。

ASFV 能在钝缘蜱体内增殖,并使其成为主要的传播媒介。初次分离病毒时,可用猪的白细胞和骨髓细胞培养,当适应后,即可用一些传代细胞系,如 PK-15、MVPK、Vero、BHK-21 等细胞进行繁殖。在用外周血的巨噬细胞培养分离病毒时,这些培养物中的红细胞为被感染细胞吸附形成玫瑰花状或桑葚体状,这种现象是有特异性的。

ASFV 主要存在于病猪的血液、各种内脏组织器官、分泌物和排泄物中。ASFV 在自然环境中抵抗力很强,在室温下 15 周的腐败血清中及在 4℃ 18 个月到 6 年的血液中能分离到此病毒,还从加工后贮存 5 个月的火腿和贮存了 6 个月的火腿的骨髓中发现了 ASFV。暴发非洲猪瘟后全群扑杀的猪场圈舍中 3 个月后仍能发现病毒。某些毒株在 pH 1.9～13.4 范围内 2 h 或更长时间内可保持活性。在 60℃ 20 min 及在多数脂溶剂中可灭活 ASFV。

经交叉免疫试验、红细胞吸附抑制试验和病毒基因组的限制性酶切分析,表明各个病毒分离物之间存在着明显的差异。在感染 ASF 的动物血清中,发现有沉淀抗体、补体结合抗体和红细胞吸附抗体,也能产生中和抗体。

流行特点　至今,只发现猪、野猪和钝缘蜱(*Ornithodoros*)可自然感染 ASFV。在非洲已多次从疣猪和丛林猪中分离到 ASFV。除非洲外,还发现其他野生猪科动物可感染 ASFV,如欧洲野猪和美国东南部野猪。西班牙一个调查表明,因家猪接触野猪引起的 ASF 暴发占 5.8%。现已证明,钝缘蜱可将 ASFV 实验性地传播给健康易感猪。在疣猪洞穴里采集的毛白钝缘蜱(*Ornithodoros moubata*)或叫猪钝缘蜱猪亚种(*Ornithodoros porcinus porcmus*)中分离到了 ASFV,并明确了病毒在蜱体内的生长期以及在交配和卵中的传播方式。毛白钝缘蜱具有真正生物媒介的一切特性,在蜱中能水平传播和垂直传播。通过食入感染组织传播病毒已被证实。现已确认,经带毒的毛白钝缘蜱的叮咬可将病毒传给家猪。

一旦 ASF 发生于家猪就会通过家猪之间的直接接触而传播。因为,病猪和带毒猪的血液、各种组织器官、尿和粪中都含有病毒,是本病的主要传染源。各种年龄、品种的家猪都可以感染。通过人、车辆、生产工具机械传播病毒是完全可能的。最近研究表明,在短距离内可以发生空气传播。本病的远距离传播几乎总是因为感染猪的转移或饲喂含有感染猪的组织残羹而引起。由于这种病毒能保留在经加工的猪肉制品中,因此用国际航班、轮船上的泔水和剩余食物喂猪常可成为本病的传染源。近年来暴发的 ASF 大多是由于猪场饲喂了国际航班上的泔水而引起的。

症状　自然感染的潜伏期短至 4 d，长达 19 d。实验感染时潜伏期一般更短，根据病毒剂量和感染途径，为 2～5 d。

根据病毒毒力、感染剂量和感染途径，本病的临诊表现差别很大，从最急性型到隐性型各种现象都有，分述如下。

1. 最急性型　常不见任何症状突然死亡，有时可见体温升到 41～42 ℃，呼吸急促，皮肤充血、出血，病猪死亡率可达 100%。

2. 急性型　在 4～6 d 的潜伏期后病猪可见突然高热（40～42℃），持续 3～4 d，部分病猪死亡，有些猪继续高热。在发热初期，病猪症状不明显，能继续采食。后即表现厌食，站立困难，行动无力，呼吸急促，时有咳嗽，皮肤充血并发绀，尤其在耳部、肢端和腹部皮肤，呈范围广泛不规则形的淤斑、血肿和坏死斑。病后期常发生严重的出血性肠炎，可出现腹泻和血便。死亡常在出现高热的 7 d 内发生，在死亡前 24 h 内，常见体温显著下降，病猪昏迷不醒。

3. 亚急性型　症状与急性型很相似，只是病的严重程度和病期的长短不同。6～12 d 潜伏期后，病猪体温升高，高热可能持续几天，或者体温呈不规则的波动。常见有流产现象。病猪常在症状出现后 6～10 d 内死亡，死亡率可达 60%～90%。

4. 慢性型　慢性 ASF 的症状极不一致，一般表现委顿，体温 39.5～40.5℃，呈不规则波浪热，还可见肺炎、呼吸困难等。皮肤可见坏死、溃疡、斑块或小结，耳、关节、尾和鼻、唇等处可见坏死性溃疡脱落。腿关节呈无痛性软性肿胀，也见于颌部。病程可持续 1 个月或数月，或除生长缓慢外，无其他任何症状，多数成为僵猪。大部分病猪都能康复，并终身带毒。

5. 隐性型　此型在非洲野猪中很常见，在家猪中可能是由于感染了低毒力野毒所致，或是由于亚急性或慢性型转变而成。常为散发性病例，病程缓慢，外观体征健康，并无异常，实际上带毒，这种隐性带毒猪有引起本病发生的潜在危险。

剖检变化　ASF 的病变与猪瘟十分相似，病变比猪瘟更明显。最急性型常以内脏器官的严重出血为特征，但在一些还没有出现症状便已死亡的病例，肉眼病变可能不明显。急性型的最显著病变是脾肿大，可达原来的几倍。颜色变深呈黑色，极软易碎。脾的病变是 ASF 和猪瘟的重要区别，ASF 病猪的脾又大又黑，而猪瘟病猪脾常正常大小并见有出血点和梗死。急性型 ASF 内脏器官广泛出血，胃、肝淋巴结和肠系膜淋巴结出血十分严重，有时就像一个血块，而在猪瘟的淋巴结出血常是周边出血。ASF 病猪肾、膀胱、肺、心内膜、心外膜、胆囊和胃肠道常见针尖大出血点和弥漫性出血，还常见有大量的心包积液、胸水、腹水和肺水肿。

近十余年来，在非洲以外地区流行的 ASF 大多是亚急性型，其病变与急性型相似，但较轻微。特征为淋巴结和肾大片出血，肾皮质表面可出现火鸡蛋样外观。脾肿大和出血，肺充血和水肿，有些病例有间质性肺炎。大肠常见黏膜出血及血样内容物。

慢性 ASF 病猪的淋巴网状内皮组织增生是剖检所见最显著的特征之一，还常见纤维蛋白性心包炎和胸膜炎，肺部常有干酪样坏死和钙化灶。死于慢性 ASF 的病猪，半数以上有肺炎病变。

诊断　ASF 的症状、病变与猪的其他出血性疫病如猪瘟、猪丹毒、败血性沙门菌病等相似，它们的亚急性型和慢性型在生产现场实际上是无法区别的，因而必须用实验室方法才能确诊。现场如果发现尸体剖检的猪出现脾和淋巴结严重出血，形如血肿，结合流行病学资料，可以初步怀疑为 ASF。

在实验室诊断中，ASFV 抗原的检测常用红细胞吸附试验（HAd）、直接免疫荧光试验（DIF）

和琼脂扩散沉淀试验(AGP)。一般认为,HAd是确诊ASF的特征性鉴别试验,并且是从野外样品分离病毒应用最广泛的方法。用DIF可在组织抹片和冷冻组织切片,在1 h内检出病毒。

ASFV抗体检测常用的是间接免疫荧光试验(IIF)、酶联免疫吸附试验(ELISA)和免疫印迹测定(IB)等。

非洲猪瘟诊断的一般程序:疑似非洲猪瘟的样品送到实验室后,实验室通常是用直接免疫荧光试验来检测病毒抗原和用间接免疫荧光试验检测血清中或组织浸出液中的抗体。做这两种试验只需数小时,且此两种方法联用的检出率可达95%~98%。样品量很大时,可用酶联免疫吸附试验来检测抗体。检测出阳性结果后,如样品来自非疫区,还必须做动物接种试验。在任何情况下必须以两种或两种以上不同方法的结果为依据才能确诊。初诊时送检肝、脾、淋巴结、全血和血清,并要妥善保存。无非洲猪瘟的国家,其检验结果,还应设法得到国际公认的非洲猪瘟咨询实验室的确诊。

1. 红细胞吸附试验　红细胞吸附试验的基本方法,是将健康猪的白细胞加上非洲猪瘟猪的血液或组织的抽提物,在37℃培养后即可见阳性培养物中的红细胞吸附现象。

(1)使用无菌消毒的器具、玻璃器皿和吸管等,并在无菌条件下操作。

(2)健康猪血液的采集和去纤维:将健康猪的血液无菌采集到装有玻璃珠的三角瓶内,并不停地摇晃,直到完全去纤维,然后用无菌纱布过滤,除去玻璃珠和纤维块。

(3)分离收集血清和白细胞:在血液中加入每毫升100 IU的青霉素和100 μg的链霉素。然后将此去纤维血,用水平离心机以1 000 r/min离心30 min,离心后的血液形成3层,红细胞在底层,白细胞在中间,最上层为血清,用带18号针头的20 mL注射器或吸管小心吸取白细胞,吸取时,针尖端轻触细胞层来回摆动轻吸到无菌瓶中。

(4)吸取上层血清到一个放有磁搅拌棒的三角烧瓶中,每1 000 mL血液留下约150 mL血清。

(5)将白细胞在无菌PBS(NaCl 8 g,KH_2PO_4 0.2 g,KCl 0.2 g,$Na_2PO_4 \cdot 7H_2O$ 2.172 g,加蒸馏水到1 000 mL)中洗涤3次。最后一次以1 000 r/min在5℃下离心20 min后倾去上清液。

(6)红细胞的吸取和定量:在本试验中需要红细胞,但是在采集白细胞时随之吸入的红细胞已经足够了,一般来说,红细胞量的下限是在每个白细胞近侧应有20~30个红细胞存在,而它的上限是确保在用显微镜观察时有足够的光线穿透液体,保证清楚地观察和判断。

(7)将白细胞和所带的红细胞一起加到血清中去,磁力搅拌使其悬浮,每次试验每毫升所含有的白细胞量变化很大,但是所产生的培养物一般均可满足查毒需要。

(8)取96孔的细胞培养板,每孔加0.1 mL上述白细胞液,放入有湿度装置的二氧化碳培养箱,在37℃的条件下,以3%二氧化碳培养。一般24 h到第6天的培养物都可以用来接种样品,最常用的是1~4 d的白细胞培养物。

(9)样品的采集:从病猪或刚死病猪无菌采集脾、胃、肝、淋巴结和全血或其他脏器。采集后2~3 h内送到实验室。如不能,就加冰块制冷或冷冻。无此条件,全血至少每毫升加1 000 IU的青霉素和1 000 μg的链霉素,其他组织可浸没在含有每毫升1 000 IU青霉素和1 000 μg链霉素的PBS或组织培养液中,并尽快送到实验室。

(10)制备接种物:在实验室里,固体组织加少量含抗生素的PBS或培养液洗涤,在研钵中剪细和研磨,并用PBS配成20%的悬浮液,全血可用PBS或细胞培养液做1∶5稀释。

(11)样品的接种:取培养24~48 h后、已长成白细胞单层的96孔细胞培养板,每孔加30 μL上述悬浮液或稀释好的全血,每份样品至少加4孔,也可直接将剪成1 mm^3左右的组织块放在细胞单层上，每孔加2～3块。然后在37℃下培育，一般在24 h内即可见典型的血细胞悬浮反应。

(12)培养物的观察：观察白细胞培养物，需轻轻晃动塑料板，促使稀松黏附的红细胞脱壁，用倒置显微镜，放大100～200倍观察，阳性反应可见许多红细胞吸附在白细胞上，形成玫瑰花状或桑葚体状。此现象为非洲猪瘟病毒的特异性反应，但现在已发现无此种红细胞吸附现象的毒株和第一次分离培养也无红细胞吸附现象的毒株存在。因此，无此反应的样品应该再传代二次和再用其他方法检测，才能确诊。

(13)对照：每次试验都必须设未接种样品的细胞对照。

2. 直接免疫荧光试验

(1)按照常规办法制备高效价的抗非洲猪瘟病毒的荧光抗体。

(2)采取病猪的碑、肺、肾和淋巴结做成4～8 μm厚的冰冻切片或印压涂片，在室温下风干。

(3)待样品干后，立即放入事先预冷的丙酮中，固定30 min。

(4)再将样品放入pH 7.3的PBS中，轻轻搅动2 min后取出。

(5)然后在样品上滴加1～2滴荧光抗体，覆盖样品的整个表面，在室温下于湿盒中反应30 min。

(6)将染色后的样品在PBS中洗3次，每次3 min，洗时轻轻晃动，每次换液。

(7)洗完后，在样品上加上用PBS配制的50%甘油1滴，在荧光显微镜下观察。阳性样品可见细胞浆内有明亮的荧光团。

3. 动物接种试验

(1)试验前几天，取已用猪瘟疫苗免疫猪和对猪瘟易感猪数头，观察和测量体温整天。

(2)无菌采取病猪的脾、肺、肾、淋巴结的全血。固体组织研磨后用PSB做10倍稀释，反复冻融2次后，用冷冻离心机以1 000 r/min离心20 min，取上清液作为接种材料。

(3)每头猪接种2 mL上清液或全血。接种前采取血样10 mL。

(4)以后，每天测量体温，并每隔一天采取血样10 mL。

(5)隔离饲养1个月，在此期间，对于高温猪要注意观察、记录和采样，对死亡猪应立即采取脾、肺、肾和淋巴结样品。

(6)对所采取的血样和组织做红细胞吸附试验，对采取的组织样品做直接荧光试验。

(7)根据免疫猪和未免疫猪所发生的高热和死亡情况以及对所采取的样品做的试验结果做出判断。

4. 间接免疫荧光试验

(1)先按照常规方法制备兔抗猪的抗体，并用荧光素标记及准备阴性血清和阳性血清。

(2)将LISBON60非洲猪瘟病毒株接种长满Vero细胞的盖玻片上，使20%左右的细胞被感染。接种后在37℃下培养5 d，取出风干，立即放入甲醇中固定10 min，再风干后，可放在−70℃冰箱中，待用。

(3)按上述方法准备未接种病毒的Vero细胞对照，在−70℃下保存，待用。

(4)待检血清用pH 7.3 0.01 mol/L的PBS稀释，并分别加在感染细胞和未感染细胞上。

(5)阴性血清和阳性血清同样稀释后，分别加在感染细胞和未感染细胞上，作为对照。

(6)将以上加完各种血清的盖玻片上置湿盒中，37℃孵育30 min。

(7)再将它们在pH 7.3 0.01 mol/L的PBS中浸洗3次，每次10 min。

(8)在每个样品上和对照上滴加荧光标记的兔抗猪抗体1滴，37℃湿盒中孵育30 min。

(9)再用 pH 7.3 0.01 mol/L 的 PBS 浸洗 3 次，每次 10 min。

(10)在蒸馏水中浸洗一下后，加一滴 50%甘油，在荧光显微镜下观察。

(11)对照正常，待检样品在细胞浆内出现明亮的荧光团和荧光细点可被判为阳性。

5. 酶联免疫吸附试验

(1)收集接毒后的 Vero 细胞，反复冻融 2 次，再用差速离心法提纯。本办法所用抗原为结构蛋白 VP_{73}。

(2)酶标抗体可购买市售的已标记好的酶标 A 蛋白，或按常规方法自己标记。

(3)在 96 孔酶标板上，每孔加入 100 μL 用 pH 9.6 碳酸缓冲液稀释的工作浓度的抗原，在湿盒中，4℃下吸附 18 h。

(4)弃去抗原液，用含 0.05% 吐温-20 的 0.01 mol/L pH 7.4 PBS 洗 2 次，每次浸洗 3 min。

(5)每孔加入 100 μL 含 1%牛血清白蛋白的 0.01 mol/L pH 7.4 的 PBS，室温下孵育 15 min 后，倾去液体。

(6)加入用 0.01 mol/L pH 7.4 PBS 稀释成的 1∶30 的待检血清和相应的阳性血清和阴性血清对照，每个样品加 2 孔。空白对照中加入 100 μL PBS。在湿盒中 37℃下孵育 1 h。

(7)倾去板内液体，用含 0.05% 吐温-20 的 0.01 mol/L pH 7.4 PBS 洗涤 3 次，每次浸洗 3 min。

(8)每孔加入 100 μL 用醋酸缓冲液配制的含 0.03%的邻苯二胺溶液，25℃反应 10 min。

(9)用酶标仪测定 450 nm 波长下的 OD 值，阳性血清对照吸收值应大于 0.3，阴性血清吸收值应小于 0.1。

(10)对照成立时，待检样品的吸收值大于 0.3 时，被认为是阳性反应。

6. ASFV-DNA 的检测　用来自病毒基因组的高度保守区基因片段作为引物，利用 PCR 技术对分离到的 ASFV 毒株进行检测是可行的。人们已经用 PCR 技术从所有已知的病毒基因型中鉴定 ASFV 分离株，其中包括那些低毒力毒株以及不能产生红细胞吸附现象的毒株。此法特别对那些不适用其他诊断试验的样品(例如存在于腐败组织中已灭活的或已降解的 ASFV)中的 DNA 鉴定有应用价值。其阳性对照使用克隆的病毒 DNA 来代替活病毒，所以更为安全。在 ASF 诊断技术中，这是一种既快速又准确的新方法。

防治措施　目前尚无有效的疫苗和治疗方法可供应用。灭活苗对猪没有任何保护作用。弱毒疫苗虽然可以保护部分猪对同源毒株的攻击，但这些猪成为带毒猪或可出现慢性病变。西班牙和葡萄牙的成功经验证明，在扑灭本病的方案中，疫苗不是主要的，在流行地区疫苗的作用也很有限。

在无本病的地区或国家要极力阻止 ASFV 的侵入，在港口和国际机场等场所要严加防范。我国尚未发现本病，要严禁从有非洲猪瘟的国家和地区(疫区)进口活猪及其产品。从疫区来的火车、船舶、飞机，加强口岸检疫监督和消毒，所有卸下的垃圾、残羹等应作无害化处理。加强血清学检查，检出带毒猪。确诊为感染本病猪场的猪群必须全部扑杀，无害化处理，封锁、消毒和执行严格的防疫措施，凡无本病的国家怀疑发生本病，由于诊断需时较长，可不必等待实验室诊断结果，扑杀被怀疑猪场的全部猪群，并采取适当的兽医卫生措施，防止疫情扩散。消毒剂可使用热氢氧化钠液(80～85℃)喷洒，或用 1.5%甲醛溶液或含有 5%活性氯的消毒剂喷洒，每平方米表面用药液 1 000 mL，并保持 3 h。

(此处主要参考《中国猪病学》中蔡宝祥撰写的非洲猪瘟一节)

第四章　家禽的传染病

一、鸡新城疫

鸡新城疫(newcastle disease,ND)又叫亚洲鸡瘟、伪鸡瘟,是鸡和火鸡的急性、高度接触性传染病。其临诊特征为败血症的症候以及伴随下痢、呼吸困难和神经症状。病理剖检常见消化道黏膜红肿、出血和坏死性变化。

本病于1926年首先发现于印度尼西亚和英国的新城,故名新城疫,以后世界各地尤以亚洲各国相继发生,1935年在我国有些地区开始流行,给养鸡业造成很大损失,目前仍是威胁养鸡业的主要疫病。

病原　病原体为副黏病毒科副黏病毒属的新城疫病毒。病毒粒子的直径为120～300 nm,核糖型为单股RNA。

本病毒一个很重要的生物学特性,就是能凝集鸡、火鸡、鸭、鹅、人、豚鼠等的红细胞,此凝集现象可被特异性的免疫血清所抑制,故可用于鉴定病毒、免疫监测及流行病学调查。

病鸡所有组织器官、体液、分泌物和排泄物中都含有病毒,以脑、脾、肺的含毒量最高,以骨髓含病毒时间最长。将病毒接种在鸡胚内很易生长,于8～11日龄鸡胚绒毛尿囊膜上或尿囊腔内接种时,强毒株能在36～72 h使鸡胚死亡,弱毒株在1周左右死亡,在胚液内含有大量病毒。病毒尚能在鸡胚、成鸡、猴肾、猪肾、地鼠肾等多种组织培养细胞上生长,并产生细胞病变,可用以分离鉴定病毒。

病毒对外界环境的抵抗力较强,加热至60℃经30 min,或煮沸1 min可死亡;在直射阳光下,病毒经30 min死亡;在未消毒的关闭鸡舍内可生存2个月以上,在被鼻腔和气管分泌物内的病毒所污染的水内,夏日最多能生存10～15 d,而在冬季至少可存活5个月,冷冻病尸内病毒可保存6个月,−20℃可活1～2年。掩埋的病鸡尸体在夏季病毒可活30 d,在冬季则可活4个月以上,粪中病毒经日光直射几小时或几天才能杀死。蛋壳上的病毒可活3周。一般的熏制方法不能杀死鸡肉中的病毒,若先在90～95℃热水中煮40 min后熏制,可杀死鸡肉中病毒。病毒对消毒药的抵抗力较弱,如2%～3%氢氧化钠溶液,4%～5%甲醛及甲醛蒸汽,1%来苏儿,5%漂白粉溶液,3%～5%碘酊及70%酒精等均能在数分钟内杀死病毒。

流行特点　所有的鸡(包括火鸡、珍珠鸡及野鸡)都可感染。幼雏和中雏感受性高,2年以上的老鸡感受性低。水禽不能自然感染。国内鸽、鸭感染发病的报告有增多趋势。

病鸡是本病的主要传染来源,潜伏期的病鸡,特别是潜伏期的末期(出现症状前24 h)体内含有大量病毒,通过鼻腔、口腔和眼的分泌物,以及粪便排出体外,污染饲料、饮水和尘土,经消化道和呼吸道而传染。

此外,亦可经眼黏膜、伤口和交配传染。

疾病的散播往往通过购入病鸡、屠宰后的污水、粪便、羽毛、内脏等废弃物，或通过人员往来、动物、野禽、运输工具、食堂的残羹及风吹而将疾病传播到较远的距离。在潜伏期的母鸡所产的卵带有病毒，大多数鸡在症状消失后 5～7 d 就停止排毒，少数病例在康复后 2 周甚至数月后仍能排毒，也有的在病后 2～4 个月产出的卵尚有病毒存在。含有强毒的卵，一般在孵化的第 4～5 天内死亡。这些都是促进本病发生的因素。

本病一年四季均可发生。从秋季到春季特别是冬季易流行。鹅在自然条件下不感染，有些野禽和哺乳动物如鼠、猫、犬等可能成为本病的带毒者和传播者。本病常呈流行性，传播快，鸡群内一旦发病，可于数日内波及全群，或引起较大范围发病。

症状　自然感染的潜伏期一般为 3～5 d。临诊表现是多种多样的，这主要取决于机体的免疫状态和病毒毒力的强弱。按病程长短，可分为最急性、急性和慢性 3 种类型。

最急性型：较少见，通常在 3～4 周龄的鸡和在疾病流行的初期见有此型。发病最急，迅速死亡，看不到明显症状。往往头晚食欲、活动正常，次日晨发现死于鸡舍内。

急性型：是新城疫常见的一种典型类型。发病比较急，体温升至 43～44℃，精神沉郁，食欲减少或不食，渴欲增加。不愿走动，羽毛松乱，头颈蜷缩或下垂，或藏于翅下。嗜眠，翅膀和尾羽下垂，眼半闭或全闭，眼睑肿胀，鸡冠和肉髯不同程度的发紫。呼吸困难，有时张口吸气，常发出“咯咯”的喘鸣声，口腔、嗉囊和鼻腔中蓄积大量黏液，如将病鸡两腿倒提，则从口腔流出黏液丝，有臭味。病鸡常甩头和作吞咽动作。病鸡排出黄白色或黄绿色粪便，有的混有血液或含有纤维蛋白及坏死组织。母鸡产蛋停止或产软壳蛋。在临死前常见症状有共济失调、颤抖、体温降至常温以下、昏迷等。病程大多为 2～5 d，死亡率可达 80%以上。

亚急性或慢性型：常见于成年鸡和流行末期。初期的病状与急性的大致相同，但较轻。神经症状明显，病鸡翅、腿瘫痪和麻痹，把头颈偏向一侧或后仰而嘴向上，站立不稳，失去平衡，共济失调，或作空啄食动作，转圈运动，或后退，伏地旋转，反复发作。病程为 7～10 d 或达 3 周，雏鸡的病程一般较成年鸡稍短。绝大部分病鸡的结局是死亡，少数可恢复健康，也有的鸡可较长时间留有神经症状。

近些年，在免疫鸡群中，二免前后的雏鸡发病，病鸡主要出现呼吸困难和神经症状，成年鸡则以产蛋量急剧下降，死亡率不高，病变不明显为特点，即非典型鸡新城疫，在全国都有发生，是一新的发病动态，应予注意。

病理剖检　本病表现为败血症变化，尤以消化道的变化最为明显，即消化道黏膜的弥漫性出血和溃疡。腺胃黏膜出血，大多限于腺胃乳头突起或乳头间，在腺胃与食道或腺胃与肌胃的交界处常呈带状或不规则的出血斑，近食道的腺胃黏膜的出血斑点常形成溃疡。这些是富有特征性的变化。肌胃角质层下的肌肉有出血点。从小肠到盲肠和直肠黏膜有大小不等数量不一的出血点。小肠肠黏膜红肿，有小点状或麸皮样坏死灶，有些大如枣核状，单个，突出于肠表面，黄褐色，脱落后成溃疡。这种局灶性溃疡在肠浆膜面可以清楚见到，呈紫红色。盲肠与直肠黏膜皱褶常呈条纹状出血，在盲肠基部的扁桃体呈紫红色肿大、出血或坏死。

鼻腔及喉头充满污灰色黏液，黏膜充血或有小点出血，偶有纤维素性坏死点。气管内集有大量黏液，黏膜充血或出血。肺淤血或水肿。心冠脂肪、心内外膜有小点出血。产蛋鸡卵黄膜充血或出血，甚至卵黄破裂流入腹腔。非典型鸡新城疫病理变化不明显、不典型。

诊断　本病只感染鸡，发病率和死亡率都很高，蔓延迅速，冬春流行最多。临诊上呈现严重下痢，呼吸困难，有“咯咯”声，病鸡有神经症状。病理剖检见有腺胃、肠道黏膜和扁桃体的弥漫性出血和溃疡,以及脂肪组织上的小点出血等症状。根据以上这些综合特征即可作出初步诊断。

有必要和有条件时,还可进行病原学及血清学检查。

1. 病原学检查　采取病死鸡的脾、脑、肺等病料混合磨碎,加生理盐水制成5~10倍组织乳剂,每毫升加入青霉素、链霉素或庆大霉素各1 000 IU,作用2~4 h,经离心沉淀,取上清液作接种材料。取0.1 mL接种于发育8~10日龄鸡胚的尿囊腔内。接种后5 d以内鸡胚死亡。检查病变,收取尿囊液,用制备好的0.5%~1%红细胞液与之进行红细胞凝集试验(HA)。红细胞凝集试验为阳性者,再用已知的新城疫阳性血清进行红细胞凝集抑制试验(HI)。也可用鸡肾或鸡胚的成纤维细胞进行组织培养并分离病毒。

用病死鸡的气管、脾、肺、肝、脑等组织制作冷冻切片,或用接种病料的发育鸡胚的胎儿脑细胞、尿囊膜细胞,用荧光抗体法来确诊病毒。

2. 血清学的诊断　应用红细胞凝集抑制试验鉴定待检病鸡血清中的特异性抗体。根据血清凝集抑制抗体滴变,判定是否感染新城疫。近些年广泛接种新城疫灭活苗,其血清滴度较高,应予区别。

还可用免疫荧光试验等方法进行诊断。

3. 鉴别诊断　根据我国目前的情况,特别要与禽流感区别。

4. 重视非典型性鸡新城疫的诊断　根据我国近些年鸡新城疫发生的新动向,要特别重视非典型性鸡新城疫的诊断,这已是我国鸡新城疫发生的主要方式。非典型新城疫发生时与其他禽病的区别诊断。

防治措施　鸡新城疫的预防,要贯彻预防为主和综合防治措施。

1. 切实做好平时的防疫工作　不要买进病鸡及带毒鸡,家禽屠宰单位要严格检疫制度,并认真进行检验,严禁将病鸡及死禽肉送往集市出售。规模饲养鸡场采取全进全出的饲养方式。重视和加强环境和鸡舍的清洁卫生,定期进行消毒。

2. 定期进行预防注射　当前防治本病的关键还是必须坚持预防注射的制度,这是增强鸡只特异性抵抗力的方法。各地预防经验反复证明,只要坚持科学的预防注射的鸡场,就可以不发病或少发病,忽视预防注射工作,就可能遭受很大损失。

目前,预防接种的疫苗及特点如下:

(1)鸡新城疫Ⅰ系疫苗。为中等毒力的疫苗,用于接种经两次弱毒苗免疫或2月龄以上的鸡,对雏鸡仍有毒力。使用的方法有两种,一种是注射法,把疫苗用灭菌蒸馏水或冷开水作1 000倍稀释,用注射器吸取稀释的疫苗,在鸡胸部肌肉注射1 mL。另一种是将疫苗稀释100倍,用清洁沾水笔笔尖或接种针蘸取疫苗,在鸡翅下无毛处避开血管刺种几下即可。或肌肉注射0.1 mL。或滴眼1~2滴(0.05~0.1 mL),也可作气雾免疫。接种疫苗后3~4 d即产生免疫力。免疫期为1年。点眼法免疫的鸡,免疫期为9个月。

接种Ⅰ系疫苗的鸡群,少数鸡只可能发生轻重不等的反应,如精神不好,食欲减退,产蛋减少或产软壳蛋,甚至腿部麻痹及跛行等。故对产蛋母鸡最好在产蛋期前或休卵期接种,以免造成减产。是否采用此苗免疫,要认真研究决定。

(2)鸡新城疫Ⅱ系疫苗。毒力比Ⅰ系疫苗弱,适用于初雏和不同日龄的鸡。一般采用滴鼻或点眼接种,临用时将疫苗用冷开水或蒸馏水稀释10倍,用干净的玻璃滴管吸取疫苗稀释液,在每只雏鸡鼻孔或眼内滴入2滴(每滴0.03~0.04 mL)。接种后7~9 d即产生免疫力。Ⅱ

系疫苗在雏鸡7～10日龄时接种，免疫力比较确实。Ⅱ系疫苗对幼雏的免疫期较短，免疫持续期因鸡体本身的免疫状态和日龄有所不同。

用Ⅱ系疫苗免疫成年鸡，每只鸡肌肉注射1∶10倍稀释液0.2 mL。

(3)鸡新城疫Ⅲ系(F系)弱毒疫苗。对各种日龄的鸡均可使用，一般用于7日龄以上的雏鸡较好，疫苗配成0.1%浓度，给不同日龄雏鸡进行饮水免疫，根据日龄确定饮水量。也可将疫苗10倍稀释，用滴管吸取疫苗，滴入鸡鼻孔内2滴(约0.05 mL)。这种疫苗生产和应用较少。

(4)鸡新城疫Ⅳ系(LaSota系)弱毒疫苗。这种疫苗比Ⅱ系苗毒力稍强，是国内普遍应用的一种疫苗，可以滴鼻、点眼、气雾、饮水等方式免疫，效果较好。

克隆-30与此疫苗相似，也在较大范围内使用。

近些年，我国生产并使用新城疫油佐剂灭活苗，是用Ⅳ系苗毒株灭活制成的死苗，优点是安全，不散毒，免疫期长；只能肌肉注射，可用于雏鸡和成年鸡的免疫。应用较多。

我国还生产有二联苗或三联苗，如新城疫-减蛋综合征(EDS-76)、新城疫-支气管炎灭活苗等。

国外也在我国销售有新城疫单苗及联苗。

免疫的方法和注意的问题：

(1)滴鼻免疫法。Ⅱ、Ⅲ、Ⅳ系苗多采用此法免疫。每毫升疫苗用9 mL注射用水或凉白开水或生理盐水，或每克疫苗加10 mL注射用水或凉白开水稀释。每只鸡滴1～2滴(同一个鼻孔)，必须保证滴入。

(2)点眼法。与滴鼻法相似，将疫苗逐只点于鸡眼内。

(3)肌肉注射法。灭活苗、Ⅰ系苗、Ⅱ系苗都可用于肌肉注射。本法的优点是吸收快，效果确实。缺点是要逐只抓鸡，费时、费人力，对鸡也是一种强的应激因素。

(4)刺种法。按要求将疫苗稀释后，用消毒的沾水钢笔尖或刺种针蘸取疫苗，刺于翅膀的内侧无血管处皮下。此法费时、费力，除鸡痘等采用刺种法外，其他疫苗接种少用。

(5)气雾免疫法。此法适于集约化饲养的养鸡场，省时、省人工，又不惊扰鸡只，不影响产蛋，免疫效果又好，建议推广此法免疫。气雾免疫多用于60日龄以上的鸡。60日龄以内的鸡用此法免疫时，容易诱发支原体病和其他上呼吸道疾病，在疫苗中加入链霉素等抗生素可以减轻或避免发生。

气雾免疫法所用疫苗为Ⅱ、Ⅲ、Ⅳ系疫苗。按每克(或每毫升)疫苗生产厂的规定计算出使用剂量和气雾使用方法。气雾时，喷枪口朝向鸡头方向，距离鸡头上方5 cm左右，使鸡周围形成一个局部雾化区。气雾免疫时，必须关好门窗和排风机，喷雾完后15 min才可开窗和开排风机。气雾免疫时，要做好操作人员自身的防护工作。

(6)饮水免疫法。按说明书的要求将疫苗配制成水溶液，让鸡只饮服，是一种简易的免疫方法，特别是对于大型鸡场，或专业户养鸡场，应用此法，不用抓鸡，可节省大量人工，避免抓鸡对鸡的各种不良刺激。但饮水免疫也有其明显的缺点，应予重视。

采用饮水免疫法时，要注意几个环节：

①鸡在饮水免疫前要停水3～5 h。如果喂干料，可缩短停水时间；小鸡加喂青饲料的地区，则停水时间要适当延长。夏季停水时间可短些。

②稀释疫苗的水要纯净，可用冷开水、深井水，忌用含有漂白粉等消毒药物的自来水。

③鸡的饮水器要配备充足，放置密度要适宜，要能保证每只鸡饮到足够的疫苗水。

④疫苗稀释后争取让鸡在 30 min 内饮完。如果怕有的鸡没饮上，可在第一次饮后 1～2 h 用同样方法再饮一次。

⑤饮水免疫前后 24 h 内不能饮用高锰酸钾水，或含漂白粉的自来水，或其他药物。

⑥鸡新城疫弱毒苗饮水免疫时，要根据不同日龄决定配苗的用水量，表 4-1 所列的饮水量可供参考。

表 4-1 鸡新城疫弱毒苗饮水免疫量 mL/只

鸡日龄	蛋鸡	肉鸡	鸡日龄	蛋鸡	肉鸡
5～15	5～10	5～10	60～120	30～40	40～50
16～30	10～20	10～20	120 以上	40～45	50～55
31～60	20～30	20～40			

近些年来，较多的鸡场采用灭活苗注射与弱毒苗滴鼻同时进行的免疫方法，一般是对 7～10 日龄雏鸡免疫，到 140 日龄上笼前，再以灭活苗注射一次，直到鸡群淘汰，可不再免疫。这种免疫方法和程序已在某些鸡场应用，但由于疫苗质量有差异，需进行监测，根据 HI 抗体监测的结果，以确定需要再次补免的时间。

免疫程序是预防鸡新城疫免疫十分重要的内容。由于我国幅员辽阔，情况复杂，不可能有一个适合我国不同地区、不同类型鸡场统一的免疫程序，应该因时、因地、因情况而制定适合本场的免疫程序，并要经常进行检查和调整。为了确定最适宜的免疫程序，必须利用监测技术予以保证，通过对该鸡群的监测，根据鸡群 HI 抗体水平决定免疫接种时间，通过监测结果适时免疫，才能保证鸡群始终处于有效的免疫水平，同时，通过监测，还可得知免疫效果和用于流行病学调查和诊断。

3. *发生鸡新城疫的处理办法* 一旦鸡群发生鸡新城疫后，要采取紧急措施，防止疫情扩大，及时控制。目前尚无有效的治疗药物。

(1)发现可疑病鸡时，应立即进行确诊，对全部病鸡经商议后可淘汰，高温处理，其内脏、羽毛、污水等高温处理后作肥料，或深埋、烧毁。所用工具应彻底消毒。我们多年工作经验证明，确诊后尽早采取果断的淘汰措施，常可阻止疫病蔓延，缩短疫情，减少损失。严禁病鸡及污染肉品出售。

(2)对尚未出现临诊症状的鸡，立即用Ⅰ系或Ⅳ系弱毒疫苗，进行紧急接种，接种后数天，就会停止出现新的病鸡，经多年实践证明是制止本病蔓延的一项积极可行的措施。当然，病鸡包括在潜伏期的病鸡，注射后可能发病和死亡，应予说明。

(3)发病场要进行封锁。凡病鸡污染的鸡舍、饲槽、饮水器、用具、栖架、运动场等，必须进行清扫和消毒。对垃圾、粪便、垫草及吃后剩余饲料等堆积发酵、深埋或烧掉。

二、禽巴氏杆菌病(禽霍乱)

禽巴氏杆菌病(fowl pasteurellosis;fowl cholera)又名禽霍乱或禽出血性败血症，是由多杀性巴氏杆菌引起鸡、鸭、鹅和火鸡的一种急性败血性传染病。急性型的特征为突然发病、下痢，出现急性败血症病状，发病率与死亡率均高。剖检表现为各器官的出血性炎症和肝脏的小点坏死。慢性者发生肉髯水肿及关节炎，病期较长，死亡率较低。

本病时常危害鸡、鸭群，对农村养禽业与养禽场威胁很大。

病原　病原为多杀性巴氏杆菌。病原的一般特性请参看猪肺疫一节。

根据巴氏杆菌特异性荚膜抗原的不同，分为A、B、D、E和F 5个血清型，禽霍乱主要属于A型，亦见于D型。一般是5∶A、8∶A、9∶A和2∶D同禽霍乱有关。吴范庚1993年报道，我国禽源巴氏杆菌58株，经荚膜抗原血清群鉴定均为A群，只从火鸡分离到的1株F群。禽源巴氏杆菌89株，经耐热抗血清分型试验，其中Ⅰ型66株，占74.15%；1、3型10株，占11.2%；其他型5株；未定型8株。捕获饲养的野禽、伴侣鸟、动物园饲养的鸟和其他野生鸟类都易感。

流行特点　各种家禽和野禽均能感染。鸡、鸭、鹅和火鸡最易感染。传染来源为病禽及带菌禽，随着病禽的排泄物排出有毒力的巴氏杆菌，污染饲料、饮水或器物，并以它们为媒介经消化道而感染，亦可经呼吸道感染，也可经损伤的皮肤感染。健康带菌的禽类，由于外界因素的影响，抵抗力降低，亦可发病，如潮湿、拥挤、突然换群和并群、气候剧变、寒冷、闷热、阴雨连绵、鸡舍通风不良、营养缺乏、寄生虫、长途运输及其他疾病等，都可成为发病的诱因。本病大多见于成年肥壮的鸡、鸭，一年四季都可发生，以秋、冬或春季发生较多。

症状　本病潜伏期为2～5 d。临诊上分为最急性、急性和慢性型。

最急性型：在流行初期，肥壮、高产的家禽，常呈最急性经过，病禽突然发生不安，倒地挣扎，翅膀扑动几下即死亡。或者，头晚入圈时精神及食欲尚好，次日死于禽舍里，病程数小时。

急性型：多数病例呈急性症状，病禽精神不振，羽毛松乱，弓背、缩颈闭眼，常藏于翅膀下，呆立一隅，闭目打困。食欲减少或不食，常有剧烈腹泻，粪呈灰黄、灰色、污绿色，有时混有血液。鸡冠、肉髯发紫，呼吸困难，最后昏迷痉挛而死。病程为1～3 d，多归死亡。

慢性型：由急性不死转为慢性，精神不振，鼻孔流出少量黏液，经常腹泻，体渐消瘦，鸡冠及肉髯苍白，一侧或两侧肉髯肿大。有的病鸡关节肿大发炎，跛行，甚至不能走动。病程可达数周。

鸭的病状不如鸡的显著，常以病程短促的急性型为主。一般表现沉郁，停止鸣叫，不愿下水，不愿走动，眼半闭，少食或不食，口渴，鼻和口中流出黏液，呼吸困难，张口，病鸭常摇头。一般是1～3 d死亡。死亡慢者亦可发生下痢，排出绿色或白色稀粪，有时混有血液、粪恶臭。有的发生关节炎或瘫痪，不能行走。用抗生素或磺胺类药物治疗时，死亡率显著下降，但停药后又复发生，如此可断续零星发生，尤以种鸭或填鸭群于气候骤变后易发生。鸡群亦有此现象。

成年鹅的症状与鸭相似，仔鹅发病和死亡较严重，常以急性为主。

病理剖检　死于最急性的鸡霍乱，剖检无特异病变，仅见心冠脂肪有小出血点。急性者皮下、呼吸道、胃肠道黏膜、腹腔浆膜和脂肪有小点出血。肠道充血、发炎，尤以十二指肠最严重，肠内容物含有血液，黏膜红肿，有很多出血点或小出血斑，黏膜上常覆有黄色纤维素小块。肝肿大，质脆，肝表面有很多灰白色大头针帽大的坏死点。心外膜及心冠脂肪常有大量的出血点，心包内积有淡黄色液体，并混有纤维素，心肌和心内膜亦有大小不等的出血点。慢性者除有上述病变外，鼻腔及上呼吸道内积有黏液。公鸡肉髯水肿，内有干酪样物，有时腹膜和卵巢亦有同样的变化。关节炎时，切开可见灰黄色干酪样物。

鸭、鹅的病变与鸡相似。心包囊内充满透明的橙黄色渗出液，心冠状沟脂肪、心内膜及心肌充血和出血。肝脂肪变性,有针尖大小的出血点与坏死灶。肠道有充血和出血,尤以小肠前段为甚,内容物呈淡红色。发生关节炎时,关节面粗糙,内附有黄色的干酪样物质,或肉芽组织,关节囊增厚,内含红色浆液或灰黄色浑浊黏稠液体。

诊断 病禽生前根据症状常不易确诊,进行病理观察时,也要多剖检几只,再结合发病情况、症状及防治效果,进行分析,才可能作出比较正确的诊断。

1. *流行特点及症状* 除鸡发病外,鸭、鹅等禽类也可同时发病;常有降低禽类抵抗力的不良因素存在;临诊上呈现严重下痢,并可混血,多突然发病,急性死亡,且致死率很高。

2. *剖检* 心冠脂肪及心外膜出血严重,肝脏表面有多量灰白色大头针帽大的坏死点,十二指肠有明显出血性炎症,皮下、腹膜及腹部脂肪有小点出血。

3. *早期用抗生素和磺胺类药物治疗* 有一定疗效。

4. *微生物学检查* 这是确定禽霍乱的可靠方法,可取肝、脾、心血等病料进行实验室检验。

(1)涂片检查。用心血、肝、脾组织涂片,瑞氏或美蓝染色后镜检,可见两极着色的小杆菌。

(2)培养。病料接种鲜血琼脂平皿上,于37℃温箱培养24 h,可见圆形、湿润、表面光滑的露珠状小菌落。

5. *动物接种试验* 将病料用生理盐水作成1∶10乳液,取上清液0.2 mL接种小鼠、鸽或鸡,1～2 d发生死亡。再取病料涂片检查,或作血液琼脂培养,可得以确诊。

6. *与鸡新城疫鉴别* 本病易与鸡新城疫相混同,首先要区分开,以便采取有效防治措施。主要区别见表4-2。

表4-2 鸡新城疫与禽霍乱区别简表

项目	鸡新城疫	禽霍乱
发病范围	全村、全乡甚至更大范围	个别鸡(鸭)群或小范围
家禽	鸡	鸡、鸭、鹅
神经症状	常有	无
咯咯声	常有	无
病程	稍长,大多3～5 d死亡	短,大多1～2 d内死亡
肝坏死点	无	常有
心外膜出血	有	很明显
心包纤维素	少见	常见
腺胃出血、坏死	常有	无
肠道溃疡	常有	没有。有纤维素性炎症
下痢带血	不常见	常见
关节炎	无	慢性可见
治疗药物	无	抗生素和磺胺药物有效
病原	新城疫病毒	巴氏杆菌
小鼠、家兔感染	不发病	发病和死亡

治疗

1. *抗生素* 青霉素、链霉素、土霉素均有较好的疗效。青霉素的剂量为每只病鸡或病鸭肌肉注射5万～10万IU,每日注射2次,连续2～3 d。链霉素的剂量在成年鸭、鸡(体重2～3 kg)为每只肌肉注射10万IU,每天注射2次,连用3 d。鸭对链霉素比较敏感,要注意防止发生中毒，若剂量超过时，有可能发生休克现象。在饲料中添加0.05%～0.1%土霉素，连用数天，或按每千克体重40 mg，肌肉注射。或者肌肉注射氯霉素（每千克体重为20 mg）或金霉素（每千克体重40 mg），效果较显著。笔者曾用土霉素粉，每只病鸭0.15～0.2 g，加水稀释灌服，连用3～5 d收到良好疗效。

2. *磺胺类* 磺胺二甲基嘧啶、磺胺喹噁啉以及磺胺甲氧嗪（长效磺胺），都有良好的疗效。在病禽的饲料中添加0.5%的磺胺二甲基嘧啶，或在饮水中混合成0.1%溶液，连续喂给3～4 d。或在饲料中添加0.1%的磺胺喹噁啉，连续喂2～3 d，间歇3 d，再用0.05%的浓度连喂2 d。成年鸡鸭每只口服磺胺甲氧嗪（长效磺胺）0.2～0.3 g，每天1次，或在饲料中添加0.4%～0.5%此药，每天喂给1次。上述药物通常喂给1～2 d后，死亡显著减少，3～4 d流行基本稳定。

笔者曾用鸡禽霍乱杆菌人工感染鸡120只进行分组治疗试验，应用增效磺胺5-甲氧嘧啶注射液和增效磺胺甲氧嗪注射液，均按每千克体重50 mg计算，肌肉注射，连用5 d，获得良好疗效。缺点是药物吸收差，注射部炎性反应严重，大群治疗时，抓鸡也很费事。后来，又采取磺胺-6甲氧嘧啶（DS-36）、磺胺二甲氧嘧啶和磺胺-5甲氧嘧啶三种，分别按5∶1比例配加抗菌增效剂甲氧苄氨嘧啶（TMP），按每千克体重50 mg和30 mg计算，拌料自食和灌服两种方法，每天1次，连服5 d，效果良好。同时，按这种剂量在发病鸡群应用，亦获良好效果。

3. *喹乙醇* 据试验，按每千克体重20～30 mg量，每日口服1次，连用3～5 d效果良好。如需要时可停药3～5 d再用一个疗程。饲料中加入0.04%喹乙醇有一定预防作用。

4. *喹诺酮* 近年生产出售的喹诺酮类药物有较好疗效，可以采用。

5. *抗巴氏杆菌病血清（多价或单价）* 皮下注射10～15 mL，在早期应用有良好效果。如再配合抗菌药物治疗，效果更好。

防治措施 作好平时的饲养管理，使家禽保持较强的抵抗力，对防止本病发生是最关键的措施，因为本病的发生经常不是从外面传来的，而是由健康家禽体内带有本菌，当机体抵抗力降低时而引起的。例如：禽类饲养太拥挤、圈舍潮湿、太脏、营养缺乏、体内寄生虫严重及长途运输等，经常是发病的重要诱因。很多经验表明，只要养禽场能够在平时注意和改善禽群的饲养管理，避免或杜绝引起发病的诱因，可大大减少发病或不发病。

常发本病的地方可考虑注射禽霍乱菌苗，目前应用的禽霍乱氢氧化铝甲醛菌苗是一种死菌苗，2个月以上的鸡或鸭一律肌肉注射2 mL。接种后14～21 d产生免疫力，免疫期约为3个月。若于第一次注射8～10 d后再注射一次，免疫效果更好。

如果某养禽场常发生霍乱时，可在有实验室设备的地区，试制本场菌苗，即从当地死禽分离菌株，制成氢氧化铝甲醛菌苗，或从病死禽分离2～3个不同血清型菌株制成多价菌苗，可以提高免疫效果。或者用急性霍乱病死禽肝脏制成自场脏器苗使用。

鸡、鸭群发生禽霍乱后，应将病死家禽全部烧毁或深埋。必要时，对病禽在防止病菌散播条件下进行急屠，肉加工处理，内脏及污物深埋。禽舍、场地和用具彻底消毒。病禽进行隔离治疗。病群中未发病的家禽，全部喂给磺胺类药物或抗生素，以控制发病。健康家禽注射菌苗。

三、鸡 白 痢

鸡白痢(pullorosis pullorum disease)主要是雏鸡常见的一种急性、败血性传染病。表现为不食、嗜睡、下痢和心肌、肝、肺等器官的坏死性结节。发病率和死亡率均高,是严重危害雏鸡成活率的原因之一。青年鸡发病也较严重。成年鸡大多为慢性或隐性感染,可成为带菌鸡,是本病的主要传染来源。

病原 鸡白痢的病原体为鸡白痢沙门菌(又称白痢沙门菌),是革兰阴性小杆菌。大小约为(0.3～0.5)μm×(1～2.5)μm。菌体两端钝圆,无荚膜和芽孢,亦无鞭毛,不能运动。初次分离病菌在普通琼脂培养基上生长不良,继代培养则发育良好,在麦康盖琼脂培养基上生长良好,培养 24 h 后可见细小、透明、圆形和光滑的菌落,培养基不变色(大肠杆菌则为红色菌落)。也可用含有亚硫酸钠的琼脂培养基进行分离培养。沙门菌需根据生化特性及菌体抗原(O)、鞭毛(H)抗原进行血清学鉴定。

病雏鸡的内脏器官,特别是在肝、脾、肺、卵黄囊、肠和胆汁以及心血都含有病菌。在成年带菌鸡的卵巢、睾丸、输卵管、输精管等生殖器官常可分离出病菌。

鸡白痢菌对热及直射阳光的抵抗力不强,60℃时在数分钟内死亡,但在干燥的排泄物中可活 4 年,土壤中可活 4 个月,粪便中可活 3 个月以上,水中可活 200 d,尸体中可活 3 个月,附着在绒毛上的病菌在室温条件可活 1 年,低温－10℃时经 4 个月不死。一般消毒药物都可迅速杀死本菌。

流行特点 本病除发生于鸡外,火鸡、鸭、珍珠鸡、野鸡、鹌鹑、麻雀和鸽等也可感染发病。各品种的鸡对白痢病都有易感性,但它们的易感性有差异。一般而言,杂交种对白痢病的抵抗力较其他品种强些。白色轻型鸡种的阳性率明显低于褐色及花色重型种鸡。

哺乳动物以家兔易感性最大,豚鼠、小鼠、猫亦有某种程度的易感,狐狸、水貂、猪、绵羊、牛、犬等亦有分离出病菌的报告。人的沙门菌感染和食物中毒,也与禽蛋品或其他产品污染有关,具有公共卫生意义。

病鸡和带菌鸡是主要传染源。传播方式比较复杂,病鸡排出的粪便中含有多量病菌,可污染饲料、饮水、饲养管理用具,通过消化道而使健康鸡感染,呼吸道、眼结膜、交配也可感染。最重要而特殊的传播方式是经带菌卵传染。

1. 经卵传染 雏鸡患鸡白痢耐过后,或成年母鸡感染白痢病后,大多成为慢性或隐性的带菌者。带菌鸡的卵巢和肠道含有大量病菌。这些鸡所产的蛋,一部分(约 20%～30%)带有鸡白痢菌,成为带菌卵。在血检阳性鸡中,带菌卵有时可达 33.7%。作者等从北京地区血检阳性鸡所产鸡蛋 272 枚中,分离出 5 株鸡白痢沙门菌,分离率 1.8%。

2. 幼雏感染 带菌蛋经孵化,白痢菌在蛋内繁殖,使部分鸡胚死亡,孵化率降低;部分胚未死被孵出,孵出的幼雏多于 1 周内发病和死亡,从带菌蛋孵出的幼雏体内带有大量病菌,通过粪便排泄污染饲料、饮水、垫草、育雏器、食槽及用具,传染给同群饲养的健康雏鸡。此外,带菌蛋出雏后的卵壳碎片,小雏绒毛或排泄物等严重地污染孵化器,使同时孵出的健康幼雏经呼吸道或消化道感染(孵化器内感染)。从孵出后到育雏初期的感染机会甚多,如鉴别雌雄时感染、使用消毒不完全的育雏设备、运雏的容器等传染。刚孵出的幼雏对白痢菌的抵抗力甚低,感染后迅速引起败血症，并能排出大量病菌，短期间内使大部分同群幼雏感染和发病。

3. 成年鸡的感染　随着日龄的增长，鸡对白痢菌的抵抗力增强，除部分病雏可死亡外，带菌病雏逐渐长大成为带菌鸡。在青年鸡及成年鸡之间的感染主要是通过含菌的粪便，或经带菌蛋破碎污染卵箱或其他用具。用孵化过的非受精蛋或死胚喂鸡、有啄癖的鸡啄食感染鸡的腹腔内脏器官也可受到传染，也可通过呼吸道和伤口传染。带菌的种公鸡睾丸或输精管有病灶时，精液中带菌，可通过交配传染。

由于这种特殊的传播方式（耐过本病的鸡长期带菌，成年后也能产卵，其所产的卵又带菌），如作为种蛋时，则可周而复始地代代相传（图 4-1），一个养鸡场一旦传入本病后，将会绵延不断地在鸡群中长期蔓延，难以根除，对养鸡业造成很大的损失。

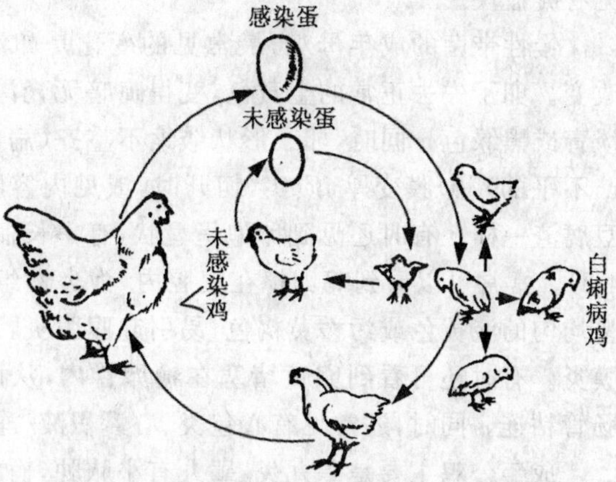

图 4-1　鸡白痢的传播循环

在经常发病的鸡场，雏鸡发病率稍低些，一般是 20%～30%，而在新发病鸡场，则发病率可高达 50%以上，死亡率也高。本病主要使 3 周龄以下雏鸡发病和死亡，病雏日龄愈小死亡率愈高。

鸡饲养管理条件对鸡白痢的发生和流行有着很密切的关系。例如：鸡群过大而拥挤、潮湿、太脏、育雏室的温度过高、过低或不稳定、通风不良、运输及雏鸡缺乏适宜的饲料等都是诱发白痢病流行的重要因素。

症状　鸡白痢的发病随着传染的方式，病菌毒力的强弱，感染的日龄，雏的易感性以及饲养管理条件的不同，其症状表现各异。

雏鸡　若由带菌蛋孵化时，在孵化期内常发生死亡，或孵出不能出壳的弱胚，或出壳后1～2 d 即死亡的弱雏。在孵化器或育雏初期感染的雏鸡，在孵出后 5～6 d 开始发病死亡。也有些雏鸡外表健康，以后发病逐渐增多，到 2～3 周龄时达到最高峰。病雏怕冷，身体蜷缩如球状，常成堆地拥挤在一起，特别喜在热源周围；有的尖声鸣叫，两翅下垂，绒毛松乱，精神委顿，眼半闭，嗜眠，不食或少食。病雏出现下痢，排出一种白色、糨状的稀粪。有时泄殖腔周围的绒毛上粘着白色、干结成石灰样的粪便，常称为"糊屁股"。由于干结粪便封住泄殖腔，每当排粪时常常发出"吱吱"的尖叫声。多数病雏表现呼吸困难症状，伸颈张口。3 周龄以上的病雏发生呼吸道症状减少，白痢症状增多，一般较少死亡，但这样的雏鸡发育迟缓。在 3～4 周龄以后死亡数又复增加时，多是由于饲养管理差或其他疾病（如球虫病，传染性鼻炎等），使机体抵抗力减退，原处于带菌状态的病菌在体内繁殖，引起败血症死亡。

青年鸡（育成鸡）　近些年见到不少育成鸡（特别是 50～80 日龄）发生鸡白痢沙门菌病和死亡的病例，除一般病状外，也见拉稀等表现，应注意诊断和防治。

成年鸡　成年鸡不表现明显症状，成为隐性带菌者，在鸡群内不断散播病原菌，扩大传染，不被人们察觉。只可感到母鸡产卵量与受精率下降，孵化率减低。有的感染鸡，可因卵黄性腹膜炎，出现"垂腹"现象。这些病鸡只有通过全血平板凝集试验及尸体的剖检变化，才知道鸡群中有白痢病存在。但要重视，近些年，成年鸡也有急性暴发白痢的病例。

病理剖检 早期死亡的病雏，无明显的病变，只见有肝肿大和淤血，间有出血，胆囊充盈多量胆汁，肺充血或出血。病程稍长的病雏，可见卵黄吸收不全，卵黄囊皱缩，内容物稀薄呈油脂状，或淡黄色豆腐渣一样。在肝、肺、心肌有灰褐色或灰白色坏死灶和结节，致使心脏增大变形；有的病雏在肌胃、盲肠、大肠黏膜上亦见坏死和结节，盲肠中有灰白色干酪样物，堵塞于肠腔内。脾肿大或见坏死点；肾肿大、充血或出血，输尿管充满尿酸盐。

育成鸡除见实质器官有坏死结节外，还可见肝破裂，腹腔内见有凝血块。

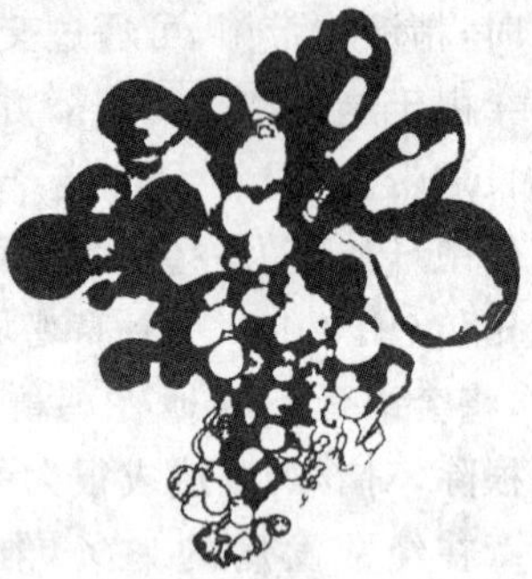

图 4-2 母鸡病变卵巢和卵泡

慢性带菌的成年母鸡，最常见的变化是卵泡形状和颜色的改变。卵子失去正常的金黄色，变得晦暗无光泽，呈灰色、褐色、淡青或黑绿色。同时，卵子形状皱缩不整齐（扁的、椭圆形的、凹凸不平的），卵膜变厚、质实，切开时，或见内容物变成油脂样或豆腐渣一样。有时还见到卵泡呈囊状，有一长柄和卵巢相连（图4-2）。常常可以看到鸡卵掉在腹腔内，为炎性组织所包埋，切开呈均匀的淡黄色或污秽黄褐色，易引起腹膜炎，即常称的卵黄腹膜炎。有时还可看到卵黄堵塞在输卵管内，从而引起腹膜炎和肠管粘连。同时，还常见有心包炎、心囊积液、浑浊、心包膜增厚而浑浊，甚至与心肌粘连。

成年公鸡主要是睾丸炎，睾丸有小脓肿，输精管增粗，内有渗出物。

诊断 雏鸡发生白痢病时，一般根据临诊及病理剖检即可作出初步诊断，如部分雏鸡有下痢症状、“糊屁股”或呼吸困难，同时死亡率很高。剖检见心、肝、肺有坏死结节等。但应注意与雏鸡的曲霉菌病相区别，因为雏鸡患曲霉菌病时也有呼吸困难，肺部也有灰白色结节，发病日龄相近，且发病率与死亡率亦很高。但曲霉菌病的结节病变不仅见于肺，也见于气囊膜或胸腹腔浆膜上，将结节病灶作成压片镜检，可见到霉菌丝和孢子。

青年鸡发病，除一般症状外，剖检见实质器官有坏死结节，同时可见肝破裂引起内出血，这是一新的发病动态，诊断时应予重视。

成年鸡的病理变化主要是卵巢的变化（见前述）。

1. *细菌学诊断* 雏鸡用凝集反应很难检出。成年鸡通常不表现明显的临诊症状。因此必须进行细菌的分离培养和鉴定，才能作出肯定的诊断。病料的采取和所用培养基可参阅前述病原部分。

2. *血清学反应* 凝集反应是应用最普遍的方法，特别是全血玻板快速凝集反应。它的优点是操作简便，反应较快，结果准确，可以在鸡场现场进行，易为基层兽医采用，其操作方法如下：

用玻璃滴管吸取鸡白痢鸡伤寒多价染色平板凝集试验抗原 1 滴（相当于 0.05 mL），滴在洁净的普通的玻璃板上。再用注射针头刺破被检鸡只翅膀内侧的静脉血管或冠尖，使血液流出，以金属环（直径 4.5 mm）沾取 2 满环（约 0.05 mL），混入诊断抗原内，随即使之充分混合，并使涂散成直径约 2 cm 的液面，并时时摇晃玻板，使抗原与血液不断在玻板上摇动，并随时观察反应。如果抗原与血液混合后在 2 min 内出现片状或成较大的颗粒凝集，发生 50%（++）以上凝集，判为阳性反应。在 2 min 内不发生凝集判为阴性。介于上述两者之间，为可疑。

做凝集试验时，必须注意下列事项：

（1）鸡白痢诊断抗原是一种悬浮液，用前必须充分摇匀。

（2）做玻板凝集试验时应在 20℃以上温度下进行，避免大风和阳光暴晒。冬天可用制成的反应箱，在玻板下安装一只25W灯泡，使玻板温暖。

(3)采血用的针头每用一次必须另换针头，才能采取第二只鸡的血液，要求一只鸡一个针头，用过的针头消毒后才能再用。

(4)诊断液一般适用于产蛋母鸡(或1年以上的公鸡)及3月龄以上的鸡。幼鸡因抗体滴度较低不适用。此外，本试验主要用于检出鸡群中带菌鸡，而不能作为诊断本病的唯一依据。因为患有鸡伤寒和鸡副伤寒的病鸡，对鸡白痢抗原都具有交叉的阳性反应，但因三者在防治措施上都相似，只要是出现阳性反应即为带菌鸡，都应加以淘汰，不能留作种用。

3. *卵黄凝集反应或卵黄琼脂沉淀反应*　为了避免采血抓鸡的应激因素影响母鸡产卵或食欲，可用鸡卵进行凝集反应或沉淀反应，有一定诊断价值。

4. *鉴别诊断*　应注意与鸡球虫病、鸡伤寒、鸡副伤寒、曲霉菌病区别。鸡球虫病主要侵害3周龄至2～3月龄以内的鸡，有血性下痢，用小肠或盲肠病变部刮取黏膜做显微镜检查，可以见到球虫卵囊。与鸡伤寒和鸡副伤寒的鉴别，主要以细菌学检查为主。曲霉菌病的区分见前。

治疗　近年来广泛应用抗生素或磺胺类药物防治鸡白痢，对减少雏鸡死亡起很大作用。但经治愈的鸡有成为带菌鸡的危险性。长期用药，引起细菌产生抗药性，应进行药敏试验，选择敏感药物用于防治。

1. *抗生素*

(1)土霉素、金霉素或四环素，按0.2%比例拌入饲料，连喂7 d。氯霉素在饲料或饮水中添加0.2%，连喂3～4 d。

(2)链霉素按0.1%～0.2%比例加入饮水，连用3～4 d。

(3)强力霉素50 mg/kg饮水，连用3 d。

2. *磺胺类*　在病雏的饲料中添加0.5%磺胺嘧啶、磺胺二甲基嘧啶、或0.1%磺胺喹噁啉，或用抗菌增效剂(TMP)与磺胺1∶5配合剂，按0.02%加入饲料中喂服，连用5～7 d。

3. *氟哌酸或喹诺酮类第三代产品*　如恩诺沙星等药物，按使用说明书剂量有较好疗效。

4. *微生物制剂*

(1)调痢生。是一种芽孢细菌制剂，每只按20～30 mg，混入饲料或饮水中，每天1次，连用3 d。不能同时使用抗菌药物。

(2)促菌生。为需氧芽孢杆菌的一种活菌制剂，每片含活菌5亿，治疗时每鸡0.25亿～0.5亿，每天2次，有一定效果。不能与抗菌药同时用。

防治措施　本病的传染来源主要是带菌鸡，因此，设法消灭在鸡群中传播病菌的带菌鸡，是防治鸡白痢的最重要的原则。积极净化和培育无白痢病的种鸡群。具体措施如下：

(1)有计划地在成鸡群中进行鸡白痢的检疫。应用全血玻板凝集反应法净化鸡群，在120～140日龄上笼时对种鸡进行检疫，在产蛋高峰后再检疫一次，将阳性及可疑反应鸡全部淘汰。鸡舍、地面和饲养管理用具彻底消毒。种鸡场应该将检疫工作作为制度坚持下去。

(2)孵化用的种蛋必须来自凝集反应阴性的母鸡和公鸡。坚持2 h检蛋一次。种蛋在入库及入孵之前用甲醛熏蒸消毒，以杀灭附在蛋壳上的鸡白痢病菌。

(3)为了防止在孵化器内感染，孵化器、蛋盘的清洁和消毒是非常重要的。每次孵化前将孵化器、蛋盘彻底清理和洗刷干净，如残留的粪便、绒毛，蛋壳碎片等，然后用甲醛熏蒸消毒。

(4)鸡舍及一切用具要经常清洗消毒，做好鸡场的环境卫生，鸡粪要经常清扫，集中堆肥。病死鸡尸体焚烧或深埋。

(5)加强雏鸡的饲养管理。育雏室、食槽、饮水器经常保持清洁干净，温、湿度要保持恒定，垫草勤晒勤换，雏群不要过大或过分拥挤，饲料要配合适当，饲养密度适宜。

(6)加强药物预防。目前在没有充分控制鸡白痢的传播或不能确保种鸡群的健康状况下，利用药物防治有助于控制发病。出壳后开食的雏鸡，按饲料比例加入抗生素，或0.3%～0.5%磺胺类药，或细菌制剂连喂 3～5 d，有利于控制白痢的发生。但长期使用，有些鸡白痢菌株对药物产生抗药性，影响效果。如发现无防治效果的，必须更换药物。

四、禽 流 感

禽流感(avian influenza)是由 A 型流感病毒引起的禽类的一种感染和(或)疾病综合征。感染后的舍饲禽(包括家禽)可表现出明显的呼吸系统疾病、产蛋量降低或急性致死性疾病。也可表现为亚临诊症状到无症状的带毒等多种形式，这决定于宿主及病毒毒力的不同。

1878 年，Perroncito 在意大利发现鸡群暴发一种严重的、死亡率很高的传染病，当时称为鸡瘟(Fowl plague)，即所谓的真性鸡瘟或欧洲鸡瘟，1955 年才证实为 A 型流感病毒感染。1981 年在美国召开的首届禽流感学术会议上建议取消“鸡瘟”名称，改称高致病性禽流感(Highly pathogenic avian influenza，HPAI)，并建议用标准操作程序来确定分离的病毒是否属 HPAI。至今，世界各地已分离出上千株的禽流感病毒。病毒广泛分布于各种家禽(火鸡、鸡、珍珠鸡、石鸡、鹑、雉、鹅及鸭)、野禽(包括野鸭、矶鹬、燕鸥、鹭、海鸥、天鹅等)。从迁徙水禽，尤其是野鸭中分离的病毒最多；流感在家禽中对火鸡和鸡的危害最严重。

禽流感暴发造成的损失是巨大的。美国为扑灭 1983 年秋和 1984 年在宾夕法尼亚州暴发的禽流感(H_5N_2)，花费高达 6 000 万美元。澳大利亚在扑灭同一亚型 H_7N_7 病毒的 3 次暴发(1976 年、1985 年、1994 年)中也付出了巨大的代价，仅 1985 年一个鸡场暴发禽流感就耗资约 200 万美元。

病原

1. 分类及命名　禽流感病毒为正黏病毒科流感病毒属的成员，根据核蛋白(NP)和基质蛋白(MP)的不同可分为 A、B、C 3 个血清型。A 型流感病毒能感染多种动物，包括人、禽、猪、马、海豹等，B 型和 C 型则主要感染人，而且 A 型流感病毒的表面糖蛋白比 B 型和 C 型的变异性高。

根据流感病毒的血凝素(HA)和神经氨酸酶(NA)的抗原性差异，可将其分为不同的亚型。迄今为止，A 型禽流感病毒的 HA 已发现 15(或 16)种，NA 有 10 种，分别以 H_1～H_{15}(或 H_{16})、N_1～N_{10}命名。

所有的禽流感病毒均属 A 型，不同毒株的致病性有差异。因此，所分离到的病毒必须以标准程序来鉴定分离毒株是否为 HPAI，符合高致病性流感病毒条件是：

(1)将无菌有感染性的鸡胚尿囊液 1∶10 稀释后，静脉接种 8 只 4～8 周龄易感鸡，每只 0.2 mL。若接种后 10 d 内死亡率≥75%，可认定高致病性禽流感病毒。

(2)分离物符合上述标准后，其他鸡群即可依据流行病学、临诊症状及相同亚型血凝素抗体测定来确定是否为感染高致病性的禽流感病毒。

(3)如果致病力试验中致死率不足75%，或血凝素为H_5及H_7亚型的病毒，需要进一步的试验和验证。

(4)如果分离的禽流感病毒只能致死8只中的1～5只，但能在没有胰蛋白酶存在的细胞培养物上生长并能产生细胞病变(CPE)或形成蚀斑，则必须先测定其HA相关多肽的氨基酸序列后，才能宣布该分离物是否为高致病性毒株。

毒株的命名包括：型别/宿主/分离地点/毒株序号/分离年代(血凝素亚型和神经氨酸酶亚型)，例如：A/火鸡/安大略省/7732/66(H_5N_9)。

2. 病毒的理化特征　流感病毒有多形性，典型的A型流感病毒粒子呈圆球形，直径100 nm左右。

病毒有囊膜，上有12～14 nm的纤突，有两种不同类型的糖蛋白，即HA(血凝素)和NA(神经氨酸酶)。病毒的核衣壳呈螺旋对称，核酸为单股负链RNA，可分成8个片段，总长约13.6 kb，分别编码不同的病毒蛋白。

禽流感病毒的囊膜表面具有血凝素(HA)，能凝集多种动物的红细胞，并能被特异的抗血清所抑制。禽流感病毒凝集的红细胞种类与鸡新城疫病毒凝集的种类有所不同，以此可鉴别两种病毒(表4-3)。

表4-3　Ⅰ系鸡新城疫病毒与禽流感病毒血凝活性的比较

红细胞来源	人	马	驴	骡	绵羊	山羊	猪	兔	豚鼠	小白鼠	鸡	鸽
鸡新城疫病毒	+	−	−	−	−	−	−	+	+	+	+	+
禽流感病毒	±	+	+	+	+	+	−	±	+	+	+	+

注：+表示凝集；−表示不凝集；±表示介于二者之间。

所有的禽流感病毒毒株均能在鸡胚中生长，仅少数毒株能引起鸡胚死亡，并产生病变。鸡胚尿囊腔接种后，在37℃孵育36～72 h，病毒增殖达最高峰。在原代鸡肾细胞和鸡胚成纤维细胞中生长，因毒株不同可产生大小、形态不同的蚀斑。

流感病毒对乙醚、氯仿、丙酮等脂溶剂敏感。20%乙醚，4℃处理2 h可使病毒裂解，但血凝滴度不受影响，反而出现升高。常用消毒药容易将其灭活，如福尔马林、稀酸、氨离子、漂白粉、碘剂、重金属离子等都能迅速破坏其传染性。

流感病毒对热也比较敏感，56℃加热30 min，60℃加热10 min，65～70℃加热数分钟即丧失活性。病毒对低温抵抗力较强，在有甘油保护的情况下可保持活力1年以上。该病毒对冻融作用较稳定，但反复冻融的次数过多，最终会使病毒灭活。

在鸡胚中增殖的病毒，因为受到尿囊液中蛋白质的保护，所以非常稳定，常可在4℃保存数周而病毒的传染性及血凝素和神经氨酸酶活性不受太大影响，在−70℃或冻干状态下可长期保持其传染性。

直射阳光下40～48 h即可灭活该病毒。如果用紫外线直接照射，可迅速破坏其感染性。

在自然条件下，存在于鼻腔分泌物和粪便中的病毒，由于受到有机物的保护，具有较强的抵抗力。如在宾夕法尼亚鸡流感暴发期间，在鸡淘汰105 d后，仍从湿粪便中分离到具有传染性的病毒。粪便中病毒的传染性在4℃可保持30～35 d之久，20℃可存活7 d。堆积发酵和粪便中10～20 d可将HPAIV全部灭活。在羽毛中可存活18 d，在干骨头或组织中可存活数周，在冷冻的禽肉和骨髓中可存活10个月。在自然环境中，特别是凉爽和潮湿的条件下可存活很长时间，常可以从有水禽的湖泊和池塘中分离到流感病毒。据估计流感病毒可在冰冻的池塘中越冬，但在夏季或没有水禽活动的池塘中，病毒不能长期存活。

流行病学 A 型流感病毒能自然感染很多家禽和野生水禽。

禽类 AIV 感染的症状、严重程度与感染毒株的性质有关。许多国家的家禽、野禽和野生水禽中分离出的多种 A 型禽流感病毒中，多数毒株的感染没有临诊症状；有些毒株会产生慢性呼吸道病；少数毒株才会导致严重感染，并伴有神经症状，甚至在 1 周内死亡，属于此类的有 H_7 及 H_5 亚型的成员。最严重的是鸡和火鸡的 A 型 AIV 感染，可导致呼吸道感染及严重死亡。

研究表明，幼野鸭的 AIV 感染率高于 20%，而且均无症状，其多数亚型的 AIV 均具感染性。另外，从野鸭停留的湖水和粪便样品中都分离出了禽流感病毒。这表明了禽流感病毒从鸭到家禽及哺乳动物的可能的传播机制。

香港学者 K. F. Shortridge 等从 1975 年 11 月到 1978 年 10 月在香港和从南方到港的鸡、鸭、鹅中分离到 62 个不同血清亚型的流感病毒，其血清亚型是 H_3N_2、H_3N_6、H_3N_9、H_6N_4 和 H_1N_1。郭元吉等 1979 年从鸭饮过的 186 份水标本中分离到 58 株禽流感病毒；1981 年从 17 种野鸟的 207 份标本中的 24 份中分离出 A 型流感病毒，最多的是 H_4N_8 及 H_4N_6 亚型，野禽中还有 H_3 亚型。韩冲和徐为燕等(1980 年)从南京鸡鸭加工厂的健康鸭中随机用棉拭子采集泄殖腔样品，分离到 15 株 A 型流感病毒，HA 分属 H_4、H_5、H_6 3 个亚型，这些结果说明在自然界有大量的 A 型流感病毒存在。

野鸟中首先分离出 AIV 的是普通燕鸥，毒株为 A/tern/South/Africa/1/16(H_5N_3)，对燕鸥有高度致病性。迁徙水禽可感染多种流感病毒且亚型变化很大。野生水禽的流感病毒分离物几乎包括了所有的血清亚型，可以认为野生水禽是病毒循环的贮存库。泄殖腔拭子的病毒分离率要高于呼吸道拭子，表明了鸭流感病毒的肠道特性。

除海鸟及水禽外，流感病毒还从以下鸟类中分离出：麻雀、乌鸦、寒鸦、鹌鹑、鲣鸟、鸽、椋鸟、岩鹧鸪、燕子、苍鹭、加拿大鹅及番鸭等。

由于 20 世纪 70 年代人们对观赏鸟在欧美鸡新城疫毁灭性暴发中的作用的认识，才开始调查这些自由飞翔鸟类的某些病毒，许多国家的海关做了大量的研究，结果表明：相当数量的笼养鸟的国际贸易也是流感病毒的一个来源。

传统的猪流感病毒主要是 H_1N_1 亚型，其抗原性与禽源和人源的 H_1N_1 病毒类似。1980 年欧洲暴发猪流感，病毒的抗原性和遗传学特性与传统猪流感病毒(H_1N_1)有明显区别，更类似于从鸭体内分出的 H_1N_1 亚型的病毒，说明近年来禽流感病毒已传染给猪，而且引起了严重症状；也提示禽类在流感病毒基因库中的重要地位。

1979—1980 年，美国东北部海岸约 20%的海港海豹死于严重的呼吸道感染，肺有实变并有典型的原发性病毒血症。抗原分析表明，所分离病毒 A/seal/Mass/1/80(H_7N_7)与 A/FPV/Dutch/27(H_7N_7)密切相关。以前鸡的这种高致死性流感病毒没有在哺乳动物中发现过。海豹的这种病毒在禽类中增殖能力较差且不产生临诊症状，其生物学特性更类似于哺乳动物的流感病毒，可在雪貂、猫和猪体内高滴度增殖，也可在人眼中增殖而导致结膜炎。这一病毒株的出现，首次表明一个或多个禽流感病毒，可能与哺乳动物自然状态下的严重疾病有关。另外，从貂中分离出的流感病毒，可能是禽源的 $H_{10}N_4$；从鲸中分离出的 $H_{13}N_9$ 可能源自鸥鸟。

家禽流感的感染来源较多，可来自其他种类的家禽、外来捕获鸟、野生鸟类及其他动物。

由于分泌物和粪便大量排毒，使其污染的一切物品，如饲养管理器具、设备、授精工具、动物、饲料、饮水、衣物、运输车辆等均可发生机械性传播，直接接触和空气传播的可能性也存在，而且人员流动与消毒不严可能起着非常重要的传播作用。

除上述传播方式外，感染禽也可成为水平传播的传染来源。病禽可从呼吸道、消化道、结膜排出病毒。感染方式包括与易感禽的直接接触、气溶胶传播及同受污染物品的间接接触等。

禽流感的发病率和死亡率受多种因素影响，既与禽种类及易感性有关，又与毒株的毒力有关，还与年龄、性别、环境因素、饲养状况及疾病并发情况有关。

由于流感病毒的变异率很高，即使同一毒株也会在短时间内发生变异。美国 1983 年 4 月鉴定出的流感病毒为 H_5N_2 亚型，并非高致病力毒株（死亡率 0%～15%，产蛋下降 4%～40%）；至同年 10 月从严重发病鸡群中分离的 AIV 仍为 H_5N_2 亚型，但死亡率增至 50%～89%，病鸡表现严重的沉郁、震颤和产蛋下降。分子生物学研究表明，其变异发生于 HA 的切割性增加。

症状 禽流感（AI）的潜伏期从几小时到几天不等，一般为 3～5 d，其长短与病毒的致病性高低、感染强度、传播途径和易感禽的种类有关。

由 A 型 AIV 所引起的禽流感，因感染禽的种类、年龄、性别、并发感染情况及所感染毒株的毒力和其他环境因素等不同而表现出的症状很不一致。有呈最急性、急性、亚急性、慢性或隐性感染等，应该说症状甚为复杂，其症状可涉及呼吸道、消化道、生殖道及神经系统。一般说来，没有特征性的症状。通常呈现体温升高、精神沉郁、饮食欲减少、消瘦、母鸡产蛋量下降等症状。呼吸道症状表现不一，如咳嗽、喷嚏、啰音甚至呼吸困难。病禽流泪，羽毛松乱，身体蜷缩，头和颜面部水肿，皮肤发绀（冠和肉垂），有神经症状者还可出现颈部向后扭转的现象；有的下痢。以上这种症状可能单独出现，或几种同时出现。

当出现暴发感染时，不见明显症状即可见鸡只死亡，病程数小时到 1～2 d。由于病毒株的致病力不同，死亡率从 0%～100%不等。我国鹅、鸭也有发生，出现严重的相似症状。

病理变化 禽流感的病理变化因感染病毒株毒力的强弱、病程长短和禽种的不同而变化不一。

流感病毒可经实验分型为：非致病性、致病性（低致病力病毒）和高致病性病毒。

高致病性 AIV 的主要特征是暴发时的突然死亡和高死亡率。其组织病变主要是严重的出血和坏死，并涉及到脑、皮肤及多个内脏器官。试验研究表明组织坏死可发生于各种组织。

与此相反，由低毒力毒株引起的蛋鸡及火鸡的 AIV 流行的主要临诊特征是：死亡率无明显升高，而产蛋率、受精率及孵化率下降。最常见的大体病变是卵巢退化、出血和卵子破裂，内脏的尿酸盐沉积，肾脏肿大，肺充血和水肿，气管炎、肠炎及气囊炎。其他常见的变化是输卵管发炎，“蛋性腹膜炎”，肾小管坏死，肝脏坏死及肺炎，说明低毒力株主要侵害泌尿生殖道。

1. 大体变化 在很多病情较轻的病例中，大体病变不太明显。可能有轻微的窦炎，表现为卡他性、纤维素性、浆液性、脓性或干酪性炎症。气管黏膜有轻度水肿，并有数量不等的浆液性或干酪样渗出物。气囊炎，表现为囊壁增厚，或有纤维素性及干酪样渗出物。个别病禽会见到纤维素性腹膜炎及“蛋性腹膜炎”（egg peritonitis）。火鸡还能见到卡他性或纤维素性肠炎和盲肠炎。蛋鸡的卵泡畸形、萎缩，输卵管也可见到渗出物。

如果感染高致病性毒株，因死亡很快，可能见不到明显的病变。但有些毒株也可引起某些非特征性的充血、出血及局部坏死等病变，病变可能还包括头面部水肿，并伴有窦炎和肉垂及冠发绀、充血。内脏的变化差异较大。人工感染禽流感病毒(H_7N_7)可见到肝、脾、肾的坏死灶，有些毒株(H_5N_3)则没有前述变化。

部分毒株除产生头部水肿、发绀外，内脏还可见到较明显的出血，包括浆膜及黏膜的小点出血；十二指肠和心外膜出血，尤其是肌胃与腺胃交接处的乳头及黏膜出血严重。

鹅发病时，病理变化严重、典型。

2. 病理组织学　禽流感的特征性病理组织学变化为水肿、充血、出血和“血管套”(血管周围淋巴细胞聚积)的形成，主要表现在心肌、肺、脑、脾等。肝、脾及肾有实质性变化和坏死。脑的变化包括坏死灶、血管套、神经胶质细胞增生等，从轻微到严重的非化脓性脑炎，此外，还有严重的坏死性胰腺炎和心肌炎。

试验感染低毒力株 A/chicken/Alabama/7395/75(H_4N_8)，气管接种时，产生上、下呼吸道的局限性感染，病变主要是气管炎、支气管炎、气囊炎和肺炎。静脉接种时，产生全身性感染，病变有肾炎、间质性肺炎、输卵管炎、脾和肝的坏死。

诊断　由于禽流感的临诊症状与病理变化差异很大，加之不具有特征性的变化，确诊本病必须依靠实验室的病毒分离、鉴定和血清学检查。

1. 病原分离和鉴定　A 型流感病毒常在呼吸道或(和)消化道中复制增殖，所以病料多从气管或泄殖腔中采集。以棉花或其他材料制成的拭子采集病料样品，放入加有抗生素的无菌培养液中。最好低温(4℃)或－70℃下保存，以液氮或干冰较好。病料样品在保存和运送前可先行处理，制成 10％的悬液，并进行低速离心澄清。

通常用于病毒分离的材料是鸡胚(应该用 SPF 鸡胚)，鸡胚细胞培养物也可供病毒增殖。取 0.1 mL 处理好的病料，以尿囊腔途径接种 9～11 日龄的鸡胚，如果样品中有病毒存在，初次传代后就可以产生红细胞凝集作用。如果未检测到血凝活性，需将收获的鸡胚尿囊液再传一代。出现血凝活性的病毒量一般为 10^{-5}～10^{-6} EID_{50}/mL。

用于病毒鉴定的标准方法是以鸡红细胞来检测胚液的血凝活性，常量法和微量法都可使用。

确定尿囊液或其他胚液的血凝活性后，还要鉴别是否由副粘病毒鸡新城疫病毒(NDV)所致。因此，首先要用 NDHI 试验，以排除 NDV 的可能性。如果 NDV HI 阴性，才可进行下一步工作，即确定 A 型流感病毒阳性血清作琼脂扩散试验。如需进行血清亚型鉴别时，需送专门的实验室进行。我国规定，禽流感由中国农业科学院哈尔滨兽研究所禽流感国家参考实验室进行。

2. 血清学检查

(1)血凝试验与血凝抑制试验。用血凝试验和血凝抑制试验(HI)可证实流感病毒的血凝活性及排除 NDV。简单的方法是取 1 滴 1∶10 稀释的正常鸡血清(最好是 SPF 鸡)和 1 滴 ND 抗血清，分别滴于瓷板上，再各加 1 滴有血凝活性的鸡胚尿囊液，混匀后各加 1 滴 5％的鸡红细胞悬液，若两份血清均出现血凝现象，则表明尿囊液中不含有新城疫病毒(NDV)；如果 ND 抗血清出现 HI 现象，表明尿囊液中含 NDV。

许多禽类血清(包括其他多种动物血清)都含有非特异性的血凝抑制因子(抑制素)。因此，做血凝抑制试验(HI)时，首先要除去这些非特异性血凝抑制因子。常用的处理方法有受体破坏酶(RDE)法(即霍乱滤液)和高碘酸钠法。

(2)琼脂扩散(AGP)试验。常用的是双向双扩散(或称免疫双扩散)。即用已知的阳性和阴性血清与待检抗原及已知抗原,在琼脂凝胶中进行免疫双扩散。室温下作用 24 h,已知抗原和阳性血清之间应出现明显的沉淀线,48 h 内都应很清晰。当待检抗原与阳性血清间出现沉淀线,并且沉淀线与邻近的阳性抗原和抗血清的沉淀线相连,即可判定为阳性反应,待检抗原即为 A 型禽流感病毒。这是国内现在普遍采用的方法。

(3)免疫电泳试验。也可用于 AIV 及其抗体的检测,使用较多的是对流免疫电泳(CIE)。是这几种方法中最为敏感的一种,而且操作简单,时间最快,1 h 即可出结果。

(4)中和试验(NT)。由于操作相当繁琐,所费时间较长,一般不进行此项检验。

(5)免疫荧光技术。即荧光抗体技术,最早用于流感病毒鉴定和定位病毒感染细胞中特异性的抗原,主要是流感病毒的 NP 或 MP 抗原。用 NP 抗原的荧光抗体染色,主要出现核内荧光;用 MP 抗原的荧光抗体染色,主要出现胞质荧光,核内也有部分荧光。

用于禽流感病毒的诊断,常用直接荧光抗体法,即在组织触(印)片上直接染色,以荧光显微镜检查荧光。一种 AIV 的荧光抗体可以用来检测同亚型的其他病毒。荧光抗体技术用于诊断,具有快速、简便、敏感等特点,而且费用较低。需要注意的是如何避免或降低标本中出现的假阳性问题(非特异性荧光)。

荧光抗体(FA)的敏感度同病毒分离相当,有时高于鸡胚进行的病毒分离。

(6)酶联免疫吸附试验(ELISA),是用酶标记抗原或抗体,通过显色反应来检测相应抗体或抗原的一种方法。ELISA 具有较高的敏感性,既可以检测抗体,又可以检测抗原。尤其适合于大批样品的血清学调查,直接 ELISA 可于感染后 6 d 检出 AIV 的抗体,敏感性也高于 AGP 及 HI 试验。

3. 鉴别诊断　由于禽流感发生后的症状和病理变化不具有特征性,首先要与鸡新城疫区分开。与传染性支气管炎、传染性鼻炎、产蛋下降综合征、支原体病等相区别。如有并发或继发感染时,诊断更复杂、更困难。

禽流感与新城疫的症状、病变很相似,所以首先要与鸡新城疫区别开,其鉴别只能靠实验室诊断。最简便实用的方法是血凝抑制试验(HI),ND 抗血清抑制不了 AIV 的血凝作用,反之亦然。

其他并发细菌感染,可分离到病原菌,然后再按其特性进行鉴定试验。

防治措施　预防和控制禽流感,一定要严防高致病性禽流感病毒从国外传入。国家海关应对进口的禽类,包括家禽、野禽及观赏鸟类及其产品进行严格检疫。

国内禽类的品种交换及其产品买卖也应了解疫情信息,加强检疫。产品一定要来自无禽流感的养禽场,防止将病传入鸡群。各地动物检疫机构要密切注意禽流感的流行动向,加强监测。

各养禽单位一定要严格各项防疫制度,严防疫源传入。

发生禽流感时要及早确诊,鉴定病毒的毒力和致病性。确定疫区,严格封锁,捕杀所有感染 HPAIV 的禽类,并进行彻底的消毒,严格按照国家规定的控制和扑灭措施进行。

治疗　禽流感目前没有特异治疗方法。流行过程中不主张治疗,以免使疫情扩大。

国家规定,禽流感实行强制免疫,所用疫苗及免疫程序等均按上级主管部门规定的办法进行。

五、鸡马立克病

马立克病(marek's disease,MD)是由疱疹病毒引起鸡的一种肿瘤性疾病。此病的特征是周围神经、性腺、各脏器、虹膜、肌肉和皮肤的淋巴细胞浸润和形成肿瘤。

以前对鸡淋巴细胞异常增生性疾病统称为鸡白血病,而且根据病变出现的部位不同,分别称为内脏型、神经型以及眼型淋巴白血病。1967 年英国 Biggs 等人曾从病鸡体内分离到病原体后,才进一步查明,在鸡白血病中,虽皆系淋巴肿瘤性疾病,但在病原方面确是两种不同的病毒,实属两种疾病。一种是以鸡肉瘤病毒群为主,在成年鸡形成内脏型淋巴肿瘤的传染病,称为淋巴细胞性白血病;另一种就是马立克病,这是幼年期开始发生的,不仅是在内脏,而且在神经、眼及皮肤等处出现淋巴肿瘤的传染病,故以前被称为神经型及眼型淋巴白血病者即马立克病。

本病主要发生于集体养鸡,过去农村户养鸡很少发生。现在由于不断引入鸡只,发病也逐渐增多,其造成的经济损失大多由于病鸡的死亡、消瘦、淘汰、消耗饲料以及屠宰中的残废品等所致。国内疫苗的广泛应用,对控制本病起了较大作用。

病原 病原体为马立克病毒,属于疱疹病毒马立克病病毒属的成员,是一种细胞结合性病毒。存在鸡体组织内的病毒有两种形式,即病毒粒子无囊膜的裸体病毒和有囊膜的完全病毒。在内脏肿瘤组织中主要为严格的细胞结合性病毒,是无囊膜(裸体)的不完全病毒,在外界的存活力很低,离开活体组织和活细胞就很快死亡。在羽毛囊上皮细胞中的病毒,是有囊膜的完全病毒,它是非细胞结合性病毒,可脱离细胞而存活,能在外界环境中存活较长时间,在传播本病方面有极重要作用。

马立克病毒有 3 个血清型,Ⅰ型为致瘤的病毒株,Ⅱ型为不致瘤的毒株,Ⅲ型为火鸡疱疹病毒(HVT)。

1979 年美国 Witter 首次分离到马立克病超强毒株,1996 年报道,现又分离到超超强(特超强)毒株。

病毒对化学和物理因素作用的抵抗力均不强。对热、酸、有机溶媒及消毒药的抵抗力是弱的,如在 56℃经 30 min,或在 60℃经 10 min 死亡,从羽毛囊上皮细胞排出到自然界中的病毒,因为被蛋白质和脂肪包裹着,所以生存时间较长,消毒药不易起到作用。在鸡舍的尘埃中存在的病毒,在室温下生存 4 周以上,有的可达 6 周。在鸡粪与垫草中经 16 周仍有活力。羽毛囊及皮屑中的病毒可活 4 个月。在温度较低的条件下,其生存时间更长。5%福尔马林及熏蒸的甲醛蒸汽,2%火碱及 3%来苏儿或 0.2%过氧乙酸可杀灭病毒。

流行特点 主要使鸡发病,与鸡有近缘关系的野鸡、珠鸡、火鸡和鹌鹑,都是马立克病的自然宿主。不感染人、猴及大鼠。病鸡及带毒鸡是传染源。病毒经过直接或间接接触或经空气传染,消化道也可能传染。不发生垂直传播。

本病的发病和死亡率受着许多因素的影响,如病毒毒株、剂量、感染途径、年龄、性别、遗传特性及其他应激因素。本病的发病率视鸡群而异,发病可由 5%～60%不等,死亡率 5%～80%。据报道,自然感染最早发生于 4 周龄,但易发病日龄为 60～180 日龄,160 日龄达最高峰。肉鸡多发生在 40～60 日龄,蛋鸡在 60～120 日龄。近些年,国外有 200～320 日龄蛋鸡发病的报告。病毒对1周龄内雏鸡最易感，其后随着日龄的增长，发病与死亡都降低，如1日龄鸡比成年鸡(14月和26月龄)易感性大1 000～10 000倍。一般急性病例都发生在比较年轻的鸡群，母鸡发病率大于公鸡。引起急性病例暴发的毒株，比引起神经型的毒株毒力要强，而且发病率也高，鸡种、环境、应激因素或其他疾病，影响发病率。

症状　潜伏期长。根据病变发生的部位和临诊症状，本病可以分为4种类型：神经型(古典型)、内脏型(急性型)、眼型和皮肤型。有时混合发生。

1. 神经型　主要侵害周围神经，由于被侵害的神经部位不同，则症状亦异。当坐骨神经丛或坐骨神经受害，表现运动失调和步态异常，富有特征性的姿势是病鸡的一只脚伸向前方，另一只脚伸向后方，似"劈叉"姿势(图4-3)。或横卧于麻痹侧等不正常姿势，这是由于肢腿发生单侧性不全麻痹或麻痹的结果所致。当臂神经丛或翅神经发生病变时的特征症状是翅膀下垂，俗称"穿大褂"。当支配颈部肌肉的神经受到损害，病鸡即发生头下垂和可能出现头颈歪斜。颈部迷走神经受侵害时，可引起嗉囊发生麻痹或扩张，俗称"大嗉子"以及无声的张口呼吸。

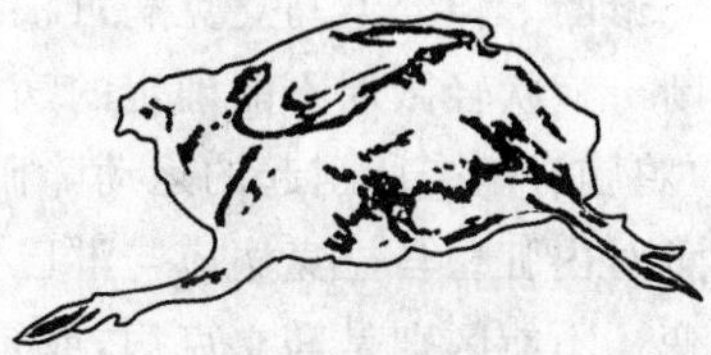

图4-3　鸡患马立克病的劈叉姿势

上述症状出现最多，且又易于发现，这些症状有时也可在同一个体上出现。病的经过大多时间过长，引起病鸡饥饿、脱水、消瘦或被同群鸡踩踏而死。

2. 内脏型　病鸡精神及食欲不振，毛散乱，行走缓慢，常缩颈呆蹲墙角，体重减轻，脸色苍白及下痢等，病程较短。这种病例常见于50～70日龄的鸡，对肉用鸡威胁严重。

3. 眼型　发现单眼或双眼视力丧失，虹膜色素消退，呈同中心的环状或斑点状，以至弥漫性的青蓝色或淡灰白色的浑浊，所以俗称"鱼眼"、"灰眼"、"珍珠眼"或"白眼病"。瞳孔收缩，边缘不整齐，似锯齿状，逐渐失去对光调节的能力。严重时，整个瞳孔最后缩至针头大的小孔。

4. 皮肤型　大多见于大腿、颈、翅膀、背部或尾部皮肤上，毛囊肿大，皮肤变厚，形成小结节及瘤状物。多在宰后的退毛鸡身上发现。

病理剖检　最常见病变是周围神经，如腹腔神经丛、坐骨神经、臂神经及迷走神经。受害神经肿大，比正常增粗2～3倍，甚至更多，表面光亮，失去原有的银白色条纹外观，而呈灰白或黄白色，有的呈水肿样，有的可见到明显结节状，使神经变成粗细不均(图4-4)。这些变化是由于神经组织中有大量淋巴细胞浸润和水肿所致。病变的神经大多数是一侧性的，与对侧神经对比时，有助于诊断。

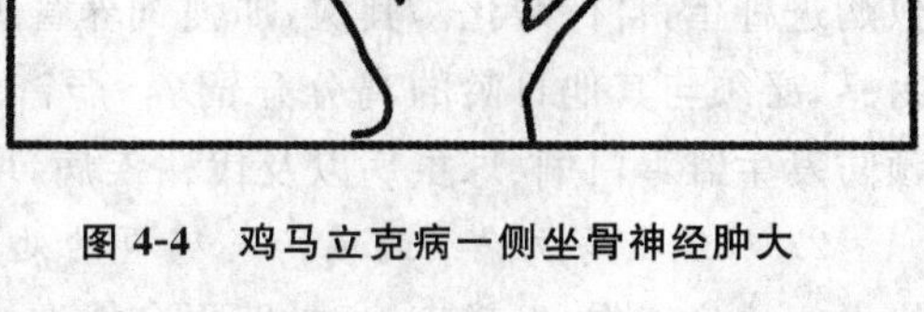

图4-4　鸡马立克病一侧坐骨神经肿大

急性内脏型病鸡，肿瘤可出现在各个器官，如肝、肾、脾、心、肺、卵巢、睾丸、腺胃等，可见到大小不等的单个或多个灰白色肿瘤。最常见的是性腺器官、肝、肾、脾肿大，比正常增大数倍，肝、肾肿瘤由小米粒大到核桃大小，粗糙，颗粒状，质坚实，常突出于脏器表面，亦有肿瘤组织浸润在实质中，切面平整，呈油脂状。肝小叶正常结构消失。卵巢肿瘤如菜花状，表面光亮，浅灰色，有的如脑样，大者如核桃。睾丸肿大，可达正常的10倍，重者可被肿瘤代替。腺胃肿大

2～3倍，浆膜下有灰白色块，变硬，乳头变大而突起，顶端溃烂。心脏肿瘤呈灰白色，小如米粒，大如玉米粒，单个或多个结节状，突出心外膜，质韧。腔上囊常萎缩，不形成肿瘤，这与淋巴细胞性白血病不同。

皮肤的病变多发生在毛囊部，呈孤立或融合的白色隆起结节，严重时似疥癣样，表面为淡褐色结痂。有时皮肤上见肿瘤结节。肌肉病变大多出现在胸肌，呈灰白色条纹以至黄豆大到蚕豆大肿瘤结节。

诊断 神经型马立克病可根据病鸡显现的特征性的劈叉、麻痹症状和病理变化即可确定诊断。症状轻微而不能确定的病变，需同其他疾病加以鉴别，例如与鸡新城疫所见到的神经症状，鸡脑脊髓炎所引起的运动障碍以及因维生素和矿物质缺乏所发生的运动和发育障碍等。

对内脏型马立克病应与淋巴细胞性白血病进行鉴别，因两者病理变化相似，仅根据内脏的病变还不能区别是马立克病，或是淋巴细胞性白血病。但两者又各具特点，具有一定的诊断意义，将其归纳比较，供临床诊断参考。

(1)在周围神经确认有病变者，为马立克病。

(2)在皮肤、肌肉确认有病变者，为马立克病。

(3)在120日龄以内发病且仅在内脏器官上有病变，虽未见有周围神经病变，亦可能为马立克病。

(4)达150日龄开始发病，且不见有上述神经或皮肤、肌肉病变，仅有内脏病变者，虽不能区别为马立克病或是淋巴细胞性白血病，但当腔上囊肿大，肝、肾、脾等器官有肿瘤病变时，则为淋巴细胞性白血病。

(5)眼球的虹膜褪色，瞳孔不整齐，可能是马立克病。

本病的确实诊断是分离并鉴定本病毒。采取病鸡与症状有关的某些周围神经和内脏的病变材料做组织切片检查。如果有条件也可以用细胞培养、雏鸡接种及用荧光抗体法做诊断。

羽囊琼脂扩散沉淀试验的方法比较简单，我国许多化验室都可进行，它是用马立克病高免血清或自然康复鸡血清来检查病鸡的羽毛囊中有否病毒(抗原)存在，以确定诊断。可在病鸡腿外侧、肋部、背腹部等处，拔下数根羽毛，剪下毛根尖端约5 mm的一小段，放在琼脂板的外围孔内，每只鸡的1～3根羽毛占用一个孔，再将定量的马立克病高免血清放入扩散板的中央孔内，在室温中放置2～3 d，最后观察反应结果。在放羽毛的孔和放血清的中央孔之间，如果出现一条白色不透明的沉淀线，即为阳性反应。

防治措施 目前尚无特效的治疗药物，主要是加强预防工作。

1. 做好饲养管理，严格消毒卫生工作 首先，注意自繁自养，防止从病鸡场引进鸡只，或只购进种蛋，自行孵化。其次，加强饲养管理，特别是饲养密度不要过大。幼鸡对马立克病最易感，必须与其他日龄的鸡分开饲养，严密隔离。注意环境卫生，定期消毒鸡舍和运动场等。预防发生雏鸡白痢、球虫病以及代谢疾病，增强鸡体的抵抗力。

2. 对发生马立克病的鸡场或鸡群的处理措施 对病鸡必须检出淘汰，特别是种鸡场，严格做好检疫工作，发现病鸡，立即隔离或淘汰，以消除传染来源。严重感染的种鸡群或商品鸡群，除淘汰更新外，养鸡的环境及饲养全过程，均应严格消毒。

3. 预防接种 这是控制鸡马立克病的主要措施。我国生产有两种疫苗，一是火鸡疱疹病毒冻干苗，一是马立克病冷冻苗。火鸡疱疹病毒(HVT)冻干菌，适用于各品种的1日龄雏鸡。按瓶签说明头份和剂量用专用稀释液稀释后，每只雏鸡肌肉或皮下注射0.2 mL(含3 000个以上蚀斑单位），注射 10～14 d 后可产生免疫力，免疫期 1 年以上。

鸡马立克病冷冻苗按瓶签注明头份及剂量，每只雏鸡肌肉或皮下注射，注射 8 d 后产生免疫力，免疫期 1 年以上。冷冻疫苗，在－196℃液氮中保存，使用时按要求取出后，迅速放在 38℃水中融化后按要求注射。均应按各种疫苗使用说明书的要求办理。

我国还生产有二联或三联苗，按疱疹病毒血清型配苗，可根据各地的疫情选用。

六、禽白血病

禽白血病（arian leurosis，AL）是由禽白血病/肉瘤病毒群中的病毒引起的禽类多种良性和恶性肿瘤性疾病的总称。据患病禽在临床上的表现可以分为淋巴细胞性白血病（LL）、成红细胞性白血病、成髓细胞性白血病、骨髓细胞瘤、骨细胞瘤、内皮瘤、结缔组织性肿瘤、骨硬化病等多种形式的肿瘤，其中以成年鸡的淋巴细胞白血病和产蛋下降为特征的最为常见。

禽类白血病最早见于 1868 年 Roloff 报道的“淋巴肉瘤”，目前各国均有存在，养鸡业发达的国家大多数鸡群均感染本病。在我国较多鸡场的鸡群都有不同程度的发生，普遍存在。它的发病特点是呈散在性发生，出现明显症状的病鸡不多，死亡率不高，高者可达 20%以上，这种渐进性的低死亡率发生，全年鸡群中总有不断的零星死亡。加之感染鸡群生产性能下降，产蛋率不高，蛋的品质下降。由于它以垂直传播为主，使本病难以控制。同时，还可以引起机体非特异性抵抗力下降和免疫抑制。总之，禽白血病给养禽业造成的损失是巨大的。

病原　禽白血病的病原为白血病/肉瘤病毒群中的病毒，属反转录病毒科，根据国际病毒命名委员会（ICTV）2001 年公布的最新病毒分类与命名结果，反转录病毒科分为 7 个属，所有登录的禽白血病/肉瘤病毒株均属于反转录病毒科内新近命名的甲型反转录病毒属。

根据禽白血病/肉瘤病毒的囊膜糖蛋白的不同、病毒中和试验、病毒宿主范围和病毒分子特性，将本群病毒又分为 A～J 10 个亚群。其中 A～D 亚群是外源性病毒，宿主为鸡，在蛋鸡中，A 亚群最常见，其次为 B 亚群，为发生于田间的外源性病毒，而 C、D 亚群致病性低，很少发生于田间，偶尔在鸡群中分离到，在临床上少见。E 亚群病毒为常见、极普遍存在的致瘤性内源性病毒，宿主为鸡。F 和 G 亚群的宿主为雉，曾从环颈雉、金黄雉中分离到。H 亚型病毒分离自匈牙利鹧鸪，为内源性病毒。Ⅰ亚型病毒分离冈比亚鹌鹑，为内源性病毒。1991 年英国 Panyne 等首次分离到一种 J 亚群新型淋巴细胞白血病病毒（HPRS-103 株），这是 20 世纪 90 年代末世界各国肉种鸡和肉仔鸡危害最大的疾病，1999 年我国杜岩等报道，从肉鸡中分离到 ALV-J，国内少数几例蛋种鸡场发病的报道。B 和 D 亚群之间存在部分交叉中和作用外，其他不同亚群病毒间无交叉中和反应。

禽白血病病毒的结构和形态与其他动物的致瘤性 RNA 病毒相似，在干燥条件下易扭曲成精子状、新月状或其他形状。本群病毒粒子经负染近似球形，病毒粒子直径为 80～145 nm，平均为 90 nm。病毒在蔗糖中的浮密度值为 1. 15～1. 17 g/mL。

本群病毒对外界的抵抗力一般不强。本群病毒的囊膜含大量脂类和碳水化合物，因而对热、乙醚、去污剂、氯仿和胆盐等敏感，易被酸和消毒剂灭活。如能被脂溶性溶剂乙醚破坏其感染性。去污剂十二烷基硫酸钠可裂解病毒粒子并释放出 RNA 和核心蛋白。病毒对热不稳定，较高温度迅速灭活，病毒在外界环境存活时间不长，在 37℃条件下的半衰期 100～540 min

不等(平均大约为 260 min)。56℃ 30 min 使之灭活。病料只有在−60℃以下的低温条件时，病毒才能保持数年不降低感染力。反复冻融可引起病毒裂解，并释放出特异性抗原(gs 抗原)。本群病毒在 pH 5～9 范围内稳定存活，超出这一范围病毒易被灭活。本群病毒对紫外线的照射有很强的耐受性，比新城疫病毒大 10 倍。

流行特点 鸡是本群病毒的自然宿主，除雉、鹧鸪和鹌鹑外，还未曾从其他禽类分离到这些病毒。人工感染能引起鸡、雉、鸭、鸽、鹌鹑、火鸡、珍珠鸡、鹧鸪等发生肿瘤。不同品种或品系的鸡对病毒感染和发生肿瘤的抵抗力很不相同，差异很大。

1991 年 Payne 首次报道了在英国分离到 J 亚型禽白血病病毒(ALV-J)，其后在世界许多国家的肉种鸡和肉仔鸡不同程度发生，给世界肉鸡业造成巨大损失。我国杜岩等 1999 年从市场商品代肉鸡分离，检出 J 亚型白血病病毒(ALV-J)，主要引起肉鸡全身性骨髓细胞瘤或髓性白血病。

外源性 ALV 的传播方式是直接接触或间接接触的水平传播和垂直传播两种，经卵垂直传播是主要的传播方式，多数鸡通过与先天性感染的鸡密切接触发生水平传播。经蛋由母鸡垂直传播给后代，是世代间持续感染的重要途径，是自然扩散的主要途径，具有重要的流行病学意义。病鸡和带毒鸡是最主要的传染源。成年感染鸡的唾液和粪便中存在病毒，是水平传染的重要传染来源，母鸡感染病毒后，产蛋量下降，很容易把病毒传染给子代，子代鸡群感染率增加。感染母鸡的输卵管蛋清分泌腺生产大量病毒，排出到蛋清中含有大量病毒，并传递给鸡胚。感染胚胎的胰腺存有大量病毒，并可从刚出壳雏鸡的粪便排出大量的病毒，有很强的传染性。通常鸡群大多数鸡受到感染，仅有少量感染鸡出现症状和死亡，多数鸡成为带毒鸡和排毒鸡，严重危害种鸡群。

症状及病理剖检变化 根据养鸡现场禽白血病发生现状，本节只介绍以下两种禽白血病的症状及剖检变化。

禽白血病的潜伏期长，用标准病毒株接种 1～14 日龄易感鸡，在接种后 14～30 周龄之间发病。自然感染病例可见 16 周龄出现症状，多数在性成熟后发病率最高。

1. 淋巴细胞性白血病(lymphoid leucosis，LL) 无特征的临床症状，有的病鸡可能完全没有症状。病鸡表现食欲不振，鸡冠苍白、皱缩，腹泻、消瘦、虚弱；由于肝脏肿大导致腹部增大，的有可摸到肝肿大；产蛋量下降，蛋变小，蛋壳变薄；蛋的受精率和孵化率下降。患病肉鸡生长速度变慢。一般发生在性成熟或即将性成熟的鸡群，呈渐进性发生。患病鸡群在产蛋期不断有鸡只零星死亡。

剖检死亡鸡时，在肝、脾、肾、心脏、卵巢和腔上囊等组织器官可见到明显的肿瘤，肿瘤大小和数量不一，呈结节形、粟粒形或弥漫性。结节状肿瘤表面光滑、柔软，切面呈淡灰色或乳白色，少数见坏死灶；粟粒状肿瘤多见于肝脏，肝肿大，外观呈灰白色或黄白色，质脆软，有“大肝病”之称；脾脏肿瘤呈大理石状。镜检肿瘤组织，主要为淋巴细胞，细胞大小一致，呈局灶性或多中心存在。

2. 骨髓细胞瘤(Myelocytoma) 前面介绍的由 J 亚群白血病病毒引起的肿瘤即骨髓细胞瘤，不同于其他亚群引起的白血病，此型主要引起肉用型鸡的自然发病病例，且所有品种的肉用型均易感。此型肿瘤发病较快，常使 3～11 周龄鸡发病和死亡，多发生于性未成熟开产前和开产时的鸡。

病鸡无特征性症状主要表现衰弱、嗜睡、贫血、食欲差、脱水、生长发育不良、消瘦和腹泻，羽毛囊可见出血。本病病变常见于骨骼，因而可能见到病鸡头部、胸部出现突起，腿骨、跗关节增粗。

死鸡典型的病理变化为肝、脾、肾和其他器官增生性肿大，以及胸骨内面、肋骨与肋软骨结合处，都可见有肿瘤形成。骨髓细胞瘤呈淡黄白色或黄白色，质脆，呈干酪样、弥漫性或结节性。有的肿瘤表面有一层薄的骨质膜。镜检肿瘤组织可见均匀一致的髓细胞组成，细胞核较大，空泡状，常位于细胞的一侧；核仁明显，胞浆充满嗜酸性颗粒。肝脏内可见骨髓细胞侵入窦状隙和肝索中。

在临床上多见上述两种白血病，成红细胞白血病、成髓细胞白血病等在临床上表现基本上相似，实际工作中较难分辨清楚，不再介绍。

诊断　在发病现场主要根据流行病学和病理学检查诊断。淋巴细胞性白血病在现场最容易与马立克病相混淆。主要区别点是：

(1)发病日龄：淋巴细胞性白血病一般发病较晚，多在16周龄以后才出现发病和死亡，马立克病在6周龄前就可能出现症状，也就是说，鸡上笼产蛋前发生肿瘤性病时，多是马立克病，在产蛋鸡群零星发生肿瘤性死亡鸡多是淋巴细胞性白血病。

(2)病程和死亡率：马立克病发病鸡数多，死亡率高，淋巴细胞白血病在产蛋期零星发病和死亡，偶尔见有急性较多鸡只死亡现象，即通常是渐进性的低死亡率。

(3)马立克病的神经型、眼型和皮肤型特异症状，淋巴细胞性白血病是不会出现的，只有内脏型马立克病要与淋巴细胞性白血病内脏器官肿瘤做鉴别诊断。

(4)鸡腔上囊的结节性肿瘤多是淋巴细胞性白血病。

(5)实验室的羽髓琼脂扩散试验是简便可靠的诊断方法。

白血病还可用病理组织学检查、血清学检验、病毒分离、鸡或鸡胚接种、补体结合试验、ELISA等方法诊断，有必要和有试验条件时才进行。

防治措施　目前，对禽白血病尚无有效的治疗方法和可用的疫苗。防治的重点是原种鸡场和种鸡场，防治和减少种鸡群的感染，逐步建立无本病的种鸡群，要达到无白血病的种鸡场需要花大力气，坚持不懈的工作才可能实现。通常的预防办法是：

(1)不断检疫，淘汰带毒母鸡，减少垂直传播。

(2)做好孵化器、出雏器、孵化环境及育雏室的清洁卫生和消毒工作，以降低或减少出壳雏鸡感染机会。同时，对鸡舍、笼具、饲养管理用具及环境严格消毒，减少水平传播。

(3)对种用母鸡用ELISA方法检测其蛋清中的gs抗原，选用阴性母鸡(不排ALV)的受精蛋孵化。

(4)有条件的鸡场，还可采用阴性母鸡蛋小批量孵化、小批培育、隔离饲养、不断检测，淘汰阳性者，逐步培育出无白血病的鸡群。

七、鸡传染性贫血

鸡传染性贫血病(chicken infectious anemia ,CIA)是一种由传染性贫血病毒(CIAV)引起的雏鸡再生障碍性贫血和全身性淋巴组织萎缩的传染病，是一种继传染性囊病之后又一种重要的免疫抑制病。因此，鸡传染性贫血经常合并、继发和加重病毒、细菌和真菌性感染，危害甚大。该病曾称为蓝翅病、出血性综合征和贫血性皮炎综合征。

1979 年 Yuasa 首次报道在日本发现此病，并分离到致病因子（病毒），由于该病毒在分类学上的地位尚未确定，故称为鸡贫血因子（CAA）。之后，相继在西德、瑞典、英国、美国、澳大利亚、荷兰、丹麦、波兰、巴西等国分离到传染性贫血病毒。在非洲、亚洲的一些鸡群已查到 CAA 抗体。我国于 1992 年已从东北某地分离到该病病毒。病鸡主要是从美国引进的尼克种鸡后代。根据病原分离和血清学调查表明，传染性贫血病可能呈世界性分布。

病原 鸡传染性贫血病毒为圆环病毒科圆圈病毒属的成员，负染后在电镜下观察，呈球形，无囊膜，二十面体对称，直径 22～24 nm，病毒基因是负链 DNA，由 2 300 个碱基组成。在氯化铯中的浮密度为 1.35～1.36 g/mL，低于细小病毒的密度。

病毒对乙醚和氯仿有抵抗力，酸（pH＝3）作用 3 h 仍然稳定。加热 56℃或 70℃ 1 h，80℃ 15 min 仍有感染力；80℃ 30 min 使部分失活，100℃ 15 min 完全失活。病毒在 50％酚中作用 5 min，在 5％次氯酸 37℃ 2 h 失去感染力。福尔马林和含氯制剂可用于消毒。

鸡传染性贫血病毒不能在鸡和鸡胚组织上培养生长，也不能在常用的哺乳动物的细胞系中生长，只能在由鸡马立克病病毒和淋巴白细胞性病毒转化的某些淋巴瘤细胞系上生长，最常用的是 $MDCC\text{-}MSB_1$ 细胞和 $MDCC\text{-}JP_2$ 细胞，并出现细胞病变。

病毒可在鸡胚内繁殖但不致死鸡胚，5 日龄鸡胚经卵黄囊接种，14 d 收集全胚，可获得高滴度的病毒。接种鸡出壳后，7 日龄可出现贫血，10～15 日龄死亡。

病毒接种 1 日龄雏鸡，可出现贫血及骨髓的肉眼病变，以感染后 12～16 d 最明显，12～28 d 出现死亡，死亡率低，很少超过 30％。

病毒对禽及哺乳动物的红细胞无凝集性。只有一个血清型。日本和欧洲分离的病毒没有抗原差异。毒力可能有差异，有强致病毒株和弱致病毒株。

流行病学 鸡是传染性贫血病毒的唯一宿主。所有年龄的鸡都可感染，自然发病常见于 2～4 周龄，其后对本病的易感性迅速下降。即随着日龄增加，易感性迅速下降。肉鸡比蛋鸡易感，公鸡比母鸡易感。当与传染性囊病病毒混合感染或有继发感染时，日龄稍大（如 6 周龄）的鸡也可以发病。有母源抗体的鸡能感染，但不出现症状。

不同品种的雏鸡都可感染发病。

本病主要经卵垂直传播。水平传播也不能完全排除，尚需进一步证实。实验感染母鸡，在感染后第 8～14 天可经卵传递，带毒鸡胚出壳后可发病和死亡。在现地鸡群，经卵传递发生在感染后 3～6 周。

病愈鸡可产生中和抗体。Yuasa（1985）用 IFA 法作 CAA 抗体调查，检查日本 40 个商品鸡场，结果 39 个阳性（97.5％）；抽查 381 份血清，357 份阳性（93.7％）；抽查 19 个 SPF 鸡场，结果 2 个阳性（10.5％）。另一次检查 11 个 SPF 鸡场，有 5 个阳性。McNukIty 1988 年对英国家禽进行调查，89 个鸡群有 86 个阳性，11 个 SPF 鸡群，5 个阳性。Lncio 对美国 12 个州部分鸡群调查，8 个州阳性。

症状 本病特征性症状是贫血。一般在感染后 10 d 发病。病鸡表现为精神沉郁，虚弱，行动迟缓，羽毛松乱，喙、肉髯、面部和可视黏膜苍白，生长不良；临死前还可见拉稀。血液稀薄如水，实验室检查，红细胞压积值（Ht）降到 20％以下（正常值在 30％以上，降到 27％以下便为贫血），红细胞数低于 200 万个/mm^3，白细胞数低于 5 000 个/mm^3，血小板值低于 27％。在病的严重时期，还可见到红细胞的异常变化。20～28 d 后存活的鸡可逐渐恢复正常。死亡率不一致，一般为10%，有时高达60%。如有继发感染时可加剧死亡。

成年鸡感染后，一般不出现临诊症状，产蛋量、授精率、孵化率均不受影响，可通过卵传播病毒。

病理剖检

(1)贫血。消瘦，肌肉、内脏器官苍白、贫血；肝脏和肾脏肿大，褪色，或淡黄色；血液稀薄，凝血时间延长。

(2)骨髓的变化最具特征，大腿骨的骨髓呈脂肪样，黄色或淡黄色，淡黄红色或淡红色。

(3)胸腺萎缩是最常见的变化，呈深红褐色，可能导致完全退化。胸腺萎缩比骨髓的病变更容易观察到。

(4)有时见骨骼肌出血，腺胃出血，腔上囊萎缩。

(5)若有继发细菌感染，可见坏疽性皮炎等。

病理组织学特征的变化是再生障碍性贫血和全身淋巴组织萎缩。骨髓造血细胞严重减少，几乎完全被脂肪组织所代替。胸腺、腔上囊、脾脏、盲肠扁桃体及其他器官的淋巴细胞严重缺失，网状细胞增生。

诊断　根据流行特点、症状和病理变化可做出初步诊断。

1. *发病特点*　主要是鸡发病，2～3周龄鸡最易感，其后迅速下降，日龄越小发病和死亡越严重。

2. *症状及病理*　贫血为主要特征，剖检时亦见贫血变化，骨髓脂肪样黄色，胸腺萎缩等。

3. *血液学检查*　红细胞数、白细胞数及血小板数均明显减少，红细胞压积值在20%以下。

4. *病毒分离*

(1)接种雏鸡。取病鸡肝脏，做成匀浆，按常规方法处理后，接种1日龄SPF鸡，观察典型的症状和病理变化。

(2)接种鸡胚。4～5日龄鸡胚卵黄囊接种，无鸡胚病变，孵出小鸡发生贫血和死亡。

(3)用组织细胞培养分离病毒。有试验设备条件的单位才能进行。

5. *血清学方法*　常用的方法有中和试验(VN)、间接免疫荧光(FA)和ELISA。

6. *PCR等方法*

7. *鉴别诊断*

(1)与球虫病区别。CIA没有血便，肠道见不到点状出血，而球虫病引起的贫血可见到血便，肠道出血明显。

(2)磺胺药物中毒。磺胺类药物中毒可引起再生障碍性贫血，但肌肉及肠道有点状出血；有使用磺胺药的历史。

治疗　目前尚无特异的治疗方法。必要时可用抗生素等防止细菌继发感染。

预防

(1)重视日常的饲养管理及兽医卫生措施，防止由环境因素及传染病导致的免疫抑制。如及时接种传染性囊病疫苗和马立克苗等。

(2)免疫接种。对种鸡在13～15周龄时，用鸡传染性贫血活毒疫苗饮水免疫，可有效地防止子代发病。不能在产蛋前3～4周免疫接种，以防止通过种蛋传播疫苗病毒。如果后备种鸡群血清学检查时，本病呈阳性反应，则不宜再免疫接种。

(3)加强检疫，防止从外引入带毒鸡，将本病传入健康鸡群。

鉴于本病已成为世界范围的鸡病，国内也已分离到病原，有该病发生，对其危害，我想指出以下几点：CIAV 感染后伴有淋巴器官的萎缩，使免疫应答受到明显抑制，易由其他病毒、细菌和霉菌引起继发感染，出现高的发病率和死亡率；CIA 和马立克病混合感染，可使马立克病病原性增强；CIA 感染导致马立克病疫苗（火鸡疱疹病毒疫苗）的免疫力下降；马立克病疫苗免疫的鸡，可增强对 CIA 的感受性；雏鸡早期感染了鸡传染性囊病病毒，可增强对 CIA 的易感性；CIA 阳性鸡对接种鸡新城疫灭活苗的抗体反应明显减弱；如果 SPF 鸡群存在 CIA，用 SPF 蛋孵出的鸡胚及其细胞培养所制造的疫苗就可能被 CIAV 污染，不仅影响疫苗的免疫效果，还会造成 CIA 更大范围的传播。可见，防止该病的扩大蔓延是多么的重要。

八、禽网状内皮组织增殖病

禽网状内皮组织增殖病（arian reticuloendotheliosis，RE）是由网状内皮组织增殖病病毒引起的一种综合征，包括急性网状细胞肿瘤形成、矮小综合征和淋巴细胞等形成的慢性肿瘤。本病除引起部分鸡只死亡外，主要是使感染鸡产生免疫抑制，引起疫苗免疫失败，鸡只抵抗力下降和引起混合感染。更大危害是常常可造成疫苗污染的严重损失。本病在我国某些种鸡场有发病的报道，其危害日益被人们重视。

病原 网状内皮组织增殖病毒（REV）属反转录病毒科禽丙型反转录病毒属。1958 年，美国从怀疑白血病（内脏淋巴瘤）的火鸡群中分离到第一株 REV，称为 REV-T 株。其后从鸡、鸭、鹅、雉等分离到，目前已从世界各地分离到 30 多个毒株，本病呈世界性分布。我国 1986 年从鸡群中分离到 REV，称 C_{45} 株，血清学调查表明，我国很多地区 REV 有较高的感染率。

病毒粒子直径约 100 nm。病毒核酸为单股 RNA，在蔗糖中浮密度为 1.56～1.18 g/cm^3，在氯化铯中为 1.20～1.22 g/cm。完全型 REV 可以在鸡胚、鸭胚及鹌鹑胚的成纤维细胞内增殖，有的病毒株还可在鸭胚、火鸡胚、鸡胚成纤维细胞形成合胞体，多数毒株不产生细胞病变。REV 可在鸡胚中增殖并引起死亡，在绒毛尿囊膜上产生痘斑。

网状内皮组织增殖病毒对外界环境的抵抗力不强，加热 37℃ 20 min 感染性丧失 50%，37℃ 1 h 感染性丧失 99%；4℃时稳定；含毒组织在－70℃低温保存时间长；在 pH 3.0 时失去活力；可被氯仿、乙醚灭活 REV。脂溶剂、去污剂、碱、福尔马林等消毒剂消毒效果好。

流行特点 网状内皮组织增殖病毒的天然宿主有鸡、鸭、鹅、火鸡、鹌鹑、珍珠鸡、雉等，但多不见明显临床症状。

病鸡或带毒鸡是主要传染来源。病鸡（阳性鸡）的分泌物与排泄物中的病毒可以通过水平传播，也可通过病公鸡的精液和种蛋垂直传播，但感染率较低。据有关资料介绍，还可通过昆虫传播本病，特别是环缘库蚊。

本病主要呈散发性发生，低日龄的鸡，特别是新孵出的雏鸡最易感，可引起免疫抑制或免疫耐受；日龄大的鸡感染后不出现症状或出现一过性病毒血症。正常鸡肛门带毒现象十分普遍。由于网状内皮组织增殖病病毒污染疫苗造成的传播危害甚大，已引起世界各国的重视。

症状及剖检变化 因感染的毒株不同、禽种不同，临床表现也不相同，主要有：

1. *急性网状细胞瘤* 潜伏期最短为 3 d，通常在人工接种该病毒后 6～12 d 死亡。自然条件下，病鸡精神沉郁，食欲不振，不愿活动，生长发育不良，消瘦、拉出白色稀粪，体重下降，死亡率 20%左右，病死率可高达 100%。

剖检时，主要表现为肝、脾肿大，有时见增生性肿瘤结节。甚至在胰腺、性腺、心、肾、肠、肌肉见到类似变化。偶见外周神经弥漫性肿胀。感染鸡外周血细胞压积和异嗜性白细胞减少，但淋巴细胞增多。

2. 矮小综合征　感染鸡生长发育严重受阻，精神倦怠，羽毛生长不正常，干枯无光泽，容易折断，贫血、苍白、白细胞减少，拉稀，明显矮小，病鸡在 1 周后明显小于健康鸡，2～4 周时活重只及正常鸡的 50%～75%，少数鸡只及正常鸡的 1/3 大小。感染禽表现为体液免疫和细胞免疫受到抑制，有的出现神经症状。剖检时可见矮小，发育不良，胸腺和腔上囊萎缩，腺胃肿大、发炎，贫血，肠炎，肝、脾肿大、坏死等变化。外周神经肿胀，胫骨、肋骨变形，股骨头坏死、断裂。

3. 慢性肿瘤　鸡、火鸡感染，潜伏期长（可达 4 个月），各内脏器官和外周神经发生肿瘤。最明显的变化是胸腺萎缩、出血和水肿；肝、脾、肾等器官可见灶状或弥散性灰白色肿瘤。

肝、脾、心脏、胸腺、腺胃、腔上囊、胰腺、性腺等发生网状细胞弥散性或结节性增生，产生慢性淋巴瘤综合征，表现出淋巴样白血病。

诊断　由于本病的临床症状和病理变化不典型，很容易与马立克病和淋巴细胞性白血病相混淆，注意鉴别诊断。本病的确诊应结合临床症状、病理眼观变化和显微病理组织学变化，以及从临床病禽中分离到网状内皮组织增殖病病毒。肿瘤病变中的淋巴网状细胞有诊断价值。目前，间接免疫荧光试验、病毒中和试验、琼脂扩散试验、ELISA、PCR 检测等都有不同的应用，只在某些专门实验室才能进行。

防治措施　目前，本病尚无有效的防治方法，也无商品化疫苗可使用，我国只有少数单位和人员进行本病污染状况的调查和研究，查明某些鸡场阳性鸡淘汰处理，以减少或切断传播的来源，达到预防的目的。对鸡舍用具及环境进行严格消毒。应用 SPF 鸡胚制造疫苗。

九、鸡　痘

鸡痘(avian pox)是鸡的一种急性、热性、接触性传染病。病的特征是在鸡的无毛或少毛部皮肤发生痘疹，口腔、咽喉部黏膜形成纤维素坏死性假膜。在集体或大型鸡场易造成流行，对雏鸡可造成严重损失，蛋鸡造成产蛋下降。

病原　病原是鸡痘病毒，属禽痘病毒的一种。禽痘病毒是以鸟类为宿主的痘病毒的总称，目前认为禽痘病毒中至少有 4 种病毒型，即鸡、鸽、火鸡和金丝雀痘毒。在自然情况下每一型病毒只对同种宿主有易感性，但通过人工感染也可能传给异种宿主。

鸡痘与鸽痘病毒两者抗原性很相似，鸽痘病毒对鸡致病性甚低，但有强的免疫原性，故可制成疫苗用来预防鸡痘。

鸡痘病毒是一种比较大的病毒，直径约 100～262 μm，在病变的皮肤表皮细胞和感染鸡胚的绒毛尿囊膜上皮细胞的细胞浆内，可以见到一种卵圆形至圆形的包涵体，叫做 Bollinger 体，此包涵体内有无数更小的颗粒，称为原质小体，或叫 Borrel 小体。原质小体即病毒本身，每个原质小体都具有致病性，每个包涵体至少含有 2 万个原质小体，此原质小体可被特异性的抗鸡痘血清所凝集。

病毒对外界自然因素抵抗力相当强。在上皮细胞屑片和结节中的病毒可抗干燥6～8周。阳光照射数周，仍保持活力，在60℃下加热1.5 h才能杀死，在－15℃下保存多年仍有感染性。用1%火碱、1%醋酸或0.1%升汞可于5 min内杀死病毒。在腐败环境中病毒很快死亡。

流行特点 本病主要见于鸡和火鸡，鸽有时也可感染。一年四季中都能发生，尤以秋、冬两季最易流行。一般在秋季和冬初发生皮肤型鸡痘较多，在冬季则以白喉型鸡痘为多。在肉用仔鸡群中夏季也常流行鸡痘。不分年龄和品种都能感染本病。以雏鸡和中雏最常发病，雏鸡死亡多。

本病主要是通过皮肤或黏膜的创伤感染。不能经健康皮肤感染，亦不能经口腔感染。蚊等吸血昆虫在传播本病中起着重要的作用。蚊虫吸吮过病灶部的血液之后，它的带毒时间可长达10～30 d。其间遇有易感性的鸡，经带毒的蚊虫刺吮后而传染，是夏秋季流行鸡痘的重要传播媒介。打架、啄毛、交配等造成外伤，鸡群过分拥挤、通风不良、潮湿、体外寄生虫、缺乏维生素及饲养太差等均可促使本病发生和加剧病情。

症状 鸡痘的潜伏期为4～10 d。根据病鸡的症状和病变可以分为3种病型，即皮肤型、黏膜型和混合型。

皮肤型 皮肤型鸡痘的特征是在身体的无毛或毛稀少部分，特别是在鸡冠、肉髯、眼睑和喙角，亦可出现于泄殖腔周围、翼下、腹部及腿等处，出现一种灰白色的小结节，渐次成为带红色的小丘疹，很快增大如绿豆大痘疹，呈黄色或灰黄色，凸凹不平，呈干硬结节，有时和邻近的痘疹互相融合，形成干燥、粗糙、呈棕褐色的大的疣状结痂，突出皮肤表面。结痂可以存留3～4周之久，以后逐渐脱离，留下一个平滑的灰白色疤痕(图4-5)。皮肤型鸡痘一般比较轻微，没有全身性的症状，但在严重病鸡中，尤以幼鸡显现精神萎靡，食欲消失，体重减轻等症状，甚至引起死亡。产蛋鸡则产蛋量显著减少或完全停产。这对集体养鸡场危害甚大。

黏膜型(白喉型) 病变主要在口腔、咽喉和气管等黏膜表面。初为鼻炎症状，从鼻孔流出黏性鼻液，2～3 d后先在黏膜上生成一种黄白色的小结节，稍突起于黏膜表面，以后小结节迅速增大并互相融合在一起，形成一层黄白色干酪样的假膜，覆盖在黏膜上面，这层假膜是由坏死的黏膜组织和炎性渗出物凝固而形成的，很像人的“白喉”，故称白喉型鸡痘或鸡白喉。(图4-6)用镊子撕去假膜，则露出红色的溃疡面。随着病的发展，假膜逐渐扩大和增厚，阻塞在口腔和咽喉部，使病鸡尤以幼鸡呼吸和吞咽都受到阻碍，有时嘴无法闭合，病鸡往往作张口呼吸，发出“嘎嘎”的声音。病鸡由于采食困难，体重迅速减轻，精神萎靡，最后窒息而死亡。

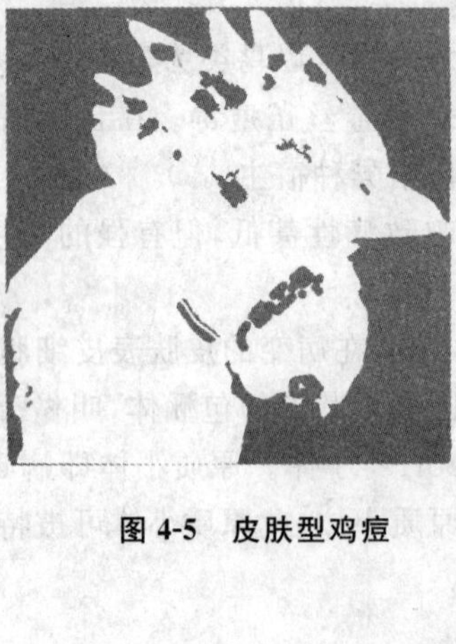

图4-5 皮肤型鸡痘

图4-6 黏膜型鸡痘

有些严重病鸡，鼻和眼部也受到侵害，产生所谓眼鼻型的鸡痘。先是眼结膜发炎，眼和鼻孔中流出水样分泌物，以后变成淡黄色浓稠的脓液。时间稍长后，由于眶下窦中有炎性渗出物蓄积，病鸡的眼部肿胀，可以挤出一种干酪样的凝固物质，甚至引起角膜炎而失明。

混合型　是指皮肤和口腔黏膜同时发生病变，病情严重，死亡率高。

鸡痘的发病率高低不一，由少数到全群都可发病，死亡率也不等，这都取决于病毒的强弱、饲养管理条件以及是否及时采取防治措施。一般是成年鸡死亡率小，中雏死亡率约5%，幼雏可达10%以上，特别是鸡群拥挤，卫生条件差，饲料不足时，或者是混合型病例时，最严重病例可达50%的死亡率。

火鸡痘是在肉垫、头瘤和头的其他部位出现细小的黄色疹，质软，易剥掉。嘴、眼睑、舌、食道和口腔黏膜也可被侵害。脚及其他部位皮肤也可出现痘疹。产蛋火鸡产蛋减少。

鸽痘往往发生于幼年鸽，是在窝内感染，病变主要在口内或喙角等处。亦有侵及眼睑，腿或趾者，死亡率较高。

诊断　鸡痘的诊断比较简单，根据发病情况，病鸡的冠、肉髯和其他无毛部分的痘痂病灶，以及口腔和咽喉部的白喉样假膜就可以作出确诊。

防治措施　鸡痘的防治方法，除了加强鸡群的卫生管理等一般预防措施之外，可靠的办法是接种疫苗。鸡痘鹌鹑化弱毒疫苗，按实含组织量用50%甘油生理盐水或生理盐水稀释100倍或200倍后应用，稀释后当天用完。用消毒过的刺种针或钢笔尖蘸取稀释疫苗，在鸡翅下无血管处皮下刺种。6日龄以上的雏鸡用200倍稀释液刺种一针；超过20日龄的雏鸡，用100倍稀释液刺种一针；1月龄以上的鸡可用100倍稀释疫苗刺种两针。接种后3～4 d，刺种部位微现红肿、结痂，2～3周痂块脱落，表示刺种成功，否则应补种。免疫期大鸡为5个月；初生雏鸡2个月。

目前尚无特效治疗药物，主要采用对症疗法，以减轻病鸡的症状和防止并发症。皮肤上的痘痂，一般不作治疗，必要时可用清洁镊子小心剥离，伤口涂碘酊、红汞或紫药水。白喉型鸡痘时，口腔黏膜的假膜用镊子剥掉，1%高锰酸钾洗后，用碘甘油、氯霉素、鱼肝油涂擦。病鸡眼部如果发生肿胀，眼球尚未损坏，可将眼部蓄积的干酪样物质挤出，然后用2%硼酸溶液或1%高锰酸钾液冲洗干净，再滴入5%蛋白银溶液。剥离下的假膜、痘痂或干酪样物质都应烧掉，严禁乱丢，以防散毒。

十、鸡葡萄球菌病

鸡葡萄球菌病(staphylococcosis)是鸡的急性败血性或慢性传染病，临诊症状为急性败血症症状、关节炎、雏鸡脐炎、皮肤(包括翼尖)出血、坏死和滑膜炎。雏鸡感染后多为急性败血症；中雏为急性，少数为慢性；成年鸡多为慢性。幼雏和中雏死亡率高，是集约化养鸡场危害严重的疾病之一。

病原　病原为葡萄球菌，一般分为金色葡萄球菌、表皮葡萄球菌和腐生葡萄球菌3种。鸡葡萄球菌病主要是金色葡萄球菌引起的。

金色葡萄球菌为圆形或卵圆形，直径0.7～1 μm，在固体培养基上生长的细菌呈葡萄状。致病性菌株的菌体较小，排列和大小较为整齐，革兰染色阳性，无鞭毛，无荚膜，不产生芽孢。

在普通培养基上生长良好，培养基中含有血液、血清或葡萄糖时生长更好。最适宜温度为37℃。在普通琼脂平皿上，形成湿润、光滑、隆起的圆形菌落，直径1～2 mm，菌落依菌株不同呈不同的颜色，初呈灰白色，继而为金黄色、白色或柠檬色。血液琼脂平板上生长的菌落较大，有些菌株的菌落周围还有明显的溶血环，产生溶血菌落的菌株多为病原菌。在普通肉汤中生长迅速，初浑浊，管底有少量沉淀。

多数菌株能分解乳糖、葡萄糖和蔗糖，产酸不产气。致病菌株多能分解甘露醇，还原硝酸盐，不产生靛基质，能凝固兔血浆，溶纤维蛋白酶阳性，脱氧核糖核酸酶阳性。

许多金色葡萄球菌菌株能产生多种毒素和酶，有溶血素、杀白细胞素、肠毒素、凝固酶、溶纤维蛋白酶、脱氧核糖核酸酶等。

葡萄球菌对外界环境的抵抗力较强，在干燥的脓汁或血液中，可生存2～3个月，加热60℃ 30 min才能杀死，煮沸迅速死亡。兽医消毒药中以石炭酸消毒效果较好，3%～5%石炭酸、0.2%过氧乙酸等消毒效果较好。

流行特点 金色葡萄球菌在自然界分布很广，在土壤、空气、水、饲料、地面及物体表面均有本菌存在。禽类的皮肤、羽毛、眼睑、黏膜、肠道亦分布有葡萄球菌。金色葡萄球菌曾从鸡、火鸡、鹅及野鸡体内分离出来。发病鸡舍的地面、网架（网面）、空气、水槽、粪等处有多量本菌存在。实验动物中以家兔最为易感，豚鼠及小鼠亦可感染发病。

创伤是主要的传染途径，但也可以通过直接接触和空气传播，雏鸡脐带感染也是常见的途径。啄伤、网刺、刮伤、扭伤、刺种、断喙、带翅号及发生鸡痘等都给伤口感染造成有利条件。据作者调查，约有80%的鸡群发病都与鸡痘的发生有关。

本病一年四季都可以发生，季节及品种对本病的发生无明显影响，一般多雨潮湿季节发生较多。以40～60日龄的鸡发病最多，成年鸡发病较少，据作者对22群（次）发病鸡的观察，40～60日龄发病达18群（次）。

平养和笼养都有发生。饲养管理上的缺点，如鸡群过大、拥挤、通气不良、鸡舍空气污浊（氨气过浓）、饲料单一、缺乏维生素及矿物质、未断喙、光照过强以及某些疾病存在等，均可促进本病的发生和增大死亡率。

症状 根据鸡龄、感染部位及鸡体状态不同，表现不同的病型。

1. *急性败血型* 病鸡出现全身症状，体温升高，精神沉郁，食欲减少或废绝，不爱跑动，常呆立一处或蹲伏，双翅下垂，眼半闭呈似睡状，羽毛松乱，无光泽。部分病鸡下痢，排出灰白色或黄绿色稀粪。

较有特征的是胸腹部，甚至波及大腿内侧皮下浮肿，呈紫红色或紫黑色，积留有数量不等的血样渗出液，有明显波动感，局部羽毛脱落，或用手一摸即可掉脱；其中有的病鸡可自然破溃，流出茶色或紫红色液体，周围羽毛被沾污，局部污秽。有部分病鸡在翅膀背侧及腹面、翅尖、尾、睑、背及腿等不同部位的皮肤上，有外伤性炎症，局部干燥结痂、暗紫色，无毛；病鸡早期局部皮下湿润，暗紫红色或糜烂。病鸡最后站立不稳，倒地，不久即死亡。该病多发生于中雏，病鸡在2～5 d死亡，快者1～2 d呈急性死亡。

2. *关节炎型* 病鸡除有一般病状外，主要表现为关节炎，往往多个关节炎性肿胀，特别是跗及趾关节为多见，呈紫红色或紫黑色，有的破溃结成污黑色痂；有的出现趾瘤，脚底肿大。发生关节炎的病鸡，表现跛行，不愿站立和走动，或伏卧，但仍有饮、食欲，多因在大群中采食困难，饥饱不匀，病鸡逐渐消瘦，最后衰弱死亡。有的病鸡趾端坏疽、干脱，关节炎型的病鸡，病程多为 10 d 左右。

3. 脐炎型　脐带炎是孵出不久的雏鸡发生葡萄球菌病的一种病型(图 4-7),对雏鸡造成一定的危害。病雏除了精神不振、食欲减少、羽毛蓬乱等一般全身症状外,主要可见腹部膨大,脐孔发炎肿大,局部呈黄红、紫黑色,质硬。饲养员常称为“大肚脐”。脐炎病鸡可在出壳后 2～5 d 死亡。

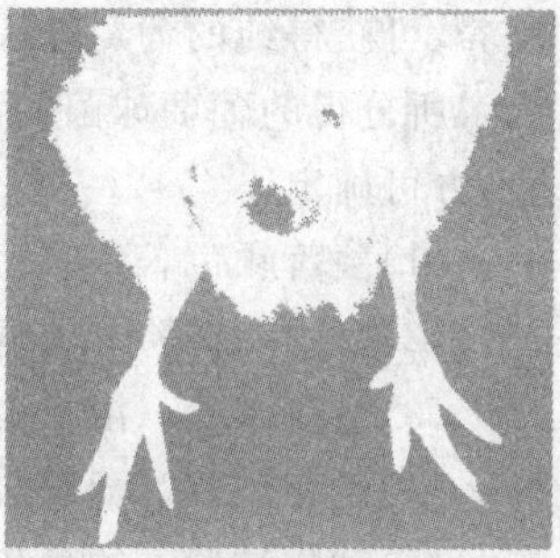

图 4-7　葡萄球菌脐带炎

眼型葡萄球菌病,这是作者 1987 年在国内首次报道的一种病型。表现为头部肿大,上下眼睑肿胀,闭眼,有脓性分泌物,眼结膜红肿,有多量分泌物,并见肉芽肿。时间久者,眼球下陷,失明,多因饥饿、踩踏,衰竭死亡。

此外,还见有葡萄球菌引起鸡胚死亡、周龄内雏鸡发病和死亡,以及肺型葡萄球菌病例。

病理变化　根据临诊症状不同而有差异。

急性败血型的可见变化是胸部的病变,可见死鸡胸部、前腹部羽毛稀少或脱毛,皮肤呈紫黑色浮肿,有的自然破溃使局部沾污。剪开皮肤可见整个胸、腹部皮下充血、溶血、呈弥漫性紫红色或黑红色,积有大量胶冻样粉红色或黄红色水肿液,水肿可延至两腿内侧、后腹部,前达嗉囊周围,但以胸部为多。同时,胸腹部甚至腿内侧见有散在出血斑点或条纹,特别是胸骨柄处肌肉出现弥散出血斑或出血条纹。

肝脏肿大,淡紫红色,有花纹样变化,小叶明显。在病程稍长的死亡鸡只中,肝脏上可见到数量不等的白色坏死点。脾脏也见肿大,紫红色,病程久的死鸡亦见白色坏死点。

腹腔脂肪、肌胃浆膜等处,有时可见紫红色水肿及出血。心包积液,呈黄红色半透明。心冠状沟脂肪及心外膜偶见出血。有的病例还见肠炎变化。腔上囊无明显变化。

关节炎型病例,可见关节和滑膜炎。某些关节肿大,滑膜增厚,充血或出血,关节囊内有或多或少浆液,或有纤维素性渗出物,如慢性病鸡病程稍长,则变成脓性和干酪样物,甚至关节周围结缔组织增生及畸形。

幼雏以脐炎为主,脐部肿大,紫红或紫黑色,有暗红色或淡红色液体,时间稍久则为脓性干固坏死物。肝有出血点。卵黄吸收不良,呈黄红或暗灰色液体状或内混絮状物。

另外,葡萄球菌病鸡的体表如翼尖、腿、颈、背部等,可见有皮炎、坏死,甚至坏疽变化。

如有鸡痘同时发生时,则有鸡痘病理变化。

眼型病例与生前变化相同。

肺型病例可见肺部淤血、水肿和肺炎。

诊断　鸡葡萄球菌的诊断,主要根据发病特点、临诊症状及剖检变化,在现场便可作出初步诊断。

1. 流行特点　鸡群有造成外伤的因素存在;发病多为 40～60 日龄的中雏;多因饲养管理上有缺点。

2. 临诊症状　败血症病状、皮下浮肿、关节炎、雏鸡脐炎等。

3. 剖检变化　胸腹部皮下有多量渗出液;体表皮肤出血、坏死;病程稍长的病鸡肝、脾有坏死灶,同时可见有关节炎及雏鸡脐炎病变等。

4. 实验室的细菌学检查　是确诊本病的主要方法,采取病料(皮下渗出物、肝、脾、关节部、雏鸡脐炎部、卵黄囊等)涂片、染色、镜检,可以见到多量葡萄球菌。同时,将病料进行分离培养,可获得纯的葡萄球菌培养物。

所分得的葡萄球菌的毒力及致病性如何,即是否为致病的金色葡萄球菌,尚需进行以下试验,方可确定。

(1)菌落颜色。致病菌的菌落为金黄色。

(2)凝固酶试验。致病菌血浆凝固酶试验多为阳性。

(3)溶血试验。溶血者多为致病菌。

(4)生化试验。分解甘露醇者多为致病菌。

(5)动物试验。家兔皮下注射 24 h 培养物 1 mL,可引起局部皮肤溃疡、坏死;静脉接种 0.1~0.5 mL,于 24~48 h 死亡。剖检可见浆膜出血,肾、心及其他脏器有大小不等的脓肿。取兔病料检查,可见葡萄球菌。鸡皮下接种,亦可引起发病和死亡,与自然病例相同。

治疗 一旦怀疑本病发生,应迅速确诊并及时进行治疗。一般可采用以下药物治疗:

1. *庆大霉素* 病鸡数不多时,可用硫酸庆大霉素针剂,每千克体重 3 000~5 000 IU,肌肉注射,每日 2 或 3 次。实际中有些单位常以口服给药,效果不好,因本品口服吸收很少,肌肉注射吸收迅速而完全。

2. *卡那霉素* 硫酸卡那霉素针剂,每千克体重 1 000~1 500 IU,肌肉注射,每天 2 次,连用 3 d。

3. *氯霉素* 按 0.1%~0.2%量混入饲料中喂服。或用针剂,按每千克体重 20~40 mg 计算,一次肌肉注射。或配成 0.1%水溶液,让鸡饮服,连用 2~3 d。

4. *土霉素、四环素或金霉素* 按每只鸡 100~200 mg 口服。或按每 5 kg 饲料中加入 1~3 g 喂服。

5. *磺胺嘧啶、磺胺二甲嘧啶* 按 0.4%~0.5%量混入饲料中喂服;钠盐按 0.1%~0.2%溶于水中,让鸡饮用。磺胺-5-甲氧嘧啶或磺胺-6-甲氧嘧啶按 0.05%~0.2%量混入饲料中喂服;钠盐按 0.05%浓度溶于水中,让鸡饮服。磺胺喹噁啉按 0.05%~0.1%量混入饲料中喂服;按 0.04%浓度溶于水中,让鸡饮用。

6. *链霉素* 成年鸡每只肌肉注射 0.1~0.2 g,中雏每只肌肉注射 50~100 mg,每日 2 次。

需要强调指出,以上介绍的药物和用量对葡萄球菌病是有防治作用的,但这些药物不一定都适用于所用鸡场,因为,许多养鸡场普遍采用抗菌药物,而且持续地混于饲料或饮水中喂服,致使某些鸡场葡萄球菌产生耐药性,再用这些常用抗菌药物去治疗就没有防治作用了。因此,一旦确诊本病后,采取病料分离病原,并进行药物敏感试验,选择敏感性高的药物用于鸡群,定能收到良好的治疗和预防效果。

预防 葡萄球菌广泛存在于养禽的周围环境中,所以,葡萄球菌病是一种环境性疾病。为防止本病的发生,主要是做好经常性的预防工作。

(1)防止发生外伤。尽量避免和消除使鸡发生外伤的诸多因素。如网架结构要规范化,笼网编织要致密,装备要配套、整齐,防止铁丝等锐利物品引起皮肤损伤,从而堵住葡萄球菌的侵入和感染门户。

(2)做好皮肤外伤的消毒处理。在断喙、带翅号、剪趾及免疫刺种时,要做好消毒工作。如鸡群大、鸡数多,新城疫的刺种免疫法可改为饮水免疫或气雾免疫法,这样,可能避免由刺种引起葡萄球菌的感染,提高免疫水平。

(3)适时接种鸡痘疫苗,预防鸡痘发生。

(4)搞好鸡舍卫生及消毒工作。做好鸡舍、用具及鸡群周围环境的清洁卫生及消毒工作,这对减少环境中的含菌量,降低感染机会,防止本病的发生有重要的实际意义。作者曾在1985年,对110万只鸡做过用0.2%~0.3%过氧乙酸带鸡消毒试验,结果表明,该方法对葡萄球菌有很好的消毒效果。

(5)加强饲养管理。喂给必需的营养物质,特别要供给足够的维生素制剂和矿物质;鸡舍要适量通风,保持干燥;鸡群不宜过大,避免拥挤;适时断喙,防止互喙现象;保持适当光照。这样,可防止或减少鸡只的啄伤,并使鸡只有较强的体质和抗病力。

(6)做好孵化过程中的卫生及消毒工作。要注意种蛋、孵化器及孵化全过程的清洁卫生及消毒工作,以及防止工作人员污染葡萄球菌而引起雏鸡感染或发病,甚至散播疫病。

(7)可用葡萄球菌多价灭活苗给20日龄后雏鸡注射,据我们对200万只鸡观察,有一定预防作用。

(8)及时治疗。一旦鸡群发病后,应对病鸡积极治疗。分离出病原经药敏试验后,选择有效的敏感药物,对全群进行药物防治。

十一、鸡传染性支气管炎

传染性支气管炎(infectious bronchitis,IB)是由鸡传染性支气管炎病毒引起的一种急性、高度接触性的呼吸道传染病。病鸡主要表现为咳嗽、打喷嚏和气管发生啰音。雏鸡还可出现流鼻液等症状,产蛋鸡的产蛋量减少及蛋品质的改变,肾病变型幼龄鸡还见肾肿大,尿酸盐沉积,造成较大的经济损失。

病原 本病的病原为冠状病毒科冠状病毒属的传染性支气管炎病毒。病毒主要存在于病鸡呼吸道渗出液中,肝、脾、肾等实质脏器及血液中也能发现此病毒。

病毒能在10~11日龄鸡胚中生长。从病料中分离病毒初次接种鸡胚时,多数鸡胚能存活,少数生长迟缓。随着继代次数的增加,到第10代时可引起80%的鸡胚发生死亡,并出现特征性变化:胚体发育受阻,胚体缩小,头蜷曲于腹下,羽毛短粗、干燥,羊水量少,羊膜增厚,紧贴胚体,胚体蜷缩成团盘状。卵黄囊缩小,尿囊液增多,内含较多的尿酸盐。

各地分出的病毒在血清学反应和致病性上可能不同。据报道,目前至少有26个血清型。致病性上,有的毒株能引起肾炎-肾病综合征,不见呼吸系统症状。引起肾病变的毒株,主要是澳大利亚的T株、美国的Gray和Holte株,国内已有这些毒株存在。各血清型之间没有或仅有部分交互免疫作用。

病毒对外界条件的抵抗力不强,加热56℃15 min死亡,但在低温条件下存活时间长,如在-20℃时存活7年,-30℃时存活17年;冻干后在4℃冰箱可保存19年,在-30℃可存活2年。病毒对干燥和腐败缺乏抵抗力,因此,病毒在外界环境中存活时间不长。兽医上常用的消毒药,如1%来苏儿、1%石炭酸、0.1%高锰酸钾、1%福尔马林及70%酒精等均能在3~5 min内将其杀死。

流行特点 本病只有鸡发病,其他家禽均不感染。各种年龄、品种的鸡都可发病,以雏鸡最严重,死亡率也高。随日龄增长,抵抗力增强,一般以40日龄以内的鸡多发。

本病主要经呼吸道传染,病鸡从呼吸道排病毒,通过空气的飞沫经呼吸道传给健康鸡。也可通过被污染的饲料、饮水及饲养管理用具经过消化道传染。病鸡与健康鸡同鸡舍饲养,传播迅速,在48 h内出现症状。病后的康复鸡所下的蛋、气管与泄殖腔的分泌物均可带毒,但一般不超过35 d。

鸡群拥挤、过热、过冷、通风不良、缺乏维生素和矿物质,以及饲料供应不足等,均可促进本病发生。一般说,本病以秋冬季节易流行。

症状 本病潜伏期1～7 d,平均为3 d。人工感染18～36 h可发病。

病鸡无明显的前躯症状,常常突然发病,出现呼吸道症状,并迅速波及全群为该病的特点。幼龄病鸡表现为伸颈,张口呼吸(图4-8)。咳嗽,有特殊的呼吸声响,尤以夜间听得更清楚。随着病情的发展,全身症状加重,精神萎靡,食欲废绝,羽毛松乱,翅膀下垂,昏睡,怕冷,常挤在一起。

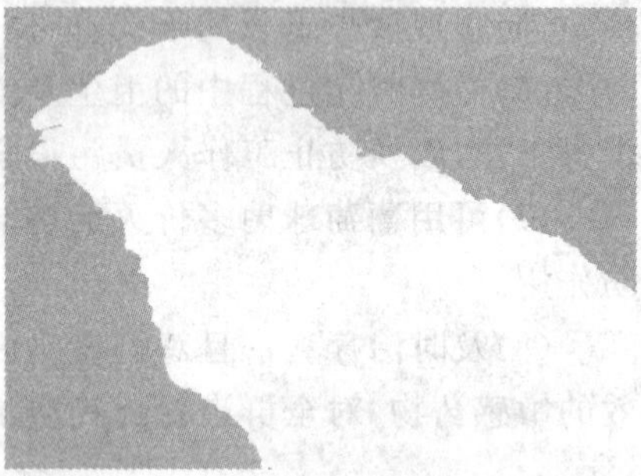
图4-8 雏鸡呼吸困难

2周以内的病雏鸡,还常见鼻窦肿胀、流出黏性鼻液、流泪、眼圈周围湿润、病鸡逐渐消瘦等症状。

2月龄以上和成年鸡发病时,主要症状是呼吸困难,咳嗽,打喷嚏,气管有啰音,一般少见鼻腔有分泌物。

产蛋鸡的产蛋量下降(25%～50%),同时产软壳蛋、畸形蛋和粗壳蛋。蛋内容物的品质也发生改变,如蛋白稀薄如水,蛋白和蛋黄分离,以及蛋白粘着于蛋壳膜上面等异常现象。同时,如用作种蛋时,不可孵出的蛋数可增加到92%,孵化率降低至7%～10%。产蛋量恢复到以前的水平需要1.5个月,多数恢复不到原有水平。

肾病变型病毒株主要侵害肾脏,15～50日龄鸡发病后,精神沉郁,有轻度呼吸道症状,下痢,饮水量增加。发病30%左右,死亡10%～30%。

病程一般为1～2周,有的拖至3周。雏鸡死亡率可达25%,1.5个月以上的鸡发病死亡率低,3月龄以上的鸡几乎不引起死亡。患病幼龄母鸡长成后,其输卵管遭到破坏,发育异常,甚至可能造成永久性损害,丧失生产能力,不能正常产蛋,成为“假产蛋者”。

病理变化 主要表现为气管、支气管和鼻腔有浆性或干酪样渗出物,在气管下部或支气管中有黏液栓或干酪样物。气囊可能浑浊或附有干酪样渗出物。幼鸡鼻腔、鼻窦黏膜充血,充有黏稠分泌物,2月龄以上的鸡少见。产蛋蛋鸡的腹腔内可见液状卵黄物质,卵泡充血、出血、变形或见卵巢退行性变。输卵管萎缩,病变主要在峡部或膨大部,输卵管的长度和重量明显减少。

如肾脏被侵害时,则见肾脏肿大、出血、苍白,肾小管和输尿管充满尿酸盐结晶,呈斑驳状的“花肾”外观,并有肠炎变化。

诊断 根据流行特点、临诊症状和病理变化可作出初步诊断。要确认时需作病毒分离和鉴定工作。

病毒分离时,常取病鸡支气管分泌物和肺组织,肾病变型取肾脏作成悬液,加抗生素处理后,经绒毛尿囊腔接种于9～11月龄鸡胚,初次分离时,多无死亡和病变;经几次传代后,可使鸡胚发生死

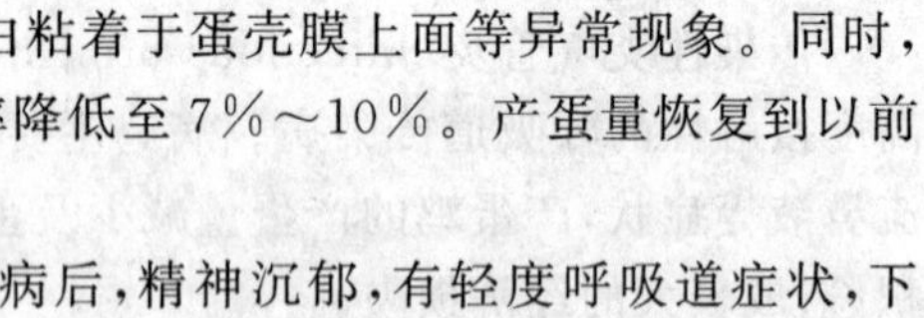
图4-9 左为两个卷曲胚,右为正常胚

亡,并出现特征性的卷曲胚(图 4-9)。

也可用初代鸡胚尿囊液,经气管接种易感鸡(6～12 周龄),如是传染性支气管炎,可在接种后 18～36 h 出现呼吸道症状和气管啰音等病状,这样短促的潜伏期是传染性支气管炎的特征之一。如果用同型特异抗血清可以抑制这种致病作用。

也可用典型病鸡鼻、口腔或气管分泌物,用棉花拭子沾少许,转接于健康鸡口腔黏膜上,经 18～36 h 潜伏期后,也可出现呼吸道症状和气管啰音等症状。

有条件的实验室,还可作血清中和试验、琼脂扩散试验,荧光抗体法检查、ELISA、Dot-ELISA 检查等。

防治措施 目前尚无有效的治疗药物可供应用。

(1)严防引进病鸡。严格防止从病鸡场引进鸡只,这是防止本病重要的一环。如果要引入鸡只,必须来自确实无病的鸡场,引进后还需隔离观察 2 周。

(2)作好一般的防疫卫生和消毒工作。加强鸡群的饲养管理工作,如冬季的保暖、合理的通风、防止鸡群密度过大而拥挤、供给营养适宜的饲料和微量元素等等。

(3)免疫接种。给 3 周龄鸡接种 H_{120} 弱毒疫苗,饮水或滴鼻,免疫期 3 周。7 周龄以上鸡接种 H_{52},免疫期 5～6 个月。种鸡上笼时接种灭活油苗。肾病变型的免疫,必须用相同血清型的疫苗。国内有 MA_5、28/86 等多价油苗以及新开发的肾型传支苗。

(4)对本病无特效的治疗方法,除改善饲养环境、增加多种维生素、充分供给饮水、保暖、通风、给"口服补液盐"等对症疗法外,还可给发病鸡群应用抗菌药物,对于防治继发感染会有一定良好作用。

十二、鸡传染性喉气管炎

鸡传染性喉气管炎(infectious laryngotracheitis,ILT)是由鸡传染性喉气管炎病毒引起的一种急性呼吸道传染病。病的特征是呼吸困难、咳嗽和咳出含有血液的渗出物。剖检病鸡可见喉部、气管黏膜肿胀、出血和糜烂,气管内有血凝块。在病的早期,病变部细胞可形成核内包涵体。本病传播快,死亡率也较高,危害养鸡业的发展。

病原 本病的病原为传染性喉气管炎病毒。病毒主要存在于病鸡的气管组织及其渗出物中,肝、脾和血液中少见。

病毒在鸡胚中繁殖,使鸡胚感染后 2～12 d 死亡,胚体变小,绒毛尿囊膜增生和坏死,形成浑浊的痘斑样病灶。病毒易在鸡胚细胞培养基上生长繁殖,引起鸡胚细胞核染色质变位和核仁变圆,胞浆融合,成为多核的巨细胞(合胞体),并在细胞核内有嗜酸性包涵体。

传染性喉气管炎病毒对外界环境的抵抗力很强,加热 55℃可存活 10～15 min,37℃存活 22～24 h,加热煮沸立即死亡。在低温条件下存活时间长。兽医实际中常用的消毒药,如 3%来苏儿或 1%苛性钠溶液,1 min 可以杀死。甲醛、过氧乙酸等消毒药也有效果。

流行特点 在自然条件下,本病主要侵害鸡,各种年龄及品种的鸡均可感染,但以成年鸡症状最为突出。幼龄火鸡、野鸡和孔雀也可感染。其他禽类和实验动物有抵抗力。

病鸡及康复后的带毒鸡是主要的传染来源,经呼吸道及眼内传染。由呼吸器官及鼻分泌物污染的垫草、饲料、饮水及用具,都可能成为传播媒介。人及野生动物的活动也可机械地传播，种蛋也可能传播，被感染的鸡胚在出壳前死亡。有少部分（约 2%）康复鸡可以带毒，带毒时间可长达两年。

鸡群拥挤，通风不良，饲养管理不好，缺乏维生素，寄生虫感染等，都可促进本病的发生和传播。

本病一旦传入鸡群，则迅速传开，全群感染需 1～2 周，感染率可达 90%以上，致死率一般在 10%～20%；死亡率可因毒株的毒力强弱等条件不同，差别很大，最急性型死亡率可达 50%～70%，急性一般在 10%～30%，慢性或温和型死亡率约 5%或以下。成年鸡在产蛋高峰时发病死亡率高。

症状　自然感染的潜伏期 6～12 d，人工气管接种 2～4 d。

患鸡初期有鼻液流出，半透明状，流眼泪，伴有结膜炎。其后表现为特征的呼吸道症状，呼吸时发出湿性啰音，咳嗽，有喘鸣音，病鸡蹲伏地面或栖架上，每次吸气时，头和颈部向前向上、张口、做尽力吸气的姿势（图 4-10），有喘鸣叫声。病情严重的鸡，高度呼吸困难，痉挛咳嗽，可咳出带血的黏液。若分泌物不能咳出堵住时，有时可窒息死亡。检查口腔时可见喉头部黏膜上有凝固的淡黄色坏死物附着。病鸡食欲减少或废绝，迅速消瘦，鸡冠发紫，有时还排出绿色稀粪。最后多因衰竭死亡。产蛋鸡的产蛋量迅速下降或停止产蛋，直到康复后 1～2 个月才能恢复。

图 4-10　呼吸困难症状

病鸡的病程 5～10 d 或更长，不死者多经 8～10 d 恢复，有的可成为带毒病鸡。

在有些弱毒株感染时，流行比较缓和，发病率低，症状不明显，只是无精打采，生长缓慢，产蛋减少，有结膜炎、鼻炎及气管炎。发病率 2%～5%，病程较长，最短的 1 周，最长可达 4 周，一般 10～14 d 可恢复。

病理变化　主要病变在气管和喉部组织。病初黏膜充血、肿胀，有黏液，进而黏膜发生变性、出血和坏死，管腔变窄，内有血凝块。病程 2～3 d 后有黄白色纤维素性干酪样假膜。由于剧烈咳嗽和痉挛性呼吸，咳出的分泌物混有血凝块以及脱落的上皮组织。严重时，炎症可波及到支气管、肺和气囊等部，甚至上行至眶下窦。肺一般正常，或仅有小区域的炎症变化。

诊断

（1）本病常突然发生，传播快，成年鸡发生最多；发病率高，死亡因条件不同而差别较大。

（2）临诊病状较为典型，张口呼吸、喘气、有啰音，咳嗽时可咳出带血的黏液。

（3）剖检时可见气管呈卡他性和出血性炎症，管腔内有血凝块，以后者为特征。

（4）实验室检验：

①包涵体检查。在发病的初期（1～3 d），用气管和眼结膜组织或接种鸡胚的绒毛尿囊膜经姬姆萨染色法染色，可见细胞核内包涵体。

②接种易感鸡。病鸡的气管分泌物或组织悬液，经气管接种易感鸡，1～3 d 出现呼吸道症状，2～5 d 可出现典型的传染性喉气管炎症状和病理变化。

③鸡胚接种。用病料（气管渗出物和肺）悬液离心上清液，加入双抗（青霉素、链霉素）作用后，取 0.1～0.2 mL 接种于 9～12 日龄鸡胚绒毛尿囊膜上或尿囊腔，在 3 d 后可出现痘斑样病

灶和核内包涵体。

④荧光抗体法能检出病毒，也可用 ELISA、Dot-ELISA 或 PCR 等方法诊断。

⑤病毒接种在鸡胚肾细胞单层培养，24 h 内可检出巨细胞、核内包涵体和坏死病变。

防治措施 目前尚无有效的治疗药物。发病时，对病鸡可采取对症疗法，服用清热、解毒、利咽喉的药物及抗菌药物，以防止继发感染，减少死亡。

对病鸡进行严格隔离，饲养管理用具及鸡舍进行消毒。病愈鸡不可和易感鸡混群饲养。由于带毒鸡是本病的传染来源，且带毒时间长，应将病鸡群尽快淘汰处理，鸡舍进行消毒，经空闲 1 个月后再进鸡。

本病流行的地区，可接种弱毒疫苗，滴鼻、点眼或饮水免疫。某些疫苗接种后，可能出现轻重不同反应，甚至引起死亡，特别是褐色羽毛的鸡反应较重。还有其他疫苗可供使用。

十三、鸡支原体病

鸡支原体病(mycoplasma gallisepticum disease)又称鸡毒支原体病、慢性呼吸道病，是由鸡毒支原体(MG)引起的鸡和火鸡的一种慢性呼吸道传染病。该病的临诊特征是咳嗽、流鼻液和呼吸时发生啰音。在火鸡常有窦炎。本病常是隐性感染，发展缓慢，病程长。成年鸡多呈隐性感染，在鸡群内可长期存在和蔓延，故又称慢性呼吸道病。

本病在世界各国都有发生，死亡率不高，但幼雏发病后，如有其他应激因素的作用，死亡率可达 40%～60%以上，并可造成幼雏发育不良。成年鸡感染后，影响产蛋，可使产蛋率降低 10%～40%，孵化率减少 10%～20%。肉鸡感染后则增重缓慢。病原可以通过鸡蛋传染，可能将病传到更大的范围，鸡场一旦发生此病就难以根除。

病原 病原是鸡毒支原体。近些年来，从家禽分离出多种支原体，确认对鸡致病的有 3 种：一是引起鸡慢性呼吸道病和火鸡副鼻窦炎的禽毒支原体(mycoplasma gallisepticum, MG)；二是鸡和火鸡关节滑膜炎的滑液膜支原体(M. synoviae, MS)；三是火鸡气囊炎的火鸡支原体(M. meleagrides, MM)。

鸡毒支原体一般为球形、卵圆形，有时为棒状或球杆状，大小 0.2～0.5 μm，用姬姆萨或瑞氏染色着色较好，呈淡紫色，用革兰染色时，着色淡，呈弱阴性。病原培养要求比较复杂，培养基中需加入 10%～15%的鸡、猪或马血清后，菌落才能生长，经过 3～5 d 培养后，可形成圆形、细小的菌落，直径不超过 0.2～0.3 mm，菌落表面光滑、圆形透明，边缘整齐，中心区明显的乳头状突起，菌落中心嵌入培养基中。

支原体能在发育的鸡胚中生长繁殖。将肉汤培养物或致病菌株，经卵黄囊接种于 5～7 日龄发育的鸡胚，接种后 5～8 d 引起胚体死亡。胚体表现为发育不良，全身水肿，皮肤、尿膜及卵黄膜出血，肝脏肿大，有心包炎。14～21 日龄感染的鸡胚发育停滞，全身水肿，脾肿大，肝脏坏死。在死胚的卵黄、卵黄囊和绒毛尿囊膜中含支原体浓度最高。

支原体在病鸡的呼吸器官、气囊、卵黄及输卵管中存在，以上呼吸道中存在为多。

支原体对外界环境的抵抗力不强，离开鸡体后很快失去活力。在 18～20℃的室温下可存活 6 d。在 20℃条件下在鸡粪中能存活 1～3 d。加热易杀死，加热 45℃ 1 h，50℃20 min 即可死亡。低温条件下存活时间长，－20℃可保存3年。经冻干的支原体培养物，在4℃冰箱中至少存活7年。兽医常用的消毒药可迅速杀死。

青霉素、磺胺药、新霉素和多黏菌素等对支原体没有作用。对链霉素、四环素、土霉素、金霉素、氯霉素、红霉素及泰乐菌素等敏感，可用于防治。

流行特点 鸡和火鸡容易患病，少数鹌鹑、珠鸡、孔雀、鹧鸪、鸽也可感染。各种年龄的鸡和火鸡都能感染本病，尤以1～2月龄的雏鸡最敏感，感染后也比成年鸡死亡率高。纯种鸡比杂种鸡易得。成年鸡感染后，多呈隐性经过，仅产蛋量、孵化率及增重等方面受到影响。

病鸡和隐性带菌鸡是主要的传染来源。病鸡咳嗽、喷嚏时，病原体随病鸡分泌物排出，通过飞沫或尘埃经呼吸道传染给健康鸡。同一鸡舍中，病原体通过污染器具、饲料、饮水等，也可由一群传到另一群。

经卵传染是本病重要的传播方式，通过带菌卵，在鸡群中不断散播和发生，并可传播到较广的范围，代代相传，绵延不止。

病公鸡的精液中也可能带菌，通过交配传染。

本病一年四季都可发生，但以寒冷的冬春季节多发，在10月到翌年1月发病的最多。

一般说，本病在鸡群中传播较缓慢，而新发病的鸡群则传播快。当受到其他病原体、寄生虫侵袭，以及存在降低鸡体抵抗力的因素时，都可促进本病的复发和迅速蔓延。大肠杆菌、副鸡嗜血杆菌和某些病毒病可促进和加重病情。某些应激因素，如预防注射(特别是气雾免疫)、环境卫生不良、通气不好、氨气过浓、拥挤、营养差、维生素缺乏、运输、育雏室温度过低、饲料突然变换、气候骤变，以及幼鸡和成年鸡混养等，都可加重病情。

症状 人工感染潜伏期4～21 d，自然感染难定。

本病主要发生在1～2月龄的幼雏，症状也较成年鸡严重。病初见鼻液增多，流出浆性和黏性鼻液，鼻孔周围沾污明显，或常与饲料粘着形成鼻塞，影响呼吸，病鸡频频摇头，打喷嚏。分泌物增多时，病鸡呼吸困难，鸡冠、肉髯发紫，张口呼吸，咳嗽和发出呼吸啰音。离鸡群稍远的地方就可听见，如夜间到鸡舍里，听得更明显。病鸡精神和食欲尚可，以后吃食减少或不吃。幼鸡发育受到阻碍。

有的病鸡初期流泪，进而眼睑肿胀，流出黏性液体，后渐变为脓性，眶下窦蓄积有干酪样渗出物，引起眼睑肿胀，眼突出形成所谓“凸眼金鱼”样。如果病情严重时，眼球受到压迫和损伤，发生萎缩或造成失明，可以发生一侧或两侧眼。

成年鸡的症状与幼鸡基本相似，但较缓和，甚至不明显。病鸡食欲不振，不愿走动，多呆立一隅，母鸡产蛋量下降(20%～30%)，甚至下软蛋。

本病主要是慢性经过，病程约1个月以上，甚至3～4个月。本病的危害程度差异较大，单纯支原体病死亡率不高，一般在5%～10%；若饲养管理不良或有并发病，或有应激因素时，幼鸡死亡率可达30%～50%或更高。隐性的成年母鸡，当受到不良应激时，产蛋量减少，出现某些症状和一定数量的死亡，当采取一般的对症措施后，病情又可缓和、平息，鸡群时好时坏。肉鸡也可造成死亡和并发症，死亡率增高，一般是增重缓慢及等级价格降低等。

支原体性关节炎多发生在足关节或蹠底部，局部肿胀，步行困难，死亡较少。

火鸡感染支原体时常呈窦炎，有的呼吸道症状明显，雏火鸡出现气囊炎症状。

病理剖检 主要是鼻腔、气管、气囊、窦及肺等呼吸系统的变化。单纯支原体的病鸡，可见轻度鼻炎和眶下窦炎。黏膜水肿、充血、增厚和腔内贮积黏液，或干酪样渗出液。病重鸡炎症可蔓延至气管、肺和气囊。气管黏膜发红、肿胀，黏液增多或有灰白色干酪样物；肺部充血、水肿，有不同程度的肺炎变化；胸部和腹部气囊膜增厚、浑浊，有黄色泡沫样液体，病程久者或有黄色、灰白色干酪样渗出物；严重的慢性病鸡，眶下窦黏膜发炎，窦腔中蓄积浑浊的黏液或干酪样渗出物，炎症蔓延至眼部，可引起一侧或两侧眼部肿大，剪破肿部时可挤出灰黄色的干酪样物质。产蛋鸡还可见到输卵管炎。

发生支原体关节炎时，鸡关节肿大，关节、滑膜发炎，患部切开后流出浑浊的液体，有时含有干酪样物。关节表面不平，或见绒毛状增生物。

如果有混合感染时，可因感染微生物的种类不同而有不同的病理变化。例如：大肠杆菌混合感染时，常有纤维素性肝周炎、心包炎发生。

诊断　根据流行病学特点、临诊症状及剖检变化可作初步诊断。进一步确诊，必须作血清学反应及病原分离鉴定工作。

1. *血清学反应*　血清学反应是常采用的方法，包括凝集试验（试管法和平板快速法）和红细胞凝集试验和凝集抑制试验。血清学诊断常以抽检作为整个鸡群的定性用，一旦检查出现阳性病鸡，即可作为全群污染的指标，抽样率一般为10%左右，出现阳性鸡时，即可判定为阳性病鸡群。

(1)全血平板凝集反应。在清洁的白瓷板或玻璃板上，滴上一滴染色支原体抗原，然后用注射针刺破鸡翅下血管，吸取一滴鲜血滴入抗原中，搅拌、混匀，轻摇玻板，在2 min内出现蓝紫色凝块（＋＋），可判为阳性；如仅在液滴边缘部分出现蓝紫色带，或超过2 min在边缘部分出现轻微颗粒状物，可判疑似；过2 min液滴无变化者，判为阴性。

这种方法的缺点是精确性稍差些。

(2)血清平板凝集反应。所不同的是要采取鸡血，分离出血清才能进行。操作方法和判定标准同全血凝集反应。

同样，试管凝集反应也较麻烦，需在实验室进行。

(3)红细胞凝集抑制试验。方法与鸡新城疫的红细胞凝集抑制试验的方法相似。

2. *病原的分离和鉴定*　病原需要培养基营养条件较高，培养时间也长，病料中往往还有非病原性的支原体混杂。所以，有必要作病原分离时才进行。

3. *鉴别诊断*　支原体病、传染性支气管炎、传染性喉气管炎和传染性鼻炎是我国目前以呼吸系统的症状和病变为主的疫病，应注意区别。

治疗

1. *链霉素*　成年鸡的剂量为每只鸡肌肉注射0.2 g，5～8周龄幼鸡为80～100 mg，3月龄以上鸡每只0.1～0.15 g；每日1次，连用3～5 d，早期应用，治疗效果好。现已发现有些鸡败血支原体菌株对链霉素具有抗药性。

2. *土霉素、金霉素、四环素*　按每千克体重肌肉注射0.1 g，连用3～5 d。大群治疗时，可在每千克饲料中加入1～2 g（0.1%～0.2%），充分混匀，连喂1周。

3. *泰乐菌素*　这是常推荐应用的药物，用泰乐菌素3 g，溶于4 000 mL水中，让鸡自由饮服，连用7 d，有良好效果。美国报道，泰乐菌素按每吨饲料加入200 g作预防，治疗时加倍；饮水用量为0.05%溶液，让鸡自由饮用，5～7 d为一疗程，用1～2个疗程。

4. 壮观霉素(治百炎) 鸡每千克体重肌肉或皮下注射 0.1～0.2 mL,连注 3～5 d,治疗效果较好。或按 0.1%浓度饮用。

5. 红霉素 在饲料中加入 0.01%～0.02%的红霉素,有一定预防作用。或0.2%～0.3%饮水。

6. 支原净 按 0.05%混于饲料中,连喂 7 d。或按使用说明书给药。

7. 北里霉素 按 0.05%的量混入饲料中,连喂 3～5 d;0.05%饮水,连饮 3～5 d。

8. 磺胺药物 青年鸡也可用磺胺药物治疗。

需要指出,以上介绍的治疗药物疗效可能有差异;药物可以单独使用,也可联合或交替使用;在用药期间,必须配合饲养管理和环境卫生的改善,方能收到较好的效果。

预防 从前面介绍的内容,可以清楚地知道,鸡毒支原体病是主要为隐性传染的条件性传染病,除幼鸡发病明显外,成年鸡多为隐性或慢性发生。在正常饲养情况下,不表现明显症状,一旦有不良诱因时,则症状明显或发生死亡。加之本病有经过种蛋传播的特点,要想控制和扑灭本病,最有效的方法就是把发病鸡群淘汰,另外建立健康鸡群。但鉴于我国的实际情况,这个有效的办法难以全面实施,所以,采取预防为主的综合防治措施是十分重要而切合实际的。建议从以下一些方面着手预防。

1. 隔离观察引进种鸡 防止引进种鸡将病带入健康鸡群,尽可能做到自繁自养。新引进的种鸡必须隔离观察 2 个月,在此期间进行血清学检查,并在半年中复检 2 次,如果发现阳性鸡,应坚决予以淘汰。

2. 定期对鸡群进行血清学检查 一般在 2、4、6 月龄时各查 1 次,淘汰阳性鸡;同时,将全群鸡只淘汰。

3. 加强饲养管理 合理的饲养管理和避免各种应激因素,是控制本病的主要环节。按不同品种、年龄分成若干群饲养;避免温度忽高忽低,防止受凉;鸡群不宜过大,防止拥挤;保持通风良好,防止贼风侵袭;注意饲料配合,防止缺乏维生素和矿物质;避免和消除降低机体抵抗力的各种因素;经常注意鸡舍的清洁卫生和消毒工作;预防传染病和寄生虫病的发生。

4. 净化鸡群 在发病场建立无病鸡群,除定期检疫和淘汰病鸡外,还可考虑以下作法:

种母鸡每月注射一次 0.2 g 链霉素,同时在饲料中添加敏感的抗菌药物,能够杀灭病原体,所产的蛋可能不发生或减少支原体感染。各个鸡群所产的蛋需分别孵化。

所有孵化的种蛋,在孵化前需经甲醛液消毒,然后放入每 1 000 毫升水中含泰乐菌素或红霉素或链霉素和四环素 400～1 000 mg 的溶液中,浸泡 15～20 min,使以上抗生素吸入蛋内,以减少蛋的带菌率。这种做法可能对孵化率略有影响。幼雏出壳后,用甲醛液蒸汽熏蒸或用链霉素喷雾或滴鼻,并分群饲养,继续采用药物预防和定期作血清学检查,阳性鸡立即淘汰,阴性鸡保留。

种蛋加热孵化法 使孵化器内温度稳定在 45℃,处理种蛋 14 h,凉蛋 1 h,当温度降至 37.8℃时转入正常孵化。这种方法可使卵内支原体 90%以上被杀死。

还有在孵化的种蛋气室内注入一定量的抗生素的方法。

5. 疫苗接种 中国兽医监察所用 F 株支原体制成疫苗,给 1、3 和 20 日龄雏鸡点眼免疫,无不良反应。还有灭活苗可供使用。具体操作方法请见这两种疫苗使用说明书。

十四、鸡传染性囊病

鸡传染性囊病(infectious bursal disease,IBD)又称腔上囊炎,是由传染性囊病病毒引起的幼龄鸡和火鸡的一种急性、接触性传染病。临诊表现为精神委顿、食欲不振、腹泻、震颤和衰竭;剖检变化以脱水、骨骼肌出血、肾小管尿酸盐沉积及腔上囊肿大和出血为特征。

该病1957年首次发生于美国特拉华州的甘布罗镇附近的农场,故又名甘布罗病。目前,世界各国养鸡场几乎都有本病发生和流行,美国将传染性囊病、马立克病和淋巴白血病列为本国危害养鸡业最严重的三大疫病。我国许多省市的一些养鸡场也有此病发生,造成很大的经济损失。

传染性囊病以3～6周龄鸡发病率最高,病毒主要侵害鸡体液免疫的中枢器官——腔上囊,使病鸡腔上囊受到破坏,病鸡的抗体生成受阻,鸡的抗病能力明显下降,易感鸡群对其他多种疾病的易感性增高。特别是造成免疫抑制,常使预防接种归于失败。

病原 病原为传染性囊病病毒。病毒能在鸡胚和鸡源细胞培养基中增殖。

腔上囊病毒不能凝集多种动物的红细胞。

病毒对各种理化学因素有强的抵抗力,从0℃以下直至60℃均能存活,加热56℃ 3 h不影响其感染性,加热56℃ 2 h、60℃ 90 min不能杀死,但不能耐过70℃。病毒对光、紫外线及反复冻融有抵抗力。病毒对酸、碱环境也有较强的抵抗力,在pH 2～8的范围内稳定,在pH 12时不稳定;对乙醚、氯仿等有机溶剂不敏感。

被病毒污染的鸡舍难以将病毒清除掉,空闲122 d后病毒对鸡仍能发生感染。经0.5%石炭酸作用1 h后病毒仍有传染性。3%石炭酸、3%来苏儿、0.1%升汞消毒30 min才能杀死。0.5%甲醛液作用6 h病毒滴度下降;0.5%氯胺、0.3%过氧乙酸等有一定消毒效果。总之,病毒对大多数消毒药都不太敏感,故要消灭鸡舍中的病原是困难的。

流行特点 鸡是唯一的自然宿主,各种品种的鸡都可感染,但在感受性上有差异。在自然情况下,2～15周龄鸡可发病,但以3～6周龄多发病,其中4周龄最易感。无母源抗体的小鸡于污染的环境下,在出壳早期就能被感染。有母源抗体的小鸡,母源抗体一般到3～4周龄消失,发病日龄可推迟到5～8周龄。成年鸡腔上囊已退化,一般不感染或呈隐性经过。

本病具有高度接触传染性,可在感染鸡和易感鸡群之间迅速传播。鸡舍中所有鸡只可在短时间内感染,邻近鸡舍可于2～3周后发病。通过污染的饲料、饮水、垫草、饲养管理用具等经消化道传染。经呼吸道、眼结膜也可感染。垫草、污染的车辆、鼠类、昆虫、家畜及人员可作为重要的、直接的传播媒介。鸡感染后,粪便排毒时间可达2周。一般认为本病不经卵垂直传染。

症状 本病潜伏期短,1～5 d,人工接种后2～3 d出现症状。

本病主要是中雏突然发病,病鸡减食,精神差,翅膀下垂,羽毛无光泽,嘴常插入羽毛内,在热源附近扎堆,或在墙角呆立。发病初期还可见到病鸡啄自己泄殖腔周围的现象。病鸡先排出黏黄色粪便,后出现白色或水样下痢,泄殖腔周围羽毛被鸡粪便沾污。病鸡常有脱水症状,饮水增加,食欲明显减少或废绝。死前不食和出现震颤、衰弱,出现症状后1～2 d可发生死亡。有些病鸡呈隐性感染。

初发病鸡场显性感染率高，一旦暴发流行后多转入不显任何症状的隐性感染，病变也不典型，常称为亚临床型，但其危害性更大。我国近些年出现变异毒株感染病例，应予重视。

鸡传染性囊病的感染率可达80%～100%，通常为10%～20%；死亡率一般为4%～5%，有时高达30%～35%；可降低肉鸡增重5%～10%；死亡多集中于很短的几天内，于感染后第3 d开始死亡，4～5 d达最高峰，后渐减少，8～9 d后多无死亡病例。病程1周左右(4～8 d)，本病来的急，症状消失的快，具有一过性的特点。

病理变化　急性死亡鸡表现为脱水，腿部及胸部肌肉出血，腺胃有出血点和出血斑。盲肠、扁桃体肿大，并有出血点。有的肝和脾肿大。肾肿大，发白，常见尿酸盐沉积，色灰白。

最显著的变化是腔上囊，腔上囊肿大到正常的2倍或以上，腔上囊水肿变成淡黄色。浆膜水肿、透明，切开囊腔可见到黏膜条纹状或斑状出血，囊腔中有多量果酱样黏液，或有坏死脱落形成的干酪样物或奶油样物。严重时，腔上囊肿大如紫葡萄色状，出血十分明显，近些年鸡发病可见到这种变化。

感染初期(1～3 d)腔上囊肿大，1周左右开始萎缩，逐渐黄化，如蜡黄颜色，到12 d后只有正常体积的1/5～1/3，死亡鸡的腔上囊一般都萎缩。较温和的病例，只见腔上囊萎缩。

鸡腔上囊的剖检变化及病变出现率见表4-4和表4-5。

表4-4　腔上囊病的剖检变化(日本鸡病研究会)

脏器	病理剖检变化
腔上囊	初期肿大2～3倍，水肿，黄色，黏膜面呈果酱样，囊内黏膜见渗出物或干酪样物，黏膜出血有灰白色小点，5 d后腔上囊明显萎缩呈蜡黄色
肌肉	腿部、胸部肌肉有点状出血
腺胃	腺胃与肌胃间有时见出血，腺胃乳头周围出血
扁桃体	肿大，出血
胸腺	有出血点或出血斑
泄殖腔	黏膜出血
脂肪组织	点状、斑状出血

表4-5　腔上囊各种病变出现率(日本鸡病图鉴)　　%

病　变	出现率	病　变	出现率
腔上囊果酱样	95.1	腺胃出血	64
黄色胶冻样	17.57	扁桃体肿大、出血	53.2
腔上囊出血	17.57	胸腺肿、充血	47
腔上囊干酪样	15	脾脏肿	42.3
黄色物、萎缩	15	肾肿、尿酸盐沉积	28.5
肌肉出血	74.4	心冠脂肪点状出血	17.5

诊断

1. 根据流行特点作初步诊断　在发病鸡场根据流行特点(3～6周龄发病，突然发生，发病率高，死亡率较低，有一过性特点)、症状及剖检变化(主要是肌肉出血、腔上囊的肿大、出血和有渗出物)可以作出初步诊断。但进一步确认需要作病毒分离和鉴定、血清学和雏鸡接种。

2. 分离病毒　从死亡病鸡或扑杀病鸡身上采取腔上囊、肾、肝、脾等组织磨碎，按1：2加入生理盐水或磷酸盐缓冲溶液制成悬液，以 3 000 r/min 离心 15～20 min，每毫升上清液中加入青霉素、链霉素（或庆大霉素）各 1 000 IU，置 4℃冰箱作用 6～12 h，用上清液接种 9～11 日龄鸡胚绒毛尿囊膜，每胚 0.2 mL。

鸡胚接种后，若有腔上囊病毒存在，则于第 3～7 天死亡，并出现病变。接种后第 3 天，头部、四肢皮肤或趾关节有充血和出血点，也有的绒毛尿囊膜轻度增厚并浑浊。接种后第 4～5 天，头部和腹部皮下水肿，多数鸡胚发育缓慢。肝肿大，淡黄色，有形状不同的坏死点。脾肿大，并有坏死点。肾肿大，充血。心肌色淡。腔上囊无眼观变化。

初次分离不是所有鸡胚都死亡或出现病变，可将接种鸡胚死前或死后作成匀浆，连续传代，传代鸡胚常在接种后第 4～6 天死亡，观察死胚有否特征变化。

3. *雏鸡接种试验*　采取病鸡腔上囊，制成 1∶5 混悬液，接种 3～7 周龄雏鸡，经口、鼻、点眼等方法接种，每鸡 0.5～1 mL，接种后第 4 天扑杀检查腔上囊，腔上囊增大、水肿和出血为感染的标志。

采取被检病料 0.5 mL，给 10～15 只 21～25 日龄雏鸡滴鼻感染，观察 15 d。若被检病料中有病毒，则感染雏鸡在 48～72 h，有时延至 4～5 d 出现症状，表现为腹泻，排出灰白色水样粪便，泄腹腔周围被粪便沾污。病鸡和感染后 15 d 扑杀的鸡，腔上囊增大，浆膜淡黄色，黏膜水肿伴有出血，黏膜皱襞间有浆性渗出物并混杂纤维素絮片。

4. *荧光抗体检查*　用腔上囊种毒制成高免血清，制备荧光抗体，用于检查病原，有较高的诊断价值。经结膜接种，最早在 48 h 出现荧光，72 h 荧光强度和出现频率均增高。到 4～5 d 腔上囊大多数滤泡有荧光广泛分布。第 6 天后荧光减弱，至第 8 天消失。经口接种最早在 36 h出现细胞浆荧光，48 h 荧光已很强，96～192 h 荧光渐减弱，到第 10 天仍能看到荧光。

5. *琼脂扩散试验*　这种方法操作简单，敏感性较高，已在我国广大地区应用。

6. *血清中和试验*　诊断价值较高，但操作复杂，有条件的单位可进行。

7. ELISA、RT-PCR 等　是有效的诊断方法。

8. *鉴别诊断*　要与鸡新城疫、住白细胞原虫病、磺胺药中毒、肾病变型传染性支气管炎等区分。

预防

1. *加强饲养管理及消毒卫生工作*　各种抗生素和磺胺类药物，以及维生素制剂都不能治愈和影响本病病程。因此，搞好饲养管理及消毒卫生工作，减少和避免各种应激因素，是十分重要的预防措施。

2. *预防接种*　对受威胁的鸡群进行预防接种是控制本病有效的方法。

用于腔上囊病预防的有活疫苗和灭活苗两种。活疫苗主要用于雏鸡预防，多为弱毒力苗和中等毒力苗。要按照疫苗的性质和各地腔上囊病发生的疫情选用疫苗和确定最佳的免疫程序。

腔上囊油佐剂灭活苗主要用于种母鸡，常在 18～20 周龄和 40～42 周龄各免疫一次，以保护雏鸡在 3 周龄内不感染传染性囊病。

3. *对症治疗*　发生腔上囊病后，要采取多种对症疗法，以减少死亡。其方法包括用高免血清或高免蛋黄液注射（有些缺点），改善饲养环境，增加维生素制剂，以及其他多种对症措施。及时严格的消毒也十分重要。

十五、产蛋下降综合征

产蛋下降综合征(eggs drop syndrome 1976,EDS-76)是20世纪70年代后期被发现的一种使商品产蛋鸡和种母鸡产蛋率下降的一种病毒性传染病。患鸡主要表现为群发性产蛋率下降、蛋壳异常、蛋体畸形、蛋质低劣等症候。本病可使产蛋率下降10%~30%,甚至达41%;蛋的破损率达38%~40%,无壳蛋、软壳蛋可达15%,给养鸡业造成严重的经济损失。

1976年,Van Eck首先报道本病在荷兰发生,并命名为产蛋下降综合征1976。1977年分离到EDS-76的病原体。现已在世界上许多国家发生。国内从1984年以来,对某些地区的鸡场抽检及全国疫病普查中,均不同程度地检出血清反应阳性鸡,其中检出率最高的是:张泽纪等对广州3个大型种鸡场进口AA父母代鸡,抽检203份血清,结果只一群EDS-76为阴性,阳性率77.95%;毕英佐等(1990)对有减蛋历史的42个鸡群调查,9/10鸡场HI为阳性,除2群AA祖代鸡为阴性外,其余40个鸡群为阳性,70%鸡群HI抗体滴度在6.8 $\log_2$ 以上。有明显减蛋及蛋壳异常的鸡群平均滴度在9 $\log_2$ 以上。1991年以来,北京、江苏、哈尔滨、上海、南京等地已有分离出病毒的报道。

病原 EDS-76的病原是腺病毒属的病毒引起。EDS-76病毒是一种无囊膜的双股DNA病毒,病毒为中等大小,其粒子为70~80 μm,病毒颗粒呈二十面体对称,衣壳的结构、壳粒的数目等均具有典型的腺病毒特征。

现已分离出数种毒株,最早分离的是 BC_{14} 株(英格兰,1978)和127株(爱尔兰1997)。BC_{14} 株是于患病母鸡白细胞中发现的。127株从鸡输卵管、粪便、鼻腔和咽黏膜中分离。不同命名和不同来源的病毒株,经各国学者的比较研究表明,均为同一种血清型。

EDS-76病毒能在鸭肾细胞、鸭胚成纤维细胞、鸡胚肝细胞、鸡肾细胞和鹅胚成纤维细胞上生长增殖良好。在雏鸡肝细胞、鸡胚成纤维细胞、火鸡细胞个生长不良。在哺乳动物细胞中培养不能生长。EDS-76病毒接种在7~10日龄鸭胚生长良好,并可使鸭胚致死,尿囊液具有非常高的血凝滴度,可达 2^{18}。而接种在5~7日龄鸡胚卵黄囊,可使胚体萎缩,出壳率降低或延缓出壳,尿囊液中的HA滴度很低或无。

EDS-76病毒,能凝集鸡、鸭、鹅、火鸡、鸽的红细胞,故可用于凝集抑制(HI)试验,具有高的特异性,可用HI试验检出病鸡的特异性抗体。而其他禽腺病毒主要是凝集哺乳动物的红细胞,这与EDS-76病毒不同。

EDS-76病毒具有抗醚类化合物的能力,在50℃条件下,对乙醚、氯仿不敏感,在不同pH值范围性质稳定,即抗pH范围很广,如pH 3时不死。加热56℃可存活3 h,60℃ 30 min丧失致病性,70℃ 20 min则完全灭活,在室温条件下,至少可活6个月。0.3%甲醛处理24 h,0.1%甲醛处理48 h可使病毒完全灭活。

流行病学 EDS-76的主要易感动物是鸡。EDS-76病毒的自然宿主为鸭或野鸭。据报道在家鸭、家鹅、俄罗斯鸭和白鹭、加拿大鹅和凫、海鸥、猫头鹰、鹳、天鹅、北京鸭、珠鸡中广泛存EDS-76抗体。A. Bartha等(1982)对1964—1975年采集的禽类血清检测,结果在60%的鸭、59%的野鸭、70%的鹅和20%银鸥血清中检出EDS-76 HI抗体。

不同品系的鸡对EDS-76的易感性有差异,26~35周龄的所有品系的鸡都可感染,尤其是产褐壳蛋的肉用鸡和种母鸡最易感，产白壳蛋的母鸡患病率较低。A. Zanella 等试验证明，EDS-76 病毒除可使不同品种的鸡和鸭感染外，鹅、野鸡、珠鸡、火鸡和鹌鹑也可产生不同程度的抗体或排出病毒。鹌鹑只排出病毒但不产生抗体。

任何年龄的肉鸡、蛋鸡均可感染。幼鸡感染后不表现任何临诊症状。血清中也查不出抗体，只有到开产以后，血清才转为阳性。EDS-76 的流行特点是病毒的毒力在性成熟前的鸡体内不表现出来，产蛋初期是强的应激反应，致使病毒活化而使产蛋鸡发病。6～8 月龄母鸡处于发病高潮。Baxendaie(1977)对 27 群自然发生 EDS-76 的观察表明，主要发生在 26～32 周龄的鸡群，其中 19 群发生于 29～31 周龄鸡群，较少发生在 35 周龄以上的鸡群。

EDS-76 既可水平传播，又可垂直传播，后者更是主要传播方式，可通过种蛋和种公鸡的精液传递。有人从鸡的输卵管、泄殖腔、粪便、咽黏膜、白细胞、肠内容物中都分离到 EDS-76 病毒，可见，病毒可通过这些途径向外排毒，经水平传播使其他的鸡感染。Loupal(1982)报道，60 只产蛋鸡经口感染 127 株病毒后产蛋量下降 10.7%，7 d 后出现抗体，10～11 d 后产畸形蛋达到高峰。在日本，对洛岛红产蛋鸡接种 Jap-1 株后 5～7 d，在母鸡各器官检出病毒，其后较难检出病毒，接种后 10～14 d，自母鸡子宫及输卵管峡部上皮细胞经荧光抗体检查出现阳性颗粒，接种 80 d 后开始产畸形蛋。火鸡经鼻腔和口腔接种 127 毒株后，不出现任何临诊症状，但 1 周后可查到 HI 抗体，28 周后 HI 抗体明显升高，很易检测到。由上可见，EDS-76 病毒通过污染饲料、饮水、用具、器物和人员，经消化道感染是常见的传播方式。

现场观察表明，水平传播较慢，并且不连续，通过一栋鸡舍大约需 11 周。Vasic 等(1980)发现青年鸡舍发生典型 EDS-76，另一鸡舍一直没有发生，相邻的鸡舍甚至隔一铁丝网的鸡群也不发病，这表明 EDS-76 病毒的传染性并不算强。在实验条件下，病毒传播速度依赖于感染鸡的数目。一般认为 EDS-76 病毒侵入生殖系统后，导致卵子排出和蛋壳形成机能等发生紊乱，而使产蛋率下降，出现无壳、软壳等各种异常蛋。

症状　EDS-76 感染鸡群没有什么明显的临诊症状，常常是 26～36 周龄产蛋鸡突然出现群体性产蛋下降，产蛋率可比正常下降 20%～30%(长友帮夫，1984)，甚至 50%(A. Zanella，1980)。国内报道，产蛋率下降多在 30%～40%，最高下降 60%～67%。与此同时，产出薄壳蛋、软壳蛋、无壳蛋、小蛋、蛋体畸形，蛋壳表面粗糙，如白灰、灰黄粉样(沙皮蛋)，褐色蛋则色素消失，颜色变浅(花蛋或白蛋)，蛋白水样，蛋黄色淡，或蛋白中混有血液、异物等。异常蛋可占产蛋的 15%或以上，北京郑世兰报道，蛋质低劣、软壳、畸形蛋增加 17%，不合格种蛋增加 13%。天津王春玲报道，异常蛋(软皮、沙皮、无壳、白壳)达70%～90%。蛋的破损率增高，可达 40%左右。Peikovski 等(1982)对 EDS-76 发病群统计，发病第 1 周正常蛋为 66.1%，变形蛋占 33.9%；第 2 周正常蛋占 50.6%，变形蛋占 49.4%；第 3 周正常蛋为 60.4%，变形蛋占 39.6%；第 4 周正常蛋上升到 73.9%，变形蛋减少到 26.1%；第 5 周开始渐渐恢复。张廷录报道了 31 周龄伊莎褐蛋鸡发病后产蛋下降的比例，第 1 周下降 24%，第 2 周下降 37%，第 3 周下降 31%，第四周下降 15%，第 5 周下降 12%，第 6 周下降 9%，以后逐渐回升。患鸡所产的正常蛋受精率和孵化率一般不受影响(Darnyshire 等，1980)。有的人认为受精率正常，但孵化率则明显降低，并出现多量生命力弱的雏鸡，死胚率由正常的 6%～8%增至 10%～12%。毕英佐报告，种蛋受精率下降 20%～49%，受精蛋孵化率下降 20%。产蛋下降持续 4～10 周后可逐渐恢复到正常水平，国内有报道经 9～12 周恢复，持续的时间可能与病毒传播的速度有关，有些鸡群几周内就恢复到正常，另一些鸡群下降后可不同程度地恢复。多数学者认为

EDS-76 病毒对鸡的生长无明显影响。

发病鸡群的部分鸡，可能出现精神差、厌食，羽毛蓬松，贫血，腹泻等症状，但都不具有诊断价值。因本病死亡者较少。

病理剖检 EDS-76 没有明显的特征的肉眼变化。不同学者观察的结果也有差异。病鸡的卵巢萎缩、变小，或有出血，子宫及输卵管黏膜有炎症，卡他性肠炎等变化。如进行组织学检查，可见到一些变化。实际中很少进行此项检查。

诊断 多种因素可以造成密集饲养的鸡群发生产蛋下降，因此，在诊断时应注意综合分析和判断。

EDS-76 可根据发病特点、临诊症状、病理变化、血清学及病原分离和鉴定等方面进行分析、判定。

1. *临诊症状和病理变化* 在饲养管理正常的情况下，在鸡群产蛋高峰时，突然发生不明原因的群体产蛋下降，同时伴有畸形蛋，蛋质下降；剖检见有生殖道病变。临诊上也无其他特异的表现时，可怀疑本病。

2. *病毒分离与鉴定* 从患鸡的输卵管、变形卵泡、无壳软蛋、泄殖腔、鼻咽黏膜、肠内容物、粪便等采集病料，经过常规的灭菌处理后，接种在鸭肾或鸡肾细胞上，孵育数天后观察细胞病变及核内包涵体，并用血凝及血凝抑制试验进行鉴定。接种在 5～10 d 胚龄鸭胚尿囊腔，可使鸭胚致死，尿囊液有高的凝集滴度。从 EDS-76 血清阳性鸡中，病毒分离率约为 33%，从产卵异常的鸡群中，分离率可达 60%。

3. *血清学方法*

(1)血凝抑制(HI)试验。这是诊断 EDS-76 最常采用的方法之一。EDS-76 病毒可凝集鸡、鸭、鹅的红细胞，其凝集作用可被相应的 EDS-76 病毒抗血清所抑制。HI 试验可用于鸡群感染调查、抗体监测和病毒鉴定。HI 试验多采用微量法。抗原采用 4 个血凝单位(4HAU)，用 pH7.1PBS，红细胞为 1%鸡红细胞(或 0.5%和/或 0.8%亦可)，采用常规方式进行。HI 阳性标准无统一意见，有人把 1∶32 作为阳性，也有人将 1∶8 判为阳性。B. Ч. BYPЧEB 报道，感染后 2～3 周内的鸡新鲜血清，HI 滴度可达(1∶2 560)～(1∶1 280)。

(2)琼脂扩散(AGP)试验。EDS-76 病毒抗原与相应抗体在琼脂凝胶中相向扩散，在交接处形成肉眼可见的沉淀线。此法可用来检测 EDS-76 抗原或抗体。

(3)病毒中和(VN)试验。EDS-76 病毒能致细胞病变，并产生核内包涵体，这种作用可被相应抗血清中和而消除，故可采用本试验检验 EDS-76 抗原和血清抗体。

(4)免疫荧光(IF)法。免疫荧光技术可用于本病的诊断。

(5)酶联免疫吸附试验(ELISA)。按常规方式进行。该法敏感性好，特异性高，与 HI 相似。

4. *鉴别诊断* 多种原因可以引起密集饲养的鸡群发生产蛋下降。因此，要与引起产蛋下降为主要症状的疾病区别开，如霉败饲料、成年鸡的非典型性新城疫、传染性支气管炎、产蛋鸡的传染性鼻炎等，具体内容请见有关章节。

治疗 本病尚无有效的治疗药物，也不需要治疗。在发病时，主要是加强和改善管理，必要时也可喂给抗菌药物，以防继发感染。

预防 无 EDS-76 的清洁鸡场(群)，一定要防止从疫场(群)将本病带入，不要到疫区引种。现已证实，本病可通过蛋垂直传播。原则是：要引种，必须从无本病的鸡场引入，引入后并需要隔离观察一定时间，虽然这一点执行起来很难，但是十分关键的。

EDS-76污染鸡场(群)要严格执行兽医卫生措施。本病除垂直传染外，也可水平传染，污染场要根除本病是较困难的，必须花大力气。为防止水平传播，场内鸡群应隔离，按时进行淘汰。做好鸡舍及周围环境清扫和消毒，合理进行粪便处理是十分重要的。防止饲养管理用具混用，防止人员互相串走。产蛋下降期的种蛋和异常蛋，坚决不要留作种用。加强鸡群的饲养管理，喂给平衡的配合日粮，特别要保证必需氨基酸、维生素和微量元素的平衡。

我国已研制出EDS-76灭活苗，或EDS-76和鸡新城疫二联灭活苗，或三联苗供各地注射预防。一般是在上笼前(120～140日龄)接种母鸡，注苗后半个月可产生免疫力，一次注射即可保护至淘汰。由于灭活苗的应用，此病在我国较大范围内已得到了控制。

种鸡场发生本病时，无论是病鸡群还是同一鸡场其他鸡群生产的雏鸡，都不能排除垂直感染的可能，即使这些雏鸡在开产前抗体阴性，也不能作没有垂直感染的证明，因为开产前病毒才活化，使鸡发病，才有抗体产生。所以这些鸡也必须注苗预防。

十六　鸡大肠杆菌病

鸡大肠杆菌病(colibacillosis)是由一定血清型的大肠杆菌引起鸡的一种传染病。由于该病病型较多，其临诊表现也有差异。本病在我国较多鸡场都有发生，有较高的发病率和死亡率，已成为危害养鸡的重要疫病之一，也是防治工作中较棘手的一种传染病。

病原　为一定血清型的大肠杆菌(*E. coli*)引起。大肠杆菌血清型多，本病以O_1、O_2和O_{78} 3种致病作用最明显、最常见，我国各地分离的致病菌株的血清型不完全相同。各地的鸡场发病时，应该分离并鉴定出该地区主要的流行菌株血清型，以利于防治。

大肠杆菌为革兰染色阴性的短小杆菌，为兼性厌氧菌，不形成芽孢和荚膜，大多数菌株有周鞭毛，具有运动性。在普通培养基上生长良好。部分菌株在血液培养基上培养，可出现溶血现象。用麦康培养基培养时，生长出圆形、隆起的红色菌落；在伊红美蓝琼脂上培养，大多数菌落呈黑色，并有金属闪光。

大肠杆菌的抗原结构由菌体抗原(O抗原)、荚膜抗原(K抗原)和鞭毛抗原(H抗原)3种抗原组成，可分成不同的血清型。大肠杆菌的血清型很多，据报道，有菌体抗原(O)173种，荚膜抗原(K)103种，鞭毛抗原(H)64种，禽类中最常见的血清型是O_1、O_2和O_{78}。国内不同地区由鸡分离的大肠杆菌血清型也不完全相同，同一地区不同鸡场有不同血清型，甚至同一鸡场也可存在多个血清型。据报道，国内已分离并鉴定的鸡的致病性大肠杆菌的血清型有50多个。

大肠杆菌存在于鸡的肠道中，随着粪便不断排出体外，养鸡环境、孵化环境、鸡场等处都有大肠杆菌存在。大肠杆菌对干燥的抵抗力很强，在鸡舍、粪、尘埃、垫料、孵化器内的绒毛、破蛋壳等环境中可存活数周或数月之久，成为环境中的常在菌。兽医上常使用的消毒药可以杀死大肠杆菌。

流行病学　大肠杆菌是禽类、哺乳动物和人肠道的常在菌，随粪便排出，在自然界普遍存在，特别是卫生条件及饲养管理不当的养鸡场，污染更为严重。外表健康的病鸡的粪便污染饲料、饮水、垫草及饲养用具等，通过消化道感染，也可以通过污染的尘土经呼吸道感染。当种鸡卵巢和输卵管受到感染,或种蛋蛋壳被污染,也可引起种蛋垂直感染,造成胚胎死亡及雏鸡发病和死亡。

本病可以引起各种类型和不同日龄的鸡发生感染。以幼龄鸡(5～8周龄)感染和发病最多。本病一年四季均可发生,但以冬春寒冷和气温多变季节多发。南方以阴雨潮湿季节发生较多。饲养管理不良,鸡舍潮湿、阴暗,通风不良,环境卫生差等多种不良的因素,均可降低鸡的抵抗力,诱发或促进大肠杆菌病的发生。该病的发生贯穿整个养鸡周期,而且常与某些疾病并发感染,或继发于某些疾病流行过程中,其危害甚大。如果鸡群处在较好的、稳定的饲养管理条件下,大肠杆菌病可以不发生或少发生。一个养鸡场饲养管理越差,环境卫生越差,大肠杆菌病越易发生,也最为严重,也难以治理。由此,大肠杆菌病的发病率和死亡率与菌株毒力、有无并发、继发病,饲养管理条件、采取措施是否及时和有效等因素密切相关,发病率由5%以下至50%;死亡率由5%以下至40%不等,甚至更高。产蛋母鸡可以持续不断地零星死亡,死淘率很高。

症状 病鸡精神不振,不喜活动,常呆立于鸡舍一隅,羽毛松乱,两翅下垂,食欲减少。由于大肠杆菌病的临诊病型不同,可以出现肠炎、败血症、呼吸道炎、输卵管炎、眼炎、关节炎、神经症状、肿头综合征等相应症状。

如果蛋壳被大肠杆菌严重污染,除了引起孵化后期胚胎死亡和孵化率降低外,孵出的雏也较弱,在1周内可因脐带炎等死亡。死亡可持续2～3周。病雏精神不振,羽毛松乱,两翅下垂,闭目,呆立,昏睡状,或尖叫不安,脐带发炎,腹部胀满,或见拉稀,排出稀便或水泻,粪灰白、黄白或黄绿色。有个别的病雏还见神经症状,头向后仰等。

如日龄较大(4周龄以上)的鸡发生气囊炎时,则见病鸡呼吸困难,咳嗽,有啰音,羽毛松乱,精神差,食欲减少,肉仔鸡则增重缓慢。

肠炎型病鸡,除见一般病状外,主要是拉稀,消瘦,最后衰竭死亡。

关节炎时,则见关节肿大,跛行。

眼炎时,可见病鸡流泪,结膜潮红,角膜浑浊,有脓性分泌物,瞳孔缩小,重者眼前房浑浊破溃、失明。

神经型(脑型) 1986年广东省首先报道了大肠杆菌引起的脑炎,病鸡除一般病状外,主要表现为是昏睡及神经紊乱、歪头、斜颈、转圈、共济失调、抽搐等神经症状,以及下痢。病原血清型鉴定为O_2、O_8或O_{21}、O_{22}、O_{53}和O_{86}等。除以上原发性感染时的病型外,如有继发或并发病时,则有其相应的病状。

病理剖检 根据病情和不同的临诊病型,可以见到不同的病理变化。

1. 鸡胚或出生雏早期死亡 死胚、出壳时死亡,或出壳后1周内发病死亡,剖检时,可见卵黄囊变大,吸收不好,卵黄膜变薄,卵黄内容物黏稠,黄绿色或干酪样,有的呈棕黄色水样,内混絮状物。有的死雏发生脐炎(俗称大肚脐),脐部肿大,闭合不全。质硬,黄红色,或见脓性分泌物,切开可见坏死物质。病期稍长的死雏还可以见到心包炎的变化。

2. 急性败血症 鸡冠、肉髯、皮下、肌肉、各内脏器官淤血。肌肉较丰满。浆膜、黏膜有不同程度出血。肝、脾、肾肿大,色红。心扩张,心包积液,内混纤维素,心包膜浑浊、增厚,重者与心肌粘连,发生腹膜炎。有的肝呈绿色,不同程度肿大,表面有不同程度的纤维素性渗出物,甚至形成薄膜包着肝脏。也可见到白色小坏死点,急性败血症以育成鸡和成年鸡发生较多。6～10周龄肉鸡多发,死亡率可达20%,高者可达50%。

3. 肠炎型　病鸡排出淡黄色粪便。小肠有卡他性或出血性炎症，偶见溃疡。腺胃黏膜充血。

4. 气囊炎（呼吸道感染）　主要发生于5～12周龄的肉用仔鸡，最多发生于6～9周龄。气囊炎常继发心包炎和肝周炎，气囊膜浑浊、增厚，上附纤维素性或黄白色干酪样渗出物，有时还可以见到输卵管炎或眼球炎。

5. 输卵管炎（卵黄腹膜炎）　多在产蛋的母鸡、母鹅或母鸭身上发生，生前泄殖腔周围常沾污粪便，排出物中常混有蛋清、凝固的蛋白质和卵黄碎块。剖检可见腹腔中充有淡黄色液体和破碎及凝固的卵黄，恶臭。有的呈污黄绿色，为腐臭液体。脏器表面和肠系膜覆有淡黄色凝固的纤维素渗出物。肠发生粘连。卵泡变形，为灰色、褐色或酱色，可能伴有卵泡萎缩。输卵管扩张变薄，内有黄色纤维蛋白性渗出物或干酪样凝块，黏膜发红或有出血点。

6. 肉芽肿　在鸡和火鸡的肝、肠（十二指肠和盲肠）、肠系膜上出现隆起、灰白色肿瘤状小结节或块状，称为大肠杆菌肉芽肿。要注意与结核病、鸡白痢、马立克病、寄生虫等病鉴别。

7. 神经型（脑型）　主要见于产蛋母鸡。脑膜充血、出血。额骨内骨板发生骨质炎。

8. 肿头综合征　肉鸡头部肿大，头部皮下组织胶样浸润，出血，组织疏松，黄化。肿头症状消失的病例，头部皮下渗出物逐渐变成干酪化。头部无外伤痕迹。病鸡通常有不同程度的纤维素性气囊炎、心包炎、肝周炎和腹膜炎。

9. 全眼球炎　与临诊表现相同，镜检眼前房液中有纤维素和细胞浸润。

作者的经验认为，心包炎、肝周炎及腹膜炎三炎变化，在大肠杆菌病最为常见，有诊断价值。心包积液，淡黄色，内混纤维素，心包膜变厚，色灰白云雾状，表面覆有纤维素膜。肝脏肿大，表面覆有多少不等的灰黄色纤维素薄膜，肝内可能有坏死点。腹腔内积有蛋黄色渗出物或干酪样物，肠壁粘连，卵巢及输卵管发炎及有渗出物。

另外，还可见到滑膜炎、眼炎等变化。

诊断　根据发病特点、临诊症状和病理剖检变化（气囊炎、心包炎、肝周炎及腹膜炎），可以作出初步诊断，但必须进行细菌分离和鉴定，才能确诊。还需与相似的疾病或并发病如沙门菌病、支原体病、葡萄球菌病等的鉴别诊断相区别。

实验室检查大肠杆菌的手段包括：细菌分离、纯培养、形态观察、生化试验、致病性试验等。有条件时还可进行血清型鉴定。

治疗　对患大肠杆菌病的病鸡，及时使用抗生素或磺胺类药物治疗，可以收到一定的治疗效果。在治疗时，一般可选用下列药物：

1. 氯霉素　按0.1%～0.2%剂量混入饲料中，连喂3～5 d。

2. 庆大霉素　用硫酸庆大霉素针剂，按每千克体重3 000～5 000 IU计算，肌肉注射，每日2次，连用3 d。

3. 卡那霉素　硫酸卡那霉素针剂，按每只每千克体重1 500 IU计算，肌肉注射，每日2次，连用3 d。

4. 氟哌酸　按0.1%浓度饮水，连饮3～5 d。喹诺酮类第三代药物，如恩诺沙星等有较好疗效，可见使用说明上的剂量和方法。

另外，兽医实际防治中，常用的四环素类药物、磺胺类药物及其他一些抗生素等，对大肠杆菌病可能有治疗作用，可以试用。作者要特别强调指出，较多的鸡场经常使用抗菌药物，大肠杆菌耐药现象普遍存在，降低了这些抗菌药物的治疗效果，所以，在发病后，首先要分离出大肠杆菌并进行药物敏感性试验，选用最敏感的药物进行治疗，才能收到较好的疗效。北京农业大学兽医学院张渊魁等 1991 年从北京郊区部分鸡场的病死鸡、死胚及毛蛋的心血中分离到 84 株大肠杆菌，对常用的 14 种抗菌药物进行药敏试验，结果 83 株(占总数 98.89%)细菌至少有 1 种以上的耐药性，68 株(80.95%)细菌对 2 种或 2 种以上的药物有抗性，一般有 2～4 重耐药性，最多的有一株细菌对 11 种药物有抗性。由此可见，发病场在使用药物治疗前，分离细菌进行药敏试验是多么重要。

同时，还要注意混合感染也需要分离病原和进行药敏试验，并针对并发病进行治疗。

在用药物治疗的同时，也要改善鸡的饲养管理条件，改善环境卫生和进行消毒，才能收到预期的效果。

防治措施 大肠杆菌病是环境性疾病，因此，加强饲养管理，搞好环境卫生是预防本病的关键措施。特别要注意以下几个方面：

(1)防止水源的污染，注意饮水的卫生和消毒，这是预防本病的重要方面。水槽要经常清洗，必要时可在饮水中加入适当浓度的消毒药，不但对大肠杆菌病，对其他一些细菌性疾病也有较好的预防效果。

(2)种鸡场要及时收捡种蛋，避免种蛋被粪便污染，凡被粪便污染的种蛋，一律不宜作种蛋孵化。

(3)搞好种蛋、孵化器及孵化全过程的清洁卫生及消毒工作，以减少种蛋、孵化和雏鸡感染大肠杆菌的机会。

(4)注意育雏期间的饲养管理，保持较稳定的温度、湿度(防止时高时低)，做好饲养管理用具的清洁卫生。

(5)控制鸡群的饲养密度，防止过分拥挤；保持空气流通、新鲜，防止有害气体蓄积；定期消毒鸡舍、用具及养鸡环境。

(6)免疫接种。大肠杆菌病污染严重的鸡场，经一般防治措施尚不能控制本病时，可以从本场病鸡中分离大肠杆菌，加上标准菌株制成自场多价灭活菌苗，对种鸡或雏鸡进行预防注射，常可收到一定的预防效果。

十七、鸡传染性鼻炎

鸡传染性鼻炎(infectious coryza，IC)是由副鸡嗜血杆菌所引起的一种急性呼吸道疾病。主要症状为眼、鼻腔与眶下窦发炎，流水样鼻液，面部肿胀，打喷嚏，流泪，厌食，腹泻。本病传播迅速，发病率高，死亡率低，母鸡产蛋率可下降 10%～40%，造成较大的经济损失。

我国北京、陕西、云南、河南、山东、福建、四川、辽宁、天津、河北等省市都有发病的报道，造成较大的损失，应该引起重视。

病原 鸡传染性鼻炎的病原体为副鸡嗜血杆菌，革兰染色阴性，为两端钝圆的短小杆菌，菌体大小为 1.3 μm×(0.4～0.8)μm，不形成芽孢，不能运动，以美蓝染色时，两极浓染。在病鸡新分离或培养初期的菌体有荚膜。

副鸡嗜血杆菌对培养要求严格，是兼性厌氧菌，在含有 V 因子(辅酶 I)或鸡血清的培养基中生长繁殖，在普通培养基中不生长，在含有5%～10%二氧化碳环境中，37℃培养时，可生长出圆形、光滑、凸起、灰白色的半透明露珠样小菌落。在血液培养上与金黄色葡萄球菌交叉接种培养时，在富氧条件下经48 h培养，可观察到露珠状的菌落，在葡萄球菌周围生长，菌落又大又密，呈"卫星现象"，这是鉴别嗜血杆菌的重要方法。

液体培养时，不需要二氧化碳的环境，在鸡肉汤液体培养基中呈一致浑浊生长，在离液面数厘米处生长较浓。

目前，国际上公认副鸡嗜血杆菌有A、B、C 3个血清型。各型无交叉保护作用。

副鸡嗜血杆菌对外界理化因素抵抗力很弱，在自然环境中数小时可死亡。如在污染的水中，常温下，4 h失去感染性；排泄物中37℃时，2 h失去感染性；4℃时感染性保持数日；病原菌在培养基上，5℃时存活5～7 d，45～55℃下2～10 min死亡；感染的卵黄在5℃时存活1个月；对热的抵抗力差，但在低温条件下，存活时间稍长，－20℃存活1～3个月，－40℃存活1～2年；兽医实际中常用的消毒药都有消毒作用。

流行病学　本病主要发生于鸡，是唯一的自然宿主。本病原菌对褐马鸡、野鸡、鹅、鹌鹑也有致病力，对乌鸦、鸠、麻雀、兔和豚鼠等没有致病力。

本病发生于各种年龄的鸡，雏鸡一般发生少，育成鸡也可发生，以成年产蛋鸡发生时，症状最典型、最严重。

病鸡及隐性带菌鸡是传染源，主要以飞沫、尘埃经呼吸道传染，但也可通过污染的饲料和饮水经消化道传染。病原菌在鼻腔和眶下窦的黏膜上生长繁殖，随鼻液排出大量的病原菌，污染饮水，使病迅速传播开，造成最初感染鸡群的暴发式流行。被污染的鸡舍、器具、设备等也可传播本病。

本病全年都可发生，以秋冬、春初时节为多。

本病潜伏期短，传播快，快者1～2 d，慢者1周之内传遍全鸡群，特别是饲养多日龄的鸡场，可较快传播到各鸡群；几天以后发病减少，逐渐平息；死亡率不高；育成鸡病后生长发育受到影响；产蛋母鸡患病使产蛋量明显下降(10%～40%不等)，需20 d左右产蛋量才回升，一般达不到原来的产蛋水平；饲养管理不良及应激可促发发病，如鸡群密度过大、拥挤，鸡舍寒冷、潮湿、通风不良，饲料中缺乏维生素A，鸡群感染寄生虫等，均可促使本病的发生和流行。

症状　潜伏期短，传播快，是本病的特征。典型的症状为鼻孔流出稀薄的水样清液，以后转为浆液黏性或脓性分泌物，有时打喷嚏。常因粉料黏附鼻道，或分泌物结痂，影响呼吸。病鸡常甩头。眼结膜发红、流泪、眼睑及颜面部发生肿胀。脸面水肿严重的病例，上下眼皮粘合在一起，可引起暂时失明。食欲及饮水减少，或有下痢，体重减轻。如炎症蔓延至下呼吸道，则呼吸困难并有啰音。仔鸡生长不良，成年母鸡产卵不同程度减少；公母鸡肉髯(公鸡最明显)常见发红、水肿、增厚，一侧或两侧同时发生。本病发病率高，死亡率较低，一般2～3周可恢复。如饲养管理不良，缺乏维生素或有其他疾病(如支原体病等)时，病情加重，病程延长，死亡率增高。

发病或污染鸡群，可使小鸡发育不良，育成率降低，开产前的鸡(4月龄左右)卵巢发育受到影响，开产期延长；产蛋鸡产蛋量减少或停止；公鸡睾丸可能萎缩，受精率低；肉鸡残次品增加，造成较大的经济损失。

病理剖检　主要病变为鼻腔和窦黏膜呈急性卡他性炎，黏膜充血、肿胀，表面覆有大量水样和黏稠的黏液，窦内有渗出物，后成为干酪样物。常见卡他性结膜炎，结膜充血、肿胀。脸部及肉髯皮下水肿。严重时,可见喉头和气管黏膜发红,上附黏稠性黏液。产蛋母鸡可见卵黄性腹膜炎,卵泡变软或血肿等,母鸡卵巢萎缩。其他器官正常。

诊断

(1)根据流行特点(主要是成年鸡发生,传播快,发病多,死亡少)、症状(典型鼻炎表现:流鼻液、打喷嚏、流泪、面部及肉髯红、肿等)及剖检变化,可怀疑为本病。

(2)病原的分离培养和鉴定,见病原部分。

(3)鉴别诊断。要注意与其他呼吸道症状为主的疫病,如鸡毒支原体病、传染性支气管炎、传染性喉气管炎、黏膜型鸡痘、慢性鸡霍乱、维生素A缺乏等区别开。

(4)血清学诊断。如平板凝集反应、红细胞凝集(HA)及凝集抑制(HI)试验、琼脂扩散试验及Dot-ELISA、直接免疫荧光、间接血凝试验等。

治疗 早期发现,正确诊断,及时投服抗生素或磺胺类药物有较好的疗效。在停药后,有的鸡可以复发,应予重视。

1. 链霉素 每只成年鸡肌肉注射0.15～0.2 g(一瓶1 g装的可注射5～6只鸡),连用3～4 d。

2. 氯霉素 按0.2%剂量计算,混入饲料中喂服,连喂3～4 d。

3. 磺胺嘧啶或磺胺二甲嘧啶(SM_2) 按0.3%～0.5%计算,混入饲料中喂服,或按0.1%～0.2%浓度饮水,连用3～4 d。

4. 磺胺二甲氧嘧啶(SDM) 按0.1%～0.2%量混入饲料中喂服,或按0.05%浓度饮水,连用3～4 d。

5. 磺胺甲氧吡嗪(SMPZ) 按0.1%浓度拌料喂服,连用2～3 d。

6. 四环素、土霉素 见前面疾病介绍的治疗用量和方法。

在应用抗菌药物治疗时,需要强调说明3点:第一,分出病原,通过药敏试验选出最敏感药物用于治疗最好。第二,应用药物治疗的同时,结合改善饲养管理,消除引起发病的应激因素,有利于提高治疗效果,有助于病鸡恢复健康。第三,一般来说,产蛋鸡群忌用磺胺类药物,担心会使产蛋率下降。发生传染性鼻炎时,产蛋量已经下降,当前的主要矛盾是治好病鸡,减少死亡,大胆使用磺胺药可收到较好的效果,这一点已被实际防治工作所证明。

预防

1. 改善饲养管理条件 鸡群密度不宜过大,鸡舍通风良好,防止寒冷和潮湿,多喂富含维生素A的饲料;经常保持鸡舍的清洁卫生,严格执行消毒制度;病愈鸡常可成为带菌鸡,不宜留作种用。

2. 免疫接种 对易发病群注射鸡传染性鼻炎灭活油佐剂苗,30～40日龄健康鸡,肌肉注射0.3 mL,120日龄左右上笼时,每只肌肉注射0.5 mL。日龄不同,免疫期不一样,40日龄以下的鸡,注苗后4周产生免疫力,免疫期为3个月;40日龄以上的鸡,注苗后3周产生免疫力,免疫期5～6个月。上笼时注射后,可保护整个产蛋期不发或少发鼻炎。避免在产蛋期注射。需要注意,所用菌苗的血清型一定要与发病的菌型相同,才有免疫保护作用。国内已有鸡传染性鼻尖A型苗、鸡传染性A型+C型和新城疫二联苗。是否要免疫注射,鸡场自行决定。

十八、禽脑脊髓炎

禽脑脊髓炎(avian encephalomyelitis,AE)是主要侵害雏鸡的一种病毒性传染病,通常以雏鸡共济失调、渐近性瘫痪和头颈部震颤及死亡率高为特征。产蛋母鸡患病时,有短暂的产蛋下降,一般不表现临诊症状。曾称为流行性震颤。

1932 年、1934 年 Jones 首先报道美国有此病发生。其后加拿大、澳大利亚、前苏联、新西兰、日本、印度、奥地利、荷兰、西德、法国、瑞典、罗马尼亚等国也有发生。现在,养禽业发达的国家和地区都有本病发生。

在我国,张泽纪(1980 年)、李心平(1982 年)曾报道广东地区的发生病例,1983 年毕英佐对此病确诊。近些年,在江苏、浙江、福建、山东青岛、上海、内蒙古、湖北、北京等地都有发生,造成较大经济损失。

病原　本病病原为禽脑脊髓炎病毒,属小核糖核酸病毒科的肝病毒属,病毒直径为20～30 nm,呈球形。无囊膜。

用脑组织中病毒通过不同途径接种于鸡胚内,可使鸡胚死亡,出现脑水肿和肌肉营养障碍。接种后 3～4 d 胚胎脑中可检出病毒,以接种后的 6～9 d 含毒量达高峰。

鸡胚、鸡胚肾、鸡胚成纤维细胞均可作为细胞培养。病毒经卵黄囊、尿囊途径接种,均能在鸡胚中繁殖,多数学者认为,卵黄囊接种是最好的途径。

病毒对氯仿、酸、胰酶、胃蛋白酶和 DNA 酶有抵抗力。病鸡脑组织在 50%甘油中可保存 90 d 左右,在－20℃低温保存 428 d;冷冻保存 20 年的病毒接种雏禽发病。鸡胚和脑组织中病毒在 4～6℃冰箱中保存数周滴度不下降。病毒耐热,56℃加热 1 h 或在室温下保存 1 个月,在 pH 2.8 的溶液中处理 3 h,病毒仍有感染力。在粪便中至少存活 4 周。使用福尔马林可迅速将病毒灭活。

该病毒无血凝特性。

病毒含单一抗原。各分离毒株在理化和血清学特性上无差异,但病毒株的毒力及对器官组织的亲嗜性不同。野外分离株一般为嗜肠性,容易经口感染雏鸡,经粪便排毒,发生水平传播。也有一些野毒株嗜神经性,造成中枢神经系统损害,雏鸡出现严重的神经症状。通常野毒株对鸡胚是非致死性的,需经多次快速传代才能适应鸡胚。

流行病学　鸡、雉、鹌鹑和火鸡可自然感染。各种日龄均可感染,但一般雏禽感染后有明显的临诊症状,此病多见于 3 周龄内的雏鸡,4 周龄以上一般不出现症状。

取病雏脑组织 1∶10 稀释作脑内接种,人工接种雏鸡、幼鸽、小鸭和珍珠鸡可以感染,而对小鼠、豚鼠、家兔和猴,进行脑内接种均不发病。

本病可水平传播,又可垂直传播。幼鸡或成鸡感染后,病毒在肠道内增殖,3 周内病毒随粪便排出体外,污染养鸡环境,病毒对外界环境有强的抵抗力,较长时间内可保持感染,通过污染饲料、饮水、用具、人员等水平传播,经口感染。也可通过尘埃,经呼吸道感染。产蛋母鸡感染后,3 周内所产的蛋带有病毒,用这些带毒蛋孵化,一部分胚胎在孵化过程中死亡,另一些胚胎可孵化出壳。出壳雏鸡在 3 周内发病,并出现典型的临诊症状。一般是产蛋母鸡在感染

4 周后，体内带毒和排毒随之减少或停止，同时逐渐产生循环抗体，所产的蛋孵化时，母源抗体可保护雏鸡孵出，雏鸡并不出现临诊症状。

本病的流行无季节性，一年四季均可发生。单一日龄的鸡群（鸡场）比多日龄混养的鸡场感染少。笼养比平养传播慢。

症状　通过胚胎接种而感染的小鸡潜伏期为 1～7 d，通过接触或经口感染小鸡，最短潜伏期为 11 d。

自然暴发，通常在 1～2 周龄雏鸡发病，症状明显。病初精神不振，眼神迟钝，不愿走动，或走几步就蹲下来。随之出现共济失调，前后摇晃，步态不稳；病鸡受轰赶时，行走动作不能控制，或侧卧或跌倒；或者不能走动，或勉强用跗或胫关节着地走路，并拍动翅膀。有的病鸡两脚叉开，翅膀着地；病鸡有轻微的叫声。头颈震颤明显，尤其当手扶病鸡时更为明显而持久。病鸡不能采食和饮水，或被其他同圈鸡踩踏，最后病鸡体重减轻，衰竭而死。

部分病雏耐过后，生长发育迟缓，在育成阶段出现一侧或两侧眼球的晶体浑浊或呈浅蓝色的褪色，内有絮状物，瞳孔光反射弱，眼球增大，失明。

小鸡来自感染鸡群，40%～60%发病，死亡率平均达 25%，也可超过 50%；如是强毒感染后几天内的种蛋孵出的小鸡，死亡率可达 90%以上，随后逐渐降低。感染后 1 个月种鸡的后代不会再出现新的病例。

1 月龄以上的鸡受到感染后，除血清学检查阳性外，没有明显的临诊症状。成年鸡感染后，也不显症状。唯一的表现是产蛋量暂时的轻微下降，持续 1～2 周，下降幅度 5%～15%，最高时可下降 20%左右。蛋个体变小。用此时所下的鸡蛋孵化时，孵化率有轻度下降（后期死胎增加）。

病理剖检　剖检时体表及内脏器官一般无明显的肉眼变化，唯一的肉眼病变是胃的肌肉层有小的灰白区（大量淋巴细胞浸润所致），需要仔细观察才可能见到。成年鸡则一般见不到。病理组织学检查主要是中枢神经系统和某些脏器的变化，周围神经无变化。主要是病毒性脑炎的病变；神经元变性、胶质细胞增加和血管套的形成。腺胃肌壁有密集的淋巴细胞浸润；胰腺中淋巴细胞增加数倍。

诊断

1. 现场诊断　3 周龄以内雏鸡发病；临诊上以共济失调，渐进性瘫痪和头、颈颤抖为主症；剖检无明显病变；药物防治无效等，可作出初步诊断。成年鸡产蛋量呈短暂性的轻微下降。青年鸡易发生白内障，导致失明。

2. 病理组织学检查　取自然病例或人工接种病例的脑、前胃和胰腺切片观察，可见到病毒性脑炎的病变、前胃肌层淋巴细胞增生灶、胰腺淋巴细胞增生等病状，有诊断意义。

3. 病毒分离与鉴定

（1）取脑、胰腺、十二指肠（以脑组织为好）做成悬液，按常规处理后，经卵黄囊接种 5～7 日龄鸡胚，如有死胚，则观察死胚的病理变化；对出壳的雏，饲养观察 1 个月，另外，要特别注意观察 1～2 周龄时的表现；对死雏或扑杀雏，取脑、前胃和胰腺切片，做病理观察和传代增殖。

（2）接种健康雏。脑组织悬液经颅内接种 1 日龄敏感雏，在 1～4 周内出现典型症状。

（3）鸡胚易感性试验。

4. 血清学试验　血清中和试验、荧光抗体法、ELISA、琼脂扩散试验等。

5. 鉴别诊断　鸡传染性脑脊髓炎在症状上与鸡新城疫、维生素 E 缺乏、维生素 B_1 缺乏、

维生素 B_2 缺乏、成年鸡的产蛋下降综合征等有某些相似之处，应注意鉴别。

治疗　本病尚无有效的治疗方法。

预防

(1)由于本病既可经垂直传播又可经水平传播，所以，做好常规的防疫工作和兽医卫生措施，仍是十分重要的。

(2)免疫接种。活的弱毒疫苗，一般来说，母源抗体保留到雏鸡的 8 周龄时才消失，加之弱毒活苗对雏鸡还有一定的毒力，所以，多在 10 周龄及母鸡开产前 1 个月免疫接种，使母鸡在开产前获得免疫力，母源抗体经卵传给子代，保护雏鸡不发病。另一类为灭活疫苗，主要在开产前 1 个月肌肉注射一次。

鸡脑脊髓炎主要危害 3 周龄的雏鸡，母鸡免疫接种后，可将特异的抗体通过卵传给子代，保护雏鸡不发病，所以，本病的免疫接种主要是对种鸡进行。合理的免疫程序是给 10～12 周龄的鸡饮水或点眼接种弱毒疫苗，在开产前 1 个月再肌肉注射油乳剂灭活苗。

(3)根据成年病母鸡可经种蛋传播病毒的特点，在发病的 1 个月内产下的蛋，坚决不能用作种蛋出售和孵化，以免造成更大的危害。

十九、禽曲霉菌病

曲霉菌病(aspergillosis avium)是多种禽类和哺乳动物的一种常见的霉菌病。病的特征是呼吸道(尤其是肺和气囊)发生炎症和形成小结节，故又称曲霉菌性肺炎。鸡、鸭、鹅、鸽等多种禽类都可感染，本病主要发生于幼禽，呈急性群发性暴发，发病率和死亡率都较高，对集体养禽业危害较大。成年禽多呈慢性经过。

病原　一般认为曲霉菌属中，烟曲霉菌是常见的致病力最强的病原菌，其孢子在外界环境中分布很广，如稻草、麦秸、垫草、谷物、木屑、发霉的饲料，以及墙壁、地面、用具、水和空气中都可能存在。在适宜的温度和条件时就可以繁殖。

烟曲霉菌为需氧菌，在沙保弱(Sabouraud)培养基上，置室温及 37℃温箱中生长良好。最初为白色絮状菌落，逐渐扩延，经过 24～30 h 后，当形成孢子时，菌落呈面粉状，淡灰色、绿、暗绿、深绿色，进而变成烟绿色，以至黑色。显微镜下观察，曲霉菌的形态特点是分生孢子柄较短，顶囊由分生孢子柄逐渐膨大而形成，状如烧瓶；顶囊长出小梗，小梗和分生孢子链按与分生孢子柄轴平行的方向升起，分子孢子呈串珠状，放射状排列，孢子呈灰、绿或蓝绿色。

霉菌孢子对外界环境(干燥、日光等)抵抗力很强，在养鸡的环境中，可存活很长时间。120℃干热 1 h 或煮沸 5 min 才能杀死。一般消毒药液需 1～3 h 才能杀死。常用 5%甲醛、0.3%过氧乙酸及含氯消毒剂消毒。

流行病学　各种禽类都有易感性，如鸡、火鸡、鹅、鸭等都能感染，幼禽(雏鸡和鸭黄)对烟曲霉菌最容易感染，特别是在 20 日龄以内的雏鸡，常见急性暴发和群发性发生，而在成年家禽常只是个别散发。出壳后的幼雏在进入被烟曲霉菌污染的育雏室或装入被污染的席篓内而感染。48 h 即可开始发病和死亡。4～12 日龄是本病流行的最高阶段，以后逐渐减少，至 1 月龄基本停止死亡。

污染的垫草、木屑、土壤、空气、饲料是引起本病流行的主要传染媒介。幼禽是通过呼吸道吸入孢子感染，也可通过饲喂发霉饲料经消化道而感染发病。污染严重的孵化室，曲霉菌的孢子可穿过蛋壳侵入蛋内使鸡胚感染，引起死胚或出壳后不久出现症状。育雏阶段的饲养管理及卫生条件不良是引起本病暴发的主要诱因。育雏室内日夜温差大、通风换气不好、过分拥挤、阴暗潮湿以及营养不良等因素都能促使本病发生和流行。

症状 病雏开始精神不振，减食或不食，翅膀下垂，羽毛松乱，嗜眠，接着就出现呼吸困难，喘气，呼吸次数增加。病鸡头颈伸直，张口呼吸，发出啰音，有时摇头打喷嚏。将病鸡放于耳旁，可听到沙哑的水泡声响。少数病鸡眼、鼻流液，后出现下痢，最后倒地，头向后弯曲，昏睡死亡。病程一般在 1 周左右。如不及时采取措施，死亡率可达 50%以上。放养在户外的家禽对曲霉菌的抵抗力很强，几乎可避免传染。

有些雏鸡可发生曲霉菌性眼炎，据作者观察发病率约 5%，通常是一侧眼的瞬膜下形成绿豆大小隆起，致使眼睑鼓起，内为干酪样物。有些鸡还可在角膜中央形成溃疡。

病理剖检 呼吸系统的病变最为常见，肺、气囊和胸、腹腔浆膜上有大头针帽至小米粒或绿豆大小的霉菌结节。呈灰白色或黄白色，气囊膜变厚、浑浊。肺上有多个结节时，可使肺组织质地坚硬，弹性消失。结节呈灰白或淡黄色，柔软有弹性，内容物呈干酪样。有的结节可互相融合成大的团块。在病肺、气囊或腹腔浆膜上用肉眼即可见到成团的霉菌斑。作者曾见到大至贰分硬币大小，呈圆形、隆起，中心稍凹陷似碟状，呈深绿色或深褐色，用手拨动时可见粉状物飞扬。

诊断

(1)从流行病学的调查中，了解有无接触发霉的垫草或喂过发霉饲料等，并结合症状、剖检时见到肺部和气囊上的霉菌结节，即可作出初步诊断。

(2)实验室检查。本病的确实诊断，可以采取病禽的肺或气囊上的结节病灶，置载玻片上，加生理盐水 1 滴或 20%苛性钠或苛性钾少许，用针剐碎病料，加盖玻片后用显微镜检查，可以见到特征性的曲霉菌的菌丝和孢子。

(3)培养。有时直接制片可能见不到霉菌，就必须采取结节病灶的内容物接种在沙保弱或其他真菌培养基上，作霉菌分离培养。

治疗 目前尚无特效治疗方法。据报道，用制霉菌素防治本病有一定效果。剂量为每100 只雏鸡用 50 万 IU 拌料喂服，日服 2 次，连用 2～3 d。或用克霉唑(三苯甲咪唑)，每100 只雏鸡用 1 g 拌料喂服，连用 2～3 d。一般介绍用碘化钾或硫酸铜饮水进行防治，作者 1979 年曾从发病鸡身体内分出致病的烟曲霉菌，在实验室内进行药敏试验证明，硫酸铜、美蓝高浓度才有抑菌作用，碘化钾无抑菌作用，在现场应用效果也差，看来硫酸铜和碘化钾的疗效还有待进一步验证。作者认为，对发病鸡群立即更换引起发病的发霉垫料或换去发霉饲料，清扫和消毒雏鸡室，给病鸡群用链霉素饮水或饲料中加入抗菌药物，防止继发感染，这样，可在短期内降低发病率和死亡率，从而控制本病。

防治措施 不使用发霉的垫草和饲料是预防本病的主要措施。育雏室每日温差不要过大，保持合理通风换气，减少育雏舍空气中的霉菌孢子；保持室内环境及用物的干燥、清洁，防止生霉；注意卫生、消毒工作，加强孵化的卫生管理，防止雏鸡的霉菌感染。有的鸡群选用干净的中粒沙子作垫料，育雏室清扫干净，用甲醛液熏蒸消毒后，再进雏饲养。

二十、鸡病毒性关节炎

鸡病毒性关节炎(viral arthritis,VA)又名病毒性腱鞘炎,是由呼肠孤病毒引起的肉用型禽类的一种传染病。主要是关节滑膜,腱鞘和心肌受到侵害,使胫和跗关节上方腱索的肿大,趾屈腱鞘和蹠伸腱鞘肿胀,病鸡跛行、蹲坐,不愿走动,严重者腓肠肌肌腱断裂。由于病鸡运动障碍,生长停滞,消瘦,饲料利用效率低,屠宰率下降,淘汰率增高,给养鸡业造成很大的经济损失。

1957 年 Olson 首先报道该病发生于美国以后,世界许多国家和地区相继有发生本病的报道,可能已遍及世界各地,我国 20 世纪 80 年代有该病发生。在大多数鸡群中呈亚临诊感染,可为某些细菌病、营养性疾病等引起的关节病所掩盖。

病原 本病的病原是呼肠孤病毒。该病毒无囊膜,呈二十面体,病毒直径 70～75 nm,也有 72～80 nm 的报道。双股 RNA 病毒。氯化铯浮密度为 1.36～1.37 g/mL。

病毒能在鸡胚中培养,以卵黄囊和绒毛尿囊膜接种效果为好。病毒可在禽原代细胞培养中增殖,以鸡肾细胞中增殖良好,并形成合胞体,应用较多。

禽呼肠孤病毒各毒株间有共同的沉淀抗原。中和抗原有明显的交叉中和作用。毒株有强有弱。

禽呼肠孤病毒不能凝集鸡、鸭、鹅、火鸡、牛、绵羊、兔、豚鼠、大鼠、小鼠和人的 O 型红细胞。呼肠孤病毒的 3 个哺乳动物血清型都能凝集人的 O 型红细胞,但是禽株不能凝集人的 O 型红细胞,这是传染性关节炎病毒与哺乳动物的呼肠孤病毒不同之处。

本病毒对外界环境的抵抗力强。对热稳定,病毒能耐 56℃ 24 h,60℃ 8～10 h,对乙醚、氯仿具有抵抗力,在 pH 3.0～9.0 的范围内保持稳定。在低温条件存活时间长,4℃至少 3 个月,−20℃则存活 4 年以上。在室温条件下,能耐 3%福尔马林、5%来苏儿和 1%石炭酸 1 h。紫外线有破坏病毒的作用,过碘酸盐也可迅速杀死呼肠孤病毒。该病毒对 2%～3%氢氧化钠和氢氧化钾、70%乙醇较为敏感。

流行特点 鸡和火鸡是本病的唯一的自然和实验宿主。病毒在鸡群中传播有两种形式,鸡与鸡之间的直接或间接接触均可发生水平传播,感染后的种鸡可经蛋垂直传播。本病在肉鸡群中传播迅速,但在笼养鸡中传播较慢。病毒首先在呼吸道和消化道复制,后在血液中散播,24～48 h 后形成病毒血症,以后又局限在腱的滑膜组织以及关节部位。消化道含毒量较高,排毒途径主要通过消化道(粪便)。病毒在鸡体内至少可持续生存 289 d,因而带毒鸡常是重要的传染来源。经种蛋的传递率不高,有资料报道 1.7%,主要通过出壳的雏鸡的水平传播。各种日龄、类型和品系的鸡都易感。鸡龄越大,敏感性越低,3～7 周龄肉仔鸡最易感,10 周龄明显降低。2 周龄的小鸡比 5～20 周龄的鸡更为易感。腱鞘炎在肉用鸡中最为流行,其他轻型蛋鸡和火鸡也有发生。

症状 潜伏期的长短因毒株的毒力、感染途径、鸡的敏感性等不同。接触感染为 13 d 至 7 周;足垫内 1～21 d;肌肉内 11～30 d;消化道 3～7 周,气管内 9 d,鼻内 2～6 周;皮下不超过 5 周。

该病多发生于肉鸡、肉用型或肉蛋兼用型等体型较大的鸡,来航鸡等轻型鸡发病较少。各日龄的鸡均可发病，临诊上多见4～16周龄，尤以4～6周龄最多。

本病大多呈隐性经过，有临诊症状的一般占鸡群总数的1%～5%，也有达10%或以上。屠宰中因发育受阻或关节损害而废弃的病鸡，可能高达25%～30%。

本病的临诊症状主要表现以下两种病型：

腱鞘型的病鸡主要表现跛行和足趾以外的足部及足胫腱鞘肿胀。病鸡食欲和活力减退，不愿走动，驱赶时勉强走动，但走不稳，或跛行，或单脚跳动。病鸡跛行始于足趾，随之向上蔓延到膝部，故用膝着地伏坐而不愿行动。在日龄较大的肉用鸡中可见腓肠肌肌腱断裂，导致顽固性跛行。病鸡得不到足够的饲料和水分，日渐消瘦，病鸡发育不良，最后衰竭死亡。

败血型的病鸡多见于急性病例，表现为精神不振，全身发绀和脱水，鸡冠齿端软，呈紫色。如病情继续发展时，则整个鸡冠变成深暗色，直至死亡，关节疾患并不太显著。也有转为慢性，主要表现为腱鞘炎型。

种鸡或蛋鸡受到感染后，产蛋量可下降10%～15%，种鸡受精率下降，可能与病鸡运动功能障碍影响正常交配有关。

病理剖检　腱鞘炎型的病变，主要是足和胫部的腱鞘水肿，腓肠肌肌腱断裂，胫骨干增厚，关节腔内含有棕黄色的关节分泌物。少数渗出物为脓性，可能与细菌感染有关。慢性时关节液较少，表现为关节硬固，腱鞘硬化和粘连，关节软骨糜烂等。败血型的病变，主要是发绀，血管充血、出血、腹膜炎。肝、脾、肾肿大。卡他性肠炎，盲肠扁桃体出血。卵黄皱缩，并破裂出血。有时还见心外膜炎、肝、脾、心肌上有小的坏死灶。

诊断

1. *根据发病特点、症状及病理变化可疑为本病*　特别是蹠部腱鞘肿胀，同时伴有心肌纤维间的异嗜性白细胞浸润，有一定诊断价值。

2. *病毒的分离与鉴定*　有实验条件的单位，可取腱鞘、关节液等病料进行鸡胚接种、细胞培养等方法分离病毒。

呼肠孤病毒普遍存在于家禽体内，所分离的病毒是否为致病的病毒，尚需进行病毒病原性测定及耐热性测定，以确定为病毒性关节炎病毒(测定方法请参考有关资料)。

3. *血清学试验*　禽呼肠孤病毒具有群体特异性抗原，可用琼脂扩散法检测出来。在感染后2～3周可出现沉淀抗体，有关节病变的鸡，抗体可能长期存在，多数鸡在感染后4周消失。自然感染鸡群中，85%～100%的鸡呈阳性反应。实践中常用琼脂扩散试验，多用于流行病学调查，由于该病在鸡群中传播迅速，只要每月进行1次，每次抽查鸡群1%的血清，即可了解鸡群是否有鸡病毒性关节炎的感染。

尚有荧光抗体法、中和试验、酶标技术等方法用于诊断。

4. *鉴别诊断*　因为鸡病毒性关节在临诊上与下列疾病有类似之处，滑膜支原体(MS)引起的鸡传染性滑膜炎；致病性葡萄球菌引起的鸡传染性骨关节炎；多杀性巴氏杆菌引起的慢性型鸡霍乱；大肠杆菌引起的关节炎。因此，要确诊此病必须送病鸡或采集有病变的腱鞘、关节滑液送实验室作病原分离鉴定，以资区别。当然，营养因素引起的腿病也要重视鉴别。肉鸡腿病的病因是比较复杂的，要具体分析才可作出定性的诊断。

治疗　尚无有效的特异治疗方法。确诊是十分重要的。如有细菌继发可用抗生素治疗。

防治措施

(1)严格鸡场兽医卫生管理制度，防止本病传入鸡群。

(2)改善卫生条件和饲养管理，以提高机体的抗病能力。

(3)采取全进全出的饲养制度。

(4)当病鸡群已终止发病，鸡舍必须全部空出，彻底清洗后，用甲醛液熏蒸，空2～3周之后方能再进新鸡。有资料介绍，受污染的鸡舍，在经清洗、消毒并空3周之后，重新饲养的鸡群的感染率可从原来的40%降到0.5%。

(5)疫苗接种。已有灭活苗或弱毒苗可供选用。禽呼肠孤病毒存在多个血清型，尚无可供广泛应用的疫苗毒株。1日龄雏鸡接种可起早期保护效果；母鸡在开产前接种，可通过母源抗体保护1日龄仔鸡，对防止垂直传播也有一定作用。

二十一、绿脓杆菌病

绿脓杆菌病(pseudomonas disease)是幼雏和青年家禽的局部或全身性感染的疾病。可以引起一定数量的鸡只发生死亡。近些年来，我国陆续有发病的报道，是养鸡中值得重视的疫病之一。

病原 病原为假单胞菌属绿脓杆菌，又称铜绿假单胞菌。本菌能运动，多为一端单毛。革兰染色阴性，不产生芽孢，无荚膜；本菌为中等大小、单个、成双、有时呈短链排列。在普通培养基上生长良好，形成圆形、光滑、湿润的菌落，有伞状边缘，大多数产生水溶性的绿脓菌素(蓝绿色)和荧光色素(黄绿色)，使培养基也带上颜色，并有特殊的芳香味。在鲜血琼脂平皿上出现β溶血环，在麦康凯培养基上生长良好，菌落不变红色；在液体培养基中，呈中等浑浊，产生水溶性绿色素。氧化酶阳性，精氨酸双水解酶亦为阳性。本菌能产生致死毒素、肠毒素、溶血毒素、内毒素等，引起发病和死亡。

流行特点 本病在医学烧伤外科、医院中占重要地位。可以引起多种畜禽感染，在养禽业中，主要是引起幼雏及青年家禽发病，我国已有鸡、鹌鹑、火鸡、鸭等禽类发病的报道。各种年龄的禽都可感染，但以幼龄禽容易发病。

病原广泛存在于土壤、水、空气和养鸡的环境中。在正常人畜的肠道和皮肤上也可见到。从发病雏舍的食槽、水槽、墙壁、地板网、隔板、空气、孵化厅及孵化器、死雏、死胚中可以分离到绿脓杆菌。伤口感染是常发的途径，国内已有数起因注射器消毒不严，在1日龄注射马立克病疫苗后引起暴发的病例。也有因稀释液污染而引起发病的病例。孵化环境太脏，孵化用具及孵化过程消毒不严，也是造成胚胎死亡和新生雏发病的病因之一。饲养管理不良、密集饲养、雨季、闷热季节、应激因素、存在其他疫病等都可促进发病。发病率和死亡率受着多种因素的影响，一般在2%～10%，严重时可达50%以上。如某鸡场7 000只雏鸡，1日龄注苗污染发病，死亡1 062只，占15%；另一鸡场4 200只雏，1日龄注苗污染发病，死亡727只，占17%。某鸡场，3～4周龄雏发病，发病率21.3%～47.5%，死亡率3.3%～31%。某饲养场购进白鸡雏1 507只，死亡884只，死亡率58.6%；"579"雏1 350只，死亡600只，死亡率44.4%。

症状 如因注苗引起的发病，来势很猛，病情急，常突然发生死亡，见不到明显的症状。

一般症状表现为病鸡喜卧，嗜睡，精神委顿，两翅下垂，减食或食欲废绝，羽毛蓬乱，无光泽；有的病雏腹部膨大，手压柔软。鸡群有不同程度的腹泻，粪便水样、黄白或淡黄绿色，严重时，粪中有血丝。有的病鸡口流黏液，腹式呼吸。有的眼周围有不同程度水肿，眼半闭或全闭，流泪。有的胸、腹部皮下水肿,呈淡绿色,严重时可延至两腿内侧。有的病鸡关节或脚蹼发生肿胀,表现跛行,运动失调。死前倒地,头颈部抽搐。

病理剖检 眼周围水肿、破溃,流出液体或见结痂。头、胸、腹部皮下甚至延至两腿内侧皮下水肿、淤血或溃烂,见皮下有淡黄色或淡绿色胶冻样液体,严重时,水肿部皮下散在有出血点或出血斑;实质器官有不同程度充血、出血。脾脏肿大,有出血点;肝脏肿大,质脆,黄红或淡黄色,有淡黄色小米粒大小的坏死点。肾脏肿大,表面有散在出血点。心内、外膜或心冠脂肪有出血点或出血斑。气囊膜浑浊、增厚。肺充血、水肿,有的有出血点,或有肺炎变化。小肠黏膜充血或有出血点。卵黄吸收不良,呈水样,黄绿色。脑膜水肿,脑实质有小红点。

诊断 根据发病日龄、症状及剖检变化,可以做出初步诊断。进一步的诊断还需采取病死鸡的病料,在实验室分离细菌,在培养基上,可以见到生长菌落光滑、湿润、有伞状边缘,有蓝绿色色素和特殊的芳香气味,便可以确诊。

治疗 发病后,及时作出诊断,并使用氯霉素、庆大霉素、卡那霉素、链霉素等抗生素及磺胺类药物治疗,会收到一定的疗效。鉴于这种细菌对较多抗菌药物有抗药性,有实验室条件的单位,可先分离病原,经过药物敏感试验,选出敏感的药物用于治疗,更能收到满意的治疗效果。常用药物的剂量,请参考本章前面的介绍。

防治措施 绿脓杆菌病的发生主要与环境卫生差及管理不当有密切关系,因此,除了坚持做好环境的消毒、卫生工作外,加强鸡群的管理,保持鸡舍的通风干燥是减少或防止发病的重要措施。

保持孵化器及孵化环境的清洁卫生,严格执行消毒制度。免疫用的注射器和针头的严格清洗、消毒是控制本病的又一主要措施。我国的较多的鸡场发病,充分证实了这一点。防止疫苗及注射用药的稀释液被绿脓杆菌污染也不应忽视。减少应激因素,防止其他疾病的发生有助于降低该病的发生。

二十二、鸭　瘟

鸭瘟(duck plague)又称为鸭病毒性肠炎(duck enteritis),是由鸭瘟病毒引起鸭、鹅、天鹅等雁形目禽类的一种急性、高度致死性传染病,其特征是消化道黏膜出血、溃疡和实质器官有出血和坏死病变等。不同品种鸭和各种日龄的鸭均可感染发病,发病率与病死率高,未免疫鸭群的死亡率有时可高达90%以上,给养鸭业造成很大的威胁。

病原 鸭瘟病毒属疱疹病毒科。为有囊膜病毒,大多数呈球状,直径100～150 nm。病毒可以在鸭胚成纤维细胞和9～14日龄鸭胚绒毛尿囊膜(CAM)上繁殖。病毒亦可在鸭胚肝和肾细胞中生长,并且能适应鸡胚,但初代分离病毒使用鸡胚效果不佳。病毒能在细胞培养中引起明显的细胞病变。细胞培养滴定病毒表明,感染后4 h即出现新的细胞结合病毒,48 h滴度达到最高。提高培养温度(39.5～41.5℃)可以促进病毒,特别是低毒力毒株的复制。

在易感动物体内,病毒首先在肠道黏膜,尤其是食道黏膜处复制,随后扩散到腔上囊、胸腺、脾脏和肝脏,并在这些器官的上皮细胞和巨噬细胞内进行增殖。

病毒对乙醚和氯仿敏感。56℃加热10 min或50℃加热90～120 min可以破坏病毒的感染性;室温(22℃)30 d后感染性丧失;pH值为3和11时病毒很快被灭活。

虽然各地分离的鸭瘟病毒毒株的毒力不同，但免疫学上同属一个血清型。

流行特点 该病在全世界许多国家和地区均发生过，在我国广大养鸭地区呈地方流行性，而且以蛋鸭和种鸭多见。但近年来随着商品肉鸭饲养规模的扩大，雏鸭和鸭产品交流频繁，给鸭瘟的传播创造了条件，在商品肉鸭中也时有发生。该病一年四季均有发生，但以春夏之交、秋季养鸭和运销旺季发病较多。

自然易感宿主仅限于雁形目的鸭科成员（鸭、鹅和天鹅），从雏鸭到成年种鸭均可感染，其他禽类和哺乳动物未见报道。许多家鸭都发生过自然感染，包括北京鸭、康贝尔鸭、印度跑鸭、杂交鸭及各种本地鸭，番鸭较常发生。家鸭暴发鸭瘟常常与野生水禽共栖的水环境有关。家鹅和天鹅中亦暴发过该病。

在实验条件下，鸭瘟病毒可通过口腔、鼻内、静脉、腹腔、肌肉和泄殖腔等途径感染，但不同感染途径所需的致死剂量不同。肌肉注射需要剂量最少，鼻内感染则较多，而经口感染所需的剂量最大。在形成病毒血症阶段，吸血昆虫也可能传播本病。

易感鸭与感染鸭直接接触可以传染，接触被污染的环境也可以间接传染。因为水禽往往在同一水域中采食、饮水和栖居，所以水似乎是病毒从感染禽传播到易感禽的自然媒介。被感染的水禽进入易感群或者无病毒污染的水域就可能形成新的感染点。感染过程和发展趋向取决于群体密度以及感染水禽与易感水禽之间的传播率。养鸭密集地区，鸭瘟传播快而且死亡率高。为了保证种鸭的生产周期，种群一般饲养于一个稳定的地区，所以种鸭群感染鸭瘟往往是自限性的。而商品鸭则随着生产周期的安排，新的易感鸭群被转到上批鸭占用过的场地，不断地迁入被污染的环境，造成商品雏鸭感染不断循环。

症状 家鸭潜伏期为 3～7 d，一旦出现明显症状，通常在 3～5 d 死亡。家养种鸭首先突然出现持续性高死亡率，死亡的种鸭阴茎脱垂明显，产蛋鸭群在死亡高峰期产蛋明显下降。随着病情的蔓延，可出现更多的症状，如精神沉郁、食欲丧失、极度口渴、头颈低垂、运动失调、羽毛松乱、流鼻液、泄殖腔黏糊、水样下痢。感染鸭不能站立、双翅扑地、头下垂，驱赶病鸭可见其头、颈和身体震颤。2～7 周龄商品雏鸭表现脱水、消瘦、流泪、鼻腔有渗出物和泄殖腔有血染。

死亡率 5%～100%不等，发病鸭一般都死亡，所以发病率与死亡率相近。

剖检变化 剖检时首先可见到部分鸭眼眶周围羽毛沾湿、粘连，头颈部皮下有胶胨样渗出。口腔、食道、肠道和泄殖腔等消化道黏膜有特征性的病变：急性病例的食道黏膜有大量的出血斑，病程稍长则在食道黏膜可见不规则、条纹样的灰黄色或黄色粗糙假膜，剥离假膜后见出血点、出血斑或溃疡灶；腺胃与食道交界处有明显的出血条纹或出血斑；肠道外观可见环状出血带，剖开可见肠黏膜有大量出血斑；盲肠、直肠后段及泄殖腔黏膜出血，尤其是泄殖腔黏膜的出血或坏死具有特征性。肝脏、脾脏和胰腺有大量的大小不等的坏死灶。

心肌和其他内脏器官以及肠系膜和浆膜等支持结构有淤血点、瘀斑或更大范围的血液外渗现象。心外膜，特别是在冠状沟有密集的出血点。产蛋鸭卵泡变形、变色并有出血，卵巢的大量出血充入腹腔。腔上囊和胸腺出血明显。

诊断 根据流行病学和发病特点，结合病理剖检的特征性病变，尤其是食道、泄殖腔黏膜的出血、坏死以及肝脏的坏死点可作出初步诊断。但在没有典型病变的情况下，进行病原的分离和鉴定也可以确诊。

用于病毒分离的病料应采自肝脏、脾脏、腔上囊、肾脏和泄殖腔。首次分离病毒应接种易感的 1 日龄番鸭或北京鸭，也可经绒毛尿囊膜接种 9～14 日龄鸭胚。病毒可以在北京鸭或番鸭等胚成纤维细胞、肝细胞和肾细胞上传代。病毒鉴定则需要用已知抗血清中和分离病毒或采用其他免疫学和分子生物学方法。也可采用单克隆抗体免疫荧光抗体技术,或聚合酶链反应等方法对感染的组织或细胞培养物中的鸭瘟病毒进行快速检测。

在临床诊断中应注意与雁形目动物其他出血坏死性疾病相区别,家鸭中出现这类病变的疾病有鸭病毒性肝炎、巴氏杆菌病、坏死性肠炎、球虫病和某些特异性中毒。

防治措施 对鸭瘟病毒感染无特异性疗法。预防措施是保护易感禽饲养环境不受病毒污染。这些措施包括从无感染区引种,避免与污染材料直接或间接接触。防止自由飞翔的雁形目动物传进疾病或污染水环境。一旦发生感染,应采取措施防止水流散毒。

当鸭瘟传入后,采取捕杀、从污染环境中转出、环境清洁消毒等措施有效,并对所有易感雏鸭进行免疫接种。

免疫接种鸭瘟弱毒疫苗是疫区预防和控制该病的有效措施之一。对于商品肉鸭,可在5日龄左右首免,15～20日龄时二免。而种用鸭或蛋用鸭可以在2月龄左右免疫接种,或者在20～25日龄首免后每隔5～6个月再免疫一次,这样可以保证鸭群具有较强的免疫力。

二十三、鸭病毒性肝炎

鸭肝炎(duck viral hepatitis,DVH)是雏鸭的一种传播迅速的急性、高度致死性病毒病。死亡鸭呈明显的角弓反张姿势,剖检可见肝脏肿胀并有明显的出血点或出血斑。如果不采取控制措施,雏鸭死亡率可高达90%以上,给养鸭场造成很大的经济损失。

病原学 本病病原为鸭肝炎病毒,属小RNA病毒科,病毒粒子大小20～40 nm,为无囊膜病毒。病毒经尿囊腔途径接种可以在鸭胚和鸡胚中繁殖并致死胚体。另外病毒可以在原代鸭胚肝细胞和肾细胞中繁殖。

业已证明,在过去报道过的1、2和3型病毒性肝炎病毒中,2和3型肝炎病毒为星状病毒。目前我国鸭肝炎病毒至少存在2个不同的血清型,2个血清型毒株之间核酸序列的同源性在75%左右,但二者之间没有明显的交叉中和作用。

鸭肝炎病毒可耐受乙醚和氯仿,具有一定的热稳定性。在自然环境中,病毒可在未清洗的污染孵化器内至少存活10周,在阴凉处的湿粪中可存活37 d以上。在4℃条件下病毒可存活2年以上,在－20℃则可长达9年。

流行特点 鸭肝炎自然病例仅发生于雏鸭,以2周龄前后的雏鸭最多见。成年种鸭即使在污染的圈舍中也无临床症状,产蛋正常。鸡和火鸡对该病有抵抗力。鸭肝炎病毒在易感雏鸭群中传播很快。该病在鸭场死亡率高、传播迅速,表明有很强的接触传染性。康复鸭到感染后8周仍可从粪便排毒。野生鸟类在短距离内可作为机械带毒者。鼠类可作为鸭肝炎病毒的储存宿主,这对于该病的流行病学有重要意义。

症状 鸭肝炎的发生和传播很快,且死亡几乎都发生在3～4 d内,呈典型的尖峰式。感染雏鸭首先表现为跟不上群,此后短时间内就停止运动、蹲伏并半闭眼,病鸭身体侧卧,两腿痉挛性后踢,头向后背死亡,呈角弓反张姿势,雏鸭在出现症状后1 h左右死亡。在疾病严重暴发时,雏鸭的死亡速度惊人。雏鸭群的死亡率可高达90%以上,3周龄以上雏鸭的发病率和死亡率相对较低。

剖检变化　鸭肝炎病毒引起的病变主要在肝脏，表现为肿大、有明显的点状或瘀斑状出血。也可见肝脏颜色变淡，表面呈斑驳状；有时脾脏肿大斑驳状。许多病例肾脏肿大，血管充血。

诊断　根据疾病的流行特点、临床症状和特征性的剖检病变可以作出初步诊断。确诊则需要进行病毒的分离和鉴定。

取死亡鸭肝匀浆稀释和无菌处理后接种于9～12日龄无母源抗体的鸭胚，或9～12日龄鸡胚尿囊腔，感染鸭肝炎病毒的胚在24～72 h死亡，然后采用病毒中和试验进行病毒鉴定。也可应用直接荧光抗体技术或PCR技术检测自然病例或接种鸭胚中的病毒抗原或核酸，这两种方法可以比较快速地得出诊断结果。

鸭肝炎的特征是发病突然、传播快和病程急，死亡雏鸭的肝脏肿大并有明显的出血点或出血斑。其他可能引起雏鸭急性死亡的因素有沙门菌病和黄曲霉毒素中毒等，后一种疾病可引起共济失调、抽搐和角弓反张，以及胆管增生等与肝炎相似的组织学病变，但不引起肝脏出血。其他常见的鸭的急性致死性疾病，除了煤气中毒外，在幼雏鸭群中并不多见。

防治措施　严格隔离，特别是在雏鸭最初4周龄以内隔离饲养可防止或减少发生鸭肝炎。但在疾病流行地区，很难做到严格的隔离。

在疫病流行地区免疫预防是控制疾病发生的最有效方法之一。对于无母源抗体的雏鸭，即种鸭在开产前未接种疫苗，在1～3日龄免疫接种鸭肝炎弱毒疫苗可有效地防止本病的发生。种鸭可在开产前间隔15 d左右接种2次鸭肝炎疫苗，之后隔3～4个月加强免疫一次，可以保证雏鸭具有较高的母源抗体，获得较好的保护。但是对于病毒污染比较严重的鸭场，10日龄以后的雏鸭仍有可能被感染，应考虑避开母源抗体的高峰期进行免疫接种，或在母源抗体减退时注射高免卵黄抗体或血清，使雏鸭继续获得被动免疫保护。

对于发病鸭群可紧急注射鸭肝炎病毒高免卵黄抗体或血清来控制疫情。

二十四、小　鹅　瘟

小鹅瘟（gosling plague）又称鹅细小病毒感染或Derzsy氏病，是一种侵害幼鹅和番鸭的高度接触传染性疾病。根据感染雏鹅的日龄的不同，该病可表现为急性、亚急性或慢性型。临床上以传播快、死亡率高、剧烈下痢、纤维素性肠炎、小肠中段和后段内形成腊肠样栓子为特征。在鹅和番鸭饲养密集的国家，该病具有重要的经济意义。

病原　本病病原为鹅细小病毒，直径20～25 nm，无囊膜。鹅细小病毒只能用鹅或番鸭胚，或者原代鹅胚细胞培养物进行分离。分离的病毒可以在鹅胚成纤维细胞系（CGBQ）上繁殖。该病毒无血凝作用，但能凝集黄牛精子。目前该病毒只有一个血清型。

病毒对理化因素的灭活作用有很强的抵抗力。经65℃加热处理30 min滴度不受影响，在pH 3.0溶液中37℃条件下作用1 h仍然稳定。

流行特点　自然感染仅见于鹅、番鸭和一些杂交品种。所有家鹅都易感，其他家禽和鸭对实验感染似乎有抵抗力。本病有严格的年龄相关性，1周龄内雏鹅感染死亡率可达100%，而4～5周龄感染造成的损失很小。较大的鹅感染后不表现临床症状，但有免疫学反应。番鸭的情况与此类似。

感染鹅粪便可排出大量的病毒，经过直接或间接接触使本病迅速传播。垂直感染可引起易感雏鹅最严重的感染和发病。较大的鹅易发生亚临床感染和潜伏感染，这些鹅作为病毒携带者通过卵将病毒传给孵化室中的易感雏鹅。

症状 易感雏鹅的潜伏期与年龄有关。1日龄雏鹅实验感染后3～5 d表现临床症状，2～3周龄鹅感染的潜伏期为5～10 d。临床表现随感染鹅日龄不同而不同。1周龄以内雏鹅疾病发展很快，2～5 d内出现厌食、衰竭和死亡。日龄较大的鹅或有一定母源抗体的雏鹅的病程则较长，且表现本病特征性的临床症状，首先表现为厌食、渴欲增加、无力而不愿走动，许多鹅眼和鼻有分泌物并甩头，眼睑红肿，拉白稀。耐过急性期的雏鹅病程变长，表现为严重的生长停滞、背部和颈部羽毛脱落，裸露的皮肤呈红色。病鹅的腹腔有可能积水而呈“企鹅样”姿势站立。

孵化期感染的雏鹅的死亡率有时高达100%，而2～3周龄的鹅发病率虽然很高，但死亡率可能低于10%。饲养管理不善，继发细菌、真菌或其他病毒感染等可影响最终死亡率。4周龄以上的鹅很少表现临床症状。

剖检变化 临床上病程短的急性病例心脏通常有病变，心尖周围有特征性心肌苍白。肝脏、脾脏和胰腺肿大和充血。病程长的病例可能出现其他大体病变，比较典型的是浆液-纤维素性肝周炎、心包炎，腹腔有大量的淡黄色积液。

本病特征性的变化是小肠呈现卡他性-纤维素性坏死性肠炎。小肠中后段肠黏膜坏死脱落，与渗出物凝固形成栓子，长2～5 cm，外观膨大、质地坚硬，状如腊肠。剖开或切断后可见栓子中心为深褐色干燥的肠内容物。肠壁菲薄，呈淡红色或苍白，不形成溃疡。有些病例的肠黏膜上附有散在的纤维素凝块，而不形成条带或栓子。十二指肠和结肠通常呈急性卡他性炎症。小肠的特征性病变在亚急性病例更为明显。

诊断 根据本病流行病学、临床症状和特征性的消化道病变，一般可作出初步诊断。确诊则需要进行实验室病毒分离和鉴定：通过尿囊腔途径接种10～15日龄鹅胚或番鸭胚可以从多种剖检组织中分离到鹅细小病毒。接种后5～10 d胚胎出现死亡，死亡胚胎出血、肝脏为黄褐色。也可利用鹅或番鸭胚原代细胞分离鹅细小病毒，接种后3～5 d可形成很明显的细胞病变。采用免疫荧光可直接检查雏鹅体内、鹅胚和感染细胞中的病毒抗原，也可采用免疫酶技术、反向间接血凝等方法，或者利用抗鹅细小病毒血清进行琼扩试验检测感染鹅胚尿囊液中的病毒。

已建立了检测鹅细小病毒的PCR技术，引物设计主要针对VP1保守区和编码衣壳蛋白的2个基因。PCR可从实验感染雏鹅的多个组织中检测到鹅细小病毒的DNA。

防治措施 许多鹅细小病毒感染的暴发都是在孵化过程中垂直感染引起的，所以不要孵化来源于不同种群的种蛋。应选用已知无细小病毒感染群的种蛋进行孵化并保持良好的孵化卫生。

暴发过本病的鹅场，感染过本病而存活的雏鹅不能留作种用，因为这些鹅可能成为潜在的病毒携带者。所有接触过的鹅，包括雏鹅和成年鹅，都应进行血清学检查确定哪些被水平感染，淘汰血清学阳性者，因为这些鹅可能成为病毒携带者。

由于本病仅限于雏鹅和番鸭，控制措施主要是使雏鹅在头4～5周内产生足够的免疫力。

未经小鹅瘟疫苗免疫的种鹅的后代，或者小鹅瘟疫苗免疫100 d后的种鹅后代，在出壳后48 h内应用小鹅瘟活疫苗皮下注射免疫，并在注射后7 d内进行隔离，保护防止未产生免疫力之前因野毒感染而发病。免疫种鹅在有效期内，其后代雏鹅具有一定水平的母源抗体，这种被动获得的抗体在 2 周龄前可维持较高的水平。

雏鹅群一旦发生小鹅瘟，应尽快将病雏鹅和假定健康雏鹅分开，并及时注射抗小鹅瘟高免血清或抗小鹅瘟高免卵黄抗体 1～2 mL/只，必要时可隔日重复注射一次，同时适当应用抗生素以防继发细菌感染。

二十五、鸭传染性浆膜炎

鸭传染性浆膜炎（riemerella anatipestifer infection）又名鸭疫里默氏菌（*Riemerella anatipestifer*）感染，是家鸭、鹅、火鸡及其他家禽和野禽的一种接触传染性疾病。该病呈急性或慢性败血症形式，其特征是纤维素性心包炎、肝周炎、气囊炎、干酪性输卵管炎和脑膜炎。鸭疫里默氏菌感染是危害全世界养鸭业的一种主要疾病。该病引起高死亡率、消瘦、胴体淘汰、品质下降及治疗等造成巨大经济损失，免疫接种和治疗等预防控制措施也增加了经济负担。

病原学　鸭疫里默氏菌为革兰阴性菌、无运动性、不形成芽孢。单个、成双，偶尔呈链状排列。菌体宽 0.2～0.4 μm，长 1～5 μm。瑞氏染色时，许多菌体呈两极着染，印度墨汁染色时可见有荚膜。

细菌在巧克力琼脂、血液琼脂或胰酶大豆琼脂上生长良好。对营养要求苛刻的菌株可在胰酶大豆琼脂中添加 0.05%酵母提取物和 5%新生牛血清。增加 CO_2 浓度生长更旺盛。在血液琼脂上，于烛罐中 37℃培养 24 h，菌落直径 1～2 mm，凸起，边缘整齐、透明、有光泽，呈奶油状。一些菌株呈黏性生长。在清亮的培养基上，用斜射光观察时有虹光。

在 37℃或室温条件下，大多数鸭疫里默氏菌菌株在固体培养基中存活不超过 3～4 d。肉汤培养物在 4℃可以存活 2～3 周；55℃作用 12～16 h，细菌全部失活；在自来水和火鸡垫料中可分别可存活 13 d 和 27 d。该菌对青霉素、新生霉素、氯霉素、林可霉素、恩诺沙星、链霉素、红霉素、氨苄青霉素、杆菌肽、新霉素和四环素敏感，但对卡那霉素和多黏菌素 B 不敏感，对庆大霉素有一定抗性。

鸭疫里默氏菌可应用凝集试验和琼脂凝胶扩散（AGP）试验来进行血清学分型，两种分型方法均与细菌表面多糖抗原有关。到目前为止，已报道 20 个血清型。各血清型菌株仅与同源抗血清发生特异性反应，不同血清型之间无交叉保护作用，而在一个场或同一批鸭感染往往不只是一个血清型菌株引起发病。

流行特点　鸭疫里默氏菌感染主要发生于家鸭和鹅，但也能感染火鸡并造成严重的经济损失。根据所感染的菌株、宿主年龄、感染途径的不同，疾病的严重程度有很大的差异。

鸭疫里默氏菌可经呼吸道或皮肤伤口，特别是足部皮肤感染。本病的潜伏期一般为 2～5 d。雏鸭经皮下或眶下窦途径人工感染最早可在感染后 24 h 出现临床症状。不同品种鸭发病率和死亡率差异较大，其中北京鸭、樱桃谷鸭和番鸭发病率和死亡率较高。本病于冬春季多发，环境卫生差、饲养密度过高、通风不良等均可促发本病。

症状　最常见的症状是精神沉郁、流眼泪和流鼻液、轻度咳嗽和打喷嚏、排绿色稀粪、共济失调、头颈震颤等。感染鸭仰翻卧地，两腿呈划水状，行动迟缓，跟不上群。幸存鸭生长迟缓。自然感染发病率一般为 20%～40%，有的鸭群可高达 70%；发病鸭死亡率为 5%～80%不等。

感染耐过鸭多转为僵鸭或残鸭。

剖检病变 最明显的剖检病变为纤维素性心包炎、肝周炎、气囊炎和脑膜炎,脾脏肿大、呈斑驳样,鼻窦内有黏液脓性渗出物。偶尔可见到种鸭输卵管中有干酪性渗出物。

局部慢性感染常发生皮肤,偶见于关节。感染病鸭在屠宰去毛后可见局部肿胀,表面粗糙、颜色发暗,切开后见皮下组织出血、有多量渗出液。

诊断 虽然可以根据临床症状和剖检变化作出初步诊断,但确诊需要进行鸭疫里默氏菌的分离和鉴定。感染急性阶段最容易分离到细菌,心血、脑、气囊、骨髓、肺、肝脏组织和病变渗出物均适用于细菌分离。无菌采集样本接种于血液琼脂或加 0.05%酵母提取物的胰酶大豆琼脂上,置于烛缸中 37℃培养 24～72 h。对被污染的病料,琼脂平板中添加 5%的新生牛血清和庆大霉素(5 mg/1 000 mL)有助于鸭疫里默氏菌的分离。可挑选单个菌落进行鉴定并应用特异性抗血清进凝集或琼扩试验确定血清型。免疫荧光和 PCR 技术可用于检查病禽组织或渗出物中的鸭疫里默氏菌。

临床上应注意与多杀性巴氏杆菌、大肠杆菌、粪链球菌、沙门菌和衣原体病等引起的败血性疾病相区别,这些疾病的大体病变与鸭疫里默氏菌感染很难区分,确诊需要进行病原的分离和鉴定。

防治措施 最重要的是做好饲养管理和环境卫生,包括适当的通风,特别是完全圈养的鸭舍。避免过度拥挤、炎热或寒冷的应激等感染促发因素。应采取严格的措施防止感染扩散到健康鸭群。如果在网上饲养,地面应定期冲洗和消毒,避免粪便堆积,减少污染的机会。

活菌苗可有效地预防和降低鸭疫里默氏菌感染的死亡率,但由于菌苗所诱导的免疫力具有血清型特异性,理想的菌苗应含有主要血清型菌株,这样才能提供有效的保护。美国已研制成功抗 1、2 和 5 型鸭疫里默氏菌的活疫苗在北美地区使用,1 日龄雏鸭气雾或饮水免疫后对强毒感染有明显的保护作用。疫苗株在上呼吸道增殖,刺激机体产生体液免疫。经气雾或眶下窦内感染证明疫苗株对 1 日龄雏鸭无毒力,而且采用接触感染返传 10 代仍然安全。一次免疫后,其保护作用至少可持续到 42 日龄。油佐剂苗接种一次可产生较好和较长时间的保护作用,但在接种部位可引起不良的病变。

种鸭接种疫苗产生的免疫力可使子代获得母源抗体的保护作用。有母源抗体的雏鸭接种活疫苗和或灭活疫苗均可产生良好的主动免疫。

抗生素和磺胺药对鸭疫里默氏菌感染的治疗效果不一。据报道,在鸭疫里默氏菌感染试验中,饮水或饲料中添加 0.2%～0.25%的磺胺二甲基嘧啶可以预防鸭出现临床症状,饲料中添加 0.025%或 0.05%的磺胺喹噁啉可有效地降低自然或人工感染鸭的死亡率。人工感染开始前 3 d,在饲料中添加新生霉素(0.030 3%～0.036%)或林可霉素(0.011%～0.022%)可明显降低死亡率。皮下注射林可霉素-壮观霉素、青霉素或青霉素与双脱氢链霉素可有效地降低人工感染鸭的死亡率。恩诺沙星可有效地防止雏鸭的死亡,第 1 天在饮水添加 0.005%,之后 4 d 为 0.002 5%。

第五章　牛羊的传染病

一、牛流行热

牛流行热(bovine epizootic fever)又称三日热或暂时热，是由牛流行热病毒引起的一种急性、热性传染病，主要症状为高热、鼻漏、消化道和呼吸道的炎性反应症状，四肢关节也有不同程度的炎症。

本病常呈良性经过，发病率高，病死率较低，但因大群发病，对乳牛的产乳量有相当大的影响，部分病牛常因瘫痪而被淘汰，使养牛业受到一定程度的损失。

本病在日本、澳大利亚及南非广泛流行，过去称本病为牛流行性感冒，实际上这种病是由与流感病毒完全不同的一种病毒(属于弹形病毒)引起的。日本称本病为牛流行热，南非和澳大利亚称暂时热或三日热(因大部分病牛经 2～3 d 即恢复正常)。我国也有此病发生。

病原　病原为弹形病毒科暂时热病毒属的牛流行热病毒，病毒形态为弹形或圆锥形，核酸结构为 RNA，病毒有囊膜，病毒粒子长 130～220 nm，宽 60～70 nm。

病毒存在于病牛的血液中。鼻液、粪便及其他分泌物和排泄物中均未证实有病毒存在。自然感染牛发热极期的血液 1 mL 经 1 000 倍稀释仍有感染性。病牛退热后 2 周内血液中仍有病毒。用高热病牛血液 1～5 mL 静脉接种健康牛，经过 3～7 d 潜伏期即可发病。

病毒对氯仿、乙醚敏感。加热 37℃ 8 h，56℃ 20 min 死亡，煮沸立即死亡。紫外线照射、酸、碱对病毒都有杀灭作用。在低温条件下病毒存活时间长。如病牛的枸橼酸全血在 2～4℃条件下，可保持传染性 8 d，含毒血冻干后于 −40℃时，958 d 仍有致病力。

流行病学　本病主要侵害牛，黄牛、乳牛、水牛均可感染。不同品种、性别、年龄的牛均可感染，3～5 岁牛易感性最强，1～2 岁及 6～8 岁牛次之；高产奶牛感染后症状较严重，水牛、犊牛很少发生，症状也较轻，野生动物如大羚羊、猬羚可感染本病，产生中和抗体，但不表现症状。其他家畜不感染。

病牛是主要的传染来源。在自然条件下，通过吸血昆虫(蚊、蠓、蝇)的叮咬，经皮肤而感染。已证明，病毒能在蚊和库蠓体内繁殖。流行发生在吸血昆虫盛行时期，吸血昆虫消失流行即告终止，故本病有明显的季节性，主要流行于蚊蝇多的夏季和初秋，北方地区常于 8～10 月流行，南方地区多在 6～9 月份流行。多雨潮湿容易诱发本病，劳役过度，营养不良，卫生状况不良也是发病诱因。

本病流行时传播迅速，短期内可使较大范围和较多的牛只发病。常于开始发病后数天到十余天，引起大面积流行。本病有一定的周期性，3～5 年流行一次。

症状　潜伏期 3～7 d。发病初期症状不明显，突然发病，体温升至 40～42℃，维持 2～3 d，降至正常。病牛精神委顿，肌肉震颤，皮温不整，被毛逆立，流泪，鼻镜干而热，不食，反刍停止，心跳加快(脉搏 70～100 次/min)，产奶量急剧下降，甚至停止泌乳。待体温下降到正常后再逐渐恢复。有的病牛明显衰弱，行走时步态不稳，后肢无力，四肢关节有轻度肿胀与疼痛，并出现跛行。严重的卧地不起。

发热的同时，病牛呼吸急促，浅快，每分钟可达 80 次以上，不时发出呻吟声，肺部听诊肺泡音高亢，支气管音粗厉，严重的呼吸极度困难，头颈伸直，张口伸舌，气喘如拉风箱样，可因间质性肺气肿、肺水肿，窒息死亡。

眼结膜充血、水肿、流泪、畏光，眼角流出黏脓性分泌物。大多数病牛于高热期从鼻腔流出黏性分泌物，同时见有流涎现象，口边见有泡沫，口角流出线状黏液。并伴有便秘或腹泻，尿量减少，呈深褐色、浑浊。

妊娠病牛可能发生流产或产死胎。

大部分病牛呈良性经过，死亡率一般在 1%左右。急性病牛可在发病后 20 h 内死亡，多发生在流行初期。有些病牛因跛行、瘫痪而被淘汰。

病理变化 急性死亡的病牛，特征性病变主要是肺间质气肿，有时可看到肺充血和肺水肿。肺气肿时，肺高度膨隆，间质增宽，内有气泡，触压肺脏时呈捻发音，有的被膜隆起，被膜下有拳头大到皮球大的气囊，肺实质组织被气泡撑破，形成空洞。肺水肿时，胸腔积有多量暗红色液体，两肺膨隆肿胀，间质增宽，内有胶冻样浸润，肺切面流出大量暗红色液体，气管内积有多量泡沫状黏液，黏膜发红，间有出血点或出血斑。

肝、脾、肾等实质器官轻度肿胀，有散在的小坏死灶。消化系统无明显变化，只见黏膜充血或出血，特别是第四胃和盲肠黏膜常有渗出性出血，淋巴结肿胀，充血或出血。

诊断

(1)本病的流行特点是大群牛只同时暴发，传播迅速、有明显的季节性，数年流行一次，发病率高，死亡率低，是其流行特点。

(2)临诊上主要表现为一过性高热、流涎、皮温不整，呼吸系统的变化明显；关节疼痛及跛行。

(3)血液检查，白细胞总数稍减，杆状核细胞明显增多，常出现幼稚型白细胞，发热期淋巴细胞相对减少。

(4)分离病原，进行动物接种试验或进行血清中和试验、补体结合试验、琼脂扩散试验、免疫荧光法等检查。

(5)鉴别诊断。注意与茨城病、牛黏膜病及牛传染性鼻气管炎相区别。日本流行本病时，发现病牛中常有咽喉麻痹的症状，当时认为是牛流行热的后遗症，因为这种病牛发病的季节、病的经过与临诊表现，都与流行热相似，只是在体温下降到正常后出现明显的咽喉、食道麻痹。病牛低头时，第一胃内容物可自口鼻流出，而且诱发咳嗽。后来从这种病牛分离出与流行热病毒完全不同的另一种病毒，这种病毒与蓝舌病病毒相似，但对羊无致病力，日本称它为类蓝舌病(茨城病)。因此，发生牛流行热时，要注意与之鉴别。

治疗 本病尚无特效药物治疗。病初可根据具体情况酌用退热药及强心利尿药，补充适量生理盐水及葡萄糖溶液。四肢关节疼痛的病牛可用镇痛消炎药物，为防止继发细菌感染，可用抗菌药物等对症治疗。

1. *解热镇痛* 复方氨基比林注射液 20～40 mL，或安痛定注射液 20～40 mL，或 30%安乃近注射液 20～30 mL，皮下或肌肉注射，每日 1 或 2 次。阿司匹林或复方阿司匹林 20～30 g，每日分 2 次加水灌服。

2. *强心利尿解毒* 5%葡萄糖盐水 2 000～3 000 mL，一次缓慢静脉注射。20%安那加注射液 10～30 mL，皮下或肌肉注射。

3. 兴奋呼吸中枢　尼可刹米注射液 10～20 mL，皮下或肌肉注射。或 20%樟脑油 10～20 mL，皮下或肌肉注射。

4. 健胃整肠　人工盐 100～200 g，碳酸氢钠 20～50 g，大黄末 15～50 g，复方龙胆酊 10～50 mL，加温水 5 000～10 000 mL，一次灌服。

5. 消肺水肿　可用 20%甘露醇 500～1 000 mL，或 25%山梨醇 500～1 000 mL 静脉注射；或口服双氢克尿噻 0.5～2 g。

6. 防止并发感染　用抗生素或磺胺类药物肌肉注射或静脉注射。

防治措施

(1)坚持早发现、早隔离和早治疗的原则，这是及时控制疫情发展的有效方法。

(2)将病牛及时隔离，积极进行治疗。加强护理工作。

(3)对周围环境进行消毒，消灭蚊蝇以减少疾病传播机会。

(4)加强饲养管理，增强体质，提高抗病力。

(5)自然病例恢复后能获得一定免疫力。可用疫苗注射预防，我国生产有流行热灭活疫苗可供使用。

二、牛传染性鼻气管炎

牛传染性鼻气管炎(bovine infectious rhinotracheitis)又称“坏死性鼻炎”、“红鼻病”，是由牛传染性鼻气管炎病毒引起的急性、热性呼吸道传染病。临诊特征是咳嗽，流鼻液，呼吸困难。本病在临床上还可引起牛的结膜炎、脑膜脑炎、生殖道感染及流产等病症。

本病在美国、澳大利亚、新西兰、日本及许多欧洲国家均有发生。我国 1980 年从国外引进黑白花奶牛时，已将该病带入，在我国有发生，给养牛业造成一定经济损失。

病原　牛传染性鼻气管炎病原是疱疹病毒科疱疹病毒甲亚科牛疱疹病毒Ⅰ型，为双股 DNA。病毒呈球形，直径约为 150～200 nm，我国 1980 年从进口牛中分离的提纯病毒颗粒直径为 160～230 nm。病毒有囊膜，对乙醚、酸类、酒精敏感。于 pH 7.0～9.0 的溶液中稳定。病毒可在牛肾、牛胎肾、猪肾、羊肾及马肾细胞上生长，并可产生病变，同时均可产生核内包涵体。

病毒对热敏感，加热至 50℃ 21 min 死亡。于 22℃和 37℃下贮藏，病毒能分别保持活力 50 d 和 20 d。低温条件下存活时间较长，－60℃在适宜的酸碱度下 9 个月仍保持活力。在 0.5%氢氧化钠中经 0.5 min，5%福尔马林中经 1 min，1%石炭酸中经 5 min，均能使其灭活。乙醚、乙醇及紫外线照射也能使其灭活。兽医应用的许多消毒药都有消毒效果。

流行病学　本病只发生于牛，各种年龄及不同品种的牛均能感染发病，而以肉牛最易感染，其次是奶牛。

病牛及带毒牛是本病的主要传染来源。可随鼻、眼、阴道分泌物排出病毒，康复后 3～4 个月还可从呼吸道排毒。隐性感染牛不表现症状，但在牛群中散播病毒，使本病长久存在，无法根除。传播方式主要是通过飞沫经呼吸道传染。交配也可传染，曾从精液中分离到病毒，在冷冻保存的精液中，病毒可存活 4～12 个月。本病主要在秋、冬寒冷季节流行，舍饲和大群密集的饲养容易迅速传播。发病率一般为 20%～30%，有时可达 80%以上，死亡率一般为1%～

5%,犊牛死亡率较高。美国牛群抗体检出率达到10%～35%,新西兰北岛牛的血清抗体阳性率达到31%～81.2%。

症状 本病潜伏期一般为5～7 d。根据临诊表现可分为以下几种类型:

1. 呼吸道型 这是最常见的病型,病情可能很轻,不被发觉,也可能表现出严重的症状。急性病例以呼吸道症状为主,其次为消化道。病初体温升至40～42℃,精神沉郁,食欲废绝,从鼻孔流出多量黏液脓性鼻漏,鼻黏膜高度充血,散在有灰黄色、粟粒大颗粒,以后出现浅表溃疡,鼻翼及鼻镜发生坏死,因此,常称为"红鼻病"或"坏死性鼻炎"。病牛上呼吸道积有多量渗出物,使管腔变窄,引起呼吸困难,甚至张口呼吸。由于鼻黏膜坏死,呼出气中常有臭味。呼吸增数、浅表,常有咳嗽。也可见到结膜炎、结膜水肿,表面形成灰白色坏死膜,外观呈现颗粒状,流泪。乳牛泌乳量减少,甚至完全停止。有时可见到出血性下痢。大多数病程10 d以上,重者数小时可死亡。流行严重时,发病率可达75%以上,死亡率在10%以下。

2. 生殖道型 此型在美国称传染性脓疱阴道炎,欧洲国家称交合疹或媾疹。病初有轻度发热。病牛精神差,食欲减退。尾常常举起,摇摆不安。频尿,排尿有痛感。阴户红肿,有黏性分泌物流出。检查阴道时,可见黏膜红肿及有灰白色粟粒大的脓疱,大量小脓疱使阴门前庭及阴道壁呈现一种特征的颗粒状外观。小脓疱可互相融合,在前庭和阴道壁形成广泛的坏死膜,用力擦掉时,可显出发红的擦破面,急性期过后逐渐愈合。病程2周左右,如有并发症则可延长。母牛一般不发生流产。产奶量下降。

公牛生殖器感染称为传染性脓疱性龟头包皮炎。除前述一般症状外,包皮和阴茎发生水肿,并出现脓疱,呈颗粒肉芽状外观。严重时阴囊肿胀,而睾丸一般不发炎。病程10～14 d。很少有呼吸道和生殖道同时受感染的。

3. 流产型 某些病毒株经血液循环侵入胎盘组织及胎儿,引起流产。胎儿感染后7～10 d发生死亡,随之(24～48 h)很快排出体外。流产通常见于第一胎青年母牛妊娠的任何阶段,有时也发生于经产母牛。流产率2%～20%。

4. 脑炎型 犊牛感染通常表现为脑膜脑炎。病犊初期体温升高到40℃以上,精神沉郁,不吃,流泪,鼻黏膜潮红,有浆性鼻漏,随后出现神经症状,运动共济失调、肌肉震颤、兴奋、磨牙、口吐白沫、惊厥、倒地、角弓反张。兴奋和沉郁交替发作。本型病程较短,5～7 d死亡。本型发病率很低(1%～2%),但致死率很高,可达50%以上。

5. 眼炎型 主要是结膜、角膜炎。结膜红肿、充血、水肿,有粒状坏死;角膜浑浊,不见溃疡。眼、鼻有分泌物。病情较轻,无明显全身反应,少见死亡。

由于病型不同,其发病率和致死率也不相同,表5-1可供参考。

表5-1 牛传染性鼻气管炎不同病型的发病率和致死率

病　型	潜伏期/d	发病率/%	致死率/%	血清学和免疫学反应
上呼吸道的疾病	3～9	7～100	2～10	＋
伴有呼吸道症状的发热性全身疾病	3～9	50～100	5～30	＋
媾疹	2～6	以牛群发病的方式暴发	0	＋
脑膜脑炎	3～9	5～25	100	无痊愈者
流产	3～6	个别病例	0	＋
结膜炎	2～6	30～100	0	－

病理变化 不同的临诊病型表现出不同的病理变化。呼吸道型主要是呼吸道黏膜有明显的炎症变化，黏膜上覆盖灰色恶臭的黏液脓性分泌物，并有浅的溃疡。严重时，在咽喉、气管和支气管出现红肿、出血或糜烂病变，有时可见到化脓性肺炎。第四胃黏膜发炎并出现溃疡，大小肠有卡他性炎症变化。生殖道型的变化与临诊表现相同。流产胎儿皮肤有水肿和出血，肝、脾、肾、淋巴结有局部性坏死灶。脑膜脑炎型的病灶呈非化脓性脑炎变化。

诊断

(1)根据临诊症状、部检变化和流行情况可怀疑为本病。

(2)包涵体检查。在病的早期、中期于呼吸道的上皮细胞内可见到核内包涵体。包涵体在出现明显临诊症状前消失，因此，大多数自然死亡的病牛检查不到。

(3)分离病毒。这是最可靠的诊断方法。用灭菌棉棒采取发热期病牛的鼻腔分泌物、眼泪、膣腔及包皮的病料，以及流产胎儿胸水或气管、肺、肝、脾等病料，经抗生素处理后用牛肾细胞培养，可分离到病毒。将分离到的病毒，用中和试验及荧光抗体法进行鉴定。

(4)血清学诊断。采取急性期及恢复期血清各一份，检查抗体上升情况。中和抗体约在感染后 8 d 出现，可持续 5 年之久。荧光抗体法、间接血凝试验、ELISA 等均可用于诊断。

(5)将病料接种于健康牛，可引起相同的症状和病变。

防治措施

(1)本病尚无特效药物可供治疗。若无继发感染细菌性肺炎，一般预后良好，7～10 d 即可康复。因此，使用广谱抗生素或磺胺类药物并结合对症治疗，可防止并发细菌感染，减少死亡率。康复牛能获得终生免疫，因此，皮下或肌肉注射病愈牛的血液有保护作用，犊牛吃母牛初乳也可获得被动免疫力。

(2)对未感染牛群用弱毒苗或灭活苗免疫。

(3)加强本病的检疫、消毒卫生、冷冻精液监测及管理工作。

三、牛病毒性腹泻-黏膜病

牛病毒性腹泻-黏膜病(bovine viral diarrhea-mucosal disease，BVD-MD)简称牛病毒性腹泻或牛黏膜病。其特征为黏膜发炎、糜烂、坏死和腹泻。

本病呈世界性分布，存在于许多养牛发达的国家。1980 年以来，我国从 10 多个国家引进种牛，已将本病带入我国，在一些省、市、区有本病发生和血清学阳性牛存在。

病原 牛病毒性腹泻病毒(bovine viral diarrhea virus)又名黏膜病病毒(mucosal disease virus)，是黄病毒科(Flaviviridae)，瘟病毒属(*Pestivirus*)的成员。为单股 RNA、有囊膜的病毒，大小为 35～55 nm，圆形。本病毒对乙醚、氯仿、胰酶等敏感，pH 3 以下易被破坏；50℃氯化镁中不稳定；加热 56℃很快被灭活；血液和组织中的病毒在－70℃保存，可存活多年。

本病毒能在胎牛肾、睾丸、肺、皮肤、肌肉、鼻甲、气管、胎羊睾丸、猪肾等细胞培养物中增殖传代，也适应于牛胎肾传代细胞系。本病毒与猪瘟病毒、边界病毒为同属病毒，有密切的抗原关系。

流行病学 本病可感染黄牛、奶牛、水牛、牦牛、绵羊、山羊、猪、鹿及小袋鼠，家兔可实验感染。

病牛和带毒动物是本病的主要传染源。病畜的分泌物和排泄物中含有病毒，污染周围环境、用具、饲料、饮水等，直接或间接接触均可传染本病，主要通过消化道和呼吸道而感染，也可通过胎盘感染。绵羊多为隐性感染，但妊娠绵羊常发生流产或生下畸形羔羊，也可成为传染源。康复牛可带毒6个月。

本病在新疫区传播快，不论放牧牛或舍饲牛，大牛或小牛均可感染发病，发病率约为5%，病死率为90%～100%，发病牛以6～18个月者居多；老疫区则急性病例很少，发病率和病死率很低，而隐性感染率在50%以上。本病一年四季均可发生，但多发生于冬末和春季。肉用牛群中也常见发病。

症状 潜伏期7～14 d，人工感染2～3 d。本病在牛群中仅见少数轻型病例。多数是隐性传染。临诊表现有急性和慢性病型。

急性型 急性病牛突然发病，体温升高至40～42℃，持续4～7 d。病畜精神沉郁，厌食，鼻眼有浆液性分泌物，2～3 d内鼻镜及口腔黏膜表面糜烂，舌面上皮坏死，流涎增多，呼气恶臭。常发生严重腹泻，开始水泻，以后带有黏液和血液。有些病牛常有蹄叶炎及趾间皮肤糜烂坏死，跛行，重者不能站立。急性病例多于发病后1～2周死亡，少数可延至1个月。

慢性型 慢性病牛少有发热症状，体温可能有高于正常的。主要症状是鼻镜的糜烂，在全鼻镜上连成一片糜烂。眼常有浆液分泌物。口腔、齿龈通常发红，少见糜烂。蹄叶炎及趾间皮肤糜烂坏死而致的跛行是最明显的症状。鬐甲、颈部及耳后皮肤成皮屑状。可能有腹泻。患牛多在2～6个月内死亡。有的可延至1年以上。

母牛在妊娠期间感染本病时常发生流产，或产下有先天性缺陷的犊牛。最常见的缺陷是小脑发育不全。患犊可能只呈现轻度共济失调或完全不能站立。有的病犊可能失明。

用黏膜病病毒实验感染绵羊，通过胎盘使妊娠12～80 d的绵羊发病，导致胎儿死亡、流产、早产或足月羔羊。

病理剖检 主要病变在消化道和淋巴组织。鼻镜、鼻孔黏膜，齿龈、上腭、舌面两侧及颊部黏膜有糜烂及浅溃疡，严重病例在咽喉部黏膜有溃疡及弥散性坏死。特征性病变是食道黏膜糜烂，呈大小不等形状与直线排列。瘤胃黏膜偶见出血和糜烂，第四胃黏膜炎性水肿和糜烂。肠淋巴结肿大。小肠急性卡他性炎症，肠壁水肿增厚，空肠、回肠较为严重，盲肠、结肠、直肠有卡他性、出血性及坏死性炎症。流产胎儿的口腔、食道、真胃及气管内可能有出血斑及溃疡。运动失调的新生犊牛，有严重的小脑发育不全及两侧脑室积水。在蹄部趾间皮肤及全蹄冠有急性糜烂性炎症、溃疡及坏死。

诊断 在本病暴发流行时，可根据其发病史、症状及病理变化初步诊断，最后确诊须依靠病毒的分离鉴定及血清学检查。

1. 病毒分离 在病牛急性发热期间采取血液、尿、鼻液或眼分泌物，剖检时采取脾、骨髓、肠系膜淋巴结等病料，经过处理后，人工感染易感犊牛或乳兔，分离病毒。也可用牛胎肾、牛睾丸细胞分离病毒。

2. 血清学试验 常用中和试验、免疫荧光试验、ELISA、琼脂扩散试验和补体结合试验等。

3. 鉴别诊断 应注意与口蹄疫、恶性卡他热及水疱性口炎、蓝舌病等相区别。

防治措施

(1)目前尚无有效治疗方法。应用收敛剂和强心、补液等对症疗法可促进恢复，减少死亡。用抗生素和磺胺类药物防止继发性细菌感染。

(2)加强口岸检疫。从国外引进种牛、种羊时必须进行血清学检查,防止引入带毒牛羊。国内在进行牛只调拨或交易时,也要加强检疫,防止本病的扩大或蔓延。

(3)发生本病时,对病牛要隔离治疗或扑杀处理。

(4)免疫接种。应用弱毒疫苗或灭活疫苗进行预防,弱毒疫苗使用得较多,也有用三联苗(牛病毒腹泻-黏膜病、牛鼻气管炎、钩端螺旋体病)预防的。

四、犊牛副伤寒

犊牛副伤寒(paratyphus bovine)是由沙门菌引起的犊牛急性传染病。主要特点是犊牛发生急性胃肠炎或关节炎及肺炎,有较高的死亡率。

本病在我国各地均有发生,引起犊牛死亡,造成损失。

病原 病原主要是都柏林沙门菌、鼠伤寒沙门菌或纽波特沙门菌引起的。有关病原的特性请见前有关章节。

流行特点 本病常见于犊牛,特别是1～1.5月龄以后的犊牛最易感染。幼年牛和成年牛也可感染,但无明显症状,成为带菌者。

病牛及痊愈牛是本病主要传染来源。病原菌存在于胆囊、淋巴结及其他器官,可由粪便、尿、乳等间歇地不断向体外排出细菌,污染周围的环境,如饲料、水源、牛舍、饲槽、运动场、土壤等处都有本菌存在。临床健康的牛带菌现象较普遍,多达10%以上。

犊牛主要通过消化道感染。当犊牛饲养管理不当、牛舍粪便堆积、潮湿、拥挤、缺乏运动、缺乏维生素、钙磷比例不当、长途运输、气候突变及犊牛断奶过早等不利因素时,常可诱发本病。本病为散发或呈地方性流行。

症状 本病潜伏期一般为5～8 d,按病程分为急性和慢性。如牛群存在带菌母牛,犊牛出生后48 h便可发病。

急性病例,患牛精神委顿,体温升高到40～41℃,呼吸、脉搏增数。眼结膜和鼻黏膜呈卡他性炎症。食欲减弱或废绝。随后发生腹泻,排出灰黄或黄色液体,粪中混杂有黏液或血液,恶臭。如并发有肺炎,则出现咳嗽,呼吸困难等症状。病犊迅速衰弱无力,末梢发凉,眼下陷,倒地不起,于第4～8天死亡。少数病例于病后数小时内死亡。病死率可达50%,急性不死者转为慢性。

慢性经过病例,腹泻症状逐渐减轻或停止,有的呈周期性下泻。精神、食欲有所改善。如有肺炎发生时,则有湿性咳嗽,鼻孔流出浆性或脓性鼻液,呼吸增数,体温忽高忽低。后期的病犊,常有关节炎,特别是膝、腕关节和跗关节多发,可见关节肿大,出现跛行。病畜极度衰弱、消瘦。部分病例可见神经症状 ,如癫痫样性痉挛、牙关紧闭、不随意运动等,病程为2周以上。

病理剖检

1. 急性 脾肿大,呈灰红或暗红色,被膜下小点出血,切面结构不清。第四胃黏膜充血、水肿,上附多量黏液,黏膜有小点出血。小肠黏膜充血,有散在出血点,黏膜上覆纤维蛋白性伪膜,肠集腺肿大,隆起,呈灰白色,甚至发生坏死。肠系膜淋巴结肿大,有的见出血。心外膜出血,心肌变性,似煮过一样。肝肿大,有的病例见小的坏死灶。肾浊肿,有时见出血点。肺淤血、水肿和气肿,部分病例有小叶性肺炎。

2. 慢性　主要是肺炎变化，在尖叶、心叶或主叶下缘呈紫红色，质硬而湿润，散在有小的灰黄色坏死灶，支气管内有黏脓性物。病程久者，见肺膜与胸壁粘连，有时见纤维素性心包炎。肝脏有坏死结节，粟粒大小，呈灰白色或灰黄色。脾脏轻度增生性肿大。膝、跗关节肿大，关节腔内有胶样或浆性纤维素性渗出物。

诊断　根据发病特点、症状及病理剖检变化，可在现场做出初步诊断。最后确诊需取死亡病牛脾、肠系膜淋巴结和肠内容物，分离沙门菌，并进行培养特性、生化及血清学鉴定。

治疗　对病牛应隔离治疗，常用药物有氯霉素 0.5～1 g 口服，或按每千克体重 10 mg 肌肉注射，连用 3～5 d。土霉素 0.5 g 口服，每日 2 次。新霉素 2～3 g，分 2 或 4 次口服。氨比西林每千克体重 5～10 mg 口服或 2～7 mg 注射，每日 1～2 次。恩诺沙星注射液 20 mL 肌肉注射，每日 2 次。磺胺嘧啶及磺胺二甲嘧啶也可应用。同时进行对症治疗，如强心、补液，补充维生素 A 和复合维生素 B。口服止泻、收敛及保护肠黏膜的药物。应予注意的是，沙门菌中，常出现抗药菌株，当使用某种药物无效时，应及时改用其他药物。最好分离出病原作药敏试验，选择敏感药物用于治疗。

防治措施

(1)改善幼畜的饲养管理和环境卫生，消除各种应激因素，提高犊牛抗病能力。做好犊牛舍、奶具等的清洁、消毒工作。粪便及脏垫草及时清除，防止犊牛舐食脏物、喝污水。

(2)病死犊牛应深埋，严禁剥皮吃肉，以防散播病原和引起沙门菌中毒。

(3)必要时，可用菌苗接种预防。

五、羊　痘

羊痘(variola;pox)是由病毒引起的一种急性、热性、接触性传染病。它的特征是具有典型的病程，在病羊皮肤和黏膜上发生特异的痘疹。

病羊可造成死亡、妊娠母羊流产及丧失生产力，使养羊业遭受一定损失。危害最大的是绵羊痘。

病原　本病病原为痘病毒，绵羊痘病毒主要引起绵羊发病，山羊痘病毒引起山羊发病。是一种亲上皮性病毒，在皮肤和黏膜的丘疹、脓疱及痂皮内大量存在。鼻黏膜分泌物内也含有病毒，在发病初期及体温上升时，血液中有时也有病毒存在。

在普通显微镜下，可以看到病毒的原质小体，呈圆形或椭圆形，单个或成堆存在。

本病毒在普通培养基上不能生长，只能在活的组织细胞中及正在发育的鸡胚绒毛尿囊膜上繁殖。

各种动物的痘病毒可能起源于一种原始病毒，经过不同的动物传代或适应使毒力和抗原性等发生了变异，结果形成各种动物的痘病毒。绵羊痘和山羊痘是各自独立的痘病毒，是截然不同的两种病原体。在自然条件下，绵羊痘流行时不感染同群的山羊；同样，在山羊痘流行时也不感染同群的绵羊；人工接种时亦然。

病毒在外界环境中可生活很长时间，如在羊舍内可生存半年，在牧场上生存 2 个月，羊毛上及干痘痂中生存两个月或更长。在腐败中迅速死亡。在低温暗处可保存 2 年以上，但当加热到 50℃以上可很快死亡。普通消毒药如 3%石炭酸、2%福尔马林和 0.1%升汞均有良好的消毒效果。10% 漂白粉及 3%硼酸效果很差。在直射阳光或紫外线的作用下可迅速死亡。

流行特点　绵羊痘的流行最初是由个别羊发病,以后逐渐发展蔓延全群;山羊痘通常侵害个别羊群,少见发生,病势及损失比绵羊痘轻些。

本病主要通过呼吸道传染,水疱液和痂块易与灰尘或饲料相混而吸入呼吸道。病毒也可通过损伤的皮肤和黏膜侵入机体。饲管人员、饲管用具、毛、皮产品、饲料、垫草和外寄生虫等,都可成为间接传播的媒介。

细毛羊较粗毛羊感受性大,病情也较重。羔羊较老龄羊敏感,死亡率亦高。妊娠母羊可能引起流产。因此,在产羔期前后发生羊痘流行,可招致很大损失。

本病主要在冬末春初流行。气候严寒、雨雪、霜冻、枯草季节、饲养管理不良等因素都可促进发病和加重病情。

症状　潜伏期 2～12 d,平均 6～8 d。羊痘的发展有一定规律性,典型病程经过时,有以下阶段。

发痘前,可见病羊体温升高到 41～42℃,食欲减少,精神不振,结膜潮红,从鼻孔流出黏性或脓性鼻漏,呼吸和脉搏增快。经 1～4 d 后开始发痘。

痘疹大多发生于皮肤无毛或少毛部分,如眼的周围、唇、鼻翼、颊、四肢和尾的内面、阴唇、乳房、阴囊及包皮上。山羊大多发生在乳房皮肤和乳头上。开始为红斑,1～2 d 形成丘疹,突出皮肤表面,随后丘疹逐渐增大,变成灰白色水疱,内含清亮的浆液。此时病羊体温下降。由于白细胞浸润和化脓菌的侵入,水疱液渐变浑浊而成脓疱。随后脓疱破裂或内容物干涸,形成棕色痂皮,脱痂后痊愈。

在羊痘流行中,由于个体的差异,有的病羊呈现非典型经过,如在形成丘疹后,不再出现其他各期变化;有的病羊经过很严重;痘疹密集,互相融合连成一片,由于化脓菌侵入,皮肤发生坏死或坏疽,全身病状严重;甚至有的病羊,在痘疹聚集的部位或呼吸道的消化道发生出血。这些重剧病例多归死亡。

一般典型病程需时 3～4 周,冬季较夏季为长。如有并发肺炎(羔羊较多)、胃肠炎、败血症等时,病程可延长或早期死亡。

病理剖检　与生前体表所见一致。有的病例在前胃或第四胃黏膜上发生大小不等的结节,单个或融合,有的还见糜烂或溃疡。有的还见咽、支气管黏膜上有痘疹;有的肺部见结节或肺炎区。

诊断　根据羊痘的典型病程和特异的皮肤痘疹,再结合流行病学即可做出确诊。

防治措施　平时做好羊的饲养管理,羊圈要经常打扫,保持干燥清洁,抓好秋膘。冬春季节要适当补饲,做好防寒过冬工作。

在绵羊痘常发地区,每年定期预防注射。羊痘鸡胚化弱毒疫苗,按实含组织量用生理盐水做 50 倍稀释,大小绵羊一律尾内或股内侧皮下注射 0.5 mL,注射后 6 d 产生免疫力,免疫期为 1 年。山羊皮下注射 5 mL,注苗后 6 d 产生免疫力,免疫期为 6 个月。山羊痘弱毒疫苗可用于山羊和绵羊,皮下接种 0.5～1.0 mL,免疫期 1 年。

当发生羊痘时,立即将病羊隔离,羊圈及管理用具等进行消毒。对尚未发病羊群用羊痘鸡胚化弱毒苗进行紧急注射。

病羊由专人护理,要加强饲养管理工作。可根据病羊数量和病情,对皮肤病变酌情进行对症治疗,如用 0.1%高锰酸钾洗后,涂碘甘油、紫药水。对细毛羊、羔羊,为防止继发感染,可应用抗生素或磺胺类药物。用痊愈血清治疗,有一定效果。注意消毒,防止散毒。

六、羊梭菌性疾病

羊梭菌性疾病(clostridiosis of sheep)是由梭状芽孢杆菌属(*Clostridium*)中的微生物所致的一类疾病,包括羔羊痢疾、羊快疫、羊肠毒血症、羊猝狙等病,对养羊业造成较大的危害。

(一)羔羊痢疾

羔羊痢疾(lamb dysentery)是新生羔羊于产后 7 d 内发生的急性传染病,特征是剧烈腹泻、小肠发生溃疡和迅速而大批死亡,是影响羔羊成活率疾病之一。

病原 本病的病原在不同地区,病原可能不完全相同,一般认为主要是由 B 型产气荚膜梭菌引起;大肠杆菌、沙门菌、肠球菌及其他不良诱因,起一定的致病作用。

产气荚膜杆菌为厌气粗大杆菌,革兰染色为阳性,不能运动,在动物体内能形成荚膜,能产生芽孢。本菌能产生强烈的外毒素,B 型产气荚膜梭菌主要产生 β 毒素,具有坏死和致死作用。

一般消毒药可杀死本菌繁殖体。繁殖体在干燥土壤中存活 10 d,潮湿土壤中存活 35 d,干燥粪中存活 3 d,湿粪中存活 5 d。芽孢抵抗力则较强,在土壤中可存活 4 年。

流行特点 本病主要是侵害新生羔羊,以生后 1～4 d 内发生最多,7 d 以后发病很少见。

主要传染来源是病羔羊,其次为带菌母羊,病羔羊的肠道中常有大量病原体繁殖,并随粪便排出到外界,污染周围环境。羔羊通过吃奶或与病羔接触,或舐食污染的物品、或能通过饲养员的手经消化道而感染。病原侵入体内,在小肠(特别是回肠)里大量繁殖,产生毒素(主要是 β 毒素),引起发病。由创伤、脐带传染者较少。

母羊饲养管理不好,尤其是怀孕期内缺乏补充饲料,所产羊羔体弱,易发本病。天气严寒,特别是大风雪后产羔舍温度过低,接羔时的卫生及护理工作不善,母羊产后在较远的牧场放牧,早出晚归,羔羊吃奶时间不均,造成饥饱过甚,均能影响本病的发生。一般是产羔初期散发,产羔盛期大批发生和死亡。纯种羊发病和死亡大于杂种羊,大于土种羊。

症状 潜伏期一般为 1～3 d。临诊上可分以下几种类型。

急性型 流行时最早出现的病例,常为急性型,死亡很突然,羔羊头晚还似健康,次日晨发现已死于羊舍。若仔细观察病羔,可于死前见到羔羊喜卧,无精神,不吃奶,对周围事物没反应,腹胀痛,低头,粪便先似正常,以后变棕灰色半液体状,有的有血液混杂,粪便恶臭;病羔黏膜发绀,脱水,呼吸急促,头向后弯,昏迷,口流白沫,全身发凉,不久即死亡。病程数小时到十几小时。

亚急性型 为最常见的类型,病程可达 1～2 d,病羔无精神,懒于活动,喜卧,不爱起立,强令起立也不爱动,弓背,似有腹痛感觉。不久腹泻,粪呈黄色半液体状,后带黏液,颜色为黄绿、灰黄或带血,肛门及尾根常沾满粪便,腥臭味。病羔食欲废绝,眼下陷,衰竭无力,长时间卧下,最后昏迷死亡。

病羔若不及时治疗,很少见有恢复者。

病理剖检 病变以消化道变化最显著,真胃黏膜出血和水肿。肠黏膜充血,空肠、回肠有豌豆大至蚕豆大黄色坏死区，外围有充血带，久者溃疡可深入肌层。这种变化可透过浆膜而看到。肠内容物可由正常乃至混血及有黄色干酪样坏死块。大肠也发炎。肠系膜淋巴结肿大或出血。肝肿大，胆囊充满胆汁，心包有淡黄色积水，心内外膜出血。肺、脾不见明显变化。

诊断　首先从流行病学及症状分析，若于出生后 7 d 内发生下痢，蔓延迅速，并可引起羔羊严重死亡时，即可疑为本病。由于本病还可由大肠杆菌、沙门菌等产生致病作用，因此病原分离与鉴定很重要。

B 型产气荚膜梭菌所引起的羔羊痢疾，死羔肠内容物中有强烈的毒素，可通过动物试验进行检查。若用 B 型标准血清能中和肠毒素即可确定本病为 B 型产气荚膜梭菌所致。

治疗　发病后将病羔隔离，早期治疗和加强护理工作，治疗方法很多，疗效很不一致，可因地选用。

(1)初期用轻泻剂，以清除肠内容物，如硫酸镁 2～3 g，溶于 30～40 mL 温水中，内加福尔马林 0.2～0.3 mL，一次灌服。

(2)用 1%高锰酸钾液，每次 15～20 mL，第 1 天上、下午各服 1 次，第 2 天上午 1 次，连用 2～3 d。

(3)土霉素 0.2～0.3 g，胃蛋白酶 0.2～0.3 g，加水灌服，每日 2 次。

(4)呋喃唑酮 0.5 g，磺胺胍 2.5 g，次硝酸铋 6 g，加水 100 mL 混合，每羔灌 4～5 mL，每日 2 次。

(5)喹诺酮类药物也可用于治疗。

(6)中药疗法。一般用增减承气汤，每羔服 20～30 mL，6～8 h 后，改服增减乌梅散：乌梅(去核)、炒黄连、黄芩、郁金、炙草、猪苓、诃子肉各 6 g，焦山楂、神曲各 12 g，泽泻 6 g，干柿饼 1 个(切碎)。共研加水 400 mL，煎汤 150 mL，加红糖 50 g，每只病羔每次 30 mL，每日 1 或 2 次。

(7)根据病情，应用强心、补液、收敛、助消化等药物治疗。

防治措施　本病发生与饲养管理有密切关系，因此，改善饲养管理可大大减少本病的发生。

(1)加强母羊的饲养管理。要特别加强抓膘保胎工作，要储备较多的饲料准备过冬。在怀孕后期补给优质饲草、青干草、胡萝卜及矿物质等。

(2)做好产前的准备工作。要备有产羔房，铺上垫草，做好防寒保暖工作，室内保持干燥清洁。煎去母羊阴门附近污毛，用消毒液擦洗乳房和后躯。接羔中还应注意卫生消毒工作。

(3)加强对羔羊的护理。大群产羔，容易快速传播本病，加强对羔羊护理是很重要的。脐带消毒好。产羔后立即把新生羔羊同母羊一起放于单独木栏内，饲养 2～3 d，以后再转小群栏，成立小群，然后逐渐扩大母子群，这样可以避免将羔羊留圈而母羊整天在外放牧，造成羔羊饿一天，到母羊回圈时又饱吃一顿，减少促进发病的诱因。

(4)本病大多发生严寒季节，故可试行提前产冬羔的办法来减少本病发生。

(5)本病常发地区，产羔后 12 h 内可服土霉素(或其他药物)，每日服 0.15～0.2 g，连服 3～5 d，有一定预防效果。

(6)预防接种。对生产母羊注射羔羊痢疾苗或羊梭菌病四联或五联氢氧化铝菌苗。

(7)病羔接触过的场所及饲管用具，要彻底清扫和消毒，以免病的扩大蔓延。每次产羔后亦应彻底清扫和消毒。

(二)羊快疫

羊快疫(braxy;bradsot)是主要发生于绵羊的一种急性传染病。发病突然,病程极短,其特征是真胃呈出血性炎性变化。

病原 本病病原是腐败梭菌(*Clostridium septicum*),是革兰染色阳性的厌氧大杆菌,在动物体内外均能产生芽孢,不形成荚膜。当取病羊血液或脏器作抹片镜检时,常可见到单一及两三个相连的粗大杆菌,并可见部分杆菌已形成卵圆形的中央或偏端芽孢,有的呈无关节长丝状,在肝被膜的触片中更易发现,这是具有重要诊断意义的特征。

本菌可产生 4 种毒素,即 α、β、γ、δ。

一般消毒药物均能杀死腐败梭菌的繁殖体,但芽孢抵抗力很强,因此必须用 20%漂白粉、3%～5%的氢氧化钠进行消毒,才有一定效果。

流行病学 绵羊对羊快疫最易感。多发生于 6～18 个月龄的营养良好的羊只,发病一般经消化道感染。伤口感染则引起各种家畜的恶性水肿。

腐败梭菌常以芽孢形式分布于低洼草地、熟耕地及沼泽中。羊只采食污染的饲料和饮水后芽孢便随之进入羊的消化道。许多羊的消化道有本菌存在,但并不发病。当存在不良的外界诱因,特别是在秋、冬和初春气候骤变、阴雨连绵之际,羊只受寒或采食了冰冻带霜的草料,使抵抗力减弱时,腐败梭菌即大量繁殖,产生外毒素,其中的 α 毒素使消化道黏膜,特别是真胃黏膜发生坏死和炎症,同时经血液循环进入体内,刺激中枢神经系统,引起急性休克,使羊只迅速死亡。

症状 病羊往往无明显的临诊症状就突然死亡。有的病羊离群独处,卧地,不愿走动,强迫行走时,表现虚弱和运动失调。腹部膨胀,有肚痛表现。体温一般正常,有的升至 41.5℃左右。病羊最后极度衰竭、昏迷,经数分钟至几小时死亡。病死率很高,少有耐过的。

病理剖检 病羊新鲜尸体主要为真胃出血性炎症变化,胃底部及幽门附近的黏膜,常有大小不等的出血斑块,其表面发生坏死,出血坏死区低于周围的正常黏膜;胸腔、腹腔、心包有大量积液,暴露于空气后易于凝固。心内膜(特别是左心室)和心外膜有多量点状出血。肠道和肺膜也可见到出血。胆囊多肿胀。因病羊死后尸体迅速腐败,剖检时注意区分死后变化。

诊断 本病生前诊断比较困难,死后应注意检查真胃变化,需要进行微生物学检查方可确诊。

本病病原虽然可产生毒素,但尚无从病畜体内检查出毒素的有效方法。

取肝脏被膜作触片染色镜检,除可发现两端钝圆、单在及呈短链的细菌之外,常常还可见有无关节的长丝状者。用心血、肝、脾等脏器检查,有时也可见到。也可用这些病料,作细菌分离培养和实验动物感染。

防治措施 由于本病的病程短促,来不及治疗。主要是加强平时的防疫措施。本病发生时,将病羊隔离,对症治疗。实践表明,转移放牧地,可收到减少和停止发病的效果,可将未发病羊转移到高燥地区放牧。加强饲养管理,防止受寒感冒,避免羊只采食冰冻饲料,早晨出牧不要太早。在本病常发地区,每年可定期注射“羊快疫、猝狙、肠毒血症三联苗”,或“羊快疫、猝狙、肠毒血症、羔羊痢疾、黑疫五联苗”。

(三)羊肠毒血症

羊肠毒血症(enterotoxaemia)主要是绵羊的一种急性毒血症疾病。主要是由于D型产气荚膜梭菌在羊肠道中大量繁殖,产生毒素所引起。死后肾组织发生软化,故常称此病为“软肾病”。本病在临诊症状上与羊快疫类似,故又称“类快疫”。

病原　产气荚膜梭菌(*Cl. perfringens*),为厌气性粗大杆菌,革兰阳性,无鞭毛,不能运动。在动物体内能形成荚膜。芽孢位于菌体中央。

一般消毒药均易杀死本菌繁殖体,但芽孢抵抗力较强,在95℃下需2.5 h方可杀死。

本菌能产生强烈的外毒素,主要是大量的ε毒素和少量的α毒素,不产生β、γ、δ等毒素。

根据毒素-抗毒素中和试验分为A、B、C、D、E 5种,每型产气荚膜梭菌产生1种主要毒素,1种或数种次要毒素,对某些动物产生毒害作用,引起疾病。

流行特点　D型产气荚膜梭菌为土壤和污水中常在菌,羊采食被病原菌芽孢污染的饲料与饮水,芽孢便随之进入羊的消化道,其中大部分被真胃里的酸杀死,一小部分活存者进入肠道。当饲料突然改变,特别是从干草改吃了大量谷类或青嫩多汁和富有蛋白质的草料之后,瘤胃里正常分解纤维素的菌群一时不能适应。并且由于饲料发酵产酸,使瘤胃的pH降到4.0,在此情况下,大量未消化的淀粉颗粒经真胃进入小肠,导致D型菌迅速繁殖和产生大量ε原毒素,经胰蛋白酶致活后变为ε毒素。高浓度的毒素进入血液,引起毒血症,使病羊发生休克而死亡。

羊肠毒血症的发生表现出明显的季节性和条件性。在牧区,多发于春末夏初青草萌发,和秋季牧草结籽后的一段时期;在农区,则常常是在收菜季节,羊吃了多量菜根、菜叶,或收了庄稼后羊群抢茬吃了大量谷类的时候发生此病。

本病多呈散发,绵羊发生较多,山羊较少。2～12月龄的膘情好的羊最易发病。

症状　本病常突然发作,往往看不到症状绵羊就死亡。病状表现为搐搦、昏迷两种。前者在死亡前四肢呈划船样动作,肌肉颤搐,眼球转动,磨牙,流涎,头颈显著抽搐,往往于2～4 h内死亡。后者为步态不稳,倒地,感觉过敏,流涎,昏迷,角膜反射消失,有的病羊发生腹泻,通常在3～4 h内昏迷死亡。

病理剖检　病变常见于消化道、呼吸道和心血管系统。真胃内存有未消化的饲料。回肠的某些肠段急性炎症。心包液增多(50～60 mL),灰黄色,内混纤维素絮块,左心室有多量小点出血。肺脏出血、水肿。肾脏易软化,呈脑髓样。组织学检查,可见肾皮质坏死,脑和脑膜血管周围水肿,脑膜出血,脑组织液化性坏死。

诊断　依据本病发病特点和病理变化,可初步怀疑为本病,确诊需依靠实验室检验。

在肠道内发现大量D型产气荚膜梭菌;小肠内检出ε毒素;肾脏和其他实质脏器内发现D型产气荚膜梭菌可以作为确诊的依据。有条件的单位可进行产气荚膜梭菌毒素的检查和鉴定;一般用小鼠或豚鼠做中和试验。

防治措施　当羊群中出现本病时,可立即转移到高燥的地区放牧。在常发地区,应定期注射“羊快疫、猝狙、肠毒血症三联苗”,或“羊快疫、猝狙、肠毒血症、羔羊痢疾、黑疫五联苗”。

夏初不让羊抢青;秋末到草黄较迟的地方放牧;在农区,减少或暂停抢茬,少喂菜根、菜叶等多汁饲料。

病羊的病程较短,发病快,来不及救治,也没有较好的治疗方法。

(四)羊猝狙

羊猝狙(struck)是由C型产气荚膜梭菌所引起的一种毒血症，以急性死亡、腹膜炎和溃疡性肠炎为特征。

流行特点 本病发生于成年绵羊，以1～2岁的绵羊发病较多。常见于低洼、沼泽地区。多发生于冬、春季节。常呈地方流行性。

症状 C型产气荚膜梭菌随污染的饲料和饮水进入羊消化道后，在小肠(特别是十二指肠和空肠)里繁殖，产生β毒素，引起羊发病，常发生突然死亡。有时可见病羊掉群，卧地，不安、衰弱和痉挛，在数小时内死亡。

病理剖检 十二指肠和空肠黏膜严重充血、糜烂，有的肠段可见大小不等的溃疡。胸腔、腹腔和心包大量积液，暴露于空气后可形成纤维素絮块。浆膜小点出血。有时见肌肉出血，肌间有血样液体或有气体聚集，与黑腿病的病变很相似。

诊断 根据成年绵羊突然发病死亡、剖检见糜烂性和溃疡性肠炎、腹膜炎、体腔和心包积液可初步诊断为猝狙。确诊需做细菌的分离鉴定以及检查小肠内容物有无β毒素。

防治措施 参见羊快疫和羊肠毒血症的防治措施。

七、羊传染性脓疱

羊传染性脓疱(contagious ecthyma)又称羊传染性脓疱性皮炎，俗称口疮，是羊传染性脓疱病毒引起的一种急性接触性传染病。以患羊的口唇等处皮肤和黏膜形成丘疹、脓疱、溃疡和结成疣状厚痂为特征。主要危害羔羊。

世界上许多国家和地区都有本病发生。我国的养羊地区也有本病发生。

病原 本病病原为传染性脓疱病毒，为痘病毒科副痘病毒属成员，是双股DNA，病毒粒子比一般痘病毒体积略小，有囊膜。病毒粒子在蔗糖中的浮密度为1.25 g/cm^3，在氯化铯中的浮密度为1.3 g/cm^3，沉降系数S_{20w}为5 000。

病毒可在牛、绵羊、山羊的肾细胞和犊牛、羔羊的睾丸细胞上生长，在鸡和鸭胚成纤维细胞也可以生长，并产生细胞病变。

病毒对外界环境有较强的抵抗力，本病在夏季阳光下经30～60 d才丧失传染性；在地面上经过秋、冬、春三季仍有传染性；干燥病料在冰箱内保存3年以上仍有传染性；在50%甘油生理盐水中4℃可保存1年以上。病毒对温度较敏感，60℃ 30 min和64℃ 2 min可杀死病毒。对氯仿敏感，对乙醚有抵抗力。对超声波不敏感。在pH 4.2～10.9范围内仍有传染性。痂皮用1%石炭酸处理，在2 h内失去感染力。

流行特点 本病只危害绵羊和山羊，以3～6月龄羔羊发病最多，常呈群发性流行；成年羊发病较少，呈散发性发生；骆驼、猫和人也可感染；本病多发于秋季，无性别和品种的差异。

病羊和带毒羊是传染源。自然感染主要是购入病羊或带毒羊传入健康羊群，或是健康羊放在病羊住过的羊舍或污染的牧场而引起。感染途径主要是皮肤或黏膜的擦伤。由于病原对外界环境抵抗力强，本病在羊群中持续危害多年，不易清除。

病状 羊潜伏期4～7 d，临诊上根据发生部位分为3型，即唇型、蹄型及外阴型，偶见混合型。

唇型 这是最常见的病型。病羊的口角、上唇或鼻镜上发生散在的小红斑点，很快形成小结节，继而形成水疱或脓疱，脓疱破溃后，形成黄色或褐色疣状硬痂。良性经过的病例，这种厚痂逐渐扩大、增厚、干燥，1～2 周内脱落而恢复正常。严重病例，患部继续发生丘疹、水疱、脓疱、痂垢，并互相融合，波及整个口唇周围及颜面、眼睑和耳廓等部，形成大面积具有龟裂、易出血的痂垢，痂垢下有肉芽组织增生，使整个口唇肿大外翻呈桑葚状突起，严重影响病羊采食，日渐衰弱死亡，病程 2～3 周。

病羊患部常有化脓菌和坏死杆菌等继发感染，引起深部组织化脓和坏死。口腔黏膜也常受侵害，黏膜潮红，在唇内面、齿龈、颊部、舌及软腭黏膜上发生被红晕围绕的灰白色水疱，继之变成脓疱和烂斑，或愈合而康复，或恶化形成大面积溃疡。如有坏死杆菌等继发感染，则发生伴有恶臭的深部组织坏死，有时甚至可见部分舌的坏死脱落。少数严重病例，可因继发肺炎而死亡。继发感染也可蔓延至喉、肺及真胃。

蹄型 一般只侵害绵羊，多为单独发生，混合型少见。常在蹄叉、蹄冠、系部皮肤上形成水疱或脓疱，破溃后形成由脓液覆盖的溃疡。如有继发感染，化脓坏死可波及皮下甚至蹄骨；病羊跛行，长期卧地，病期延绵；间或在病羊肺脏、肝脏、乳房发生转移性病灶，严重病例可因衰弱或败血症死亡。

外阴型 阴唇肿胀，在阴唇和附近皮肤上形成溃疡，从阴道流出黏性或脓性分泌物，乳房和乳头皮肤发生脓疱、烂斑和痂垢（多于病羔吃奶时传染）；公羊阴鞘脓胀，阴鞘口和阴茎上发生小脓疱和溃疡。单纯的外阴型少见，也很少死亡。

病理变化 如临诊时所见病羊的病理变化，不再赘述。

诊断 根据流行特点、症状及病理变化，可以作出初步诊断。确诊或鉴别诊断时，可进行病毒的分离、培养和鉴定，或将病料负染进行直接电镜观察。此外，也可用血清学方法，如补体结合试验、琼脂扩散试验、反向间接血凝试验、酶联免疫吸附试验、免疫荧光技术等方法进行诊断。

鉴别诊断 应与羊痘、坏死杆菌病、蓝舌病进行鉴别诊断。

防治措施 本病没有特效的治疗方法，可以根据临床表现作对症和支持疗法，通过治疗，可以减少损失。

对唇型和外阴型病羊，用 0.1%～0.2%高锰酸钾溶液清洗创面，再涂以碘甘油（5%碘酊甘油 1∶1 混合），或 2%龙胆紫，或青霉素软膏，或土霉素软膏，每日 1～2 次；对蹄型病羊，也可用高锰酸钾溶液清洗患部，或用 5%福尔马林溶液浸泡病蹄 1 min，必要时每周一次，蹄部也可涂抗生素软膏；对病重羊，应用支持疗法，必要时使用抗生素或磺胺类药物，以防止继发感染。

发生本病时，除及时隔离、治疗病羊外，可用 2%氢氧化钠溶液消毒羊舍，清洗饲养管理用具及消毒工作。

做好羊只平时的饲养管理工作，减少和避免引起羊只皮肤或黏膜破伤的多种因素。

禁止从疫区引进羊只和购买畜产品；购入种羊或新羊时，必须隔离饲养 1 个月以上，详细观察和做好消毒工作。

在本病常发地区，可用羊传染性脓疱疫苗进行免疫预防，使用方法按疫苗厂的使用说明书进行。

第六章　马的传染病

一、鼻　疽

鼻疽(malleus,glanders)是由鼻疽伯氏杆菌(Burkholderia-mallei)引起的马、骡、驴的一种传染病。通常呈慢性经过。肉食兽和人也能感染。病的特征是在鼻腔、黏膜、皮肤和肺脏或其他脏器形成特异性鼻疽结节和溃疡,如果愈合则遗留下星状瘢痕。本病在我国已得到控制。

病原　鼻疽伯氏杆菌是两端钝圆的平直或微弯曲的中等大小的杆菌,不能运动,不形成芽孢和荚膜。在组织中通常呈孤立、成对或呈丝状排列,着色不匀,革兰染色为阴性。

本菌对外界因素抵抗力不强。在直射阳光下经 24 h 死亡。在潮湿的马厩内能活 2～4 周,鼻液中存活 2 周,在污水中存活 45 d。在干燥病料中存活 1～2 周。对加热 80℃经 5 min 或煮沸数分钟即死。病料在－15～－12℃时,能活 6～12 d。本菌对兽医常用的消毒药抵抗力不强,在较短时间可杀死。

流行特点　在自然情况下,马、骡、驴对本病都易感,尤其驴最易感,且常为急性经过;骡次之;马的易感性较小,通常呈慢性经过。牛、绵羊、山羊和猪不感染鼻疽,我国骆驼曾有发现过鼻疽的报告。虎、狮、狼等野生动物可因吃病畜肉而被传染。人可感染,多呈急性经过。实验动物中,猫、豚鼠、家兔、犬都易感,特别是幼猫最易感。病畜,特别是开放性鼻疽病畜是最危险的传染来源。慢性鼻疽病畜可长期带菌,成为马群中的隐患。

病原体存在于病畜的鼻疽结节、鼻液和皮肤溃疡的分泌物中,病菌可随病畜的分泌物和排泄物排出体外,散布到周围环境里。因此,被病畜含菌排泄物和分泌物污染的饲料、饮水、垫草、厩舍和饲养管理用具,都可以成为病原体的传播媒介。

本病的传染途径主要是消化道,当病畜与健畜同槽饲喂、同桶饮水或相互啃咬等即可传染。其次是经过损伤的皮肤、黏膜而传染,也可经过呼吸道传染。经过结膜、交配和胎盘等途径传染者少。

本病传播较缓慢,无季节性,常呈散发或地方性流行。密集的饲养,频繁的调拨,交易市场使用公共的饲槽或水桶,长途运输等都是促进本病传播的因素。

症状　本病的潜伏期,根据病菌的毒力和数量、感染的途径及动物机体的抵抗力等因素不同而异。一般来说,本病潜伏期较长,自然感染的潜伏期约 4 周至数月,人工感染时为 3～5 d。

在临诊上,根据病程将鼻疽分为急性型和慢性型。但这种人为的划分不是固定不变的,可以互相转化。当动物抵抗力减弱时,病菌大量繁殖,沿淋巴、血液或支气管蔓延,引起病情恶化,甚至死亡;当机体抵抗力增强时,病程可由活动型转变为相对静止型,以局限或愈合的方式而消失。

1. 急性鼻疽　多见于驴、骡。最初是体温升高到 39～40℃,精神不振,食欲减退或消失,易于疲劳，可视黏膜潮红，轻度黄染，心悸亢进，脉搏加快，60～80 次/min。呼吸促迫，颌下淋巴结肿大、疼痛，背腰强硬，低头困难。病马胸下、腹下、阴筒、四肢下部等处皮下发生浮肿，有的病马伴发关节炎、睾丸炎等。当肺脏有较大的肺炎灶或炎症蔓延至胸膜时，病马表现为支气管肺炎或胸膜肺炎的症状。

根据鼻疽临诊表现的不同，又分为肺鼻疽、鼻腔鼻疽和皮肤鼻疽。这三型可以一种病型单独发生，或 3 种病型互相转化，或同时存在于同一病畜体内。一般是先发生肺鼻疽。鼻腔和皮肤鼻疽多为继发性的。我们习惯将后两型称为开放性鼻疽。

(1)肺鼻疽。这是常见的类型。除上述全身病状外，患马逐渐消瘦，易于疲劳，有干性无力的短声咳嗽。当形成较大肺炎灶时，胸部听诊可听见干性或湿性啰音，肺泡音减弱或消失。叩诊有浊音或半浊音。有不同程度的呼吸困难。病部在喉头时，则患部感觉过敏，有阵发性的咳嗽，疼痛，呼吸异常困难，有喘鸣声。

(2)鼻腔鼻疽。病初鼻黏膜潮红肿胀，一侧或两侧鼻腔流出灰白色黏液性鼻液，鼻黏膜上有粟粒大小结节，突出于黏膜表面，呈灰黄色，周围绕有红晕。结节于短期内坏死、破溃，形成溃疡。多数溃疡互相融合，大小不一，并迅速扩大加深，边缘不齐，隆起呈堤状，溃疡底部凹陷，呈灰白或黄白色猪油状。此时病马鼻腔流出脓性或血脓性灰黄色鼻液，有恶臭味。当机体抵抗力降低时，病势继续发展，病变可蔓延至整个鼻腔，鼻黏膜高度肿胀，分泌物增多，鼻腔狭窄，呼吸困难，发生鼾声，并流出混有血液的恶臭鼻液，严重时可侵害鼻软骨，造成鼻中隔穿孔，如不及时治疗，往往死亡。在鼻腔发病同时，同侧颌下淋巴肿胀、疼痛，但一般很少化脓和破溃，或数日之后即行消退变硬，无痛，表面不平，可与周围组织愈合，不能移动。有时亦呈活动性。如果饲养管理良好，给以适当治疗，则鼻腔黏膜的溃疡逐渐愈合，形成放射状或冰花状瘢痕，鼻液消失，临诊症状减轻，逐渐转变为慢性鼻疽。

(3)皮肤鼻疽。主要发生于四肢、胸侧、腹下和颜面皮肤，尤其大多发生于后肢。病初在病畜局部皮肤或皮下突然发生有痛、热的炎性肿胀，经 3～4 d 后形成小结节、大小不一，有黄豆大至核桃大或鸡蛋大，不久结节破溃，排出灰黄色或混有血液的脓汁，形成边缘不整的溃疡，溃疡中央深陷，如火山口状，溃疡底部呈黄白色，不易愈合。结节和溃疡附近的淋巴结肿大。附近淋巴管也增粗，触诊硬固，呈绳索状，一般称为淋巴管索状肿，并沿索状肿形成大小不等的脓肿，呈串珠状，脓肿破溃后形成溃疡，由于病灶的扩大蔓延，后肢皮肤高度肥厚和皮下结缔组织增生，使后肢变粗，形成所谓“象皮腿”，致使病马行动困难，出现跛行。本型在鼻疽马中占 2.3%～2.8%。

2. 慢性鼻疽　是最常见的一种病型，我国本地马约 90%为此型经过。病程较长，可持续数月或数年，临诊病状不明显。一种是病马一开始就为慢性经过，病变仅局限于内脏的隐性(或潜伏性)鼻疽，临诊上没有任何病状，只有生物学诊断法才能揭发出来；另一种是一开始就为急性鼻疽经过，然后转为慢性鼻疽，虽然其急性全身病状已经消失，但有的病马鼻腔内尚有慢性溃疡和流出脓性鼻液。这些病马仍是强大的传染源。当机体抵抗力降低时，病情恶化，可再转化为急性经过，甚至死亡。

病理剖检　鼻腔鼻疽和皮肤鼻疽的病变和临诊所见相同。肺脏有特异性病变(约占 90%以上)，最常见的是肺脏的鼻疽结节和鼻疽性肺炎。

新发生的结节为渗出性鼻疽结节，小米粒至豌豆大，呈黄白色或浅灰色，周围绕有暗红色的红晕，触摸结节有硬实感。随病程的发展，或者吸收治愈，或者变为增生性鼻疽结节，在结节中心发生坏死,呈豆腐渣样,周围有肉芽组织包围,呈灰白色,结节硬实,继而结节钙化,常突出于肺、胸膜表面。鼻疽结节也发生于肝、脾、肾、上呼吸道(喉、气管)及肺门等器官。

鼻疽性肺炎有 3 种情况:由支气管扩散而来者,呈鼻疽性支气管肺炎;随病程的发展,可形成鼻疽性小叶性肺炎;当多数病变互相融合时,则形成鼻疽性融合性支气管肺炎。肺炎区呈棕红色肝变,后中央软化呈干酪样。融合性支气管肺炎如果继发化脓,可形成鼻疽性脓肿,脓性渗出物通过支气管排出,病变部脓汁排除而变为肺空洞。如果机体抵抗力增强,则病灶部大量结缔组织增长,形成鼻疽性硬结。

诊断 鼻疽的诊断方法有临诊、细菌学、变态反应、血清学和病理剖检等。我国目前在大规模鼻疽检疫中使用临诊检查和鼻疽菌素点眼为主,对鼻疽菌素皮内试验和补体结合反应等作为辅助诊断。至于细菌学及病理解剖学诊断,只在有条件的单位和有必要时进行。

1. 临诊诊断 对开放性鼻疽马的诊断具有重要意义。因开放性鼻疽病畜均有特异的鼻疽症状,一般通过检查即可确诊。有些开放性鼻疽马因病情恶化,机体过度衰弱,变态反应消失,对点眼反应不出现。患开放性鼻疽的驴、骡,虽临诊症状明显,但对鼻疽菌素试验往往呈阴性反应,因此必须依靠临诊诊断。慢性鼻疽马临诊检查的意义不大。

在临诊检查时,应注意鼻腔、皮肤等处是否有鼻疽结节、溃疡和疤痕。有无颌下淋巴结肿胀、皮下浮肿、脓性鼻液、睾丸炎以及跛行、咳嗽、消瘦、体温升高、容易疲劳等可疑为鼻疽的病状,进一步诊断可用鼻疽菌素点眼试验。

2. 变态反应诊断(鼻疽菌素试验) 马匹感染鼻疽后 2～3 周,可出现变态反应,鼻疽病马可较长时间的(8～10 年)保持变态反应。变态反应诊断有鼻疽菌素点眼试验和皮下热反应,最常用的是点眼试验。

(1)鼻疽菌素点眼试验。将鼻疽菌素滴入鼻疽病马的眼结膜囊内,可以出现特异性的急性化脓性结膜炎,有的还能引起体温反应和全身反应,是诊断马鼻疽的主要方法。此法操作简便,适于大批马、骡的检疫,且检出率也高,对急性、开放性、慢性或病愈的病畜都能检查出来。在同侧眼结膜进行反复点眼,可提高检出率,因随点眼回数的增加,结膜对鼻疽菌素的敏感性增高,反应出现比上一回早,持续的时间延长,反应程度加剧。因此,在实际检疫中均规定,每次必须点眼 2～3 回,每回点眼间隔为 5～6 d。但驴、骡感染鼻疽时对鼻疽菌素点眼反应的敏感性很低,体质衰弱的病马点眼时可能不出现反应,应予注意。

用鼻疽菌素 3～4 滴(0.2～0.3 mL),一般点于左眼,左眼有病则点于右眼,两次点眼必须点于同一眼中,点眼后第 3、6、9 小时各观察一次,为了发现反应延迟的病马,在第 24 小时再观察一次。最好在早晨点眼,便于在自然光线下观察反应。为了判定准确,在第 6 小时检查时,对无反应或反应不明显的马匹应翻开眼睑检查。每次检查点眼反应均应作记录。最后判定结果应以连续 2～3 回点眼的其中任何一回的最重反应为标准。

点眼前必须检查两眼有无结膜炎及外伤,有结膜炎、眼炎及外伤等眼病者不能点眼。马匹点眼后要拴于马厩内或马棚内,防止风沙吹眼及强烈阳光的照射,并防止眼反应的分泌物被擦掉。点眼反应判定标准如下:

阳性反应 凡结膜潮红,肿胀明显,眼角有较多的脓性分泌物者,判为阳性反应(图 6-1)。

疑似反应 结膜潮红,轻微肿胀,有透明的浆液性(非脓性)或灰白色黏液性(非脓性)的分泌物者,判为可疑反应。

阴性反应 没有任何反应或仅有结膜轻微潮红及流泪者,判为阴性反应。

图 6-1　鼻疽菌素点眼反应阳性

(2)鼻疽菌素皮内试验。先在待检马左侧颈中部 1/3 处剪毛，面积约为 5 cm×5 cm，用卡尺测量皮肤皱襞厚度，局部消毒后，皮内注射鼻疽菌素 0.1 mL，注射部位应出现小泡，注射后 72 h 判定，判定标准按农业部规定(鼻疽菌素使用说明书有介绍)。

(3)鼻疽菌素皮下热反应。由于皮下热反应操作复杂，检出率低，不如点眼试验，因此不适于大批检疫，仅用于点眼反应不恒定、不明显或反应消失及因眼病不能点眼的马匹。

3. 补体结合反应诊断　马、骡感染鼻疽后，经过 2 周左右在血液内出现补体结合抗体，并持续一定时间，故可利用补体结合反应来诊断病马。补体结合反应试验是鼻疽诊断中特异性较高的方法，补体结合反应为阳性的马匹有 90%～95%与剖检时鼻疽病变结果相一致。对点眼反应阳性的病马进行分型，以便揭发有无急性鼻疽病马时使用。一般将鼻疽菌素点眼及补体结合反应都呈阳性反应的马匹称为“活动型鼻疽”，而把鼻疽菌素点眼呈阳性反应而补体结合反应呈阴性反应的马匹称为“鼻疽菌素阳性马”。但补体结合反应只能检出大多数的急性鼻疽马(即活动型鼻疽)及开放性鼻疽马，对慢性鼻疽马检出率较低，占 10%～20%。

补体结合反应操作复杂，一般不进行此项检查，必须进行时，可查阅具体操作规程。

4. 病理剖检　如有鼻疽马死亡时，做好防护工作后，可以进行病理剖检观察，其特征病理变化如前所述，有一定诊断价值。

5. 细菌学检查　这种方法对慢性病马不适用，可用于急性、开放性病畜及扑杀或死亡尸体的检查。实验室要有一定的安全设备。

除进行细菌抹片镜检及分离培养外，动物接种是常用的有效方法。将病料稀释后，猫头后皮下注射，若为鼻疽，则在注射部形成脓肿，以后变为溃疡，6～15 d 发生败血症或脓毒血症死亡。也可将病料作 5～10 倍稀释，雄豚鼠腹腔注射 1 mL，1 周左右可发现睾丸肿大，剖检时，实质脏器有鼻疽结节，并可从病变器官分离出鼻疽伯氏杆菌。若病料污染时，可改用皮下注射。通过试验动物，除可观察发病和剖检变化外，更易从病料中作镜检和分离出细菌。

6. 其他诊断方法　近些年，还有酶链免疫吸附试验、间接血凝试验等方法用于诊断。

总之，由于鼻疽病马的病型不同，临床表现也不一致。因此，在诊断时应作具体分析，采用相应的诊断方法。急性鼻疽病马，临诊症状无明显特征，可用鼻疽菌素点眼反应、补体结合反应，结合临诊检查进行诊断。开放性鼻疽病马，临诊症状较典型，结合鼻疽菌素点眼和补体结合反应进行诊断。慢性鼻疽病马，症状不明显，主要用鼻疽菌素点眼试验诊断。当然，病理剖检变化及细菌学检查有助于诊断。

治疗　在污染程度较高、阳性马较多、畜力又缺乏的地方，在严格的隔离和不散播病原的条件下，有组织地对开放性或急性鼻疽病畜进行治疗。经临床治愈的病马只准隔离使役，不得送入健康畜群中。一般用土霉素和磺胺噻唑治疗。该病在我国已得到控制，病畜可不必治疗，以淘汰为宜，争取早期在我国消灭此病。

防治措施　我国对鼻疽病采取了“预防为主”的综合防治措施，使本病得到基本控制并创造出许多先进的经验。为尽快消灭本病，必须采取养、检、隔、处、消五字综防措施，严格贯彻执行。

1. 加强马匹的饲养管理，控制传播途径　做好日常防疫工作，避免使用公共饮水池，出车时自带饲槽和水桶，这是控制由外传入的好方法。

2. 强化检疫工作　每年春秋两季分别进行一次检疫工作。对从外购买的马匹，必须进行检疫并隔离饲养，健康者方可混群饲养。

3. 隔离及培育幼驹　对鼻疽菌素点眼试验阳性和补体结合反应阳性马匹（即双阳性），判定为急性鼻疽马，以及开放性鼻疽马，宜扑杀深埋处理。鼻疽菌素点眼试验阳性，补体结合反应阴性（或未作）的马匹判为鼻疽菌素阳性马或慢性鼻疽马。一些鼻疽污染程度较低的地方，将这些病马，在指定的地区，集中隔离饲养和使役。病马打上烙印，严禁外出和出卖。凡已送到隔离区的马匹，不论以后检疫中反应是否改变，都不准离开隔离区。

阳性母马可用阳性公马配种或人工授精。哺乳满4个月幼驹进行断奶与母马隔离，用鼻疽菌素点眼和补体结合试验，阳性者并入血检阳性群，呈阴性反应者送假定健康群，并连续检疫3～4次，阴性者可入健康群。

在隔离区内，要严格执行各项兽医卫生措施，特别要加强兽医及饲养人员的防护。

4. 做好病马的处理　根据普查检疫结果，有明显临诊症状，判为开放性鼻疽者应予扑杀处理。尸体深埋或烧毁，禁止剥皮及食用。

5. 消毒　对病畜污染的环境、饲管用具等进行定期、严格的消毒，粪便等堆积发酵2个月后作肥料。

6. 防护　人也可以感染鼻疽伯氏杆菌，要做好个人防护工作，具有公共卫生意义。

二、马传染性贫血病

马传染性贫血病（equine infectious anemia）简称马传贫，是由马传染性贫血病毒引起的马、骡、驴的接触性传染病。临诊特点为稽留热或间歇热，在发热期症状明显，如贫血、可见黏膜出血、黄疸、心脏衰弱、浮肿、消瘦等，而在无热期症状较轻，或暂时消失。

马传染性贫血病于1843年在法国发现，后经两次世界大战传播于世界各地。1931年日本侵略我国将此病带入，目前此病已得到控制。

病原　马传染性贫血病的病原体是反录病毒科、慢病毒属的马传染性贫血病毒，病毒核酸为单股正链RNA，为嗜血液性病毒，与血管淋巴组织有亲和性，破坏红细胞，使红细胞溶解造成贫血。

病毒存在于血液中，凡血液流经过的组织器官均有病毒存在，但因病期的不同，含病毒量的多少有差异。病马发热期时，在所有的器官都含有大量病毒，其中以骨髓、血液、脾、肝等组织含毒量最多，病毒可随病马的各种分泌物及排泄物排出体外，如粪便、尿、汗、乳汁、鼻黏液、唾液、泪、精液等均有病毒存在。在无热期各脏器的病毒含量降低或消失，只有少数存在于骨髓和血液中。

病毒对外界的抵抗力较强。对热的抵抗力较弱，在100℃经1 min即可杀死，血清中的病毒在56～60℃经1 h可失去感染力。对低温的抵抗力较强，在－20℃可保持毒力6个月到2年。日光直射1～4 h毒力可被破坏。含有病毒的血液、排泄物和分泌物，在15～20℃经过

1年毒力降低不明显。在干燥的血液中可生存6年，在含有血液的粪便中可生存3.5个月，在尿中可生存2.5个月，粪便堆积发酵时，经30 d失去毒力。消毒药以用4%热火碱水及4%热福尔马林溶液中5～10 min死亡，消毒为最好。3%来苏儿、3%漂白粉、5%克辽林和20%草木灰水需经15 min以上才能杀死消毒。

流行特点 只有马属动物对马传贫病毒有易感性，其中以马的易感性最强，驴次之，骡的感受性最低，中国马比进口纯种马感受性低。感染后，常呈急性过程而死亡。各种品种、性别和年龄的马均有易感性。

病马和隐性感染的马匹是主要传染来源。特别是发热期的病马是最危险的传染源，可随分泌物和排泄物排出病毒而散播传染。慢性和隐性病马能长期带毒，也是危险的传染来源。

传播途径较多，主要通过吸血昆虫（蚊、虻、刺蝇及蠓等）叮咬而经皮肤传染，也可通过病马分泌物、排泄物污染的饲草、饲料、饮水等经消化道传染。使用被污染的医疗器械（采血针、注射针头、诊疗器械等）也是经常传播的途径。交配也可传染，病母马通过胎盘传染给后代是可能的。

本病一年四季均有发生，但一般多发生在蚊蝇较多的夏秋季，7～9月份可达高峰。在流行初期通常呈急性经过，死亡率高，以后转为亚急性和慢性，最后则以慢性为主，死亡率较低。因此，新疫区多暴发，急性型为多，老疫区断断续续发生，多为慢性型。

健马被感染后，是否立即发病，与环境条件和机体的抵抗力有很大关系，如饲养管理和饲料不好，过度劳役可引起发病；大批调群时可引起暴发。如在交易市场购买慢性病马或隐性病马，由一个地区转移到另一个地区即可引起发病；如发病后不检疫、不隔离或隔离不严，不及时扑杀病马等，则造成此病的流行和蔓延。

症状 潜伏期长短不一，人工感染病例一般为10～30 d，短的为5 d，最长的可达90 d以上。

根据发病快慢可分为5种类型，即最急性型、急性型、亚急性型、慢性型及隐性型。

最急性型 病程很短，死亡较多，发病到死亡仅1～2 d。在健康马群突然发现，体温升高到40～41℃，兴奋、不安，随后精神沉郁，全身虚弱，食欲减退，步行不稳，在短时间内即死亡。此型多发生在新暴发的疫点。

急性型 体温升高，一般在39～41℃，稽留1～2 d或3～4 d，而后降到正常，不久又上升，可反复数次，病马常表现为口渴、出汗、消瘦和衰弱，可视黏膜苍白、黄染，常见有鲜红色或暗红色出血点，大小不一，特别在瞬膜、舌下及鼻中隔为多见。眼结膜水肿、变白，呈猪油样，一般称为“脂肪眼”。眼、鼻可见有少量浆液性液体，呼吸增速，心跳加快（60～90次/min），节律不整，心音增强，心脏叩诊界扩大，病马前胸、腹下、包皮、四肢下部发生浮肿，不热不痛，有如面团样，按压时凹下，去掉压力时又平复。高热时食欲减退，但不久又恢复正常。也有的病马食欲始终正常。病马时常出现四肢无力，步行不稳、摇摆，重者跛行。急转弯困难，尾力减弱或消失。

急性型发病，有时只持续1～2 d则转为亚急性或慢性型，也有高热持续时间较长的，但有1～2 d间歇。病马食欲废绝，迅速消瘦，病程经过5～15 d死亡，死亡率达70%。

急性病例的初期红细胞总数稍有增加，血液中偶见不成熟的红细胞。如病马在10 d内死亡，红细胞数可减少到100万～300万，血红蛋白相应减少。血沉显著加快，在有热期，经15 min可达60刻度以上。

亚急性型 常出现间歇热，间隔短时间又上升，一般持续3～7 d，体温下降到正常，经过

3～15 d间歇期又反复发作，体温在38.5～40.5℃，临诊症状与急性型相同。时有蛋白尿和腹泻。

由于病的发展较慢，中间常表现有平稳的时期，症状逐渐消失，表面上似乎好转。但仔细检查可发现口色不正。心脏衰弱，疲劳及消瘦不断加剧。随时可能再发作，发作后死亡，部分病例可转为慢性。病程1～2个月。

慢性型　常在流行的后期出现，有间歇时间不定的周期性，无热期长，发热持续时间短，一般为1～3 d。有热期表现为心跳加快，节律不整，第一心音浑浊，呼吸困难，可视黏膜出血、贫血，浮肿、消瘦、被毛粗刚、皮肤弹力降低等症状，使役时易疲劳、出汗，在间歇期则症状逐渐消失。有的发热不高，体温在38.6℃以上，间歇时间长，可达数周到数月，还有些马发热一次后长期不发热，病马可保持正常，不表现临诊症状。如病马抵抗力弱，间歇期短，不久便发作，大多引起死亡。有的转为隐性型病马长期潜伏。本型是最多见的一种病型，常见于马传贫老疫区。病程长达数月到数年。

隐性型　无明显临诊症状的带毒马，也有人认为发热期很短，出现一些临诊症状，仅仅持续几小时，不易被发现。有人认为是慢性型的转归，也有人认为是独立的一个病型。可以很多年保持无临诊症状，红细胞也不减少，而病毒常存在于血液和组织中，并从分泌物中排出。隐性马是马群中的祸根，不易被发现，遇过劳役或其他因素的影响，隐性病马可能转成为急性或亚急性，隐性带毒期一般是3～4年，有人报道长达16～18年。

病理剖检　主要特征是浆膜、黏膜的点状出血，黄染，脾脏肿大，实质器官变性，淋巴结肿大，皮下组织水肿，贫血。

尸体消瘦，可见黏膜苍白及不同程度的黄染，并见有点状、条状及斑点状出血，四肢、腹下、胸部、包皮等处皮下组织水肿，并见有浆液性、出血性浸润，呈胶样物。有的血液稀薄呈水样，胸、腹腔积水，浆膜、黏膜出血，以大肠、回肠部浆膜出血最为严重。

淋巴结肿大，切面多汁，暗红色，有灰白色颗粒状突出于表面，有时表现为出血、淋巴结周围组织水肿。脾脏肿大，包膜紧张，包膜下有点状出血，边缘钝，呈棕红色或黑红色，质变松软，白髓增生，切面凹凸不平，呈颗粒状。肝脏肿大，为棕黄色或黄褐色、锈褐色，质度脆，切面肝小叶结构不清，中央静脉淤血，可见有特殊的花纹如槟榔状。肾脏肿大，色淡呈灰黄色，皮质部见有出血点，实质浑浊肿胀，脂肪变性。心肌变性，质脆，灰红色或土红色似煮肉样，常见有点状出血。心内外膜出血，心冠状沟脂肪黄染，胶冻样。胃肠黏膜出血，少数病例见出血性肠炎。长管骨(股骨等)的红色骨髓增生，红髓区扩大，黄髓区缩小。

以上为急性病例的变化，亚急性及慢性病例脏器出血较轻，增生性变化较明显。

病理组织学　主要是脾、肝、肾、心脏及淋巴结等组织的网状内皮细胞的增生反应及铁的代谢障碍。尤其是肝脏的变化更为突出。肝细胞呈蛋白变性及脂肪变性，星状细胞肿大，增生及脱落，肝细胞素紊乱，在汇管区及肝小叶间也有大量的淋巴样细胞浸润，或灶状积聚，在中央静脉周围、肝窦状隙内和汇管区见有多量吞铁细胞。

诊断　马传染性贫血病诊断，必须从流行情况、临诊症状、血液检查、尸体剖检、补体结合反应及琼脂扩散反应等进行综合诊断。

1. 流行情况调查　要注意分析近几年来疫病流行情况及流行规律、死亡原因、死亡率及季节性。了解新购入马的来源，活动地区，并调查附近地区是否有马传贫、马血孢子虫病、马血锥虫病等流行。注意发病时间，有无发高热而不能确诊的病史，抗生素、化学药品治疗的效果如何。

2. 临诊、血液学检查　马传贫的临诊症状和血液学变化的特点，是随体温的变化而不同。因此，发热是临诊症状的基础，同时，各种病型的马有它一定的热型，所以，在诊断马传贫时，既要注意病马有无发热的病史，又要注意热型。另一个临诊特征是不定期的反复发作，因此，在临诊诊断和血液学检查时，应对被检马每日早晚定时测温，连续1个月，以观察热型，传染性贫血病马一般出现晨温高于晚温（温差倒转）的现象，如在1个月内出现10次温差倒转即可怀疑为传贫马。在有热期每隔2～3 d和无热期每隔7～10 d进行一次血液检查及临诊症状的检查。注意可视黏膜、心脏机能、浮肿以及全身情况变化。

血液检查：

（1）血沉加快。急性病马发热初期血沉变化不明显，随着发热期持续延长，由于红细胞数减少，血液稀薄，因此血沉加快，“65”型血沉管经15 min可达60刻度以上。亚急性和慢性病马，一般在发热期和退热数日内，血沉明显加快，长期无热的慢性病马血沉变化不大，或无变化。

（2）红细胞总数减少。绝大部分急性和亚急性病马，在病中，长期红细胞总数减少到300万～500万以下。慢性病马，在发热期和退热后数日红细胞减少，在长期无热期可逐渐恢复。

（3）颈静脉血中出现吞铁细胞。增生的网状内皮细胞、血液中的单核细胞、嗜中性白细胞，吞噬了含铁血黄素，称吞铁细胞，可分为弥漫型、颗粒型及混合型3种。一般在病马发热后期及退热后1周内检出率较高，往往可达万分之二以上，慢性病马吞铁细胞的出现随热型的发作呈周期性出现，长期无热的病马检出率很低，急性和亚急性病马的吞铁细胞多为颗粒型和混合型；慢性病马多为弥漫型。吞铁细胞的检查对骡、驴的诊断意义不大，因为多数健康骡、驴血液中也可检出吞铁细胞。

（4）白细胞总数及白细胞象的变化。病的发热初期，由于骨髓造血机能代偿性增强，白细胞总数稍增加，而且嗜中性白细胞一时性增多，淋巴细胞相对地减少。在发热中期、后期，由于骨髓造血机能降低，白细胞总数减少，淋巴细胞增多，成年马可达45%～50%以上，幼驹（1～2岁）在70%以上，单核白细胞增加到5%～10%，嗜中性白细胞相对减少，可达20%左右。

（5）血红蛋白量降低。随着红细胞数的减少，血红蛋白量也相对地降低，常减少到40%（5.8 g）以下。

3. 病理剖检诊断　对自然死亡的病马或在发热期及退热不久捕杀的病马尸体，在做好消毒工作的情况下，进行病理剖检和病理组织学检查，具有很大的诊断意义。

4. 生物学诊断　将可疑病马（最好是可疑性较大或高热期病马）的血液、血清或其滤过液（怀疑混合感染血孢子虫病时），给1～2岁健康幼驹皮下接种200～300 mL，饲养在有防蚊蝇设备的马厩内，进行3个月的观察，每天早晚定时测温两次，无热期为7～10 d，有热期为2～3 d，进行临诊和血液学检查（死后或扑杀后作病理解剖学检查）。符合传贫病马判定标准的，判为阳性；没有变化的判为阴性。此法是诊断马传贫较可靠的一种方法，但需要一定的隔离条件和设备，且观察时间较长，较费人力物力。因此，只在新发生马传贫的地区，为了确定病性或科研需要时才使用这种方法。

5. 血清学诊断　目前认为补体结合反应、免疫琼脂扩散反应和荧光抗体试验检出率较高。

(1)补体结合反应(简称补反)。是利用驴白细胞培养物为特异补反抗原,检查病马血清内有无马传贫的补体结合抗体,是特异性强、检出率较高的一种诊断方法。补体结合反应抗体最早出现,多数在20～60 d。抗体持续时间长,可达6～7个月或更长。检出率可达86.8%～96.4%,特别是对慢性隐性病马检出率高。本法已列入检疫规程,请见《动物检疫操作规程》。

(2)免疫琼脂扩散反应。该反应特异性高,抗体持续时间长,可达数年之久,检出率比补体结合反应高,我国的检出率为93.92%,国外为95%以上,方法简便,请参看《动物检疫操作规程》。

(3)免疫荧光抗体试验。是用已知的抗体检查未知抗原的一种免疫化学反应。在荧光显微镜下检查,在视野中看到结合物发出黄绿明亮的荧光,此种方法使抗原抗体反应的特异性和敏感性较高,是目前比较好的一种马传贫的快速诊断方法。

另外,ELISA、Dot-ELISA、RT-PCR等也用于诊断。

6. 鉴别诊断　与马梨形虫病、马伊氏锥虫病及媾疫的鉴别请见寄生虫部分。

马钩端螺旋体病:大多发生于南方各省,北方也有发生。流行于6～10月份。马、骡感染后,大多数无明显临诊症状。少数病马表现发热、贫血、黄疸、出血及肾炎等症状。病后期常出现周期性眼炎症状。病理学变化是黄疸、贫血明显。肾显著肿大。肾小管上皮细胞变性、坏死,间质有淋巴细胞、浆细胞和嗜中性白细胞浸润。肝肿大,呈黄土色,肝无网状内皮细胞增生。脾常不肿大。在发热期于血中和退热后于尿中,用暗视野显微镜检查时,可见钩端螺旋体。采取血清做凝集-溶解反应或补体结合反应时呈阳性。用青霉素和链霉素治疗有效。

马营养性贫血:体温不高,大多无典型的出血性素质变化,在血流中无吞铁细胞。无传染性。贫血及浮肿症状明显,当改善饲养管理,并给予适当休息时,病马可迅速增膘复壮。

当马传贫与上述类似疾病混合感染时,临诊表现比较复杂,病势较重,不一定表现有马传贫的规律性变化。经用其他疾病的特效药物治疗,可收到暂时效果,但对马传贫病无效。在这种情况下,马传贫的症状则表现明显,可以判定为马传贫与其他疾病的混合感染。

防治措施　马传染性贫血的危害甚大,要贯彻"预防为主"的方针,认真执行农业部颁发的《马传染性贫血防治试行规定》,切实做好"养、检、隔、封、消、处"六字综合防治措施。

1. 未发生马传贫时的预防措施

(1)加强饲养管理工作,搞好马厩和环境卫生,防止和消灭蚊蝇等吸血昆虫。

(2)坚持自繁自养的原则,不到疫区购买马匹,特别要加强集市贸易的检疫工作。购入后,隔离观察1个月,经过检疫,认为健康者,方可并群。

(3)在诊疗中,如发现无名高热病马,应进行详细检查,查明发病原因,以便早期确定病性,及时采取措施。

(4)受疫点威胁的马匹,每年应进行定期检疫。

(5)畜牧兽医工作人员使用的治疗和配种器械用后应进行消毒。

(6)马、骡外出时,要自带饲槽、水桶,禁止与其他马匹混饮和混喂。

2. 发生马传贫后的防治措施　发生马传贫后应采用检(疫)、隔(离)、封(锁)、消(毒)、处(理)综合措施。

(1)加强领导,认真贯彻执行防治马传贫的措施。疫区、受威胁区在封锁期内停止马匹交易,以防止病马、可疑病马互相转卖而造成疫病传播机会。

(2)检疫。对疫点内的其他假健马、驴、骡要及时进行普遍检疫。检疫内容是测温、临诊观察、血液检查、琼扩或补反。每天早晚定期测温，连续进行1～2个月。临诊和血液检查：不发热的马，每隔10～15 d检查一次；发热的可疑马2～3 d进行一次；体温下降后1周内再检查两次。必要时可进行肝脏穿刺组织学和琼扩检查。可疑传贫病马需要立即隔离、检查和处理。符合马传贫者按传贫病马处理。若经1个月隔离观察仍不能确诊者，应继续观察1个月，若仍判为可疑时，可按传贫病马处理。

(3)隔离。对检出的病马及可疑病马，在远离健康马群的地方隔离。对可疑病马应及时隔离检查。

(4)封锁。疫点确定后，应立即进行封锁，原则上采取“封点不封面”的做法，严禁马匹调动和买卖。从隔离最后一匹马之日起，经过1年检疫不再检出病马时，可报请上级有关机构复查批准，方可解除封锁。

(5)严格消毒。搞好马厩及环境卫生，消灭蚊蝇。被污染的马厩、运动场、诊疗室、诊疗用具、饲槽及管理用具，要及时消毒，保持清洁。隔离厩每10 d进行一次消毒，可用2%～4%热火碱或3%来苏儿溶液。粪便应堆积发酵3个月方可利用。在蚊蝇季节要控制蚊蝇对马传贫的传播，要进行除灭蚊蝇工作。

(6)种公马要坚持常年测温和健康检查，配种母马要逐头进行临诊检查。禁止到疫区配种站配种。

(7)处理。经确诊的病马报主管部门审批后扑杀。病马尸体就地深埋或烧毁或化制。

3. *疫苗接种*　对假定健康马接种马传贫驴白细胞弱毒疫苗，10倍稀释皮下注射2 mL，注苗后3个月产生免疫力。注苗后一般不再作定期检查。

三、马　腺　疫

马腺疫(strangles)是由马腺疫链球菌引起的马、驴、骡的一种急性传染病。典型病例的临诊特征为体温升高，上呼吸道及咽黏膜发炎，颌下淋巴结呈急性化脓性炎症。

马腺疫在我国也较常见，大多发生在马场及幼驹饲育场。主要侵害幼驹，壮龄及老龄马少见，影响马驹的生长发育。

病原　病原为链球菌属C群的马腺疫链球菌，在脓汁中呈长链状排列，链中菌体可达几十个到百余个，菌体呈圆形或卵圆形。在培养物和鼻液中为短链排列，本菌不能运动，不形成芽孢，但能形成荚膜。革兰染色为阳性。本菌为需氧菌及兼性厌氧菌。在培养基中加入血液、血清、葡萄糖等能促进其发育。在血液琼脂培养基上培养18～24 h后，形成半透明和圆形表面光滑的露珠状细小菌落。能产生明显的β型溶血环，直径可达2～3 mm或以上。

本菌对于外界的抵抗力较强。在干燥脓汁及鼻液中能生存几周。对热的抵抗力不强，在70℃ 1 h可死亡，煮沸立即死亡。在日光照射下6～8 h死亡。粪便堆积发酵(深部温度为54～60℃)经4周全部死亡。兽医常用的消毒药能较快地杀死细菌。对龙胆紫、磺胺、青霉素等药物也很敏感。

流行特点　马对腺疫最易感，骡、驴次之，其中以4个月到4岁的马匹最为易感，特别是1岁左右的幼驹发病较多，尤其当幼驹断奶后发病的最多。4个月以下及老龄马较少发病，因为大马在幼驹时得过此病，获得坚强的免疫力，幼驹吃母乳，也获得一定免疫力。实验动物中以小鼠最易感,注射新分离的病菌可使小鼠在2～4 d内因急性败血症,或于较长时间内因脓毒败血症死亡。豚鼠和家兔的易感性较小。

病马、病愈马和健康带菌的马匹是本病的主要传染来源。马腺疫链球菌存在于病马的鼻液及脓汁中。发生脓毒败血症时,在血液及各器官中也存在本菌。有些健康或病愈马的扁桃体和上呼吸道黏膜也存在马腺疫链球菌,也可成为传染来源。

本病主要由消化道传染,病原体随病马或带菌马的鼻液或破溃脓肿的脓汁排出,污染周围环境、饲料、饮水和用具而感染。当腺疫病马在咳嗽、喷嚏时喷出的带菌分泌物通过空气飞沫经呼吸道也可传染。此外,伤口、交配也能感染。健康带菌马在某种不利因素影响下,如气候突变、长途运输、过劳、厩舍通风不良、阴暗潮湿、运动不足、营养不良及其他疾病等,使机体抵抗力降低时,可促进本病发生。因此,本病大多发生于春秋季节。呈散发性或地方流行性。

症状 潜伏期平均为4～8 d,有的为1～2 d。

马腺疫链球菌侵入马体后,由于病马抵抗力的强弱、细菌毒力和数量的不同,在临诊上出现3种病型。

1. *非典型腺疫* 当马腺疫流行时,有些病马的症状和病程不太典型,主要表现为鼻黏膜卡他性炎症,鼻黏膜潮红,流出浆液或黏液性鼻液,体温稍升高,颌下淋巴结轻度肿胀。当动物机体抵抗力较强时,则病程不继续发展,很快自愈。因为此型病程经过较短,又有人称为一过型腺疫。

2. *典型腺疫* 病马鼻黏膜和颌下淋巴结肿大、发炎,全身症状加重,体温升高达39～40.5℃,精神不振,食欲减少或不吃,结膜潮红、黄染,呼吸、脉搏增数,心跳加快。鼻腔流出黏性或脓性鼻液。当炎症蔓延到咽喉部时,引起咽喉炎,则咽喉部感觉过敏,咳嗽明显,呼吸困难,吞咽障碍,口内流涎。同时颌下淋巴结显著肿大,触诊硬固、疼痛、发热,充满于整个下颌间隙,甚至蔓延到咽喉部及颜面部。随着炎症的继续发展,颌下淋巴结脓肿部触诊有波动,局部被毛脱落,皮肤变薄,很快自行破溃,流出大量黄白色黏稠的脓汁,体温下降,全身状况好转。如不发生转移性脓肿或并发症,则创内肉芽组织增生,逐渐愈合。病程为2～3周。

3. *恶性型腺疫* 当马体的抵抗力显著减弱,加上治疗不当,则马腺疫链球菌可由化脓灶经淋巴或血液转移到其他淋巴结,如咽淋巴结、颈前淋巴、肩前淋巴、肠系膜淋巴及纵隔淋巴对等,甚至转移到肺、脑、肝、脾、肾等内脏器官,发生脓肿。咽淋巴结脓肿位于深部,不易触摸到,破溃后,由鼻腔排脓,也可流入喉囊,引起喉囊蓄脓,病马呼吸困难,低头时,由鼻孔流出大量脓汁。肠系膜淋巴结肿大化脓时,病马消化不良,便秘与腹泻交替出现,有时轻度腹痛,直肠检查可在肠系膜摸到脓肿。如破溃,可引起脓性腹膜炎;纵隔淋巴结的脓肿向胸腔破溃时,引起化脓性胸膜炎。总之,转移到内脏各器官及其他各部的脓肿,随器官不同而表现出不同的病状,病程多为延长,如不能及时诊断和治疗,常因脓毒败血症而死亡。

诊断

1. *临诊症状*

典型腺疫:根据病马的急性化脓性颌下淋巴结炎和鼻黏膜卡他性化脓性炎等症状,结合流行情况,一般可以确诊。必要时可作细菌学检查,发现呈链状排列的球菌时可最后确诊。

非典型腺疫:要结合马群中典型腺疫和流行情况才能确诊。

恶性型腺疫:由于脓肿转移的部位不同,诊断时有难有易。如果病马患腺疫,体温恢复正常后又升高,结膜黄染、食欲减退、逐渐消瘦、白细胞总数和嗜中性白细胞显著增多、又无马传染性贫血和马鼻疽的历史，可初步诊断为腺疫。

2. 细菌学检查　采取生前或死后内脏器官或深部淋巴结脓肿作抹片，染色镜检，见有链球菌，或取病料作分离培养。

治疗　病初期，当淋巴结轻度肿胀而未化脓时，为消除炎症促进吸收，可进行温敷或于局部涂擦轻刺激剂，如樟脑酒精、复方醋酸铅散等，同时应用青霉素或磺胺类药治疗，至体温下降后，再继续用药 1～2 d。

如淋巴结肿胀很大，硬固无波动，脓肿尚未成熟，可于局部涂擦较强的刺激剂，如10%～20%松节油软膏或 10%鱼石脂或白芨拔毒散等以促进脓肿成熟。当肿胀中心部变软，皮肤变薄，脱毛，触诊柔软而有波动时，可选择波动点最明显的部位切开，充分排除脓汁，按化脓创进行处治。

化脓期病例，如机体较壮，体温不超过 39.5℃，全身状况较好，则一般可停用抗菌消炎药。如体温很高，全身状况不好，应立即应用磺胺类药物或青霉素，防止发生脓毒败血症。对恶性腺疫可较长期地大量应用磺胺和青霉素等有一定疗效。

当炎症波及喉部，而使咽喉部或面部发生肿胀时，可局部涂敷消炎药物。继发咽喉炎时，按咽喉炎治疗。如呼吸高度困难，有窒息危险时，应及时作气管切开术。喉囊蓄脓时，可作喉囊穿刺，排除脓汁。发生并发症时，一般还需进行全身疗法。

轻症病列，不需要特殊护理，呼吸及咽下困难的重症病例，要适当喂一些稀粥和青草，必要时静脉注射葡萄糖盐水等对症疗法。

防治措施

1. 加强饲养管理　对吃奶的幼驹应加强厩外活动，让其逐渐采食饲料；断奶后应注意补充优质草料，冬季应预防感冒。要消除一切降低幼畜抵抗力的不良因素。

2. 防止扩大传播　在发病季节，要勤检查，及早发现病马，立即隔离治疗。病马厩和用具要进行消毒。新购入的马匹应隔离观察 2～3 周。

3. 药物预防　在流行马腺疫时，对未发病的幼驹，用磺胺拌入饲料中，连喂 3 d，用量为：第 1 天每驹用 10 g，后两天每驹每天用 5 g。

四、马沙门菌病

马沙门菌病(equine salmonellosis)又称马副伤寒，是由马流产沙门菌引起的马属动物的一种传染病。其特征是妊娠母马发生流产，幼驹发生败血症、下痢、关节炎或肺炎；公畜发生睾丸炎及鬐甲瘘。

病原　本病病原主要为马流产沙门菌，亦称马流产副伤寒杆菌。本菌为两端钝圆的多形性小杆菌，能运动，不能形成芽孢和荚膜。革兰染色为阴性。

本菌对外界环境的抵抗力较强，在土壤表层和直射阳光下经 10 d 方可杀死；在散光和干燥时可生存 5 个月；在 56～60℃经 30 min 死亡，煮沸时立即死亡。一般消毒药都能在短时间内杀死，如常用的 2%烧碱水、3%来苏儿和 3%石炭酸经 10～20 min 即可杀死。

流行特点　在自然情况下，单蹄兽中以马最易感，骡、驴次之。实验动物如小鼠、豚鼠和家兔都有易感性。

病畜及带菌动物是本病的主要传染来源。妊娠母马发生流产时，大量病原体随着流产胎儿、胎衣、羊水及阴道分泌物排出体外，污染外界环境；病公马（公驴）能随精液排菌。解放军农牧大学曾从40%阳性公马精液中分离到本菌。病愈带菌马的胆管及肠道中常有本菌存在，并可不定期从粪中排出体外。有的公马、健康母马、骟马及幼驹也可成为带菌者。

本病主要通过被病菌污染的饲料、饮水、经过消化道传染。健康母马与病公马本交，或用病公马精液人工授精时，也能发生传染。病母马可经胎盘或产道传给胎儿。隐性带菌怀孕母马，也可由内源性感染而发生流产。

本病常发生于春秋季节（2～3月份，9～11月份）。散发性或地方流行性。第1次妊娠母马发生流产的较多，流产大多在妊娠中、后期。初次发生本病的马群，则不分胎次都可发生流产。我国发病马场观察表明，本病发生与饲养管理有密切关系，饲料中缺乏维生素（特别是维生素E缺乏）、钙磷等矿物质不足或比例失调，喂食霉败草料、喝冰茬水、吃霜冻草、气候骤变及卫生不良等都可促进流产的发生。因此，加强饲养管理，增强马匹体质，对防止流产有重要作用。

症状 自然感染的潜伏期长短不一，短的为10～15 d，长的可达4～6周。主要症状是母马发生流产，在妊娠的任何时候都可发生，但大多见于妊娠的第4～8个月。一般没有明显的先期症状，突然发生流产。有的病例在流产前，可见乳房肿胀，阴道流出血样分泌物，频频排尿，有轻微腹痛，有时战栗、出汗，继而发生流产。有些母马流产前出现体温中度升高、精神不振、食欲减退等症状。流产时，通常胎儿和胎衣一起排出，很少有胎衣滞留的现象。流产胎儿大多为死胎。有的产出活驹，但很衰弱，往往在短时间内死亡。

流产后，有的病马体温升高达39～40℃，从阴道流出带红色的黏液，以后变为灰白色，多数于流产后1周内逐渐自愈。但有些病马继发子宫内膜炎时，病马体温高达40℃以上，精神沉郁，食欲减少，结膜潮红，呼吸加快，脉搏增数，从阴道流出污秽不洁的褐红色腥臭液体，如能及时治疗，一般均可治愈。否则，重病马可发生败血症死亡。

公马（驴）表现为睾丸炎、关节炎及鬐甲部脓肿，脓肿破溃后易形成瘘管。

幼驹表现为体温升高至40℃以上，全身症状明显，精神沉郁，食欲减少或废绝，呼吸、脉搏增数。有时出现支气管肺炎。有的病例发生肠炎，下痢带黏液和血液，粪臭。有的四肢发生关节炎，大多见于腕、跗和球关节，有热痛，呈跛行，严重时卧地不起。

病理变化 流产马的胎衣可见浆液性胶冻样浸润、出血性化脓性炎症变化。胎儿皮下水肿，浆膜腔有红色液体，浆膜、黏膜和实质器官呈黄染、水肿和出血性败血症变化，个别脏器发生坏死，胎盘的病变是绒毛膜水肿增厚，有小点或块状出血，表面有糠麸样物质。部分胎膜污红色坏死。脐带水肿增粗，羊水浑浊，呈淡黄色。

诊断

1. 流行病学及临诊　妊娠母马流产大多发生于中、后期，第1次妊娠母马多发，流产胎儿大多为死胎，春秋两季流产多见。初生幼驹与离乳前后的幼驹中，有的发生下痢、关节炎或肺炎，同群公马发生睾丸炎、关节炎或鬐甲瘘。如仅有妊娠马流产，其他马匹无异常时，应作流产胎儿剖检、细菌分离及病母马血清凝集反应，以达确诊。

2. 病理剖检　见病理变化。

3. 凝集反应　病马流产后8～10 d，血清中凝集素滴度达到最高点，可持续30 d左右，因此，可在流产后10 d采血做试管凝集反应。当被检马血清稀释为1∶800呈现"＋"的凝集现象或以下时，判为阴性；血清稀释为1∶800呈现"＋＋"的凝集现象时，判为可疑；血清稀释为

1∶1 600 呈现"＋＋"的凝集现象或以上时，则判为阳性。

应当注意，有些正常马匹血清中含有一定量的非特异性凝集素，而有的病马血清凝集价却较低；对凝集反应呈阳性的妊娠马不一定发生流产，而呈阴性的妊娠马有可能发生流产。因此，不能完全依靠凝集反应来判定该马会否发生流产，只有结合临诊症状才能确定病性。凝集反应一般只作流产后或出现临诊症状病马的辅助诊断方法。

用马副伤寒流产菌苗预防注射后，马血清中凝集素可持续 6～8 个月，此时不能作凝集反应诊断。

4. 其他诊断方法　还可用免疫荧光试验、反向间接血凝试验、炭凝集试验等方法进行诊断。

5. 细菌学检查　采取流产胎儿的胃内容物、肝、肺、脾、羊水、胎盘及母马子宫分泌物进行病原菌的分离培养及鉴定工作，以作最后确诊。

6. 鉴别诊断　本病应与马病毒性流产和非传染性马流产相区别。

病毒性马流产：各种性别、年龄的马匹均能感染发病，传播迅速，除妊娠母马发生流产外，各种年龄马出现上呼吸道感染或只幼驹表现体温升高，上呼吸道黏膜发炎，支气管肺炎，成年马无明显症状，其后数月母马发生流产。流产胎儿肝脏有坏死灶，在肝细胞、细支气管上皮细胞有核内包涵体。用病料分离细菌及血清作马副伤寒凝集反应为阴性。

非传染性马流产：根据临诊症状，饲养管理情况，流产胎儿及胎盘有无病理变化等进行综合分析，因为非传染性因素是多方面的，只有经过调查，分清主次，方可作出比较正确的结论。

治疗

流产母马：一般不治疗，如果体温升高时，可用链霉素 2～3 g 肌肉注射，连用 5 d。也可深部肌肉注射土霉素 2～3 g，隔日一次，连用 5～10 次。氯霉素每千克体重 25～50 mg，每日2 次口服。增效磺胺嘧啶每千克体重 4 mg，口服，每日 2 次。如病马阴道流恶露时，应用 0.5%高锰酸钾溶液冲洗子宫和阴道，每日 1 次，直到分泌物停止排出为止。继发子宫内膜炎时，子宫内可放入氯霉素粉剂或金霉素胶囊。

病公马：也可用土霉素或链霉素治疗，发生睾丸炎时可用复方醋酸铅散加常醋调成糊状，涂于睾丸肿胀部，至消肿为止。如睾丸肿胀时间长且硬，也可用 10%松节油软膏局部交替涂擦。鬐甲部瘘管用外科疗法治疗。

发病幼驹：用链霉素 1 g，一次肌肉注射。或用土霉素 1 g，溶于 5%氯化镁溶液 10～20 mL，一次分点深部肌肉注射，隔日 1 次，连用 5 d，停药 2 d 为一疗程。如发生关节炎时，应每天用青霉素 80 万～100 万 IU，溶于 0.5%～1%盐酸普鲁卡因溶液 5～10 mL，注入关节腔内。局部肿胀也可涂擦复方醋酸铅散或 10%松节油软膏。必要时，对关节肿胀的渗出液用灭菌注射器抽出。病驹腹泻时，可用氯霉素口服，每次为 1～1.5 g，每日 2 次，连用 3～4 d。有条件的化验室可做药物敏感试验，决定使用何种抗菌药物，以提高疗效。

防治措施

1. 加强饲养管理　加强对马匹的饲养管理是防止流产的重要措施。尤其是在冬春季节，应补给青干草、胡萝卜和大麦芽等青饲料，增加骨粉、食盐，注意磷钙平衡。搞好厩舍卫生，防止拥挤，消除一切促进本病发生的各种不利因素。

2. 定期预防注射　沙门菌马流产弱毒菌苗，用 20%氢氧化铝胶悬液或生理盐水，稀释为每毫升含菌 100 亿。每马肌肉注射 1 mL，每年注射 2 次，间隔约 4 个月。怀孕马注射时间可安排在头年9～10月份和次年1～2月份各注射1次。沙门C系马流产弱毒菌苗，各种成年马皮下注射2 mL，含活菌50亿。于每年8～9月份母马配种结束后注射。幼驹从出生1个月后皮下注射2 mL，含活菌25亿。幼驹离乳后再注射1次。每年注射1次。免疫期约为1年。

3. 定期检疫 种公马（驴）应在配种前采血做凝集反应检查，阴性反应者，可作种用。病公畜应及时隔离治疗或淘汰为役用。新引进的马匹，应隔离观察1个月，并采血作凝集反应检查，为阴性反应时，才能合群。

4. 隔离消毒 病马应及时隔离治疗，划区放牧。病愈马匹单独组群饲养，母马应用人工授精配种。一般是流产后2个月，并在生殖道恢复正常后方可配种。病马厩和运动场及用具等进行彻底消毒。对流产胎儿、胎衣、羊水等均应深埋。病马粪便应堆积发酵后使用。流产、病愈及受感染未发病的马在一定时间内都可成为带菌者，仍须隔离饲养。

第七章　其他动物的主要传染病

一、兔巴氏杆菌病

兔巴氏杆菌病(rabbit pasturellosis;pasturellosis in rabbit)是由多杀性巴氏杆菌引起的一种传染病。家兔对多杀性巴氏杆菌十分敏感,常引起家兔的鼻炎、中耳炎、结膜炎、肺炎、败血症、脓肿及生殖器官炎症等,造成较大的损失。是危害养兔业的主要细菌性疾病。

病原　病原为多杀性巴氏杆菌。有关本菌的形态、培养特性等,请看本书有关章节中介绍的内容。我国兔源巴氏杆菌血清型以 7∶A 为主,耐热琼扩抗原分型感染家兔的主要是 1 型和 3 型。

流行特点　病兔及带菌兔是本病的传染来源。由于相当数量(一般占 35%～75%)的家兔鼻腔黏膜带有巴氏杆菌,而不表现临诊症状,如果购进新兔则可将病原带入。当某些应激因素使兔体抵抗力减弱时,如长途运输、兔群过分拥挤、饲养不当、潮湿、卫生条件太差、气候突变及其他疾病等,都可使兔体抵抗力降低,引起发病。由于内源性传染发病,从病兔口水、鼻液、粪、尿等排出毒力很强的病原,污染了空气、饲料和饮水,通过呼吸道、消化道、皮肤、黏膜创伤而感染其他健康家兔,造成流行。本病多发生于春秋两季,常呈散发或地方流行,发病率为 20%～70%。各种品种和年龄的家兔都可发病,是 9 周龄至 6 月龄家兔死亡的主要原因。

症状及剖检变化　本病的潜伏期长短不一,一般几小时至 5 d 或更长。主要决定于侵入病菌的毒力、数量、家兔的抵抗力及侵入的部位等。临诊表现也不相同。

1. 败血型

最急性:病兔不见明显的临诊症状就突然死亡。

急性:病兔精神高度沉郁,在笼中伏卧不动,停食,呼吸急促,体温升高至 41℃以上,鼻腔流出黏液性或脓性分泌物,有的发生下痢。死前体温下降,四肢抽搐,很快死亡。剖检见上呼吸道黏膜充血、出血,有多量分泌物。肺充血、出血、水肿。心内、外膜出血。肝变性,有多量坏死点,脾和淋巴结肿大、出血。肠黏膜充血和出血。

亚急性:主要表现为肺炎和胸膜炎。鼻腔流出黏液或脓性分泌物,打喷嚏;呼吸困难;体温稍高,减食,有时下痢;关节肿胀,结膜炎;最后消瘦和衰竭死亡。病程 1～2 周或以上。耐过者成为带菌兔。

剖检主要可见肺充血、出血和肝变;有的肺部见脓肿;胸腔积液,胸膜粗糙,肺、心包上附有纤维素渗出物。

2. 鼻炎　这是常见的病型,在兔群缓慢流行。主要表现上呼吸道炎症,流出黏液或脓性鼻液;病兔经常打喷嚏、咳嗽,常用前爪抓搔鼻部,鼻孔周围皮毛潮湿、缠结或脱毛;上唇及鼻孔皮肤红肿、发炎;上呼吸道因分泌物堵塞,使呼吸更加困难,发生喘气和有鼾声;病原侵入眼、耳或皮下，可引起脓性结膜炎、角膜炎、中耳炎、皮下脓肿等。病兔最后营养不良，衰竭死亡。有的病兔病程延长。

剖检变化：除见临诊上相同部位的变化外，鼻窦和副鼻窦黏膜红肿，内有黏性或脓性分泌物。

3. 地方流行性肺炎　肺炎症状不明显，主要是食欲不振，精神委顿，咳嗽，衰弱，常以败血症死亡。

剖检变化可因病程长短和严重程度而有较大差异。肺有急性炎症反应，肺出血、水肿、实变，重者见肺部脓肿或灰白色小结节。胸膜及心包膜上有纤维素覆盖。

4. 中耳炎（又称斜颈病）　单纯中耳炎不出现临诊症状，在能认出的病例中，斜颈是感染扩散到内耳或脑部的结果。严重病例，吃食、饮水困难，兔向一侧滚转，兔体一直倾斜到抵住围栏为止。如感染扩散到脑部，可出现运动失调和其他神经症状。兔消瘦。

剖检变化　见一侧或两侧耳的鼓室内有奶油状的白色渗出物。病的早期鼓膜和鼓室内壁变红。有时鼓膜破裂，脓性渗出物流入外耳道。如感染扩散到脑部，可出现化脓性脑膜脑炎的变化。

5. 生殖器官感染　母兔阴道流出浆性、黏性或黏液脓性分泌物，如转为败血症，则易发生死亡；慢性则无明显症状，可能不孕，并可从阴道排出黏液脓性分泌物。

剖检时，急性病例见一侧或两侧子宫扩张，子宫腔内有灰色的水样渗出物。慢性病例子宫高度扩张，子宫壁变薄，呈淡黄褐色，子宫腔内充满黏稠的奶油样脓性渗出物，常黏附在子宫内膜上。

公兔主要表现一侧或两侧睾丸肿大，坚实，有些病例形成脓肿；配种的受胎率低。

6. 结膜炎　结膜炎常见，各种年龄的兔都可发生，但以幼兔多见。主要表现眼睑肿胀，结膜发红，有多量黏性分泌物，后变为脓性，常将上下眼睑粘住；慢性表现为经常流泪。

7. 脓肿　全身不同部位皮下都可发生脓肿，易于查出。内脏器官的脓肿，只待死后剖检时才能见到。

诊断　兔巴氏杆菌病的病型多，应在现场调查、分析，作出综合诊断。

(1)临诊症状及剖检变化，有一定诊断价值。

(2)细菌学检查：将病料抹片、染色、镜检，可见两极着色的小杆菌。或用病料进行分离培养和鉴定。

(3)血清凝集试验：主要用于慢性和健康带菌兔的检疫。

试管法：将待检兔血清作不同稀释度，加入等量抗原。凝集价在 1∶40 以上者为阳性反应。

玻片法：取被检血清 0.1 mL 加于玻片上，再加入等量抗原，于 15～20℃条件下，摇动玻片使之均匀混合，在 1～3 min 内出现絮状物，液体透明者为阳性反应。

(4)必要时还可进行动物（家兔）接种、间接 ELISA、免疫荧光试验等方法检查。

治疗

(1)链霉素按每千克体重 1 万～2 万 IU，肌肉注射，每日 2 次，连用 3～5 d。青霉素按每千克体重 1 万～2 万 IU，肌肉注射，每日 2 次，连用 3～5 d。青霉素与链霉素并用亦好。四环素、氯霉素、土霉素、磺胺二甲基嘧啶、长效磺胺等也可选用。最好从病兔分离出巴氏杆菌作药敏试验，选择最敏感的药物用于治疗。

(2)抗出败多价血清,每千克体重 3～5 mL,皮下注射,8～10 h 再重复一次。也可用于预防。

(3)对慢性呼吸道症状的病兔,用青霉素、链霉素(每毫升含 2 万 IU)滴鼻,每次 3～5 滴,每日 2 次,连用 5 d。也可用磺胺类药物治疗。如病兔数量较多时,也可将药物混于饲料中喂给。

(4)对某些病型也可使用不同方法进行局部对症治疗。

防治措施

(1)建立无多杀性巴氏杆菌种兔群是防止本病的最好办法。这种兔群的建立,必须经较细致的检疫、筛选等工作,有条件的兔场可考虑进行。

(2)兔场要坚持自繁自养的原则,严禁随意购入家兔。必须引进种兔时要隔离观察 1 个月并进行细菌学和血清学检查,确认健康者方可入群。

(3)平时做好饲养管理,搞好环境卫生,防止各种应激因素,是预防发病的根本措施。

(4)经常观察兔群,发现异常表现者,及时检出、隔离和治疗,必要时淘汰处理。兔场、兔舍、兔笼、用具定期进行消毒。

(5)有本病的兔场,可用兔巴氏杆菌氢氧化铝菌苗预防接种。

二、兔病毒性出血症

兔病毒性出血症(rabbit viral hemorrhagic disease,RHD)俗称兔瘟,是由兔病毒性出血症病毒引起的家兔的一种急性、高度接触性败血性传染病。病的特点是潜伏期短,发病急、病程短、传播快、发病率和死亡率均高。以呼吸系统出血、水肿、肝坏死、实质器官淤血、水肿、出血为特征。自 1984 年在我国江苏无锡发生以来,现已在全国 20 多个省市发生,给养兔业造成严重的损失。亚洲、美洲、非洲及欧洲的一些国家也有此病发生的报道。

病原　兔病毒性出血症病毒(RHDV)是嵌杯病毒科(Caliciviridae)兔病毒属(Lagovirus)的成员。在分类学上尚未定论。病毒粒子呈球形,大小在 28～40 nm,病毒在氯化铯溶液中浮密度为 1.36～1.38 g/cm^3,沉降系数为 85～162 s。呈二十面体对称,表面有 32～42 个粒壳。无囊膜。病毒对乙醚、氯仿等不敏感。能耐 pH 3 和加热 50℃40min 的处理。对光、热及常用消毒药敏感。病毒对人的 O 型红细胞有凝集作用,而对马、牛、羊、犬、大鼠、小鼠、鸡、猪、兔、鸭、鹌鹑等十几种动物红细胞不凝集。以肝脏血凝集价最高,其次是脾、肾、肺等组织。自然康复兔及人工感染耐过兔能产生坚强的免疫力。

流行特点　在自然条件下,仅兔能感染,马、牛、犬、鹅、鸭、鸡、各品系小鼠、大鼠、豚鼠、黑鼠、棕鼠、裸鼠、地鼠等均不易感染;病兔、死兔是传染来源,病死兔的内脏各器官、肌肉、毛皮、分泌物、排泄物均含有病毒。除病健兔直接接触传染外,被污染的饲料、饮水、器具、空气、兔毛及活的传播媒介,通过消化道、呼吸道、皮肤等途径感染;兔的品种、性别与发病和死亡关系不大,纯毛兔高于皮肉兔;以 3 月龄以上的青年兔和成年兔发病和死亡最高,3 月龄以下发病很少,2 月龄以下仔兔和乳兔极少发病或不发病;一年四季均可发生,多发生在秋冬及春季气温较低的季节,夏、秋温暖季节停止或个别发生;病原一旦侵入易感兔群,常呈暴发性流行,几天之内,青壮年及成年兔 90%以上发病和死亡;购进新兔、配种、收购兔毛、兔皮及剪毛的经商人员等,都可促进本病的发生和流行。

症状 潜伏期短，据流行资料推测1～2 d；人工感染时潜伏期12～72 h。

最急性：多在流行初期见不到临诊症状而突然死亡，或见尖叫几声，四肢抽动即死亡。

急性：精神委顿，伏卧笼内，拒食，体温升至41℃以上，呼吸急促，死前有神经症状：兴奋，在笼内狂奔，嘴咬笼架，两前肢伏地，两后肢支起，倒地四肢乱划动，头颈后仰，四肢强直，最后死亡。有的还可见鼻孔流出分泌物或血液，多数鼻部皮肤碰伤，约10%(5/43)鼻出血，死前肛门松弛，被毛有黄色黏液沾污，粪球外附黏液。青年兔和成年兔大多数为最急性或急性。

慢性：多在流行后期或老疫区3月龄以下兔发生，病程稍长，体温41℃左右，食欲少，精神差，从鼻孔流出黏液或脓性物，渴欲明显，被毛杂乱无光，消瘦，最后衰弱死亡；但多数可以耐过。

病理剖检 本病以呼吸道、肝、脾、肾的出血、淤血为特征。鼻腔、咽头、气管和支气管黏膜淤血及出血，管腔内有多量泡沫状红色液体，气管环黏膜淤血、红肿及出血十分明显；有"红气管"之称；两肺高度淤血、水肿及出血，肺膜上散在大头针帽或粟粒大至绿豆大的出血点或弥漫性出血，鲜红色，或紫红色，肺切面流出多量泡沫状淡红色液体。肝淤血肿大，有散在出血点，肝小叶间质增宽，表面有淡黄色或灰白色条纹，有散在坏死灶。胆囊肿大，充满胆汁。脾淤血肿大，呈蓝紫色。肾淤血肿大，暗红色，皮质部有散在针头大出血点，或有灰白或灰黄色坏死区。心肌松弛，心内、外膜有出血点。肠系膜淋巴结有出血现象。胃内充满食糜，胃黏膜脱落，十二指肠淤血，部分见出血点。母兔子宫多见出血。

诊断 通过发病特点、症状及病理变化可以作出初步诊断。

1. 发病特点　传染性强，流行面广，主要侵害青年兔、成年兔，急性暴发，在几天内可造成大批发病和死亡。

2. 症状　体温升高，病程短，死亡快速，呼吸急促，有神经症状等。

3. 剖检变化　有诊断价值，主要是上呼吸道的充血、出血、有"红气管"变化；两肺淤血、水肿及典型出血；肝、脾、肾的淤血、肿大和坏死。

4. 实验室检查　红细胞凝集(人O型红细胞)和凝集抑制试验及接种易感家兔等方法，都有诊断价值，一般化验室都可进行。琼脂扩散试验、荧光抗体法、ELISA等也可用于诊断。

5. 鉴别诊断　与兔急性败血性巴氏杆菌病区别时，可取死兔的心血或肝脏、肺脏等病料作涂片染色镜检，或用病料分离培养，或作小鼠接种即可作出鉴别。

防治措施 各种抗生素及磺胺类药物无治疗作用，必须采取综合的防治措施进行预防。

(1)国内生产有多种灭活苗及其他联苗可供预防，一般是注后5～7 d产生坚强的免疫力，免疫期可达6～7个月。每年免疫2次。还可用高免血清防治。

(2)从外购进种兔时应从无该病地区购买，购进后应进行隔离观察，并及时注射"兔瘟"灭活苗。

(3)自繁自养是预防的好办法。加强饲养管理，搞好环境卫生，定期消毒。

(4)一旦有"兔瘟"发生，应采取封锁、消毒措施，立即进行紧急接种灭活苗。停止兔及兔毛集市交易和收购。病兔深埋。饲养管理用具及环境用1%氢氧化铝或5%～10%漂白粉消毒。兔毛和兔皮可用福尔马林熏蒸消毒，或0.3%过氧乙酸喷雾消毒。

三、兔梭菌性下痢

兔梭菌性下痢(clostridial diarrhea of rabbit)是由A型产气荚膜梭菌及其毒素引起的兔的一种急性传染病。病兔排出大量水样粪便,以脱水和迅速死亡为特征。

病原　是梭菌属中的A型产气荚膜梭菌(Clostridium perfringens type A),革兰染色阳性,大小(1～1.5)nm×(4～8)nm,两端较平,有荚膜,产生芽孢,一般为单个或成双存在。在羊血液琼脂平板厌氧培养20～24 h,菌落圆形,边缘整齐,表面光滑隆起,直径2 mm,周围有双溶血圈,内圈为透明β溶血,直径4～5 mm,外圈较暗为α溶血,直径4～6 mm。

本菌为厌氧菌,接种在厌氧肉汤中37℃培养,培养基呈一致性浑浊。产生的气体甚至可将液面的石蜡冲至顶部。接种牛乳培养基呈"剧烈"发酵反应。

流行特点　各品种的兔均有易感性,但毛用兔高于皮、肉用兔,尤以纯种长毛兔和獭兔高于杂交毛兔、本地毛兔及其他皮肉用兔。各种年龄(乳兔除外)的兔都可感染发病,但以1～3月龄的仔兔发病率最高。一年四季都可发生,但在冬春季节青饲料缺乏时更易发病。由于喂过多的谷物饲料、高淀粉饲料,造成胃肠道消化紊乱,肠道正常菌群平衡失调,有利于产气荚膜梭菌大量繁殖,并产生毒素引起发病。

A型产气荚膜梭菌的芽孢广泛分布于土壤、粪便、污水和环境中,经消化道和伤口进入兔体。消化道是本病主要的传染途径。在饲养管理不当、突然更换饲料、气候骤变、长途运输等应激因素作用下,极易导致本病的暴发。

症状　少数病例突然发生死亡。下痢是本病特征性的临诊症状,病兔排出灰褐色软便,随后出现水泻,粪便黄绿、黑褐色或腐油色,水样或呈胶冻样,有腥臭味,臀部及后腿被粪污染。病兔体温一般偏低,委顿、拒食、消瘦、脱水,多于水泻的当天或次日死亡,少数可拖至1周或以上。病死率最高可达100%。

病理剖检　肛门附近和后肢腓节下端被毛有粪污。胃内多充满饲料,胃底黏膜脱落,常见有出血或黑色溃疡。小肠和盲结肠充满气体。小肠卡他性炎症,管壁菲薄透明。盲结肠内容物稀薄呈黑绿色,有腐败味;肠黏膜弥漫性充血或出血,肝质脆,脾深褐色,膀胱内积有茶色尿液。

诊断　根据流行病学特点、临诊症状和病理变化,可以作出初步诊断。确诊则需作微生物学诊断或血清学试验。

1. 微生物学诊断　取空肠内容物或肠黏膜涂片,或取肝、脾、肾抹片,革兰染色,镜下可见大量革兰阳性大杆菌,单个或成双存在,有荚膜;取肠内容物加热80℃10 min,2 000 r/min离心10 min,上清液接种厌氧肉肝汤,37℃培养20～24 h,可见到特征性产气;取肝、脾或心血划线接种鲜血平板,厌氧培养24 h,可见到典型的双重溶血圈的菌落。

取大肠内容物用生理盐水作1∶3稀释,3 000 r/min离心10 min,经除菌滤器过滤,取上清滤液腹腔注射体重16～20 g的小鼠数只,剂量0.1～0.5 mL,均在24 h内死亡。证明肠内容物中有外毒素存在。再进一步做毒素中和试验,确定毒素的类型。

2. 血清学诊断　对流免疫电泳、间接血凝抑制试验以及SPA介导酶联免疫吸附试验(SPA-ELISA)等方法也可用于诊断。

治疗 病兔早期用抗血清5～10 mL,每日1或2次,连用2 d,同时配合抗菌药物(如抗生素、磺胺类、黄连素等)治疗,可以收到一定的效果。同时,还须服用止泻收敛药物及强心补液等疗法。口服补液盐对控制腹泻有较好效果。

防治措施 平时加强兔场的饲养管理,减少应激因素,做好兽医防疫及消毒卫生工作。病兔场可用A型产气荚膜梭菌甲醛氢氧化铝灭活苗预防注射,肌注2次,间隔1周。剂量:成年兔2 mL,青年兔1.5 mL,仔兔1 mL。第2次注苗后1～2周产生免疫力,免疫期6个月。乳兔在15～30日龄时,每7 d注射一次抗血清,剂量5 mL,断乳后立即进行疫苗预防。

四、犬 瘟 热

犬瘟热(canine distemper)是由犬瘟热病毒引起的犬(特别是幼犬)的一种急性传染病。有高度接触传染性,以复相热型、鼻炎、呼吸道炎症、严重胃肠炎和神经症状为特征。我国已有较多的犬及水貂发病,是犬和毛皮动物主要的传染病之一。

病原 犬瘟热病毒属副黏病毒科、麻疹病毒属,病毒直径为150～300 nm。其中含有直径为15～17 nm的螺旋状对称核衣壳。为RNA型病毒。只有一个血清型。

病毒对外界环境的抵抗力不强,加热56℃30 min死亡;100℃ 1 min失去毒力;对乙醚、氯仿等有机溶剂敏感;阳光照射易死亡;低温条件下存活时间长,病犬脾中的病毒在−70℃时可存活1年以上,冻干可长期保存病毒。多种化学药品对病毒有杀灭作用。

流行特点 任何年龄、性别、品种的犬都易感,但以幼犬最易感。在自然条件下也见于狼、狐狸、豺、水貂、鼬鼠、熊猫、浣熊等动物。在水貂、狐等毛皮兽饲养场,可引起自然流行,造成很大损失。雪貂对犬瘟热特别敏感,自然发病的致死率可达100%,是最常用的实验动物。

病犬是主要的传染来源,病毒随眼、鼻的分泌物排出,通过飞沫经呼吸道传染,在同一室内的易感犬很难免受感染;病毒还可随尿排出,污染周围物体及环境,经消化道引起传染。经眼结膜及胎盘也可传染。凡是在养犬的地区均有发生,特别是城市及犬类比较集中的地方。由免疫犬生的小犬可从初乳中获得被动免疫,幼犬除非在绝对隔离的地方,否则很难避免与其他犬类接触而发生感染。3～12月龄犬最易感,2岁以上的犬,发病率渐低。康复犬可产生终身免疫力。本病在冬季,10月至翌年2月多发;有一定周期性,隔2～3年流行一次。

症状 潜伏期3～6 d。病初精神委顿,食欲不振或不食,从眼、鼻流出水样分泌物,后变脓性。打喷嚏。体温升至40℃以上,持续约2 d,降至常温,此时病犬症状减轻,经2～3 d,体温再次升高,并可持续数周,病犬症状又加重,废食、呕吐,并见肺炎症状,鼻镜、眼睑干裂。有的病犬下痢,粪呈水样,混有黏液或血液,恶臭。病犬全身症状明显,体重迅速减轻,不久衰竭死亡。

有的病犬还发生脑炎,以神经症状为主,表现为精神委顿,肌肉疼痛和痉挛,共济失调,癫痫状惊厥和昏迷。最后多归死亡。有些病例在其他症状消失后还遗留舞蹈病和麻痹等症状。

病理剖检 犬瘟热病毒为泛嗜性病毒,病变分布广泛,呼吸道黏膜、支气管卡他性炎症,卡他性或化脓性支气管肺炎。幼犬常见出血性肠炎,年龄稍大的则见大肠有多量黏液。胸腺缩小,呈胶冻样。有些病例见水疱性或脓疱性皮炎,有的见脚底表皮角质层增生,使肉趾增厚变硬,所谓硬脚掌病。

诊断 本病的诊断比较困难，经常存在混合感染(如犬传染性肝炎等)和细菌性继发感染，而使临诊症状复杂化，有时病犬不出现特有的症状和病变，因此，只能根据该病的特点作出初步可疑为本病的诊断。

从自然病例分离病毒，甚为困难。初次分离病毒多用易感犬或雪貂。易感犬在接种病毒后出现急性犬瘟热的典型症状。1～2周龄的易感小犬症状较重，常于发病后两周死亡。雪貂接种后症状明显，初期眼鼻流水样分泌物，不久即变为脓性，眼睑水肿、粘连，两眼睁不开。下颌部发红，在嘴边形成水疱和脓疱。脚肿，肉趾发红，有时腹部皮肤发红。病貂在笼中蜷缩，拒食，通常在发病后5～6 d死亡。病程较久的可表现肺炎或神经症状，最后仍归死亡。

中和试验、荧光抗体法、酶标抗体法及包涵体检查等也可用于诊断。

防治措施 目前尚无特效药物可治愈。本病常有继发感染，因此，对病犬在加强护理的基础上，使用抗生素及磺胺类药物，配合对症疗法常常可以收到较好的效果，使病犬死亡率大大减少。

犬瘟热免疫血清及配合抗菌药物和对症疗法对早期病犬的治疗有一定效果。

国外用弱毒疫苗预防犬瘟热。我国有用单苗、三联苗、五联苗可供预防用。主要是加强综合防疫措施，发现病犬及时隔离和治疗，严格消毒，防止扩大传染。

第二篇

畜禽常见的寄生虫病

第八章　寄生虫病概述

寄生是许多生物所采取的一种生活方式，或者说是生物间相互关系的一种类型。在这种关系中，二者中的一方（寄生者）暂时地或永久地寄生在另一方（被寄生者或宿主）的体内或体表，并从被寄生者身上取得它们所需要的营养物质。寄生者包括动物和植物。营寄生生活的植物（植物性寄生物）有细菌和真菌等，研究这方面的学科是微生物学，探讨其所引起的疾病的学科，在兽医方面叫传染病学。营寄生生活的动物（动物性寄生物），称之为寄生虫，如寄生于人、牛和猪等动物的门脉和肠系膜静脉中的血吸虫等等。以寄生虫作为研究对象的寄生虫学是动物科学的一个重要分支。有许多种寄生虫能引起畜禽的疾病。畜禽寄生虫病学是研究家畜和家禽的寄生虫及其所引起的疾病，以及如何防治这类疾病的专门学科。

一、寄生虫与宿主

由于寄生虫与宿主关系的历史过程的长短和相互适应程度的不同，以及特定的生态环境的差别等因素，使寄生关系呈现多样性，从而使寄生虫显示为不同的类型。

有些寄生虫只寄生于一种或少数几种严格特定的动物体内，我们称这些寄生虫为某种宿主的专性寄生虫；而这些动物即称为该类寄生虫的专性宿主。如人的体虱只寄生于人，猪的有齿冠尾线虫（猪肾虫）只寄生于猪。有些寄生虫能寄生于许多种宿主，我们称这些寄生虫为非专性寄生虫；这些宿主称之为非专性宿主。如肝片吸虫可以寄生于牛、羊、猪、兔、马、犬、猫和人等。

根据寄生虫的发育特性及其对寄生生活的适应情况而将宿主分为不同类型：

1. *终末宿主*　寄生虫成虫寄生的宿主叫终末宿主。寄生虫在其体内生长至性成熟阶段，并在那里以有性方式进行繁殖。如人和牛是日本血吸虫的终末宿主。在原生动物中，则以其有性繁殖阶段寄生的宿主称终末宿主。

2. *中间宿主*　寄生虫幼虫寄生的宿主叫中间宿主。寄生虫的幼虫或其无性繁殖的阶段在这种宿主体内发育生长。例如：猪带绦虫的成虫寄生于人的小肠，它们的虫卵随着人的粪便散布到自然界，虫卵被猪吞食之后，在猪的肌肉中发育为幼虫（猪囊虫），人吃猪肉时，吃进了幼虫，它们便在人的小肠中发育成熟。这样，我们就称人是猪带绦虫的终末宿主，猪是猪带绦虫的中间宿主。

3. *保虫宿主*　在寄生虫的多宿主当中，一部分更惯于被它们寄生，另一部分虽然也被寄生，但不那么普遍多量，我们称后者为保虫宿主。例如：肝片吸虫的保虫宿主是一些野生动物，我们在防治牛羊肝片吸虫病时，必须注意到自然界还有肝片吸虫的许多保虫宿主，它们也是肝片吸虫病的感染来源。

4. *贮藏宿主*　某些寄生虫的感染幼虫转入一个并非它们生理上需要的动物体内，并保持着对宿主的感染力，这个动物称为贮藏宿主。例如：寄生于家禽和某些野鸟的气管比翼线虫，当它们的虫卵在自然界发育到感染期时，既可直接感染鸟类，也可被蚯蚓、某些昆虫或软体动物吞食，暂时地贮藏在他们体内，以后可随同蚯蚓、昆虫或软体动物被啄食而感染鸟类。

5. 带虫者　有时一种寄生虫病在自行康复或治愈之后，或处于隐性感染时，宿主对寄生虫保持着一定的免疫力，但也保留一定量的虫体感染，这时我们称这种宿主为带虫者，称这种状况为带虫现象。

各种寄生虫都有一定的寄生部位，其中以寄生在消化道及其附属腺中的最多。也有寄生于其他器官和组织中的，如血孢子虫寄生于血液，多头蚴寄生于脑，旋毛虫寄生于肌肉等等。

根据寄生虫生活方式的不同，可以把它们分为暂时性寄生虫和永久性寄生虫。暂时性寄生虫只有在需求食物时才与宿主接触，如蚊和虻；永久性寄生虫是长期的，并且是终生地居留在宿主体内，以完成其整个生活过程中的各个发育阶段，许多种蠕虫和原虫都是这样的。

根据寄生虫的寄生部位，可以把它们分为外寄生虫和内寄生虫。外寄生虫暂时地或永久地寄生于宿主的皮肤上，如蚊、蜱、螨和某些昆虫；内寄生虫寄生于宿主的内部器官或组织中，如大多数的蠕虫和原虫。有些寄生虫在发育过程中，需要在宿主体内游动，从一处移至另一处，最后定居在一定部位，这种活动称为移行。如猪蛔虫和猪肾虫等在猪的体内都有复杂的移行过程。

二、畜禽寄生虫病的危害性

(一)寄生虫与宿主的相互影响

如上所述，寄生虫侵入宿主体内之后，多数要经过一段移行，最终到达其特定的寄生部位，再发育成熟。寄生虫对宿主的影响一般是贯穿于移行和寄生的全部过程中，它们的不同发育阶段或发育周期都引起宿主的不同的"回答"反应。寄生虫对宿主的影响可以归纳为以下几个方面。

1. 造成组织和器官的损伤　如某些圆形线虫和肝片吸虫等的幼虫，在流行时期引起宿主组织器官的损伤，钩虫吸血时破坏宿主的组织等。

2. 引起机械性障碍　如蛔虫能引起肠道堵塞，严重时可导致肠破裂，有时可造成胆管堵塞。另一些虫体(如棘球蚴和多头蚴)压迫周围组织器官，致使周围器官萎缩。

3. 夺取营养　很多寄生虫以宿主消化好的食物作为自己的营养，其结果使宿主营养缺乏，生长发育受阻，消瘦和贫血等。例如：一条犬钩虫可使宿主一天失血 0.36～0.84 mL；羊的一条莫尼茨绦虫，有时一天可以生长 8 cm，这无疑会掠夺宿主大量的营养物质。

4. 毒素的作用　有些寄生虫分泌一些特有的毒素，使宿主中毒；另一些寄生虫本身的代谢产物对宿主起毒害作用。

5. 带入病原性微生物　例如：马圆形线虫幼虫的移行可能引起副伤寒的并发；有些节肢动物寄生虫侵袭宿主，可能将某些原虫、线虫幼虫、细菌或病毒带入宿主的体内，如某些蚊虫可传播人和动物的日本乙型脑炎；某些蚤可传播鼠疫。

在寄生虫的影响下，宿主可能发生疾病，甚至发生致死性的严重疾病，或造成生长发育停滞等，但是宿主的“回答性”反应也可能显著地影响到寄生虫的生活和发育。

有时宿主具有较强的抵抗力，特别是在得到全价营养的情况下，它们所产生的抗体，对虫体有抑制作用，能阻止虫体的生长，降低其繁殖力，甚至可杀死虫体，或者能阻止虫体对组织的附着，使之排出体外或能沉淀或中和寄生虫的毒素产物。有人研究证明，患球虫病的鸡、兔血清中，均产生体液性抗体，并从患柔嫩艾美耳球虫的鸡盲肠内容物里浸出了免疫球蛋白，从而证明了肠黏膜产生抗体的功能和局部抗体的存在。在离体试验中证明抗体对虫体具有毒害作用。

宿主对寄生虫的免疫常常是“带虫免疫”。带虫免疫是寄生虫病中极为普遍的现象，有一些主要寄生于幼龄动物的寄生虫，在宿主发育成熟后，它们或全部被排除或残留部分虫体于宿主体内。随着虫体的消失，这种免疫力也随之丧失。

(二)寄生虫病对畜牧业的危害

寄生虫对畜禽的危害性十分严重，它们的种类多、散布广，常以一种极为隐蔽的方式摧残动物机体，损害其繁殖性能，降低畜产品的数量和质量，同时又消耗大量的饲料，给国民经济造成巨大的损失。例如：据蒋金书等(1980)报道，北京某鸡场饲养数十万只肉鸡，50 日龄以内的雏鸡每群均发生球虫病；另某鸡场饲养 3 800 只白洛克肉用仔鸡，在 36 日龄时暴发球虫病，死亡 386 只，死亡率高达 10%以上。某猪场进行猪蛔虫病和猪鞭虫病的预防试验表明，预防组(驱虫组)比对照组(未进行驱虫)的增重率高 21.2%。有人研究证明，患蛔虫病仔猪的生长率往往比正常仔猪低 30%左右。有人报告说，乳牛患牛皮蝇蛆病时，产乳量降低 10%～25%，每头牛平均损失肉量达10 kg，皮革质量严重降低。绵羊疥螨病常使羊只在越冬时全群致死。由此不难看出，寄生虫病对于畜牧业会构成何等严重的威胁。以上所提到的都是最常见的寄生虫病，至于由寄生虫所招致的其他并发病和继发病，以及由于饲养这些病畜所造成的饲料损耗和劳动力浪费更是难以估量了。

(三)畜禽寄生虫病在公共卫生上的重要性

人畜共患寄生虫病的研究正在发展成为一个专门学科，它也是食品卫生方面的重要课题。畜禽寄生虫病在公共卫生上的重要性已逐渐引起人们的关注。

如前所述，一些寄生虫能寄生于多种宿主，或在不同的发育阶段需要不同的宿主。如果一种寄生虫拥有多数脊椎动物，特别是哺乳动物宿主，其中包括人的时候，就构成人畜共患寄生虫病，就有可能在人畜间蔓延流行，不仅危害家畜的健康，而且也危害人类的健康。有的寄生虫病在人和某些家畜或野兽中同等地、普遍地存在，有的主要存在于牲畜或兽类中，人系偶然感染。

人畜共患寄生虫病对人体健康造成很大的危害。例如：普遍流行于我国南方各省的日本血吸虫，其成虫寄生于人，也寄生于多种家畜和野生动物，并互相传播，给防治工作带来很大的困难。又如猪囊虫和牛囊虫，其幼虫阶段寄生于猪和牛，成虫阶段则寄生于人。我国有一些少数民族地区，人们嗜食生肉或烹调过嫩的肉，容易发生旋毛虫病，有时造成严重的疾患，甚至发生死亡。

三、畜禽寄生虫病的流行病学

流行病学是研究动物群体的某种寄生虫病原因和条件、传播途径、发生发展规律、流行过程、转归等方面的内容及其特征。它包括了寄生虫与宿主,以及足以影响其相互关系的外界的环境的总合。其中外界环境又包括生物的和非生物的两个方面。不同的寄生虫和这方面的关系各有侧重,有的与非生物的环境的关系要密切些,有的与外周特定的生物直接相关。特别值得一提的是,人的因素对寄生虫—宿主关系及其周围环境有着巨大的影响。由于人类对外界环境的改造可能使某些寄生虫被消灭,或使某寄生虫病的流行减弱。也可能由于人类的不科学的盲目活动,造成寄生虫病的流行或更趋严重。因而改变外界环境条件,使之向着不利于寄生虫生长发育的方向转化,对防治和消灭寄生虫病有着非常重要的意义。

有些寄生虫病随着年降水量的不同,流行情况出现很大差异。自然界的植物和动物区系对于寄生虫病的分布和发展也有着极其重要的作用。例如:硬蜱的分布就和植物的分布情况有密切关系,而硬蜱的存在又和一定的血孢子虫病相关联。有很多寄生虫需要有一定的中间宿主或传播媒介,因此,这些寄生虫的存在和散播就不能不和一定的动物区系密切相关。

除自然因素外,寄生虫分布和散播还和人的活动有密切关系,如猪囊虫的存在和散播,与人粪便的处理有密切关系。畜禽的饲养管理条件也影响到寄生虫病的存在和流行,如在圈内饲养的猪就比田间放牧的猪较少受肺线虫和巨吻棘头虫的感染。

畜禽的运输(进出口)可能带来当地没有的寄生虫病。例如:华北和东北地区由于从南方引进猪种,同时带来了北方没有的猪肾虫病;某畜牧场由于从国外引进绵羊良种,也将其小型肺线虫同时带进我国。

所有上述因素的综合,就形成了某一地区寄生虫病流行病学的一定特征。

寄生虫的发育周期通常比较长,并且有些还需要一定的传播者或中间宿主,因此,寄生虫病往往呈固定的区域性散布,呈地方流行的形式,有一些寄生虫病是不经常遇到的,也有一些是广泛流行的。

有许多寄生虫病呈季节性流行,因此,需要研究它们的季节动态,作为防治措施的根据。

寄生虫,就其感染和散播来讲,一般可分为两类。一类是“土源性”的,如马副蛔虫、猪蛔虫、毛首线虫、大多数的圆形线虫和球虫等,这类寄生虫没有中间宿主,几乎遍及世界各地。另一类是“生物源性”的,这类寄生虫需要中间宿主,有比较复杂的发育史,如猪的肺线虫和棘头虫,羊的莫尼茨绦虫等,这类寄生虫的分布往往具有显著的地区性。

四、寄生虫病的免疫

当寄生虫“试图”制服宿主,在宿主体内寄生时,宿主则“试图”抗御寄生虫,阻止其危害,这就是免疫反应(或称免疫应答)。寄生虫与宿主的相互应答,对于双方有着同等的重要性,因为寄生虫必须克服宿主的这种反应,始得生存。

畜禽对寄生虫所表现的免疫反应，与畜禽对细菌和病毒所表现的免疫反应有很多相似之处，它们同样地具有先天性免疫和获得性免疫；在其特异性免疫的过程中，以寄生虫为抗原，在畜禽体内可出现相应的特异性抗体。但畜禽对寄生虫的免疫也具有某些特性，这主要是由于寄生虫的虫体结构较微生物的结构要复杂得多，其生理生化活动也比微生物要复杂。所以，其抗原物质的组成也就显得复杂，而相应所产生的抗体也就变为多种多样，这在蠕虫病的免疫中表现得尤为显著；其次是寄生虫病的免疫性不如传染病的免疫性那样强，而且常表现为带虫免疫形式，这种免疫随着虫体的消失而丧失。

宿主的免疫反应主要表现为对寄生虫的抑制作用，降低其繁殖力，缩短其生活期限，使寄生虫的寄居条件恶化等。寄生虫与宿主的体液和组织接触越是密切，其所引起的免疫反应也往往越强。如某些肠道线虫，其移行阶段常能引起较强的免疫反应。

在畜禽受到某一种寄生虫感染后，当再次受到同种寄生虫感染时，有时会出现原有的寄生虫和新感染的寄生虫全部被排出，这种现象称之为“自愈”。发生“自愈”现象的机制，一般认为是由于同种寄生虫再度感染时，侵入的幼虫释放出抗原，抗原与机体中原有的抗体产生了局部过敏反应，这种过敏反应造成了不利于寄生虫寄生的环境而出现排虫现象。研究证明，当羊的第四胃中有多种寄生虫同时寄生时，因其中一种寄生虫的再感染引起的“自愈”，可使多种寄生虫同时排出，这就进一步说明一种寄生虫所产生的抗原和抗体反应产物，不仅对同种寄生虫造成了不利的寄生环境，而且对其他种的寄生虫也造成了不利的寄生环境。

科学工作者在应用免疫反应诊断寄生虫病方面进行了大量的研究，所采用的免疫诊断技术有变态反应、补体结合反应、血球凝集反应、荧光抗体、琼脂扩散试验、对流电泳、活体沉淀或凝集反应、酶标记、单克隆抗体、核酸探针和聚合酶链反应（PCR）等。这些反应有的已得到肯定，如棘球蚴的皮内反应，血吸虫的环卵反应，锥虫病的补体结合反应以及弓形虫病的酶标记等；有的虽经试验但未推广，有的则正在研究之中。

在应用免疫反应进行寄生虫病的防治方面，正在进行多方面的探索。为了制作虫苗，人们一般采用 X 射线或放射性同位素的射线，对寄生虫的虫卵和幼虫进行照射，使之致弱或失去繁殖力，而后将此种致弱的虫苗接种给畜禽。使用这种方法已在牛羊网尾线虫、血矛线虫和毛圆线虫等方面获得了成功。在实验动物上已获得成功的有猪蛔虫、肝片吸虫、日本血吸虫和泰勒虫，但在生产上广泛应用，还必须解决幼虫的生产、处理和保存等一系列实际问题。除此之外，还利用控制感染虫量，使畜禽轻微带虫而不发病，或者应用在分类上相近的但致病力弱的虫体，或利用寄生虫体外培养液来达到免疫的目的。目前已有许多学者正在探索寄生虫的亚单位疫苗和基因工程疫苗。在原虫病中，比较成功的有鸡球虫疫苗。

五、畜禽寄生虫病的防治

防治寄生虫病是一个极其复杂的问题，包括对病畜的治疗，对感染的预防和对病原体的扑灭 3 个方面的措施。这几方面又都是互相联系的，孤立地运用其中某一项措施是不可能收到彻底的防治功效的。防治畜禽感染寄生虫的基本方法有两个方面。

(一)动物的驱虫

根据目的不同,可分为治疗性驱虫和预防性驱虫两类。治疗性驱虫主要是作为恢复畜禽健康的紧急措施,只要发生寄生虫病即需驱虫,因此,可在一年中的任何季节进行。预防性驱虫是依照地区寄生虫病的流行规律和生物学情况,按照预先拟订的驱虫计划而进行的,多在每年中一定时间内进行1~2次驱虫工作,目的在于免除某种寄生虫的感染。对于大多数蠕虫来说,秋冬季驱虫是最为重要的,因为秋冬季是畜禽体质较弱的时节,及时的驱虫有利于保护畜禽的健康;其次秋冬季不适于虫卵和幼虫的发育,所以,秋冬季驱虫可以大大减少牧场的污染。

(二)外界环境的除虫

畜禽的粪便中携带大量的寄生虫虫卵和幼虫,因此,粪便的除虫工作(也就是寄生虫病原的消毒处理)是非常必要的。最常用而有效的办法是将畜禽的一切排出物收集到固定的地点,进行堆集发酵,利用生物热(粪便内的温度可达55~70℃)杀死全部虫卵和幼虫,这样做既达到了消毒的目的,又不降低肥料的质量。同时可利用粪便的无害化处理,产生沼气,用作燃料。

改善饲养管理是防治寄生虫病的必要条件。当饲料中缺乏维生素和矿物质时,往往造成动物的体质降低,抵抗力减弱,这时寄生虫在机体内的生长发育最为旺盛;反之,就可能阻止寄生虫的正常发育和生长,降低其致病作用。因此,加强饲养管理,保证全价营养,是防治寄生虫病的一项重要措施。

近年来学者们提出了"生物安全体系"的防病策略,即从品种、饲养管理和环境等方面全方位着手,尽可能消除一切有可能使动物接触病原体或使动物群体抵抗力降低的因素,如应激因素等,这是一种以"保护整个群体健康"的观念取代只注意"控制特殊疾病的传统观念的全新的尝试。我国畜牧兽医工作者可结合各地的具体情况制订出不同家畜的"生物安全体系"防病措施。

六、畜禽寄生虫的一般形态和分类

为了识别和区分每一种动物(包括寄生虫)和植物,全世界统一使用双名制命名法。用双名制给一种生物规定的名称叫做学名。一种寄生虫的学名均由两个名字组成,第一个字是属名,第二个字是种名。例如:*Schistosoma japonicum* Katsurada,1904。这里 *Schistosoma* 是属名,中译名叫分体属;*japonicum* 是种名,即日本;第三个字是命名人的名字,最后是命名的年代,中译文全文是日本分体吸虫。

在动物界中,依据各种动物间相互关系的密切程度,分别组成不同的分类阶元。相互关系密切的种,同属于一个属;相互关系密切的属,同属于一个科;相互关系密切的科,同属于一目;相互关系密切的目,同属一个纲;相互关系密切的纲,同属于一个门。

现将本书所讲述的各种寄生虫的分类特征概述如下。

(一)原生动物门

原生动物门(Protozoa)为是单细胞动物,虫体微小,有的只有1~2 μm,有的长100~

200 μm。每个原生动物均由细胞质和细胞核构成。具有与多细胞相似的各种生理生化活动。细胞质又分为内质和外质。内质具有营养和生殖的作用,食物泡是内质中常见的一种小器官。外质有运动、摄食、排泄、呼吸和保护等机能,分化出伪足、鞭毛、纤毛等运动器官和胞口、胞肛等采食、排泄器官。细胞核由核质、核膜、核仁及染色粒等构成,具有生命活动的特殊功能。

目前原生动物门通常分为 4 个纲:

1. 鞭毛虫纲(Mastigophora) 体表有一层膜,形状比较固定,以鞭毛作为运动器官,鞭毛数 1~8 根。有一主核和一副基体(毛基体)。主要以无性纵分裂法进行繁殖。为永久性寄生虫,多数借吸血昆虫为媒介侵入新的宿主。在畜禽寄生虫病中最重要的有锥虫科的锥虫属(如伊氏锥虫)和利什曼属(如利什曼原虫),毛滴虫科的毛滴虫属(如胎儿毛滴虫)。

2. 根足虫纲(Rhizopoda) 以伪足作为运动和采食器官,滋养体的形状不固定,以分裂方式繁殖。本纲中只有恩变形科是寄生性的,常形成包囊,在兽医学上没有重要性。

3. 孢子虫纲(Sporozoa) 无运动器官,都是细胞内寄生。以孢子生殖和复分裂法进行繁殖。发育史较为复杂。与畜禽有关的是血孢子虫目(如双芽巴贝斯虫,鸡住白细胞原虫等),和球虫目(如兔球虫和鸡球虫等)。

4. 纤毛虫纲(Ciliata) 身体构造比较复杂。核有大核、小核之分。有由细胞分化形成的胞和口胞肛等器官。体外有很多纤毛,借纤毛进行运动。主要以横分裂增殖,也可有出芽或多分裂增殖。有性生殖为结合生殖。在兽医上有重要性的仅袋形科的结肠小袋虫。

图 8-1 为各种寄生原虫。

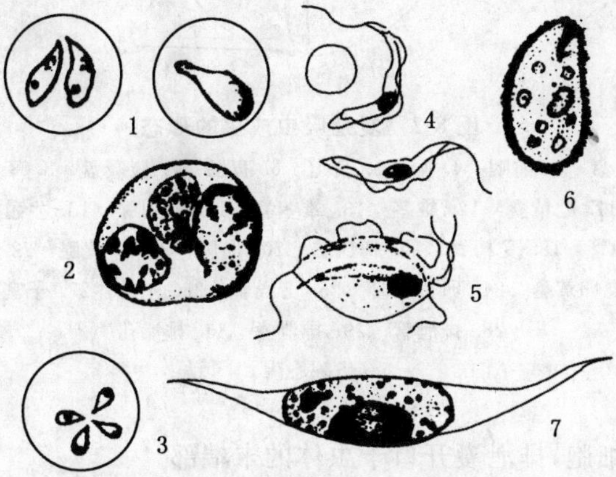

图 8-1 各种寄生原虫

1. 双芽巴贝斯虫 2. 泰勒虫石榴体 3. 马巴贝斯虫
4. 锥虫 5. 毛滴虫 6. 小袋纤毛虫 7. 住白细胞原虫

(蒋金书)

(二)扁形动物门

扁形动物门(Platyhelminthes)虫体背腹扁平,左右对称,无体腔,由表皮及肌层形成皮肌囊,内部器官埋藏在囊内柔软组织中。

1. 吸虫纲(Trematoda) 虫体大多呈扁平的叶片状,前端部具有口吸盘通消化器官,腹面上有腹吸盘(为纯粹的吸附器官)。无体腔。消化道通常由一个咽、食道和两根盲肠组成。大多为雌雄同体。发育史复杂,需要2个或2个以上的不同宿主。

吸虫的雄性生殖系统是由睾丸、输出管(2条)、输精管(1条)、贮精囊(输精管膨大部)、雄茎(交配器)、生殖孔等组成。雌性生殖系统是由卵巢(1个)、输卵管(1条)、卵膜、子宫、生殖孔等组成。卵黄腺1对,分别位于身体的两侧,卵黄管两条,合为1条总卵黄管,与输卵管会合。输卵管上面常连有1个受精囊和1个开口于身体背面的劳氏管。生殖孔雌雄共有。见图8-2。

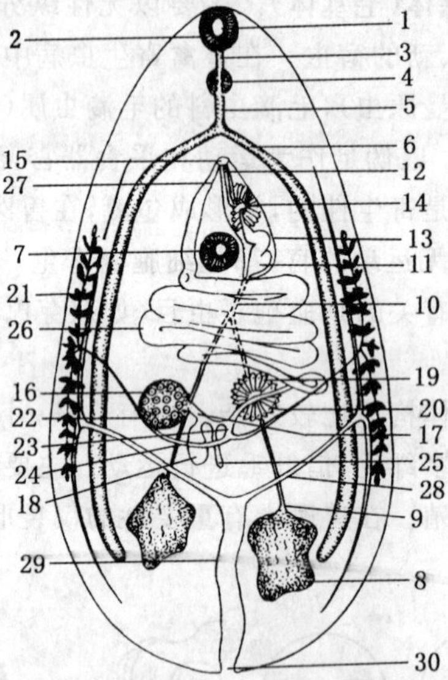

图8-2 复殖吸虫成虫的形态

1. 口 2. 口吸盘 3. 前咽 4. 咽 5. 食道 6. 盲肠 7. 腹吸盘 8. 睾丸 9. 输出管 10. 输精管 11. 贮精囊 12. 雄茎 13. 雄茎囊 14. 前列腺 15. 生殖孔 16. 卵巢 17. 输卵管 18. 受精囊 19. 梅氏腺 20. 卵膜 21. 卵黄腺 22. 卵黄管 23. 卵黄囊 24. 卵黄总管 25. 劳氏管 26. 子宫 27. 子宫颈 28. 排泄管 29. 排泄囊 30. 排泄孔

(仿陈心陶)

排泄系统起始于焰细胞,排泄囊开口于虫体的末端部。

吸虫的生活史比较复杂,在它们的发育过程中,至少需要两个宿主,即一个终末宿主和一个中间宿主,有的甚至需要两个中间宿主。其第一中间宿主都是螺,第二中间宿主可能是鱼类、昆虫(蚁和蜻蜓等)、甲壳类(蟹等),也可能是螺。

虫卵随宿主粪便排到外界,在适宜的条件下,在水中孵出被有纤毛的幼虫——毛蚴。一个毛蚴进入螺体发育为一个胞蚴,一个胞蚴生成多个雷蚴,一个雷蚴又生成多个尾蚴。有时雷蚴体内生成子雷蚴,由子雷蚴生成尾蚴。有的吸虫由胞蚴产生子胞蚴,由子胞蚴产生尾蚴,而没有雷蚴阶段。尾蚴离开螺体,脱去尾部,分泌一种物质形成包囊,称作囊蚴。当家畜吃草或饮水时将囊蚴摄入体内而发育为成虫。有的尾蚴(如日本血吸虫)可直接钻入皮肤,并进入血液。有的尾蚴进入第二中间宿主体内,在那里形成囊蚴,终末宿主在以第二中间宿主作为食物时受到感染(如中华枝睾吸虫)。

2. 绦虫纲(Cestoidea) 虫体呈扁平带状,分节,由头节、颈节和体节3部分组成。最前端为头节，上有4个吸盘或吸沟，有些种类还在头节上生有顶突和小钩等附属器官，以此吸附在宿主的肠黏膜上。头节后边是一狭细的颈节，由此而生长出体节。靠前面的体节为未成熟节片，节片内的性器官尚未分化形成；往后是成熟节片，里边的性器官已发育成熟；再往后是孕卵节片，里面几乎只剩下贮满虫卵的子宫，其他器官均已萎缩。孕卵节片可单个或几个连在一起从虫体上脱落下来，随粪便排到外界。

绦虫没有体腔，也没有消化系统，靠体表吸收营养。排泄系统由焰细胞起始，在显微镜下容易见到的是位于节片两侧的纵排泄管和靠近节片后缘的连接两条纵管的横管。

绦虫为雌雄同体，有的种1个节片内有一组雌雄性器官，雌雄共用的生殖孔开口于节片的侧缘上；有的种每一节片内有两组雌雄性器官，两个生殖孔分别开口在两侧边缘上。雌雄性器官的构造与吸虫的大致相似。完全成熟的虫卵内含有一个六钩蚴。图8-3为各种绦虫幼虫图。

绦虫的发育史比较复杂，都需要一个中间宿主。可以作为中间宿主的动物很多，有些绦虫以哺乳动物作为中间宿主，这些绦虫又因种类不同，其六钩蚴在哺乳动物（中间宿主）体内各自发育为不同类型的幼虫，有囊尾蚴、多头蚴和棘球蚴三种。有些绦虫以节肢动物等无脊椎动物作为中间宿主，其六钩蚴在这些无脊椎动物体内发育为似囊尾蚴。上述各种类型的幼虫被终末宿主吞食以后，即发育为成虫。

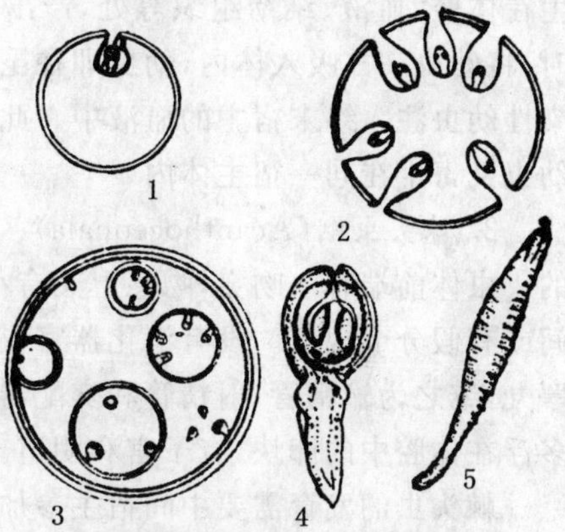

图8-3　各种绦虫幼虫图

1. 囊尾蚴　2. 多头蚴　3. 棘球蚴
4. 似囊尾蚴　5. 裂头蚴

（蒋金书）

（三）线形动物门

线形动物门（Nmathelminthes）虫体呈线状、圆柱状，内部器官位于假体腔内。

1. 线虫纲（Nematoda）　外形一般成线状、圆柱状或近似线状、圆柱状，两端较细，其中头端偏钝，尾部偏尖，雌雄异体，一般是雄虫小，雌虫大，雄虫的尾部常弯曲，雌虫的尾部比较直。大小差异很大，从1 mm至1 m以上。

消化器官由口、食道、肠、直肠、肛门组成。口孔周围有的有唇（6、3或2片），有的有叶冠，有的线虫有口囊，有的在口囊内还有齿，这类线虫常以口囊吸附在宿主的黏膜上。食道为肌质，呈棒状或柱状。肠和直肠为简单管状构造。在雌虫，肛门和阴门分别开口，肛门通常都在靠近尾部的腹面上。在雄虫，肛门和射精管共同开口于泄殖腔，泄殖腔开口在靠近尾端的腹面上。雄虫的生殖器官由睾丸、输精管、射精管、泄殖腔组成。此外生殖器官尚有复杂的辅助器官，最主要的是交合刺，通常为2根，个别的只有1根。交合刺的形状和大小差异很大。有的还有交合伞、尾翼等构造。

雌虫一般有2个卵巢、2个输卵管、2个受精囊（输卵管末端的膨大部）、2条子宫、2个肌质的排卵器，后者共同合为一阴道。阴门开口于虫体的腹面。

线虫的神经中枢在食道部。感觉器官有乳突，主要分布在头部，大多数线虫都有一对颈乳突，雄虫尾部也有许多乳突。

线虫的发育史是多种多样的,一般可分为下列两大类型:

(1)不需要中间宿主的发育类型　雌虫产卵排出体外,在外界适宜的温度、湿度条件下,孵出幼虫,并经两次蜕皮变为感染性幼虫,被适宜的宿主(畜禽)所吞食,在其体内发育为成虫,如食道口线虫等。有的幼虫孵出后,不离开虫卵,这种虫卵称为感染性虫卵,当宿主吞食这些虫卵后,幼虫才从卵内逸出并发育为成虫,如猪蛔虫和猪鞭虫等。

(2)需要中间宿主的发育类型　如猪后圆线虫的发育,当雌虫排出的虫卵被蚯蚓所吞食,幼虫逸出卵壳并在蚯蚓体内发育为感染性幼虫,当猪吞食这些蚯蚓时,即遭感染。有些线虫寄生在体腔、血液、结缔组织等处,产出的幼虫存在于血液或其他体腔中,当某些吸血昆虫吸血时,将幼虫一并吸入体内,幼虫即在昆虫体内发育为感染性幼虫,此时当昆虫再次吸血时,将感染性幼虫注入终末宿主的血液中。此外,旋毛虫的发育比较特殊,成虫在终末宿主体内产出的幼虫又寄生在同一宿主体内。

2. 棘头虫纲(Acanthocephala)　虫体呈长圆柱状,有的呈弯曲的半圆形,也有呈逗点状的。虫体前端有一吻突,吻突上又有小钩或棘,故称棘头虫。体部由皮肌囊和内部器官构成,间或有假分节现象。没有消化器官,靠体表吸收营养。雌雄异体。雄虫常常有两个椭圆形的睾丸,继之为输精管、射精管和交配器等。雌虫只在幼年期有卵巢,以后卵巢逐渐崩解,成为许多浮在体腔中的卵块,有子宫和阴道。

棘头虫的发育需要中间宿主参加。虫卵随宿主粪便被排到外界,被中间宿主河虾类和甲虫吃食后,在其体内发育为幼虫,待终末宿主吞食后即遭感染。

(四)节肢动物门

节肢动物门(Arthropoda)虫体两侧对称,被有外骨骼,体分节,有分节的附肢。虫体分头、胸、腹3部分,有的可能完全融合(蜱和螨)。体腔内充满血液,故称血腔。体内有消化、排泄、循环和生殖系统。雌雄异体。

1. 蜘蛛纲(Arachnida)　虫体没有触角和翅,有眼或无眼。体融合在一起(蜱和螨),或分为胸部和腹部(蜘蛛)。成虫有4对肢,幼虫有3对肢,与人畜关系密切的是蜱和螨。

本纲虫体的发育多为不完全变态,成虫产卵后,在适宜的环境下,先孵出六足幼虫,然后吸血采食,继续发育为八足若虫,最后变为成虫。

2. 昆虫纲(Insecta)　虫体分节,由头、胸、腹3部分组成。头部有单眼、复眼、触角和口器。胸部由前胸、中胸和后胸三节组成,每节腹面各有脚一对。中、后胸的背侧各有1对翅。腹部一般由10个环节组成。在第8、9节处有生殖器官。与人畜关系密切的为各种寄生蝇(羊鼻蝇、牛皮蝇、马胃蝇)、吸血蝇、虻、蚊、吸血虱和跳蚤等。

有些昆虫的发育为完全变态(如蝇类),成蝇产卵,卵孵出幼虫(蛆)、蛆发育为蛹,再经羽化为成虫。有些昆虫的发育为不完全变态(如虱类),即经过卵、若虫、成虫3个阶段。

第九章　猪的主要寄生虫病

一、猪囊虫病

本病是由有钩绦虫(猪带绦虫 *Taenia solium*,图 9-1)的幼虫—猪囊尾蚴(猪囊虫 *Cysticercus cellulosae*)引起的。成虫寄生在人的小肠;幼虫寄生在猪的肌肉组织,有时也寄生于实质器官和脑中。特别值得注意的是幼虫也能寄生在人的肌肉组织和脑中,从而引起严重的疾病。

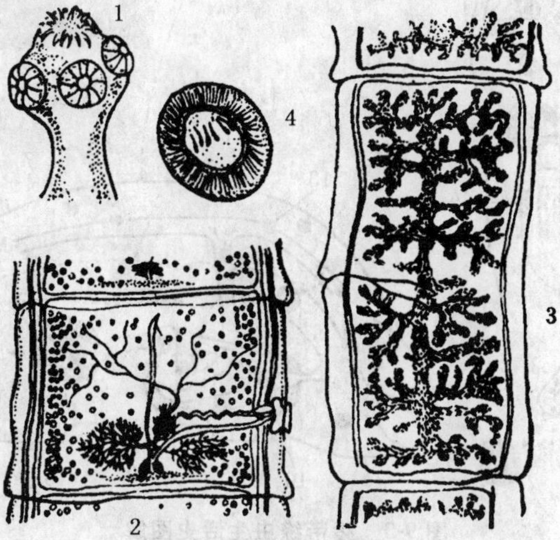

图 9-1　有钩绦虫

1. 头节　2. 成熟节　3. 孕卵节　4. 虫卵(内含六钩蚴)

成虫体长 2～7 m。头节为圆球形,上有 4 个吸盘和 1 个顶突,顶突周围有 2 排小钩,共计 25～51 个。颈节短而窄,后接未成熟节片,再后依序为正方形的成熟节片和长形的孕卵节片。从粪中排出的孕卵节片常常是几个节片连在一起的,孕卵节片内子宫有7～12对侧支。

幼虫称猪囊尾蚴或猪囊虫,是白色半透明的小囊泡,长 6～10 mm,宽约 5 mm,囊内含有液体,囊壁上有 1 乳白色的小结,其中嵌藏着 1 个头节。囊虫包埋在肌纤维间,像散在的豆粒或米粒,故群众常称有猪囊虫的肉为“豆肉”或“米心肉”(图 9-2)。

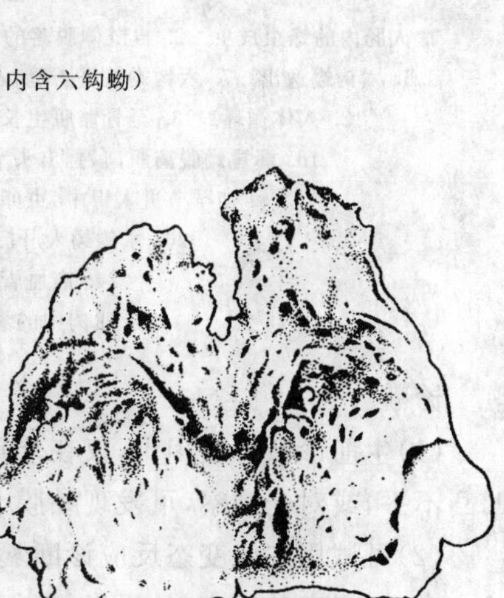

图 9-2　猪肉中的猪囊尾蚴

发育史 有钩绦虫寄生于人的小肠，其孕卵节片随粪便排到外界，猪吞食了孕卵节片或节片破裂后散出的虫卵而被感染。虫卵在胃肠消化液作用下，卵壳破碎，六钩蚴外出，钻入肠壁，随血流被带到周身各部，而以嚼肌、心肌、舌肌、前肢上部肌肉、股部肌肉和颈部肌肉等处居留最多，也可出现在实质器官和脑中，约经两个月发育为囊虫。当人吃了未煮熟的带有囊虫的猪肉时，即遭感染。此时囊虫翻出头节，吸着在人的小肠黏膜上，经2～3个月发育为成虫。如果人在不卫生的条件下吃进了虫卵，或因消化道的逆蠕动（呕吐时）而使孕卵节片返行入胃中时，人也可以成为中间宿主。当囊虫寄生在脑、眼等部位时，常对人的生命造成严重威胁（图9-3）。

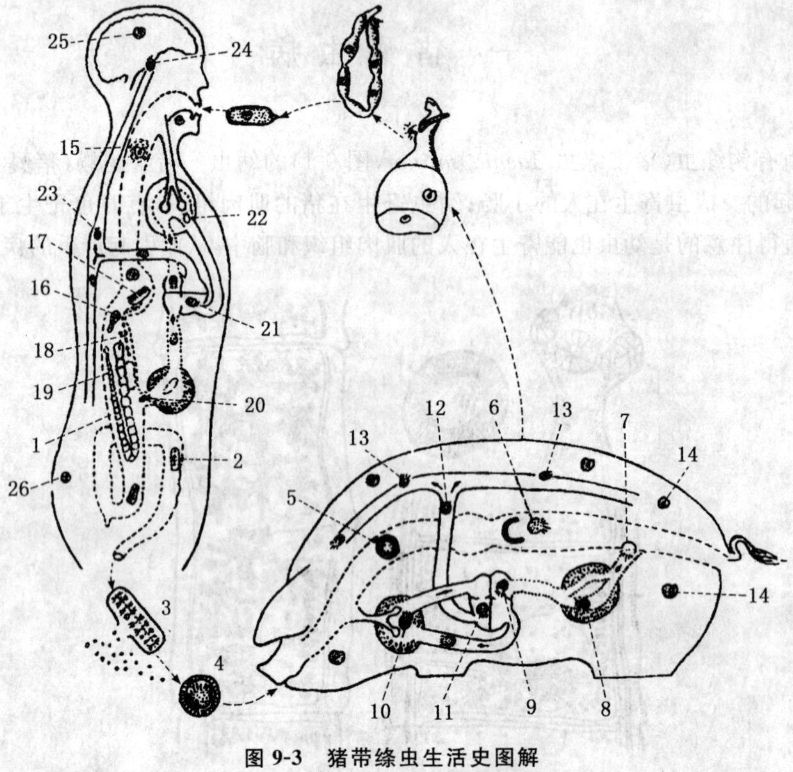

图9-3 猪带绦虫生活史图解

1. 人肠内的绦虫成虫 2. 自链体脱落的孕卵节 3. 孕卵节破裂释出虫卵 4. 虫卵 5. 被吞入消化道的虫卵 6. 六钩蚴逸出 7. 六钩蚴钻进肠壁，入门脉 8. 通过肝脏 9. 六钩蚴入右心 10. 入肺 11. 进入左心 12. 入体循环 13. 至骨骼肌生长发育 14. 发育为成熟的囊尾蚴 15. 吃进了肌肉中的囊尾蚴 16. 囊尾蚴脱离肌肉，翻出头节，吸附于小肠上，逐渐发育为成虫 17. 由于肠道逆蠕动，使孕节进入胃中，虫卵释出 18. 虫卵在肠中孵化 19. 肠道中的六钩蚴 20. 六钩蚴入肝门脉 21. 入右心 22. 至肺 23. 进入体循环 24. 离血管入脑 25. 在脑中发育为成熟的囊尾蚴 26. 肌肉中的囊尾蚴（六钩蚴亦可进入眼内发育为囊尾蚴）

（仿 Olsen）

诊断

（1）生前诊断比较困难，仅在严重感染时，在舌部用手触摸，可以感到有囊虫寄生而呈现的凹凸不平，或对光观察，可发现黏膜上的隆起。

（2）可试用皮肤变态反应诊断囊虫病，即用猪囊虫的头节作成抗原，注射于猪耳外侧表面的皮内，再观察其反应，效果尚好。但当猪患有棘球蚴或细颈囊尾蚴病时，常有交互反应。也可采用酶联免疫吸附试验（ELISA）诊断猪囊虫病。

(3)本病的诊断主要依靠死后胴体的检查,可在嚼肌、心肌、舌肌和前肢上部等肌肉内发现猪囊虫。

防治

(1)讲究卫生,移风易俗,做到人有厕所猪有圈,彻底消灭连茅圈,防止猪吃人粪而感染猪囊虫病。

(2)加强肉品卫生检验。根据国家规定,在平均每 40 cm^2 的肌肉断面上,有猪囊虫 3 个以上者,不准食用,3 个以下者,煮熟或做成腌肉、肉松等出售。

(3)人患绦虫病时,可用槟榔、南瓜子、灭绦灵或氯硝柳胺等药物驱虫。驱虫后排出的虫体和粪便必须严格处理,消灭感染源。

(4)可用丙硫咪唑每千克体重 30 mg,共服 3 次,或吡喹酮每天 30～60 mg/kg,共服 3 次,杀灭猪和人的囊尾蚴。

二、猪棘球蚴病

本病是由细粒棘球绦虫(*Echinococcus granulosus*)的幼虫——棘球蚴(包虫 *Echinococcus*)引起的。成虫寄生在犬、狼、狐的小肠,幼虫寄生在人及牛、羊、猪的肝、肺等脏器内。

细粒棘球绦虫的成虫很小,体长 2～6 mm,由 1 个头节和 3～4 个节片组成。最后一节是孕卵节片,几乎占虫体全长的一半。

棘球蚴呈囊泡状,小的如豌豆,大的如小儿头,囊内有无色透明的液体。囊壁分两层,外层为角质层,有保护作用;内层为生发层,在该层上可长出生发囊,生发囊的内壁上生成许多头节。生发囊和头节脱落后,沉在囊液里,呈细沙状,故称"棘球沙"或"包囊沙"。有时囊内还可生成子囊(或向囊外生成外生性子囊),子囊内还可生成孙囊。但有的棘球蚴不形成头节,无头节的囊泡称为"不育囊"。不育囊也能长得很大,它的出现与中间宿主的种类有很大关系,据统计,猪约有 20%的不育囊。

发育史　寄生在犬、狼等体内的成虫数量一般很多,它们的孕卵节片随粪便排到外界,虫卵散布在牧草或饮水里,中间宿主牛、羊和猪等随着吃草或饮水而遭受感染。虫卵在胃肠消化液的作用下,六钩蚴脱壳而出,穿过肠壁,随血流而至肝和肺,逐步发育为棘球蚴。终末宿主犬、狼等吃了有棘球蚴的脏器而受到感染。

人误食细粒棘球绦虫的虫卵后,可患严重的棘球蚴病。寄生于人体的棘球蚴可生长发育达 10～30 年之久。

症状　初期一般不显症状。寄生在肺时,发生呼吸困难、咳嗽、气喘及肺浊音区逐渐扩大等症状。寄生在肝时,最后多呈营养衰竭和极度虚弱。

诊断　生前可用皮内反应。取包囊里的液体,用滤纸过滤,装入瓶内,加入 0.5%的氯仿,放在冰箱中保存备用。对可疑患者皮内注射 0.1～0.2 mL。注射 5～10 min 后,局部出现直径 0.5～2 cm 的炎症反应(红肿)者即为阳性,其准确率可达 90%以上。

治疗　可试用丙硫咪唑或吡喹酮杀灭猪棘球蚴。

预防

(1)消灭野犬,对警犬和牧羊犬应定期驱虫。用吡喹酮药饵或氯硝柳胺(灭绦灵、拜耳 2 353,犬的剂量为每千克体重 25 mg)可驱除犬的各种绦虫。驱虫后排出的粪便和虫体应彻底销毁。

(2)加强肉品卫生检验工作,对有病脏器必须销毁,严禁作犬食。

三、细颈囊尾蚴病

本病是由水泡带绦虫(*Taenia hydatigena*)的幼虫——细颈囊尾蚴(俗称"水铃铛"*Cysticercus tenuicollis*)(图 9-4)引起的。成虫寄生在犬的小肠,长 1.5～2 m,幼虫寄生在猪、牛、羊等家畜的肠系膜、网膜和肝等处,为一似鸡蛋大小的囊泡,头节所在处呈乳白色。

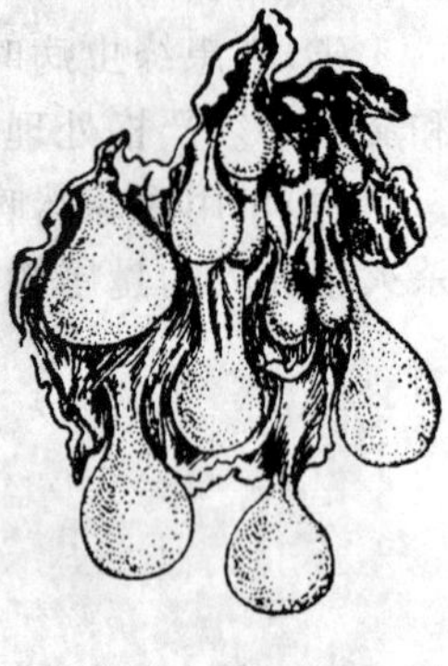

图 9-4 细颈囊尾蚴

水泡带绦虫分布甚广,家畜常见寄生,寄生数量少时可不显症状;如被大量寄生,则可引起消瘦、衰弱等症状。

发育史 成虫在犬小肠中寄生。孕卵节片随粪便排出,猪吞食虫卵后,释放出六钩蚴,六钩蚴随血流到达肠系膜和网膜、肝等处,发育为细颈囊尾蚴,犬由于食入带有细颈囊尾蚴的脏器而受感染。

治疗 可试用吡喹酮,按每千克体重 75 mg 的剂量,肌肉注射,连用 3 天。也可试用丙硫咪唑或氯硝柳胺驱虫。

预防 主要是防止犬感染水泡带绦虫。不要用带有细颈囊尾蚴的脏器喂犬;消灭野犬;家犬应定期驱虫。

四、姜片吸虫病

本病是由布氏姜片吸虫(*Fasciolopsis buski*)寄生于猪的小肠引起的。这种吸虫除感染猪外,尚可寄生于人,在我国长江流域以南比较普遍。

姜片吸虫(图 9-5)是一种大型吸虫,外观似姜片,长 24～75 mm,宽 8～20 mm。新鲜时呈暗红色,相当肥厚。前端有一较小的口吸盘,紧靠它的后方是一个较大的腹吸盘。睾丸两个,分枝呈树枝状,前后排列于虫体的后半部。子宫位于虫体的前半部,子宫和睾丸之间为一个多分枝的卵巢,偏于虫体右方。发达的卵黄腺位于虫体两侧。虫卵灰白色或黄褐色,卵圆形,卵内除胚细胞外,充满着卵黄细胞,有卵盖。

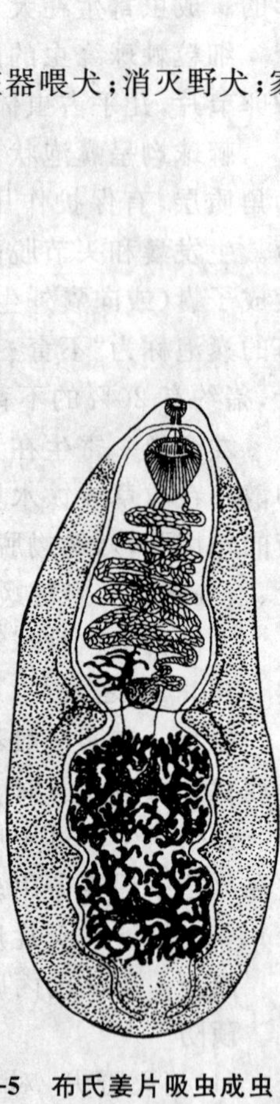

图 9-5 布氏姜片吸虫成虫

(仿 Mönnig)

发育史 成虫在猪或人的小肠中产卵,卵随粪便排出体外,在适宜的条件下,经 3～7 周孵出毛蚴,毛蚴在水中游动,钻入扁卷螺体内,脱去纤毛,变为胞蚴。经 13 d 形成第一代雷蚴,再经 20 多天后形成第二代雷蚴,30 多天后形成尾蚴。尾蚴离开螺体,附在荸荠、水浮莲、水葫芦等水生植物上,变为囊蚴。以后随水生植物被猪生吃后，囊蚴进入消化道，包囊被消化溶解，幼虫随即在小肠内（特别是十二指肠）发育为成虫。自终末宿主感染囊蚴至虫卵从猪的大便排出，共需3个月。虫体在猪体内的寿命为12～13个月（图9-6）。

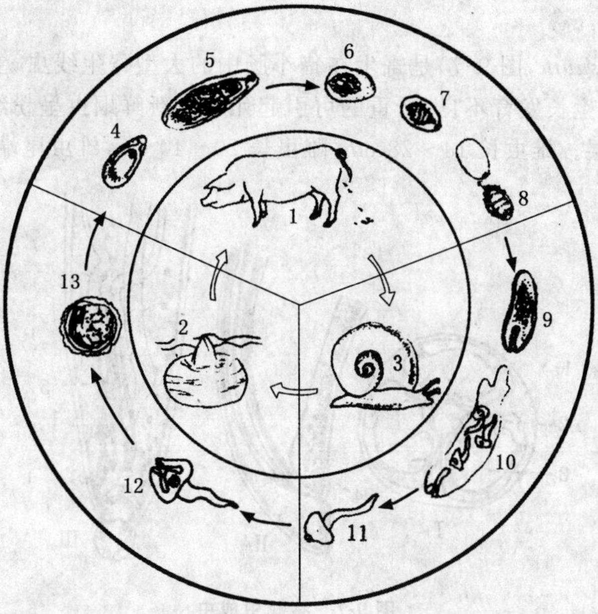

图9-6　布氏姜片吸虫发育史

1. 猪　2. 荸荠　3. 螺　4. 童虫　5. 成虫　6. 虫卵　7. 毛蚴

8. 毛蚴脱壳　9. 胞蚴　10. 雷蚴　11,12. 尾蚴　13. 囊蚴

（蒋金书）

症状　寄生数量少时不显症状。虫体多时造成肠管堵塞、腹痛、下痢、腹胀和食欲不振。后期可见贫血、水肿和发育障碍。该病对人的危害比较严重。

诊断　当地流行情况和疾病症状可作参考，最后确诊需用反复沉淀法在粪便中发现虫卵。

治疗

1. 四氯化碳　剂量为每千克体重0.3 mL，用胃管投入或装入胶囊喂服。

2. 硫双二氯酚　剂量为每千克体重70 mg，混在少量精料中喂服。

3. 敌百虫　每千克体重0.1 g，口服能收到较好的效果，同时又能驱除蛔虫和鞭虫。通常认为，敌百虫一类有机磷制剂，只对线虫有效。敌百虫之所以能驱除姜片吸虫，可能是由于敌百虫促使肠管剧烈蠕动，使姜片吸虫吸附不住肠壁而被排出。

预防

（1）病猪的粪便应堆积发酵，杀灭虫卵，断绝传染源。

（2）定期驱虫是一项很重要的预防措施。因每年在当地气温达到27～32℃以上后2个月左右即为感染季节。这时，如果猪遭到感染，需再经3个月，幼虫才能发育为成虫，此时（秋末）驱虫最为适宜。

（3）可在种植水生饲草的池塘选用0.1%的生石灰、十万分之一至五十万分之一浓度的硫酸铜，0.01%茶子饼灭螺。

五、猪蛔虫病

猪蛔虫(*Ascaris suum*,图 9-7)是寄生在猪小肠中的大型寄生线虫,主要危害 3～6 月龄的仔猪。蛔虫能使仔猪生长发育不良,严重的可引起死亡。新鲜蛔虫呈粉红或稍带黄白色,体表光滑,具有厚的角质层。雄虫长 14～28 cm,雌虫长 20～40 cm,雄虫尾端稍弯曲。

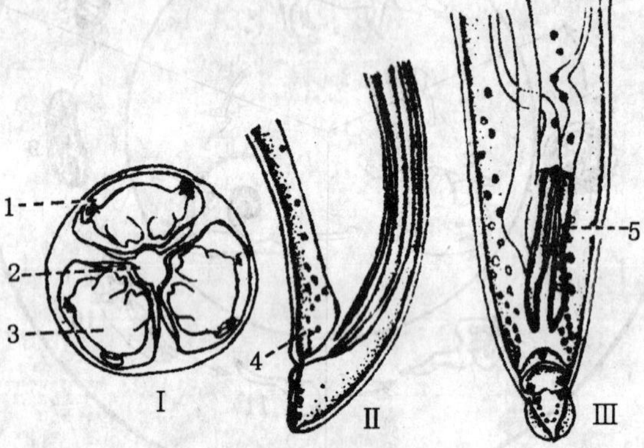

图 9-7 猪蛔虫成虫

Ⅰ. 头部顶面 Ⅱ. 雌虫尾部侧面 Ⅲ. 雌虫腹面

1. 乳突 2. 口孔 3. 唇 4. 性乳突 5. 交合刺

发育史 寄生在猪小肠中的雌虫产卵,每条雌虫每天平均可产卵 10 万～20 万个,产卵旺盛时期每天可排 100 万～200 万个,每条雌虫一生可产卵 3 000 万个。虫卵随粪便排出,在适宜的外界环境下(在北京地区的 6～8 月份),经 11～12 d 发育成含有感染性幼虫的卵。这种虫卵随同饲料或饮水被猪吞食后,在小肠中孵出幼虫,并进入肠壁的血管,随血流被带到肝脏,再继续沿腔静脉、右心室和肺动脉而移行至肺脏。幼虫由肺毛细血管进入肺泡,在这里渡过一定的发育阶段,此后再沿支气管、气管上行,后随黏液进入会厌,经食道而至小肠。从感染时起到再次回到小肠发育为成虫,共需 2～2.5 个月(图 9-8)。

图 9-8 猪蛔虫发育史

1. 刚排出的虫卵 2. 第一期幼虫 3. 第二期幼虫

(蒋金书)

致病作用和症状

(1)幼虫移行至肝脏时,引起肝组织出血、变性和坏死,形成云雾状的蛔虫斑。移行至肺时,引起蛔虫性肺炎。临床表现为咳嗽、呼吸增快、体温升高、食欲减退和精神沉郁。病猪伏卧在地,不愿走动。幼虫移行时还引起嗜酸性白细胞增多,出现荨麻疹和某些神经症状之类的反应。

(2)成虫寄生在小肠时机械性地刺激肠黏膜,引起腹痛。蛔虫数量多时常凝集成团,堵塞肠道,导致肠破裂。有时蛔虫可进入胆管,造成胆管堵塞，引起黄疸等症状。

(3)成虫能分泌毒素，作用于中枢神经和血管，引起一系列神经症状。成虫夺取宿主大量的营养，使仔猪发育不良，生长受阻，被毛粗乱，常是形成“僵猪”的一个重要原因。严重者可导致死亡。

诊断　对2个月以上的仔猪，可用饱和盐水漂浮法检查虫卵。正常的受精卵为短椭圆形，黄褐色，卵壳内有一个受精的卵细胞，两端有半月形空隙，卵壳表面有起伏不平的蛋白质膜，通常比较整齐。有时粪便中可见到未受精卵，偏长，蛋白质膜常不整齐，卵壳内充满颗粒，两端无空隙。

治疗

1. 敌百虫　每千克体重0.1 g，混入少量精料中喂服，服前停食12 h。如若中毒，可用硫酸阿托品1～3 mL，一次肌肉注射。

2. 左咪唑　每千克体重10 mg，喂服。

3. 噻嘧啶　每千克体重20～30 mg，混在饲料中喂服。

4. 阿苯达唑(丙硫咪唑)　每千克体重10～20 mg，混入饲料中喂服。

5. 阿维菌素　每千克体重0.3 mg，皮下注射或口服。

6. 伊维菌素　每千克体重0.3 mg，皮下注射或口服。

预防

(1)定期驱虫。对农村散养的仔猪2～2.5月龄时全群驱虫1次。在规模化猪场首先应对全群猪驱虫。以后公猪每年驱虫2次；母猪产前1～2周驱虫1次；仔猪转入新圈时驱虫1次。

(2)保持饲料和饮水的清洁卫生。

(3)猪粪要经常清扫，并进行堆集发酵，利用发酵的温度杀死虫卵。

六、仔猪类圆线虫病

本病是由类圆线虫(*Strongyloides*)引起的一种极为严重的疾病，主要危害3～4周龄的仔猪。据调查，某些地区感染率可达70%以上，死亡率高达50%。

发育史　成虫在猪的小肠中产卵，卵随粪便排至外界，夏季一般经5～6 h即孵出杆状幼虫，再经2～3 d变为丝状幼虫(直接发育型)，即可感染宿主。部分杆状幼虫经蜕皮发育为独立生活的雌虫和雄虫。雌虫受精后产出的虫卵与寄生在小肠中的雌虫所产的虫卵相似，它们在土壤或厩肥中孵出杆状幼虫，经蜕皮发育成可以感染宿主的丝状幼虫。丝状幼虫具有感染性，能主动钻透宿主的皮肤，进入血管和淋巴管，并随血流到达肺，再随气管中的黏液到达咽部，重返小肠中发育为寄生性雌虫(孤雌生殖)。另一种感染途径为经口感染，随饲料和饮水被仔猪吞食的丝状幼虫，经胃黏膜进入血管，随血流到达肺。由肺再转入消化道，并在小肠中发育为寄生性雌虫(图9-9，图9-10)。

症状　本病主要侵害仔猪，其症状为消化障碍、腹痛、下痢，便中带血和黏液，皮肤上可见到湿疹样病变，当移行幼虫误入心肌、大脑或脊髓时，可发生急性死亡。死后剖检病变主要限于小肠，肠黏膜充血，并间有斑点状出血，有时可见有深陷的溃疡。肠内容物恶臭。

诊断

(1)用饱和盐水漂浮法检查虫卵，必须采用新鲜粪便，夏季不得超过 6 h，虫卵小，呈椭圆形，卵内有一蜷曲的幼虫。

(2)剖解集虫时，由于虫体较细小，又深藏在小肠黏膜内，必须用刀刮取黏膜，并在清水中仔细检查，才能发现虫体。

治疗 可用甲苯咪唑，每千克体重 30 mg，一次口服。也可使用噻苯唑(每千克体重 30～50 mg，一次口服)、丙硫咪唑(每千克体重 40 mg，一次口服)，阿维菌素或伊维菌素(每千克体重 0.3 mg，一次皮下注射或口服)驱虫。

预防 由于虫卵及幼虫对干燥的抵抗力很低，经常保持圈舍干燥是非常重要的。清除猪粪，并进行堆集发酵。此外，应定期对猪群进行预防性驱虫。

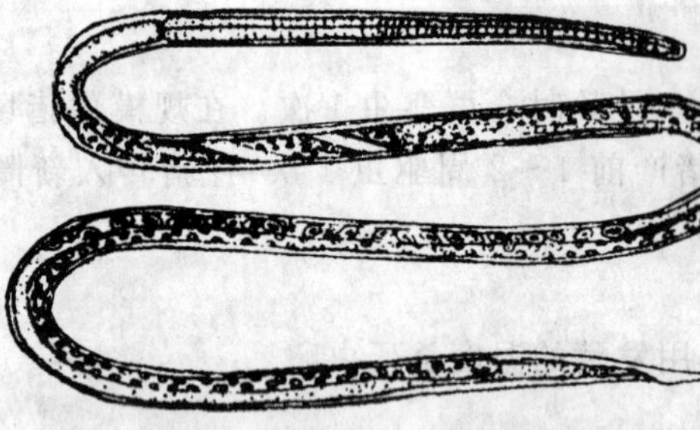

图 9-9 类圆线虫的寄生性雌虫

图 9-10 类圆线虫

1. 自由生活的雌虫 2. 自由生活的雄虫

(蒋金书)

七、猪肺线虫病

本病是由猪肺线虫(后圆线虫)引起的。猪后圆线虫有 3 种，最常见的为长刺后圆线虫(*Metastrongylus elongatus*)，雄虫长 12～26 mm，雌虫长 20～50 mm，虫体呈黄白色或白色。虫卵呈椭圆形，外膜表面有细皱纹，内含有一蜷曲的幼虫

发育史 成虫寄生在支气管中，所产虫卵随气管中的分泌物进入咽部，再进入消化道，后随粪便排到外界。虫卵被蚯蚓所吞食，幼虫逸出卵壳，穿过肠壁，进入体腔，变为第一期幼虫。再经两次蜕皮，变为第三期幼虫(感染性幼虫)。猪在采食或拱土时，吃进蚯蚓，第三期幼虫经肠壁淋巴管、肠系膜淋巴结、腔静脉和心脏而到达肺血管，接着转入肺泡和支气管，在此发育为成虫(图 9-11)。

致病作用和症状

(1)成虫吸血,刺激支气管黏膜,造成支气管炎和支气管肺炎。临床表现为阵发性咳嗽,呼吸急促,贫血,消瘦,严重时可造成死亡。在无继发感染时,体温一般不升高。

(2)由于幼虫移行和成虫的吸血,易于带进病原菌,常并发流行性感冒和病毒性肺炎。

诊断

(1)生前可根据临床症状(咳嗽、消瘦及生长发育停滞等)和当地流行病学资料作出初步诊断,确诊须用硫酸镁(或硫代硫酸钠)饱和溶液漂浮法检查粪便,即可发现虫卵。

(2)死后剖检。虫体寄生部位多在肺膈叶后缘,形成一些灰白色的隆起,剪开以后,常可在支气管中找到大量的虫体。

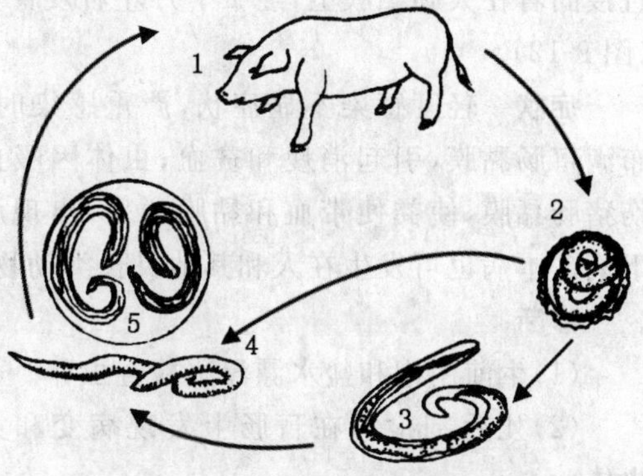

图 9-11 猪肺线虫的发育史

1. 终末宿主(猪) 2. 虫卵 3. 第一期幼虫

4. 中间宿主蚯蚓 5. 感染性幼虫

(蒋金书)

治疗

1. 丙硫咪唑 口服每千克体重 10~20 mg,拌入饲料喂服。

2. 左咪唑 每千克体重 8~15 mg,混入饲料喂服。

3. 阿维菌素或伊维菌素 每千克体重 0.3 mg,皮下注射或口服。

4. 氰乙酰肼 口服每千克体重 17.5 mg;皮下或肌肉注射每千克体重 15 mg,严重者可连用 3 天。

5. 多拉菌素 每千克体重 0.3 mg,皮下或肌肉注射。

如有继发感染,应配合使用抗菌素。

预防

(1)猪舍应尽可能地建在较干燥的地方。对放牧猪应严加注意,尽量避免去蚯蚓密集的潮湿地区放牧。

(2)对本病流行的猪场,应有计划地进行驱虫。对 3~6 月龄的猪更需多加注意,遇可疑病例时应作粪便检查,确诊后驱虫。

(3)猪粪集中进行堆积发酵。

八、猪鞭虫病

本病是由猪鞭虫(猪毛首线虫)(*Trichuris suis*)引起的。虫体为乳白色,前部细长,后部短粗,外观极似马鞭,故称鞭虫。虫卵呈麦粒形或橄榄状,棕黄色,两端有卵塞。

发育史 成虫在盲肠中产卵,卵随粪便排到外界,在适宜的温度和湿度下,约经 3 周时间发育为感染性虫卵(内含感染性幼虫)。虫卵随饲料及饮水被宿主吞食,幼虫在肠内脱壳而出,直接固着在大肠黏膜上，经 1 个月左右发育为成虫（图 9-12）。

症状 轻度感染不显症状，严重感染时，虫体布满盲肠黏膜，引起消瘦和贫血；虫体因吸血而损伤猪肠黏膜，使粪便带血和黏膜脱落，出现顽固性下痢。本病也可发生在人和其他灵长类动物。

诊断

(1)生前用饱和盐水漂浮法检查虫卵。

(2)死后剖检可在盲肠上发现病变和大量的虫体。

防治 同猪蛔虫病。

图 9-12 猪鞭虫发育史

1. 成虫寄生在大肠 2. 刚排出的虫卵

3. 感染性虫卵 4. 猪受感染

（蒋金书）

九、猪 肾 虫 病

本病是由猪肾虫（有齿冠尾线虫）(*Stephanurus dentatus*)引起。猪肾虫的成虫寄生在肾周围脂肪、肾盂和输尿管壁上形成的囊内。移行过程中通过肝，迷途的虫体可能出现于肺及其他组织。本病在南方各地较为普遍，危害也十分严重。近年来猪肾虫病的发病率已逐年减少。

猪肾虫虫体较粗大，两端尖细。活的虫体呈浅灰褐色。雄虫长 21～33 mm，雌虫长 24～52 mm。虫卵为椭圆形，卵较大，肉眼可见，刚排出的虫卵中有胚细胞 32～64 个（图 9-13）。

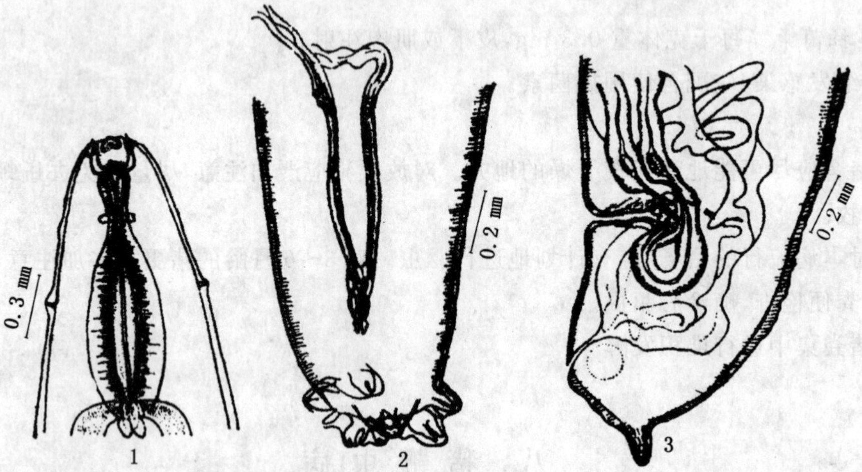

图 9-13 有齿冠尾线虫

1. 成虫前端 2. 雄虫尾部 3. 雌虫尾部

（蒋金书）

发育史 成虫在结缔组织形成的包囊中产卵，包囊有管道与泌尿系统相通，卵随尿液排到外界，在适宜的温度下(28℃)，经 16～21 h 孵出第一期幼虫，第二天发育为第二期幼虫，第三天发育为第三期幼虫(感染性幼虫)。

感染性幼虫经口或皮肤侵入宿主。幼虫经口感染后进入胃,穿过胃壁,进入血管,随血流入门脉而进至肝。经皮肤感染的幼虫,随血流进入右心,经肺、左心、主动脉、肝动脉而达肝。感染幼虫在肝脏里大约生活 2 个多月后蜕皮变为第五期幼虫。约在感染后 3 个月,第五期幼虫即从肝脏经体腔向肾区移行。从幼虫进入猪体到发育成熟产卵,需 128～278 d(图 9-14)。

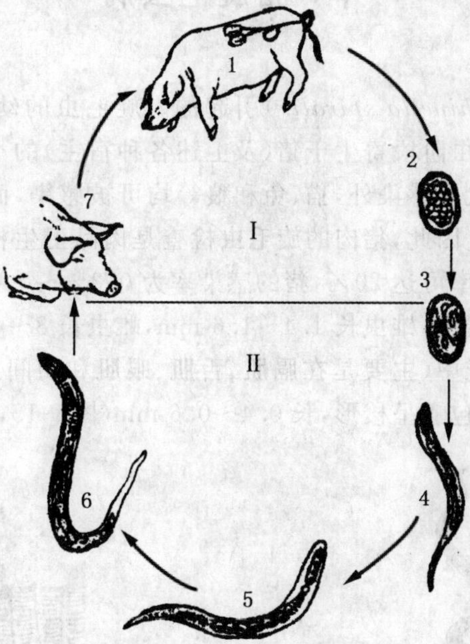

图 9-14 有齿冠尾线虫发育史

Ⅰ体内移行 Ⅱ体外移行

1. 成虫寄生在猪 2. 刚排出的虫卵 3. 卵孵化 4. 第一期幼虫
5. 第二期幼虫 6. 感染性幼虫 7. 猪经口或皮肤感染

(蒋金书)

特别值得注意的是当肾虫卵被蚯蚓吞食后,仍能在其体内发育为感染性幼虫。猪吞食带感染性幼虫的蚯蚓也会被感染。

致病作用和症状 幼虫对肝组织的破坏相当严重(第四期、第五期幼虫的大小已经接近于成虫,虫体数量多时,机械性地损伤就可达到相当严重的程度),引起肝出血、肝硬化和肝脓肿,临床表现为病猪消瘦、生长发育停滞和腹水等等。当幼虫误入腰肌或脊髓时,腰部神经受到损害,病猪可出现后肢步态僵硬、跛行、腰背部软弱无力,以至后躯麻痹等症状。

诊断 对 5 月龄以上的猪,可在尿沉渣中检查虫卵。用大平皿或大烧杯接尿(早晨第一次排尿的最后几滴尿液中含虫卵最多),放置沉淀一段时间后,倒去上层尿液,在光线充足处即可见到沉至底部的无数白色的圆点,即可初步诊断。镜检虫卵可最后确诊。

5 月龄以下的仔猪,只能在剖检时,在肝、肺、脾等处发现虫体。

治疗

1. *丙硫咪唑* 每千克体重 20 mg,拌入饲料中喂服。

2. *左咪唑* 每千克体重 5～7 mg,一次肌肉注射,驱虫效果可达 58.3%～87.1%,并能抑制肾虫排卵 77～105 d。

预防　着重加强检疫，防止购进病猪；发现病猪立即隔离治疗；猪场保持干燥和清洁，定期用 3%漂白粉或 10%硫酸铜溶液消毒。有计划地、分期分批淘汰母猪。

十、猪旋毛虫病

本病是由旋毛虫（*Trichinella spiralis*）引起的。旋毛虫的幼虫阶段寄生于猪（还有人、鼠、犬等）的肌肉纤维内，成虫阶段寄生于猪（及上述各种宿主）的小肠中。本病是一种严重的人畜共患病，除人、猪、鼠、犬受感染外，猫、兔和狼等均可被感染，而带有旋毛虫的猪肉又是人旋毛虫病的主要感染来源。因此，猪肉的旋毛虫检查是肉品卫生检验的重要项目之一。据初步调查，我国狼和犬的感染率可达 20%，猪的感染率为 0.3%～0.6%。

旋毛虫是一种很小的线虫，雄虫长 1.4～1.6 mm，雌虫长 3～4 mm。虫体前半部较细，后半部较粗。寄生于肌肉纤维中（主要是在膈肌、舌肌、眼肌和肋间肌）的幼虫，可达 1.15 mm。蜷曲的幼虫周围形成包囊，包囊呈梭形，长 0.4～0.6 mm（图 9-15，图 9-16）。

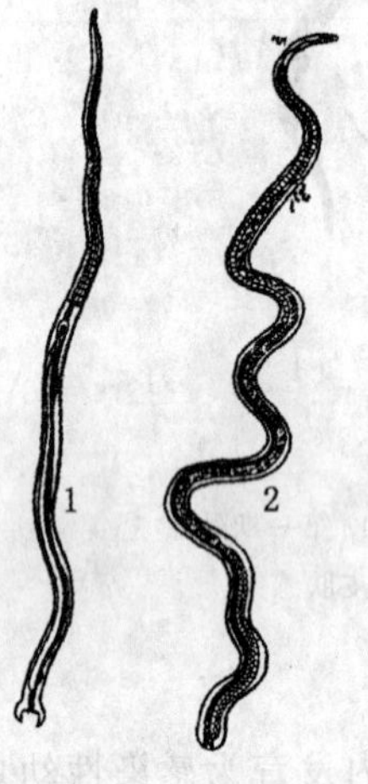

图 9-15　旋毛虫

1. 雄虫　2. 雌虫

（引自 Baylis，仿 Fiebiger）

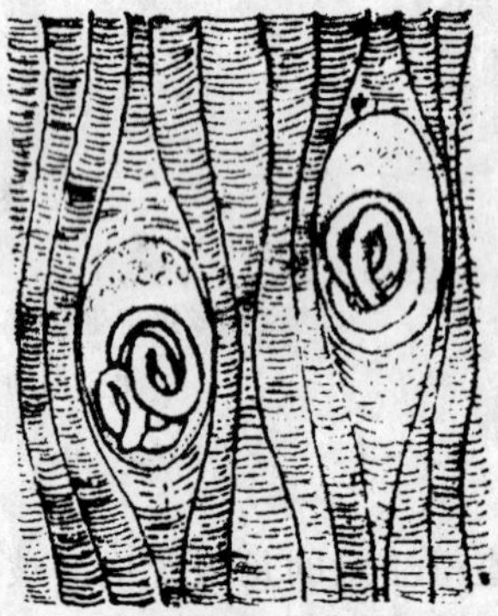

图 9-16　肌肉中的旋毛虫包囊

（蒋金书）

发育史　猪感染本病是由于吃入带有旋毛虫幼虫的猪肉残渣，以及带有旋毛虫包囊的鼠粪或鼠尸。幼虫进入猪小肠后经 2 天发育为性成熟的成虫。成虫交配后，雌虫向肠壁的淋巴间隙中产出大量的幼虫（每条雌虫可产 1 500 条）。进入淋巴系统的幼虫，尔后随血流进入周身横纹肌内，并在肌纤维膜下逐渐蜷曲，形成包囊。包囊在 6 个月后开始钙化，但幼虫仍保持生命力。据报道，在猪体可保持生活力达 11 年，此幼虫即成为人（或其他动物）的感染来源。它们也是先在人（或其他动物）的小肠中发育为成虫，尔后所产幼虫即寄生于人（或其他动物）的肌纤维内。据报告，幼虫在人的肌纤维内保持生命力达 25～31 年之久（图 9-17）。

症状　成虫寄生在小肠时可引起肠炎，主要危害是在幼虫进入肌肉时，在临床上可出现体温升高、急性肌炎、肌肉疼痛或僵硬、水肿，呼吸困难，眼睑水肿，嗜酸性白细胞增多等症状。但

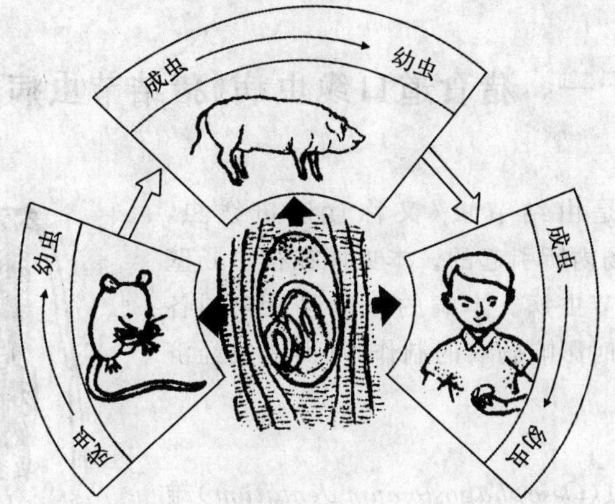

图 9-17　旋毛虫发育史

（蒋金书）

由于缺乏特异性症状，可能误诊为其他疾病。

诊断

(1)常用压片法检查猪肉内的旋毛虫。一般先用肉眼观察，当发现在膈肌纤维(膈肌脚是旋毛虫幼虫寄生最多的地方)间有细小的白点时，再取样作压片镜检。方法是从肉样上剪下麦粒大的肉片 24 块，摊平在载玻片上，排成两行，用另一载玻片压上，两端用橡皮筋缚紧，置低倍镜下检查，观察肌纤维间有无旋毛虫幼虫的包囊。

(2)消化法　取肉样，用搅肉机搅碎，加人工胃液消化，使幼虫从肌纤维间分离出来，然后镜检。此法可用于轻度感染的病例，操作复杂，但检出率高。

(3)免疫学诊断可用间接荧光抗体试验和酶联免疫吸附试验，这两种方法的敏感性和特异性均很高，阳性符合率均在 90%以上，可用于生前诊断。

治疗

1. 丙硫咪唑(albendazole)　每千克体重 200 mg，1 次或分 3 次肌肉注射；拌饲以每吨饲料 300 g 连用 10 d 可杀死全部肌幼虫。

2. 甲苯咪唑(mebendazole)　每千克体重 50 mg 喂服。

3. 氟苯咪唑(flubendazole)　以 125 g/t 拌饲。

4. 阿维菌素或伊维菌素　按 0.3 mg/kg 体重皮下注射或喂服。

预防

(1)加强肉品卫生检验工作。如在 24 块肉片中发现包囊或钙化的包囊不超过 5 个，猪肉和心脏需经高温处理(切成小块煮沸 2.5 h)后方可食用；超过 5 个包囊，则应全部销毁或作工业原料。

(2)改善环境卫生，提倡养猪有圈，实行厩外积肥，扑灭鼠类；取消连茅圈，不用生的废肉屑喂猪，以杜绝感染来源。

(3)改变饮食习惯，不吃生的猪肉(包括犬、熊及其他野生动物的生肉)。

十一、猪食道口线虫病(猪结节虫病)

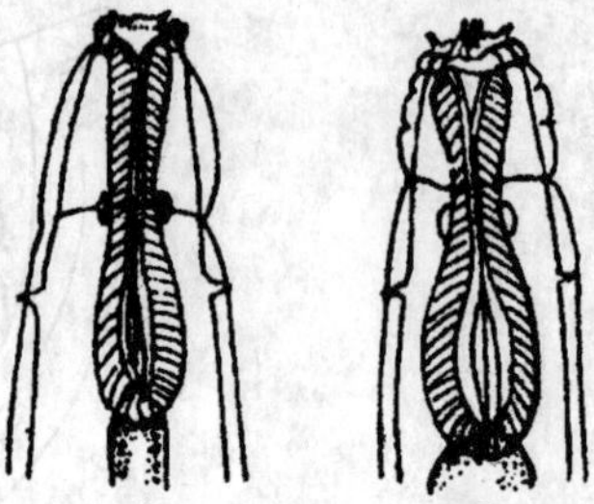

1　　　　2

图 9-18　猪食道口线虫前端腹面

1. 有齿食道口线虫　2. 长尾食道口线虫

猪食道口线虫病是由结节虫(又称食道口线虫,图 9-18)寄生在猪的结肠内所引起的。本虫能在宿主肠壁上形成结节,故又称结节虫病。本病的分布遍及全国各地,一般危害不大,严重时影响肠衣的制作,从而造成经济损失。

病原体有 2 种:

(1)有齿食道口线虫(*Oesophagostomum dentatum*)雄虫长 8～9 mm,雌虫长 8～11 mm,寄生于猪的结肠。

(2)长尾食道口线虫(*Oesophagostomum longicaudum*)雄虫长 6.5～8.5 mm,雌虫长 8.2～9.4 mm。

发育史　成虫在大肠中产卵,卵随粪便排出体外,经 24～48 h 孵出幼虫,再经 3～6 d 发育为第三期幼虫(感染性幼虫),猪在吃食或饮水时吞进感染性幼虫后,幼虫即在大肠黏膜下形成结节并蜕皮,经 5～6 d 后,第四期幼虫返回肠腔,再蜕一次皮即发育为成虫。

致病作用和症状

(1)幼虫对大肠壁的机械刺激和毒素作用,造成肠壁上形成粟粒状的结节。初次感染很少发生结节,但经 3～4 次感染后,由于宿主产生了组织抵抗力,肠壁上产生大量结节。结节破裂后形成溃疡,造成顽固性的肠炎。如结节在浆膜面破裂,可引起腹膜炎。患猪表现腹部疼痛,不食,拉稀,日见消瘦和贫血。

(2)成虫致病只有在高度感染时才会出现。由于虫体对肠壁的机械损伤和毒素作用,引起渐进性贫血和虚弱,严重时可引起死亡。

诊断　用饱和盐水漂浮法,检查有无结节虫卵。虫卵呈椭圆形,卵壳薄,内有胚胎。

治疗

1. 敌百虫　每千克体重 0.1 g,拌入饲料中喂服。
2. 丙硫咪唑　每千克体重 10 mg,拌入饲料中喂服。
3. 左咪唑　每千克体重 8 mg,拌入饲料喂服。
4. 噻嘧啶　每千克体重 30～40 mg,拌入饲料中喂服。
5. 氟苯咪唑　每千克体重 5 mg,拌入饲料中一次喂服,或以 30 g/t 混饲,连用 5 d。
6. 阿维菌素　每千克体重 0.3 mg,皮下注射或喂服。
7. 伊维菌素　每千克体重 0.3 mg,皮下注射或喂服。

十二、猪胃虫病

猪胃虫病是由红色猪圆线虫、圆形蛔状线虫和六翼泡首线虫寄生在猪胃内所引起的疾病。本病分布很广,我国大部分省区均有发生。

病原体有 3 种：

1. 圆形蛔状线虫(*Ascarops strongylina*)　雄虫长 10～15 mm，雌虫长 16～22 mm，咽壁上有 3～4 套螺旋形的加厚部分。仅在身体左侧有颈翼膜。雄虫的尾部成螺旋形蜷曲(图 9-19)。虫卵呈深黄色，壳厚，表面有条纹，两端似有小塞。当虫卵排出时已含有一发育完全的幼虫。

2. 六翼泡首线虫(*Physocephalus sexalatus*)　雄虫长 6～13 mm，雌虫长 13～22.5 mm，咽壁很厚，两端呈简单的螺旋形增厚，中部有环形增厚，咽部角皮稍许膨大，其后每侧有 3 个颈翼膜。卵壳厚，内含幼虫(图 9-20)。

3. 红色猪圆线虫(*Hyostrogylus rubidus*)　虫体细小，呈红色，长 0.5～1.25 cm。

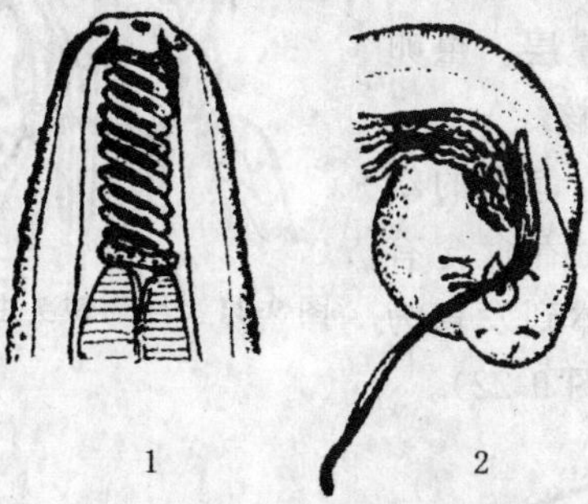

图 9-19　圆形蛔状线虫

1. 虫体前端　2. 雄虫尾部

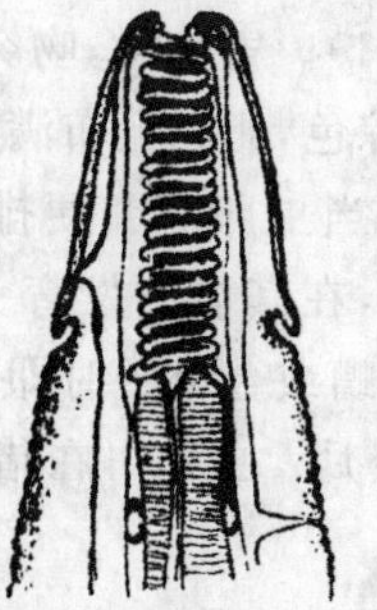

图 9-20　六翼泡首线虫前端

发育史　圆形蛔状线虫的虫卵随宿主的粪便排到外界，被食粪甲虫所吞食，幼虫便在甲虫体内发育到感染期，猪由于吞食这些甲虫而被感染。

六翼泡首线虫的发育史与圆形蛔状线虫相似，多种食粪甲虫是它的中间宿主，猪在吞食这些甲虫后而遭受感染，幼虫深入胃黏膜内生长，约需 6 周发育为成虫。带有感染幼虫的甲虫如被不适宜的宿主吞食，幼虫就会在该宿主的食道内形成包囊。

红色猪圆线虫的发育史是直接的，猪在吞食感染性幼虫后，经 20～25 d 排出虫卵。

症状　轻度感染时不显症状，严重感染时，虫体刺激胃黏膜而造成胃炎。红色猪圆线虫钻入胃黏膜，可引起溃疡和结节，虫体还可吸血。患猪食欲减退，渴欲增加，生长发育受阻，消瘦和腹泻。剖检时，胃内容物少，但有大量黏液，胃底部黏膜红肿或覆以假膜，虫体游离在胃内或部分钻入胃黏膜内。

诊断　可用反复沉淀法找到虫卵或在剖检时找到虫体。

治疗　与蛔虫病相同。除用敌百虫和左咪唑外，尚可用二硫化碳，剂量为每千克体重 0.2 mL，给药前绝食一天，用胶囊或胃管投服。用噻苯唑(每千克体重 50～100 mg)也具有很好的驱虫效果。也可用芬苯达唑，伊维菌素或多拉菌素等药物驱虫。

预防　每日清扫粪便，将粪便堆集发酵。在甲虫活动的季节，应作预防性驱虫 1～2 次。母猪应在产仔前进行驱虫，仔猪应在约 8 周龄时驱虫。

十三、猪棘头虫病

本病是由巨吻棘头虫(*Macracanthorhynchus hirudinaceus*)寄生于猪的小肠引起。有时人、犬也可以感染。

巨吻棘头虫是一种大型虫体,呈灰白色或淡红色。雄虫长7～15 cm,雌虫长30～80 cm。前端粗大,后端较细,体表有明显的环状皱纹。身体的前端有一个棒状的吻突,吻突上有许多向后弯曲的小钩(图9-21)。寄生时,吻突插入黏膜,甚至穿透黏膜层。虫卵呈椭圆形,暗棕色,卵壳上布满着斑点状的小穴,颇似桃核。

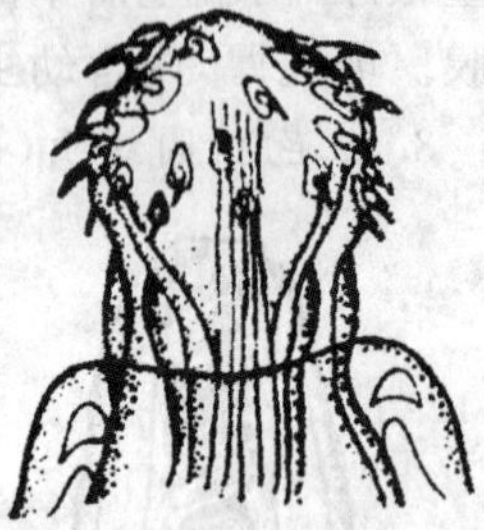

图 9-21 巨吻棘头虫头端

发育史 当虫卵随粪便排出后,被中间宿主——金龟子的幼虫(蛴螬)吞食,在其体内发育为感染幼虫。猪在拱土时吞食含有感染幼虫的蛴螬或金龟子时即遭感染。自幼虫侵入猪体到发育为成虫需2～4个月。虫体可在猪体内寄生10～23个月(图9-22)。

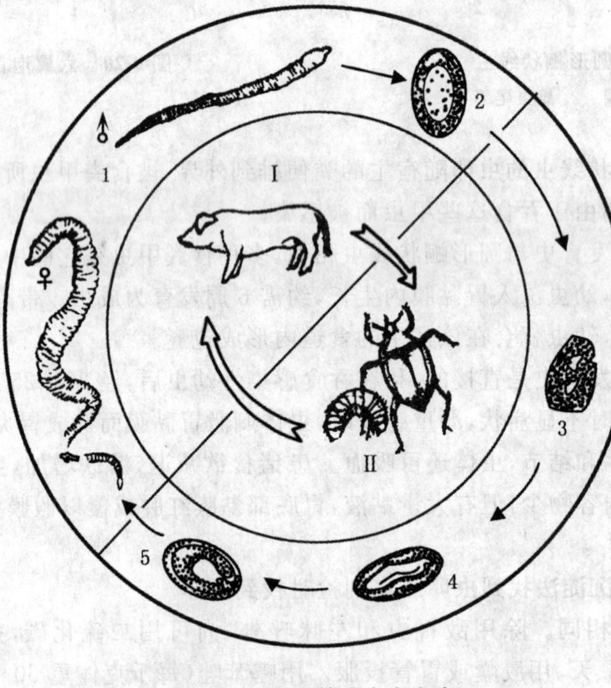

图 9-22 巨吻棘头虫发育史

Ⅰ.猪体 Ⅱ.甲虫及其幼虫

1.成虫 2.虫卵 3.棘头蚴 4.前棘头体 5.棘头体

(蒋金书)

症状 轻度感染(虫体数量少于15条)时不显症状。重度感染时可见消化障碍、腹痛、食欲减退、下痢和粪中带血等症状。猪只生长发育停滞、消瘦和贫血。当患猪由于肠穿孔而继发腹膜炎时体温上升,不食,可卧地抽搐而死。

诊断

(1)生前可用反复沉淀法或硫代硫酸钠饱和溶液漂浮法进行粪检,找到虫卵。其中以反复沉淀法效果较好。

(2)死后剖检可在小肠壁上找到虫体。实际工作中有时把棘头虫误认为猪蛔虫。两者区别是:蛔虫体表光滑,游离在肠腔中,虫体多时常聚集成团;而棘头虫体表有环状皱纹,以吻突深深地固着在肠壁上,不聚集成团。

治疗　曾试用多种药物进行驱虫,均未取得满意的效果。有人曾用四咪唑驱虫,剂量为每千克体重 30 mg,可以驱除成熟的棘头虫,但对未成熟虫体无效。试用左咪唑驱虫,剂量为每千克体重 15～20 mg,也能驱除成虫,也可试用丙硫咪唑治疗。

预防

(1)病猪粪便堆集发酵,杀灭虫卵。

(2)在疾病流行地区,严格控制放牧,尽量减少吃入蛴螬或金龟子的机会。

(3)在猪场以外的适宜地点设置诱虫灯,可以捕杀金龟子。

十四、猪弓形虫病

弓形虫病是一种广泛传播、感染多种动物的疾病。可表现为慢性或急性,有症状或无症状。不论寄生在哪一种动物,其病原体都是一种,即龚地弓形虫(*Toxoplasma gondii*)。根据不同国家和使用不同的诊断方法测定猪的发病率为 7%～86%。本病的分布是世界性的,它不但发生在猪,而且可自然感染 45 种哺乳动物,70 种鸟类和 5 种冷血动物。人也可感染弓形虫病,是一种人畜共患寄生虫病。

弓形虫(滋养体,图 9-23)很小,长4～8 μm,宽 2～4 μm,样子像一张弓,故又称弓形体。一端尖锐,一端钝圆。细胞核为一团染色颗粒,位于中心稍偏于钝圆部。这种虫体,在处于急性发病期动物的肝脏、肺脏、脾脏和淋巴结中都可发现。用姬姆萨染色法染色,细胞质呈浅蓝色,细胞核呈紫红色网泡状,核与尖端之间有颗粒。病猪耐过急性期后,在脑、肌肉组织中,上述形状的虫体就逐步消失,而代之出现一种囊状的虫体,它的外面有一层薄膜,里面有数十个原虫集聚在一起,称之为包囊体。它的大小为10～50 μm。这种虫体大多长期寄生在脑和肌肉中,往往成为重要的传染来源。

图 9-23　猪弓形虫滋养体形态

1. 游离于体液中　2. 正在分裂　3. 寄生于细胞内

(蒋金书)

发育史 自从赫奇生(Hutchison,1970)在猫的肠道里发现了弓形虫的有性生殖阶段后,才基本上搞清了弓形虫的全部发育史。

当猫吃入了上面提到的包囊体或外界环境中的卵囊后,游离出来的滋养体或子孢子侵入肠壁细胞,并开始裂殖生殖,其中有一部分虫体经肠系膜淋巴结到达全身,并发育为滋养体和包囊体。另一部分虫体在小肠内进行大量繁殖,最后变为大配子体和小配子体。大配子体产生雌配子,小配子体产生雄配子,雌配子和雄配子结合为合子,合子再发育为卵囊。随猫的粪便排出的卵囊的数量很大,每克粪便中可含有100万个。卵囊的形态与猫的双芽等孢子球虫的卵囊极为相似。当猪或其他动物吃进这种卵囊后,就发生严重的弓形虫病。有人试验用100个发育成熟的卵囊,经口投服给仔猪,仔猪即发生典型的弓形虫病,并造成死亡。

动物肌肉中的弓形虫和包囊体是肉食动物和人的感染来源。猫是吃入感染了弓形虫的鼠或其他动物的肉而感染弓形虫病的。所有的草食动物(牛、羊等)是吃了卵囊后才感染弓形虫病的。除此以外,所有的哺乳动物都可先天感染弓形虫病,即母畜的弓形虫通过血液循环传给胎儿。这种情况在绵羊中是常见的,有时会造成很高的流产率(图9-24)。

图9-24 刚第弓形虫的发育史

(引自《猪病学》第8版)

症状 3～5月龄的仔猪得了弓形虫病多呈急性发作。病猪的临床表现为精神沉郁,结膜高度发绀,皮肤上有紫红色斑块,体温升高达41～42℃,高热稽留7～10 d。鼻镜干燥,有浆液性、黏液性或脓性物流出,呼吸困难,全身发抖,食欲减退或废绝。病猪初期便秘,拉干粪球,粪表面覆盖有黏液,有的病猪后期下痢,排水样或黏液性或脓性恶臭粪便。后期衰竭,卧地不起,病重者于发病1周左右死亡。不呈急性症状的母猪,在怀孕后可发生早产或产出发育不全的仔猪或死胎。

剖检 病猪的剖检变化主要表现为全身淋巴结肿大,上有针尖到米粒大灰白色或黄色坏死灶。肺高度水肿,小叶间质增宽,小叶间质内充满半透明胶冻样渗出物,气管和支气管内有大量黏液性泡沫,有的并发肺炎。脾脏肿大,棕红色。肝脏呈灰红色,常见散在针尖大或小米粒大的坏死灶。肾脏呈土黄色，散在有小点状出血。

诊断　弓形虫病的症状、病理剖检变化和流行病学虽有一定的特征，但尚不足以作为确诊的依据，本病必须作实验室检查，查出病原体及其特异性的抗体方能确诊。

实验室诊断方法如下：

1. *直接涂片*　在剖检时取肝、脾、肺和淋巴结等作成涂片，或作成组织切片，用姬氏法染色。在切片或涂片镜检时发现虫体，即可确诊。

2. *动物接种*　小白鼠、豚鼠、兔等实验动物对弓形虫高度敏感。通常是对小白鼠进行腹腔接种，从其体内分离出纯的虫株。

3. *血清学诊断*　可用色素试验、酶联免疫吸附试验、补体结合反应、PCR 法、血球凝集反应和荧光抗体法等进行诊断。

治疗　本病的治疗主要是采用磺胺类药物。有人报道磺胺嘧啶、磺胺甲基嘧啶、磺胺二甲基嘧啶、磺胺吡嗪与乙胺嘧啶治疗家畜与人的弓形虫病有效，但应在发病初期使用，否则临床症状虽然消失，但虫体进入脏器组织形成包囊，病畜就成了带虫者。在磺胺制剂中，以磺胺间甲氧嘧啶的治疗效果最佳，按每千克体重 60 mg，连续注射 3 d，对减轻症状有很好的疗效。有人发现磺胺药（磺胺嘧啶每千克体重 73 mg）与乙胺嘧啶（每千克体重 0.44 mg）合用有协同作用。氯林可霉素是犬、猫弓形虫病的首选药物。

预防　对于本病尚无一套有效的预防措施。作为一般措施，除禁止猫接近厩舍外，饲养员也要避免与猫接触，也不给猫喂生肉。同时防止猪接触猫、鼠以及未煮熟的碎肉。一旦发生本病时，器物用开水消毒，具有较好的效果。动物是人弓形虫病的贮藏宿主，应予以足够的重视。

十五、猪住肉孢子虫病

猪住肉孢子虫病是由米氏住肉孢子虫（*Sarcocystis miescheriana*）寄生在猪的心肌、膈肌、肋间肌及喉头肌等形成“米休尔囊”所致的疾病。这种住肉孢子虫相当普遍，通常不显症状，但由于大量寄生，局部肌肉变性而降低了利用价值，造成猪肉的废弃。因此，检查猪住肉孢子虫，在肉品检验中是一项重要的工作。

猪的住肉孢子虫呈囊状，称“米休尔囊”。长 0.5～4 mm，为灰白色或乳白色。寄生在肌纤维间，有 2 层膜，囊内有很多小室，小室内有许多香蕉形的、活动的滋养体，称为“南雷小体”。滋养体表面具有条纹，长 5～15 μm，宽 2～4 μm，每个滋养体内有 1 个核和一些颗粒（图 9-25）。

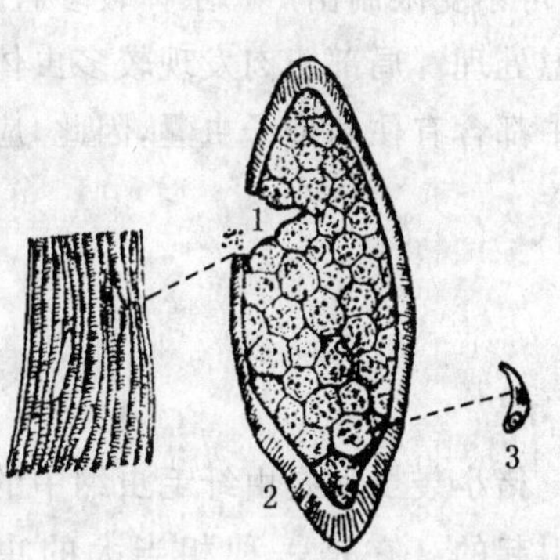

图 9-25　米氏住肉孢子虫

1. 肌肉中的住肉孢子虫　2. 米休尔囊　3. 滋养体

（蒋金书）

发育史　住肉孢子虫的发育需有一个中间宿主和一个终末宿主。当终末宿主（猪等）食入含住肉孢子虫囊的肌肉约 1 周后，在排出的粪便中含有感染性孢子囊；当孢子囊被中间宿主（猫）食入后释出子孢子，后者在血管上皮发育为裂殖体；裂殖体成熟后释放出裂殖子，并形成第二代裂殖体；第二代裂殖体释出的裂殖子侵入肌肉纤维，最终形成典型的住肉孢子虫囊。刚形成的住肉孢子虫囊中仅含有少量的圆形的、无感染性的母细胞，经1～3个月后发育为香蕉形的、有感染性的裂殖子（图 9-26）。

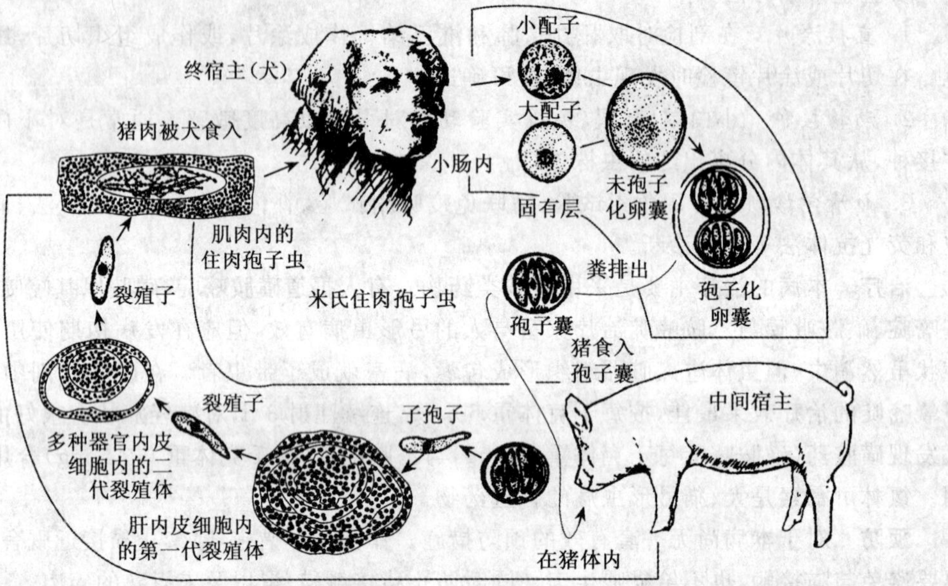

图 9-26　米氏住肉孢子虫的发育史

（引自《猪病学》第 8 版）

症状　一般无症状。严重感染时（每克膈肌上有 40 个以上的虫体）则出现不食、不安、腰无力、肌肉僵硬、短时期后肢瘫痪等症状。

诊断　生前诊断困难。在肉品卫生检验时，可在膈肌纤维中发现虫体或钙化结节。检验方法与旋毛虫相同。

防治　目前尚无治疗药物。预防着重在加强肉品检验。虫体发现于全身肌肉，但数量少时，可不受限制出厂。虫体较多且肌肉有病变时，整个肉尸应作工业原料或销毁；无病变者作高温处理。局部肌肉发现较多虫体时，该部肌肉应高温处理后出场。由于大多数猪等动物肌肉中都含有住肉孢子虫囊，因此，应严防猫、犬等动物摄食生肉、内脏或死亡动物。

十六、猪小袋虫病

猪小袋虫病是由纤毛虫纲中的小袋纤毛虫（*Balantidium suis*）寄生在猪结肠上皮细胞内所引起的。它是一种相当大的虫体。活动期的虫体（滋养体）呈卵圆形或梨形，长 30～150 μm，宽 25～120 μm，呈灰绿色。虫体前端具有稍倾斜的沟，沟底部为胞口，向下连结一管状结构，以盲端终于胞浆内。体内有 1 肾形的大核和 1 邻近的小核。体后有肛孔。胞浆中尚有食物泡等构造。滋养体周身被有纤毛，具有运动性（图 9-27）。

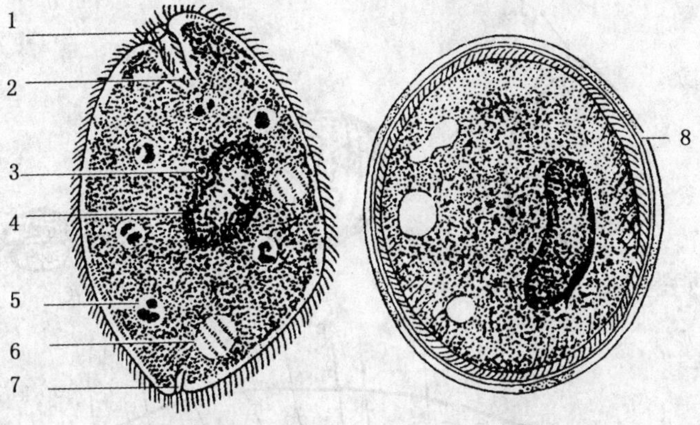

图 9-27　小袋纤毛虫

1. 胞口　2. 胞咽　3. 小核　4. 大核　5. 食物泡　6. 伸缩泡　7. 胞肛　8. 囊壁

（仿崔祖让）

非活动期虫体(包囊期)为圆形,有两层外膜,很薄,其中常包藏一个滋养体,有时有两个在接合过程中的虫体。包囊的直径为 45～65 μm,无运动性。

发育史　小袋纤毛虫在猪结肠上皮内进行无性分裂繁殖,繁殖到一定时期即形成非活动期的虫体(包囊期)。虫体失去运动能力,离开上皮细胞而进入肠腔内,随粪便排出体外。包囊随粪便污染猪舍、运动场、饮水及饲料,后被猪吞食而感染(图 9-28)。

症状　小袋纤毛虫的致病性并不大,仔猪在严重感染时,特别是在沙门菌引起的肠炎,或其他因素的作用而使机体抵抗力降低的情况下,有利于结肠小袋纤毛虫的大量繁殖,则可引起猪的溃疡性结肠炎,并带有血痢。

值得注意的是人也可感染小袋纤毛虫,它能引起顽固性下痢,其病灶与阿米巴痢疾所引起的下痢相似,结肠和直肠壁深层发生溃疡。

诊断　生前诊断可根据临床症状及粪便检查。急性期粪内有大量的滋养体,慢性期粪内有大量的包囊。检查方法以水洗反复沉淀法为好。死后剖检主要观察结肠和直肠有无溃疡性肠炎,并查出虫体。

治疗

1. 福尔马林　0.1%福尔马林溶液 200～500 mL,加热至体温后灌肠。

2. 吐根素(盐酸依米丁)　剂量为每千克体重 0.02 g,皮下注射。也可用灭滴灵或金霉素、四环素治疗,均有良好的疗效。

预防　由于猪的感染是通过小袋纤毛虫的包囊污染饲料、饮水等而发生的,所以,猪场的环境卫生和消毒工作应当经常地进行。饲养人员要注意清洁,以免沾污病原而受感染。

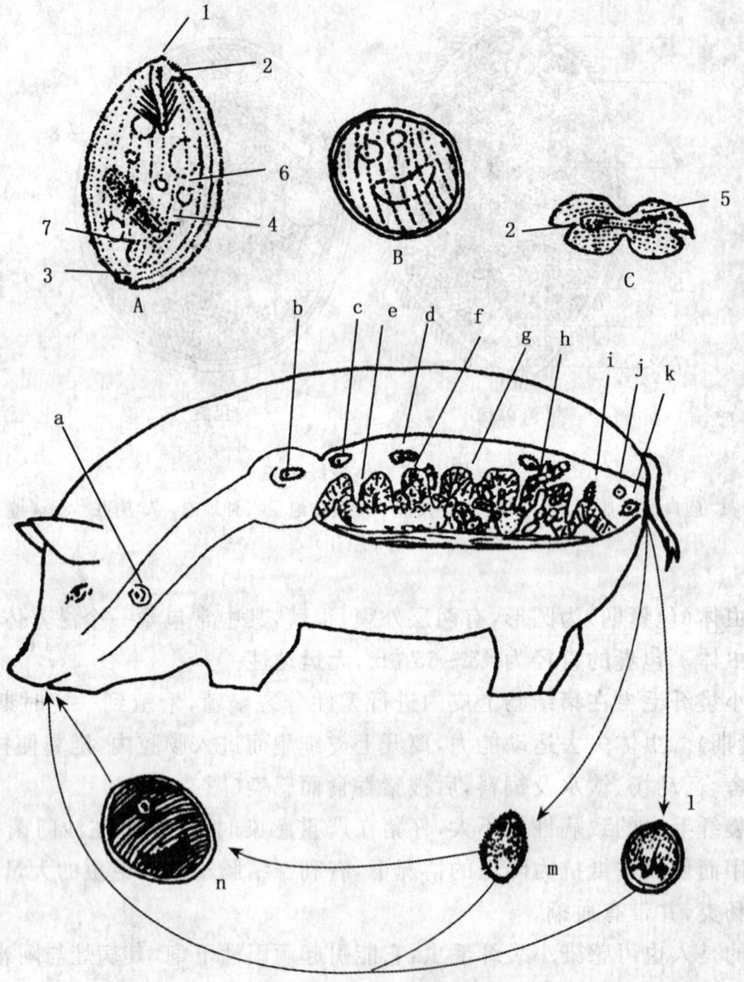

图 9-28 结肠小袋虫的形态及发育史

1. 胞口 2. 胞咽 3. 胞肛 4. 大核 5. 分裂中的大核 6. 小核 7. 空泡

a. 猪吞食包囊体；b. 包囊体在胃肠中脱囊；c. 肠道中的滋养体；d. 滋养体在结肠中分裂；e. 滋养体进入结肠小窝；f. 滋养体侵入肠黏膜；g. 滋养体在结肠中大量繁殖；h. 肠绒毛破裂释出滋养体；i. 滋养体又进入肠上皮黏膜再繁殖；j. 一部分滋养体落入肠道形成包囊；k. 一部分未形成包囊的虫体亦从结肠排出；l. 猪粪中的包囊；m. 猪粪中的滋养体；n. 包囊

（蒋金书等）

十七、猪疥癣病

本病是由节肢动物蜘蛛纲螨目的疥螨虫（*Sarcoptes scabiei* var *suis*）所引起的。由于虫体在皮肤内寄生，从而破坏皮肤的完整性，使猪瘙痒不安，导致生长发育不良，逐渐消瘦，甚至死亡。

成虫身体呈圆形，似龟状，微黄白色，背面隆起，腹面扁平。雌螨体长 0.33～0.45 mm，雄螨体长 0.2～0.23 mm。躯体可分为背胸部和背腹部。躯体前方有一假头。躯体腹面有 4 对短而粗的足。

发育史 疥螨是不完全变态的节肢动物，其发育史包括卵、幼虫、稚虫(若虫)和成虫四个阶段。雌雄虫在皮下掘成 5～15 mm 的隧道，在隧道的全程中，每隔一定距离即有小孔通到外界，供空气流通及幼虫外出。雌虫边挖隧道边产卵，通常每天产 1～2 个，可持续 4～5 周，一生可产卵 40～50 个。其后雌虫死亡。虫卵经 3～4 d 孵出幼虫，幼虫离开原有隧道，另开新道，并在新隧道中蜕皮变为稚虫。稚虫也掘浅窄的隧道，并在其中蜕皮变为成虫。

从卵发育为成虫需 8～15 d。雌虫的寿命为 4～5 周。

在阴湿寒冷的冬季，疥螨病常较严重。在夏季，天气干燥，空气流通，阳光充足，病势即随之减轻。

症状 猪疥螨病通常起始于头部、眼下窝、颊及耳部，以后蔓延到背部、躯干两侧及后肢内侧。尤以仔猪的发病最为严重。患畜局部发痒，常以肢搔痒或就墙角、柱栏等处摩擦。数日后，患部皮肤上出现针头大小的结节，随后形成水疱或脓疮。当水疱及脓疮破溃后，结成痂皮。病情严重时体毛脱落，皮肤的角化程度增强，干枯，有皱纹或龟裂，食欲减退，生长停滞，逐渐消瘦，甚至死亡。

诊断 除进行临床观察外，尚可在病变区的边缘刮取皮屑，镜检有无虫体。从患部刮取皮屑时，一定要选择在患病皮肤与健康皮肤交界处，这里的螨比较多，而且要刮得深，直到见血为止。将最后刮下的皮屑，滴加少量的甘油水等量混合液或液体石蜡，放在载玻片上，用低倍镜检查，可发现活螨。

此外尚可将刮取的皮屑放入试管中，加入 5%～10%的氢氧化钠(或氢氧化钾)溶液，浸泡 2 h，或煮沸数分钟，然后离心沉淀，取沉渣镜检虫体。

治疗 灭螨的药剂如下：

1. 0.5%～1%敌百虫 喷洒或擦洗猪体。用敌百虫治疗时，不可用碱性水洗刷，否则会引起中毒。隔 1 周重复治疗 1 次。

2. 蝇毒磷乳剂 用 0.025%～0.05%药液喷雾或药浴。

3. 阿维菌素或伊维菌素 每千克体重 0.3 mg，皮下注射或用浇泼剂在皮肤上浇注。

4. 双甲脒(amitraz) 用 0.01%～0.05%涂擦或泼洒患部，7～10 d 后再重复 1 次。

5. 溴氢菊酯或敌虫菊酯(S-5602)乳剂喷洒患部。

6. 多拉菌素 每千克体重 0.3 mg，皮下或肌肉注射。

预防

(1)保持猪舍的透光、干燥和通风。在可能的条件下，对厩舍及用具用 10%～20%石灰乳、5%热火碱液或 20%草木灰水等进行消毒。

(2)购买猪只时要经过仔细检查，先作预防处理，再混入健康群。输出猪只时尤应作预防处理，以免向外传播病原。

(3)定期按计划驱虫。首先应对全群猪驱虫，以后公猪用药 2 次；母猪产前用药 1 次；猪转群时用药 1 次，新进的猪用药后再合群。在集体化猪场，用阿维菌素类药物驱虫尤为安全。

十八、猪　虱　病

本病是由昆虫纲虱目的猪血虱(*Haematopinus suis*)引起的。

猪血虱个体很大,雌虫长达 5 mm,雄虫长达 4 mm。头部伸长,比胸部显著狭窄。虫体呈灰黄色。常寄生在猪的耳根、颈部及后肢内侧(图 9-29)。除引起猪虱病外,还可成为某些传染病的媒介。

发育史　雌雄虫交配后,雌虱在猪毛上产卵。卵呈长椭圆形,黄白色,经 12～15 d 孵出稚虫。稚虫吸血,每隔 4～6 d 蜕化一次,经 3 次蜕皮后变为成虫。自卵发育到成虫需 30～40 d,每年能繁殖 6～15 个世代。雌虫的产卵期持续 2～3 周,共产卵50～80 个。雌虱产完卵后死亡;雄虱于交配后死亡。

症状　猪血虱吸食血液,刺痒皮肤,致使患猪被毛脱落,皮肤损伤,猪体消瘦。

治疗　杀灭猪虱可用下列药物:

(1)0.5%～1%的敌百虫水溶液喷洒或药浴 1～2 次。

(2)溴氢菊酯或敌虫菊酯(S-5602)乳剂喷洒猪体。

(3)双甲脒(amitraz)0.01%～0.05%涂擦或泼洒患部,7～10 d后重复一次。

(4)阿维菌素或伊维菌素。每千克体重 0.3 mg 皮下注射或用浇泼剂在皮肤上浇注。

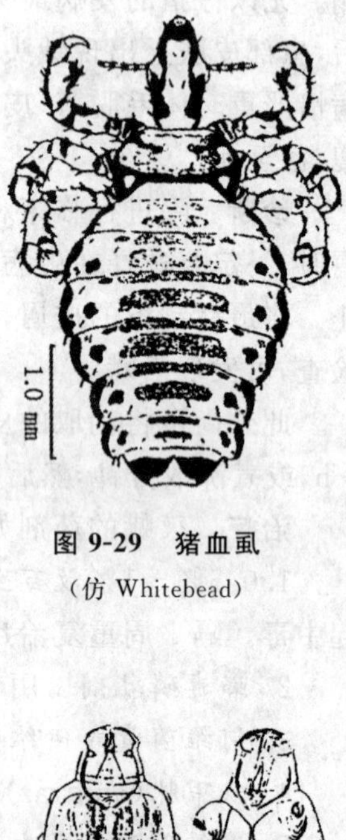

图 9-29　猪血虱

(仿 Whitebead)

十九、猪蠕形螨病

本病是由蠕形螨科的叶形蠕形螨(*Demodex phylloides*)寄生于猪的毛囊和皮脂腺中而引起的一种外寄生虫病。这种疾病分布较广,我国北京、广东、江苏和福建等地均有发现。由于猪蠕形螨寄生在毛囊中,故又称毛囊虫病。其他家畜也各有其固有的蠕形螨,彼此互不感染。

虫体呈半透明淡灰色,细长如蠕虫头。雄虫长 0.22 mm,雌虫长0.26 mm,由头、胸、腹 3 部分组成。口器由 1 对螯肢、1 对脚须和 1 个口下板组成。胸部有 4 对短脚,腹部长,有横纹。虫卵淡灰色,呈纺锤形(图 9-30)。

发育史　蠕形螨的全部发育过程都在猪体上进行。雌虫在患部产卵,经幼虫、稚虫而发育为成虫。幼虫仅有 3 对足,稚虫和成虫有 4 对足。当猪体互相紧密接触时,温度升高便可促使虫体自毛囊中爬出,传染给健康猪。

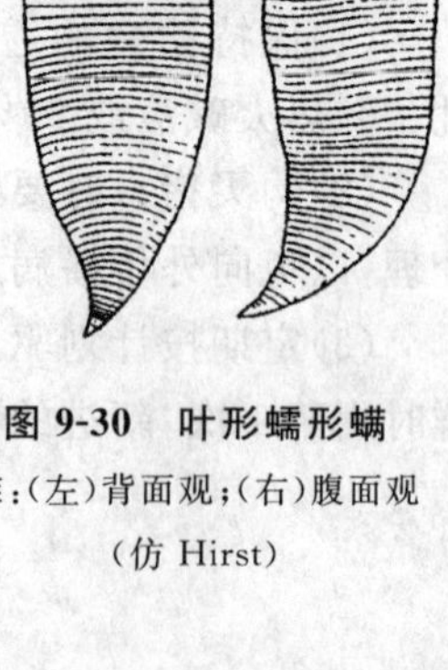

图 9-30　叶形蠕形螨

雌:(左)背面观;(右)腹面观

(仿 Hirst)

症状　蠕形螨病一般先发生于猪的头部颜面、鼻部和颈侧等处的毛囊和皮脂腺，而后逐渐向其他部位蔓延，可使毛根发生如针尖、米粒以至胡桃大的白色囊，或发生脓肿和脓疱。本病痛痒轻微，皮下组织不增厚，脱皮也不严重，可与疥螨相区别。

诊断　可用小刀刮取皮肤上的白色囊或脓疱，作成涂片，镜检发现虫体即可确诊。

防治　平时注意猪舍的清洁卫生，如发现病猪，立即隔离；病猪接触过的用具和褥草等，应进行消毒，以杀死虫体。

治疗病猪，通常可用治疗疥螨的各种药剂进行涂擦。也可用14%的碘酒涂擦患部，涂擦6～8次即可。对于脓疱型的病猪，则应用青霉素和氨苯磺胺等药物治疗。也可用阿维菌素或伊维菌素皮下注射或用浇泼剂在皮肤上浇注。

第十章 牛羊的主要寄生虫病

一、肝片吸虫病

肝片吸虫病是牛羊等反刍动物主要的寄生虫病。病原是吸虫纲片形科片形属的吸虫，在我国有两种，即肝片吸虫（*Fasciola hepatica*）和大片吸虫（*F. gigantica*）。这两种吸虫除形态上稍有不同外，均多寄生于黄牛、水牛、绵羊、山羊、鹿和骆驼等反刍动物的肝胆管中，猪、马、驴、驯鹿、家兔、松鼠和水獭等动物亦受其侵袭，但比较少见，人类亦有遭受侵袭的记载。本病能引起急性或慢性肝炎和胆管炎，并伴发全身性的中毒现象和营养障碍。

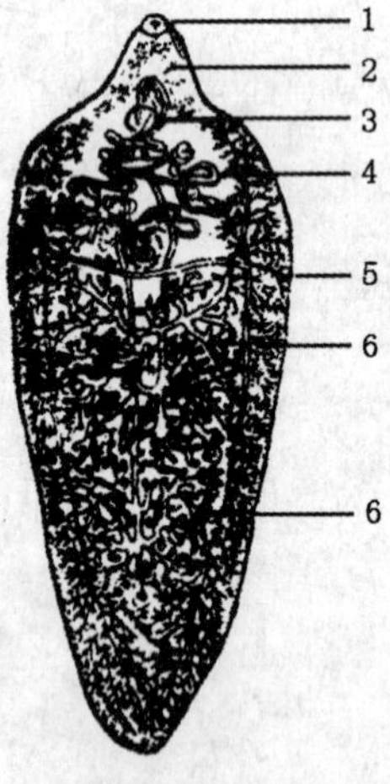

图 10-1 肝片吸虫

1. 口吸盘 2. 肠管 3. 腹吸盘 4. 子宫 5. 卵黄腺 6. 睾丸

（林昆华、蒋金书）

肝片吸虫外观呈叶片状，自肝胆管取出时呈棕红色，长 20～35 mm，宽 5～13 mm。虫体前端有一个三角形锥状突，口吸盘位于锥状突的前端。锥状突后，虫体左右展开形成"肩"部。腹吸盘位于虫体腹面中线上的肩部水平位置。虫体中部最宽，向后逐渐变窄。片形吸虫为雌雄同体，生殖器官非常发达，睾丸呈分枝状，位于虫体中央的下半部。盘曲的子宫位于腹吸盘后方，睾丸上部，虫体两侧为卵黄腺（图 10-1）。虫卵呈长椭圆形，黄褐色，窄端有不明显的卵盖，卵内充满卵黄细胞和一个卵胚细胞。

大片吸虫与肝片吸虫的区别在于：①虫体较长大；②肩部不明显；③虫体两侧缘比较平直，后端钝圆；④虫卵较大。

发育史 两种片形吸虫的发育史基本相同。它们在发育过程中需要椎实螺作为中间宿主。成虫在牛羊胆管内产卵，卵随胆汁进入消化道后，随粪便排出体外。在外界适宜的温度（15～30℃）与足够的氧气、水分和光线条件下，经 10～25 d 就可发育成幼虫——毛蚴。毛蚴要在水里才能从卵里孵出。毛蚴孵出后在水中游动，当遇到椎实螺时，就钻入螺体内发育成胞蚴。胞蚴经过无性繁殖发育成若干雷蚴，每个雷蚴再经无性繁殖发育为若干尾蚴。一个毛蚴最后可以发育成 100 个甚至 1 000 个以上的尾蚴。尾蚴离开螺体进入水中，附着于水生植物或其他物体上，脱去尾部，靠生囊腺的分泌物形成包囊而变成囊蚴。牛羊吃草或饮水时，吞下囊蚴而被感染。囊蚴的包囊在牛羊消化道内被溶解，囊中的幼虫逸出，通过 3 条途径，到达胆管寄生：一条是穿过肠壁到腹腔，再由肝包膜钻入肝脏，最后到达胆管内，这是主要的；另一条是钻入肠壁静脉，经门静脉再到胆管内；再一条是从十二指肠的胆管开口处进入胆管内（图 10-2）。

从吃到囊蚴到幼虫发育为成虫需 2～4 个月。成虫在牛羊的胆管内可生存 3～5 年之久。

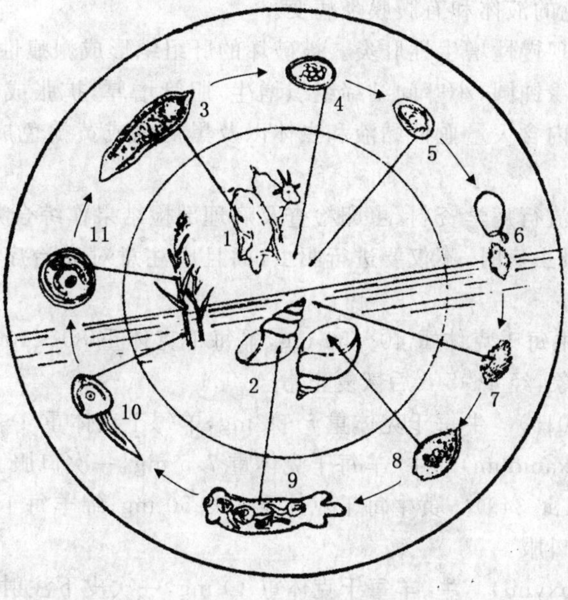

图 10-2　肝片吸虫发育史

1. 终末宿主　2. 中间宿主　3. 成虫　4. 卵　5. 含毛蚴的虫卵　6. 毛蚴逸出　7. 毛蚴　8. 胞蚴　9. 雷蚴　10. 尾蚴　11. 囊蚴

（林昆华、蒋金书）

流行病学　肝片吸虫病在我国流行普遍，但范围和严重程度不同，即使在同一省份或地区，在不同的年份流行情况也不同。一般以多雨的年份特别严重。因雨水多，畜粪中的虫卵容易被冲到水里；雨多水位高，螺蛳容易繁殖，囊蚴散布广，牛羊容易被感染。因此，本病在沼泽低洼地的流行比高燥地严重。

本病有季节性。在春末夏初，雨水多而较潮湿，气温也较适宜，螺蛳大量繁殖。这种条件正适合肝片吸虫虫卵的发育和毛蚴的孵出，到夏秋两季尾蚴大量逸出，因此，牛羊大量感染多在夏秋季节。

症状　轻度感染时往往不显现症状。感染数量多时（牛 250 条以上，羊 50 条以上），则可出现症状。对于幼畜，既使寄生很少的虫体，也能呈现有害作用。

急性型肝片吸虫病多发生于羊，时间多在夏末和秋季，这主要是在一个短时间内集中地吞咽了大量囊蚴，幼虫在肝实质内移行时所致。病羊精神沉郁，体温时常升高；食欲消失，偶有腹泻现象；肝脏叩诊时，半浊音区扩大，敏感度增强；而后迅速发生贫血，黏膜苍白。常在 3～5 d 内死亡。

慢性型肝片吸虫病最为常见，主要是寄生在胆管中的成虫引起的。病羊贫血，黏膜苍白，眼睑、颌下、胸下及腹下水肿。被毛粗乱，无光泽，干枯易断，有部分脱毛现象。消化障碍，瘤胃蠕动无力，有卡他性肠炎。食欲减退或废绝，逐渐消瘦，最后由于极度衰竭而死亡。

牛患肝片吸虫病，常呈慢性经过。

病理剖检　病理变化主要表现在肝脏，其变化程度与感染数量和病程长短有关。如在原发性大量感染、取急性经过的病例中，可见到急性肝炎，肝肿大、出血等病灶；其中有长达 2～5 mm 的暗红色索状物，质软，挤压切面时，有黏稠污浊黄色液体流出，其中杂有尚未成熟的幼龄虫体。腹腔内有血色的液体和有腹膜炎病变。

慢性病例,主要呈现慢性增生性肝炎。被破坏的肝组织形成瘢痕性的淡灰白色条索,肝实质萎缩、退色、变硬,边缘钝圆,小叶间结缔组织增生,胆管增厚,扩张成绳索样突出于肝表面。胆管内壁粗糙而坚实,内含大量血性黏液和虫体以及黑褐色或黄褐色成粒状或块状的磷酸盐结石。

诊断 根据症状、流行病学资料、虫卵检查及病理剖检结果作综合判断。

治疗 治疗肝片吸虫病时,不仅要进行驱虫,而且应注意对症治疗,尤其对体弱的重症患畜。常用的驱虫药有:

1. 硫双二氯酚 牛每千克体重 40～50 mg,羊每千克体重 80～100 mg,一次口服。服药后 2～3 d 常有拉稀现象,经 4～5 d 后恢复正常。

2. 硝氯酚(拜耳 9015) 牛每千克体重 5～8 mg,羊每千克体重 4～6 mg,一次口服。

3. 碘醚柳胺(rafoxanidum) 牛、羊每千克体重 7.5 mg,一次口服。

4. 硫溴酚(又名抗虫-349) 黄牛每千克体重 30～50 mg;绵羊每千克体重 60 mg;山羊每千克体重 30 mg,一次口服。

5. 硝碘酚腈(nitroxynil) 牛、羊每千克体重 10 mg,一次皮下注射。

6. 丙硫咪唑(阿苯达唑) 牛羊每千克体重 20 mg,口服投药,对成虫有良效,但对童虫效果较差。

7. 科里班(Coriban,联苯酚噻) 黄牛每千克体重 75～100 mg,绵羊 80～120 mg,一次口服,对成虫效果稍差。本品不能用于牛。

预防 为了有效地预防肝片吸虫病,必须根据其流行病学和其发育史的特点,制定综合预防措施。

(1)驱虫:肝片吸虫病的传播主要是病畜和带虫者。因此,驱虫不仅有治疗作用,也是积极的预防措施。驱虫的时间和次数应与流行地区具体条件相结合。在我国北部地区,每年应有二次驱虫,一次在秋末冬初,主要是预防动物冬季发病;另一次在冬末春初,以减少动物在放牧时散播病原。

(2)粪便处理:家畜粪便应经发酵处理,以杀死虫卵。对驱虫后排出的粪便尤应严格处理。

(3)放牧地的选择:尽可能地选择地势高而干燥的地方作放牧地或建牧场。如果必须在低洼潮湿的地方放牧,可考虑有计划地分段使用牧地。一般来说,在夏季,在某一地段的放牧时间不要超过 2 个月,就移往另一地段放牧。

(4)饲草和饮水要注意清洁卫生。

二、矛形双腔吸虫病

本病是由双腔科的矛形双腔吸虫(*Dicrocoelium dendriticum*)寄生于牛、羊、骆驼、鹿等的肝脏胆管和胆囊内引起的一种肝脏吸虫病。本病在我国西北、内蒙古、东北地区最为常见。

虫体呈柳叶状,薄而透明。体长 5～15 mm,宽 1.5～2.5 mm。腹吸盘大于口吸盘。睾丸 2 个,近圆形或稍有分叶,纵列或斜列于腹吸盘之后。卵巢在睾丸之后,子宫弯曲在虫体后半部,生殖孔开口于腹吸盘前方,肠管分叉处。卵黄腺分布于虫体中部两侧(图 10-3)。

虫卵呈椭圆形，暗褐色，卵壳厚，两侧稍不对称，一端有明显的卵盖，卵内含毛蚴。

发育史 需要两个中间宿主，第一中间宿主为多种陆地螺蛳，第二中间宿主为蚂蚁。

成虫在肝胆管和胆囊内产卵，卵随胆汁进入肠腔内，然后随粪便一起排到体外。虫卵被螺蛳吞食，卵内的毛蚴在其肠道内孵出，移行到肝脏，经过胞蚴、子胞蚴阶段，由子胞蚴产生尾蚴；尾蚴互相黏附成团，从螺体内排出。成团的尾蚴附着在植物枝叶或其他物体上，蚂蚁吞食了尾蚴，尾蚴在蚂蚁体腔内变为囊蚴。牛羊吃草时吞咽了带囊蚴的蚂蚁而感染。幼虫由十二指肠经胆管开口入胆管内寄生，经72～85 d发育为成虫。

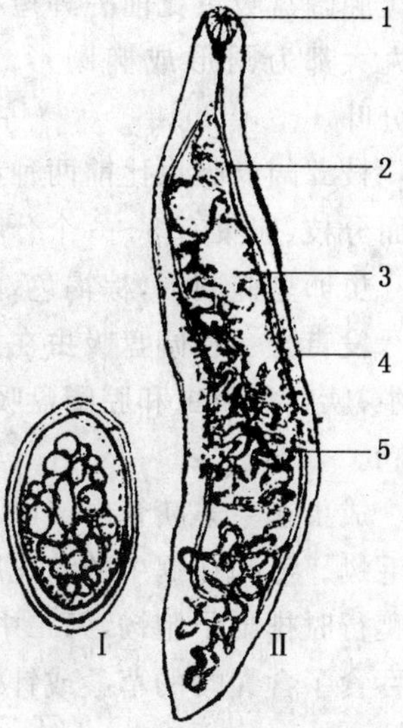

图 10-3 矛形双腔吸虫

Ⅰ. 虫卵 Ⅱ. 成虫

1. 口吸盘 2. 腹吸盘 3. 睾丸 4. 卵黄腺 5. 子宫

（林昆华、蒋金书）

矛形双腔吸虫的危害性比肝片吸虫弱。由于虫体的刺激和毒素作用，可引起胆管卡他性炎症和胆管壁的增生肥厚，以致成为肝硬变的原因。严重感染的病畜可见黏膜黄染，消化紊乱，逐渐消瘦，颌下水肿，最后陷于恶病质而死亡。

诊断 诊断本病可用水洗沉淀法进行粪便虫卵检查，结合症状或尸体解剖发现虫体即可确诊。

治疗

1. 海涛林（六氯对二甲苯） 羊每千克体重50～60 mg，牛每千克体重40 mg，一次口服。

2. 血防846 牛、羊每千克体重0.2～0.4 g，一次口服。

3. 吡喹酮 绵羊每千克体重50 mg，一次口服。

4. 丙硫咪唑 绵羊每千克体重30～40 mg，牛每千克体重10～15 mg，一次口服。

三、胰阔盘吸虫病

胰阔盘吸虫病是由双腔科阔盘属的胰阔盘吸虫（*Eurytrema pancreaticum*）、腔阔盘吸虫（*E. coelomaticum*）和枝睾阔盘吸虫（*E. cladorchis*）寄生于牛、羊的胰管中，引起营养障碍和贫血为主要症状的吸虫病。本病在我国东北、西北、内蒙古等广大草原上流行颇严重；长江流域、西南各省和广东、福建等省均有发生，除反刍兽外，猪和人也有被寄生的报道。

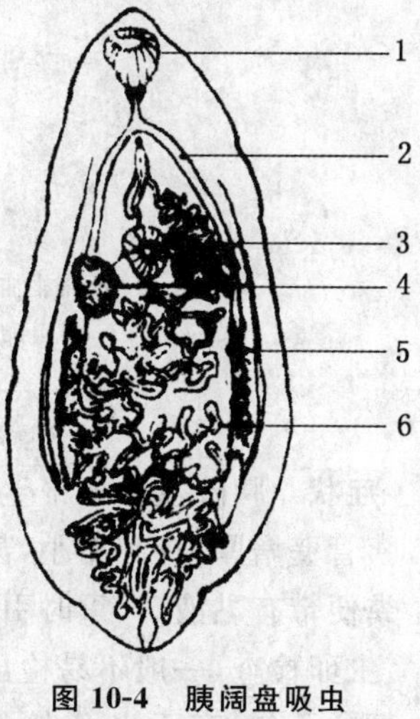

图 10-4 胰阔盘吸虫

1. 口吸盘 2. 肠 3. 腹吸盘 4. 睾丸 5. 卵黄腺 6. 子宫

（林昆华、蒋金书）

以上3种阔盘吸虫，在我国均有报道。活虫体呈棕红色，固定后为灰白色，长卵圆形，扁平，稍透明，吸盘发达。它们的区别是：

胰阔盘吸虫较大，呈长卵圆形，口吸盘大于腹吸盘。睾丸两个并列在腹吸盘后缘两侧，呈圆形，边缘有缺刻。卵巢位于睾丸后，有3～6个分叶（图10-4）。

腔阔盘吸虫比前一种短小，呈短椭圆形，体后端中央有尾突。口吸盘小于或等于腹吸盘。睾丸大都为圆形或椭圆形，少数的有不整齐的缺刻。卵巢大多为圆形整块，少数有缺刻或分叶。

枝睾阔盘吸虫比前两种都小，呈前尖后钝的瓜子形。口吸盘明显的小于腹吸盘。睾丸较大而分枝，卵巢有 5～6 个分叶。

虫卵呈椭圆形，棕褐色，两侧稍不对称，一端有卵盖，卵内含毛蚴。

发育史 胰阔盘吸虫在发育过程中需要 2 个中间宿主。以上 3 种吸虫的第一中间宿主是蜗牛；胰阔盘吸虫和腔阔盘吸虫的第二中间宿主为红脊草螽，枝睾阔盘吸虫的第二中间宿主为针蟋。

成虫在牛羊胰管内产卵，卵随胰液进入肠道，再随粪便排出体外。卵被蜗牛吞食后，才孵出毛蚴。毛蚴在蜗牛的消化腺内经母胞蚴发育到子胞蚴，子胞蚴体内含有尾蚴。蜗牛在草地上爬行时排出子胞蚴，第二中间宿主吞食了子胞蚴后，尾蚴在它们体内发育为囊蚴。牛羊吃草时吞食了含囊蚴的草螽或针蟋而感染。幼虫在牛羊胰管中发育为成虫(图 10-5)。

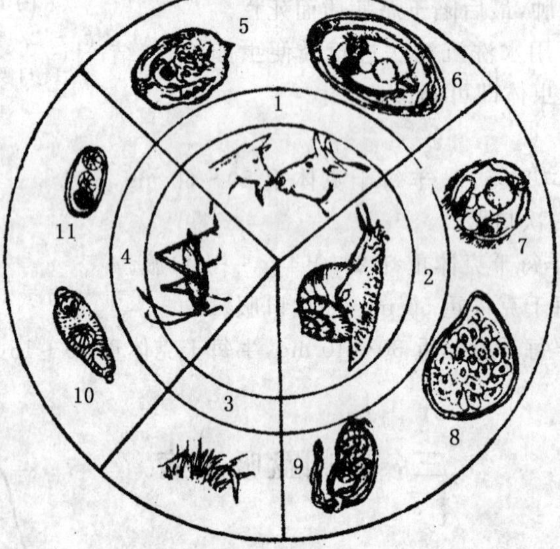

图 10-5 胰阔盘吸虫发育史

1. 终末宿主 2. 第一中间宿主 3. 草地上 4. 第二中间宿主 5. 成虫
6. 虫卵 7. 毛蚴 8. 母胞蚴 9. 子胞蚴 10. 尾蚴 11. 囊蚴

(林昆华、蒋金书)

症状 胰阔盘吸虫寄生在胰管中，由于虫体的刺激和毒素作用，使胰管发生慢性增生性炎症，胰管壁增厚，管腔缩小，甚至完全闭塞，导致消化障碍。病畜消瘦，营养不良，贫血，水肿，下痢，粪便带有黏液，严重时引起死亡。

虫卵检查，一般不易检出，宜结合尸检，发现虫体作出诊断。剖检可见胰脏肿大，表面不平，颜色不匀，有小出血点，胰管增粗，管腔黏膜上有乳头状小结节，并有点状出血，内含大量虫体。

治疗 可用血防 846 驱虫。牛每千克体重 300 mg，绵羊、山羊每千克体重 400～600 mg，口服。隔天1次,3次为一疗程。羊还可用吡喹酮,每千克体重65~80 mg,混入水灌服,效果甚好。

四、血吸虫病

在我国牛羊血管内寄生的吸虫有:日本血吸虫(*Schistosoma japonicum*)、土耳其斯坦东毕吸虫(*Ornithobilharzia turkestanicum*)、彭氏东毕吸虫(*O. bomfordi*)和程氏东毕吸虫(*O. cheni*)等。日本血吸虫除寄生于牛羊外,马、猪、人类也可感染。日本血吸虫病是我国南方流行较广的人畜共患寄生虫病,其余数种血吸虫均仅寄生于家畜和一些野生动物。我国北方地区的牛羊中,以土耳其斯坦东毕吸虫病和彭氏及程氏东毕吸虫病较为常见。

土耳其斯坦东毕吸虫寄生于绵羊、山羊、黄牛、水牛、骆驼及马属动物的肠系膜静脉内,肝静脉管中也常见。虫体呈线状,雄虫乳白色,体长4.2~8.11 mm,宽0.43~0.47 mm。虫体前端略平,后部向腹面蜷曲。自腹吸盘后方开始,直达体后端,有由虫体两侧边向腹侧蜷曲形成的"抱雌沟",雌虫常处于抱雌沟内。口吸盘和腹吸盘均不发达,并且相距较近。雌虫暗褐色,体表光滑,体长为3.4~5.5 mm,宽0.102 mm,虫体纤细。虫卵呈椭圆形,无卵盖,两端各有一个小刺(图10-6)。

日本血吸虫又称日本分体吸虫,为雌雄异体,雄虫乳白色,大小为(10~20)mm×(0.5~0.55)mm。口吸盘在体前端,腹吸盘较大,在口吸盘后方不远处。体壁自腹吸盘后方至尾部,两侧向腹面卷起形成抱雌沟,雌虫常居雄虫的抱雌沟内,呈合抱状态,交配产卵。体被光滑,仅吸盘内和抱雌沟边缘有小刺。口吸盘内有口,缺咽,下接食道,两侧有食道腺。食道在腹吸盘前分为两支,向后延伸为肠管,至虫体后部1/3处复合并为一单管,伸达体末端。睾丸7枚,呈椭圆形,在腹吸盘下排列成单行。每个睾丸有一输出管,共同汇合为一输精管,向前扩大为贮精囊。雄性生殖孔开口在腹吸盘后抱雌沟内。雌虫较雄虫细长,大小为(15~26)mm×0.3 mm。呈暗褐色。口、腹吸盘均较雄虫的为小。消化器官基本上与雄虫相同。卵巢呈椭圆形,位于虫体中部偏后方两侧肠管之间,其后端发出一输卵管,并折向前方伸延,在卵巢前面和卵黄管合并,形成卵膜。卵膜周围为梅氏腺。卵膜前为管状的子宫,其中含卵50~300个,雌性生殖孔开口于腹吸盘后方。卵黄腺呈较规则的分枝状,位于虫体后1/4处(图10-7)。

虫卵椭圆形,大小为(70~100)μm×(50~65)μm。呈淡黄色,卵壳较薄,无盖,在其侧方有一小刺,卵内含毛蚴。

发育史 雌虫在宿主肠黏膜小静脉内产卵,卵产出后堆积在微血管中,借堆积的压力和卵内幼虫分泌的溶组织性分泌物等的作用,虫卵透过黏膜组织,混同渗出的血液等,一起被排到肠腔,再随粪便排出体外。虫卵也可被血流冲积到肝脏,形成针尖大小的白色结节。经过一段时间的蓄积,虫卵结节被结缔组织包埋而钙化,或结节破裂而随胆汁入肠腔,排出体外。落入水中的虫卵在适宜的条件下,几小时内即孵化为毛蚴。毛蚴在水中游动,钻入中间宿主——日本血吸虫为钉螺,东毕吸虫为椎实螺体内,经过第一代和第二代胞蚴后,发育为尾部分叉的尾蚴,钻出螺蛳体外。当尾蚴在水中遇到终末宿主时,钻进宿主皮下组织的小静脉内,然后随血流分布到身体各部分,但只有到达门脉系统的才能继续发育成熟。大约在宿主感染后5周之内,雌虫即可产卵。

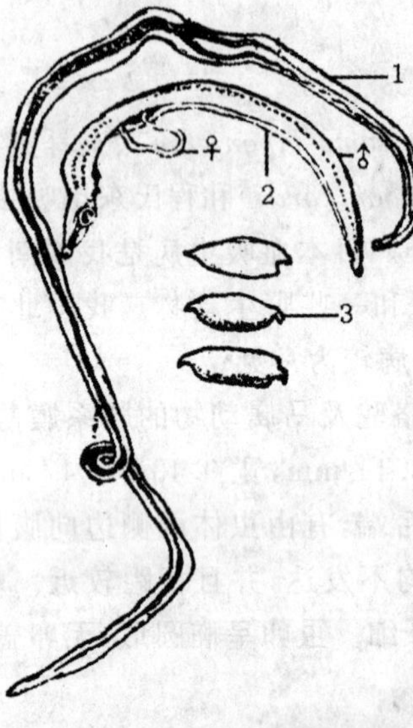

图 10-6 土耳其斯坦东毕吸虫

1. 雌虫 2. 合抱的雌雄虫 3. 虫卵

(仿斯克里亚宾)

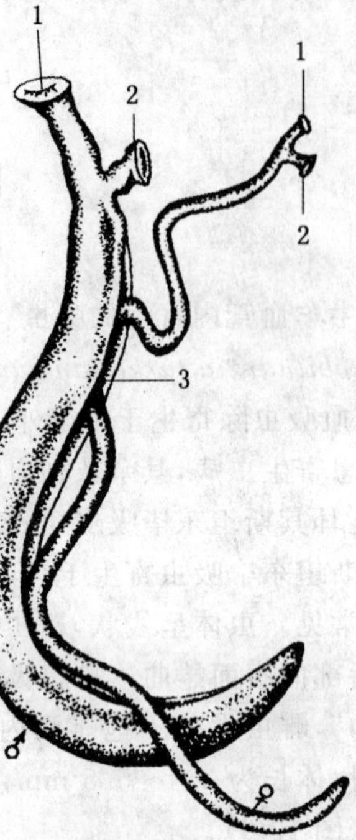

图 10-7 日本分体吸虫,雄雌虫合抱

1. 口吸盘 2. 腹吸盘 3. 抱雌沟

(蒋金书)

症状 本病多呈慢性经过。病畜消瘦、贫血、并发生水肿和腹水现象。母畜往往不孕或流产。幼畜严重感染时,生长发育受阻,甚至死亡。

诊断 要根据流行情况、症状、虫卵检查或尸体剖检发现虫体等方面的材料,加以判断。

治疗 可试用六氯对二甲苯,黄牛每日口服 100~200 mg,连用 10 d 为一疗程。或用 20%的六氯对二甲苯油溶液,牛每天肌肉注射 40 mg,疗程 5 d。吡喹酮,牛每千克体重30 mg,小牛每千克体重 25 mg,羊每千克体重 20 mg,一次口服。治疗效果好。

预防 在本病流行地区应该做好牛羊粪便的无害化(灭虫卵)处理。其次是在感染季节要避免在有螺蛳的地区放牧,并积极治疗病畜,消除感染源。

五、莫尼茨绦虫病

莫尼茨绦虫病是由裸头科莫尼茨属的扩展莫尼茨绦虫(*Moniezia expansa*)和贝氏莫尼茨绦虫(*M. benedeni*)寄生于绵羊、山羊和牛的小肠中引起的。本病常呈地方性流行,羔羊、犊牛受害严重,发育生长受阻,常引起死亡。

扩展莫尼茨绦虫,虫体乳白色,扁平带状,长 1~6 m,宽 16 mm。头节呈球形,上有 4 个呈椭圆形的吸盘,无顶突和钩(图 10-8)。成熟节片的宽度大于长度,而靠近后部的孕卵节片其长宽之差渐小(图 10-9)。每个节片内含有 2 组生殖器官,各向一侧开口。成熟节片内,卵巢与卵黄腺在节片两侧相互构成菊花状环形。睾丸数百个,分布于整个节片内,子宫成网状。在节片后缘有一列排列疏松的、环状的节间腺,其两端几乎达到纵排泄管。此腺在鉴别虫种上具有重要意义。

贝氏莫尼茨绦虫形态上与扩展莫尼茨绦虫极为相似,但节片较宽,最宽可达 26 mm。节间腺呈密集的小颗粒状,仅排列于节片后缘的中央部。

莫尼茨绦虫的虫卵近圆形、四角形或三角形。卵内含一个有 3 对小钩的六钩蚴。六钩蚴被一个叫做梨形器的结构包围着。

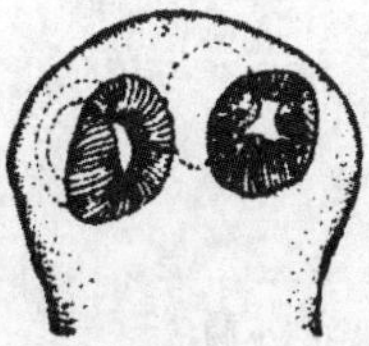

图 10-8　莫尼茨绦虫头节

(林昆华、蒋金书)

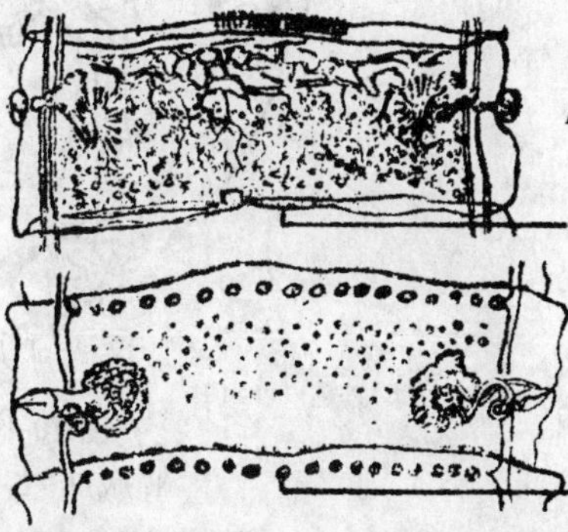

图 10-9　贝氏和扩展莫尼茨绦虫成熟节片

A. 贝氏莫尼茨绦虫成熟节片 1. 节间隙

B. 扩展莫尼茨绦虫成熟节片 1. 节间隙

(林昆华、蒋金书)

发育史　寄生于小肠内的成虫,其孕卵节片脱落后,随粪便排出体外,在外界环境中(或在牛羊肠道内)被破坏,放出虫卵。每个节片中含 1 万～2 万个虫卵。带六钩蚴的虫卵被中间宿主——土壤螨吞食后,六钩蚴进入其血腔发育,经 26～30 d,变成感染性幼虫,叫似囊尾蚴。当牛羊吃草时,吞食了含似囊尾蚴的土壤螨,似囊尾蚴在消化道释放出来,吸附在小肠黏膜上,生长发育成熟。似囊尾蚴从进入牛羊肠道到发育为成虫,扩展莫尼茨绦虫需 37～40 d,贝氏莫尼茨绦虫需 50 d。成虫的生存期 2～6 个月,此后即由肠内自行排出(图 10-10)。

流行病学　本病的流行与土壤螨的生态特性有密切关系。土壤螨白天躲在深的草皮或腐烂植物下,在黄昏或黎明时爬出来活动,牛羊在这时间放牧最易感染。扩展莫尼茨绦虫呈季节性感染。羊一般在春季 2～3 月份开始,4～6 月份达到高峰,8 月份以后感染逐渐降低。羊的易感性有明显的年龄差异,2 月龄的新生羔羊就可感染,2～5 月龄感染率最高,7 月龄后,病羊获得了免疫力后,而迅速排出虫体并不再重复感染。一般成年羊的感染率极低。犊牛最易感染贝氏莫尼茨绦虫。本病主要危害羔羊和犊牛。

致病作用　莫尼茨绦虫的致病作用可归纳以下几点:

1. 机械作用　一条虫体长 1～5 m,一只家畜体内可有数十条虫体寄生。在虫体聚集的部位,造成肠腔狭窄,妨碍食糜通过,并引起消化道部分管腔扩张和卡他性炎症。当虫体扭结成团时,可发生肠阻塞、套叠、扭转和破裂等。

2. 夺取营养　莫尼茨绦虫一昼夜可生长 8 cm,这样的生长速度势必夺取宿主大量营养,

图 10-10 莫尼茨绦虫发育史

1. 成虫 2. 虫卵 3. 吞食虫卵的土壤螨

4. 含似囊尾蚴的土壤螨 5. 终末宿主吃草而被感染 6. 小肠

（林昆华、蒋金华）

影响了幼畜的生长发育。虫体的代谢产物能破坏肠内容物的养分，更加剧病畜的营养丧失。

3. *毒素作用* 虫体的代谢产物对宿主呈现毒性作用，使肠管、淋巴结、肠系膜和肾脏等组织发生显著的病理变化，出现增生或变性；脑髓往往有出血性浸润或溢血现象；心内膜出血，心肌变性等。幼畜发育迟缓，抗病力降低。有时可出现抽搐、回旋运动等神经症状。

症状 轻度感染不显症状，严重感染时，才显症状。病畜表现食欲减退，渴欲增加，常下痢，有时便秘，粪便中混有绦虫的孕卵节片。黏膜因贫血而苍白。淋巴结肿大，体质瘦弱，体重减轻。病末期，病畜不能起立，头仰向后方，并经常作咀嚼样动作，口周围有泡沫；精神极度委顿，反应迟缓，终至死亡。

诊断 莫尼茨绦虫病的诊断主要是依据在羔羊和犊牛的粪便中发现绦虫的孕卵节或其碎片，或粪便中的虫卵。孕卵节片呈黄白色，多附着于粪表面，容易发现。压破孕卵节片做涂片，可看到大量虫卵。

感染初期，莫尼茨绦虫尚未发育到性成熟，这时在患畜粪便中找不到虫卵和孕卵节片。此时可用药物作诊断性驱虫；必要时也可作尸体剖检，检查虫体。

寄生于牛羊的绦虫，除莫尼茨绦虫外尚有以下数种，它们的形态及鉴别要点简述如下。

1. *曲子宫绦虫* 虫体长 2 m，宽 12 mm，头节细小，直径 1 mm 左右。虫体每节有一组生殖器官，不规则地交替向节片一侧开口，在开口处雄茎囊外伸，使虫体边缘不整齐。睾丸分布于纵排泄管外侧。成熟节片中子宫为横走的直管，以后逐渐弯曲，最后在侧枝的末端形成许多小的副子宫，每个副子宫内含 3～8 个虫卵。本虫常见于成年的反刍动物。

2. *无卵黄腺绦虫* 虫体长 3 m，宽约 3 mm，外观分节不明显，在体节中线上可看出由含虫卵的子宫所形成的半透明的纵带。每个节片内只有一组生殖器官，无卵黄腺。孕卵节片中仅有一个副子宫。虫卵无梨形器，被包在副子宫内。睾丸分布在纵排泄管两侧。

3. 肝斯泰绦虫　寄生于牛羊肝脏胆管内，有时见于小肠中。虫体长20～50 cm，宽2 mm，头节大，节片短。每个节片内有一组生殖器官，睾丸11个，位于虫体两侧排泄管偏内侧，无卵黄腺，子宫有2个腔，由一管相连，位于节片中央，每一腔形成一个副子宫，内含无梨形器的虫卵。

治疗

1. 硫双二氯酚　羊每千克体重100 mg，牛每千克体重40～60 mg，一次口服。

2. 氯硝柳胺　牛每千克体重50 mg，羊每千克体重50～75 mg，羔羊每只最低剂量1 g。

3. 羟溴柳胺(resorantelum)　牛、羊每千克体重65 mg，一次口服。

4. 吡喹酮　犊牛每千克体重5～10 mg，一次口服；羔羊每千克体重20 mg，一次口服。

5. 阿苯达唑(丙硫咪唑)　牛羊每千克体重10～20 mg，口服。

6. 二氯酚(dichlorophenum)　羊每千克体重200～300 mg，一次口服。

7. 甲苯咪唑　牛每千克体重10 mg，羊15 mg，一次口服。

预防　本病的预防应把注意力放在预防性驱虫和控制土壤螨方面。

1. 预防性驱虫　舍饲到放牧前对全羊群进行一次驱虫，既能保证舍饲期间病畜迅速恢复健康，又可减少牧场的污染。春天放牧后一个月内就进行第二次驱虫。间隔一个月后再进行第三次驱虫。

2. 控制中间宿主　土壤螨分布广泛，在未耕种的荒草地上密度大，生活力强，生存时间长，且一个土壤螨中可带有多量的似囊尾蚴。据国外资料，土地经过耕种3～5年后，土壤螨数量显著下降，长期种植的土地，土壤螨很少或绝迹。如果结合牧场条件，播种高质量的牧草，更新牧地，则不但可以提高饲料质量，又能大量杀死土壤螨。

六、牛囊尾蚴病(牛囊虫病)

本病是由牛带吻绦虫(无钩绦虫)(*Taeniarhynchus saginatus*)的幼虫——牛囊尾蚴寄生于牛的肌肉组织中所引起的。带吻绦虫(无钩绦虫)寄生于人的小肠中，给人的健康带来危害，它是重要的人畜共患寄生虫病之一。

感染了牛囊尾蚴的牛肉，按肉品检验规程，均不得作良肉出售。感染轻微的，亦须经过消毒处理，因而降低了其经济价值；感染严重的作工业用或销毁，经济损失严重。

带吻绦虫，体长3～10 m，由1 000个左右的节片组成。头节上有四个吸盘，无顶突和钩，其成熟节片内生殖器官的排列基本上与有钩绦虫相似。孕卵节片中子宫每侧有15～30个分枝。

牛囊尾蚴呈半透明的椭圆形囊泡，内含一乳白色的头节；头节的构造与成虫相似。

发育史　和有钩绦虫十分相似。唯一的区别是中间宿主不同。人是带吻绦虫的终末宿主，其中间宿主是牛。寄生于人小肠中的带吻绦虫性成熟后，孕卵节片脱落随粪便排到外界，孕卵节片在外界环境中破裂以后释放出虫卵。牛吃进了虫卵后，卵内的幼虫(六钩蚴)在牛消化道内钻入肠黏膜的血管中，随血流散布到全身肌肉中，而以运动性强的肌肉如舌肌、咬肌、腰肌等处为多，少见于其他器官。幼虫在肌肉中发育缓慢，需3～6个月始发育成囊尾蚴。牛囊尾蚴不寄生于人，这一点与猪囊尾蚴不同。

人吃了未煮熟的含有牛囊尾蚴的牛肉时，即感染带吻绦虫病。牛囊尾蚴到达人的消化道以后，头节游离出来，吸着在肠黏膜上生长发育，经 2.5～3 个月，发育为成虫。

诊断 牛囊尾蚴病的生前诊断有困难，主要是宰杀后检验时发现囊尾蚴而确诊。

防治 加强肉品检验工作。在牛肉中发现牛囊尾蚴后，应严格按照国家规定处理肉尸，既保障了人的健康，又避免了本病的流行。同时，还要与人医保健部门配合，积极治疗绦虫病人。广泛地向群众宣传本病的危害性和传染途径，不购买和吃食带囊尾蚴的牛肉。

七、脑多头蚴病（脑包虫病）

脑多头蚴病是由寄生于犬、狼和狐狸的多头带绦虫（*Multiceps multiceps*）的幼虫——多头蚴寄生于牛羊的脑部所引起的一种绦虫蚴病，俗称“脑包虫病”。绵羊比较多见，特别是 2 岁以下的幼龄绵羊。1 岁以下的牦牛的感染率也较高。除羊、牛外，马、骆驼亦受感染，但较少见。

多头带绦虫与有钩绦虫相似，但较小，体长 40～100 cm。头节小，有顶突，上长有 2 圈小钩，有 4 个吸盘，整条虫体由 200～250 个节片组成。孕卵节片内的子宫每侧有 18～26 个侧枝。

多头蚴（10-11）呈囊泡状，囊内充满透明的液体。外层为角质膜，囊的内膜（生发膜）上生出许多头节（100～250 个）。囊泡由豌豆大到鸡蛋大不等。

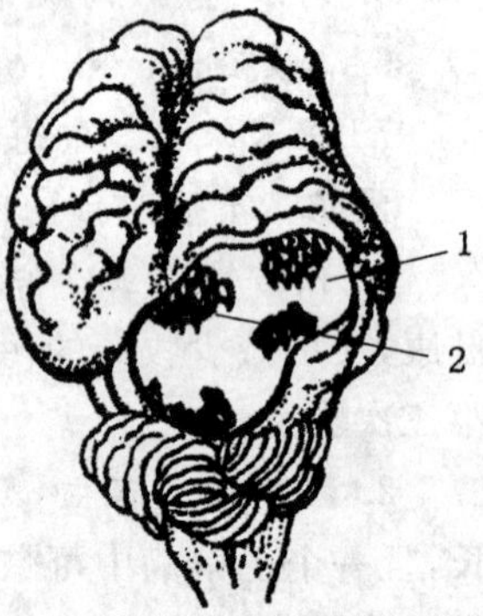

图 10-11 脑部的多头蚴

1. 囊泡 2. 头节

（林昆华、蒋金书）

发育史 多头带绦虫的孕卵节片随犬的粪便排到外界环境中，羊、牛吞食了虫卵而感染。进入牛、羊消化道的虫卵，卵膜被溶解，六钩蚴逸出，并钻入肠黏膜的毛细血管内，而后随血流被带到脑内，继续发育成囊泡状的多头蚴。由感染到发育成多头蚴，需 2～3 个月。

犬吞食了含有多头蚴的牛或羊的脑，即感染多头带绦虫（图 10-12）。

寄生于犬小肠内的多头绦虫可以生存数年之久，它们不断地排出孕卵节片，成为牛羊感染多头蚴病的来源。

致病作用 初期的致病作用是由六钩蚴钻入肠黏膜血管和脑时引起的。由于虫体的移行，损伤和刺激脑细胞而引起炎症现象。以后幼虫开始进入生长发育阶段，移行变慢，初期的急性病状即行停止。多头蚴发育长大，压迫脑髓，逐渐引起脑贫血和脑组织的萎缩；患畜眼底淤血。随着多头蚴体积的增大，脑组织的破坏也日趋严重，最终引起各种神经症状。

症状 牛羊感染后 1～3 周，即六钩蚴在脑内移行时，呈现类似脑炎或脑膜炎症状，严重感染的动物常在此时期死亡。耐过的动物，其类似脑炎或脑膜炎的症状不久消失，而在数月内表现健康状态。以后开始出现典型症状，呈现异常运动或异常姿势。其症状取决于虫体的寄生部位和大小。虫体常寄生于某一侧脑半球的颞叶表面，患畜将头倾向患侧，并向患侧作圆圈运动，而对侧的眼常失明；虫体寄生在脑的前部（额叶）时，患羊头部低垂，抵于胸前，步行时高抬前肢或向前方猛冲，遇到障碍物时倒地或静立不动；虫体在小脑寄生时，病畜表现感觉过敏，容易惊恐，行走时出现急促步样或蹒跚步态，以后逐渐严重而衰竭卧地，视觉障碍、磨牙、流涎、痉挛；在腰部脊髓有虫体寄生时，引起渐进性后躯麻痹，患畜不吃不喝，离群，最后高度消瘦；当虫

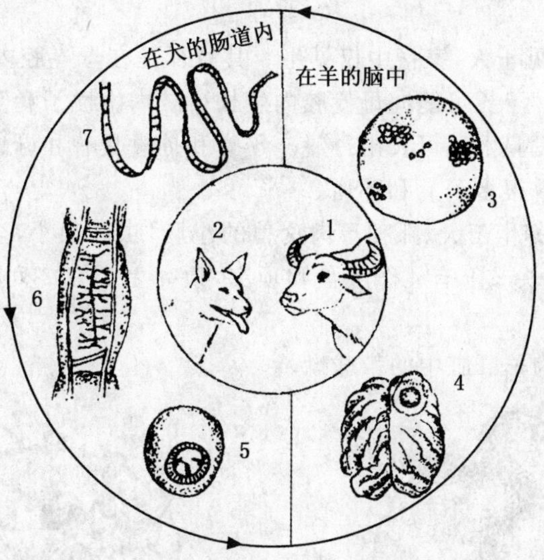

图 10-12　多头绦虫发育史

1. 中间宿主　2. 终末宿主　3. 囊泡　4. 寄生于脑的多头蚴
5. 虫卵　6. 孕卵节片　7. 成虫
（林昆华、蒋金书）

体在脑表面寄生时，颅骨萎缩甚至穿孔，触诊时容易发现，压迫患部有疼痛感。

诊断　根据特异症状、病史、头部触诊来综合判定，有些病例须在剖检时才能确诊。

防治　在头部前脑表面寄生的虫体可施行手术摘除，在后部及深部寄生的虫体难以治疗。目前推广以吡喹酮口服治疗，羊按每千克体重 50～70 mg 给药，连用 3 d，可收到 80％的疗效。预防措施同棘球蚴病。

八、棘球蚴病

棘球蚴是寄生于犬的细粒棘球绦虫（*Echinococcus granulosus*）的幼虫。棘球蚴寄生在牛、绵羊、猪、山羊以及人的肝、肺等处，引起严重的疾病。本病是一种严重的人畜共患病。

棘球蚴（图 10-13）呈囊泡状，内含液体，其形状常因寄生部位不同而有许多变化，一般呈圆形，直径 5～10 cm。囊泡的外层为角质膜，内层为生发膜。生发膜向内长出许多小囊泡，叫生发囊。生发囊和生发膜能生长出头节。每 1 个生发囊通常有 4 个以上的头节。头节和生发囊往往由生发膜上脱落而游离在囊泡膜中，肉眼看上去，像许多沙粒，俗称“囊沙”。以上所述为常见的一种类型，称兽型棘球蚴，常见于幼龄绵羊及猪。在动物体内兽型棘球蚴以外，还可遇见以下几种类型：

图 10-13　细粒棘球绦虫
（仿 Mönnig）

1. 无头型棘球蚴　常见于牛，它的特征是囊内无生发膜，不能生长头节。

2. 人型棘球蚴　多见于人，家畜中仅见牛。其特征是在母囊腔内形成“子囊”。子囊是由一部分的生发膜形成的。子囊可能向母囊腔内生长，称“内生性子囊”；也可能向外生长，称“外生性子囊”，在子囊的生发膜上还可长出孙囊。子囊和孙囊具有和母囊相同的构造。这样可能在一个棘球蚴囊内包含着很多子囊和孙囊。

3. 细粒棘球绦虫　寄生于犬、狐狸等肉食兽的小肠，虫体很小，全长 2～6 mm，由 1 个头节和 3～4 个节片组成。头节上有 4 个吸盘和顶突，顶突上长有 2 列小钩。虫卵呈椭圆形，内含六钩蚴。

图 10-14、图 10-15 为羊肝脏中的棘球蚴。

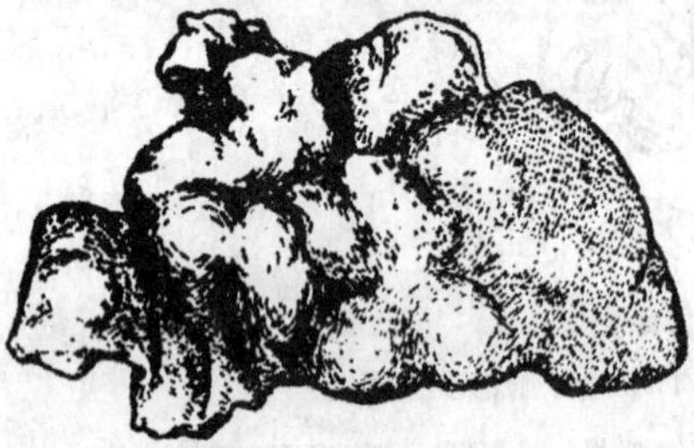

图 10-14　羊肝脏上的棘球蚴

（林昆华、蒋金书）

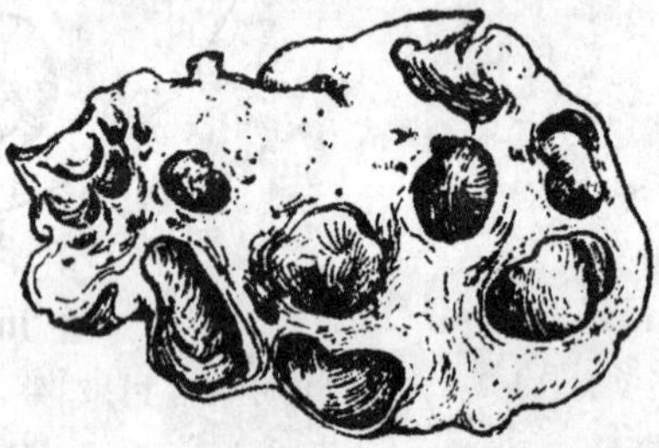

图 10-15　羊肝脏中的棘球蚴(切面)

（林昆华、蒋金书）

发育史　寄生在犬、狼等体内的成虫数量一般很多，它们的孕卵节片随粪便排出外界，虫孵散布在牧草或饮水里，中间宿主牛、羊和猪等随着吃草或饮水而遭受感染。虫卵在胃肠消化液的作用下，六钩蚴脱壳而出，穿过肠壁，随血流而至肝和肺，逐步发育为棘球蚴。终末宿主犬、狼等吃了有棘球蚴的脏器而受到感染(图 10-16)。

人误食细粒棘球绦虫的虫卵后，可患严重的棘球蚴病。寄生于人体的棘球蚴可生长发育达 10～30 年之久。

症状　初期一般不显症状。寄生在肺时，发生呼吸困难、咳嗽、气喘及肺浊音区逐渐扩大等症状。寄生在肝时，最后多呈营养衰竭和极度虚弱。

犬严重感染细粒棘球绦虫时，呈现腹泻、消化不良、消瘦及衰弱等症状。

诊断　单凭症状常常不能确诊本病，采用免疫诊断法效果良好，最常用的方法是皮内试验法。方法是以无菌操作法采取屠宰后的新鲜棘球蚴囊液，经离心沉淀或过滤后，取滤液 0.1～0.2 mL，在动物的颈部皮内注射。注射后经 5～10 min(最迟不超过 0.5～1 h)，阳性者在注射部位的皮肤上出现红斑，直径 0.5～2.0 cm，并有肿胀出现。但应注意，牛羊寄生有牛囊尾蚴、羊多头蚴时常有交互反应现象，易造成误诊，这种棘球蚴囊液新鲜时效果较好，如欲保存，可以在囊液中加入 0.5%氯仿。人患病时可用 B 超或 X 线透视进行诊断。

预防　只要棘球蚴囊泡不被犬吃到，本病便可逐渐地得到控制。因此，屠宰场发现有棘球蚴寄生的内脏时，应进行烧毁。另外，军犬和牧羊犬每年应有计划进行驱虫，驱虫后的粪便要进行堆积发酵处理或深埋。驱虫药可选用吡喹酮、氢溴酸槟榔碱、甲苯咪唑和亚砜咪唑。

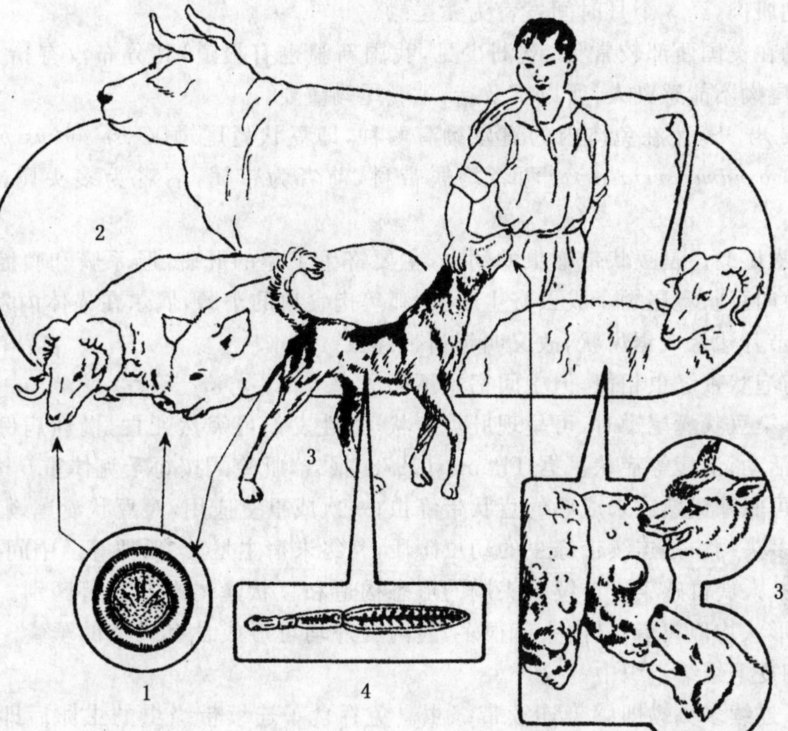

图 10-16　细粒棘球绦虫生活史图解

1. 虫卵　2. 中间宿主　3. 终末宿主　4. 成虫

九、细颈囊尾蚴病

细颈囊尾蚴，俗称"水铃铛"，寄生于羊、牛和猪等家畜的肝脏、网膜和肠系膜等处，严重感染时，还可进入胸腔寄生于肺部。其成虫为泡状带绦虫，寄生于犬、狼、狐等肉食兽的小肠（详见猪细颈囊尾蚴病部分）。

羊囊尾蚴、兔囊尾蚴及斯氏多头蚴。

1. 羊囊尾蚴（*Cysticercus ovis*）　是羊带绦虫（*Taenia ovis*，亦属带科）的幼虫，寄生于绵羊、山羊的心肌与膈肌中，间或见于咬肌或舌肌，偶然亦可在食道壁和胃壁寄生，其他部位少见。羊带绦虫寄生于犬、狐狸的小肠内。

羊囊尾蚴的形态和猪囊尾蚴相似，囊体长 4～9 mm，宽 2～3.5 mm，卵圆形，囊内充满透明的液体，有一白色头节附在囊壁上。

羊带绦虫长 45～100 cm，头节宽大，直径为 0.80～1.25 mm。顶突有小钩，孕卵节每侧有 20～25 个分支，每支还有许多小分支。

发育史与有钩绦虫相似，只是终末宿主与中间宿主不同。羊囊尾蚴被终末宿主犬、狼等吞食后，在小肠内约经 7 周发育为成虫。孕卵节片或虫卵被羊吞食，六钩蚴钻入小肠微血管内，然后随血流到肌肉，经3个月时间发育为囊尾蚴。

羊囊尾蚴在美国西部较常见，欧洲少见，我国新疆也有报道，其分布没有猪、牛囊尾蚴广泛，加之羊囊尾蚴不能感染人，所以不及猪、牛囊尾蚴重要。

2. 兔囊尾蚴　寄生在兔体内的囊尾蚴有两种，即豆状囊尾蚴（*Cysticercus pisiformis*）和连续多头蚴（*Coenurus serialis*）。两者均属带科，前者为带属，后者为多头属，均为世界性分布。

（1）豆状囊尾蚴。是豆状带绦虫的幼虫，主要寄生于兔的肝脏、肠系膜和腹腔内。囊泡很小，如豌豆，故叫豆状囊尾蚴。成虫寄生于犬、狐等肉食兽的小肠，偶尔在猫体内发现。虫体长60～200 cm，节片边缘成锯齿状，故又叫锯齿带绦虫。

发育史与泡状带绦虫相似，但中间宿主不同。

兔严重感染豆状囊尾蚴时，可呈现肝炎症状，急性发作可突然死亡，慢性病例主要表现消化紊乱、不喜活动、消瘦等症状。据Thomas(1978)报告，吡喹酮按每千克体重5 mg，一次口服或皮下注射，可驱除成熟或未成熟的豆状带绦虫；一次或重复应用，对豆状囊尾蚴有杀灭作用。

（2）连续多头蚴。是连续带绦虫的幼虫阶段，其终末宿主是犬、狐狸等。中间宿主是兔、松鼠等啮齿动物，人偶可感染。连续多头蚴的形态构造和豆状囊尾蚴有显著区别。成熟的连续多头蚴大小、形状均似鸡蛋，囊内头节很多，囊内囊外均可形成含有头节的子囊。寄生于中间宿主的肌间和皮下结缔组织中。

犬吞食了连续多头蚴即感染连续带绦虫。兔吞食了连续带绦虫的虫卵后即感染连续多头蚴。

有人用麝香草酚溶解于油质中，每隔一天注射一次，可使皮下结缔组织中的连续多头蚴囊泡退化。

3. 斯氏多头蚴　主要分布在独联体各国，我国新疆、内蒙古、湖北、陕西、山东、四川和云南等地的山羊肌肉中亦有发现。这种绦虫蚴还寄生在绵羊、麋和骆驼体内。成虫叫斯氏多头绦虫，寄生于犬、狼、狐狸等的小肠中。

斯氏多头蚴形态结构颇似脑多头蚴，一般如鸡蛋大，椭圆形或近圆形，囊内充满透明液体；从囊外可见到内膜上有成簇的粟粒大、乳白色的头节，数目可达350个或更多。

斯氏多头蚴寄生于羊的肌肉、皮下、胸腔与食道等处，偶见于心脏和骨骼。在严重感染时肌肉变质，不可食用。

十、犊新蛔虫病

犊新蛔虫病的病体为弓首科的牛新蛔虫（*Neoascaris vitulorum*），寄生于初生犊牛（黄牛和水牛）的小肠内，引起肠炎，下泻，腹部膨大和腹痛等症状。分布很广，遍及世界各地，多见于我国南方各省的犊牛。初生牛大量感染时可以引起死亡，对发展养牛业危害甚大[牛新蛔虫（*Neoascaris vitulorum*）近年改称牛弓首蛔虫（*Toxocara vitulorum*）]。

虫体粗大，淡黄色，角皮薄软。头端具有3片唇；唇基部宽而前窄。食道呈圆柱形，后端由一个小胃与肠管相接。雄虫长11～26 cm，尾部有一小锥突，弯向腹面，交合刺1对，形状相似，等长或稍不等长。雌虫长14～30 cm，尾直。生殖孔开口于虫体前部1/8～1/6处

(图 10-17),虫卵近于球形,大小为(70～80) μm×(60～66) μm,壳厚,外层呈蜂窝状,胚细胞为单细胞期。

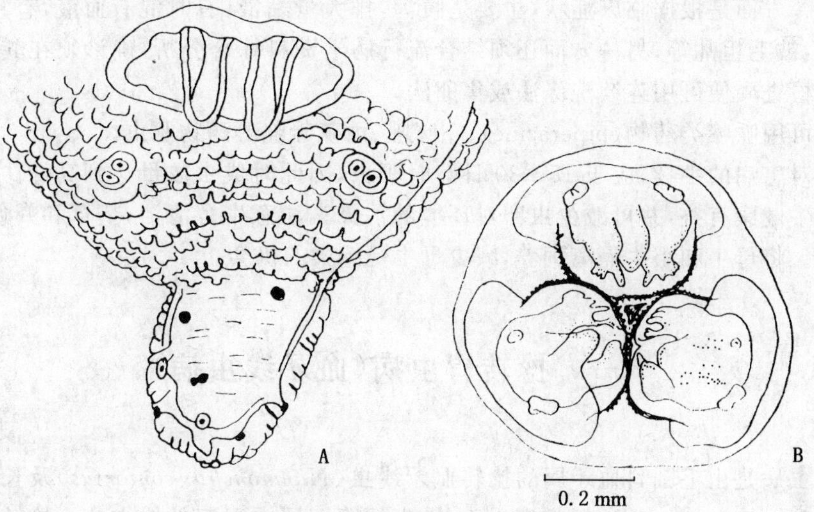

图 10-17 牛新蛔虫(Mozgovoi)

A. 雄虫尾端锥突 B. 唇部顶面观

发育史 雌虫在小肠产卵,排出后,在适当的温度(27℃)和湿度下,发育为幼虫,在卵壳内进行一次蜕化,变为第 2 期幼虫,即感染性虫卵。牛吞食感染性虫卵后,幼虫在小肠内逸出,穿过肠壁,移行至肝、肺、肾等器官组织,进行第 2 次蜕化,变为第 3 期幼虫,并仍寄居于该处。待母牛怀孕 8.5 个月左右时,幼虫便移行至子宫,进入胎盘羊膜液中,进行第 3 次蜕化,变为第 4 期幼虫;后者被胎牛吞入肠中发育。小牛出生后,幼虫在小肠内进行第 4 次蜕皮后长大,经 25～31 d 变为成虫。成虫在小肠中可生活 2～5 个月,以后逐渐从宿主体内排出。另一条途径是幼虫从胎盘移行到胎儿的肝和肺,以后沿一般蛔虫的移行途径转入小肠。因系生前感染,故犊牛出生不久小肠中已有成虫。

流行病学 本病主要发生于 5 个月以内的犊牛。过去认为子宫内感染为唯一的感染途径,但近几年来有报道说,哺乳母牛的奶汁中含有幼虫,犊牛可以因吃母乳而获得感染。在自然感染的情况下,2 周至 4 月龄的犊牛小肠中寄生有成虫;在成年牛,只在内部器官组织中寄生有移行阶段的幼虫,尚未见有成虫寄生的情况。

阳光能杀死虫卵。土壤表面的虫卵,在阳光直接照射下,经 4 h 全部死亡。在干燥的环境里,虫卵经 48～72 h 死亡。感染期的虫卵,需有 80%的相对湿度才能够生存。温度对牛新蛔虫卵的影响和猪蛔虫的情况相似,耐高温的能力较差。牛新蛔虫卵对消毒药物的抵抗力亦较强,虫卵在 2%福尔马林中仍能正常发育。

症状和病理变化 犊牛出生 2 周后为受害最严重时期,其症状表现为消化失调,食欲不振和腹泻;肠黏膜受损,引起肠炎,排多量黏液或血便,有特殊臭味。腹部膨胀,有疝痛症状。患畜虚弱消瘦,精神迟钝,后肢无力,站立不稳。虫体多时可造成肠阻塞或肠穿孔,引起死亡。

出生后的小牛受感染时,在肠管中孵化的幼虫侵入肠壁转入肝脏,这个移行过程损害消化机能,破坏肝组织,影响食欲。幼虫移行到肺时,在该处停留发育,破坏肺组织,造成点状出血并可能引起肺炎。临床上出现咳嗽，呼吸困难，口腔内有特殊酸臭味。嗜伊红白细胞显著增加(可达26%)。亦有后肢无力，站立不稳和走路摇摆现象。

诊断 一方面是根据临床症状，主要是腹泻，排大量黏液，有时混有血液，有特殊恶臭，病犊软弱无力，被毛粗乱等；另一方面还须结合流行病学资料综合分析，确诊须在粪便中检出虫卵或虫体。检查粪便可用连续洗涤法或集卵法。

治疗 可用哌嗪类药物(piperazine)、左咪唑、丙硫咪唑等药物驱虫。

预防 对患病的牛犊，应于15～30日龄时驱虫，因此时成虫数量达到高峰。早期治疗不仅对保护小牛健康有益，并可减少虫卵对环境的污染。注意牛舍清洁，垫草和粪便要勤清扫，并发酵处理。将母牛和小牛隔离饲养，减少母牛受感染的机会。

十一、捻转胃虫病(血矛线虫病)

捻转胃虫病是由毛圆科血矛属的捻转血矛线虫(*Haemonchus contortus*)及长刺属的指形长刺线虫(*Mecistocirrus digitatus*)寄生于羊、牛的第四胃中引起的线虫病。捻转胃虫病是牧羊业的灾害之一，引起羊群的消瘦与死亡，造成巨大的经济损失。

捻转血矛线虫呈毛发状，淡红色，头端尖部，口囊小，口囊内有一矛状角质齿。雄虫长18～22 mm，尾端有发达的交合伞。雌虫长26～32 mm。由于吸血，使肠管变为红色，而白色的生殖器官缠绕在肠管上，形成红白二线互相扭转的外观，故称之为捻转血矛线虫；亦称捻转胃虫。阴门位于虫体后半部，有一显著的阴门盖。虫卵椭圆形，淡黄褐色。初排出时卵内含16～32个细胞，细胞之间界限较清楚。

指形长刺线虫比前一种大，形态类似。雄虫长25～31 mm，雌虫体长30～45 mm。主要寄生于牛的第四胃中，少见于小肠，羊、猪亦曾发现。

发育史 虫卵随宿主粪便排到外界，在适宜的条件下，一昼夜内孵出幼虫，幼虫在1周左右经两次蜕皮发育为感染性幼虫。牛、羊采食时，将幼虫食入。幼虫进入第四胃后经30～36 h进行第三次蜕皮，约在侵入后的第9天再蜕一次皮变成童虫，然后长成成虫。从幼虫进入第四胃到发育为成虫，需2～3周。成虫的寿命约一年(图10-18)。

致病作用 虫体寄生在第四胃内，常以其前端刺入胃黏膜内吸血，造成损伤，导致胃黏膜发炎和出血。成虫分泌的毒素，能干扰宿主的造血功能，影响胃的分泌、运动及碳水化合物的代谢。

症状 急性病例很少见，多发生于羔羊，常表现为突然出现的、迅速发展的进行性贫血。这种情况是在短时间内集中地感染了大量幼虫造成的。常见的是慢性病例，以贫血和消化紊乱为主。病畜被毛粗乱，消瘦，精神委顿，可视黏膜苍白，下颌间隙和体下部发生水肿，放牧时离群，常出现便秘，粪中带有黏液。出现下痢的少见，最后多因极度虚弱而死亡。

诊断 根据本病在当地的流行情况、病羊的症状、死羊或病羊的剖检结果作综合判断。

治疗 可应用下列药物：

1. 敌百虫 牛和山羊每千克体重50～60 mg，绵羊每千克体重80～100 mg，配成水溶液灌服。

2. 驱虫净 牛每千克体重10～12 mg，羊每千克体重10～20 mg，一次口服；或用5%溶

图 10-18　捻转血矛线虫发育史

1. 终末宿主第四胃中的成虫　2. 草地上　3. 排出虫卵　4. 含幼虫的虫卵
5. 第一期幼虫　6. 第二期幼虫　7. 感染性幼虫

（林昆华、蒋金书）

液肌肉注射，牛每千克体重 8～10 mg，羊每千克体重 10～12 mg。

3. *左咪唑*　牛每千克体重 4～5 mg，羊每千克体重 5 mg，皮下或肌肉注射。牛每千克体重 6 mg，羊每千克体重 7.5 mg，一次口服。

4. *噻苯哒唑*　羊每千克体重 50～100 mg，牛每千克体重 70～110 mg，配成 10%悬浮液口服。

5. *丙硫咪唑*　牛、羊每千克体重 5～10 mg，拌入饲料中喂服，或配成 10%混悬液灌服。

6. *甲苯咪唑*　羊每千克体重 10～15 mg，一次口服。

7. *伊维菌素（ivermectin，害获灭）1%注射液*　牛羊每千克体重 0.02 mL，一次皮下注射。我国生产的同类产品有注射剂和口服剂，商品名有阿维菌素 B_1、阿福丁、虫克星和灭虫丁，使用剂量参照说明书。

预防　定期进行预防性驱虫。从春末到秋末期间每只牛羊每天给硫化二苯胺 0.5～1 g，混入食盐或精料中口服进行预防。放牧牛羊尽可能地避开潮湿草地和幼虫活跃的时间放牧。

奥斯特线虫，也叫棕色胃虫，常与捻转血矛线虫混合寄生。虫体比捻转血矛线虫小，呈均匀的棕褐色。发育史与捻转血矛线虫相似。有些地区，绵羊的胃线虫中奥斯特线虫占优势。

治疗和预防均与捻转血矛线虫病同。

十二、仰口线虫病(钩虫病)

仰口线虫是属于圆线虫目钩口科仰口属的线虫,寄生于牛的是牛仰口线虫(*Bunostomum phlebotomum*),寄生于羊的是羊仰口线虫(*B. trigonocephalum*)。由于虫体前端稍向背侧弯曲,略成小钩状,故一般又称之为钩虫,均寄生于牛羊的小肠。虫体吸血,严重感染时会引起牛羊贫血,是致病性较强的寄生线虫。

羊仰口线虫(图 10-19)是中等大小的线虫,乳白色。吸血后呈淡红色。虫体前端稍向背侧弯曲,口囊大,略呈漏斗状,口缘的腹面有一对角质的半月状切板,口囊底中有一大背齿和二枚较小的腹齿。雄虫体长 12～17 mm,交合伞发达(图 10-20),外背肋不对称,右边比左边的长;雌虫长 15～21 mm,阴门位于虫体中部稍靠前。

牛仰口线虫与羊仰口线虫外形相似,但口囊腹侧有四枚腹齿。虫卵较大,长边比较平直,两端钝圆,呈冬瓜形,刚排出时,卵内卵细胞数目较少,在一侧的最表层通常只见5～6 个卵细胞,卵细胞较大,呈暗黑色。

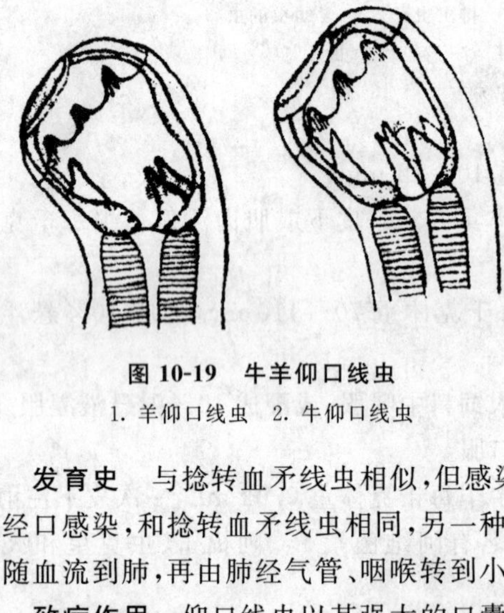

图 10-19　牛羊仰口线虫

1. 羊仰口线虫　2. 牛仰口线虫

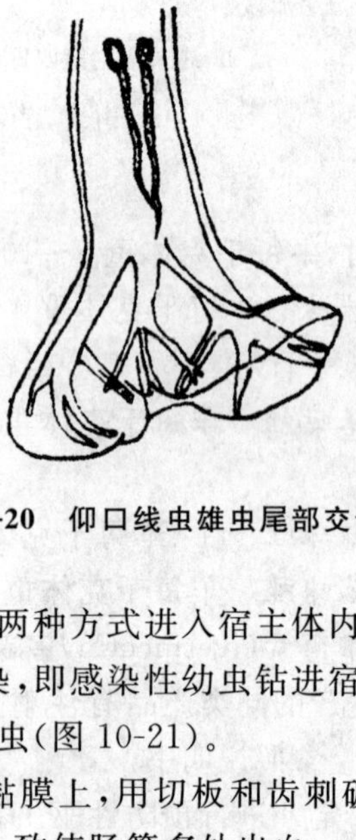

图 10-20　仰口线虫雄虫尾部交合伞

发育史　与捻转血矛线虫相似,但感染性幼虫可以通过两种方式进入宿主体内,一种方式是经口感染,和捻转血矛线虫相同,另一种方式是经皮肤感染,即感染性幼虫钻进宿主皮肤,而后随血流到肺,再由肺经气管、咽喉转到小肠,发育生长为成虫(图 10-21)。

致病作用　仰口线虫以其强大的口囊吸附在宿主的肠黏膜上,用切板和齿刺破黏膜而大量吸血,同时分泌抗凝血酶。虫体吸血时有频繁移位的习性,致使肠管多处出血。

症状　表现以贫血为主的一系列症状,如黏膜苍白,皮下水肿,消化紊乱,下痢,大便带血。病畜消瘦,营养不良,后以恶病质而死亡。

诊断　根据病畜消瘦、贫血、下痢、大便带血等症状可怀疑为本病,确诊应依靠粪便虫卵检查。

预防　参考血矛线虫病。

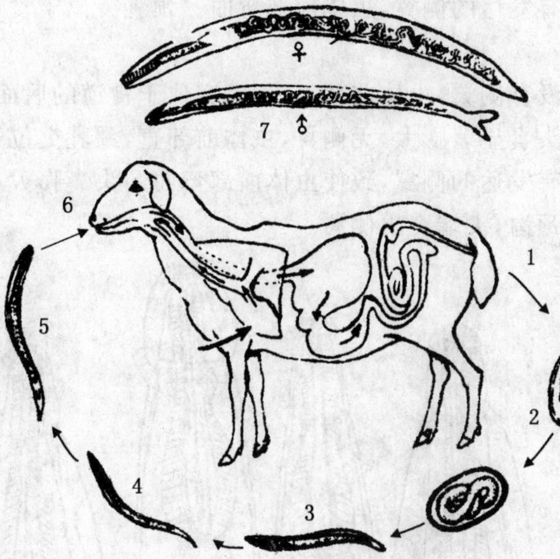

图 10-21 羊仰口线虫发育史

1. 虫卵随粪排出 2. 虫卵 3. 第一期幼虫 4. 第二期幼虫
5. 感染性幼虫 6. 经口感染 7. 成虫寄生于小肠中
(林昆华、蒋金书)

十三、食道口线虫病(结节虫病)

食道口线虫是属于毛线科食道口属的一些线虫。在我国牛羊中发现的有以下数种:

1. 辐射食道口线虫(*Oesophagostomum radiatum*) 寄生于牛和水牛。
2. 哥伦比亚食道口线虫(*O. columbianum*) 寄生于绵羊、山羊、水牛,也见于黄牛。
3. 微管食道口线虫(*O. venulosum*) 寄生于绵羊、山羊,也见于牛。
4. 粗纹食道口线虫(*O. asperum*) 寄生于绵羊和山羊。
5. 甘肃食道口线虫(*O. kansuensis*) 寄生于绵羊。

食道口线虫寄生于上述宿主的大肠,有时也见于小肠末端和盲肠。其中哥伦比亚食道口线虫、辐射食道口线虫均在寄生部位的肠壁上形成硬结节,故常将食道口线虫称为结节虫。

食道口线虫病是反刍动物(尤其是羊)的重要线虫病之一,一方面是由于食道口线虫有比较严重的致病作用;另一方面是它对肠衣所造成的严重损害,使之失去利用价值。

食道口线虫属线虫的共同特征是:口囊呈小而浅的圆筒形,外有突起的口环,口缘有叶冠,"颈"部有颈沟,颈沟后方有颈乳突,颈沟前方或后方的表皮有时膨大形成头囊或侧翼。雌虫在生殖孔开口处有肾形的排卵器。

各种食道口线虫的形态特征简述如下(图 10-22)。

(1)哥伦比亚食道口线虫:虫体有发达的侧翼,虫体前部成钩形弯曲,口环高出,头囊并不膨大。内外叶冠清晰可见。颈乳突位于颈沟稍后方,尖端突出在侧翼外。虫体乳白色。

(2)甘肃食道口线虫:有发达的侧翼,虫体前部弯曲。颈乳突位于食道末端或前或后,尖端不突出侧翼。

(3)微管食道口线虫:没有侧翼,虫体前部直,颈乳突位于食道的后面。

(4)粗纹食道口线虫:头囊显著膨大,无侧翼,虫体前部直,颈乳突位于食道的后面。

(5)辐射食道口线虫:有发达的侧翼,致使虫体前部弯曲。头囊膨大,上有一沟将头囊区分为前后两部。颈乳突靠近颈沟,尖端突出侧翼。

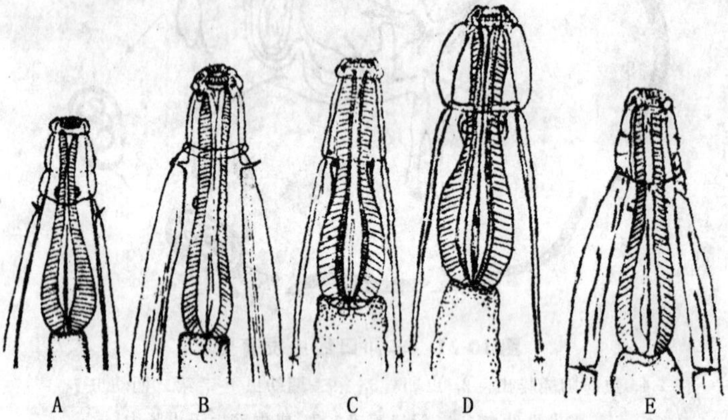

图 10-22 食道口线虫虫体前端(正面)

A. 辐射食道口线虫 B. 哥伦比亚食道口线虫 C. 微管食道口线虫
D. 粗纹食道口线虫 E. 甘肃食道口线虫

发育史 食道口线虫的发育史和捻转血矛线虫相似,但哥伦比亚食道口线虫和辐射食道口线虫的感染性幼虫进入宿主肠道以后,不是在肠道内直接发育为成虫,而是首先钻进肠壁(从幽门到直肠之间的任何部位)形成结节。幼虫在结节内停留 6~8 d,有时 1~3 个月继续生长,蜕皮,然后返回肠腔,再经 2~3 周生长发育为成虫。从动物吃进感染性幼虫到幼虫发育为成虫,大约需 41 d时间。

致病作用 幼虫侵入肠壁之后,引起发炎,导致结节的形成。结节内含淡绿色脓汁,或含干酪样物质,或已钙化。结节上常有小孔与肠腔相通,结节数目太多时,可能使肠壁变硬,肠腔狭窄,肠蠕动障碍,从而造成消化和吸收机能都大大降低。

成虫寄生在大肠前部的粪便与黏膜之间的黏液里,不吸附于黏膜上,也不吸血,但它们分泌一些物质,对宿主呈现强烈的毒害作用。

症状 羔羊的初期急性症状是顽固性下痢,粪便中带黏液、脓汁或血液。病畜弯腰,后肢僵直,有腹痛感。转为慢性时,变为间歇性下痢,逐渐消瘦,贫血,生长受阻,常因极度衰弱而死亡。

诊断 一般要根据症状、当地的流行情况和尸体剖检的结果进行判断。

防治 可参考血矛线虫病。驱虫可选用敌百虫和其他有机磷驱虫药、左咪唑、噻苯哒唑、丙硫咪唑或甲氧啶等(牛、羊每千克体重 200 mg,一次皮下注射)。也可用阿维菌素或伊维菌素驱虫。

十四、毛首线虫病（鞭虫病）

毛首线虫病是由毛首科毛首属的绵羊毛首线虫（*Trichuris ovis*）和球形毛首线虫（*T. globulosa*）寄生于羊、牛的大肠，主要是盲肠所引起的。虫体前部呈毛发状，故称为毛首线虫。又因虫体前2/3部纤细如丝状，后1/3部较粗，整条虫体外形极似放羊鞭，故又称鞭虫。我国各地的羊多有寄生，牛较少见。主要危害幼畜，严重时可引起死亡。

虫体呈乳白色，前部为食道部，细长，内部由一串单细胞重叠构成。后部为体部，短粗，其中包含肠道和生殖器官。雄虫长50～80 mm，尾端蜷曲，尾末端有交合刺1根。交合刺基部有刺鞘，刺鞘上密生小刺。羊毛首线虫刺鞘较短，末端有一卵圆形的膨大部。球形毛首线虫刺鞘较长，末端向外翻转呈扁圆形膨大。雌虫长35～70 mm，尾部直（图10-23）。虫卵呈腰鼓状，黄褐色，两端有塞状构造，壳厚，光滑，内含未发育的卵胚。

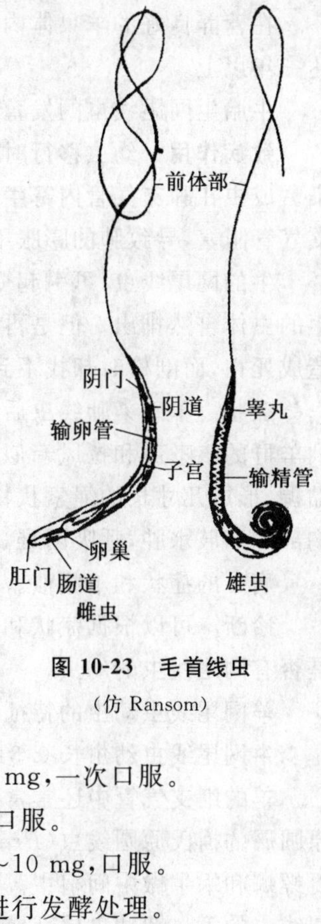

图 10-23 毛首线虫

（仿 Ransom）

发育史 虫卵随粪便排到外界，在适宜的环境中（37℃），约经18 d发育为感染性虫卵。这种虫卵被羊吞食后，幼虫在小肠后部孵出，钻入肠绒毛间发育；到第8天后，移行到盲肠和结肠内，固着于肠黏膜上发育为成虫。成虫寿命为4～5个月。

致病作用 虫体以其前部钻入大肠黏膜，可引起创伤。大量寄生时，导致卡他性肠炎。虫体钻入部的黏膜，常形成绿豆大的溃疡灶。

症状 严重感染（虫体可以达数千条）时可出现下痢、贫血、消瘦，粪中常带黏液和血液、食欲不振、发育障碍等症状。

诊断 根据症状，结合粪便检查，发现虫卵可确诊。

治疗

1. 敌百虫 山羊每千克体重50～70 mg，绵羊每千克体重80 mg，一次口服。
2. 噻嘧啶 羊每千克体重25～55 mg，牛每千克体重25 mg，口服。
3. 羟嘧啶 此药为驱除毛首线虫的特效药，羊每千克体重5～10 mg，口服。

预防 在本病流行的羊场，每年进行定期驱虫。另外羊粪应进行发酵处理。

十五、网尾线虫病（肺线虫病）

牛羊网尾线虫病是由网尾科网尾属的一些线虫寄生于气管和支气管内引起的，对牛羊危害较大，可引起支气管炎、肺炎，甚至造成死亡。寄生于羊的是丝状网尾线虫（*Dictyocaulus filaria*），雄虫长30～80 mm，雌虫长30～100 mm。寄生于牛的是胎生网尾线虫（*D. viviparus*），雄虫长24～43 mm，雌虫长32～67 mm。虫体乳白色，细线状，肠管呈一黑线。

发育史 以丝状网尾线虫为例，叙述如下：成虫在支气管内产卵，卵产出时其中包含有发育成形的幼虫。羊咳嗽时，虫卵随痰液被吞咽，进入消化道，通过消化道时孵出幼虫。幼虫随粪便排到外界，在适宜条件下，经二次蜕皮后变为感染性幼虫。羊吃草或饮水时食入幼虫而被感染。幼虫进入宿主肠内，钻入肠壁，沿淋巴管进入淋巴结，在淋巴结内生长发育一个阶段，而后沿淋巴管和血管到心脏，再到肺，滞留在肺毛细血管内，最后突破血管壁，进入细支气管、支气管寄生，经1个月发育为成虫。

当羊只营养良好，并有一定的免疫力时，则感染性幼虫进入淋巴结后，可暂留其中而不继续发育(有的进入肺实质后才停止发育)，但这种感染性幼虫常常保存生活力，待羊只由于某种原因抵抗力下降时，则又继续发育为成虫。

在营养良好的羊只体内，丝状网尾线虫的寿命只有2～3个月，但在瘦弱的羊体内寿命可达一年以上。

牛胎生网尾线虫的发育史与羊丝状网尾线虫相似。

致病作用 幼虫移行时破坏肠壁的完整性，引起肠炎，还可带入病原菌，导致种种继发感染。成虫在肺支气管内寄生，刺激支气管黏膜，引起炎症，黏液分泌增多，虫体和黏液一起造成支气管阻塞，导致肺的膨胀不全和气肿。虫体的代谢产物能使家畜中毒。

牛的网尾线虫，可引起变态反应型疾病，即牛对胎生网尾线虫感染产生免疫力，使体内产生的虫体自然排出。但是再度大量感染，将呈现变成反应性疾病，以至发生肺水肿，呼吸困难，造成死亡，而剖检时却找不到虫体。

症状 羊感染肺线虫后，初期的症状是咳嗽，在夜间休息时尤其显著，在羊圈附近可以听到羊群的咳嗽声和拉风箱似的呼吸声。病羊流鼻涕，干涸后在鼻孔周围形成痂皮，有时鼻涕很黏稠，形成几寸长的绳索状物，拖悬在鼻孔下面，常打喷嚏。病羊逐渐消瘦，被毛枯干，贫血，头胸部和四肢水肿，呼吸困难，体温一般不升高。

病牛的症状和羊相似。

诊断 可以根据症状和当地流行情况作初步的判断，然后以幼虫分离法检查病畜粪便，看是否有网尾线虫的幼虫。

羊网尾线虫幼虫的特征：幼虫长0.55～0.58 mm，头端有一扣状小结。

牛网尾线虫幼虫长0.31～0.36 mm，头端钝圆，无扣状结节，尾部较短而尖。

羊的细支气管中还常常寄生有原圆科缪勒属的毛样缪勒线虫(*Muellerius capillaris*)和原圆属的柯氏原圆线虫(*Protostrongylus kochi*)。它们的第一期幼虫也是随宿主粪便排出，需要螺蛳和蜗牛做中间宿主。毛样缪勒线虫的第一期幼虫靠近尾端背侧面上有一背刺；柯氏原圆线虫的第一期幼虫尾部成波浪形弯曲。这两种幼虫都比较小，一般只有丝状网尾线虫幼虫的一半长。所以，即使病羊有这3种肺线虫混合寄生，诊断并不困难(但检查的粪便一定是新鲜而未被其他污物沾染的。夏天，各种圆形线虫的发育都很快，粪中一旦有其他圆形线虫的幼虫孵化出来，就会给诊断带来困难)，见图10-24。

治疗 可采用下列药物：

1. *驱虫净* 羊每千克体重10～20 mg，牛10～12 mg，口服。肌肉或皮下注射时，羊的剂量为每千克体重10～12 mg，牛8～10 mg。

2. *左咪唑* 口服剂量牛、羊每千克体重8 mg。肌肉或皮下注射，羊每千克体重5～6 mg，牛4～5 mg。

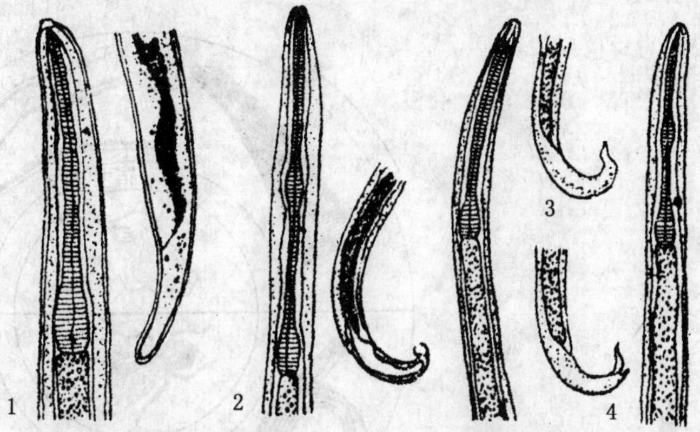

图 10-24　几种肺线虫幼虫的形态鉴别

1. 丝状网尾线虫前端与后端　2. 长刺后圆线虫前端与后端
3. 柯氏原圆线虫前端与后端　4. 毛样缪勒线虫前端与后端

3. 苯硫咪唑(fenbendozole)　羊、牛每千克体重 5 mg,口服。

4. 氰乙酰肼　牛、羊每千克体重 17.5 mg,口服,每日一次,连用 3～5 d;或每千克体重 15 mg,皮下或肌肉注射。每只羊最大剂量为 1 g,每头牛最大剂量为 5 g。

5. 丙硫咪唑(albendazole)　每千克体重 5～10 mg,对牛羊肺线虫均有高效。

6. 亚砜咪唑(oxifendazole)　牛、羊每千克体重 5 mg,一次口服。

也可用阿维菌素或伊维菌素驱虫。

预防

(1)改善饲养管理,提高家畜的健康水平和抵抗力,可缩短虫体寄生时间。

(2)幼畜受害严重,应加强对幼畜的培育。幼畜应与成年家畜分开饲养。可选择较安全的牧地(久未放过家畜的草地,高燥草地和轮牧地)培养幼畜。

(3)流行严重的牧场,必须每年进行定期驱虫。

十六、吸吮线虫病（眼虫病）

吸吮线虫病主要发生于牛,很少发生于羊。病原是属于吸吮科吸吮属的几种吸吮线虫,其中最常见的是罗氏吸吮线虫(*Thelazia rhodesii*),寄生在牛的结膜囊内和第三眼睑下。病牛常呈现结膜炎、角膜炎,伴有细菌感染时,可能导致角膜溃烂,最后失明。

虫体乳白色,丝状,头端细小,有一小而扁的长方形的口囊(图 10-25)。虫体表面具有锯齿状的横纹。雄虫长 9～13 mm,尾部蜷曲,雌虫体长 14～18 mm。

发育史　需要蝇类作为中间宿主。雌虫在结膜囊内产出幼虫,幼虫在泪液中浮游。当蝇类吸食泪液时食入幼虫,幼虫进入蝇的卵滤泡内进行发育。经 30 d 左右变为感染性幼虫,并离开卵滤泡进入腹腔,最后进到蝇的口器。当含有感染性幼虫的蝇再吸食牛眼泪液时,幼虫侵入牛眼结膜囊内而使牛感染。幼虫在牛眼内经 15～20 d 发育为成虫(图 10-26)。

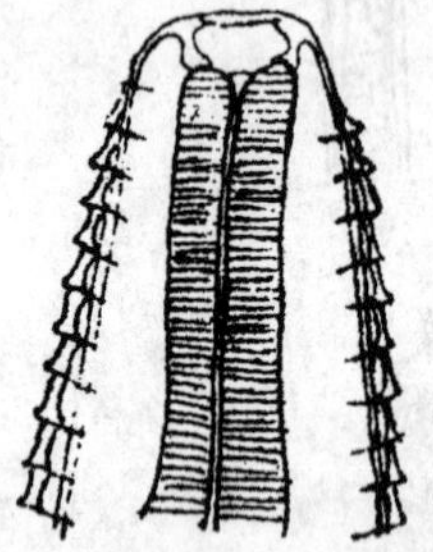

图 10-25 吸吮线虫前端

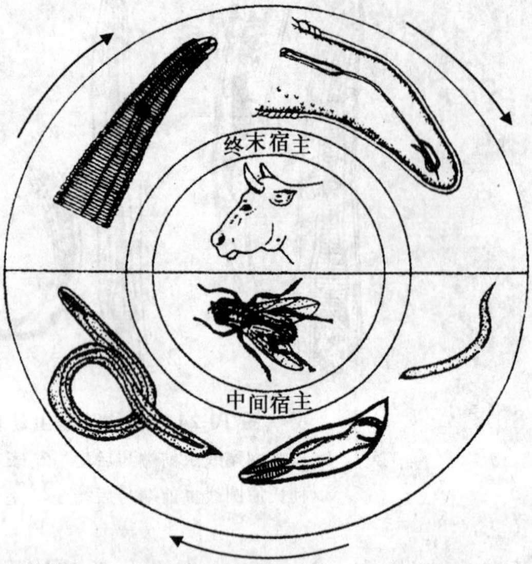

图 10-26 吸吮线虫发育史

（林昆华、蒋金书）

致病作用和症状 吸吮线虫虫体粗硬，表皮下有锯齿状横纹，寄生时剧烈地刺激眼结膜和角膜，使之发生结膜炎和角膜炎，出现结膜潮红、流泪、羞明等症状。角膜损伤后发生溃烂或浑浊。病牛不安，摇头，并常以眼部抵于其他物体上摩擦。

诊断 根据症状和直接在结膜囊发现虫体可确诊。检查虫体可用橡皮洗耳球吸取 3%硼酸水溶液，猛力冲洗第三眼睑内，并以肾形盘接取冲洗液，然后检查冲洗液中有无虫体。

治疗

(1)左咪唑：牛每千克体重 8 mg，连服 2 d。

(2)敌百虫：以蒸馏水配成 1%溶液，直接滴入眼内杀虫。

(3)3%硼酸水冲洗眼睛，方法同诊断部分。

(4)90%的甲氧啶(美沙利啶)溶液 20 mL 皮下注射，具有治疗作用。

(5)并发结膜炎或角膜炎时，应同时使用青霉素软膏或磺胺药治疗。

十七、疥 螨 病

疥螨病，俗称疥癣，是由疥螨科疥螨属的疥螨(图 10-27)寄生于牛羊皮肤内所引起的一种接触传染的慢性皮肤病。病畜表现剧痒、皮肤变厚、脱毛和消瘦等主要特征。严重感染时，常导致牛羊生产性能降低，甚至发生大批死亡，给畜牧业带来损失。可参阅猪疥螨病部分。

十八、痒　螨　病

痒螨病是绵羊、牛和兔等家畜的重要螨病，亦为接触传染。本病的病原是属于疥螨科痒螨属的痒螨。不同家畜各有其特殊的痒螨寄生，有严格的宿主特异性。如绵羊的痒螨只寄生于绵羊，牛痒螨主要寄生于牛，兔痒螨只寄生于兔；但各种痒螨形态极其相似，难以区别。痒螨对绵羊的危害性特别严重。

痒螨的形态、发育史和习性　痒螨呈长圆形，成虫大小为 0.5～0.9 mm，肉眼可见。口器长，呈圆锥形。脚比疥螨长，两对前脚特别发达。雌虫大于雄虫。雌虫的第 1、2 和 4 对脚以及雄虫的前 3 对脚都有跗节吸盘，雄虫的第 3 对脚特别长，第 4 对脚特别短。雌虫和稚虫的第 3 对脚上各有 2 根长刚毛。雄虫的第 4 对脚上没有跗节吸盘和刚毛（图 10-28）。虫体背面无鳞片和棘，但有细的线纹。

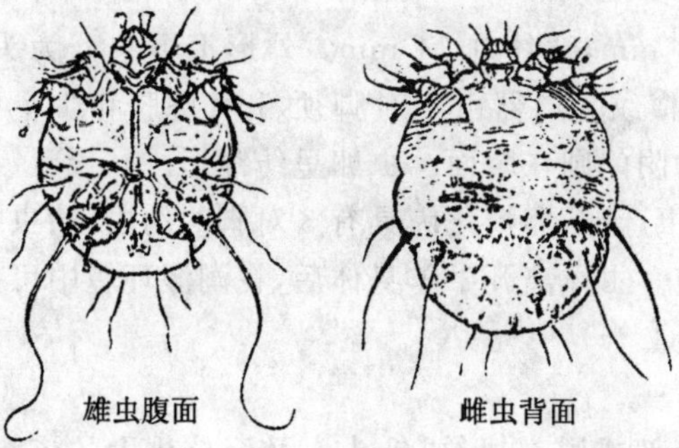

图 10-27　蚧螨

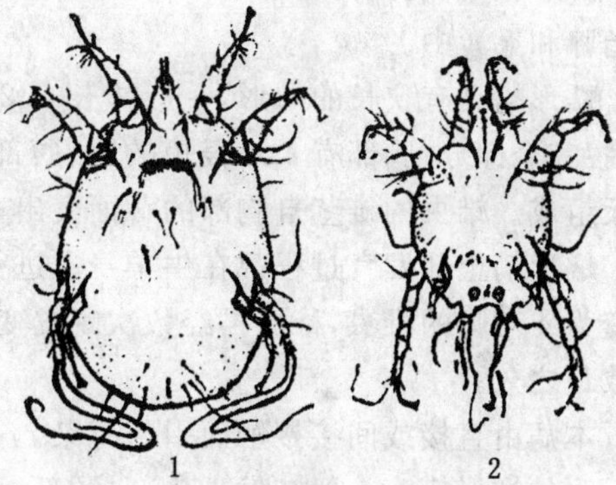

图 10-28　痒螨（腹面）

1. 雌虫　2. 雄虫

发育过程和疥螨相似。痒螨寄生于皮肤表面（不挖掘穴道）。痒螨对不利于其生活的各种因素的抵抗力超过疥螨，离开宿主体以后，仍能生活相当长的时间。痒螨对宿主皮肤表面的温湿度变化的敏感性很强，通常聚集在病变部和健康皮肤的交界处。潮湿、阴暗、拥挤的厩舍常使病情恶化；夏季对螨不利，绵羊剪毛后，皮肤表面的湿度降低，日照增强，空气流通较好，这时它潜入耳壳、眼下窝、尾根下会阴部、阴囊部的附近和蹄间隙等处，病羊转为潜伏型痒螨病。

症状　与疥螨不同之处在于皮肤皱褶的形成较不明显，病变部的被毛易脱落，痒觉入夜增剧。

绵羊痒螨病多发生在有长毛的部位。开始可能局限于背部或臀部，然后蔓延到体侧部。患部奇痒，病羊常在墙壁、木桩、石块等物体上摩擦，或用后肢搔抓患部。患部皮肤最初出现针头大至粟粒大的结节，继而形成水泡和脓包。患部渗出液很多，皮肤表面湿润，最后凝结成浅黄色脂肪样的痂皮。有些患部皮肤增厚、变硬形成裂缝。病羊群常首先观察到有些羊只身上的毛结成束，躯体下部不洁，有些羊只身上悬垂着零散的毛束或毛团，呈现被毛褴褛的外观。以后毛束逐渐大批脱落，出现裸露皮肤的病羊。病羊贫血，营养高度衰竭，在寒冷季节里，可能造成大批死亡。

牛痒螨病，多从颈部、角基部和尾根部开始，继而延及肉垂和肩侧。严重时可波及全身，症状和绵羊相似。

诊断 根据症状疑为本病后，肉眼观察(或用手持扩大镜观察)患部，找到痒螨即可诊断为本病。诊断疥螨病的方法亦适用于痒螨病。

防治 参阅猪疥螨病部分。扑灭痒螨病的主要方法是进行药浴。

牛足螨病(食皮疥螨病)及牛羊蠕形螨病(毛囊虫病)。

(1)足螨病是由疥螨科足螨属的螨引起的。足螨与痒螨的形态近似，口器成较短的锥形、脚长、跗节吸盘的梗节不分节(痒螨则分节)。

足螨寄生于牛的尾部皮肤或尾两侧的小窝中，采食皮肤脱落的上皮细胞，如皮屑、痂皮等，故又叫做食皮疥螨。本病的传播较慢，传染性较弱，寄生部位又有局限性，故易于治疗。发育情况可能与痒螨相似。

控制和扑灭足螨所采取的措施与疥螨病大致相同。

(2)蠕形螨病是由蠕形螨科蠕形螨属的牛蠕形螨和羊蠕形螨所引起的皮肤病，寄生于牛羊皮脂腺和毛囊中。

蠕形螨具有狭长的外形，一般体长 0.25～0.3 mm，宽约 0.04 mm。外形上可共分为头、胸、腹三个部分；胸部有 4 对很短的脚，腹部长，有横纹。口器由 1 对脚须、1 对螯肢和 1 个口下板组成。雄虫的雄茎自胸部的背面突出；雌虫的阴门则在腹面。虫卵呈纺锤形。

蠕形螨全部发育过程都在牛羊身上进行。雌虫产卵，卵孵化为具有 3 对脚的幼虫，幼虫蜕皮变为 4 对脚的稚虫，稚虫再经数次蜕皮变为成虫。虫体离开牛羊身体后，在潮湿环境中可生存数日之久。

本病由直接或间接接触而引起感染。

牛的蠕形螨病一般初发于头部、颈部、肩部、背部或臀部，形成针头大乃至核桃大的疮疖，内含粉状物或脓样液，也有只呈现鳞屑而没有疮疖的。

诊断时可切破皮肤上的疮疖或脓包，取其内容物作涂片镜检，发现蠕形螨可确诊。

治疗可用以下药物：

(1)双甲脒每千克体重 250 mg，配成溶液，涂擦患部；隔 7～10 d 重复 1 次。

(2)0.5%～1%硫化钾溶液，外用。

(3)14%碘酊涂布，然后敷润肤油膏。

(4)阿维菌素或伊维菌素皮下注射，剂量参照使用说明书。

十九、硬　　蜱

硬碑，俗称狗豆子和草爬子，是寄生于各种家畜体表的一种外寄生虫。它属于节肢动物门，蜘蛛纲，蜱螨目，硬蜱科。该科包括 12 个属，在医学上有意义的有 6 个属：硬蜱属、血蜱属(盲蜱属)、革蜱属(矩头蜱属)、牛蜱属(方头蜱属)、扇头蜱属和璃眼蜱属。硬蜱科的蜱全部营寄生生活，是家畜体表的一种吸血性的外寄生虫。

硬蜱的外部构造：成虫呈长椭圆形，背面稍隆凸，腹面扁平。头、胸、腹部融为一体，前端有

1 假头。假头由 1 对螯肢、1 个口下板、1 对脚须组成。螯肢和口下肢之间为口孔。虫体腹面有 4 对脚，每个脚由基节、转节、股节、胫节、前跗节和跗节组成。跗节上有 1 对爪，爪间有爪垫。蜱的背面有盾板，雌蜱的盾板小，只占背部的前 1/3～1/2，而雄蜱几乎占整个背面。吸饱血后的硬蜱，雌雄差异很大。雌蜱吸饱血后形如蓖麻子，呈暗红色或红褐色。雄蜱吸饱血后，大小变化不大(图 10-29)。

硬蜱的发育史与习性　硬蜱的发育要经过卵、幼虫、稚虫和成虫 4 个阶段。雌蜱把卵产在地面或乱石块中，卵很小，淡褐色，圆形，通常经过 2～3 周或 1 个月以上孵化为幼虫。幼虫爬到草尖上，当宿主经过时，即爬到宿主体上。幼虫经过 2～7 d 吸饱血后，落到地上或仍在原宿主体上蜕皮变成稚虫。稚虫再爬到另外宿主或仍留在原宿主体上吸血，吸饱血后，再落到地上或在宿主体上蜕皮变为成虫。成虫再爬到另一宿主或在原宿主体上吸血。雌雄交配后，雄蜱很快就死亡。雌蜱吸饱血后，从宿主体上落到地上，爬到阴暗潮湿处或墙缝内或石块底下产卵。产卵期为 20～30 d。一个雌蜱可产 1 万～1.5 万个以上虫卵。雌蜱产完卵后，萎缩死亡。从卵发育到成蜱的时间依种类和获得宿主的情况而异，可由 3 个月至 1 年，甚至 1 年以上。

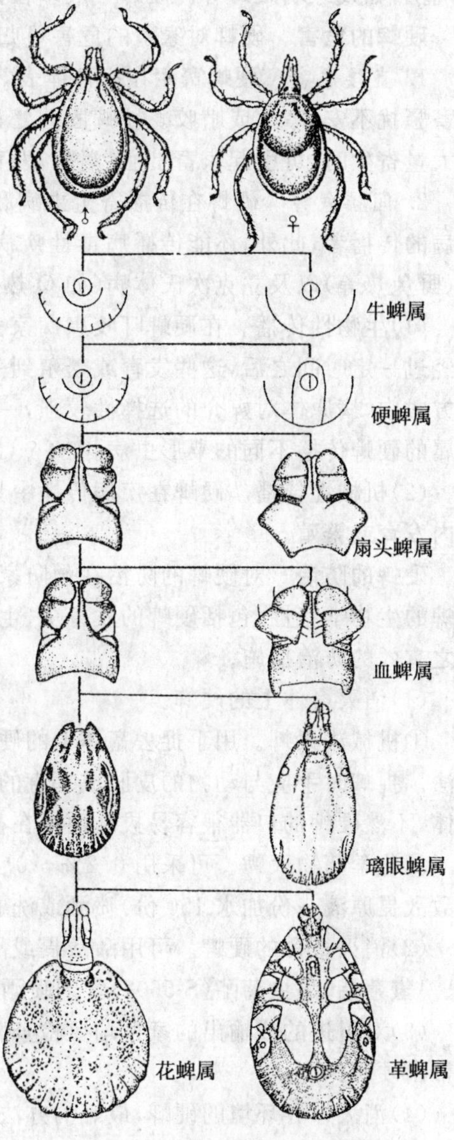

图 10-29　硬蜱各属简易鉴定法

根据硬蜱的发育和采食方式，可分为 3 类：

1. 一宿主蜱　从幼虫蜕皮变为稚虫，稚虫蜕变为成虫都在同一宿主体上进行，只是成虫吸饱血后才落地离开宿主。这类蜱称为一宿主蜱，如微小牛蜱。

2. 二宿主蜱　这类蜱的幼虫和稚虫是在一个宿主体上吸血，稚虫吸饱血后落地蜕皮变为成虫。成虫侵袭第二个宿主，第二个宿主可能与第一个宿主为同种或不同种动物。成虫在第二个宿主体上吸饱血之后，再落到地上产卵。这类蜱叫二宿主蜱，如残缘璃眼蜱。

3. 三宿主蜱　这类蜱的幼虫、稚虫和成虫三个发育阶段依序更换三个宿主。这类蜱叫三宿主蜱，如硬蜱、血蜱等。

硬蜱的各个发育阶段有长期耐饥饿的习性。幼虫可耐饥饿 1 个月以上。稚虫和成虫能耐半年或一年以上。

大多数硬蜱一年繁殖一代，但有少数硬蜱一年可繁殖 2～3 代，如血红扇头蜱。

绝大多数的硬蜱生活在野外，尤其是未经开垦的山林和草地，但也有少数寄居在畜舍或畜圈周围,如残缘璃眼蜱等。硬蜱一般多在宿主皮薄毛少和而且不易受搔动的部位寄生。

硬蜱的危害 硬蜱对家畜的危害可归纳为2个方面:

1. 直接危害 硬蜱寄生在家畜体表,吸血时能机械地损伤皮肤,造成寄生部位的痛痒,使家畜骚扰不安、摩擦或啃咬。硬蜱固着处,造成伤口,继而引起皮肤发炎、毛囊炎、皮脂腺炎等。当大量寄生时,可引起家畜贫血、消瘦,发育不良,皮毛的质量降低,产乳量下降。

2. 间接危害 硬蜱在传播寄生虫病和传染病的病原上,起着重要的作用。硬蜱是家畜梨虫病的传播者,此外,还能传播病毒性疾病(如马脑脊髓炎)和细菌性疾病(如炭疽、布氏杆菌病、野兔热等)以及立克次氏体病(如Q热等)。其传播方法大致可分为两类:

(1)生物性传播。在硬蜱叮咬患病家畜时,病原体进入蜱体内,并在硬蜱体内发育或繁殖,待经过一定时间之后,这些发育或繁殖到一定阶段的病原体,再由蜱感染其他家畜。在这种传播方式中,病原体对媒介的选择性较强,一般是不同的病原体各有其一定种类的媒介,如不同种属的硬蜱传播不同的梨形虫病。

(2)机械性传播。硬蜱在疾病传播中只起传递或输送病原体的作用,病原体并不能在硬蜱体内发育或繁殖。

硬蜱的防治 对硬蜱的防治在预防家畜和人类的某些疾病上具有重要意义。必须在了解硬蜱的生物学特性,包括硬蜱的发育史、生活习性、消长季节和宿主范围等基础上,才能制定出行之有效的防治措施。

(1)消灭畜体上的硬蜱。

①机械法灭蜱。用手捉去畜体上的硬蜱。这种方法只能用于少量硬蜱寄生时或用作辅助方法。捉蜱时手应与动物的皮肤成垂直的方向,将硬蜱往上拔出,这样才能使虫体完整地脱离畜体,不然硬蜱的口器很容易拔断而留在畜体皮下,引起局部炎症。

②化学药物灭蜱。可采用0.2%~0.5%敌百虫水溶液或0.33%敌敌畏水溶液(即50%的敌敌畏原液一份加水150份)喷洒或洗刷畜体,每半个月用药一次,此法适用于温暖季节。

(2)消灭畜舍的硬蜱。可用敌敌畏或敌百虫水溶液喷洒柱栏或木桩等。也可用螨净、双甲脒、溴氢菊酯、敌虫菊酯(S-5602)乳剂喷洒畜体和畜舍。

(3)对引进的或输出的家畜均要检查和进行灭蜱处理,防止外来家畜带进或有蜱寄生的家畜带出硬蜱。

(4)消灭外界环境的硬蜱,最好的办法是改变自然环境条件,因为多数硬蜱生活在荒野中,如果能创造不利于蜱生活的环境,如劈山造林,消除杂草,砍掉经济价值不大的灌木丛,改良土壤,栽培牧草和作物等,这样既有利于消灭硬蜱,又可增加经济收入。

二十、牛羊毛虱

牛羊毛虱在分类学上属于昆虫纲的虱目,食毛亚目,啮毛虱科,毛虱属。

毛虱无翅,背腹扁平,脚和触角短,触角由3节组成。头宽而扁,胸部至少有2个明显的分节,脚有2个跗节,并有1或2个爪。头端腹面具有咀嚼式口器,以毛及皮屑等固体物质为食。

发育史与流行病学 毛虱属不完全变态,即由卵经5~10 d孵化为幼虱,幼虱经2~3周,蜕皮3~5次变为成虱。整个发育必须在宿主体表才能完成。

毛虱是接触感染的，家畜过于拥挤和饲养管理不良容易造成虱病的严重化。秋冬季节家畜的绒毛结密时，体表温度较高，有利于毛虱的发育，故秋冬两季，毛虱广泛散布。夏季畜体皮肤表面接受阳光较多，比较干燥，对毛虱的发育繁殖不利，畜体上的毛虱显著减少。毛虱离开家畜体后经 2～3 d 死亡。

毛虱大量寄生时，常引起家畜发痒，皮肤发炎，影响家畜的健康。

毛虱的防治可参考蜱螨病。

二十一、牛皮蝇蛆病

牛皮蝇蛆病是由皮蝇科皮蝇属的牛皮蝇(*Hypoderma bovis*)和纹皮蝇(*H. lineata*)的幼虫寄生于牛的皮下组织所引起的。牛皮蝇蛆偶尔还可以寄生于羊、马、驴和一些野生动物。牛只严重感染牛皮蝇蛆时，常表现消瘦，产乳量降低，皮革质量受损。幼年牛发育受到影响，造成经济上的损失。本病在我国广大牧区颇为常见。

牛皮蝇和纹皮蝇形态相似。外形像蜜蜂，体表被有绒毛，触角分 3 节，口器已退化，不能采食，亦不能螫咬牛只。牛皮蝇体长约 15 mm，虫卵产在牛的四肢上部、腹部、乳房区和体侧的被毛上，单个地黏着于被毛上。卵呈淡黄白色，有光泽。

寄生于牛背部皮下组织中的第三期幼虫，体较粗大，长约 28 mm，深褐色，分为 11 节，背面较平，腹面呈疣状带小刺的结节，最后二节背腹面均无小刺，虫体前端较尖，无口钩，后端较平，有 2 个呈漏斗状深棕褐色的气孔板(图 10-30)。

纹皮蝇比牛皮蝇小，体长只有 13 mm，虫卵产在牛后腿的后下方和前腿部分，一根毛上可固着成排的虫卵。

纹皮蝇的第三期幼虫与牛皮蝇的相似，体长 26 mm，虫体最后一节无小刺，第 10 节的腹面只后缘有刺，气孔板较平。

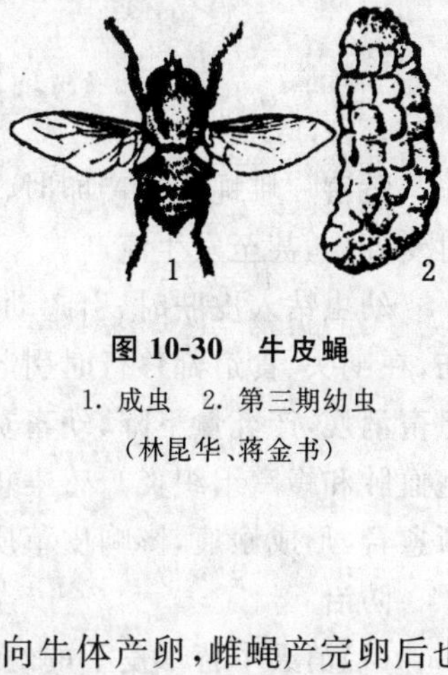

图 10-30　牛皮蝇

1. 成虫　2. 第三期幼虫

(林昆华、蒋金书)

发育史　牛皮蝇与纹皮蝇的发育史基本相同，属完全变态，经卵、幼虫、蛹和蝇 4 个阶段。皮蝇在自然界生活的时间只 5～6 d。

在夏季天气明朗炎热时，雌雄皮蝇交配后，雄蝇死亡，雌蝇飞向牛体产卵，雌蝇产完卵后也死亡。卵经 4～7 d 孵化出第一期幼虫。牛皮蝇的第一期幼虫钻入皮下移行，最后发育成第三期幼虫到达背部皮下。纹皮蝇的第一期幼虫钻入皮下移行，在感染后的 2.5 个月可在咽头和食道部发现第二期幼虫。第二期幼虫在食道壁停留 5 个月，最后也移行到牛背部皮下，发育成第三期幼虫。幼虫到达牛背部皮下时，在局部出现瘤状隆起，并出现绿豆大的小孔，幼虫以其气孔板朝向小孔。在牛背部皮下，第三期幼虫寄生 2～2.5 个月。随着生长过程，幼虫颜色逐渐变成褐色，同时皮肤上小孔的口径也随之增大。成熟后的幼虫经皮孔逸出，落入土中和厩肥内变成蛹，再经 1～2 个月后，羽化为成蝇。幼虫在牛体内寄生 10～11 个月，整个发育过程大约一年。

成蝇的活动季节，因各地气候不同而有差异，在同一地区，牛皮蝇出现时间一般比纹皮蝇晚(图 10-31)。

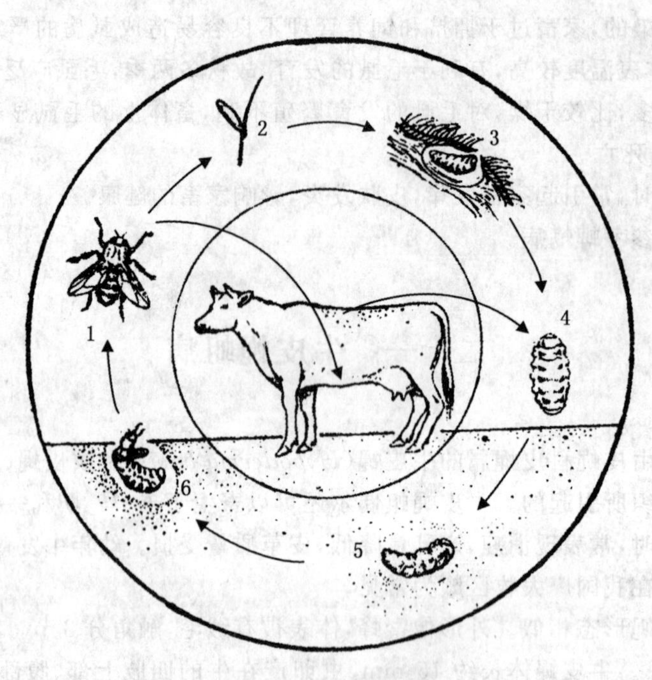

图 10-31 牛皮蝇的发育史及各发育阶段的形态

1. 成蝇 2. 虫卵 3. 牛皮下的第三期幼虫 4. 第三期幼虫
5. 蛹 6. 成蝇从蛹内逸出
(林昆华、蒋金书)

危害 雌蝇飞翔产卵时,常引起牛只不安,喷鼻蹴踢,竖尾奔逃,影响采食,有些牛只奔逃时受外伤,甚至发生流产。

幼虫钻入皮肤时,引起动物瘙痒、不安和局部疼痛。幼虫在体内长时间移行,使组织受损伤,在咽头、食道部移行时引起咽炎、食道壁的炎症。幼虫分泌的毒素对牛有一定的毒害,常使患畜消瘦,产乳量下降,幼畜贫血和发育不良。幼虫寄生于牛背部皮下时,其寄生部位往往发生血肿和蜂窝组织炎。感染化脓菌时,常形成瘘管,经常流出脓液,直到幼虫逸出后,瘘管才逐渐愈合,形成瘢痕,影响皮革质量。

防治

(1)消灭牛背部皮下的幼虫,可用1%～2%的敌百虫溶液涂擦,或用0.5%～0.7%的蝇毒磷溶液喷洒牛背部。一般于3月中旬至5月底进行,每隔30 d处理一次,共处理2次。

(2)消灭尚未到达牛背部皮下的幼虫,可用10%或15%的敌百虫溶液,每千克体重0.1～0.2 mL,于10月中旬和翌年1月下旬,给牛进行两次臀部肌肉注射。或用倍硫磷(百治图、拜耳29493),每千克体重7 mg肌肉注射,注射应在11～12月份进行,或每头牛用1%溶液170 mL浇洒。也可用皮蝇磷,每千克体重100 mg,一次口服,或每天每千克体重15～25 mg口服,连用6～7 d。亚胺硫磷乳油,每千克体重30 mg,泼洒或点滴牛背部皮肤。杀虫效果比敌百虫更好。伊维菌素或阿维菌素,牛、羊每千克体重0.3 mg,一次皮下注射。

二十二、羊鼻蝇蛆病(狂蝇蛆病)

羊鼻蝇蛆病分布很广泛,它是由狂蝇科鼻蝇属的羊鼻蝇(*Oestrus ovis*,又称羊狂蝇)的幼虫寄生于羊的鼻腔及其附近的腔窦而引起的一种慢性疾病。病羊呈现慢性鼻炎(鼻窦炎和额窦炎)症状。绵羊受害较重,山羊受害较轻。

羊鼻蝇形似蜜蜂,体长 10～12 mm,胎生,刚产出的幼虫(第一期幼虫)长约 1 mm,淡黄白色,前端腹面有 2 个黑色的口钩,体表密生小刺。第二期幼虫呈椭圆形,长 20～25 mm,只有腹部有小刺。第三期幼虫,体长 30 mm,前端尖细,有 2 个黑色的口钩,虫体分节,在每节的背面有棕黑色的横带,虫体背面拱起,腹面扁平并有小刺,后端平,有两个明显的气孔板(图 10-32、图 10-33)。

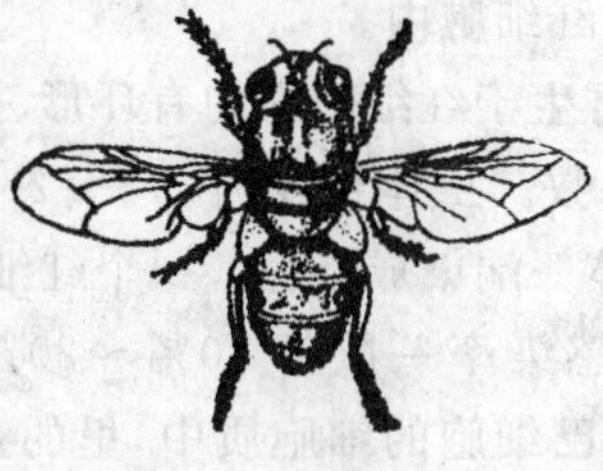

图 10-32　羊鼻蝇

图 10-33　羊鼻蝇第三期幼虫

发育史　羊鼻蝇出现在春季到秋季,以夏季最多,它们在炎热的天气表现活跃。雄蝇和雌蝇交配后,雄蝇不久就死亡,雌蝇则栖息在寂静和较高处,待体内幼虫发育后,开始飞翔。雌蝇在飞翔中突然冲向羊的鼻孔,将幼虫产在羊鼻孔周围(一次能产 30～40 条幼虫,一只雌蝇在几天内能产下约 600 条幼虫),产完幼虫后死亡。幼虫即爬进鼻腔、鼻窦、额窦等处(少数能进入颅腔内),发育为第二期幼虫,仍停留在原处,继续发育为第三期幼虫。幼虫在鼻腔内寄生 9～10 个月,到翌年春季,幼虫成熟后即向鼻孔爬出。当羊打喷嚏时,被喷出落入地上,钻入表土中或粪堆内化为蛹,蛹经1～2 个月后羽化为成蝇。成蝇的寿命不超过 3 周(图 10-34)。

图 10-34　羊鼻蝇的发育史

1. 终末宿主　2. 第三期幼虫　3. 蛹
4. 刚羽化出的成蝇　5. 成蝇

(蒋金书、林昆华)

危害　成蝇侵袭羊鼻孔产幼虫时,对羊群有强烈的骚扰作用,影响羊的采食和休息。

幼虫在鼻腔等处爬行时,以口钩和小刺损伤鼻黏膜,而引起发炎。病羊初流清涕后为脓性鼻涕,有时带血。鼻孔周围的鼻涕干涸后形成硬痂,造成呼吸困难。病羊常打喷嚏,摩擦鼻孔,摇头,磨牙,严重时食欲减退,逐渐消瘦。有时个别幼虫进入颅腔近处,造成颅骨损伤,甚至损伤脑膜引起一种假回旋病，病羊时常强烈摇头，头部歪斜，运动失调，向一侧旋转。

防治 在流行地区，最好每年夏秋季节进行有计划的驱虫工作，药物可用敌百虫：绵羊按每千克体重 0.1 g，山羊按每千克体重 0.075 g，将敌百虫配成水溶液，颈部皮下注射。为防止引起注射局部发生不良反应，可在敌百虫液中加入适量的 2%普鲁卡因；另外可用 80%的敌敌畏乳剂，每立方米空间用 1 mL，使羊吸雾 15～30 min，有很好的效果。或口服敌敌畏水溶液，绵羊每千克体重 5 mg，每日 1 次，连用 2 d；亦可用伊维菌素或阿维菌素。

二十三、泰勒虫病（海岸热）

寄生于牛的泰勒虫有很多种，都属于泰勒科泰勒属。常见的泰勒虫病，其病原主要是环形泰勒虫（*Theileria annulata*），分布颇广，黄牛、水牛均可感染，常呈地方性流行；其次是瑟氏泰勒虫（*T. sergenti*）。泰勒虫寄生于牛的网状内皮细胞和红细胞内。

牛环形泰勒虫，虫体小于红细胞半径，形态多样。寄生于红细胞内的有环形、椭圆形、逗点形、杆形、圆点形和十字形等，以环形和椭圆形虫体占多数。虫体长度为 0.7～2.1 μm。用姬姆萨液染色后，虫体细胞质成淡蓝色，细胞核常居于虫体一端染成红色。一个红细胞内通常有 2～3 个虫体，最多的可以达到 10 个以上。红细胞的感染率一般为 10%～20%，高者可达 95%。寄生于网状内皮细胞（主要是在单核白细胞和淋巴细胞的细胞质中）里的虫体，大多数呈不规则的圆形，长度为 22～27.5 μm，易被查见的常常是一种多核体，形状极像石榴的横切面，故称之为石榴体。姬姆萨液染色后，可以看到在浅蓝色的原生质背景下包含有微红色或暗紫色数目不等的染色质核，故又称为柯赫氏蓝体。石榴体还可能在淋巴液和血浆中发现（图 10-35）。

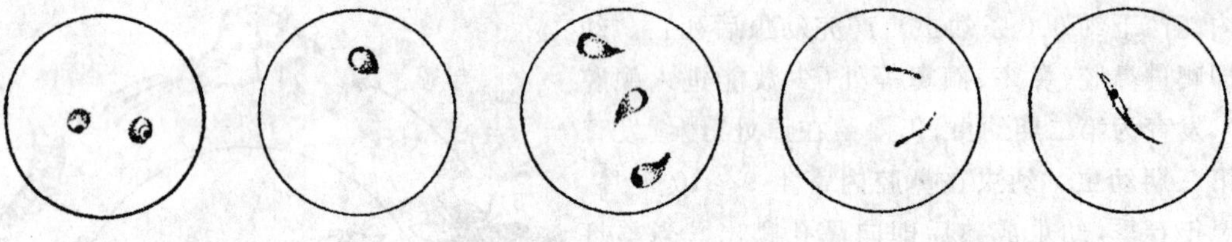

图 10-35 红细胞内的环形泰勒虫

（仿 Markov A. A.）

发育史 环形泰勒虫在牛体内进行无性繁殖（裂殖），牛是其中间宿主；而在蜱体内进行有性繁殖，所以蜱是终末宿主。本病的传播者为璃眼蜱。当带有病原体——子孢子的璃眼蜱吸食牛血时，子孢子随着蜱的唾液进入牛体，先在脾脏、肝脏和淋巴结等网状内皮细胞内进行无性（裂殖）繁殖，形成大裂殖体（即石榴体）。大裂殖体崩解分裂成许多大裂殖子，大裂殖子又侵入到新的网状内皮细胞内，重复前述的无性繁殖过程。

这种无性繁殖经过数次以后，有的大裂殖子侵入网状内皮细胞内发育为小裂殖体。小裂殖体崩解后，释放出许多小裂殖子。小裂殖子进入红细胞内变成雄性或雌性配子体。环形泰勒虫在牛体内的发育就到此为止。蜱吸食牛血时，配子体侵入蜱体内，在蜱肠内雌性配子体发育成大配子，雄性配子体发育成小配子，大、小配子接合，形成合子，进一步发育成动合子。动合子钻入蜱唾液腺细胞内发育成孢子体，最后变成许多子孢子，进入蜱唾液腺管，当蜱吸食牛血时，子孢子侵入牛体内（图 10-36）。

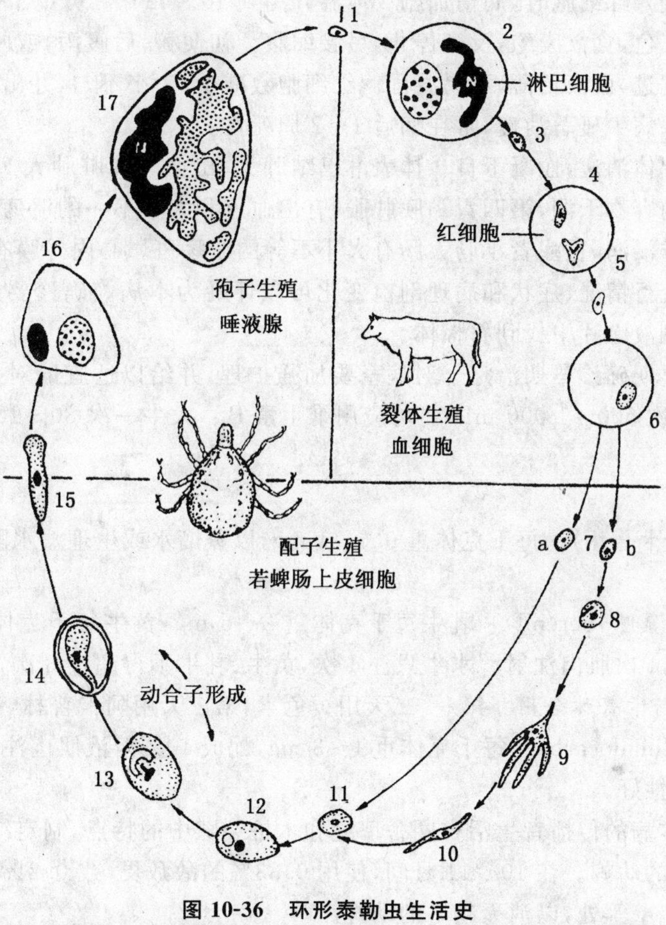

图 10-36　环形泰勒虫生活史

1. 子孢子　2. 在淋巴细胞内裂体生殖　3. 裂殖子　4,5. 红细胞内裂殖子的双芽增殖分裂　6. 红细胞内裂殖子变成球形的配子体　7. 在蜱肠内的大配子（a）和早期小配子（b）　8. 发育着的小配子　9. 成熟的小配子体　10. 小配子　11. 受精　12. 合子　13. 动合子形成开始　14. 动合子形成接近完成　15. 动合子　16,17. 在蜱唾腺细胞内形成的大的母孢子，内含无数子孢子

（仿 Mehlhorn，1977）

流行病学　在我国证明能传播本病的为残缘璃眼蜱。

泰勒虫病在流行的牧区，以 1～3 岁的牛发病为多，尤以 1～2 岁牛最多，当年生的犊牛和 4 岁以上者亦有发病的。本病有明显的季节性，发病季节与蜱的活动季节有密切关系，一般在 6 月下旬到 8 月中旬，而以 7 月份为发病高峰期，8 月中旬后逐渐平息。有时可能提前或拖后，系因外界各种因素的影响所致。耐过本病的牛可保持带虫免疫达 2～6 年之久。

泰勒虫在蜱的体内，是在蜱的一个世代范围里，通过变态过程以后，到达感染阶段的，也就是说如果幼蜱或稚蜱吸食了带有病原体的牛血，只有到稚蜱或成蜱阶段，才能把病原体传播给牛；但不能经卵传递到下一代。

症状 牛只病初体温升高，呈稽留热型，保持在39.5～41.8℃。体表淋巴结肿大，有痛感。呼吸和心跳加快，结膜潮红，流泪。病牛精神不振，食欲减退。此时血液中很少发现虫体。以后当虫体大量侵入红细胞时，病情加剧。体温升高到40～42℃。鼻镜干燥，精神委靡，可视黏膜苍白或呈黄红色，食欲废绝，反刍停止，弓腰缩腹。初便秘，后腹泻，或两者交替，粪中带黏液或血丝。心跳亢进，血液稀薄，不易凝固。红细胞数减少，大小不匀，并出现异形红细胞。血红蛋白含量降低。病牛显著消瘦，常在病后1～2周死亡。

病理剖检 尸体消瘦，血凝不良。体表淋巴结肿大、出血。脾脏肿大2～3倍，脾髓软化，肝肿大。第三胃内容物干涸，第四胃黏膜肿胀，有出血点和大小不一的溃疡。肠系膜有不同大小的出血点及胶样浸润，重症者小肠大肠有大小不等的溃疡斑。心内外膜有出血斑点。

诊断 根据流行情况、症状和病理剖检变化可以怀疑为本病。确诊要找到病原。病的早期可在淋巴结穿刺液涂片中找到石榴体。

治疗 必须早期确诊早期治疗。对病畜要加强护理，并给以适宜的对症辅助疗法。有可能时进行输血(每次500～1 000 mL)。可应用维生素B_{12}，大牛一次80～120 mg，对改善贫血有良好作用。

治疗药物有：

1. 喹啉脲(阿卡普林) 每千克体重0.6～1 mg，以蒸馏水或生理盐水配成5%的溶液，皮下注射。

2. 贝尼尔(三氮脒，berenil) 乳牛每千克体重2～5 mg，黄牛每千克体重3～7 mg，水牛每千克体重7 mg，1次肌肉注射。水牛只注1次，黄牛、乳牛不得超过3次，每次间隔24 h。

3. 黄色素和阿卡普林合用 第一、二天用黄色素，第三天用阿卡普林，每日用药1次。

4. 咪唑苯脲(imidocarb) 每千克体重1～3 mg，配成10%溶液肌肉注射。对各种巴贝斯虫均有效，且安全性好。

预防 根据本病的传播者生活在圈舍墙缝和木桩裂隙中的特点，制定综合性预防措施。

(1)消灭圈舍的幼蜱。在10～11月间，使用0.33%的敌敌畏(或0.2%～0.5%敌百虫)水溶液喷洒圈舍的墙壁等处，以消灭越冬的幼蜱。

(2)消灭牛体上的幼蜱和稚蜱。在2～3月间使用敌百虫以杀灭寄生于牛体上的幼蜱和稚蜱，应进行2次，中间相隔半个月左右。

(3)防止外来牛只将蜱带入和本地牛只将蜱带到其他地区、调运牛只应在9～10月份无蜱寄生的季节进行，并进行一次灭蜱处理。如在其他月份调运时，必须在出发之前与到达之后，经过半个月的隔离检查，并给以灭蜱处理。

二十四、双芽巴贝斯虫病

双芽巴贝斯虫病，是一种急性过程的季节性疾病，临床上常出现血红蛋白尿，故称为红尿或血尿病。黄牛、水牛及瘤牛都能感染本病，常造成死亡。

本病病原体是属于巴贝斯属的双芽巴贝斯虫(*Babesia bigemina*)。虫体寄生于牛的红细胞中，是一种大型的虫体，其形态有环形、圆形、椭圆形、梨籽形等，2个梨籽形虫体以其尖端成锐角相连，这是本病原体的重要的形态特征。梨籽形虫体的长度通常大于红细胞半径。虫体多寄生于红细胞中央。一个红细胞中虫体数多为1～2个。红细胞的感染率为10%～15%。严重感染时可高达65%,轻病例中低到2%～3%(图10-37)。

虫体经姬姆萨液染色后,细胞浆呈淡蓝色,染色质呈紫红色,多为两团,位于虫体边缘。

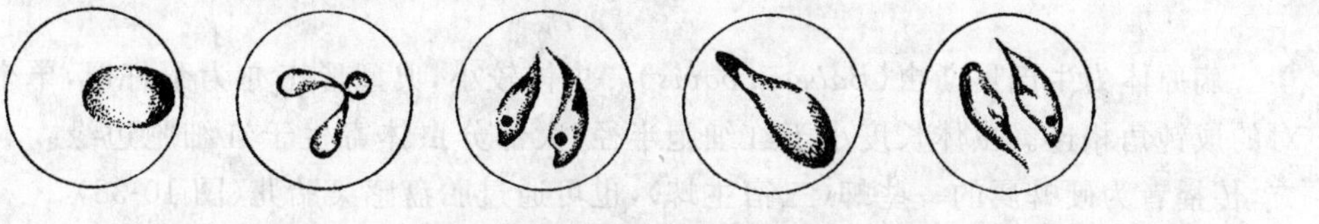

图10-37　红细胞内的双芽巴贝斯虫

(仿Markov A. A.)

发育史　双芽巴贝斯虫在牛的红细胞内以"成对出芽"的方式进行无性繁殖,最后形成配子体。蜱吸血时,配子体随同红细胞进入蜱体内。配子体在蜱体内进行有性繁殖,与泰勒虫相似,所不同的是配子体形成动合子,穿过蜱的肠壁后,进入蜱的生殖器官,并侵入蜱的卵内变为成孢子细胞,以后又发育成多核体,多核体分裂成为多个动孢子。多核体大部分是在正值卵内发育的幼蜱的唾液腺细胞内形成的。当幼蜱孵出前后,动孢子便发育成梨状的子孢子,幼蜱吸血时子孢子通过蜱的唾液,进入牛的血液而使之感染。

感染双芽巴贝斯虫的雌蜱,可以经过卵将病原体传给它们的幼蜱,甚至可以在蜱体内传递保存达3个世代之久。因此,幼蜱开始吸血时,就能够使牛感染双芽巴贝斯虫病。

在我国传播本病的为微小牛蜱,这种蜱是一宿主蜱,主要寄生于牛。这种蜱一年可繁殖2～3代。因此,牛双芽巴贝斯虫病在一年之内可暴发数次,一般多在春、夏、秋三季。但我国地区辽阔,各地的气候和自然环境不同,因而蜱的出现和繁殖代数也因地而异。在南方,本病多发生于6～7月份,春秋季节则少。

本病一般以2岁以内的牛发病率最高,但症状不明显,死亡少。成年牛发病率低,但症状显著者死亡率高。

传染本病的蜱是在野外发育繁殖的,所以,本病多在野外放牧时感染,舍饲牛发病较少。

症状　病牛多为急性经过,体温升高达40～41.5℃,呈稽留热。精神沉郁,食欲减退,肠蠕动及反刍弛缓,排粪减少,常有便秘现象。呼吸、脉搏加快,黏膜充血。经2～3 d后,病情迅速恶化,病牛显著消瘦,衰弱,呼吸粗粝,心跳亢进,黏膜发绀,胃肠蠕动废绝,排恶臭的褐色粪便。由于红细胞大量破坏,红细胞数减少,出现贫血和黄疸,可视黏膜上有小点出血。常在发病2～3 d后出现血红蛋白尿。体表淋巴结不肿大。在不治疗的情况下,病程一般为10 d左右,有的发病后2～3 d即死亡。

病理剖检　参阅泰勒虫病。

诊断　根据症状、流行情况、病原检查和病理剖检的结果综合判断。

防治

1. 咪唑苯脲(imidocarb)　犊牛每千克体重1～2 mg,一次皮下或肌肉注射。每日1次,必要时可连续应用2～3 d。

2. 双脒苯脲(amicarbalidum)　牛每千克体重5～10 mg,一次肌肉注射,每日1次,连用2 d。

3. 三氮脒(phenamidinum)　牛每千克体重8～13 mg,一次皮下注射,隔日1次,连用2次。

4. 黄色素、阿卡普林　亦可用于治疗,但有时副作用较大。

二十五、牛巴贝斯虫病

病原体为牛巴贝斯虫(*Babesia bovis*)。虫体较小,典型形态亦为梨籽形,单个或成对。成对的成钝角相连。虫体长度小于红细胞半径,大部分虫体寄生于红细胞边缘。本病多见于南方,传播者为硬蜱属的一些蜱(三宿主蜱),也可通过胎盘感染胎儿(图 10-38)。

图 10-38 红细胞内的牛巴贝斯虫
(仿 Markov A. A.)

牛巴贝斯虫的发育史、症状、防治方法等与牛双芽巴贝斯虫病相似。

牛巴贝斯虫病多发生于夏、秋季节,1～7 个月的犊牛多见,8 个月以上的犊牛发病少,成年牛多呈带虫现象。耐过和治愈的牛可产生带虫免疫。

二十六、牛 边 虫 病

本病的病原体分类位置未定,以往将其归属于孢子虫纲,血孢子虫目,边虫科,边虫属,最近研究认为它具有明显的立克次氏体的性质,但现仍将其列入原虫病内。病的特征为高热、贫血。本病有时与泰勒虫病、巴贝斯虫病混合感染。

曾报道过许多种的边虫,但以边缘边虫(*Anaplasma marginale*)为主,其他各种可能为其亚种。虫体呈小圆球状,直径为 0.1～0.8 μm。虫体完全由染色质构成,无明显的原生质,姬姆萨液染色呈紫红色,瑞氏液染色呈淡红色。一个红细胞中虫体一般为 1～2 个,少数 3 个,最多为 5 个。虫体多位于红细胞的边缘部。红细胞的感染率可达 20%～60%,但在病初感染率甚低。边虫可见于淋巴细胞中。

边虫病的传播者为多种蜱类,如璃眼蜱、扇头蜱属的蜱。在扇头蜱、璃眼蜱体内可经卵传代。蚊、虻、蚋、厩螫蝇等吸血昆虫可以机械传播本病。外科手术、阉割或注射时消毒不严,通过器械也可传播本病。也曾报道有胎内感染的。

边虫的发育史与双芽巴贝斯虫相似。

边虫病多发生于夏秋两季,6 月份开始发生,8、9 月份最多,10 月份仍可见零星病例。

症状 体温升高,呈间歇热型,心跳加快,节律不齐;呼吸增数,肺泡音增强。病畜迅速消瘦。眼结膜苍白,有时轻度感染。血液稀薄,红细胞数减少至 100 万～200 万个/mm^3。病程一般为 7～14 d。

诊断　根据发病季节、症状可怀疑为本病。确诊须在血液涂片中查到虫体。

治疗　可用下列药物：

1. 咪唑苯脲　犊牛每千克体重 1～2 mg，配成 10%溶液皮下或肌肉注射，每日 1 次，必要时可连续应用 2～3 d。

2. 戊烷脒　牛每千克体重 3～7 mg，一次肌肉注射，隔日 1 次，连用 2 次。

二十七、牛球虫病

牛球虫病是由艾美耳科艾美耳属的球虫寄生于牛肠道黏膜上皮细胞内引起的原虫病，多发生于犊牛。本病的主要特征是发生急性肠炎，临床上表现为渐进性贫血、消瘦及血痢，常以季节性地方散发或流行的形式发生，死亡率一般在 20%～40%之间，造成较大的经济损失。

据报道，寄生在牛体内的球虫有 10 多种。苏联奥尔洛夫等人认为只有 6 种，其他数种均不可靠。这 6 种牛球虫中以邱氏艾美耳球虫(*Eimeria zurnii*)和牛艾美耳球虫(*E. bovis*)致病力最强和常见。

1. 邱氏艾美耳球虫　卵囊为圆形或椭圆形，在低倍显微镜下观察为无色，在高倍显微镜下呈淡玫瑰色。原生质团几乎充满卵囊腔。卵囊壁为两层，光滑，厚 0.8～1.6 μm，外壁无色，内壁为淡绿色。无卵膜孔，无内外残体。卵囊的大小(17～20) μm×(14～17) μm。孢子形成所需时间是 48～72 h。主要寄生于直肠，有时在盲肠和结肠下段也能发现(图 10-39)。

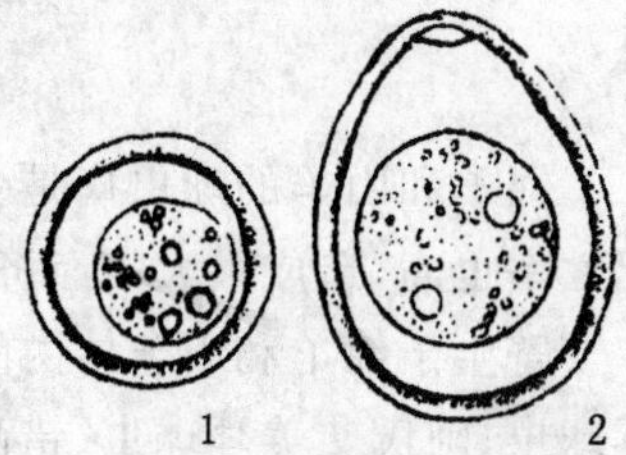

1　　2

图 10-39　牛球虫卵囊

1. 邱氏艾美耳球虫
2. 牛艾美耳球虫

(林昆华、蒋金书)

2. 牛艾美耳球虫　卵囊呈椭圆形，在低倍显微镜下呈淡黄-玫瑰色。卵囊壁两层，光滑，内壁为淡褐色，厚约 0.4 μm，外壁无色，厚 1.3 μm。卵膜孔不明显，有内残体，无外残体。卵囊的大小为(27～29) μm×(20～21) μm。孢子形成所需时间为 2～3 d。寄生于小肠、盲肠和结肠。

发育史与致病作用基本上同鸡艾美耳球虫相似。

流行情况　各种品种的牛对本病均有感染性，但以 2 岁以内的犊牛患病严重，死亡率也高。成年牛多半是带虫者。本病一般多发生在 4～9 月份。在潮湿多沼泽的草场放牧的牛群，很容易发生感染。冬季舍饲期间亦可能发病，主要由于饲料、垫草、母牛的乳房被粪污染，使犊牛易受感染。

症状　病程多半是急性，但也有慢性的。

急性的病期通常为 10～15 d，也有在发病后 1～2 d 犊牛即发生死亡的。病初期，病牛表现为精神沉郁，被毛松乱，体温略升高或正常。粪便稀薄稍带血液。约 1 周后，症状加剧。病牛食欲丧失，消瘦，精神委靡，喜躺卧。体温上升到 40～41℃，瘤胃蠕动和反刍停止，肠蠕动增强。排出带血的稀粪，其中混有纤维素性假膜，恶臭。病末期粪便呈黑色，几乎全是血液，体温下降，在恶病质贫血状态下死亡。

慢性者可能长期下痢，消瘦，贫血，最后死亡。

病理剖检 邱氏艾美耳球虫病尸体消瘦，可视黏膜苍白。后肢和肛门周围污秽。直肠黏膜肥厚，有出血性炎症变化。淋巴滤泡肿大，有白色或灰色小溃疡，其表面覆有凝乳样薄膜。直肠内容物呈褐色，恶臭，含有纤维素性假膜和黏膜碎片。

诊断 根据症状、流行情况及粪便镜检卵囊等方面材料进行诊断。

治疗

1. 呋喃西林 每千克体重用 7～10 mg，连用 7 d。

2. 生霉素 犊牛每千克体重 20 mg，每日 2 或 3 次，连用 3～4 d。

3. 氨丙啉 犊牛每千克体重 20～25 mg，口服，连用 4～5 d。

4. 莫能霉素 20～30 g/t 饲料，连喂 7～10 d。

5. 磺胺二甲基嘧啶 犊牛每日口服每千克体重 100 mg，连用 2 d。亦可配合使用酞磺胺噻唑(PST)，前者可抑制球虫的无性繁殖，后者可预防肠内细菌继发感染。

预防 在流行地区，应当采取隔离、治疗、消毒等综合性措施。成年牛多半是带虫者，应当把成年牛与犊牛分开饲养，发现病牛后应立即隔离治疗。牛圈要保持干燥，粪便要勤清除，粪便和垫草等污秽物集中进行生物热发酵处理。要保持饲料和饮水的清洁卫生。

二十八、羊球虫病

绵羊和山羊的球虫病是引起急性或慢性肠炎性的原虫病。羔羊最易感染而且症状严重，死亡率也高，造成很大的经济损失。本病常以季节性地方流行的形式发生。

寄生于绵羊和山羊体内的球虫，据文献记载有 15 种之多，其中致病力较强的有浮氏艾美耳球虫、阿氏艾美耳球虫、错乱艾美耳球虫和雅氏艾美耳球虫 4 种。现将它们的形态特征和生物学特性简述如下：

1. 浮氏艾美耳球虫(*Eimeria faurei*) 卵囊呈长卵圆形，有卵膜孔无极帽。卵囊壁两层，平滑，厚 1 μm。卵囊呈黄褐色，平均大小为 29 μm×21 μm，孢子形成的时间需 24～48 h。无外残体而有内残体。寄生于小肠(图 10-40)。

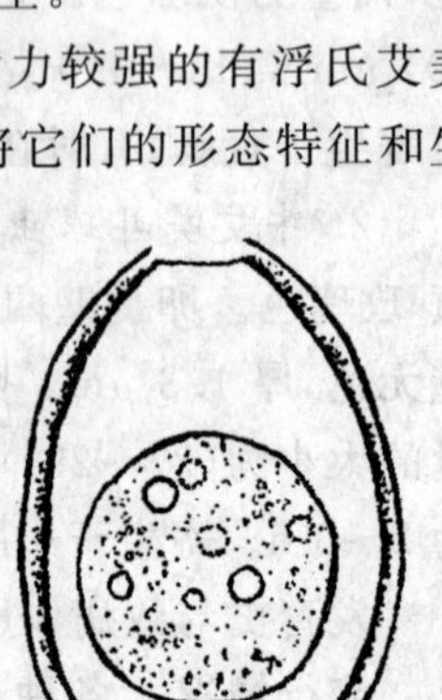

图 10-40 羊的浮氏艾美耳球虫卵囊

2. 阿氏艾美耳球虫(*E. arloingi*) 卵囊呈卵圆形或椭圆形，有卵膜孔和极帽。卵囊壁两层，光滑，外层无色，厚 1 μm，内层褐黄色，厚 0.4～0.5 μm。无外残体而有内残体。孢子形成的时间为 48～72 h。卵囊的平均大小为 27 μm×18 μm。寄生于小肠。

3. 错乱艾美耳球虫(*E. intricata*) 是一种较大型的球虫。卵囊平均大小为 45.6 μm×33 μm。卵囊椭圆形，卵膜孔明显，有极帽、卵囊壁两层，厚 3.6 μm，内层和外层都有横纹，橙黄一褐色。无外残体，有内残体。孢子形成所需时间为 72～120 h。寄生于小肠后段。

4. 雅氏艾美耳球虫(*E. ninakohlyakimovae*) 卵囊呈卵圆形或椭圆形，平均大小为23 μm×18 μm。卵囊壁两层，光滑，外层无色或稍呈淡黄色，厚 1 μm，内层淡黄褐色，厚0.4 μm。无卵膜孔也无极帽，无内外残体。孢子发育所需时间是 24～48 h。寄生于小肠后段、盲肠和结肠。

羊球虫的发育史与致病作用与其他艾美耳属的球虫相类似,可参阅鸡球虫病。

流行情况 各种品种的绵羊、山羊对球虫病均有易感性。成年羊一般都是带虫者,绵羊羔和山羊羔极易感染而且发病严重,时有死亡。

本病的流行季节多半在春、夏、秋三季,感染率的高低视各地气候条件而定。在春季骤然更换饲料时,感染率往往较高,在低湿的牧场上放牧或在潮湿的羊圈中饲养很容易感染。

症状 1岁以内的小羔羊表现的症状最为明显。病羊精神不振,食欲减退或消失,饮欲增加,被毛粗乱,可视黏膜苍白,腹泻,粪便中常杂有血液、黏膜和脱落的上皮,粪恶臭,含大量卵囊。时见病羊肚胀,被毛脱落,眼和鼻的黏膜有卡他性炎症。迅速消瘦,常发生死亡,死亡率通常在10%～25%,有时高达80%。急性经过为2～7 d,慢性者可延到数周。

病理剖检 小肠黏膜上有淡黄白色、圆形或卵圆形的结节,粟粒或绿豆大,常常成簇分布。这些结节从浆膜面也能看见。此外,十二指肠或回肠段卡他性炎症,有点状或带状出血。尸体消瘦,后肢和尾部污秽。

诊断 因为带虫现象在羊群中极为普遍,所以,单凭粪检发现球虫卵囊而进行诊断是不可靠的。在粪检的同时还要根据动物的年龄、发病季节、饲养管理条件、症状、病理剖检等材料加以综合判定。

治疗

1. 呋喃唑酮(痢特灵) 每千克体重10 mg,口服,连服7 d。
2. 氨丙啉 每千克体重20 mg,连喂4～5 d。
3. 磺胺二甲基嘧啶 每千克体重第一天为0.2 g,以后改为0.1 g,连用4 d。
4. 磺胺喹噁啉 每千克体重12.5 mg,配成10%溶液灌服,每日2次,连用3～4 d。

预防 同牛球虫病。

二十九、隐孢子虫病

病原 属于原生动物门、复顶亚门、孢子虫纲、真球虫目、艾美耳亚目、隐孢科、隐孢属的小鼠隐孢子虫(*Cryptosporidium muris*)和小隐孢子虫(*C. parvum*),寄生于牛肠道,特别是小肠后段。

小鼠隐孢子虫,卵囊呈卵圆形,壁薄、光滑、无色,厚度为0.5 μm,无卵膜孔和极体。卵囊大小为(6.6～7.9) μm×(5.3～6.5) μm,平均大小为7.4 μm×5.6 μm;孢子化卵囊中含4个裸露的子孢子和颗粒状残体。子孢子大小为(9.9～12.5) μm×(0.8～1.2) μm,平均大小为11.1 μm×1.0 μm,细胞核偏后端。

小隐孢子虫的卵囊呈卵圆形或近圆形,壁薄、光滑、无色,厚度为0.4 μm,大小为(4.5～5.4)μm×(4.2～5.0)μm,平均大小为5.0 μm×4.5 μm,无卵膜孔和极体。孢子化卵囊内有4个裸露的呈香蕉状的子孢子和呈颗粒状残体。子孢子长4.5 μm×5.8 μm,宽1.0 μm～1.4 μm,平均大小为4.9 μm×1.2 μm,细胞核靠近钝端。

发育史 分孢子发育、裂殖发育和配子发育 3 个阶段，均在宿主体内进行。随宿主粪便排出的卵囊已完成孢子发育(图 10-41)。

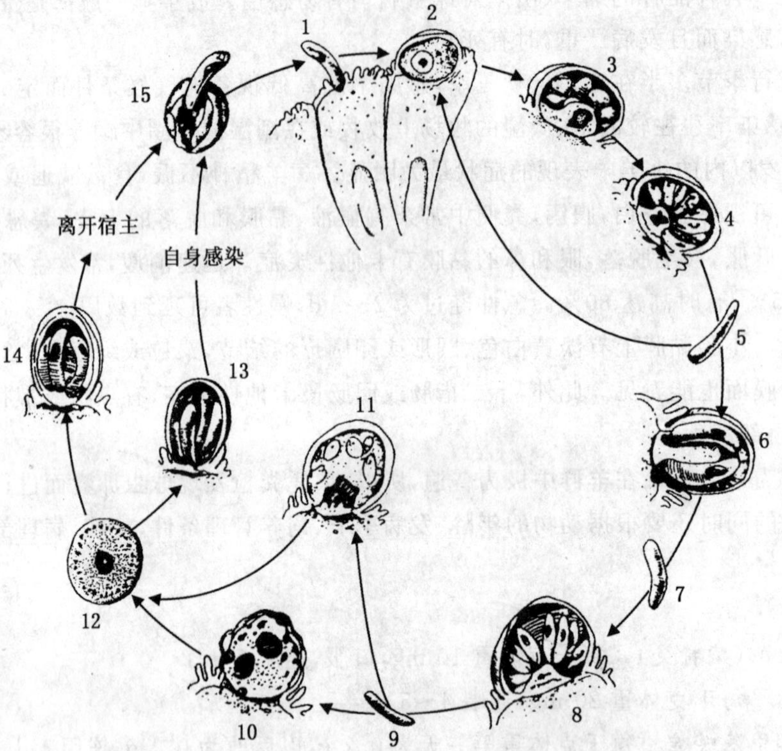

图 10-41 隐孢子虫的发育史

1. 子孢子 2. 滋养体 3. 第 1 代早期裂殖体 4. 第 1 代发育成熟的裂殖体 5. 第 1 代裂殖子 6. 第 2 代裂殖体 7. 第 2 代裂殖子 8. 第 3 代裂殖体 9. 第 3 代裂殖子 10. 大配子体 11. 小配子 12. 合子 13. 薄壁型卵囊 14. 厚壁型卵囊 15. 子孢子自卵囊中脱出

(蒋金书)

病状 隐孢子虫大量感染时，可引起犊牛腹泻，食欲缺乏，精神委顿，虚弱无力，体重下降，严重者可发生死亡。

小鼠隐孢子虫病可发生在任何日龄的犊牛，引起中等程度的腹泻，而小隐孢子虫病则是常见于 21 日龄内的小犊牛，引起严重的水泻。

诊断 对可疑病例，可检查粪便和黏膜刮取物，寻找虫体。因隐孢子虫虫体很小，容易被忽略，必须用放大到 1 000 倍的显微镜下检查。粪检时，可用饱和盐水或糖溶液漂浮法找到卵囊。用肠黏膜刮取物或粪便作涂片时，可用姬氏液染色，染片中胞浆呈蓝色，内含 2～5 个致密的红色颗粒。

治疗 对本病的治疗研究是很不够的。有的报告口服抗菌素无效，磺胺嘧啶效果不佳，有些学者认为抗球虫药可能有治疗作用。

第十一章　马的主要寄生虫病

一、马副蛔虫病

马副蛔虫病是严重危害幼驹的一种线虫病。本病在我国普遍存在，病原体属于蛔科副蛔属的马副蛔虫(*Parascaris equorum*)，寄生于马的小肠中，有时见于胃中，驴、骡都能感染。

马副蛔虫是家畜蛔虫中体型最大的，虫体近似圆柱状，黄白色，两端稍尖细，口孔周围有 3 个唇片，唇片与虫体之间有明显的横沟。唇片之间有间唇。雄虫体长 150～180 mm，尾端蜷曲。雌虫体长 180～370 mm，尾端直。虫卵近圆形，直径为 90～100 μm，暗黄色或褐色。卵壳厚，表面为凸凹不平的蛋白质膜，但有时脱落。新排出的卵内含一球状的卵细胞(图 11-1)。

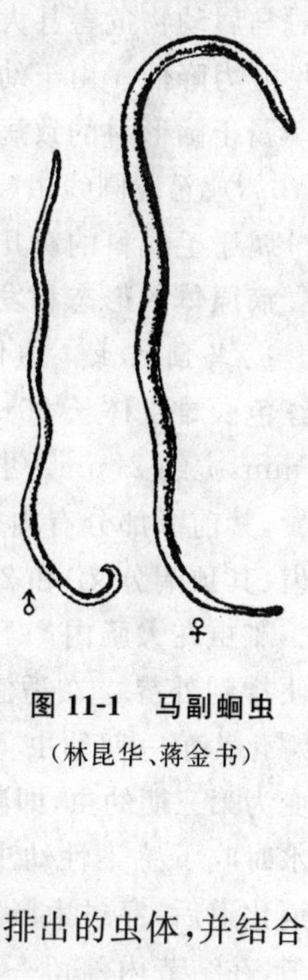

图 11-1　马副蛔虫

(林昆华、蒋金书)

发育史　与猪蛔虫相似。马从吃到感染性虫卵到幼虫发育为成虫，需要 2 个月的时间。

致病作用和症状　虫体对消化道的刺激很严重，可引起卡他性炎症，有时可引起肠壁出血、消化障碍。虫体的代谢产物是一种毒素，它影响机体的造血器官和神经系统，引起贫血和神经症状。

幼虫移行时，损伤实质器官，同时可带入病原微生物造成继发感染。

幼驹受感染初期，有体温升高和咳嗽现象。病畜精神委顿，易疲乏，营养不良，消化障碍，常有腹疼症状。虫体大量寄生时，可能发生肠堵塞或肠穿孔，导致腹膜炎。

诊断　正确诊断须依据病畜粪便中查出虫卵，或在粪便中发现自然排出的虫体，并结合症状的观察。此外，亦可进行诊断性驱虫。

治疗

1. 敌百虫　成年马 9～15 g，幼驹 5～8 g，配成 10%～20%的水溶液，胃管投服。
2. 丙硫咪唑　按每千克体重 5 mg，一次口服。
3. 左咪唑　每千克体重 7.5 mg，一次口服。
4. 酒石酸噻嘧啶　每千克体重 12.5 mg，口服。
5. 丙噻咪唑(carbendazole)　每千克体重 20 mg，一次口服。
6. 甲苯咪唑(mebendazole)　每千克体重 8～9 mg，一次口服。

预防　由于马副蛔虫主要危害幼驹，因此，在预防方面，应该把注意力集中在幼驹上。预防工作的中心内容是改善厩舍、饲料和饮水的清洁卫生。厩舍中的粪便应逐日清扫，并运往贮粪场所进行发酵处理。

在本病流行地区,最好于每年的秋冬季节对马群进行1～2次预防性驱虫。驱虫后10 d内的粪便要集中发酵处理,以消灭虫卵。这种预防性驱虫若能选用驱虫谱广些的药物,则对马胃蝇蛆及其他多种线虫都可同时起到防治作用。

二、马圆线虫病

本病是由圆形科和毛线科的40多种线虫寄生于马属动物的盲肠和大结肠所引起的一类线虫病。这类线虫分布极广,可以说自然界里每一匹马都有寄生。虫体的寄生数量可从几百条到几万条,甚至10万条以上。由于这些线虫均属于圆形亚目,故统称圆(形)线虫。圆线虫病对马属动物危害甚大,常可使幼驹发育不良,成年马则常引起大肠慢性卡他,健康水平下降,使役能力降低。由于幼虫移行时常堵塞肠血管而引起栓塞性疝痛,常造成马匹死亡。

属于圆形科的致病力最强和寄生较普遍的有3种大型线虫,即马圆形线虫(*Strongylus equinus*)、无齿圆线虫(*S. edentatus*)和普通圆线虫(*S. vulgaris*)。

属于毛线科的有几十种小型的线虫,通称毛线虫。

病原体的形态和发育史

1. 马圆线虫　虫体较粗壮,呈灰褐色或暗红色。雄虫体长26～35 mm,雌虫长38～47 mm,宽约2 mm。虫体头端有大的卵圆形口囊,其前缘部分有内外叶冠;口囊底部有一背齿(其顶端分叉)和2个较小的腹侧齿。

雌虫在大肠内产下大量虫卵。卵随宿主粪便排到外界。在适宜条件下,卵经一周左右孵化为第一期幼虫。第一期幼虫经2次蜕皮变为第三期幼虫,即感染性幼虫。马吃草或饮水时吃下感染性幼虫而被感染。幼虫进入马消化道后,穿过大肠黏膜,先在浆膜下形成结节,在结节内停留一段时间后,经腹腔到达肝脏,然后到胰腺寄生。最后返回肠腔,发育为成虫。整个发育过程约10个月(图11-2)。

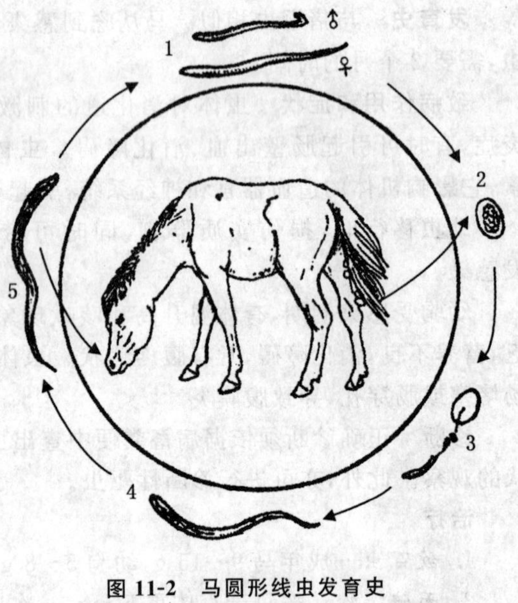

图 11-2　马圆形线虫发育史

1. 大肠中的成虫　2. 虫卵　3. 第一期幼虫
4. 第二期幼虫　5. 第三期幼虫
(林昆华、蒋金书)

2. 无齿圆线虫　也叫无齿阿尔夫线虫,雄虫体长23～28 mm,雌虫体长33～44 mm,宽约2 mm,呈灰褐色或暗红色,形态大致同马圆形线虫,但头部稍大,口囊内无牙齿。

虫卵在外界环境中的发育过程与马圆形线虫相似。感染性幼虫进入马消化道内后,幼虫要经过大肠或盲肠壁以及腹膜下移行的过程,最后返回肠腔发育为成虫。从感染性幼虫进入马体内到发育为成虫,约需6个月以上。

3. 普通圆线虫　也叫普通戴拉风线虫，虫体较前两种小，灰褐色或暗红色，形态大致同马圆形线虫。雄虫体长 14～16 mm，雌虫体长 20～24 mm，宽约 1.4 mm，口囊发达，其底部的背侧有一对猫耳状的牙齿。致病力最强。

虫卵在外界环境中的发育过程与马圆形线虫相似。感染性幼虫进入宿主体内以后，也要经过一个复杂的移行过程，需半年以上才发育为成虫。这个移行过程的许多细节，至今还未完全清楚，但所有感染普通圆线虫的马，都可以在它们的前肠系膜动脉中发现这种线虫的幼虫。虫体寄生处的动脉壁增厚，膨大形成动脉瘤；在虫体表面黏附着凝固的血块，这就是这种线虫的最重要的致病作用。由于几乎是所有马都感染有普通圆线虫，所以，也几乎是所有马的前肠系膜动脉都有这种线虫所引起的动脉瘤

4. 毛线虫　体形一般较小，有的近似普通圆线虫的长度，多数的长度变化在 4～26 mm 之间。它们的发育史中的体外阶段与马圆形线虫相似。感染性幼虫进入马体内以后，钻入结肠和盲肠黏膜内，幼虫蜷缩成团，形成结节。在其中生长发育一定阶段以后，就返回肠腔内寄生并发育为成虫。毛线虫由感染开始到发育成熟需 2～3 个月时间。

致病作用　马属动物肠道内常有多种圆线虫和毛线虫混杂寄生，它们致病的共同特点是：

(1)成虫在结肠、盲肠内寄生，以强大的口囊吸附于肠黏膜上吸食血液，引起黏膜创伤，发生卡他性炎症。

(2)据研究证实，成虫寄生时分泌的毒素有溶血性毒素和抗凝血素等，造成病畜贫血。

(3)幼虫在肠壁上形成结节，数量多时，影响肠道的正常机能。

(4)严重感染的马，营养衰竭，抵抗力降低，继发传染病时病情严重。

马圆形线虫、无齿圆线虫和普通圆线虫的感染性幼虫在宿主体内有一段极为复杂的移行过程，在这一过程中，常给宿主造成十分严重的损害，尤其是普通圆线虫危害更大。

普通圆线虫幼虫移行到动脉管内寄生的结果，引起动脉内膜发炎，形成动脉瘤和血栓，使动脉管腔狭窄甚至堵塞。有时血栓的碎片脱落随血流移动，堵塞小动脉分支。以上各种情况均可引起动脉性贫血，造成肠组织中的二氧化碳聚集，局部缺氧，甚至局部肠壁坏死，引起血栓栓塞性疝痛。

马圆形线虫幼虫的移行阶段可造成胰脏的损伤，出现出血性虫道和胰脏发炎以及机能障碍。

无齿圆线虫在腹膜等处移行可引起腹膜损伤及腹膜发炎等。

症状　马属动物圆形线虫病和毛线虫病所引起的症状，大体可分为成虫在肠内寄生引起的和幼虫发育过程中移行而引起的两大类型。

成虫大量寄生引起的疾病，多发生于夏末和秋季，而更常见的是在冬季饲养条件差时转为严重。急性症状常表现为大肠的卡他性炎症、拉粪带汤、贫血和进行性消瘦，营养不良，食欲不振，动物易于疲乏，精神差。进而出现下痢，粪恶臭，腹痛，有时可在粪便中发现虫体。慢性症状是马匹食欲减退，下痢，轻度腹痛，轻度贫血，精神不佳。幼年马发育不良，生长停滞。若不治疗病情会日趋严重。

幼虫移行时所引起的症状，以普通圆线虫引起的疝痛最为常见且严重。病马常在不明原因的情况下突然出现疝痛，疝痛持续时间长短不等，并且间歇地发生。

诊断　当病马可疑为圆形线虫病时，可取新鲜粪便，用饱和盐水漂浮法检查虫卵。圆形线虫和毛线虫的卵具有下列共同特征：一般呈卵圆形或椭圆形，卵壳较薄，表面平滑，浅灰褐色，内含数量不等的卵细胞。还可用药物驱虫的方法进行诊断。

对幼虫移行期引起的疾病的诊断是困难的。普通圆线虫引起的疝痛，可通过直肠检查触摸到肠系膜动脉瘤而确诊。

治疗

1. 敌百虫 用法与马副蛔虫病同。
2. 苯硫哒唑(fenbendazole) 每千克体重 5 mg，一次口服。
3. 噻苯哒唑 每千克体重 50 mg，一次口服。
4. 噻嘧啶 每千克体重 12.5 mg，口服。
5. 哈乐松 每千克体重 50 mg，口服。
6. 丙硫咪唑 每千克体重 10～20 mg，一次口服。

对于血栓疝，除用一般疝痛的治疗方法外，尚可采用升高血压的药物，如樟脑、苯甲酸钠咖啡因等，以促使血管的侧支循环形成。此外可注射肝素等抗凝血剂，减少血栓的形成。

预防

(1)农区的马匹，应当注意粪便管理，尽可能地每天清扫粪便，然后集中发酵处理。同时还要注意饲料和饮水的清洁卫生。

(2)每年对所有马匹进行两次预防性驱虫(春、秋季各一次)是行之有效的预防措施。

三、马脑脊髓丝虫病（腰痿病）

马脑脊髓丝虫病(或称腰痿病、摇摆病)是由丝状科丝状属寄生于牛的腹腔中的指形丝状虫(*Setaria digitata*)和唇乳突丝状虫(*S. labiato-papillosa*)的晚期幼虫(童虫)寄生于马脑或脊髓的硬膜下或实质中而引起的疾病。在我国已发现的马脑脊髓丝虫病的病原体是牛指形丝状虫的幼虫。羊也常发生本病。

指形丝状虫的晚期幼虫，为乳白色的小线虫，长 1.6～5.8 cm，宽 0.078～0.108 mm，其形态特征基本上与成虫相似，多寄生于脑底部及颈、腰椎膨大部的硬膜下腔或蛛网膜与硬膜下腔之间。

发育史 成虫寄生在牛的腹腔。雌虫产出幼虫叫微丝蚴，微丝蚴侵入牛的血液中。当蚊子吸食牛血时，微丝蚴随血液进入蚊体内，经 10 余天发育，变为感染性幼虫。当蚊子再吸食牛血时就可感染牛。幼虫在牛体内经 8～10 个月在腹腔中发育为成虫。如果含感染性幼虫的蚊子到马体吸血时，就会把感染性幼虫注入马体，幼虫经淋巴(血液)侵入脑脊髓表面或实质中生长发育，停留在童虫阶段。

流行特点 本病主要流行于东北亚和东南亚国家，欧洲各国未见报道。我国的长江流域和华东沿海地区也流行本病，华北、东北仅有少数病例发生。就畜种来看，马比骡多发，驴未见报道。本病有明显的季节性，多发于夏末秋初；其发病时间常比蚊子出现时间晚 1 个月，一般为 7、8、9 月份，而以 8 月中旬发病率最高。就环境因素来说，凡低湿、沼泽、水网和稻田地区一般多发，因为这些环境均适合蚊子滋生。各种年龄的马均可发病。饲养在地势低洼，多蚊、距牛圈近的马匹，比饲养在与此相反条件下的马匹，其发病率之比为 4∶1。

传播本病的蚊子为中华按蚊和雷氏按蚊。

症状 主要表现为后躯或后肢的运动失调或障碍，多无明显的外因而突然发病。病马初期腰背僵硬，后肢无力，运动不灵活，运步时后蹄捻转或蹄尖拖地，以后逐渐出现后肢摇摆无力，步行不稳或向一侧歪斜，横行，下坡时更为明显。凹腰，反应迟钝。后躯感觉迟钝或消失。随着病情的加重，公马阴茎脱出下垂，尿淋漓，呈乳状，甚至尿闭。

病马的体温、呼吸、脉搏、食欲等，均无明显变化。血液检查，常见嗜酸性白细胞增多。

诊断　根据症状和流行特点可作出初步诊断。目前我国已制出牛腹腔丝虫提纯抗原，可供作皮内反应试验用。马每次皮内注射 0.1 mL，注射后 30 min，注射部位出现卵圆形丘疹。丘疹直径在 1.5 cm 以上的为阳性反应。实践证明，此法诊断本病较敏感，但还存在某些类属反应，尚待进一步研究解决。

治疗　治疗要早。皮内反应阳性，尚无临床症状，或症状十分轻微（仅有后肢蹄尖轻微拖地现象）时，用海群生治疗，可收到较好的效果。

海群生，马按每千克体重 50～100 mg 口服和制成 20%～30%注射液作肌肉多点注射（按每千克体重 50 mg 的用量），连续用药 4 d 为一疗程。一般的马第一天肌肉注射 50 mL，后3 d 每天口服 10～15 g，共进行 3 个疗程，每个疗程间隔 5 d，全部治疗时间为 22 d。

二氯苯胂（dichlorophenarsenum）　每千克体重 3～4 mg，以注射用水制成 1%溶液，一次静脉注射。

预防　必须采取控制传染源，切断传播途径，在发病季节采用药物预防，对易感动物加强饲养管理等综合预防措施。

1. 控制传染源　马厩舍应建在高燥、通风、远离牛舍（1～1.5 km）的地方；有条件时对牛进行普查，对带微丝蚴的牛，可每日给予海群生口服，每千克体重 10 mg，每月连服 10 d，可减少病原。

2. 切断传播途径　搞好环境、厩舍卫生，铲除蚊子滋生地；采用杀蚊药物喷洒、烟熏，灭蚊驱蚊。

3. 药物预防　对新引进的马及幼龄马在发病季节用 20%海群生注射液，肌肉注射 50 mL，每月 1 次，连用 4 个月；或按每千克体重 40 mg 的剂量口服，连服 5 d。

4. 搞好饲养管理　增强机体抗病能力。

绵羊、山羊也可患脑脊髓丝虫病，其病因、症状、防治办法基本上与马相似。

四、马浑睛虫病

马浑睛虫病的病原体可能有 3 种：指形丝状虫或唇乳突丝状虫，间或有马丝状虫的童虫。虫体寄生于马眼前房，俗称浑睛虫，多发生于一侧眼睛。虫体长约 30 mm，对着光观察时，可以看到虫体在前房液中游动，时隐时现。

由于虫体不断地刺激眼前房，引起角膜炎、虹彩炎和白内障。病马畏光、流泪，角膜和眼前房液轻度浑浊，视力减退，眼睑肿胀，结膜和巩膜充血。病马时时摇晃头部，或就马槽或木桩上摩擦患眼。严重时可致失明。

可用外科手术治疗。手术时，先用 3%毛果芸香碱液点眼，使瞳孔缩小；再用 5%的普鲁卡因液点眼麻醉，然后以缝衣针或小号尖头外科刀穿破角膜下缘，幼虫可随前房液流出。术后涂抗菌素软膏。

五、马副丝虫病(血汗症)

马副丝虫病是由丝状科副丝属的多乳突副丝虫(*Parafilaria multipapillosa*)寄生于马的皮下组织和肌间结缔组织中引起的。本病的特点是常在夏季引起马驱干部位的皮肤出血，如同出血汗，故称血汗症。

多乳突副丝虫为丝状白色线虫，雄虫长 3 cm，雌虫长 4～6 cm。虫体表面布满横纹，但虫体前端部角皮的横纹上出现一些隔断，使横纹形成一种不规则间隔的断断续续的外观；愈向前端，隔断愈密而且愈宽，致使横纹颇似一环形的点线(或虚线)；再向前端，那些圆形或椭圆形的小点逐步成为一些乳突状的隆起，故称多乳突副丝虫。

发育史　多乳突副丝虫的发育过程需要吸血蝇类为其中间宿主。寄生于皮下组织中的成熟雌虫产卵时，用其头端穿破皮肤并损伤微血管，造成出血，随后产出含幼虫的卵于血滴中。卵经数分钟或数小时，孵出叫微丝蚴的幼虫(图 11-3)。当吸血蝇类叮咬马匹时随血液吞食了微丝蚴。微丝蚴在蝇体内经 10～15 d 发育成感染性幼虫。当含有感染性幼虫的吸血蝇再去叮咬马匹时，就可将感染性幼虫注入马血液内，幼虫到达寄生部位经一年时间发育为成虫。

本病呈季节性流行，4～10 月份都有发生，6～8 月份最多。

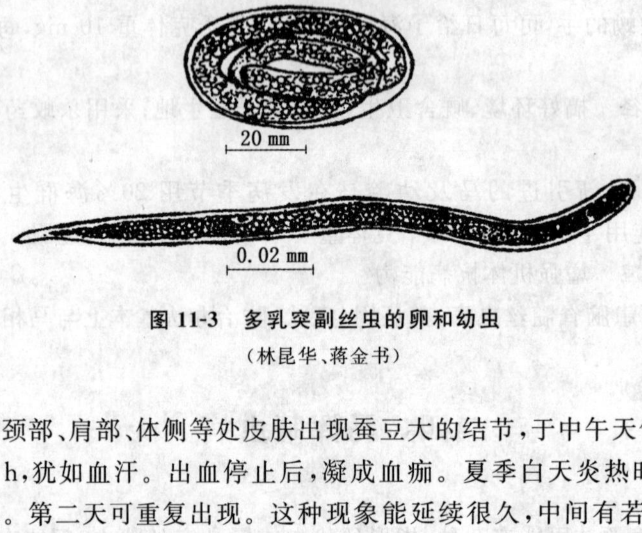

图 11-3　多乳突副丝虫的卵和幼虫

(林昆华、蒋金书)

症状　病马的颈部、肩部、体侧等处皮肤出现蚕豆大的结节，于中午天气炎热时，结节破溃出血，可持续 2～3 h，犹如血汗。出血停止后，凝成血痂。夏季白天炎热时出血多，而早、晚、阴天则减少或停止。第二天可重复出现。这种现象能延续很久，中间有若干间隔。冬季所有症状消失，到翌年春季再度发生。病马取良性经过。

诊断　根据发病季节和症状即可确诊。必要时，可采取流出的新鲜血液 1～2 滴，置载玻片上，加入生理盐水(或蒸馏水)作涂片镜检，可发现虫卵或微丝蚴。

治疗　重症者可用 1.75%～2%的酒石酸锑钾溶液 100 mL 静脉注射，每日 1 次，连续注射 3 d。

牛也可发生副丝虫病，其症状、发育史与马副丝虫病基本相似。

六、马胃蝇蛆病

马胃蝇蛆俗称瘦虫，寄生于马属动物的胃和十二指肠，胃蝇蛆是胃蝇科胃蝇属的几种胃蝇的幼虫。在我国常见的胃蝇种类有肠胃蝇（又叫马胃蝇）、红尾胃蝇、兽胃蝇和鼻胃蝇（又叫烦扰胃蝇）。马胃蝇蛆偶见寄生于兔和犬的胃内，人也有被感染的报道。

这几种胃蝇外形很像蜜蜂，全身密生绒毛，口器已退化。雄蝇尾端钝圆，雌蝇尾部长而向腹下弯曲。成熟幼虫呈黄色或红黄色，明显分 11 节，大部分体节上长有小刺，有些种类各节上长 2 排小刺，有些种类各节上只有 1 排小刺。虫体前端尖，有 1 对黑色小钩，后端平钝，有 1 对气孔。

发育史和习性　胃蝇的整个发育期大约一年，成蝇寿命只有几天。雄蝇与雌蝇交配后死亡，雌蝇产卵后死去，产卵期主要在夏天。雌蝇在日间最热的时候围绕着马群飞翔，频频飞近马体而产卵于毛上。一个雌蝇可产 600～700 个卵，产卵的部位因胃蝇的种类不同而异，有的在四肢和腹部的被毛上产卵，有的在口唇和颊部皮肤上产卵，还有的种类在下颌间隙，上颈部或咬肌等处被毛上产卵。

卵经 1～2 周，内部形成幼虫，卵盖在温热、湿润和摩擦作用下揭开，幼虫即行爬出。有的胃蝇幼虫不逸出外界（如兽胃蝇）。幼虫在马的皮肤上爬行，引起痒觉，马用牙齿啃舐皮肤的发痒部，幼虫即粘在马的牙齿、嘴唇或舌上而带进口腔。有的种类的幼虫能够钻入颊部皮肤而进入口黏膜。进入口腔的幼虫首先钻入口黏膜和舌黏膜下，并逐步移行到胃。进入胃的幼虫以口钩固着在贲门部、幽门部、腺体部，有的固着在十二指肠，逐步发育为第三期幼虫（图 11-4）。第三期幼虫长达 16～20 mm，多呈红色或血红色，有的呈灰黄色。幼虫在宿主体内寄生 9～10 个月，成熟的幼虫随粪便排到外界。有的种类在排出过程中还在直肠黏膜上停留几天，这时虫体即带上一种淡绿色。

图 11-4　马胃蝇的第三期幼虫

排出的成熟幼虫钻入土壤中化为蛹，蛹经 3～5 周变为成蝇。

干旱炎热的天气有利于胃蝇的活动，马匹受感染也较多。湿度大对蛹不利。

致病作用和症状　早期，幼虫在口腔、舌或咽部黏膜下移行时，可能损伤黏膜，引起炎症、水肿或溃疡等现象。患马有时发生口炎、咽头炎、出现吞咽困难、咳嗽等症状，有时发生舌麻痹。幼虫寄生于胃和十二指肠，常引起胃和十二指肠黏膜炎症和溃疡。幼虫多时，可使胃的运动机能和分泌机能降低。由于幼虫分泌毒素致使患马呈现营养障碍和胃肠炎症状，常常出现周期性疝痛，精神委顿、出汗增多，使役能力降低。

防治　应于每年秋冬季节消灭寄生于马胃和十二指肠内的胃蝇蛆。驱虫药物有：

1. 敌百虫　成年马 12～18 g，驴 7～9 g，驹 5～7 g，或按每千克体重 30～40 mg，配成 10%～20%溶液口服，药后 4 h 内禁饮。

2. 伊维菌素　每千克体重投服 0.2 mg，皮下注射。

3. 二硫化碳　成年马 23 mL，2 岁以内幼驹 9 mL，分早、中、晚 3 次给药，每次 1/3，胃管投服。投药前 2 h 停喂。

对口腔内的幼虫，可涂擦 5%敌百虫豆油（敌百虫加在豆油内加温溶解），涂 1～3 次即可。

七、伊氏锥虫病

伊氏锥虫病，又叫苏拉病，是伊氏锥虫(*Trypanosoma evansi*)寄生于马属动物的血浆中引起的一种以间歇热、贫血、浮肿和神经症状(主要是后躯麻痹)为特征的疾病，牛、骆驼、象等也可感染。马属动物患此病时，常呈急性经过，死亡率很高，自然康复者极少，牛多呈慢性经过，少数呈带虫者。

伊氏锥虫是一种原生动物，体长18～34 μm，宽1～2 μm，呈蜷曲的柳叶状。前端尖锐，后端稍钝，虫体中央有1个椭圆形的细胞核，后端有呈小点状的动基体，动基体由生毛体和副基体组成，鞭毛由生毛体生出，并沿着虫体表面呈螺旋状地向前延伸为游离鞭毛(长约6 μm)。鞭毛与虫体之间有薄膜相连。虫体运动时鞭毛旋转，此膜亦随之波动，故称为波动膜。血液涂片标本，姬姆萨染液染色后，锥虫的细胞质呈天蓝色，细胞核和动基体呈暗红色，鞭毛和波动膜呈棕黄色，红细胞呈浅棕黄色(图11-5)。

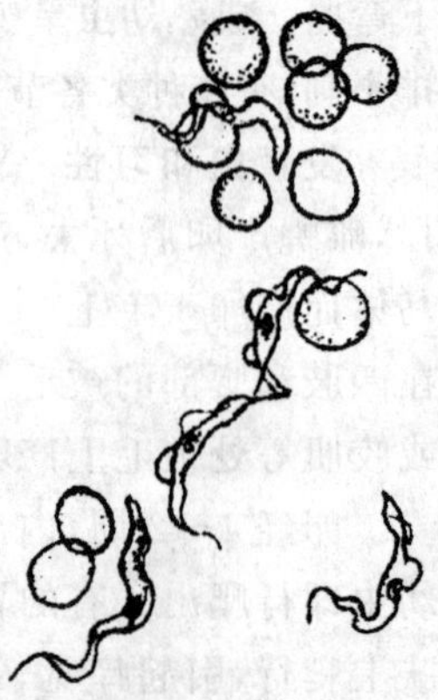

图 11-5 伊氏锥虫
(林昆华、蒋金书)

发育史 伊氏锥虫主要寄生在血浆中(包括淋巴液)，并随着血液进入各种组织脏器(肝、脾、淋巴结、骨髓等)，疾病后期还能侵入脑脊髓液中。锥虫在宿主体内进行分裂繁殖，一般沿长轴作纵分裂，由1个分裂为2个，有时也有分裂成3个或4个的。分裂时先从动基体开始分裂为2，并从其中1个产生新的鞭毛。继而细胞核分裂，新鞭毛继续增长，以至成为2个核和2根鞭毛，最后胞浆沿虫体长轴向前向后分裂成2个新个体。锥虫靠渗透作用直接吸收营养。

传播媒介主要是虻和厩蝇。伊氏锥虫在其体内并不进行发育，它们只起机械传播作用。此外，兽医人员如不注意注射器械的消毒，也可机械地传播本病。实验证明伊氏锥虫能经胎盘感染胎儿。

伊氏锥虫病的发病季节与媒介昆虫的出现有密切关系。媒介昆虫约于每年5月份开始出现，6、7月份则大批出现，以后随着天气变冷而逐渐灭迹。故本病的发生一般多从7月份开始，到9、10月份达最高峰，此后逐渐停息。

本病的传染来源是各种带虫动物，包括隐性感染和临床治愈的病畜。在我国南方主要带虫动物是黄牛和水牛，带虫时间可长达2～3年。骆驼带虫率高达15.07%，带虫时间达5年之久，此外如犬、猪、某些野兽及啮齿动物都可以作为保虫宿主。

致病作用 一般认为锥虫的致病作用是由毒素作用于宿主的神经系统，引起体温调节失常(发热)，不全麻痹，精神沉郁等症状。毒素作用于造血器官和血液，引起进行性贫血和伴随而来的黄疸、浮肿等症状。

症状 病马体温升高到40℃以上，稽留数天，然后经短时间的间歇，再度发热。发热期间病马呼吸急促，脉搏增数，尿量减少，尿色深黄而黏稠，精神不振，食欲减退。间歇期，各种症状缓解，但经反复多次发热之后，病马食欲废绝，显著消瘦，高度贫血，心脏衰弱，体表淋巴结肿胀。体表水肿最早出现于发病后第6～7天。

病马羞明、流泪、结膜充血，继之变为苍白，并出现黄疸；有时结膜上有出血斑，随着病程的进展，神经症状逐渐显现，有的沉郁、嗜睡；有的阵发性地作回旋运动；有的呈兴奋现象。最终多发展为后躯的轻度瘫痪或麻痹而死亡。

有的病马耐过急性过程之后，转为慢性病程。病马虽然食欲尚存，但日渐消瘦；定期地出现体温升高，胃肠卡他性炎症。躯干和四肢的皮肤上出现溃疡。

诊断　一般需根据具体情况，采用一种以上的方法，进行综合性诊断。

1. 症状观察　症状可以作为怀疑的根据。

2. 鲜血直接检查　从耳静脉采血滴（体温升高时），放在洁净的玻片上，加等量生理盐水后镜检。

3. 涂片染色检查　取血液作涂片后，用姬姆萨液染色或瑞氏染液染色后镜检。

治疗　应尽早治疗。目前使用的各种抗锥虫药物，一般疗效尚好，但使用时应注意两点：一是按规定剂量使用；二是尽可能地采用两种药物联合使用，减少锥虫形成抗药性的机会。此外，还必须采取对症疗法，如使用强心剂、补血剂、利尿剂和健胃剂等。常用的抗锥虫药有：

1. 那加诺（或叫拜耳 205）　马属动物用量为每 100 kg 体重 1 g（极量 4 g），用生理盐水配成 10%溶液作静脉注射。一个月后再注射一次。此药与锑剂、砷剂及安锥赛等配合应用可提高疗效。如对重症或复发病马可与“九一四”交替应用。“九一四”用量为每 100 kg 体重 1.5 g，配成 5%水溶液静脉注射。治疗时第 1 天和第 12 天用拜耳 205；第 4 天和第 8 天用“九一四”为一个疗程。

2. 三氮咪（贝尼尔）　每千克体重 3.5～4 mg，用注射用水配成 5%水溶液，深部肌注。一次注射后如病情未见好转，间隔 5 d 后可重复用药。

3. 喹嘧胺（安锥赛）　常用硫酸甲基喹嘧胺，用量为每 100 kg 体重 0.3～0.5 g，以灭菌生理盐水配成 10%溶液，皮下或肌肉注射，可隔日注射 1 次，连用 2～3 次，亦可与拜耳 205 交替使用，效果更好。

预防　在疫区，可疑病畜应立即隔离检查和治疗。输入和输出牲畜时，要严格检查，避免造成人为的散播。也可以进行药物预防。

八、马 媾 疫

媾疫只发生于马属动物，是病马和健康马交配时生殖器官黏膜接触而引起感染的一种慢性疾病，病原体为马媾疫锥虫（*Trypanosoma equiperdum*）。

马媾疫锥虫和伊氏锥虫在形态上基本相同，但生理特性则相差很大。马媾疫锥虫只感染马属动物。人工感染各种实验动物均不易成功。吸血昆虫不传播此病。

媾疫除了病马与健康马交配时，病原体借助生殖器官黏膜的直接接触而感染健康马外，也可因人工授精时所用各种器械消毒不全而造成感染。处于潜伏状态或症状不明显的患马，在其未被察觉时，常成为本病的散播者。

症状　本病的潜伏期通常为 2～3 个月，在不加治疗的情况下，马媾疫症状的发展过程常有一定的顺序，通常分三期：

第一期（水肿期），主要表现为生殖器官的水肿。公马阴茎肿胀，逐渐蔓延到包皮、阴囊、腹下以及后肢内侧等部位。在这些部位的黏膜或皮肤上发生如豌豆大的黄红色结节和溃疡。此种结节和溃疡可以自愈，愈后留下无色素的白斑。尿道黏膜潮红、肿胀，常排黄色黏液，母马生殖器官也发生如上所述的病状。病马性欲亢进,发情不正常,食欲一般正常。

病初体温常呈中度升高,以后逐渐恢复正常。此期症状,一般不超过 30～40 d。

第二期(皮肤病变期),第一期症状延续一个时期之后,病马在身体各部,特别是胸腹、臀部的皮肤上发生圆形或椭圆形的扁平肿块,直径 4～20 cm,内含浆液,时而出现,时而消失,称之为"丘疹"。此为马媾疫所特有的症状之一(图 11-6)。

第三期(麻痹期),随着全身症状的逐渐恶化,病马某些运动神经出现程度不同的麻痹现象。较常见的是颜面神经麻痹,表现为嘴唇歪斜,耳及眼睑下垂等(图 11-7)。病情进一步恶化,则呈现后躯萎弱,臀部及后肢肌肉萎缩,步伐异常,跛行。体质衰弱,迅速消瘦,以至不能起立,形成褥疮,极度衰竭而死亡。

但上述症状并不一定完全按顺序发生。一般在纯种马或改良种马常呈现上述典型症状,土种马的症状往往不十分明显。

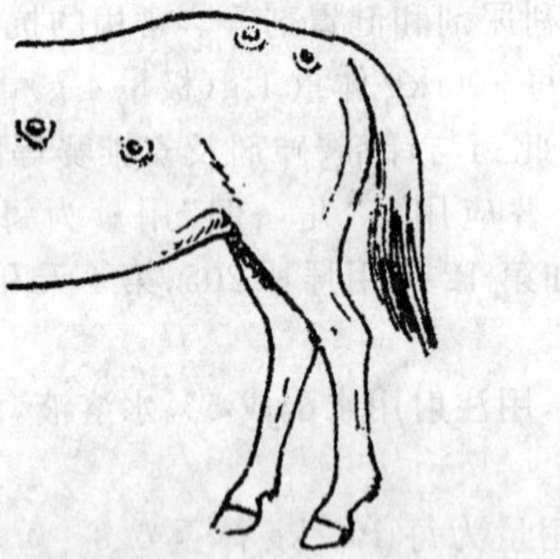

图 11-6 媾疫病马皮肤上圆形丘疹

(林昆华、蒋金书)

图 11-7 媾疫病马颜面神经麻痹

(林昆华、蒋金书)

诊断 需要从症状、血清学和动物接种试验几方面进行诊断。此外还应当注意配种记录和病史的了解和研究。

1. *症状观察* 当配种季节过后不久,如发现马匹有生殖器官水肿、皮肤上出现丘疹和某些部位的不全麻痹等症状,都可以怀疑为媾疫病马,应作进一步检查,以求确诊。

2. *血清学检查* 可用琼脂扩散试验或间接血凝或补体结合反应。

3. *动物接种试验* 将病马阴道或尿道的刮下物与无菌生理盐水混合,然后在家兔的每个睾丸实质中注入 1 mL,经 1～2 周后,即可见家兔的阴囊、阴茎、睾丸以及耳唇周围的皮肤发生水肿,在水肿液中,可以发现虫体。

治疗

1. *沙莫林* 按每千克体重 1 mg,配成 2%溶液,水浴消毒后,肌肉注射,总量超过15 mL 时应分两点注射。

2. *那加诺* 每 100 千克体重 0.6 g,每隔 3 d 注射 1 次,3 次为一疗程。

3. *贝尼尔* 每千克体重 3.5 mg,配成 5%的溶液,深部肌肉注射,每天 1 次,连用 3 次。

经过治疗的马匹,仍应观察 1 年,如在治疗后第 10、11、12 个月经过 3 次检查,均无再发现象后,方可认为痊愈。

预防 在流行地区,应随时注意发现病马,严格地隔离治疗。在治愈后最好观察一年。尽可能采用人工授精,配种人员要注意消毒工作。对种公马要进行严格的检疫,没有繁殖价值的公马应去势。

第十二章　禽和兔的主要寄生虫病

一、禽前殖吸虫病

本病是由前殖吸虫(*Prosthogonimus*)寄生于鸡、鸭等禽类的肠道、腔上囊和输卵管引起的。虫体扁平,长约 5 mm,宽约 2 mm,外观似梨形,较透明,内部器官清晰可见。

发育史　前殖吸虫(图 12-1)发育过程中需要两个中间宿主参与。第一中间宿主是某些种类的淡水螺,第二中间宿主是蜻蜓。

成虫在禽的输卵管和腔上囊内产卵,虫卵随粪便或排泄物排出体外,进入水中,被第一中间宿主淡水螺所吞食,在其肠内孵出毛蚴。毛蚴钻入螺肝发育为胞蚴,再由胞蚴发育为尾蚴,尾蚴离开螺体,进入水中。如遇到第二中间宿主蜻蜓的幼虫和稚虫,即钻入其体内并发育为囊蚴。鸡因啄食带有带囊蚴的蜻蜓而受感染(图 12-2)。

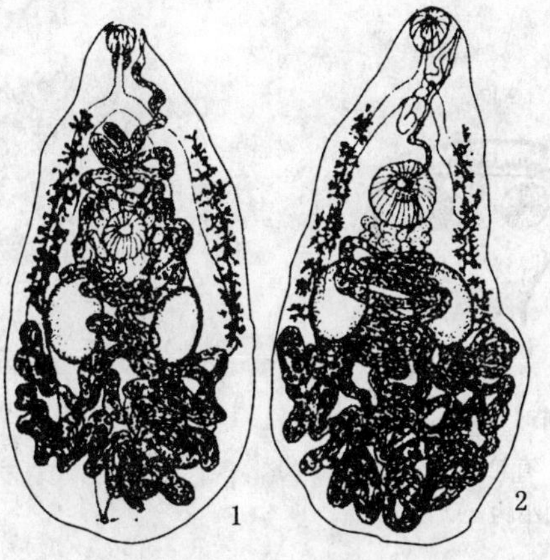

图 12-1　前殖吸虫

1. 卵圆前殖吸虫　2. 楔形前殖吸虫

(蒋金书)

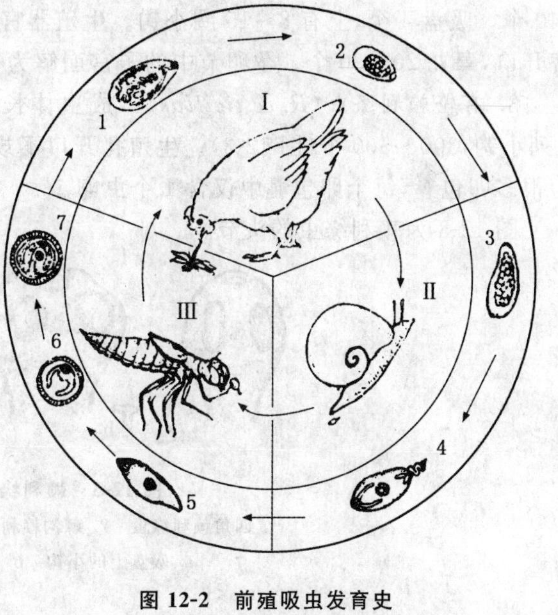

图 12-2　前殖吸虫发育史

Ⅰ. 终末宿主(鸡)　Ⅱ. 第一中间宿主(螺)

Ⅲ. 第二中间宿主(蜻蜓及其幼虫)

1. 成虫　2. 卵　3. 胞蚴　4,5. 尾蚴　6,7. 囊蚴

(蒋金书)

症状　在春季和夏季发病较多。由于虫体的刺激引起输卵管发炎,病鸡产软壳、无壳等畸形蛋,并由泄殖腔排出多量蛋白和乳白色含石灰质的液体。由于输卵管的不正常蠕动,蛋黄、

蛋白及细菌逆入腹腔、造成对内部器官的压迫和腹膜炎，重剧者引起死亡。病鸡精神不振，泄殖腔周围的羽毛沾满污物，有的腹部膨大，步态不稳，两腿叉开，行走时呈鹅式步伐。诱发腹膜炎时，则鸡冠和垂肉变为青紫色，此时即难以挽救。

诊断 在前殖吸虫病流行的地区，遇有可疑病例时，可取病鸡泄殖腔的排泄物镜检，观察是否有虫卵；或剖检病鸡，找到虫体即可确诊。

治疗 早期可用四氯化碳驱虫，按鸡的大小，每只鸡投 2～5 mL，用胶皮管插入食道灌服，或用注射器作嗉囊注射。也可使用丙硫咪唑，按 120 mg/kg 口服；亦可试用吡喹酮。

二、鸡 绦 虫 病

寄生于家禽肠道中的绦虫，种类很多，可达 40 余种，其中最常见的是赖利绦虫和戴文绦虫，均寄生于小肠（主要是十二指肠）。大量虫体感染时，常引起病禽贫血、消瘦、下痢、产卵减少甚至停止。其主要病原体是：

1. 四角赖利绦虫（*Raillietina tetragona*） 成虫全长 25 cm，头节顶突上有小钩 90～130 个，排成 1～3 列。吸盘 4 个，卵圆形，吸盘上有 8～12 列小钩。生殖器官每个节片一套，生殖孔向一侧开口，睾丸 18～35 个。孕卵节中子宫分为很多卵包囊，每个卵包囊内含 6～12 个虫卵。

2. 棘沟赖利绦虫（*R. echinobothrida*） 成虫长 25 cm，头节的顶突上有两列小钩共 200～240 个。吸盘 4 个，上有 8～15 圈小钩。生殖器官每个节片一套，生殖孔向一侧或不规则地交替开口，睾丸 20～30 个。孕卵节中的子宫崩解为很多卵包囊，每个卵包囊内含 6～12 个虫卵。

3. 有轮赖利绦虫（*R. cesticillus*） 成虫体长 12 cm，有一特别大而宽扁的顶突，其上有 2 列小钩，300～500 个（图 12-3）。生殖孔开口不规则，睾丸 15～30 个。孕卵节中的子宫崩解为很多卵包囊，每个卵包囊中仅含 1 个虫卵。

图 12-3 为赖利绦虫的头节。

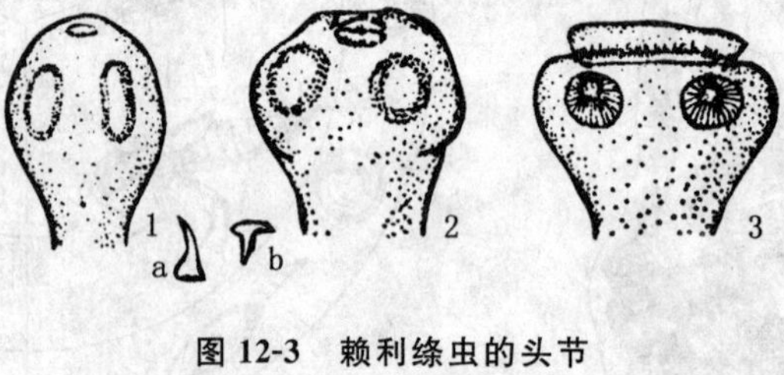

图 12-3 赖利绦虫的头节

1. 四角赖利绦虫 2. 棘沟赖利绦虫 3. 有轮赖利绦虫

a. 吸盘上的小钩 b. 顶突上的小钩

4. 节片戴文绦虫（*Davainea proglottina*） 成虫长约 4 mm，由 2～9 个节片组成。顶突上有 60～100 个小钩，吸盘上也有 3～6 列小钩。生殖孔有规则地交互开口于节片侧缘。睾丸 12～21 个，每个卵包囊中有 1 个虫卵（图 12-4、图 12-5）。

发育史 孕卵节片随鸡粪排出，被中间宿主（赖利绦虫的中间宿主是蚂蚁和一些甲虫，戴文绦虫的中间宿主是蛞蝓）吞食后，卵壳在中间宿主的肠道中被破坏，六钩蚴逸出，并在其体内发育为似囊尾蚴。鸡啄食了带有似囊尾蚴的中间宿主而受感染。

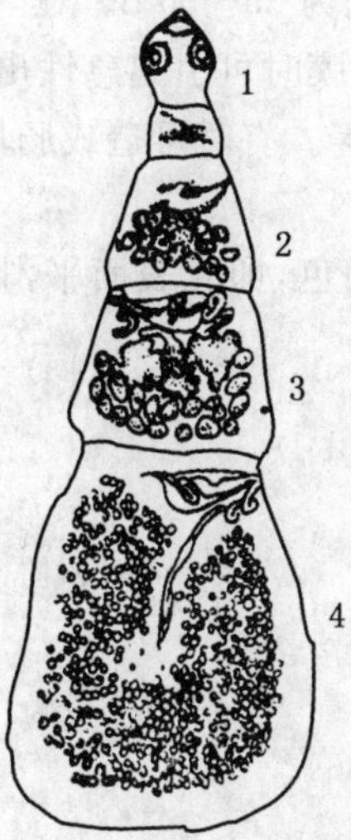

图 12-4　节片戴文绦虫

1. 头节　2. 未成熟节

3. 成熟节　4. 孕卵节

（仿 Mönnig）

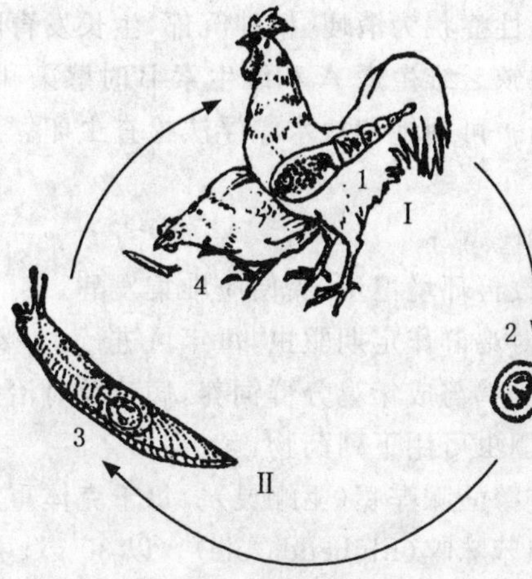

图 12-5　节片戴文绦虫发育史

1. 成虫寄生于鸡的小肠　2. 虫卵（内含六钩蚴）

3. 似囊尾蚴在蛞蝓体内　4. 鸡吃入含似囊尾蚴的蛞蝓

（蒋金书）

流行病学　各种年龄的鸡均可感染，雏鸡的易感性更强，25～40 日龄的雏鸡感染后发病率和死亡率最高。被病鸡污染的鸡舍和运动场常是绦虫病的传染来源。赖利绦虫的节片，被排到外界后能在粪便表面缓慢地蠕行，有利于和中间宿主接触。

症状　由于成虫的寄生，一方面破坏了肠黏膜的完整性，引起肠壁的结节和炎症；另一方面虫体的代谢产物可引起神经症状。轻度感染时症状不明显。感染严重时，病鸡消化障碍，粪便常稀薄或混有血样黏液；有时发生便秘，渴欲增加，消瘦，两翼下垂，被毛逆立，严重者出现贫血，鸡冠和黏膜苍白。

诊断　在鸡粪中可找到白色小米粒样的孕卵节片，对部分重病鸡可作剖检诊断。

治疗

1. 氢溴酸槟榔碱　每千克体重 3 mg，配成 0.1%水溶液，用胃管投入。
2. 硫双二氯酚　每千克体重 0.2～0.3 g，混入饲料中喂服。
3. 灭绦灵（氯硝柳胺、拜耳 2353）　每千克体重 150～200 mg，混入饲料中喂服。
4. 六氯酚　每千克体重 26～50 mg，混入饲料中喂服。亦可使用丙硫咪唑。

预防　改善环境卫生，加强粪便管理，随时注意感染情况，及时进行驱虫。

三、鸡蛔虫病

鸡蛔虫（*Ascaridia galli*）寄生于鸡和火鸡的小肠。雄虫长 26～70 mm，雌虫长 65～110 mm，是鸡消化道中最大的线虫。虫卵在自然界的发育过程基本上与猪蛔虫相似。鸡是由于吃进含有感染性幼虫的卵而受感染的。幼虫在鸡的消化道中由卵内释出，钻入十二指肠黏膜，经过一段发育之后又返回肠腔，生长为成虫。从感染到发育为成虫所需的时间为35～50 d。

症状 鸡蛔虫对雏鸡的影响很大，大量幼虫进入十二指肠黏膜时可引起急性出血性肠炎。常见的慢性症状为消瘦、精神沉郁、生长发育阻滞和产蛋率降低等。有时可造成肠堵塞。特别是当雏鸡缺乏维生素A和维生素B时感染和发病更为严重。

诊断 可用饱和盐水漂浮法检查虫卵。虫卵呈椭圆形，灰褐色，卵壳表面平滑，内有一个受精卵。

防治

(1)改善环境卫生，粪便应堆集发酵。

(2)对鸡群作定期驱虫，每年可进行1～2次。

(3)雏鸡与成年鸡分群饲养，病鸡及时治疗。

(4)驱虫可用下列药物：

①枸橼酸哌哔嗪(驱蛔灵)。每千克体重0.25 g，1次口服。

②氯苯咪唑(Flubendazole)。以30 g/t拌入饲料，连喂7 d。

③左咪唑。每千克体重20 mg，1次口服。

④潮霉素B。按8.8～13.2 g/t混入饲料，可控制蛔虫和其他线虫病。

四、鸡盲肠虫病(异刺线虫病)

鸡盲肠虫，又称鸡的异刺线虫(*Heterakis gallinae*)，寄生于鸡、火鸡、鸭和鹅的盲肠内。雄虫体长7～13 mm，雌虫体长10～15 mm。

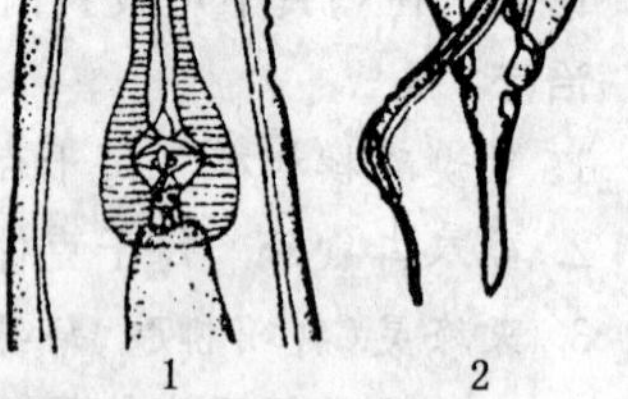

图12-6 鸡异刺线虫
1. 虫体前端 2. 雄虫尾部
(蒋金书)

发育史 与鸡蛔虫相似。鸡盲肠虫(图12-6)的虫卵是火鸡和鸡黑头病病原体——火鸡组织滴虫的传播者，这种病原体侵入盲肠虫卵的卵壳内，随同粪便排到自然界。当宿主吃进这种盲肠虫卵后，可能伴发黑头病。

症状 患鸡食欲不振，下痢，消瘦，贫血和生长发育阻滞。

诊断 与鸡蛔虫病相同，盲肠虫卵和鸡蛔虫卵十分相似，仅比鸡蛔虫卵略小些。

治疗 也可用四咪唑、左咪唑、丙硫咪唑和噻苯唑驱虫。此外，硫化二苯胺也有良好的驱虫效果，成年鸡每千克体重1～1.5 g，6个月内的雏鸡每千克体重0.3～0.5 g，拌入饲料中喂服。用氯苯咪唑30 g/t拌入饲料，连喂7 d。

其余的防治措施同鸡蛔虫病。

五、鸡饰带线虫病

鸡饰带线虫病又称鸡胃虫病，它是由鸡长鼻分咽线虫(图 12-7)和钩状唇旋线虫引起的。

(一)长鼻分咽线虫

长鼻分咽线虫(*Dispharynx nasuta*)(图 12-7)虫体前部有饰带四条，扭曲成波浪状，先向后，再折回，但不吻合。雄虫长 5.6～8.5 mm，有肛前乳突 4 对，肛后乳突 5 对。交合刺两根不等长，亦不同形。雌虫长 5.9～9.5 mm，阴门位在虫体后部。寄生在鸡、火鸡、鸽等的前胃和食道。

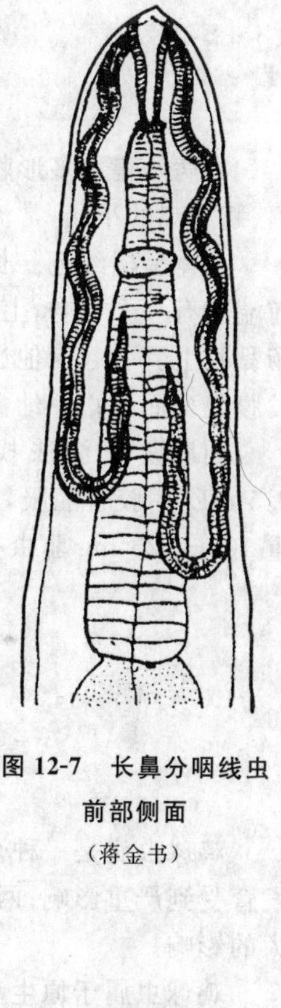

图 12-7　长鼻分咽线虫前部侧面

(蒋金书)

发育史　虫卵被中间宿主等足类(光滑鼠妇、粗糙鼠妇等)吞咽，经 26 d 发育为感染性幼虫。禽类感染主要是随饲料或饮水吞食了含有感染性幼虫的中间宿主所致。幼虫被吞入至发育成熟约需 27 d。

症状　长鼻分咽线虫的致病作用与感染强度、宿主年龄、品种等因素有关。严重感染时，前胃见有深的溃疡，虫体前端深埋在溃疡里，破坏腺体，影响腺胃功能，引起患鸡生长发育不良、消瘦、贫血、下痢等症状，甚至造成死亡。

诊断　粪检虫卵(卵呈长椭圆形，内含有幼虫)并结合剖检找到虫体，即可确诊。

治疗　可试用四氯化碳(每只鸡 2～3 mL)或四氯乙烯(每只鸡 1～2 mL)。此外，还可试用较大剂量的丙硫咪唑或左咪唑驱虫。

预防

(1)满 1 月龄的雏鸡可作预防性驱虫一次。

(2)防止鸡群与中间宿主接触，尽量不去河边放鸡。

(二)钩状唇旋线虫

钩状唇旋线虫(*Chenilospirura hamulosa*)(图 12-8)又称钩饰带线虫或斧钩华首线虫(*Acuria hamulosa*)虫体有 4 条饰带，两两并列，呈不整齐的波浪形，由前向后延伸。几乎达虫体后部，但不折回，亦不互相吻合。雄虫长 9～14 mm，肛前乳突 4 对，肛后乳突 6 对。交合刺 1 对不等长。雌虫长 16～29 mm，阴门位在虫体中部的稍后方。寄生于鸡和火鸡的肌胃。

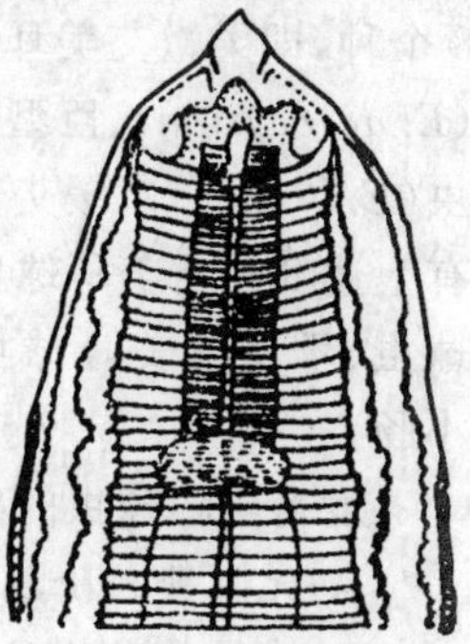

图 12-8　钩状唇旋线虫前部侧面

(仿 Cram)

发育史　钩状唇旋线虫的中间宿主是昆虫纲的许多动物如蚱蜢、甲虫和象鼻虫。虫卵被中间宿主吞食后，在其体内发育至感染期。当鸡啄食含有感染性幼虫的中间宿主时而被感染。

症状　少量寄生时，不表现临床症状。严重感染时，虫体引起肌胃黏膜出血性炎症，随后形成干酪性或脓性结节，影响肌胃功能，甚至肌胃破裂。患鸡出现消瘦、沉郁、翅下垂，萎弱和贫血等症状。

诊断 与长鼻分咽线虫相同。

防治

(1)消灭中间宿主，特别是防止运动场上中间宿主的大量滋生，可使用有机氯杀虫药。

(2)治疗可用四氯化碳，每只鸡 2～3 mL。也可试用美沙利啶(每千克体重 0.2 g)和噻苯唑(每千克体重 0.3～0.5 g)。

六、鸭棘头虫病

本病是鸭大多形棘头虫(*Polymorphus magnus*)引起的，寄生于鸭、鹅和鸡的小肠，常流行于南方各省。

虫体呈橘红色。长约 10 mm，为纺锤形，前端膨大，后端狭小。前端具有一个口吻，上有很多小钩。虫体以这些小钩牢固地附着在肠黏膜上。引起卡他性肠炎；有时可穿透肠壁，造成溃疡和穿孔，并发腹膜炎而死亡。幼禽的死亡率高于成禽(图 12-9)。

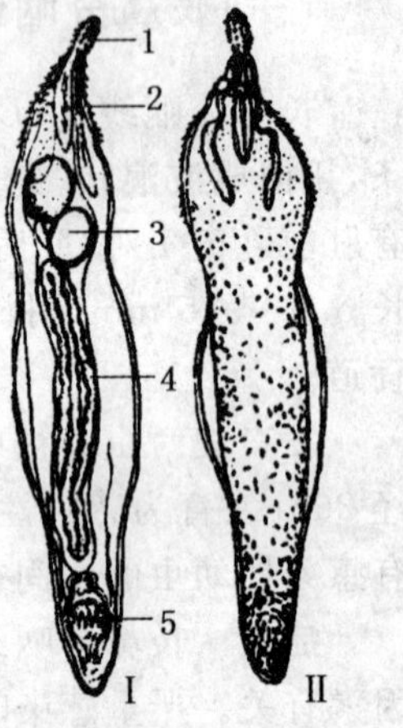

图 12-9 鸭多形棘头虫

Ⅰ. 雄虫 Ⅱ. 雌虫

1. 吻突 2. 吻突囊 3. 睾丸

4. 前列腺 5. 交合伞

(蒋金书)

用反复沉淀法找到虫卵即可确诊。四氯化碳每千克体重 0.5 mL，用胶管灌服，具有良好的治疗效果。硝硫氰醚按每千克体重 100～125 mg 驱虫亦有疗效。

七、鸡球虫病

鸡球虫病是一种全国普遍发生，危害十分严重的疾病。耐过的病鸡，长期不得康复，生长发育受到严重影响；两个月龄内的雏鸡死亡率很高；成年鸡多半是带虫者，对增重和产蛋有很大的影响。

鸡球虫属于原生动物门，孢子虫纲，球虫目，艾美耳科，艾美耳属。目前世界上公认的有 8 个种，即柔嫩艾美耳球虫(*Eimeria tenella*)、毒害艾美耳球虫(*E. necatrix*)、堆形艾美耳球虫(*E. acervulina*)、巨型艾美耳球虫(*E. maxima*)、早熟艾美耳球虫(*E. praecox*)、布氏艾美耳球虫(*E. brunetti*)、缓艾美耳球虫(*E. mitis*)和变位艾美耳球虫(*E. mivati*)。在北京地区已发现有上述 8 种艾美耳球虫。其中致病作用最强的是柔嫩艾美耳球虫(寄生于盲肠)、毒害艾美耳球虫、堆型艾美耳球虫和巨型艾美耳球虫(寄生于小肠)。另外 4 种致病性较小，均寄生于小肠。

发育史 球虫的发育可分为 3 个阶段：

1. 无性繁殖阶段 即球虫在肠上皮细胞进行裂殖生殖。

2. 有性繁殖阶段 即球虫在肠上皮细胞进行配子生殖，形成雌性配子(大配子)和雄性配子(小配子)。

3. 孢子生殖阶段 球虫由宿主排出卵囊，卵囊内的原生质分裂为孢子囊和子孢子。以上无性生殖是在宿主体内进行的，称为内生性发育，孢子生殖是在外界环境中完成的，称为外生性发育。

随宿主粪便排到自然界的是球虫的卵囊，卵囊一般呈现卵圆形，里面包含1个合子。在适宜的温度和湿度条件下，卵囊里面的合子分裂为4个孢子囊，每个孢子囊内包含2个子孢子，此时的卵囊具有感染力，故称之为感染性卵囊。这个发育阶段称作孢子生殖阶段。当易感动物啄食了感染性卵囊之后，卵囊壁被消化液溶解，其中的8个子孢子游离出来，钻进肠上皮细胞，发育为裂殖体，后者分裂成数目众多的裂殖子。这时上皮细胞即遭破坏，从溃破上皮细胞而出的裂殖子侵入新的上皮细胞内，并以同样方式进行繁殖。无性繁殖进行若干世代之后，某些裂殖子转化为有性的配子体，即大配子体和小配子体。1个大配子体发育为1个大配子，1个小配子体分裂成很多有活动性的小配子，大配子和小配子结合，形成1个合子，合子周围形成被膜，即成为卵囊，卵囊落入消化道，随粪便排到体外(图12-10、图12-11)。

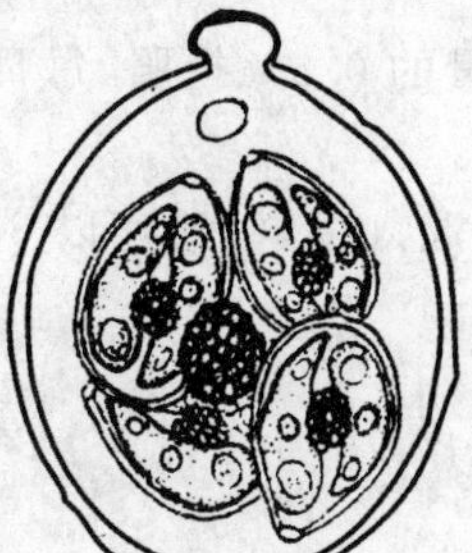

图12-10　艾美耳属球虫孢子化卵囊

(蒋金书)

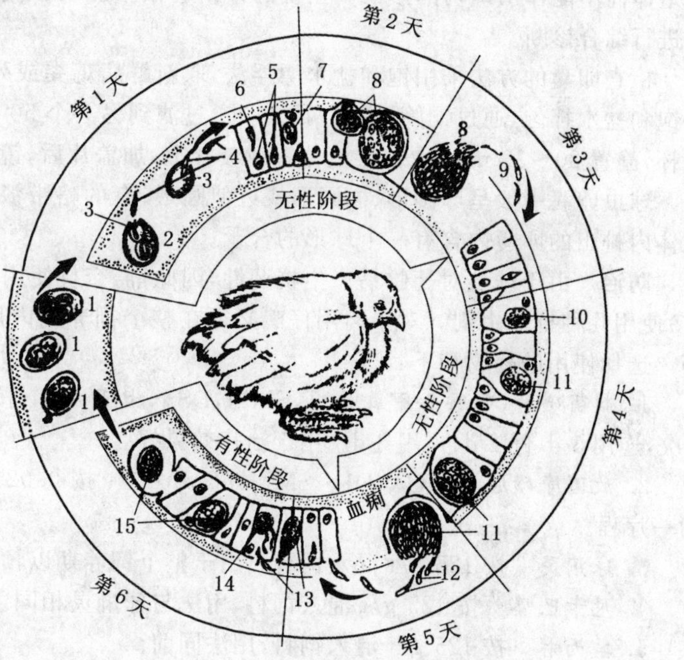

图12-11　柔嫩艾美耳属球虫发育史

1. 孢子生殖　2. 卵囊进入肠腔　3. 子孢子自孢子囊释出　4. 子孢子　5. 细胞核　6. 子孢子进入肠壁上皮细胞　7. 滋养体　8. 裂殖体　9. 裂殖子　10. 第二代滋养体　11. 第二代裂殖体　12. 第二代裂殖子　13. 雄性配子体和雌性配子体　14. 雌性配子体　15. 受精卵囊

(蒋金书)

流行病学　鸡球虫卵囊在荫凉潮湿的土壤中，可以维持其生命力达很长时间。潮湿、温暖的场所，最有利于卵囊的发育。因此，拥挤潮湿、卫生条件差、饲养管理不善的鸡场，最易造成鸡球虫病的流行。发病时间通常在炎热多雨季节，北方地区4～9月份为本病的流行季节，以7～8月份最为严重。在密闭的现代化鸡场中一年四季均可流行。鸡球虫的感染主要是通过饲料和饮水、鸟类、家畜和昆虫，饲养人员也可作球虫病的机械传播者。

致病作用 鸡球虫的发育要经过复杂的孢子生殖阶段、裂殖生殖阶段和配子生殖阶段，其中当裂殖生殖阶段时的裂殖体在肠上皮细胞中大量增殖时，破坏了肠黏膜的完整性，引起肠管发炎和上皮细胞的崩解，消化机能发生障碍，营养物质不能吸收，且大量失血。崩解的上皮细胞能产生毒素，引起自体中毒，由于肠黏膜的完整性被破坏，细菌易于侵入，从而发生继发感染。

症状 急性病的症状为精神不好，羽毛蓬乱，缩颈呆立一旁，食欲减退，泄殖腔周围的羽毛被稀粪沾污。以后由于肠壁上皮细胞的大量破坏，使鸡发生自体中毒。病鸡运动失调，翅膀轻瘫，贫血，鸡冠苍白，嗉囊内充满液体，不食。粪极稀。带血，以后可拉血粪。病末期雏鸡昏迷或抽风，不久即告死亡。死亡率可高达50%～80%。年龄较大的雏鸡可能患慢性球虫病，症状较轻，病程可以数周到数月，有间歇性下痢，病鸡逐渐消瘦，足和翅常发生轻瘫，产蛋量减少，死亡率低。

诊断 成年鸡和雏鸡的带虫现象极为普遍，因此只根据粪检或肠壁刮取物镜检到卵囊及裂殖体尚不能作出确切的诊断。正确的诊断应根据症状和流行病学资料、病理剖检情况和粪检进行综合诊断。

检查卵囊的方法采用饱和盐水漂浮法，取新鲜病鸡粪或死鸡肠内容物约5 g，放入50 mL的饱和盐水拌匀，通过铜筛（或用两层纱布）过滤到另一个50 mL的烧杯里。加添饱和盐水到满杯，静置20～30 min，取表层液体置载玻片上，加盖片后，镜检有无球虫卵囊。

球虫卵囊一般呈卵圆形、椭圆形或近似圆形；有的略带淡绿色或黄褐色，或淡灰白色。刚从体内排出的卵囊内含有一个球形的合子。

防治 由于球虫对药物易产生抗药性，因此，需交替使用（穿梭方案）或轮换（每隔4～6个月）使用几种抗球虫剂。对于肉用仔鸡必须在整个饲养期内用药物预防，在屠宰前3～5 d停药。选择使用的药物如下：

1. 制菌磺片（磺胺六甲氧嘧啶，SMM，DS_{36}，大灭痢） 按饲料量的0.5%投服，每日上午1次，连用3 d，停2 d，再用3 d。用于治疗效果好。

2. 敌菌净磺胺合剂（DVD1：SM_2 或 SMM5） 按0.02%浓度混入饲料，治疗以3～5 d为一疗程。

3. 球痢灵 按125 g/t混入饲料。用于整个饲养期以预防球虫病。

4. 尼卡巴嗪 按125 g/t混入饲料，用法与球痢灵相同。

5. 氨丙啉 按125 g/t混入饲料，用法同前。

6. 氯苯胍 按33 g/t混入饲料，用法同前。

7. 莫能霉素 按121 g/t混入饲料，用法同前。

8. 盐霉素 按66 g/t混入饲料，用法同前。

9. 马杜霉素 按5 g/t混入饲料，用法同前。

10. 杀球灵（diclazuril） 按1 g/t混入饲料，用法同前。

11. 百球清（baycox） 市售为2.5%溶液。1 L饮水中使用1 mL百球清溶液，连饮2 d，可用于治疗球虫病。

在防治上须注意下列几点：

（1）应当把成年鸡和雏鸡分开饲养，这样才能集中力量对付雏鸡的球虫病。一定要早期发现病鸡，隔离治疗，对尚未发病者，要及早使用上述药物预防。

（2）加强营养，应有充足的含维生素A的饲料，以增强抵抗力。

（3）搞好鸡舍的卫生和消毒，保持鸡舍干燥。通风要好，地面要干，清圈要勤，鸡粪要发酵处理。

(4)对于肉用仔鸡,在整个饲养期间均需用药物或球虫疫苗预防。

八、鸭球虫病

鸭球虫病虽是散发的,但却经常发生,死亡率可高达30%～70%。北京地区的北京鸭中常有发生,造成相当大的经济损失。

鸭球虫的种类较多,它们属于3个属,即艾美耳属(*Eimeria*)、温杨属(*Wenyonella*)和泰泽属(*Tyzzeria*)。根据调查,其中以毁灭泰泽球虫(*T. perniciosa*)的致病力最强,人工感染大量卵囊时可引起大批死亡。在感染后第4天发病,第5～6天发生死亡。

症状　雏鸭发病严重,症状为食欲消失,体重下降,衰弱和不能站立。病鸭拉稀,随后拉血痢,粪便有恶臭。

剖检　内眼病变为整个小肠呈泛发性出血性炎症,尤以卵黄蒂前3～24 cm,后7～9 cm范围内的病变严重,肠壁肿胀,出血,上有白色小点。有的黏膜上覆盖着一层麸糠状或奶酪状黏液,但不形成肠心。

诊断　从病变部位刮取少量黏膜,做成涂片,用瑞氏或姬姆萨液染色,在高倍镜下可见到大量的裂殖体和裂殖子即可确诊。也可取病鸭的粪便,用饱和食盐水或硫酸镁水溶液漂浮法,如见有大量的卵囊,即可确认为本病的流行。

防治

(1)根据试验,建议在流行季节,当雏鸭由网上饲养转为地面饲养时,按0.1%浓度将磺胺间甲氧嘧啶(制菌磺片)或0.02%复方甲基异噁唑(SMZ5：DVD1)混入饲料连喂4～5 d。当发现地面污染卵囊过多时,应立即进行药物预防。在发生球虫病时,也可试用百球清或杀球灵治疗。

(2)加强卫生管理,鸭舍应保持清洁干燥,定期清除粪便,防止饲料和饮水被鸭粪污染。流行严重时,应定期更换垫草,铲除表土,换垫新土。

九、鹅球虫病

已报道的鹅球虫有14种,其中以截形艾美耳球虫(*Eimeria truncata*)致病力较强,它寄生在肾小管上皮,使肾组织遭到严重破坏。3周至3月龄的幼鹅易感,常呈急性经过,病程2～3 d。死亡率颇高,可高达87%。

症状　极度衰弱和消瘦,腹泻,粪带白色。重症可引起死亡。

剖检　肾脏肿大,颜色变淡,肾组织上有针尖大小黄白色的小结节,肾小管被严重破坏。另外几种艾美耳球虫均寄生在小肠上皮细胞内,尤以小肠中段和下段的卡他性炎症最严重。可能出现大的白色结节或纤维素性类白喉坏死性肠炎。

治疗　阿的平每千克体重0.05～0.1 g,拌入湿谷粒分5次喂给,每次间隔2～3 d。或氨基阿的平每千克体重0.05 g,与湿谷粒拌匀,每隔3 d给1次,共给5次。本品的中毒量为每千克体重1 g。

也可试用磺胺间甲氧嘧啶、磺胺喹噁啉、磺胺二甲基嘧啶等药物进行治疗。

预防 将鹅群从高度污染的地区移开。将幼鹅和成鹅分群饲养。在小鹅未产生免疫力之前,应避开靠近水的含有大量卵囊的潮湿地区。

十、家兔球虫病

家兔球虫病是家兔最常见的,也是最严重的一种疾病,常使幼兔(4 月龄以内)大批死亡,对养兔业危害甚大。一般病兔都是数种球虫混合感染,根据对北京和河北省的调查共有 10 余种,其中致病力强或较强的有斯氏艾美耳球虫(*Eimeria stiedae*)、穿孔艾美耳球虫(*E. perforans*)、中型艾美耳球虫(*E. media*)、大型艾美耳球虫(*E. magna*)、梨形艾美耳球虫(*E. piriformis*)、无残艾美耳球虫(*E. irresidua*)、盲肠艾美耳球虫(*E. coecicola*)、肠艾美耳球虫(*E. intestinalis*)和黄艾美耳球虫(*E. flavescens*)(图 12-12)。其中斯氏艾美耳球虫寄生在肝脏胆管上皮内,致病力最强,其余各种均寄生在肠道的上皮细胞内。

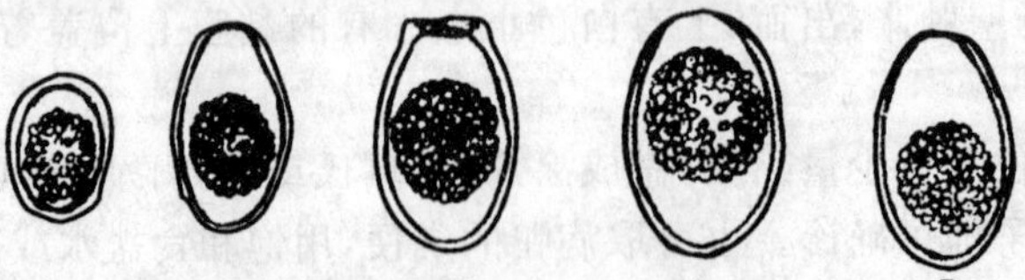

1　2　3　4　5

图 12-12　各种兔球虫的卵囊

1. 穿孔艾美耳球虫　2. 中型艾美耳球虫　3. 大型艾美耳球虫　4. 无残艾美耳球虫　5. 斯氏艾美耳球虫

(蒋金书)

发育史 与鸡球虫的发育情况基本相同,详见图 12-13。

症状 患兔食欲减退或完全废绝,精神沉郁,消瘦,贫血。有时呈现鼻炎和结膜炎,唾液分泌增多,下痢,幼兔生长停滞。排尿频繁或常作排尿状,腹围膨大,肝受损害时肝肿大,触诊有痛觉,可视黏膜黄染。病末期呈现神经症状,发生四肢痉挛和麻痹。最后因极度衰弱而死亡。死亡率可达 50%～60%。病程 10 余天至数周,病愈后兔长期消瘦,生长发育不良。

诊断 生前诊断可根据流行病学资料,临床症状(腹围大、肝区触诊有痛觉、下痢、排尿频繁及贫血等)并结合粪检进行综合判断。

死后诊断可根据病理剖检的特征:肝脏上有许多白色或淡黄色的结节性病灶。病灶呈圆形,大小如粟粒至豌豆大。肠道充血,并有卡他性炎症,上有灰白色结节。镜检肝脏和肠道病变材料可发现大量的卵囊、裂殖体和裂殖子等。

防治 用于鸡球虫病的防治原则均适用于兔球虫病的防治,常用的药物如下:

1. 磺胺二甲基嘧啶(或磺胺甲基嘧啶)　按兔的大小每次口服 0.2～0.5 g,连用 4～5 d,拌入饲料喂服亦可。

2. 抗菌增效剂和磺胺合剂(TMP1∶$SM_2$5)　按 0.02%浓度混入饲料,连用 7 d 对兔球虫病有较好的防治效果。

3. 制菌磺片(磺胺间甲氧嘧啶,SMM)　按 0.1%浓度混入饲料,连用 7 d 对兔球虫病有很好的防治效果。

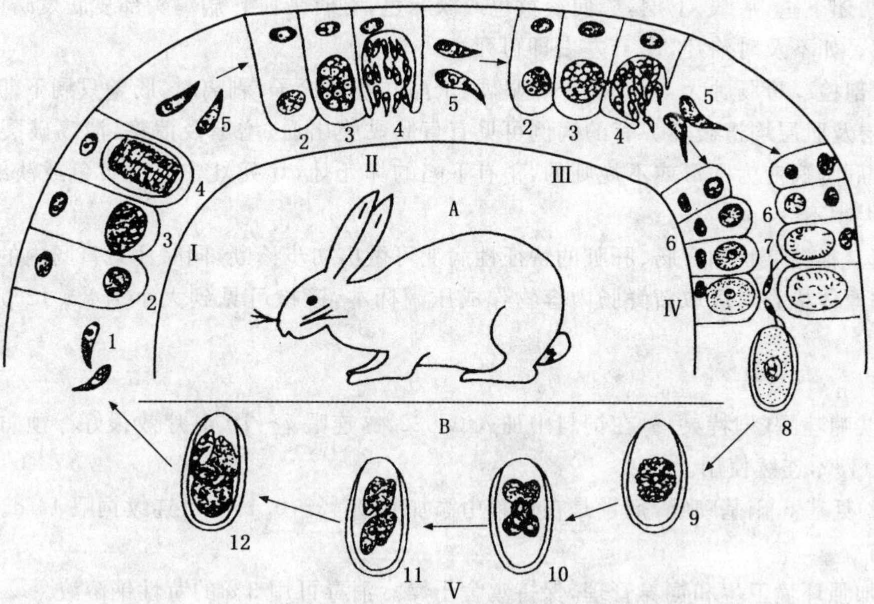

图 12-13　中型艾美耳球虫在兔肠上皮细胞内的发育(A)及在外界环境中的发育(B)

Ⅰ. 第 1 代裂殖生殖　Ⅱ. 第 2 代裂殖生殖　Ⅲ. 第 3 代裂殖生殖　Ⅳ. 配子生殖　Ⅴ. 孢子生殖

1. 子孢子　2～4. 裂殖体发育的各个阶段　5. 第 1 代、第 2 代、第 3 代裂殖子　6. 大配子及小配子发育的各个阶段

7. 大配子和小配子正待结合　8. 合子　9. 未孢子化卵囊　10,11. 卵囊的孢子化过程

12. 孢子化卵囊,内含 4 个孢子囊,每个孢子囊内含有 2 个子孢子

(蒋金书)

4. 氯苯胍　按 33 g/t 浓度混入饲料(或每天每千克体重 10 mg),连服 2 个月可预防兔球虫病,在暴发兔球虫病时,可用此剂量全群治疗,疗程在两周以上。

5. 磺胺喹噁啉　按 0.05%浓度溶于水,连用 5 d,停 3 d,再重复 1 次。

6. 莫能霉素　按 40～50 g/t 浓度混入饲料,可控制球虫病的发生。

7. 杀球灵(diclazuril)　按 1 g/t 混入饲料。

十一、鸡黑头病

鸡黑头病又称盲肠肝炎,其病原体是一种小的原虫——火鸡组织滴虫(*Histomonas meleagridis*)。它具有一条脆弱的鞭毛,寄生于鸡的盲肠和肝脏中,可随肠内容物排出体外。几乎所有的异刺线虫卵内都带有这种原虫,排出体外后,由于有虫卵的保护,能较长时间地生存(图 12-14)。

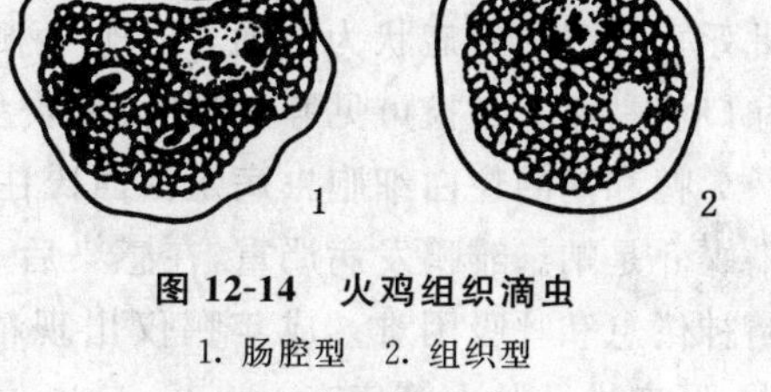

图 12-14　火鸡组织滴虫

1. 肠腔型　2. 组织型

(蒋金书)

症状　雏鸡易感性较高。成年鸡也可感染,多为隐性感染,能够传播和携带病原。潜伏期不少于 8 d,通常为 15～20 d。病鸡精神不振,食欲不良,羽

毛松乱，两翅下垂，嗜眠，下痢，粪便淡黄色或淡绿色，有时带血。病鸡头部皮肤发暗蓝紫色，故称黑头病。如不及时治疗，10 d左右即可死亡。

病理剖检 盲肠肿大，内充满干燥坚硬、干酪样凝固栓子，剥离时，肠壁只剩下菲薄的浆膜层，黏膜层及肌层均遭破坏。有的病例可见有盲肠黏膜出血、增厚及溃疡，溃疡破裂时可引起腹膜炎。肝脏病变为圆形或不规则的，稍有下陷的坏死灶，坏死灶中心呈黄色或淡绿色，边缘稍隆起，大小不一。

诊断 根据症状和盲肠、肝脏的特征性病变可做出初步诊断，同时注意盲肠内的异刺线虫感染。病原体检查时可取新鲜肠内容物作成压滴标本，镜检可见到大小为 8～12 μm 的活动虫体。

治疗

(1)呋喃唑酮(痢特灵)。在饲料中加入 0.022%，连喂 7～10 d，疗效很好。预防可在饲料加入 0.011%，连续使用。

(2)2-氨基-5-硝基噻唑，剂量是在饲料中添加 0.05%～0.1%，可连续饲喂 14 d。

预防

(1)加强环境卫生和饲养管理，保持鸡舍干燥。消毒可用 3%的苛性钠溶液。

(2)由于成年鸡带虫，因此必须与幼鸡分开饲养。

(3)定期驱除鸡体内的异刺线虫。

十二、禽住白细胞虫病

禽住白细胞虫病主要是禽类的一种寄生虫病，有相当大的危害性。主要流行于我国南方地区。此病是由血变科住白细胞虫属的沙氏住白细胞虫(*Leucocytozoon sabrazesi*，图 12-15)、考氏住白细胞虫(*Leucocytozoon caulleryi*)和休氏住白细胞虫(*Leucocytozoon schoutedeni*)引起的。病原体寄生在鸡的肝、脾、肺、心、肾、脑、骨髓以及淋巴结内进行无性繁殖，在库蠓和蚋体内进行有性繁殖。成年鸡发病率低，症状较轻或不明显，为带虫者。1～3 月龄的雏鸡的发病率高，能造成大批死亡。病鸡的症状为贫血，下痢，两腿麻痹和口流黏液。剖检可见肝、脾肿大和炎症性病变。

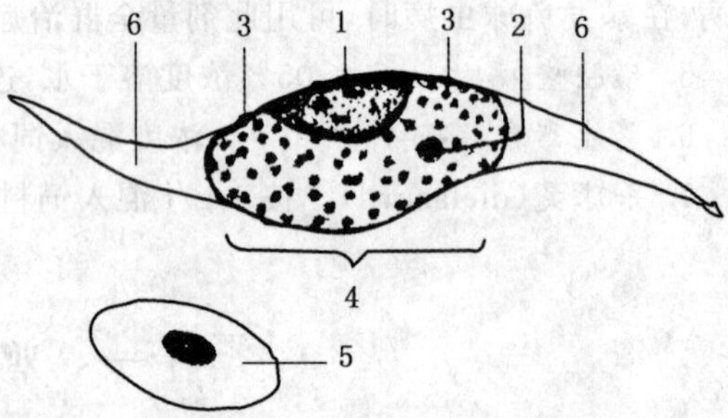

图 12-15 沙氏住白细胞虫

1. 白细胞核 2. 配子体核 3. 配子体的原生质
4. 配子体 5. 红细胞 6. 白细胞的原生质

(蒋金书)

鸭和鹅的住白细胞虫病是由西氏住白细胞虫(*Leucocytozoon simondi*)引起的。本病的传染媒介是蚋。雏鸭发病严重，在感染后 11～19 日的死亡率约为 60%，其症状是无食欲，乏力，精神倦怠和呼吸困难。成年鸭仅出现精神倦怠等症状，死亡率也低。剖检时可见贫血、脾肿大、肝变性及肿大等病变。

火鸡的住白细胞虫病是由史氏住白细胞虫(*Leucocytozoon smithi*)引起的。本病的传染媒介是蚋。雏火鸡发病严重,其症状为厌食、渴欲增加、嗜眠和有时肌肉运动失调。急性期时可突然发生死亡。剖检时可见肺、小肠、肝和脾充血,以及肝、脾肿大。

发育史　住白细胞虫的裂殖生殖发生在禽类内脏器官的组织细胞里;配子生殖发生在脊椎动物的红细胞或白细胞里;孢子生殖发生在吸血昆虫(库蠓和蚋等)的胃里。这些昆虫宿主从家禽吸取血液,在血细胞里的大配子体和小配子体在昆虫胃里迅速发育为大配子和小配子,两者结合为合子。合子内发育为多个子孢子。子孢子游离出来,进入昆虫的口器,当昆虫再次吸血时,将子孢子注入禽类的血管,经血流到达肝、脾、肺、心、脑等器官的组织细胞。在这些细胞里进行裂殖生殖,形成大量裂殖子。这些裂殖子进入单核白细胞,并发育为配子体,这些配子体呈卵圆形或椭圆形,内含色素粒,由于配子体的寄生,白细胞的核被挤向一端。其原生质被压到虫体两侧,使整个白细胞伸展成梭形(图 12-16)。

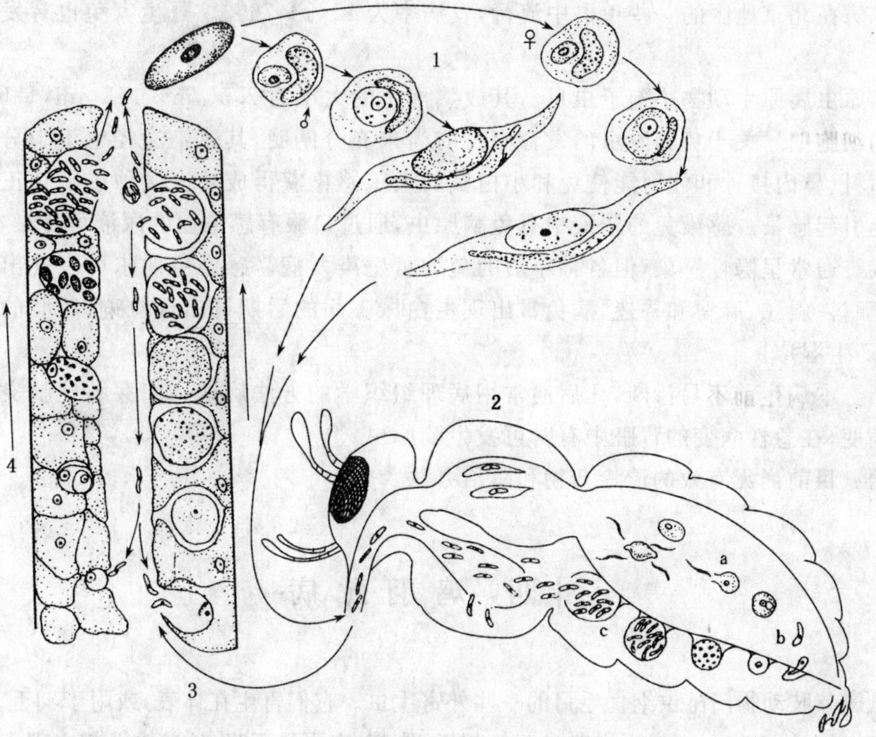

图 12-16　西氏住白细胞虫生活史示意图

1. 大配子体与小配子体在禽红细胞内的发育过程　2. 在蚋体内的配子生殖:
a. 小配子与大配子结合　b. 动合子　c. 卵囊与子孢子
3. 在肝细胞内进行裂殖生殖　4. 在肝巨噬细胞内的大裂殖体生殖
(megaloschizogony)过程,大裂殖体及其裂殖子
(仿 Olsen O. W.,作了较大改动)

诊断　以消毒的针头在鸡的翅下小静脉或鸡冠取一滴血液,涂成薄片,用瑞氏染色液染色,置高倍镜下观察,发现有梭形的白细胞内的虫体即可确诊。

治疗　对鸭和鹅的西氏住白细胞虫病尚无有效的治疗方法。乙胺嘧啶(1 g/t)和磺胺二甲氧嘧啶(SDM,10 g/t)合剂,磺胺喹噁啉(50 g/t),克球粉(Clopidol)(125～250 g/t)及痢特灵(100 g/t)对考氏住白细胞虫的预防有效,用作治疗也有一定的疗效。用克球粉125～250 g/t拌入饲料对预防史氏住白细胞虫有效。

预防 主要应防止脊椎动物宿主与昆虫媒介的接触,在蠓和蚋的活动时期,每隔 6～7 d,在鸡舍内外用 5%敌敌畏或蝇毒磷乳剂喷洒,以减少昆虫的侵袭。

饲养易感的禽类应选择在不适于蠓和蚋生存的地区。

十三、兔脑原虫病

兔脑原虫病是由兔脑原虫(*Encephalitozoon cuniculi*)引起的一种慢性疾病,通常呈隐性感染。本病在北京地区的一些兔群中流行,发病率为 15%～76%。野生家兔也有发生本病的报告。

兔脑原虫属原生动物小孢子虫目。其成熟孢子的大小为 2.5 μm×1.5 μm,呈卵圆形,有相当厚的细胞壁。关于兔脑原虫的发育史目前尚未充分阐明,其感染途径也不十分清楚。通过口服病料、鼻内接种和注射能使兔和小白鼠的人工感染获得成功。接种小鼠和正常小鼠的接触也能引起感染。感染兔的尿液中有兔脑原虫,通过口服有感染性的尿液可传染本病。

症状 通常呈隐性感染,但各种年龄的兔均可感染发病。感染兔偶尔可表现出神经症状—惊厥、颤抖、斜颈、麻痹和昏迷,病兔常出现蛋白尿。病的后期可出现拉痢,后肢的被毛被沾污,局部产生湿疹。

诊断 本病生前不易诊断,死后通常用病理组织学的方法确诊。肉芽肿性脑炎是本病的特征性病变,在急性病变的肾脏中有时可发生脑原虫。

防治 目前尚无有效的治疗药物和防治办法。

十四、鸡 羽 虱 病

羽虱属节肢动物门昆虫纲食毛目的一些外寄生虫。它们寄生在体表,或附于羽毛上,或附于绒毛上,引起禽体奇痒。由于啄痒造成羽毛断折,消瘦,产蛋量下降,给养禽业带来很大的损失。

这一类寄生虫数量很大,共有 40 余种,其共同的特征是体形小,长 1～2 mm,无翅,身体由头、胸、腹 3 部分组成。头部一般较胸部宽,上有 1 对触角,口器为咀嚼式,有 3 对足。

发育史 羽虱是一种永久性的寄生虫,其全部发育史都在禽体上进行。它的发育为不完全变态,所产的卵常集合成块,黏着在羽毛的基部,经 5～8 d 孵化为幼虱。外形与成虫相似,在 2～3 周内经 3～5 次蜕皮变为成虫。传染途径主要是靠直接接触,一年四季均可发生,但冬季常较严重。

致病作用 羽虱以家禽的羽毛和皮屑为食,有时也吞食皮肤损伤部分的血液。寄生数量多时,病鸡瘦弱,羽毛脱落,生长发育阻滞,产蛋量下降,皮肤上有损伤,有时皮下可见有出血块。

防治　主要是杀灭鸡虱。对鸡舍、鸡笼及饲槽、饮水槽等用具进行彻底消毒。

过去一直沿用滴滴涕或六六六杀灭鸡虱。近年来由于这些药物的残毒严重，现已被禁用。根据试验，可用敌虫菊酯(S-5602)，北京菊酯或溴氢菊酯等除虫菊酯类药物杀灭鸡虱，效果很好。其方法为：

(1)喷雾法：对笼养鸡可将25％敌虫菊酯通用油剂作为原液，用水配成0.1％乳剂，直接向鸡体上喷洒。

(2)砂浴法：鸡场的运动场里建一方形浅池，在每50 kg细沙内加入硫磺粉5 kg，充分混匀，铺成10～20 cm的厚度，让鸡自行砂浴。

(3)对地面上养的鸡群，可将蝇毒磷、马拉硫磷和倍硫磷等粉末撒在垫料上。

十五、鸡刺皮螨病

鸡刺皮螨是一种常见的体外寄生虫，危害性颇大。虫体呈椭圆形，有四对足，均长在躯体的前半部。吸饱血后体长可达1.5 mm，呈暗红色。螯肢1对，细长如针，以此刺破皮肤吸取血液。

发育史　本虫的发育史约需7 d完成。雌螨在吸饱血后12～24 h产卵于禽体周围的墙缝内，夏季时经48～72 h孵出第一期幼虫，第一期幼虫不吸血，再经24～48 h蜕皮变为第二期幼虫，第二期幼虫吸血后变为成虫。刺皮螨通常在夜间爬到鸡体上吸血，白天隐匿在鸡巢中。

症状　当虫体大量寄生时，病鸡可出现贫血、消瘦、产蛋量下降。幼鸡由于失血过多，可导致死亡。此虫还可传播禽霍乱和鸡螺旋体病。

防治　驱螨的药物为0.25％敌敌畏乳剂、蝇毒磷、马拉硫磷、敌虫菊酯或溴氢菊酯等。上述药物用高压喷雾器喷洒或涂刷栖架、褥草和墙壁等处，其余用具可用开水洗刷或暴晒。

十六、鸡突变膝螨病

鸡突变膝螨(*Cnemidocoptes mutans*，图12-17)寄生在鸡的脚、腿的无毛处，有时也可寄生在鸡冠和鸡髯上。雌虫长0.4 mm，雄虫长0.2 mm。本虫可穿入皮下，在皮下组织中形成隧道，并在寄生部位的表面形成大量皮屑和痂皮，严重寄生时可造成跛行。外观上鸡脚极度肿大，好像附着一层石灰，因此又称鸡石灰脚。如不及时治疗可影响鸡的运动、采食和产卵。

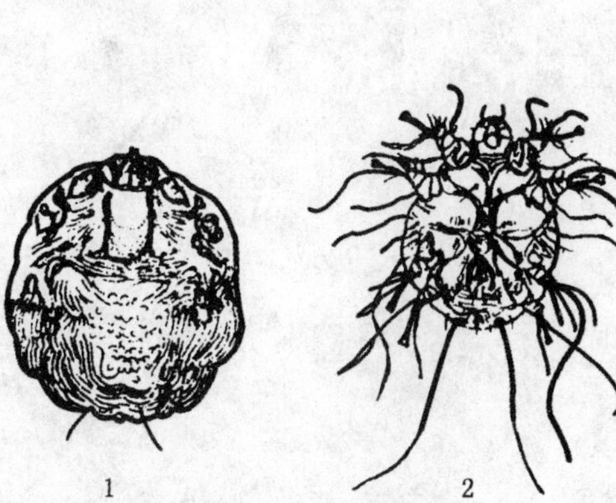

图12-17　鸡突变膝螨

1. 雌螨背面　2. 雄螨腹面

(蒋金书)

治疗　在治疗前，先将病鸡的脚浸入温肥皂水中，使痂皮泡软。除去痂皮，涂上

20%的硫磺软膏,或2%石炭酸软膏,间隔数天再涂一次。或者将病禽的脚浸在机油、柴油或煤油中,但要注意勿使油液弄到羽毛或双翅上部的皮肤。油浸法通常一次已足,若在1个月内仍未杀灭鸡突变膝螨,则可重复一次。

十七、兔疥癣病

兔疥癣病是由蜱螨目的各种螨寄生于兔体而引起的,本病传播快,发病率可高达40%,可引起兔的死亡。

症状 螨在秋冬季节,特别在潮湿阴暗的条件下繁殖很快,传播迅速,往往能造成大批发病。螨在兔体上挖掘隧道或穿刺皮肤,除机械性刺激外,还能分泌毒素,使神经末梢受刺激而发痒。病兔由于擦痒而引起皮肤发炎,致使皮肤表面发生疱疹、结痂、脱毛、皮肤增厚、龟裂等一系列病理变化。此外,螨的毒素可引起代谢紊乱,造成病兔消瘦和贫血等症状。

诊断 根据流行病学资料及症状可作出初步诊断。本病的确诊需在患部的皮屑中找到虫体。可参照羊和猪的疥癣病诊断方法。

治疗 在治疗前必须做好准备工作,清除病兔身上的污物及痂皮,用5%肥皂水或2%温来苏儿浴液刷洗。要剪去患部及邻近健康部位的被毛。对清除下来的被毛及污物,应集中起来焚烧。常用的治疗药物有下列几种:

1. 敌百虫 配成1%~2%水溶液,喷洒患部,隔周重复使用1次。

2. 伊维菌素或阿维菌素 每千克体重0.5 mg皮下注射;最好用伊维菌素或阿维菌素浇泼剂(按每千克体重0.5 mg)擦耳,隔2周重复使用1次。

3. 双甲脒 0.01%~0.05%涂擦或泼洒患部,7~10 d后重复1次。

4. 民间用废机油 经稀释后的棉籽油或煤油涂擦,据称疗效好。

预防 可参照牛羊螨病和猪疥螨病。

附　畜禽的主要蠕虫的虫卵形态图

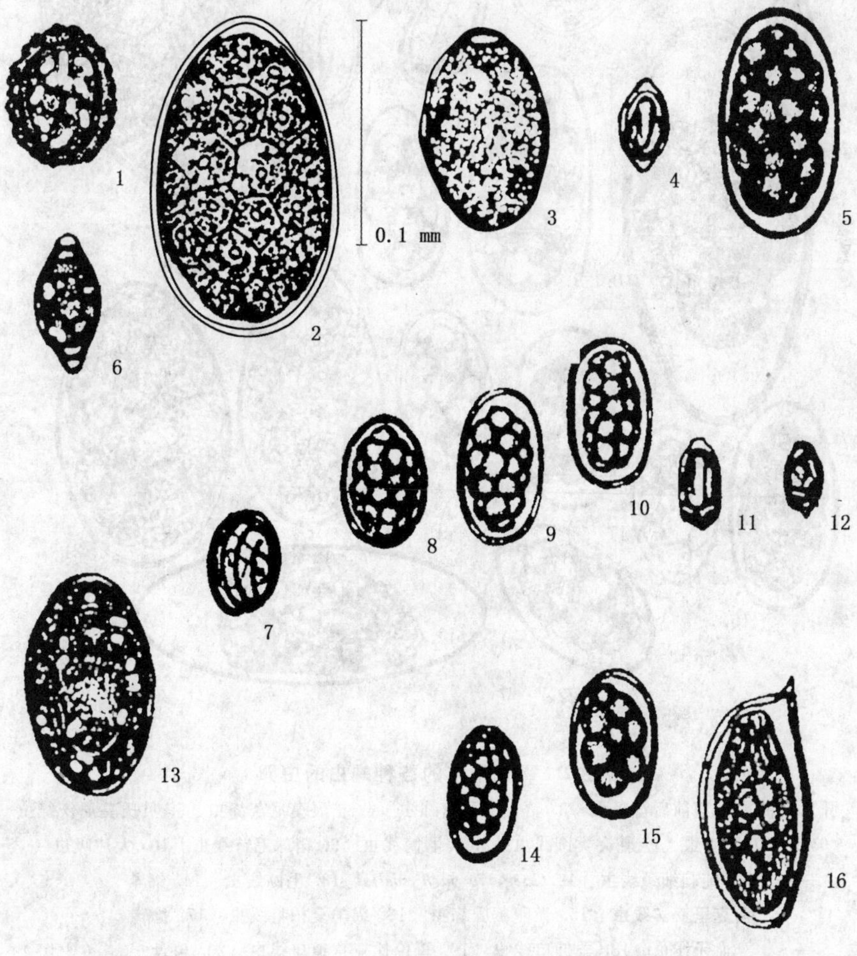

附图 1　寄生于猪的各种蠕虫的虫卵

1. 猪蛔虫　2. 布氏姜片虫　3. 卫氏并殖吸虫　4. 圆形蛔状线虫　5. 有齿冠尾线虫　6. 猪毛首线虫　7. 长刺后圆线虫　8. 双管鲍氏线虫　9. 有齿食道口线虫　10. 红色猪圆线虫　11. 六翼泡首线虫　12. 猪短片吸虫　13. 蛭形巨吻棘头虫　14. 康氏球首线虫　15. 板口线虫　16. 猪分体吸虫

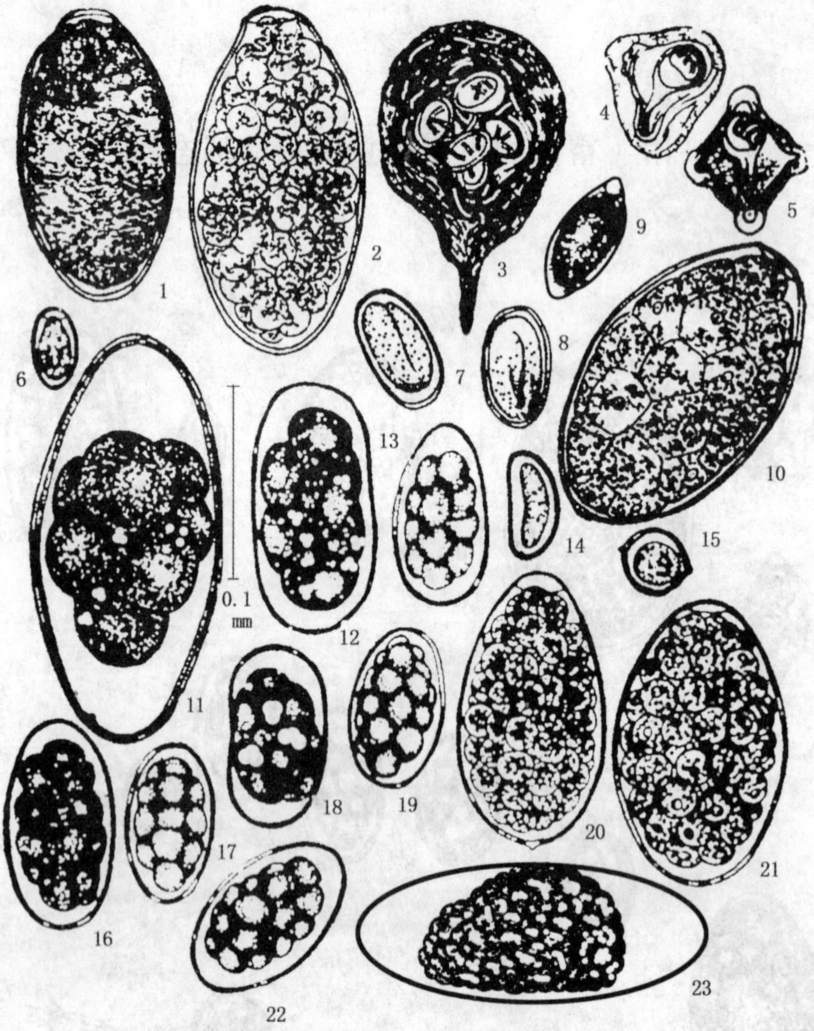

附图 2　寄生于羊的各种蠕虫的虫卵

1. 肝片吸虫　2. 鹿前后盘吸虫　3. 贾氏曲子宫绦虫　4. 扩展莫尼茨绦虫　5. 贝氏莫尼茨绦虫　6. 矛形双腔吸虫　7. 乳突类圆线虫　8. 美丽筒线虫　9. 鞘球毛首线虫　10. 大片吸虫　11. 钝刺细颈线虫　12. *Gaigeria pachyscelis*　13. 毛圆线虫　14. 绵羊斯克里亚宾线虫　15. 无卵黄腺绦虫　16. 绵羊夏柏特线虫　17. 捻转血矛线虫　18. 羊仰口线虫　19. 哥伦比亚食道口线虫　20. 殖盘吸虫　21. 大拟片形吸虫　22. 环纹奥斯特线虫　23. 马氏马歇尔线虫

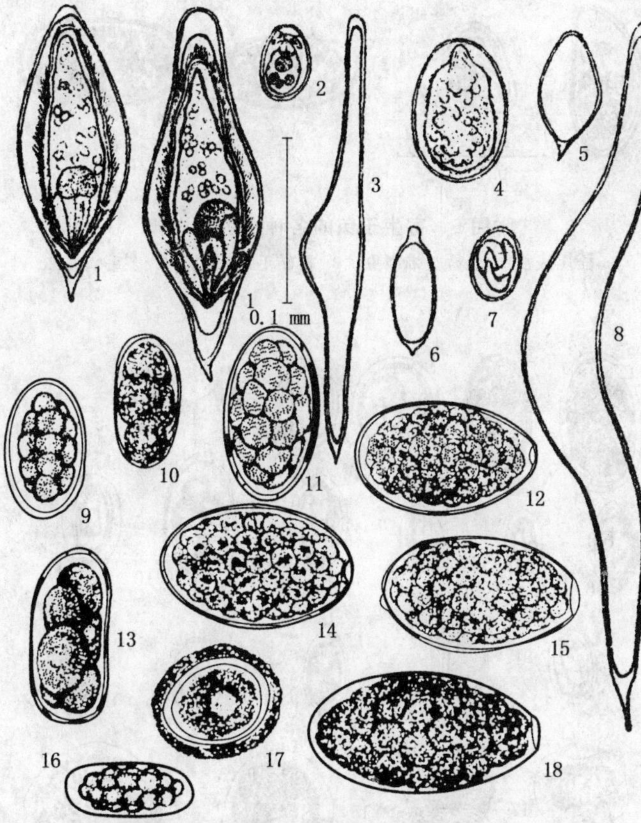

附图 3　寄生于牛的各种蠕虫的虫卵

1. 牛分体吸虫　2. 胰阔盘吸虫　3. 梭形分体吸虫　4. 日本分体吸虫　5. 印度分体吸虫
6. 土耳其斯坦鸟毕吸虫　7. 罗氏吸吮线虫　8. 鼻分体吸虫　9. 辐射食道口线虫
10. 咽比翼线虫　11. 指形长刺线虫　12. 菲策吸虫　13. 牛仰口线虫
14. 锥状卡妙吸虫　15. 腹袋吸虫　16. 点状古柏线虫
17. 牛新蛔虫　18. 长菲策吸虫

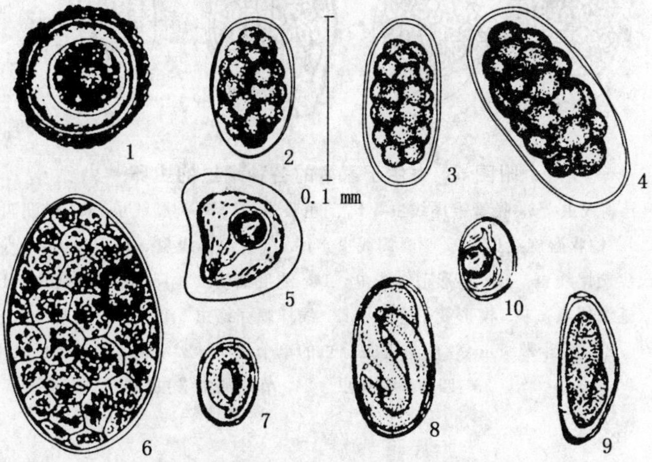

附图 4　寄生于马的各种蠕虫的虫卵

1. 马副蛔虫　2. 圆形线虫　3. 毛线虫　4. 细颈三齿线虫　5. 裸头绦虫　6. 埃及腹盘吸虫
7. 韦氏类圆线虫　8. 安氏网尾线虫　9. 马蛲虫　10. 侏儒副裸头绦虫

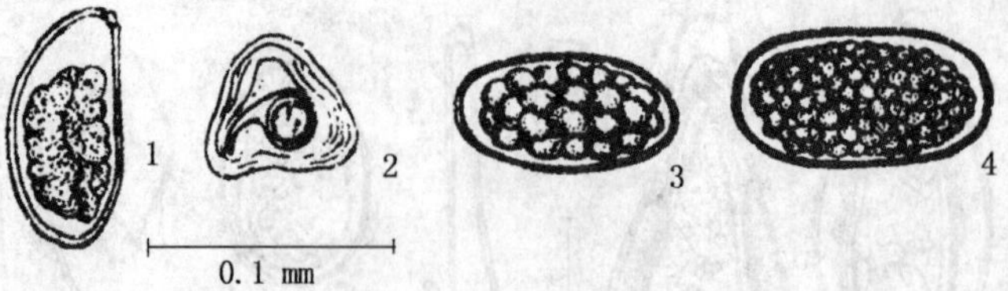

附图5　寄生于兔的各种蠕虫的虫卵

1. 栓尾线虫　2. 易变带绦虫　3. 扭转毛圆线虫　4. 多毛胃线虫

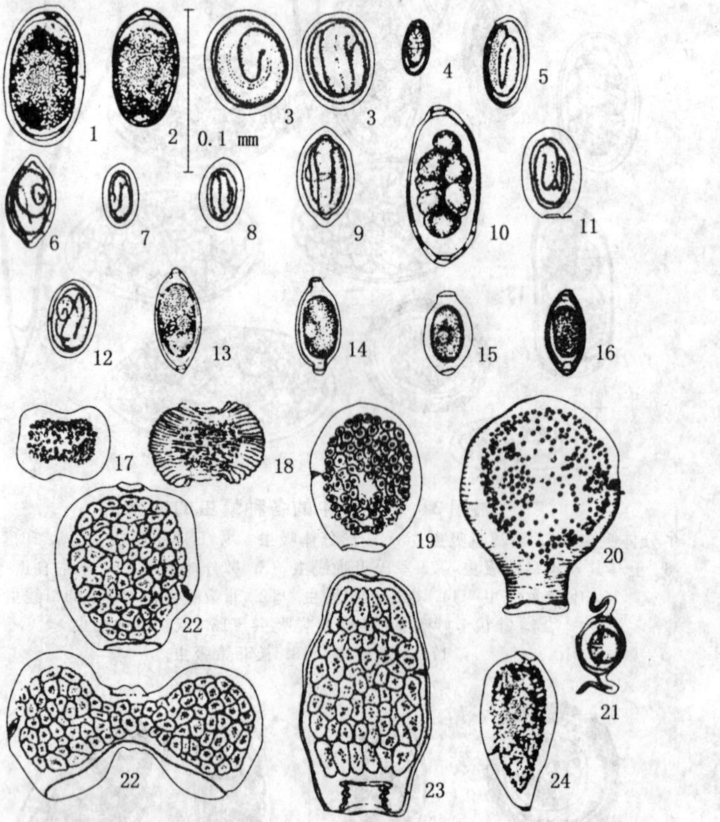

附图6　寄生于家禽的各种蠕虫的虫卵

1. 鸡蛔虫　2. 鸡异刺线虫　3. 吸管锥尾线虫　4. 前殖吸虫　5. 鸟类圆线虫　6. 美洲四棱线虫　7. 长鼻分咽线虫　8. 钩状唇旋线虫　9. 嗉囊筒线虫　10. 气管比翼线虫　11. *Hartertia gallinarum*　12. 孟氏尖旋尾线虫　13. 环形毛细线虫　14. 钝毛细线虫　15. 鸽毛细线虫　16. 长颈毛细线虫　17. 楔形变带绦虫　18. 线样膜壳绦虫　19. 有轮赖利绦虫　20. 漏斗带绦虫　21. 漏斗带绦虫的单个虫卵　22. 棘沟赖利绦虫　23. 四角赖利绦虫　24. 节片戴文绦虫

第十三章　寄生虫病诊断技术

一、畜禽寄生虫病的诊断方法

寄生虫病的诊断与其他疾病的诊断有所不同。蠕虫病的临床症状往往是非特异性的，只能作为辅助指标，主要的是依靠实验室检查虫体、幼虫和虫卵，才能作出正确判断。

(一)蠕虫病的诊断方法

蠕虫病的生前诊断：包括蠕虫虫体检查法、蠕虫虫卵检查法和蠕虫幼虫检查法。

1. *蠕虫虫体检查法*　为了发现粪便中的肉眼可见的虫体或绦虫节片，可用肉眼直接检查或用放大镜检查病畜的粪便。较好的办法是采用反复洗涤法，即将被检查的粪便放在较大的容器内，加入5～10倍清水，彻底搅拌后静置一段时间，将上层液体和杂物倒去，要仔细，不要使沉淀物浮起，然后再加入清水，搅拌均匀后静置。如此反复进行数次，直至上层液体透明为止。然后弃去上层清液，将剩下的沉渣分小批摊放在磁盘内，用肉眼或放大镜检查，将发现的虫体和绦虫节片用针或毛笔挑出，然后进行逐条鉴定。

2. *蠕虫虫卵检查法*　可根据各种虫卵的特性，采取某种适宜的方法，或同时采用几种方法进行检查。

(1)漂浮法。原理是采用比重大的溶液稀释粪便，将粪便中比重较小的虫卵浮集到溶液的表面。此法适用于检查大多数线虫卵和绦虫卵，对比重较大的吸虫卵和棘头虫卵一般效果较差。

常用的漂浮液为饱和食盐水。在1 000 mL的沸水中加400 g食盐，继续加温，使完全溶解；用纱布或脱脂棉过滤，装瓶备用。冷却后如有结晶析出，即为饱和食盐水，其比重为1.180。作检查时，取5～10 g粪便置于一个100～200 mL的圆柱形容器内(其口径不宜超过5 cm)，加入少量饱和食盐水，搅拌均匀；继续加入饱和食盐水约至20倍，静置30 min。更好的是将这份粪液通过一个铜筛(或两层纱布)过滤到另一个同类型的容器内，静置30 min左右，这时，比重小于饱和食盐水的虫卵均已浮集于液面上。检查时，用一直径5～10 mm(铅笔直径大小)的铁丝圈，平着轻触液面，使液体在铁丝圈中形成一个液膜，然后将此液膜抖落在载玻片上，加盖玻片后镜检。

为了提高漂浮液的检出率，可用其他比重较大的溶液代替饱和食盐水，如硫代硫酸钠溶液(1 000 mL水中溶解1 750 g硫代硫酸钠)、硝酸钠溶液(1 000 mL水中溶解1 000 g硝酸钠)、硝酸铅溶液(1 000 mL水中溶解650 g硝酸铅)和硫酸镁溶液(1 000 mL水中溶解920 g硫酸镁)等。这种溶液适于漂浮比重较大的虫卵。各种盐类溶液均应保存于13℃以上的室温中。

(2)沉淀法(反复沉淀法，连续洗涤法)。原理是用比重低于蠕虫卵的常水，使粪便中的虫卵沉淀集中。

取粪便 5～10 g，与常水 10 倍量混合，拌匀。用铜筛（或双层纱布）过滤，滤液静置 30 min 后，小心地倾出上层液体（避免沉渣浮起），再加水与沉淀物重新拌匀，再静置，如此反复数次，直至上清液透明为止。然后小心地倾去上层液，用吸管自容器底部吸取沉淀物滴于载玻片上，加盖玻片镜检。此法常用于检查吸虫卵和棘头虫卵。

(3)直接涂片法。这种方法简单方便，适于快速检查，但检出率很低。方法是先取甘油和水的等量混合液 1～2 滴，滴于载玻片上。然后用火柴棍蘸取少量粪便，在载玻片上与甘油水等量混合液充分拌匀，再用镊子夹去其中不能破碎的粪渣，必要时再滴入 1～2 滴甘油水等量混合液，调匀，加盖玻片镜检。此法检出率低，每次至少要检查 3～4 张涂片。

(4)肛门皱襞刮削检查法。用于马蛲虫的虫卵检查。取边缘钝圆的小木铲，先在甘油和水的等量混合液中蘸湿，然后在病马肛门四周的皱襞、尾根的内侧及会阴部刮取皮屑，将刮得的皮屑涂布于载玻片上，再滴入 2～3 滴甘油水混合液，加盖片镜检。

3. 线虫幼虫检查法

(1)漏斗幼虫分离法（贝尔曼法）。主要用于诊断家畜的肺线虫病（网尾线虫病、原圆线虫病和缪勒线虫病等），也用于从家畜的组织或器官、饲草和土壤中分离线虫幼虫。供检粪便应直接采自动物的直肠。取 15～20 g 粪便，放入直径约 10 cm 的铜筛中。再取一直径约 15 cm 的玻璃漏斗，下端连接一个长约 10 cm 的胶皮管。将漏斗放于漏斗架上，向漏斗里注入 40℃ 的温水，然后将铜筛浸入水中，使粪便淹没，在室温下静置 1～2 h，此时新孵出的活泼幼虫都沉于胶皮管的底部，弃去上清液，取其沉渣滴于载玻片上镜检，即可看到活动着的幼虫。

(2)平皿幼虫分离法。取被检粪球 3～4 个，放入平皿或表面皿中，加适量 40℃ 温水，经 5～10 min，除去粪球，用低倍镜检查平皿中的液体，看有无活动的幼虫存在。

(3)幼虫培养检查法。主要用于诊断圆形线虫病。因为圆形目的多种线虫虫卵在形态构造和大小上非常相似，镜检时往往不易辨认，所以需要根据其第 3 期幼虫（感染性幼虫）的形态进行鉴定。方法是取被检新鲜粪便放在一平皿内，堆成丘状，并略高出平皿边缘，置25～28℃恒温下（在夏季，也可放在室温中）培养。在培养期间应每日滴加少量清水，以保持正常湿度。经 7 d 左右，粪便中的该类虫卵即已孵化为幼虫，并发育为第 3 期幼虫，幼虫多聚集在粪堆顶部周围的平皿盖上的蒸汽凝滴中，用滴管吸取蒸汽凝滴，置载玻片上镜检，看有无活动的幼虫，或用贝尔曼幼虫分离法从培养的粪便中分离幼虫。

(二)原虫病的诊断方法

1. 血孢子虫病诊断

(1)血液直接涂片检查法。从病畜耳部采血一滴，直接涂成血片，自然干燥。用甲醇固定 2～3 min，再用姬姆萨染色液染色 30～40 min（或待血片干燥后，直接用瑞氏染色液染色），水洗，干燥后镜检。

(2)浓集涂片检查法。从颈静脉采血 3～5 mL，按 1∶1 比例混入 2% 枸橼酸钠溶液，经充分混合后，低速离心 3～5 min（500～700 r/min）。用吸管吸出上层液体（其中仍含有多量的红细胞），移入另一沉淀管内，再分离 15～20 min（1 500～2 000 r/min）。除去上层液体，取沉淀物作涂片，固定，以姬姆萨染色液染色后进行镜检。因受虫体侵害的红细胞较轻，故落在第 2 次沉淀物内。

(3)淋巴结穿刺涂片检查法。主要用于诊断牛泰勒虫病。通常是穿刺肩前或股前淋巴结。在穿刺部位剪毛,消毒,用左手掐住淋巴结,右手用消毒过的20号注射针头快速地穿过皮肤,刺入淋巴结,待针头内有淋巴液时,即迅速拔下针头。继之用注射器推出管内的淋巴液,使滴落在洁净的载玻片上,再用针头推开淋巴液,制成涂片,自然干燥。固定和染色方法与血液涂片相同,然后用油镜检查石榴体。

2. 鞭毛虫病诊断

(1)血液压滴标本检查法。用于检查伊氏锥虫。从患畜耳部取1滴血,置于洁净的载玻片上,再加1滴生理盐水,混合后加盖玻片,置高倍显微镜下检查,观察活动着的虫体。

(2)血液集虫检查法。取颈静脉血5～10 mL,加抗凝剂混合,然后以1 500 r/min离心沉淀3～5 min。这时内容物大体分为3层:底层为红细胞,中层为白细胞,上层为血浆。虫体则集中于白细胞之上、血浆层的底部。吸取该部分的沉淀物镜检。如不能发现活动的虫体时,可再作抹片染色检查。

(3)泌尿生殖器官刮下物、分泌物压滴标本检查法。此法适用于马媾疫锥虫。用消毒的外科刮勺(或药勺),在母畜肿胀发炎的阴道壁上刮取病料;公畜可用消毒过的外科刮勺,伸入尿道5～10 cm处,在周壁上刮取病料。刮取的面积尽量大些,要刮得深些,直到见血为止。向刮取物中加入1～2滴生理盐水,混匀后做成压滴标本,用高倍镜检查。也可用镊子夹一块灭菌的纱布,蘸上生理盐水,插入公马尿道或母马的阴道,在黏膜发炎部位,擦拭数次;然后将纱布放在大沉淀管内,用生理盐水将纱布上的黏膜等病料洗下,再离心沉淀数分钟,将沉淀物用压滴法镜检。

3. 球虫病诊断

(1)粪便检查。用饱和盐水漂浮法检查粪便中的卵囊,漂浮的时间不宜过长,一般有20 min即可。在诊断鸭球虫病时,也可用硫酸镁饱和溶液代替饱和食盐水,漂浮5～10 min即可。

(2)病理组织检查。直接取死亡或迫宰动物的肠管或肝脏的病变部分——如肝脏上的白色小病灶和肠管黏膜上的病灶,将剪取的小块组织放在载玻片上,压碎,再加少量生理盐水(或2%重铬酸钾溶液),加盖玻片镜检裂殖体、裂殖子、大配子体、小配子体或合子等。有时可用载玻片的一端直接刮取病变部位镜检或作涂片染色。

(三)螨病的诊断方法

在患畜的病变皮肤与健康皮肤交界处,剪毛后,用蘸有液体石蜡的外科刀刮取皮肤组织,刮到稍微出血的程度。所取材料越多越好,不能少于0.5 g,将刮下物盛于平皿内待检,皮肤用碘酒消毒,常用的方法有下面几种:

(1)将检查材料放于培养皿中,加热至30～40℃后,将玻璃皿置黑色纸上,在明亮的光线下用放大镜检查,看是否有活动的虫体,虫体颜色浅,在黑色背景下易被发现;或将玻璃皿置于低倍镜或解剖镜下检查,发现虫体即可诊断。

(2)将检查材料放入盛有45～46℃温度的玻璃皿中,再将玻璃皿置低倍显微镜下检查。看是否有虫体从刮屑中爬出,并浮至水面上。

(3)将检查材料与液体石蜡混合,分批涂布于载玻片上镜检。

(4)将检查材料浸入5%～10%的苛性钾溶液中1～2 h,使痂皮软化溶解,再取沉淀物镜检。

(5)将检查材料浸入1%的苛性钾溶液中，煮沸数分钟，使痂皮完全溶解。然后离心沉淀，随后倒去上清液，取沉淀物镜检。或在沉淀物中加入60%的次亚硫酸钠溶液，再行离心分离，这时虫体即浮集于液面。取表面液体镜检，发现虫体即可确诊。

二、寄生虫的采集、保存与观察

(一)蠕虫的采集和保存

在采集蠕虫(包括吸虫、线虫和棘头虫)时切不可损伤虫体，最好是用器械把虫体从寄生部位挑出，而不采用镊子夹取。

将采得的虫体放入盛有0.9%食盐水的广口瓶中，加盖后用力振荡(在多数情况下，用清水亦可)，靠水的振荡作用将虫体洗净。

1. 吸虫的保存　对吸虫的详尽观察，需要染色并做成封片，因此在固定保存时，要使虫体处于完全平整的状态。大型吸虫平放在载玻片上，再覆盖一张载玻片，为的是将虫体压薄压平，但不能压破，重量不够时，可以盖2～3张玻片，甚至可以将虫体夹在两张玻片间，两端用橡皮带缚住，以橡皮带的松紧调节压力；小型吸虫可以用1～2张盖玻片压住。总之是依虫体的大小，采用不同的压法，达到压平压薄的目的。

要在虫体处在压平压薄的状态下加以固定，这时虫体被压在两张玻片间，用滴管将固定液沿两玻片间的缝隙挤入，使浸没虫体，过一段时间再用吸水纸吸去陈旧液，滴入新液，如此更换数次，至虫体完全硬固时，将虫体取出，放入保存液中。通常固定液和保存液均可用70%酒精。

2. 绦虫的保存　绦虫成虫的身体一般比较长大。为了使虫体舒展和平整，可用一量筒，先用手将绦虫的头颈部从水中取出，设法固定在量筒一端上(例如可用线缚住)，然后转动量筒，使虫体在量筒上平整地缠绕，并利用虫体自身的重量或悬垂力，使虫体舒展。缠绕完毕后，放入固定液中，视虫体的大小，固定数小时至24 h，然后取下，装瓶内保存。固定液和保存液亦为70%酒精，绦虫幼虫可直接放入70%酒精内保存。

3. 线虫的保存　通常有两种方法：

(1)将洗净的虫体放入下列溶液中：8.5 g食盐，30 mL福尔马林，1 000 mL水混匀。这种固定保存液能很好地保持线虫的自然形态，但若保存时间太久，或气候较热，则应注意增补液体，防止蒸发干燥。

(2)取70%酒精，加热至产生蒸汽后，将洗净的虫体放入。热酒精能使虫体舒展、伸直，便于以后观察，等酒精冷却后，取出虫体，放入下列液体中保存：70%酒精95份加甘油5份。

应当注意，寄生于血液、体腔、结缔组织的线虫(丝虫类)和寄生于支气管中的肺线虫，比较容易破裂，因此，应尽快地洗净、固定或不经荡洗而直接固定。

棘头虫可用70%酒精固定保存。

采集和保存的标本，都要写标签，做记录。先在一硬纸片上，用铅笔写明标本的登记号数、采集地点、原产地、虫名、宿主、寄生部位、保存液和采集的时间(年、月、日)，连同虫体一起投入瓶内保存。同样书写一张,贴在瓶外。

上述各项内容,应同时记录在一个登记簿上,并尽可能对所引起的病理变化也作一些叙述。只有这样做,所积累的标本和资料才能成为研究寄生虫的流行病学和地理分布的有益材料。

(二)蠕虫的观察

1. 吸虫的观察　在尸体剖检中,也有可能在肝、胰、肺、脑、脊髓、血管和皮下等处发现吸虫。若发现吸虫,应尽可能地观察活的虫体,因为这时它们的体表和某些内部构造都能看得清楚,足以做出初步的鉴定。方法是将虫体用生理盐水洗净后,置载玻片上,滴加少量生理盐水,加盖玻片,使虫体浸没在生理盐水中,再放在解剖镜或低倍显微镜下观察。迫不得已时,再将虫体固定,用苏木或洋红染色,透明后,制成封片观察。

鉴定吸虫的种类需根据它们的体型、体表和内部器官的构造等,包括虫体的大小、厚度、体表有无特殊的附属物(如小刺等等),吸盘的数目、位置和构造,消化器官的构造,雌雄性器官的构造,各种内部器官的相互位置关系;宿主类别和寄生部位等在鉴定上亦具有重要的参考价值。

2. 绦虫的观察　在尸体剖检中,可能发现一些种的绦虫幼虫寄生在家畜的肝、肺、腹腔、脑脊髓、肌肉和结缔组织等处。犬肠道中的某些带科绦虫(成虫),对人有极大的危害性,必须引起注意。猪的消化道中,只有极少的一些绦虫(如伪裸头绦虫)寄生。草食动物消化道中的绦虫(成虫)对人类健康没有危害性。在禽的消化道中有多种绦虫寄生。

检出的绦虫(成虫),可用下述方法处理后观察:

(1)将头节和虫体末端部的孕卵节片直接(不经固定)放入乳酸苯酚液中,透明后在显微镜下观察。乳酸苯酚液的成分为乳酸 1 份,石炭酸 1 份,甘油 2 份,水 1 份。

(2)取成熟节片直接(不经固定)置醋酸洋红液中染色 5～30 min,移入乳酸苯酚液中透明,然后观察。醋酸洋红液的配制方法为用 45%醋酸配制的洋红饱和溶液 97 份,再加用冰醋酸配制的醋酸铁饱和溶液 3 份。此液需现用现配。

对于幼虫,主要是观察其头部构造,可用 70%酒精固定后,再以乳酸苯酚液透明,然后观察。对于成虫,如不能依前法直接处理,则须用 70%酒精固定其成熟节片,按常规操作,经染色、透明制成封片观察。

3. 线虫的观察　活体标本在生理盐水中观察,各种结构都是比较清晰的,固定后的标本,观察时必须用下列方法透明:

(1)保存于 3%福尔马林生理盐水溶液(巴氏液)中的,或 5%甘油酒精溶液中的虫体移入乳酸苯酚液中浸泡,刚移入时,虫体有皱缩现象,经过一段时间以后(视虫体大小,需 12～24 h),虫体恢复原状,即可在显微镜下观察。观察时,将虫体置载玻片上,滴加数滴乳酸苯酚,再覆以盖玻片,需使虫体完全浸没在两玻片间的乳酸苯酚液中。

(2)乳酸透明法。将纯乳酸代替乳酸苯酚,方法同上。

(3)甘油透明法。将保存于 5%甘油酒精溶液中的虫体依次移入含甘油比例较高的甘油酒精溶液中。

保存液:甘油 5 份,70%酒精 95 份

↓

甘油 10 份与 70%酒精 90 份混合液

↓

甘油 20 份与 70%酒精 80 份混合液

↓

甘油 40 份与 70%酒精 60 份混合液

↓

甘油 70 份与 70%酒精 30 份混合液

↓

移入纯甘油中，或放入温箱中，使酒精逐渐挥发。

视虫体的大小不同，每一级混合液中的浸泡时间从数小时到一昼夜。

用乳酸苯酚或乳酸透明的虫体，观察后应尽早地还回原来的保存液中。

第十四章　防治寄生虫病的药物

一、抗蠕虫药

(一)驱线虫药

1. 四咪唑(tetramizole)　又名驱虫净,是一种广谱而低毒的驱虫药,它对各种畜禽的线虫均有良好的驱虫效果,对猪棘头虫也有一定的驱虫作用。

(1)性状。本品为白色或微黄色结晶粉末,无臭,味苦。易溶于水,能溶于甲醇,稍溶于乙醇。性稳定。

(2)驱虫机制。本品可抑制虫体肌肉中的琥珀酸脱氢酶的活性,阻断延胡索酸盐还原为琥珀酸盐,因而影响虫体肌肉的无氧代谢,造成虫体肌肉麻痹。

(3)作用。四咪唑对畜禽的近70种寄生线虫的成虫和幼虫都有很好的驱除效果。特别对猪、牛、羊的肺线虫病有特效。

常用的兽用驱虫净有片剂和针剂两种,其剂量为:

牛、羊口服每千克体重15 mg,配成2%水溶液一次灌服,皮下注射为每千克体重6～8 mg,药量在10 mL以下时,可一次注完,超过此量时,需分2～3处注入。

马口服每千克体重15 mg,配成2%水溶液用胃管投服,注射剂量为每千克体重5～8 mg。

猪口服每千克体重15～20 mg,可拌入饲料内投服,注射剂量为每千克体重10 mg。

鸡口服每千克体重40 mg,可直接经口投服,或拌入饲料内喂服。

(4)毒性。超过治疗量3倍时可引起中毒死亡。中毒症状为肌肉发抖、运动失调、拉稀及呼吸困难等。

本品因毒性稍大,现已极少生产。

2. 左咪唑(levamizole)　左咪唑为四咪唑的左旋异构体,性状、驱虫作用及应用与四咪唑相似。本品具有剂量小、疗效更高、毒性更低、驱虫迅速和副作用轻微短暂等优点。

(1)性状。本品为白色针状结晶或结晶粉末,易溶于水,性状稳定。

(2)毒性。投服相当于驱虫净半量的左咪唑,可取得驱虫净全量的效果,而中毒剂量大体上与驱虫净相同,这就使左咪唑的安全范围较驱虫净大1倍,因此应用本品更为安全。

动物中毒及死亡的原因在于该药引起胆碱能神经过度兴奋,使神经对肌肉及腺体(唾液腺)的支配作用失去正常的调节,导致肌肉的抽搐,进而全身肌肉及呼吸肌麻痹,因此,左咪唑急性中毒时的解毒,可考虑使用抗胆碱药物,如阿托品等。

(3)用法。牛、羊、猪口服剂量均按每千克体重8 mg计算,溶于水灌服、混料喂服或饮水投服。

3. 噻苯达唑(噻苯唑,thiabendazole) 噻苯唑是一种广谱驱虫药,对多种寄生线虫有效。

(1)性状。本品为白色或乳白色粉末,无臭,无味。几乎不溶于水,可溶于乙醇(1∶150)。

(2)驱虫机制。本品能抑制虫体延胡索还原酶,阻止琥珀酸的形成,还阻止三磷酸腺苷的产生和辅酶Ⅰ的再生,因此影响虫体的代谢平衡。它对组织中移行的虫体和寄生在肠腔或附着、包埋在肠壁的成虫都同样有治疗作用,所以它是目前治疗旋毛虫病的有效药物。

(3)作用。本品对牛、羊毛首线虫、血矛线虫、奥斯特线虫、毛圆线虫、古柏线虫、食道口线虫和仰口线虫的成虫和幼虫均有高效。对绵羊矛形双腔吸虫也有良效。对马的副蛔虫、大圆形线虫、小圆形线虫和尖尾线虫亦有效。对猪的消化道线虫都有良好的驱虫效果,对鸡蛔虫也有效。

(4)用法。牛、羊按每千克体重 50～100 mg,治疗双腔吸虫病用每千克体重 150～200 mg;马每千克体重 25～100 mg;猪每千克体重 50～150 mg;鸡每千克体重 500 mg。可拌入饲料,或配成 20%悬浮液经口灌服或用胃管投服。牛、羊还可以进行瘤胃注射,或混入饮水中饮服。

4. 甲苯达唑(甲苯唑,mebendazole) 本品系苯并咪唑类广谱驱虫药,对线虫、绦虫等肠道蠕虫有较好的驱虫效果。

(1)性状。本品为白色或微黄色的粉末,无臭;不溶于水,不吸潮,在空气中稳定。

(2)驱虫机制。本品能抑制寄生虫对葡萄糖的利用,致使糖原空虚,导致三磷酸腺苷的缺乏,使虫体无法生存及生育,因此不仅有驱虫效能,且有抑制虫卵发育的作用。

(3)作用。对各种家畜的消化道线虫和绦虫均有驱除作用。

(4)用法。本品由于口服不溶解,吸收性低,故须应用 2～3 μm 的微粒结晶或磨成极细的粉末,以增加药物对虫体表面接触而发生作用。

马用每千克体重 10 mg;羊每千克体重 10～15 mg;猪每千克体重 10～20 mg;鸡每千克体重 30 mg。

5. 芬苯达唑(硫苯咪唑,fenbendazole)

(1)性状。本品为无色粉末,不溶于水。

(2)作用。对马、牛、羊、猪消化道各种线虫的幼虫和成虫具有高度活性。对牛、羊的矛形双腔吸虫、片形吸虫、绦虫也有较好的药效,且具有抑制产卵的作用。对马的大圆形线虫、小圆形线虫和马副蛔虫有很高疗效。对猪的红色猪圆线虫、猪蛔虫和食道口线虫的成虫和幼虫均有效。

(3)用法。马、牛、羊、猪的剂量均为每千克体重 5 mg。马、牛、羊可直接投服,或配成悬浮液灌服,猪可拌入饲料喂服。

6. 阿苯达唑(丙硫咪唑,albendazole)

(1)性状。本品为苯并咪唑类广谱驱虫药,其化学名称为 5-丙硫基-2-氨基甲酸甲酯苯并咪唑,是一种无臭无味的白色粉末,不溶于水。

(2)作用。本品具有广谱、高效、低毒、低残留等特点,能驱除牛、羊、马、猪和家禽的胃肠道线虫、绦虫及吸虫。

(3)毒性。使用本品驱虫较其他种驱虫药安全,如牛、羊一次口服每千克体重 100 mg 以下的剂量时,在临床上无不良反应,血常规、肝功能、肾功能均无明显变化,每日以每千克体重 10～15 mg 的剂量一次口服,连服 14 d 对怀孕母羊不会导致流产、早产、死胎、畸形等不良反应，鸡在每千克体重 1 000 mg 以下的剂量仍很安全，故本品按治疗剂量使用时，无任何副作用。

(4)用法。本品一次常用量按每千克体重计：马、牛、猪各为 10～20 mg，羊 5～15 mg，禽 5～15 mg。

7. 噻嘧啶(pyrantel)

(1)性状。本品为淡黄色或白色结晶粉末，无味，易溶于水。在溶液中稳定，粉末可长期保存，但对光线敏感，宜保存于有色瓶内，现用现配。

(2)作用。本品对畜禽的十多种消化道线虫有不同程度的驱虫效果，但对呼吸道线虫无效。对猪蛔虫的成虫和幼虫、马圆形线虫、绵羊的细颈线虫、血矛线虫、毛圆线虫、奥斯特线虫、古柏线虫、食道口线虫、仰口线虫、夏伯特线虫及鸡蛔虫等，都具有较好的驱虫效果。

(3)毒性。本品对不同畜禽的耐受性稍有差异，一般中毒致死量为有效治疗量的 5 倍以上。绵羊口服每千克体重 150～200 mg，无任何不良反应；250～300 mg，出现短暂精神沉郁、磨牙、弓腰等动作，但可迅速恢复。

(4)用法。牛、羊每千克体重 25～30 mg，马每千克体重 15～20 mg，猪每千克体重 30～40 mg，可混入饲料，或做成悬浮液灌服或饮服。本品对光线敏感，混入饲料中口服时，尽可能避免日光久晒。

8. 甲噻嘧啶(morantel)

(1)性状。本品是噻嘧啶的甲基衍生物，其性状与噻嘧啶相似。

(2)作用。本品对马、牛、羊、骆驼、猪、鸡等的消化道线虫都有较高的疗效，对呼吸道线虫无效。

(3)毒性。本品毒性低，安全范围大，敏感动物的最小致死量为每千克体重 150～200 mg，牛可耐受 20 倍的治疗量。

(4)用法。马、牛、羊、骆驼每千克体重 10 mg，猪每千克体重 15～20 mg。可用水溶液灌服，也可拌入饲料喂服，但在拌料时应避免日光久晒。

9. 甲氧啶(美沙利啶，methyridine)

(1)性状。本品为无色带甜味的液体，能溶解脂肪和橡胶。

(2)作用。本品在真胃中因受酸的影响，驱虫效力不稳定，因此主要对肠内寄生线虫效果好。对牛、羊毛圆线虫、细颈线虫、古柏线虫、奥斯特线虫、食道口线虫、毛首线虫有较好的效果；对血矛线虫、仰口线虫及网尾线虫也有一定的作用。对猪的类圆线虫和毛首线虫有效。对鸡的毛细线虫有高效，对鸡蛔虫也有效。

(3)毒性。牛、羊对甲氧啶有较大的耐受性，用大剂量每千克体重 400 mg 时，可出现运动失调，严重时倒地不起，4 h 后死亡。猪投每千克体重 600 mg 时可引起死亡。鸡皮下注射每千克体重 150 mg，不引起中毒死亡，825 mg 时则可造成死亡。

(4)用法。常用的为含 90％本品的灭菌水溶液，供皮下注射、瘤胃注射或饮水用。牛、羊每千克体重 200 mg，皮下或瘤胃注射；猪每千克体重 100～150 mg，皮下注射；鸡每千克体重 225 mg，皮下注射。

10. 敌百虫(dipterex)

(1)性状。本品为白色结晶粉末，具有氯仿的特殊气味，易潮解，能溶于水、乙醇、丙酮、苯、煤油等溶剂，有挥发性。固体状态时相当稳定，在水溶液中易逐渐分解失效。在碱性溶液中很快分解，在酸性溶液中较为稳定。

(2)驱虫机制。本品具有接触毒和胃毒作用，当昆虫接触后可经虫体的表皮渗入组织细胞，使虫体麻痹而死亡，或被昆虫食入，可由消化道吸收中毒。本品的驱虫机制在于渗入虫体组织后，能与胆碱酯酶结合，使胆碱酯酶失去分解乙酰胆碱的作用。这样，虫体内乙酰胆碱的蓄积增多，虫体先兴奋后麻痹而死亡。

(3)作用。对猪、牛、羊、马的消化道寄生线虫及部分吸虫(姜片吸虫等)均有良好效果，有防治牛皮蝇蛆、羊鼻蝇蛆、马胃蝇蛆及各种畜禽螨病的作用，并可杀死各种吸血昆虫。

(4)毒性。敌百虫能抑制动物体内的胆碱酯酶，使乙酰胆碱蓄积，出现副交感神经、运动神经、部分交感神经及中枢神经兴奋现象，并引起呕吐、腹痛、流涎、出汗、瞳孔缩小、呼吸困难、呼吸道分泌增加、肌肉痉挛、步态踉跄等一系列中毒症状。鸡对敌百虫极为敏感，猪的耐受性较高。

(5)用法。

①口服驱虫：用2%～3%水溶液(现用现配)灌服，剂量为牛、羊每千克体重0.04～0.08 g，绵羊每千克体重0.07～0.10 g，山羊每千克体重0.05～0.07 g，猪每千克体重0.10～0.12 g(可拌入饲料中喂服)。

②防治牛皮蝇蛆：用2%溶液300～500 mL涂擦牛体，隔30～40 d重复一次。

用于治羊鼻蝇蛆时，绵羊按每千克体重0.1 g，山羊每千克体重0.075 g，颈部皮下注射。

治马胃蝇蛆用每千克体重0.04～0.05 g，配成2%～3%溶液用胃管投服。

外用1%～2%水溶液局部涂擦或喷洒，可防治虱、蜱、螨等。

11. 敌敌畏(dichlorophos)

(1)性状。本品为白色结晶粉末，有挥发性，微溶于水，能溶于有机溶剂。市售为80%乳剂。

本品的杀虫机制和毒性与敌百虫相似，但杀虫力比敌百虫高8～10倍，故使用剂量小，较为安全。猪服用治疗剂量时，仅有2%的猪出现轻微的呕吐，并可在30 min内消失。

(2)用法。

①口服驱虫。猪每千克体重10～15 mg，溶于水，均匀拌入饲料中。幼驹用80%敌敌畏乳剂1 mL加500 mL水，制成乳剂投服，成年马用量为3 mL。犊牛1.6 mL，2～3岁育成牛2 mL，成年牛3 mL，配成200 mL乳剂投服，然后饮水。羊用80%乳剂按1∶9(敌敌畏1份，水9份)配制，现用现配，当年羔羊6～7 mL，成年羊8～12 mL，用金属注射器喷入口腔，而后使羊饮水。

②外用。配成0.2%～0.4%乳剂，进行局部涂擦或喷洒。

12. 哈乐松(haloxon) 本品是一种广谱驱虫药，属有机磷制剂，对家畜的毒性很小。

(1)作用。本品对牛、羊的血矛线虫、奥斯特线虫、毛圆线虫、古柏线虫、细颈线虫、类圆线虫的成虫有效。对马副蛔虫、马蛲虫、三齿线虫、普通圆形线虫有很高的驱虫效果。对猪蛔虫和结节虫的第4期幼虫和成虫有95%以上的效果。对鸡的毛细线虫有驱虫作用。

(2)毒性。绵羊的最大中毒量为治疗量的5倍，即每千克体重250 mg。对鸡的毒性稍大，每千克体重200 mg可出现精神不振，每千克体重400 mg时呈现步态不稳，呼吸加快；但24 h内症状可自行消失。

(3)用法。羊每千克体重30～55 mg，牛每千克体重37～50 mg，马每千克体重50～

75 mg，口服。猪每千克体重 50 mg，拌入饲料喂服。鸡每千克体重 50～100 mg，混入饲料中在 2～3 d 喂完。

13. 海群生（乙胺嗪，hetrazan）

（1）性状。本品为白色结晶，易溶于水和乙醇。

（2）作用。对牛、羊网尾线虫幼虫和成虫有效，对原圆线虫也有驱杀作用，对蛔虫和猪后圆线虫也有一定的效果，并用于治疗和预防马、羊脑脊髓丝虫病和治疗犬恶丝虫病。

（3）用法。治疗肺线虫病，牛每千克体重 50 mg，羊每千克体重 100 mg，猪每千克体重100 mg。

治疗脑脊髓丝虫病，马、羊每千克体重 100 mg。

治疗犬恶丝虫病，每千克体重 60～70 mg。

本品毒性小，安全范围大，可配成 20％溶液肉肌注射，必要时，隔数日重复注射 2 或 3 次。

14. 氰乙酰肼（cyacetacide）

（1）性状。本品为白色或微黄色结晶粉末，味微苦，略带臭味。可溶于水，微溶于乙醇，露置空气中逐渐吸潮变为黄棕色，最好现用现配。

（2）作用。本品对牛的胎生网尾线虫、羊的丝状网尾线虫、原圆线虫和猪的后圆线虫均有效。在发病初期及时应用，效果较好。

（3）毒性。超过治疗量 3 倍以上时可出现全身性痉挛，甚至死亡，服用维生素 B_6 可解毒。

（4）用法。口服每千克体重 17.5 mg，溶于水中灌服或拌入饲料喂服。注射每千克体重 15 mg，配成 10％溶液，皮下或肌肉注射。

（二）驱吸虫药

1. 海托林（hetolin）

（1）性状。本品为无臭无味的白色结晶，能溶于甲醇和乙醇，微溶于丙酮、乙醚和水。

（2）作用。本品专治牛、羊双腔吸虫病。

（3）毒性。牛、羊对本品耐受性良好，绵羊中毒剂量为有效治疗量的 4 倍以上，牛在应用每千克体重 240～800 mg 时，能引起肝脏损害和黄疸，经 2～3 周自行康复。

（4）用法。绵羊大群估重投药以每千克体重 40～50 mg 为宜，将药物配成 2％悬浮液，用瓶灌服。牛按每千克体重 30～40 mg 投服。

2. 海妥尔（六氯对二甲苯，血防 846，hetol）

（1）性状。本品为白色或微黄色结晶粉末，有微臭，无味，难溶于水，能溶于有机溶剂及动、植物油中。

（2）作用机制。本品对血吸虫的童虫和成虫均有抑制作用，但对童虫的效果优于成虫，对雌虫的作用优于雄虫。本药能使虫体细胞变性，肌肉活动能力减弱，引起童虫发育停滞和成虫性腺退化，雌雄分离，被血流带到肝脏，最终在肝脏内被白细胞和网状内皮细胞所吞噬。

（3）作用。对牛日本血吸虫、牛羊肝片吸虫、前后盘吸虫、双腔吸虫均有良好的效果，对猪姜片吸虫也有驱虫作用。

（4）用法。国产血防 846 有粉剂、片剂和血防乳干粉 3 种。

治疗血吸虫病，按总剂量每千克体重 700 mg 计算，平均分 7 d，每日 1 次加水口服。

治疗肝片吸虫病，牛每千克体重 200 mg，羊每千克体重 200～500 mg。

治疗猪姜片吸虫病，每千克体重 200 mg。

3. 硝氯酚(拜耳 9015，menichloropholan)

(1)性状。本品为深黄色结晶粉，不溶于水，略溶于乙醇，易溶于氢氧化钠溶液、丙酮和冰醋酸中。本品有粉剂、片剂和针剂 3 种。

(2)作用机制。本品抑制琥珀酸脱氢酶，不抑制酯酶，其主要杀虫机制在于对片形吸虫能量代谢的影响和反氧化磷酸化作用，扰乱虫体的氧化代谢，使虫体死亡。

(3)毒性。本品毒性小，用治疗剂量无任何副作用。加大剂量(每千克体重 16 mg)时个别牛出现精神沉郁、食欲减退、呼吸困难等毒性反应，严重者因呼吸窒息而死。

(4)用法。本品对肝片吸虫病有特效，对绵羊莫尼茨绦虫也有效。牛每千克体重 3～4 mg，绵羊每千克体重 4～5 mg，拌入饲料喂服或混入饮水灌服。

采用针剂时，牛按每千克体重 0.5～1 mg，绵羊每千克体重 0.75～1 mg，深部肌肉注射。

4. 硫溴酚(抗虫 349，thiobromophenol)

(1)性状。本品为白色片状结晶，难溶于水，能溶于氯仿或四氯化碳，溶于丙酮或醋酸乙酯中。

(2)作用。对牛、羊肝片吸虫的成虫和童虫均有杀灭作用。

(3)毒性。本药的化学结构式与硫双二氯酚相似，但其毒性较低，疗效较高，仅有部分牛、羊出现精神较差、减食、稀便，经 1～3 d 自行恢复。

(4)用法。本品为片剂(0.5 g)。

黄牛每千克体重 40～50 mg，水牛每千克体重 30～40 mg，绵羊每千克体重 50～60 mg，山羊每千克体重 30～40 mg，可混入饮水中灌服或拌入料中喂服。

5. 四氯化碳(carbon tetrachloride)

(1)性状。本品为无色挥发性液体，不溶于水，可溶于有机溶剂。

(2)作用。对肝片吸虫和某些线虫有强烈毒性，使其活动性降低，以致麻痹死亡。但对未成熟的肝片吸虫则无效。主治羊的肝片吸虫，对鸡的前殖吸虫和寄生于消化道内的吸虫和线虫有驱虫作用。

(3)毒性。本品是一种原浆毒，对局部组织有强大的刺激性。大量吸收后可抑制中枢神经系统，损害心脏和肝脏。各种家畜中以牛和猪对本品最为敏感，羊和骆驼次之，马和犬较不敏感。四氯化碳中毒时血钙往往降低，如预先补充钙剂则可减轻部分毒性反应。牛、羊中毒时注射葡萄糖酸钙和氯化钙等可以解救。

(4)用法。四氯化碳可用于治疗羊肝片吸虫病，马的副蛔虫病、圆形线虫病和蛲虫病，鸡的蛔虫病和异刺线虫病。

马的口服剂量：成年马 20～40 mL；1～2 岁马 10～20 mL；1 岁以下马 5～10 mL。用胶囊装服或胃管投服。

羊可用肌肉注射或瘤胃注射，成年羊 2 mL，6 个月至 1 岁羔羊 1 mL。

鸡的剂量：成年鸡 2～3 mL，2～3 月龄雏鸡 1 mL，用细胶管插入食道灌服，或用注射器作嗉囊注射。

6. 硝硫氰胺(7505，amosconate)

(1)性状。本品为无味无臭的黄色结晶粉末，极难溶于水，而脂溶性很高。

(2)作用。本品对日本血吸虫有强烈的杀虫作用，它可使虫体收缩，吸盘无力，致使寄生于肠系膜静脉和门静脉的虫体丧失吸附血管壁的能力,后被血流冲至肝内小静脉,到达肝内小静脉的虫体发生退行性变化,1 个月后虫体几乎全部死亡。

(3)毒性。对黄牛和水牛用 2%硝硫氰胺水悬液按每千克体重 5 mg,一次静注能产生呼吸加快、咳嗽等呼吸系统反应和步态不稳、身体向一侧歪斜等神经系统反应。这些副作用持续时间不长,程度不重,在发生后 6～20 h 内不作任何处理可自行恢复正常。

(4)用法。配成 2%的水悬液。黄牛每千克体重 1.5 mg,一次静脉注射;水牛每千克体重 1 mg,一次静脉注射。

(三)驱绦虫药

1. 灭绦灵(氯硝柳胺,niclosamide)

(1)性状。本品系水杨酰胺衍生物,为淡黄色、无味、无臭的粉末,难溶于水,微溶于乙醇、氯仿和醚中。

(2)作用。对绵羊和山羊的绦虫以及移行在真胃和小肠中的前后盘吸虫的童虫均有效。对马和牛的绦虫也有作用。用药后 1～3 h 排出虫体。羊对本药的耐受性高,曾给予 5～10 倍治疗量而不中毒。用低浓度(0.2～0.5 mg/kg),能杀死钉螺和钉螺卵,效率较五氯酚钠高 10 倍。

(3)用法。市售产品为片剂,每片含 0.5 g。牛每千克体重 60～70 mg;绵羊、山羊每千克体重 75～80 mg;马每千克体重 200～300 mg;鸡每千克体重 50～60 mg;犬每千克体重 100～125 mg,口服。感染有细粒棘球蚴的犬,可投服 4 倍的治疗量。

2. 硫双二氯酚(别丁,bithionol)

(1)性状。本品为白色或灰白色结晶粉末,难溶于水,可溶于丙酮、乙醇、乙醚等有机溶剂。

(2)作用。对肝片吸虫、前后盘吸虫、鸡绦虫及羊莫尼茨绦虫有驱杀作用,其作用机制为阻止三磷酸腺苷的合成,从而导致虫体的能量代谢障碍。

(3)毒性。毒性较低,应用治疗量不引起毒性反应,剂量增高可出现食欲减退、拉稀等症状,黄牛较水牛敏感。每千克体重 100 mg 的剂量时,出现较严重的中毒反应(精神沉郁、停食,反刍停止),一般不经处理可逐渐恢复。

(4)用法。可将药品与适量酒精溶解后加水制成悬浮液灌服,或与精料混合成丸剂投服,亦可将药物拌入饲料内喂服。鸡驱虫时用片剂。牛的剂量为每千克体重 40～60 mg;羊每千克体重 80～100 mg;马每千克体重 10～20 mg;鸡每千克体重 150～200 mg;猪每千克体重 80～100 mg;犬每千克体重 100 mg。

3. 丁萘脒(bunamidine)

(1)性状。有两种制剂:

①盐酸丁萘脒,为白色结晶粉末,可溶于水,易溶于乙醇。

②羟萘酸丁萘脒,为淡黄色结晶粉末,不溶于水,可溶于乙醇,其毒性较前者低。

(2)用法。本品主要用于驱除绵羊莫尼茨绦虫,犬的复孔绦虫、泡状带绦虫、豆状带绦虫和细粒棘球绦虫等。绵羊的剂量为每千克体重 12.5 mg,口服。对重症病例可用每千克体重 25 mg。犬每千克体重 25～50 mg。未断奶的幼犬和幼猫禁用。

4. 溴羟替苯胺(resorantel)

(1)性状。本品为白色粉末,不溶于水。

(2)作用。对绵羊莫尼茨绦虫有高效。对前后盘吸虫也有效。

(3)毒性。本品对动物毒性低,绵羊可耐受3倍治疗量,副作用(腹泻和废食)少见,且较短暂而轻微。

(4)用法。牛、羊每千克体重65 mg,制成悬浮液灌服。

5. 吡喹酮(praziquantel)

(1)性状。本品为无色、无气味而带有苦味的结晶,略溶于水,可溶于大多数溶剂中。

(2)作用和用法。本品对各种血吸虫病有效,还可使进入钉螺体的幼虫发育受阻,它是一种较为理想的抗血吸虫新药。本品对绦虫成虫及未成熟虫体有效。对犬的泡状带绦虫、多头绦虫、细粒棘球绦虫的推荐量为每千克体重5 mg。试验表明对细颈囊尾蚴、羊多头蚴及猪囊尾蚴均有效。有人试用每千克体重50～100 mg,颈部肌注,能杀死猪囊尾蚴。据报道,对绵羊矛形双腔吸虫也有较好的效果。

6. 硫酸铜(copper sulfate)

(1)性状。本品为块状透明的结晶,易溶于水,微溶于乙醇。

(2)作用。本品是驱除羔羊和犊牛的莫尼茨绦虫的有效药物,也能驱除捻转血矛线虫和毛圆线虫,其作用机制为铜离子破坏虫体的氧化还原过程。

(3)用法。1%硫酸铜溶液经口灌服,其剂量为:羔羊1～3月龄15～30 mL;3～6月龄30～45 mL;成年羊60～100 mL;成年山羊不超过60 mL;犊牛3～6月龄120～150 mL。

(4)注意事项。

①驱虫时溶液浓度不宜高于1%,否则强烈刺激胃肠黏膜,甚至中毒死亡。

②在每升溶液中加2～4 mL盐酸,能增加铜离子的离解而提高药效。

③用药前应使动物停饮12～15 h,可隔10～15 d再口服1次。

④中毒时可灌以大量清水,或给予氧化镁(大羊5～10 g,羔羊酌减)。

7. 槟榔(areca nut) 槟榔系槟榔树的果实,其有效成分为槟榔碱。

①作用。用于驱除马裸头绦虫和犬的各种绦虫,也用于驱除猪的姜片吸虫。本品毒性较大,马、驴比较敏感。如遇中毒,可用阿托品解救。

②用法。一般用粉剂或煎剂。粉剂可拌入饲料内给予,煎剂用细胶管经口插入食道内灌服。鸡用量为每千克体重1 g,鸭、鹅每千克体重0.5～0.75 g。犬用氢溴酸槟榔碱,其剂量为每千克体重1.5～2 mg,夹在食物中喂服。

8. 仙鹤草根芽 仙鹤草为蔷薇科龙芽仙草,驱绦虫用其短小根茎的芽,其有效成分为鹤草酚,此系淡黄色粗结晶。

主要作用于绦虫的头节,对颈节和体节也有作用,能使虫体痉挛致死。对人的猪带绦虫和牛带绦虫都具有驱杀作用。

二、抗原虫药

(一)抗锥虫药

1. 萘磺苯酰脲(那迦诺、拜耳205、苏拉灭、naganol)

(1)性状。本品为白色或粉红色的粉末,味涩而微苦,遇光逐渐分解。易溶于水,稍溶于甲醇、乙醇，不溶于氯仿、乙醚和苯等。

(2)作用。对伊氏锥虫病有高效，对马媾疫的疗效较差。用于早期感染，效果显著。虫体在药物作用下不能进行正常分裂和繁殖，最后为家畜体内的防御机能所消灭。

(3)毒性。马属动物对本品敏感，常见有荨麻疹、浮肿、肛门及蹄冠糜烂、跛行及一时性体温升高和食欲减退等不良反应较轻，只有少数病牛发生肌肉震颤、步行困难、浮肿、咳嗽等现象。上述反应一般在注射后 15 min 至 6 h 出现，经 1 h 至 3 d 可逐渐消失。同时使用钙制剂可减轻其副作用。

(4)用法。用灭菌生理盐水配成 10%溶液作静脉注射，在预防时可采用皮下或肌肉注射。

对马伊氏锥虫病的治疗，按每 100 kg 体重静脉注射 1 g(极量为 4 g)，1 个月后再治疗 1 次；或每 100 kg 体重用药 0.6 g，1 星期重复 1 次。预防，每头成年马注射 1 g，或每 100 kg 体重用药 0.8 g，有效期 6～8 周。

对牛伊氏锥虫病的治疗，每头牛静脉注射 3～5 g，预防时每 100 kg 体重用 1 g。

对骆驼伊氏锥虫病的治疗，成年骆驼每头静脉注射 5 g，1 周后重复 1 次。预防每头注射 4～5 g，可保护 4 个月之久。

对马媾疫的治疗，每 100 kg 体重用药 0.6 g，每隔 3 d 注射 1 次，3 次为一疗程。预防时每 100 kg 体重皮下注射 0.35 g，每隔 10 d 注射 1 次。

2. 喹嘧胺(安锥赛，antrycide)

(1)性状。本品有甲基硫酸和氯化物 2 种盐类，前者易溶于水，后者难溶于水，均为白色或带微黄色的结晶粉末，无臭，味苦。

(2)作用。本品对伊氏锥虫和马媾疫最有效，能抑制锥虫细胞质的代谢，使之不能分裂。在剂量不足的情况下，锥虫易产生抗药性。

(3)毒性。按规定剂量应用较为安全，但马属动物较为敏感。注射后 15 min 至 2 h 可出现兴奋不安、肌肉震颤、疝痛、呼吸迫促、频频排便、心率增数、全身发汗等不良反应，一般在3～5 h 消失。

(4)用法。有两种制剂：一种为甲基硫酸盐，配成 10%溶液作皮下或肌肉注射，剂量为每千克体重 5 mg。因本品易溶于水，吸收快，呈效迅速，用作治疗。另一种为安锥赛混合盐(粉剂，含 4 份氯化安锥赛和 3 份甲基硫酸安锥赛)，配成溶液(35 g 混合盐加少量注射用水，震荡溶解，再加注射用水至 150 mL)，作皮下注射。剂量为体重在 150 kg 以下的，按每千克体重 0.05 mL 计算；体重 150～200 kg，用 10 mL；体重 200～350 kg 用 15 mL；体重 350 kg 以上的用 20 mL。对马的预防期为 3 个月，对骆驼的预防期为 3～5 个月。

3. 三氮脒(贝尼尔、血虫净，berenil)

(1)性状。本品为黄色或金黄色结晶粉末，无臭，味苦，易溶于水，难溶于氯仿、丙醇和乙醚。在阳光下变色，在低温下水溶液析出结晶。

(2)作用。对锥虫和梨形虫均有作用，用药后血中浓度高而持续期短，因此主要用于治疗，特别适用于对其他药物有抗药性的虫株。

(3)毒性。本品毒性较低，对牛每千克体重使用 4～8 mg 时仅产生轻微副作用，而每千克体重 25 mg 以上则严重中毒致死。马、牛在注射后 5～30 min 内的一般反应为精神不安、起卧、频频排尿、肌肉震颤，通常于 1～2 h 后消失。

(4)用法。临用时用注射用水配成 5%溶液，作深部肌肉注射，一点注射量不宜超过

20 mL,超过时作分点注射。治疗剂量为每千克体重 3.5～3.8 mL,对较顽固的牛环形泰勒虫病等重症病例,应每千克体重使用 7 mg。对马媾疫的剂量为每天每千克体重 3.5 mg,连用 3 次。

(二)抗梨形虫药

1. 双脒苯脲(imidocarb)

(1)性状。本品为黄色粉末,易溶于水。

(2)作用。对各种巴贝斯虫均有效,且优于其他药物。

(3)毒性。较其他抗梨形虫药低,但 2 mg/kg 高限量,已使半数牛产生毒性反应。严禁静脉注射。马对本品敏感。

(4)用法。牛 1～2 mg/kg,马 2.2～5 mg。犬 6.6 mg。一次皮下或肌肉注射。

2. 硫酸喹啉脲(阿卡普林,抗焦虫素,acaprin)

(1)性状。本品为淡绿黄色或黄色粉末,无臭,无味,易溶于水,水溶液呈酸性反应。

(2)作用。对巴贝斯属虫所引起的各种梨形虫病均有效,对牛早期的泰勒虫也有一定效果。用药后 6～12 h 出现药效,12～30 h,患畜体温恢复正常,血液内原虫消失。

(3)毒性。毒性较大,家畜用药后出现不安、流涎、出汗、肌肉颤抖、痉挛性疝痛、血压下降、脉搏增快、呼吸困难等副作用。这些副作用在静注后数分钟或皮下注射后 20～30 min 出现,常持续 30～40 min 后消失。为减轻副作用,可将总剂量分成 2 或 3 份,间隔几小时应用,也可在用药前注射阿托品或肾上腺素。

(4)用法。用 5%硫酸喹啉脲注射液,作皮下或肌肉注射。

马的剂量为每 100 kg 体重 0.75～1.2 mL,分两次注射,间隔 6 h,需要时,24 h 后重复一次。牛的剂量为每 100 kg 体重 1.5～2.0 mL,如有心血管系统疾病时,整个药剂可分 2 或 3 次注射。绵羊的剂量为每 100 kg 体重 0.2 mL。

3. 黄色素(锥黄素、盐酸吖啶黄,acriflavine)

(1)性状。本品为红棕色或橙黄色的结晶粉末,无臭、味酸,易溶于水,遇光或受潮易变质。

(2)作用。对牛双芽巴贝斯虫、牛巴贝斯虫、马巴贝斯虫、马驽巴贝斯虫和羊巴贝斯虫均有一定作用,但对泰勒虫与边虫无效。静脉注射 12～14 h 后,病畜体温下降,外周血液循环中原虫消失。此外,本品对革兰氏阳性细菌有较强的抗菌作用。

(3)用法。常用生理盐水或蒸馏水配成 0.5%～1%溶液,置暗色瓶内,灭菌 30 min,静注前加温至 37℃。

牛、马的剂量为每 100 kg 体重 0.3～0.4 g(每头不超过 2 g)。羊、猪的剂量为每 10 kg 体重 0.03 g(极量为 0.5 g)。

4. 台盼蓝(锥蓝素,trypan blue)

(1)性状。本品为深蓝色的粉末或块片,易潮解,难溶于水(1∶66),不溶于乙醇。

(2)作用。对巴贝斯虫病和驽巴贝斯虫病有效。本品在体内可维持作用 15～20 d,因此,可用作预防药。

(3)用法。通常用 0.4%氯化钠溶液配成 1%溶液,经水浴灭菌后供静脉注射,剂量为每千克体重 5 mg。

因本品毒性较大,抗虫范围窄,现较少用于治疗。当畜群出现第一个病例时,以一定的间隔时间重复给药,对其余家畜有一定的预防作用。

(三)抗球虫药

1. 磺胺二甲嘧啶(sulfadimidinum)

(1)作用。对鸡、兔艾美耳球虫的无性繁殖阶段,特别是裂殖生殖阶段有抑制作用,故用药宜早。

(2)毒性。有人以0.5%的浓度混入饲料连喂8 d后,引起脾脏的出血性梗死、坏死和肿胀,故给病鸡的喂服时间以3~5 d为宜。

(3)用法。对鸡球虫病用间歇服药法治疗,即用药3 d,停2 d,再服3 d。剂量以0.4%~0.5%浓度混入饲料,或以0.1%~0.2%溶于饮水。

本品以0.5%~1%浓度混入饲料可防治兔球虫病,也可用0.02% SM_2 和抗菌增效剂TMP合剂(配合比例1∶5)混入饲料连用10 d,可防治兔球虫病。

2. 磺胺-6-甲氧嘧啶(制菌磺、长效磺胺C,sulfamonomethoxine)

(1)作用。本品对畜禽球虫的第1代和第2代裂殖体有效,对弓形虫病及鸡的住白细胞虫病亦有防治作用。

(2)用法。对鸡球虫病和住白细胞虫病可在饲料内添加0.1%~0.2%的药物,待症状消失后,再继续用1~2 d。对兔球虫病可在饲料中添加0.1%,连用10天。对弓形虫病每日每千克体重用80~100 mg,连用3~4 d。

3. 呋喃西林(furacillinum)

(1)作用。本品对球虫的第2代裂殖体有效,其抗球虫效能较其他预防治剂差得多,但它具有抗菌作用,对预防黑头病有效。

(2)毒性。雏鸡对本药特别敏感,0.04%混入饲料连喂10 d以上即出现呆滞、羽毛蓬松、厌食直至极度兴奋后死亡。

(3)应用。用0.02%浓度混入饲料,0.01%混入饮水治疗鸡球虫病,不宜连用7 d以上。因本品已长期反复使用,球虫对它产生了较强的抗药性,且毒性大,现已用新的抗球虫制剂来替代它。

4. 呋喃唑酮(痢特灵,furazolidonum) 本品作用与呋喃西林相同,唯毒性较低,仅为呋喃西林的1/10左右。可用0.04%浓度连喂2周,如需继续使用,可改为0.015%,对治疗鸡盲肠球虫有效。预防用0.005%~0.01%浓度,连喂7~10 d。有人用呋喃西林(56 g/t)和呋喃唑酮(8.3 g/t)合剂(商品名"Bifuran")混入饲料,作预鸡防球虫病用。治疗火鸡黑头病可用0.04%呋喃唑酮混入饲料,连用7~8 d。治疗牛毛滴虫病可用0.25%呋喃唑酮撒布阴道内。

5. 莫能霉素(monensin) 本品是从链霉菌属(*Streptomycin monensis*)中分离出来的一种较好的抗球虫剂。它对球虫的第1代裂殖生殖具有抑制作用,因而机体产生自身免疫是有困难的。以121 g/t浓度混入饲料,可预防鸡球虫病。以40 g/t混入饲料,可预防兔球虫病。它广泛地在美国、日本、欧洲使用。据报道,本品是一种良好的生长促进剂,它能促进牛的生长,提高其饲料利用率。

6. 盐霉素(salinomycin) 本品对球虫的第1代裂殖生殖具有抑制作用。以60 g/t混入饲料,可预防鸡球虫病。

7. 马杜霉素(maduramycin) 本品对球虫的裂殖生殖具有抑制作用。以 5 g/t 浓度混入饲料,可预防鸡球虫病,国内已能大量生产。

8. 百球清(baycox) 本品是拜耳公司生产的治疗球虫病药物。市售为 2.5%百球清溶液;当鸡群发生球虫病时,在 1 L 饮水中混入 1 mL,连饮 2 d。

9. 杀球灵(diclazuril) 本品是比利时杨森制药公司研制的高效抗球虫药。以 1 g/t 浓度混入饲料,可预防鸡的球虫药,它对裂殖生殖和配子生殖均具有抑制作用。国内已生产。

10. 氨丙啉(安宝乐,amprolium)

(1)性状。本品为白色粉末,无臭,易溶于水,可溶于乙醇。

(2)作用。本品的化学结构与硫胺相似,其作用为抑制球虫的硫胺代谢。它对鸡的 8 种球虫均有效。其中对柔嫩艾美耳球虫和毒害艾美耳球虫的效果最好;对堆型艾美耳球虫、巨型艾美耳球虫和布氏艾美耳球虫稍差。对牛、羊球虫亦有效。氨丙啉对第 1 代裂殖体特别有效,最有效的作用时间是在感染后第 3 天。

(3)用法。对鸡球虫病治疗,以 125～250 g/t 浓度混饲,连喂 3～5 d,随后用60 g/t 再喂 1～2 周。当混入饮水时,可用 0.006%～0.024%浓度,用法同上。用作预防时,常与其他抗球虫药配合使用。用氨丙啉(0.012 5%)加 ethopabate(0.000 8%)合剂。对羔羊球虫病的剂量为每千克体重 50 mg,连用 4 d;对犊牛每天用每千克体重 20～50 mg,连用 5～6 d。

11. 克球粉(clopidol) 本品对鸡的 8 种球虫均有效,主要是抑制第 1 代裂殖生殖的初期,因此,应在雏鸡感染球虫前或同时投药,才能充分发挥其抗球虫的作用。

本品用于鸡、火鸡和羊,剂量以 125 g/t 浓度混入饲料,用于全育雏期。

12. 氯苯胍(robenidine) 本品为柠檬黄色的粉末,不溶于水。它对球虫的第 1 代裂殖体和第 2 代裂殖体都有抑制作用,在感染后第 2 天用药可发挥良好的抗球虫效果。据称,如连续使用,则鸡肉和鸡蛋都会带有臭味,因此必须在屠宰前 5～7 d 停止投药。它对 6 种鸡艾美耳球虫均有效。在每吨饲料中加入 33 g 喂服 1～2 个月,具有防治效果。球虫对本品易产生抗药性。

13. 球痢灵(zoalene) 本品为无色、无味的固体结晶,不溶于水。它对第 2 代裂殖体特别有效。对柔嫩艾美耳球虫,最有效的作用时间是在感染后第 3 天。本品毒性小,安全范围较大,对雏鸡的 LD_{50} 为每千克体重 275 mg。用 125 g/t 浓度混入饲料,可预防鸡球虫病。

14. 常山酮 本药的商品名为速丹(stenorol),在 1 kg 中含常山酮 6 g。它对鸡的 6 种球虫和火鸡的 2 种球虫均有效。据称,本品对刚从卵囊内释出的子孢子、对第 1 代裂殖体和第 2 代裂殖体均有明显的抑制作用。预防量为 3 g/t(混入饲料,即每吨饲料拌药 3 g)。

15. 尼卡巴嗪(球净,nicarbazine) 本品对第 2 代裂殖生殖有效。对柔嫩艾美耳球虫最有效的作用时间是在感染后的第 4 天。在雏鸡饲料中加入 0.012 5%球净,可预防鸡球虫病。因本品对蛋的质量及孵化率有一定影响,故禁用于产蛋鸡。使用本品不易产生耐药虫株。

三、杀 虫 药

1. 蝇毒磷(coumaphos)

(1)性状。本品为微黄或白色晶状粉末,难溶于水,能溶于芳香溶媒中,在碱性环境中逐渐水解。

(2)作用。对畜禽的多种外寄生虫具有杀灭作用。对牛、羊消化道线虫,如血矛线虫、奥斯特线虫、毛圆线虫、古柏线虫和细颈线虫有驱除作用。对鸡蛔虫、毛细线虫、盲肠球虫以及猪蛔虫均有效。

(3)用法。外用以25%蝇毒磷可湿性粉剂,配成有效浓度为0.5%~0.7%的水溶液喷洒牛背,或用2%乳剂浇洒牛背皮肤杀灭牛皮蝇蛆。对羊的外寄生虫可用0.25%溶液喷洒或药浴。0.25%~0.5%撒粉对猪虱有效。

牛、羊口服剂量为每日每千克体重2 mg,连服6 d;鸡的驱虫可在每吨饲料中加入40 g,连服10~14 d。休药期为21 d。

2. 倍硫磷(fenthion)

(1)性状。纯品为无色液体。工业品纯度为95%~98%。微溶于水,能溶于大多数溶剂,性质稳定。

(2)应用。本品是一种高效、低毒、广谱、速效的磷酸酯型杀虫剂,是防治牛皮蝇蛆的首选药物,对其他外寄生虫也有杀灭作用。

(3)用法。防治牛皮蝇蛆可将药液(2%)自肩后至尾根沿脊背倾泼于皮肤上,剂量为每千克体重有效成分10~20 mg,即2%的药液0.5~1 mL。亦可按每千克体重7~10 mg的剂量作肌肉注射。

3. 杀虫脒(chlorodimeformum)

(1)性状。纯品为白色针状结晶,无味,易溶于水和乙醇,难溶于有机溶剂。

(2)应用。本品是一种高效、低毒、内吸、残效长的杀虫剂,能防治家畜的各种螨病,并有较强的杀螨卵作用。

(3)用法。本品有25%、50%水剂,50%乳剂,20%粉剂等剂型。在使用时配成0.1%~0.2%水溶液,可用于擦洗、喷洒或药浴。

4. 除虫菊(pyrethrium)

(1)作用。含除虫菊素甲(pyrethin Ⅰ)和乙,能迅速引起多种昆虫强烈兴奋,继而麻痹死亡,对动物无毒性作用。

(2)应用。

①用于杀灭蚊、蝇、蜱、虱等昆虫,一般用25%粉末撒布畜体;

②1%~3%乳剂用于涂擦或喷洒,借以灭虱或治疗疥癣病;

③可用作蚊香的原料。

5. 敌虫菊酯(戊酸氢醚酯,S-5602)

(1)性状。本品为深黄色稠状油剂,几乎不溶于水,易溶于丙酮、乙醇、二甲苯等有机溶剂中。

(2)应用。本品是一种高效、低毒、杀虫快速的广谱杀虫剂,能防治畜禽的螨、虱、蚤等多种外寄生虫。

(3)毒性。本品对植物几乎无毒。急性口服LD_{50}值:20%乳剂对大鼠为每千克体重300~630 mg,小鼠为每千克体重277~292 mg;大鼠、小鼠的急性经皮LD_{50}值为每千克体重5 000 mg。

(4)用法。本品有20%、25%两种油剂。在密闭的厩舍中使用25%通用油剂时,其用量为每立方米0.01 mL,用带有烟雾发生装置的喷雾机喷雾,喷雾后厩舍应密闭2~3 h。也可将

25%敌虫菊酯通用油剂作为原液，用水配成0.1%乳剂，直接进行喷洒。

6. 阿维菌素(avermectin)

(1)应用。本品是从日本静岗地区土壤样品中分离出一株阿维链霉菌(*Streptomyces avermitilis*)的发酵液中提取的，经结构鉴定属大环内酯类抗生素。大量试验证明，它对动物及人的线虫和节肢动物、农业害虫和植物线虫具有很高的防治效果。本品无色无味，不易产生耐药性。

(2)用法。对牛、羊胃肠道线虫，口服或肠外给药每千克体重0.2 mg，其驱虫率可达98%～100%。对猪肾虫(每千克体重0.5 mg)、猪蛔虫和猪鞭虫(每千克体重0.3 mg)皮下注射阿维菌素注射液均有很高的驱虫效果。对牛、羊、猪、兔、犬和猫的螨病，皮下注射每千克体重0.3 mg或用浇泼剂均有效；对牛皮蝇蛆、虱和蜱等吸血昆虫也有显著的杀虫效果。Colleis牧羊犬对本品敏感，宜慎用。

7. 伊维菌素(ivermectin) 本品是阿维菌素的还原产物，其毒性更低，使用更安全(尤其对犬)，其用法和用量与阿维菌素相同。

8. 多拉菌素(dorameetin) 本品是由基因重组的阿维链霉菌新菌株发酵而得。其特点是血药浓度及半衰期均比伊维菌素高或延长2倍，其用法和用量与阿维菌素相同。

9. 莫西菌素(moxidection) 本品的特点是能维持更长时间的抗虫活性，其用法和用量与阿维菌素相同。

第三篇

畜禽营养代谢病及中毒性疾病

第十五章　家禽营养代谢病

一、维生素缺乏症

维生素是家禽维持生长发育所必需的一种物质。大多数维生素都是酶的辅酶部分的主要成分。缺乏时，酶的功能受到影响，物质代谢、能量转换、生理机能的调节等过程因之紊乱。家禽因消化微生物少，许多维生素在体内不能合成，有的虽能合成亦不能满足需要，所以必须从饲料中摄取。

日常饲料中维生素含量和种类差异太大，并且影响家禽对维生素需要量的因素也很多，如规模化饲养提高了家禽对维生素的需要量，为了提高生长速度、产蛋和产肉量，配合饲料中使用抗生素等因素，皆可能造成家禽维生素缺乏症。

（一）维生素 A 缺乏症

由于维生素 A 引起的以黏膜、皮肤上皮角化变质、生长停滞，并以干眼病和夜盲症为主要特征的营养代谢病叫维生素 A 缺乏症（vitamin A deficiency）。该病多发生于鸡、猪、犊牛和羔羊，且多发生在冬季、早春青绿饲料缺乏的季节。

幼畜和新生蛋的新母禽，常发生维生素 A 缺乏症。鸡一般发生在 6～7 周龄。如 1 周龄的鸡发病，则与母鸡缺乏维生素 A 有关。成鸡缺乏一般在 2～5 月龄才出现。

病因

1. *供应不足*　饲料中缺乏胡萝卜素或维生素 A。

2. *饲料调制加工不当*　饲料经过高温处理，烈日暴晒，长期贮存等，都可使其中脂肪酸败变质，加速饲料中维生素 A 类物质的氧化分解过程，导致维生素 A 缺乏。

3. *蛋白质和脂肪不足*　畜禽处于蛋白质缺乏的状态下便不能合成足够的视黄醛结合蛋白质去运送维生素 A。脂肪不足会影响维生素 A 类物质在肠中的溶解和吸收。因此，当蛋白质和脂肪不足时，即使在维生素 A 类物质足够的情况下，也可能发生功能性的维生素 A 缺乏症。

4. *需求量增加*　根据美国 NRC 饲养标准，配合饲料中维生素 A 的含量：雏鸡和肉鸡为 1 500 IU/kg，产蛋鸡、种鸡及火鸡为 4 000 IU/kg，鹌鹑为 5 000 IU/kg。由于当前生产的配合饲料不能满足鸡对维生素 A 的需要，许多学者认为，鸡维生素 A 的实际需要量应高于 NRC 标准，雏鸡和肉鸡每千克应含有 12 500 IU，种鸡和商品鸡应含有 11 500 IU。

5. *胃肠吸收障碍*　发生腹泻或其他疾病，使维生素 A 消耗或损失过多；肝病使其不能利用及储藏维生素 A，皆可引起维生素 A 缺乏。

症状 雏鸡主要表现为生长缓慢，精神委顿，衰弱，运动失调，羽毛松乱，消瘦。喙和小腿部皮肤的黄色消失。流泪，眼内有干酪样物质积聚。如果不及时防治，病雏鸡的死亡率可达 100%。成年鸡呈慢性经过，表现为生长停滞，消瘦、贫血，爪喙色淡，冠白而有皱褶，步态不稳，产蛋量显著降低。特征性的症状：流眼泪，眼分泌物常将上下眼睑粘在一起，角膜浑浊不透明，严重的角膜软化或穿孔，造成失明。口黏膜有白色小结节，黏膜易脱落，无出血溃疡现象。

病理剖检 主要以消化道黏膜肿胀、角化为特征，口腔、食道和咽黏膜有典型的白色小脓疱。呼吸道黏膜被一层鳞状角化上皮代替，鼻腔内充满水样分泌物，液体流入副鼻窦后，导致一侧或两侧颜面肿胀，泪管阻塞或眼球受压。肾呈灰白色，肾小管和输尿管充塞着白色尿酸盐沉积物。严重病例，心包、肝和脾表面也有尿酸盐沉积。

防治 首先要消除致病的原因。对病禽用维生素 A 治疗，剂量为日维持需要量的 10～20 倍，可在每千克饲料中拌入 5 000～20 000 IU 的维生素 A；或补充含有抗氧剂的维生素 A 高含量的饲用油，每千克日粮约补充维生素 11 000 IU。对个体成年病鸡，可投服鱼肝油，每只每天喂1～2 mL，雏鸡则酌情减少。在短期内给予大剂量的维生素 A，对急性病例迅速而安全，但对慢性病例则不可能康复。由于维生素 A 不易从机体内迅速排出，注意防止长期过量使用引起中毒。

(二)B 族维生素缺乏症

B 族维生素有维生素 B_1、维生素 B_2、维生素 B_3、维生素 B_4、维生素 B_5、维生素 B_6、维生素 B_7、维生素 B_{11}、维生素 B_{12}、生物素等 10 多种。这类维生素都属于水溶性维生素，由植物、酵母细胞和各种微生物合成，反刍动物可由瘤胃中的微生物合成。家禽和猪则要依靠饲料供应 B 族维生素。B 族维生素除维生素 B_{12} 外都不能在体内贮存，所以必须按需要量在日粮中不断补充。否则，易发生 B 族维生素缺乏症(B-complex vitamin deficiencies)，尤其是家禽发生较多。

维生素 B_1 缺乏症 维生素 B_1 又叫硫胺素。糠麸、酵母、谷物胚芽和外皮里含有丰富的维生素 B_1，黄豆粉、花生粉、青料和干草粉中含量较多。但新鲜鱼、虾及温血动物的心、脾等含有硫胺素酶，能破坏硫胺素，水禽因此可能引起维生素 B_1 缺乏。成年鸡的日粮中缺乏维生素 B_1 时，只需 3 周就会发病，雏鸡在 2 周龄前即发生。

1. 症状 幼雏常突然发病，成禽则较缓慢。病初食欲减退，生长缓慢，羽毛松乱，腿无力，贫血和拉稀。成年鸡冠、髯蓝色。本病的特征为外周神经发生麻痹或多发性神经炎，最初趾的屈腱发生麻痹，然后向上蔓延到腿、翅、颈的伸肌发生痉挛，头颈向背后极度的弯曲，呈“观星”姿势。有的鸡瘫痪，倒地不起。病鸭有时头偏于一侧，转圈，呈阵发性发作，最后倒地，全身抽搐，呈角弓反张而死。

2. 病理剖检 肾上腺肿大，睾丸和卵巢明显萎缩。胃肠有炎症，十二指肠溃疡并有萎缩现象。组织学检查，周围神经尤其是坐骨神经发生髓鞘脱失，呈多发性神经炎的变化。

3. 防治 日粮中增加富含维生素 B_1 的饲料，根据 NRC 标准，幼雏 1.8 mg/kg，育成期 1.3 mg/kg，产蛋期 0.8 mg/kg；火鸡和鹌鹑为 2 mg/kg，均为有效的预防措施。

治疗量可按每千克 0.25～0.5 mg 维生素 B_1 计算，皮下或肌肉注射，只要诊断正确，数小时可见到疗效。也可拌于饲料中饲喂，剂量可稍微加大。

对水禽或家禽大量吃食新鲜鱼、虾和软体动物内脏而造成的硫胺素缺乏症，可减少其吃食量。由于它们含有硫胺酶，能破坏硫胺素而致病，因此，也可先用加热的方法破坏其所含的硫胺酶再饲喂。

维生素 B_2 缺乏症　维生素 B_2 又叫核黄素。维生素 B_2 缺乏症以鸡发病为多，鸭和鹅较少发生。本病常与其他 B 族维生素的缺乏同时发生。

1. 病因　饲料中维生素 B_2 含量不足，或饲料被碱处理，高脂肪低蛋白饲料，长期饲喂这样的饲料，易引起维生素 B_2 缺乏症。

2. 症状　幼鸡可大批发病，发生下痢，生长缓慢。特征性的症状为足跟肿胀，趾爪向内卷缩，两腿麻痹，以腓节着地，常展翅以平衡。病至后期，病雏两腿伸开铺地而卧，不能走动，往往吃不到食物而饿死。母鸡产蛋率和所产蛋孵化率明显降低，蛋白稀薄。

3. 病理剖检　病鸡胃肠道黏膜萎缩，胃肠壁变薄，肠道内有多量的泡沫内容物。坐骨神经和股神经显著肿大和变软，有时比正常肿大 4～5 倍。

4. 防治

(1)对雏禽一开食时就应喂标准配合日粮，或在每吨饲料中添加 2～3 g 核黄素，可预防本病发生。

(2)在雏禽日粮中核黄素不能完全缺乏，或暂时短期缺乏又补足之，随雏禽迅速增长而对核黄素需要量相对减低，病禽未出现明显症状即可自然恢复正常。若已发病的家禽可在每千克饲料中添加 20 mg 核黄素，治疗 1～2 周，即可见效。然而对足爪已卷缩，坐骨神经损伤的病鸡，即使使用核黄素治疗，此病理变化难于恢复。所以，早期防治是必要的。

维生素 B_3（泛酸）缺乏症　泛酸又叫抗鸡皮肤炎因子。长期饲喂玉米可引起泛酸缺乏。禽主要特征是羽毛生长受阻和粗糙。头部羽毛脱落。头部、趾间和脚底皮肤发炎，外层皮肤有脱落现象。对母鸡产卵的孵化率有影响，鸡胚大多数死于孵化后 2～3 d。饲喂啤酒酵母、肝粉、苜蓿粉、新鲜青绿饲料等皆可预防本病。

维生素 B_4（胆碱）缺乏症　由于胆碱的缺乏而引起脂肪代谢障碍，使大量的脂肪在肝脏里沉积所致的脂肝病或称脂肪肝综合征，主要发生于小鸡、小猪。病鸡膘度尚好，生长受阻，腿关节肿大，或关节脱出。有的因肝破裂而突然死亡。治疗时，鸡精料中每千克加氯化胆碱 1 g，维生素 E 10 IU，肌醇 1 g；或每只鸡喂氯化胆碱 0.1～0.2 g，可连用 10 d。预防时，按 NRC 标准，雏鸡的每千克饲料含胆碱 1 300 mg，肉鸡为 1 190 mg，其他阶段为 500 mg。

维生素 B_5（烟酸）缺乏症　因烟酸缺乏而引起的癞皮病，叫维生素 PP 缺乏病，维生素 PP 又叫抗癞皮病维生素，也叫尼克酸。主要原因是日粮中玉米配给过多，蛋氨酸及胆碱供给不足也会使烟酸缺乏。以幼禽患病较多，表现羽毛稀少而蓬松，无光泽，皮肤和足部皮炎，膝及腓节肿大，骨短粗，腿弯曲，但跟腱极少从髁骨滑脱。

维生素 B_6（吡哆醇）缺乏症　日粮中缺乏维生素 B_6 会造成鸡群生长缓慢，饲料利用率下降，贫血，易产生应激症状和神经症状。成年鸡产蛋率和孵化率下降，并且卵巢、睾丸、冠及肉髯退化，体瘦，吃食少而死亡。

维生素 B_7（促生素）缺乏症　禽维生素 B_7 缺乏的症状是骨短粗病，肉鸡和幼鸡由于肝、肾脂肪过多综合征而大量死亡。蛋的孵化率可从80%下降到20%,胚胎畸形。为了满足雏鸡和种鸡对维生素 B_7 的需要,每千克饲料中维生素 B_7 含量为0.15 mg,商品鸡为0.10 mg,以燕麦中促生素的有效性最好。

维生素 B_{11}(叶酸)缺乏症 雏鸡缺乏叶酸时,生长迟缓,羽毛色素消失,可发生低色素性巨幼血细胞性贫血,红细胞和白细胞均减少。由于脊髓神经变性常呈现麻痹现象,患骨短粗病和腿软弱症,严重者可发生脱腱症。产蛋母鸡产蛋率及孵化率下降,胚胎发生早期死亡。给病鸡肌肉注射叶酸50～100 μg或每100 g饲料中加入0.5 mg,均可获得良好的效果。

维生素 B_{12}(钴胺素)缺乏症 幼鸡生长缓慢,贫血,吃食不佳,肌胃黏膜溃疡。成鸡的产蛋率下降,蛋小而轻,孵化率降低,孵出幼雏死亡率高。有些病鸡脂肪沉积于肝脏并有出血症状,称之为脂肪肝出血综合征。

生物素(维生素H)缺乏症 鸡缺乏生物素时也发生皮炎,但与泛酸缺乏症引起的皮炎有所不同:前者的皮炎先从脚掌开始,称之为脚掌皮炎,然后出现嘴角皮炎;而后者缺乏泛酸的小鸡先在口角发生皮炎。缺乏泛酸和生物素时都有因流泪过度而使眼睑黏合的现象。有啄蛋癖的母鸡易发生生物素缺乏症,因为生鸡蛋蛋白中含有抗生物素朊,能与生物素结合使其失去活性。玉米胚芽中含生物素较多,米糠、麸皮中也有。

(三)维生素D缺乏症

维生素D缺乏症(vitamin D deficiency)表现为雏禽生长停滞,严重时患佝偻病:喙和爪软而易弯曲,腿无力,拐腿,蹲伏休息,肋骨、胸骨、骨盆发生畸形,长骨质地变脆易骨折。产蛋母禽产薄壳蛋或软壳蛋,产蛋率和孵化率下降。家禽只能利用维生素 D_3,由于在紫外线的照射下动物体皮肤内的7-脱氢胆固醇可以转化为维生素 D_3,所以,每日15～30 min的日光照射便可满足家禽对维生素D的需要。舍饲家禽的日粮中必须补加维生素D,多采用合成的维生素 D_3,饲料中只有动物性的饲料才有较好的维生素 D_3 来源,鱼肝油含量最丰富,其次是牛奶、动物肝及蛋黄较多。补充维生素D时,注意维生素 D_3 过多将会导致骨骼矿化和中毒。

(四)维生素E(生育酚)缺乏症

维生素E缺乏症(vitamin E deficiency)常与饲料中缺硒有关。幼鸡表现下列症状类型:①脑软化症:共济失调,头向下或向后挛缩,两腿痉挛性抽搐,衰竭死亡。②渗出性素质症:皮下组织水肿,因腹部皮下蓄积大量液体,病雏站立时两腿被迫叉开,腹部皮肤呈蓝绿色。常因心包膨胀而致病雏骤死,腹腔内有黑绿色液体。③白肌病:3～4周龄的幼鹅和幼鸭也发生此类型病状。病禽胸肌、腿部肌肉和肌胃的平滑肌发生变性和坏死,肌肉变得苍白,并有明显的白色条纹,病禽运动失调,全身衰竭,死亡率较高。

成年母鸡虽无临床症状,但种蛋孵化率低,在饲料中添加0.5%的植物油,可收到治疗和预防的效果。如果同时添加百万分之一的亚硒酸钠效果更好。同时提高蛋白质含量,或喂大量麦芽可提高疗效。

(五)维生素K缺乏症

雏禽日粮中缺乏维生素K,2～3周后出现症状。病禽蜷缩在一起,发抖,在皮下、肌肉、腹膜可见有血斑点。胃肠道常发生出血。血液不易凝固。全身代谢障碍和贫血。每千克饲料给予维生素 K_3 3～8 mg,可使血液凝固恢复正常。经常补充足够的青绿饲料可以预防维生素 K 缺乏症(vitamin K deficiency)。

二、矿物质缺乏症

(一)钙、磷和镁的缺乏

钙、磷和镁是骨骼的主要成分。骨灰含钙 25%,磷 12%,镁 0.5%。日粮中缺乏钙或磷或钙磷比例不当时发生骨化不良,雏鸡和生长鸡得软骨症。成年母鸡产蛋蛋壳变薄或生软壳蛋,且蛋白稀薄,骨髓变松、变脆甚至骨折。病禽消化不良,有时拉稀。

日粮中缺镁,可影响钙和磷的平衡,病禽生长停止,骨骼、蛋壳变形,严重时发生神经性震颤、喘息或惊厥(由于神经、肌肉及心肌的应激性增强)。

(二)钠、钾和氯的缺乏

钠、钾、氯元素的主要功能是维持体内平衡。钠对家禽血液酸碱度的调节,与钾和钙保持平衡,对于维持心脏的正常活动有着密切的关系。日粮中食盐,即可引起钠和氯的缺乏,家禽缺钠时,生长停滞,脱水,出现神经症状,受惊后突然倒地,不久即恢复正常。

缺钾的病鸡生长迟缓,虚弱,腿动作不灵活,排出大量的尿酸盐,肌肉有强直性收缩等症状。

(三)必需微量元素的缺乏

目前在生物体内已发现的微量元素有 50 多种,其中 15 种已经证明是机体所必需的。家禽以铁、铜、锌、锰、硒、碘的缺乏比较多见。

1. *铁和铜的缺乏*　铁和铜是构成血红蛋白的必需元素,缺铁或缺铜都可使鸡发生营养性贫血,降低产蛋量。铁还是红羽品种鸡的羽毛色素所必需的。铁和铜含量的平衡可助消化,提高采食量,使羽毛光滑。小鸡日粮含 10 g/t 的铜时,约需 65 g/t 的铁。鸡对铁的吸收能力比铜大 5 倍。产蛋鸡的日粮中应含有足够的铁。禽每千克饲料以含 80 mg 铁为宜。缺铁能使机体的抗体产生减少,对传染病的敏感性增强。

严重的缺铜引起主动脉破裂,使生长鸡严重出血。缺铜也可导致骨骼生长的异常。

2. *锌的缺乏*　高钙日粮可能会降低锌在消化道内的吸收。锌的吸收也可能受到饲料中植酸含量的影响。锌是碳酸酐酶、碱性磷酸酶等许多重要酶的构成成分,至少 80 多种酶的活性与锌有关。缺锌使鸡食欲明显减弱,生长停滞,发育不全,皮肤和羽毛角化不全,羽毛生长不良和缺乏光泽,有程度不一的缺损,严重者翼羽和尾羽全无。病鸡有异食癖,跗关节肿大,骨骼变短粗,常蹲伏状。产蛋鸡蛋壳薄,出雏率低,弱雏和死胚多,并产生畸形胚胎。

3. *锰的缺乏*　锰参与体内一系列氧化酶的作用,与糖、脂肪的代谢,以及骨的有机母质的形成关系极为密切。缺锰可使禽发生骨短粗病或滑腱症。引起该病的原因很多,如日粮中钙、锰、磷和胆碱的比例不平衡,玉米比例过大,高蛋白、高钙磷以及维生素 B 缺乏等均可引起本病。但主要原因是锰的缺乏。病禽跗关节异常肿大,胫骨的下端和跖骨的上端弯转扭转,使腓肠肌腱脱出原来的跗关节滑车面,腿部变弯曲或扭曲,多因不能行走采食而饿死。幼禽骨变得短粗,故又称骨短粗病。产蛋鸡的蛋孵化率显著降低,鸡胚软骨营养不良,脚短而粗,翅膀变粗,头呈圆球状,胚胎水肿,胚胎后期死亡较多。

缺锰病禽,可在每千克饲料中补充硫酸锰 0.1～0.2 g,或用 1∶20 000 的高锰酸钾溶液代替饮水,每天更换 2～3 次,连用 2 d,停 2～3 d,再用 2 d。

4. *硒的缺乏* 缺硒多为地区性的疾病。雏禽易发病,其特征为全身软弱无力,贫血,冠变白,发生渗出性素质:头、颈、胸、下腹及翅下常见皮下组织发生水肿,外观呈褐红色、红色或蓝色。常因心包积液和扩张而引起突然死亡。

剖检可见皮下水肿,骨骼肌色淡苍白,呈鱼肉样外观,间有灰黄色斑状或条纹坏死,心包积液,心腔扩大,心肌迟缓,并有灰白色条纹或斑状变性坏死,心脏外观呈桑葚状。肌胃的肌肉坏死呈条状或点状;胰脏坏死;肝脏棕黄色、质脆,实质中有黄褐色坏死和出血。

预防本病,一般在雏禽日粮中添加 0.1～0.2 mg/kg 的亚硒酸钠和 20 mg/kg 的维生素 E。注意要把添加量称准,搅拌均匀,防止中毒。治疗时,用 0.005%的亚硒酸钠溶液皮下或肌肉注射,雏禽 0.1～0.3 mL,成年家禽 1 mL;或配制成 0.1～1 mg/kg 的亚硒酸钠溶液,给病禽饮用,5～7 d 为一个疗程。对小鸡脑软化的病例必须以维生素 E 为主进行治疗。

5. *碘的缺乏* 碘是形成甲状腺素所必需的。甲状腺素是调节代谢机能和全身氧化过程的。在孵化过程中,碘可帮助鸡胚成长,碘对肉鸡的成长也是必需的。家禽对碘的需要量,以每千克饲料干物质中含 0.35 mg 为宜。

缺碘往往是地区性的,由于其地区土壤中缺碘,或是缺碘地区饲喂菜籽饼促进本病发生。病禽甲状腺肿大,代谢机能降低,生长发育受阻,嗜眠,生殖能力减退或丧失。母鸡产蛋量下降,生软壳蛋。

在缺碘地区需喂服碘化盐,即用 0.023%碘化钾加入普通食盐中服用。

三、蛋白质及多种营养物质代谢疾病

(一)家禽蛋白质缺乏病

病因 家禽有生长快、早熟、新陈代谢旺盛、饲料转化效率和生产水平高等特点,因此对蛋白质等营养物质要求较高。如刚出壳后 40 g 的肉用雏鸡,8 周龄的体重可达 2 000 g,相当于雏鸡体重的 50 倍,家禽对蛋白质需要量实质上是对必需氨基酸及合成非必需氨基酸的氮的需要量。如果日粮中必需氨基酸中有一个必需氨基酸含量不够,则日粮中蛋白质水平就要提高。当配合全价的日粮时,不注意以上特点,可造成家禽蛋白质缺乏病(protein deficiency in poultry)。

家禽有寄生虫病或慢性消耗性疾病,也能促使机体蛋白质的消耗,发生本病。

症状 幼禽生长发育受阻,畏寒,拥挤成堆,机体抗病能力和免疫机能降低,易感染某些传染病、大批死亡,或继发一系列慢性病消耗致死。成年家禽则表现体重减轻、贫血、产蛋量急剧下降或停止产蛋。

病理剖检　死禽血液凝固缓慢，血液稀薄色淡；皮下水肿，胸腔、腹腔和心包内积液。全身几乎无脂肪组织，连心脏冠状沟、肠系膜上的脂肪组织都变成胶样浸润。尸体瘦削，肌肉萎缩。

防治　对病禽日粮，根据病因及时改变饲料配方，增加动物性蛋白质饲料，通常能使病情好转，疾病后期，效果较差。平时只要根据家禽的品种、年龄和生产特点给予蛋白质的需要量，保证必需氨基酸、维生素及矿物质的供给，本病是能够预防的。

(二)家禽痛风

家禽痛风(gout in poultry)是一种蛋白质代谢障碍引起的高尿酸血症。病理特征为血液中尿酸水平增高，尿酸盐在关节囊、关节软骨，或在内脏及其间质组织沉积。临床症状特征为关节肿大、跛行、厌食、腹泻和衰弱。本病主要见于鸡、火鸡、水禽，鸽偶尔可见。

病因　主要病因是食物源性的，饲喂大量富含核蛋白和嘌呤碱的蛋白质饲料，并伴有肾功能不全时常容易发生。这类蛋白质饲料主要包括动物的内脏(胸腺、肝、脑、肾、胰等)、肉屑、鱼粉、大豆粉、豌豆。此外，还有菠菜、莴苣、开花的甘蓝、蘑菇等植物。曾有人试验，用去脂的马肉和 5%尿素，使饲料中蛋白质含量达 40%，火鸡可发生痛风；又有人试验，当日粮中蛋白质含量 38%时，引起幼火鸡痛风，而当蛋白质含量降至 20%时，痛风即停止发生。

次要病因是内源性的，当家禽患有肾功能不全、慢性中毒、长期消化紊乱、淋巴细胞性白血病、单核细胞增多症(蓝冠病)、某些传染病和寄生虫病(如雏鸡白痢、球虫病、盲肠肝炎等)、霉玉米中毒、磺胺类药物、草酸等刺激肾脏皆可引起本病。有人试验，人工结扎火鸡输尿管，血液尿酸从 5.8 mg/100 mL 升到 30.4 mg/mL(禽类血中尿酸量为 2 mg/mL，高尿酸血症时，可达 10～16 mg/mL)。

另外，饲养在潮湿、阴暗的禽舍，密度过大，运动不足，饲料中维生素 A 贫乏等因素皆可促进本病的发生。

发病机理　哺乳动物体内蛋白质的代谢产物是氨，氨在肝脏内通过鸟氨酸循环转变成尿素，由尿排出；然而家禽的肝脏中缺乏精氨酸酶，不能通过鸟氨酸循环把氨转变成尿素，只能在肝脏中的黄嘌呤氧化酶的氧化下转变为精氨酸。因而，当家禽采食高核蛋白和嘌呤碱的蛋白质饲料时，则核酸的嘌呤化合物的代谢产物次黄嘌呤、黄嘌呤增高，肝脏和血液中尿酸水平也随之增高。家禽肝脏中的黄嘌呤氧化酶既能将次黄嘌呤氧化为黄嘌呤，也能将黄嘌呤转化为尿酸。如若血液中尿酸水平持久性地增高，使肾脏持久地排泄过剩的尿酸，则可引起肾损害，发生尿酸阻滞，从而导致高尿酸血症。

症状　大多数病例呈慢性经过，若按尿酸盐在体内沉积的部位不同，可分为内脏型通风和关节型痛风两种类型，以前者发生较多，有时同时发生。本病的初期皆出现以下症状：病禽食欲减退，逐渐变弱，贫血，脱毛，羽毛松乱，有神经症状和皮肤瘙痒，不自主地排泄白色的尿酸盐尿，也有的反而减少，多数病例血液中尿酸水平增高至 15 mg/mL。

1. 内脏型痛风　临床上通常不易发现。主要呈现营养障碍、腹泻和血液尿酸水平增高。

2. 关节型痛风　多为趾关节发病，也有侵害到腕前、腕及肘关节的。关节肿胀，起初软而痛，界限多不明显，以后肿胀部逐渐变硬，具微痛，形成有豌豆至蚕豆大小的黄色结节，病程稍久，结节软化或破溃，排出灰黄色干酪样物，局部形成出血性溃疡。病禽呈蹲坐或独肢站立姿势、跛行。

病理剖检 胸腹膜、肺、心包、肝、脾、肠、肾的表面散布着许多石灰样的白色尘屑状物质。有些并发关节痛风的，肢关节内也有相似的沉着物，形成一种所谓的“痛风石”。

诊断 根据饲喂富含核蛋白和嘌呤碱的蛋白质饲料过多，结合临床症状及剖检变化即可初步诊断。改变饲料可控制发病；取肿胀关节的内容物和内脏表面石灰样沉淀物镜检，可见到有折光现象的细针状和禾束状尿酸钠结晶；取鸡血测定尿酸皆超过 15 mg/mL，即可确诊。

防治

(1)针对调查出的具体病因采取切实的措施，往往可收到良好的效果。如饲料含钙或镁过高，或长期缺乏维生素 A，可发生痛风性肾炎而呈现痛风症状，则需降低饲料中的钙或镁，多喂青绿饲料，补充维生素 A。

(2)试用阿托方(苯基喹啉羟酸)0.2～0.5 g，给病鸡每日口服 2 次。此药可增强尿酸的排泄和减少体内尿酸的蓄积及关节疼痛，但伴有肝、肾功能不全的重症病例或长期用药皆有副作用。

(3)试用别嘌呤醇(7-碳-8-氯次黄嘌呤)10～30 mg，给病鸡每日口服 2 次。此药化学结构与次黄嘌呤相似，是黄嘌呤氧化酶的竞争抑制剂，可抑制黄嘌呤的氧化，减少尿酸的形成。用药期间可导致急性痛风发作，可给予秋水仙碱 50～100 mg，每日 3 次，能使症状缓解。

(三)鸡脂肪肝综合征

鸡脂肪肝综合征(chicken fatty liver syndrome)是产蛋鸡的一种营养代谢病。发病的特点为多出现在产蛋率高的鸡群或产蛋期高峰时产蛋量明显下降，多数鸡的体况良好，有的突然死亡，其肝脏异常脂肪变性。

病因 只要是摄入能量过多，长期喂养过量饲料导致脂肪量增加。实验表明，按等能原则用另一种谷物取代玉米，喂玉米-大豆日粮的鸡比喂小麦-大豆日粮的鸡患脂肪肝综合征的比例高很多。

其实是高产蛋量品系鸡笼养和环境湿度等高因素致病。另外，饲料中真菌毒素(黄曲霉毒素、红青霉毒素等)、油菜籽制品中的芥子酸也可引起肝脏变性。

症状 发病和死亡的鸡都是母鸡，大多过度肥胖，发病率为 50%左右，死亡率为发病数的 6%以上。产蛋量明显下降，从高产蛋率的 75%～85%突然下降到 45%～55%。体况良好的鸡更易发病，往往突然暴发，病鸡喜卧，腹大而下垂，鸡冠、肉髯退色乃至苍白。嗜眠、瘫痪，体温 41.5～42.8℃，进而鸡冠、肉髯及脚趾变冷，可在数小时内死亡。一般从发病到死亡 1～2 d。

病鸡血液化验，血清胆固醇明显增高，达到 605～1 148 mg/100 mL 或以上(正常为 112～316 mg/100 mL)；血钙增高可达到 28～74 mg/100 mL(正常为 15～26 mg/100 mL)；血浆雌激素水平增高，平均含量为 1 019 μg/mL(正常为 305 μg/mL)。此外，病鸡肝脏的糖原和生物素含量很少，丙酮酸脱氢酶活性大大降低。

病理变化 病死鸡的皮下、腹腔及肠系膜均有大量的脂肪沉积。肝脏肿大，边缘钝圆，呈黄色油腻状，表面有出血点和白色坏死灶，质度极脆，易破碎如泥样，用刀切时，在刀的表面上有脂肪滴附着。

防治

(1)首先要找出影响鸡群肝脂肪代谢平衡失调的具体原因，而后采取有针对性的防治措施。对严重病鸡淘汰，无治疗价值。

(2)主要是对病情轻的和即将发病的鸡群，在每千克日粮中补加胆碱 22～110 mg，治疗1周有一定疗效。美国曾介绍，在每吨日粮中补加氯化胆碱 1 000 g、维生素 E 10 000 IU、维生素 B_1 2 mg 和肌醇 900 g，连续喂养；或每只病鸡喂服氯化胆碱 0.1～0.2 g，连服 10 d。澳大利亚曾推荐补加维生素 B_{12}、维生素 E 或胆碱。

(3)调整日粮配方，以适应变化了的环境下鸡群的需要。实行降低饲料代谢能摄入量，如在饲料中增加一些富含亚油酸的脂肪而减少碳水化合物，可降低发病率。另外，饲料中代谢能和蛋白质的比值(ME/P)是由于温度和产蛋率的不同而不同的。温暖时，ME/P 减少 10%，低温时增加 10%。我国产蛋鸡的蛋能比是以产蛋率为依据的，产蛋率大于 80%，日粮中蛋能比取 60(11.51 MJ/kg，16.7%)；产蛋率为 65%～80%，取 54(11.51 MJ/kg，15%)；产蛋率小于 65%，取 51(11.51 MJ/kg，14%)。Miles 等(1986)指出，蛋鸡在采食缺乏含硫氨基酸日粮时，如要发挥更高的产蛋率和饲料效率，日采食胆碱应不少于 115 mg。严玉富等(1985)试验证明，在基础日粮含 604.12 mg/kg 的基础上，0.3%氯化胆碱应不少于 115 mg。

(4)调整饲养管理，适当限制饲料的喂量，鸡群产蛋高峰前限量要小，高峰后限量应大，小型鸡种可在 120 日龄后开始限喂，一般限喂 8%～12%。

(四)鸡脂肪肝和肾综合征

鸡脂肪肝和肾综合征(fatty liver and kidney syndrome)是青年鸡的一种营养代谢病，由肝脏、肾脏和其他组织中存在大量脂类物质而得病。主要发生于肉用仔鸡，11 日龄以前和 32 日龄以后的仔鸡不常暴发，以 3～4 周龄发病率最高。肝和胃均呈现肿胀，肝苍白，肾呈现多种颜色，多死于突然嗜睡和麻痹。

病因　主要是营养代谢调节失调，通过饲喂一种含低脂肪和低蛋白的粉碎的小麦基础日粮，能够复制出本病，并有 25%的死亡率而证实。如若日粮中增加蛋白质和脂肪含量，则死亡率降低；若将粉碎的小麦做成小的丸剂饲料，则死亡率增高。

其次，生物素缺乏也是重要的发病原因。因为生物素在糖原异生的代谢途径中是一种辅助因子。本病存在低糖血症，表明糖原异生作用降低。

症状　病鸡突然嗜睡和麻痹。麻痹常由胸部向颈部蔓延，几小时内死亡。死亡率多在 6%之内，个别的鸡群达 20%以上。有些病鸡出现与生物素缺乏相似的病症：生长缓慢，羽毛发育不良，喙周围发生皮炎，足趾干裂等。

病鸡有低糖血症、血浆丙酮酸水平升高、肝糖原水平较低和血浆游离脂肪酸水平升高等生化特性。

病理变化　死亡病鸡以肝、肾病理变化最明显。肝脏苍白、肿胀，肝小叶有出血点。肾脏肿大。心脏呈苍白色，心肌脂肪组织呈淡红色。肌胃和十二指肠前段常含有黑棕色液体。

防治

(1)针对病因，调整日粮成分比例，如增加蛋白质或脂肪含量，降低小麦的比例，防止将小麦粉做成丸剂饲料。

(2)有效的防治办法是在基础日粮中，按每千克体重补充维生素 0.05～0.10 mg。如若日粮中增加适量蛋白质或脂肪含量，则可使死亡率降低。

第十六章　家禽中毒性疾病

一、黄曲霉毒素中毒

黄曲霉毒素中毒(aflatoxicosis)是家禽中常见的霉饲料中毒。黄曲霉毒素是黄曲霉菌的代谢产物,寄生曲霉也能产生黄曲霉毒素,由此霉素引起的中毒称为黄曲霉毒素中毒。家禽对黄曲霉毒素的易感性由大至小其顺序为鸭雏、火鸡、兔、猫、小猪、犊牛、雏鸡、肥育猪、成年羊、绵羊。

病因　家禽吃了多量的被黄曲霉菌或寄生曲霉感染的农作物及其副产品,都可能发生黄曲霉毒素中毒。最易感染黄曲霉菌的农作物有花生、玉米、黄豆、棉籽、大麦和小麦等。1960年英国发生的"火鸡X病"造成10万只火鸡相继死亡,后来查明就是由于吃了含有霉变花生饼的饲料而引起的,并从中分离出黄曲霉菌产毒菌株。

不是所有黄曲霉菌都是产毒菌株,而且产毒菌株产生毒素也需要一定的条件,其最适温度为23～32℃,相对湿度在80%～85%以上时,产生黄曲霉毒素量最高,霉素主要在菌丝中产生,分泌到被污染的饲料中。

黄曲霉毒素是黄曲霉菌的代谢产物,是一类结构相似的化合物的总称。黄曲霉毒素及其衍生物有20种,其中8种有致癌作用,以B_1、B_2、G_1、G_2毒素的毒力最强,尤其以B_1更是突出的强,所以,目前所称的黄曲霉毒素均指B_1,简写为$AFTB_1$。黄曲霉毒素是一种很强烈的肝性毒素,家禽中毒以肝脏的损害为主症,同时伴有血管通透性的严重破坏和中枢神经的损害。因此,临床上表现出血性素质、水肿和神经症状。黄曲霉毒素是目前发现的最强的化学致癌物质,可致胃腺癌、肾癌、直肠癌,以及乳腺、卵巢、小肠等部分肿瘤,经气管给予毒素,可诱发气管鳞状上皮癌。

症状　家禽对黄曲霉毒素敏感性较高,容易中毒。幼鸭、幼鸡一般为急性中毒,迅速死亡,往往看不到临床症状。幼鸡多发生于2～6周龄,表现减食,生长慢,发育不良,贫血,排出带血的稀粪;雏火鸡嗜睡,羽毛蓬松,翅下垂,偶有角弓反张的神经症状,死亡率可达50%～90%。雏鸭食欲消失,常鸣叫,脱毛,足部和趾部发紫红色,严重跛行,有时呈现共济失调,死前惊厥和角弓反张,死亡率极高。

成年鸭对毒素耐受性比雏鸭强,多为慢性中毒,仅有贫血、衰弱。若发生肝癌,病程长,呈现恶病质症状。

病理变化　死亡病禽肝脏呈特征性变化:急性中毒时肝脏肿大,色淡呈苍白带黄色,有出血斑点。胆囊肿胀。肾肿大,色淡。胰腺有出血点。腿部肌肉、胸部皮下和肌肉常有出血或胶冻样渗出物。亚急性和慢性中毒时,由于胆管增生而使肝硬化,时间越长,肝硬化越明显。1年以上者,可出现肝癌结节。其他可有心包和腹腔积液,胃肠道充血和出血。

雏鸭肝脏坏死和胆管增生程度皆比其他家畜更为明显。

诊断 根据存在饲喂易感染黄曲霉菌的花生饼、玉米之类发霉饲料的病史、本病流行特点、临床症状和尸体剖检中特征性病理变化，可做出初步诊断。若要确切诊断，必须进行下列检验。

1. *可疑饲料直观法* 以此作为黄曲霉毒素预测法。取有代表性的可疑饲料样品2.5 kg，分批盛于盘内，摊开为薄层，直接放在365 nm波长的紫外线灯下观察荧光。如果样品中存在B族黄曲霉毒素，可见到含毒素的饲料颗粒发出亮的蓝色荧光；若为G族，则为黄绿色荧光。如果看不到荧光，可将饲料颗粒捣碎后再观察。

2. *产毒霉菌的培养鉴定* 黄曲霉菌在饲料中分布很广，而且不是所有的黄曲霉菌都能产生毒素。因此，从饲料中分离出黄曲霉菌还不能对该病作出确切诊断，还必须进行黄曲霉毒素测定。

3. *黄曲霉毒素测定* 从被检样品或纯培养材料中提取毒素，然后再用薄层层析法测定毒素。

4. *生物学鉴定方法* 常用鸭雏试验，鸭雏对黄曲霉毒素很敏感，1日龄鸭雏的LD_{50}为12.0～28.2 μg/只，在给予一次致死量后，鸭雏于72 h死亡。鸭雏试验测定黄曲霉毒素是最简便实用的定性和半定量的方法，并且引起的病理变化具有明显的特异性，其轻度病变为胆小管上皮细胞以胆管为中心，成层状增生；重度病变为增生的胆管上皮细胞表现为条索状或分枝状。鸭雏试验已成为世界公认的黄曲霉毒素生物学鉴定方法。

防治 本病主要在于预防。防止饲料发霉，严格控制家禽摄入霉败饲料，这是预防本病发生的根本措施。如若饲料已被产毒的黄曲霉菌污染，则要去毒。黄曲霉毒素加热到280℃才能完全破坏。因此，用一般的蒸煮法不能彻底破坏毒素。对霉菌污染较轻的饲料，可用0.1%漂白粉水溶液或者将拌有1%～2%石灰的霉玉米磨成粉，用水浸泡12 h，倒去上清液，再倒入清水冲洗，换几次水，直至浸泡变为无色，取其沉渣饲喂。也可以直接用流水冲洗去毒，方法同前。这些去毒法去毒费工费时，也浪费饲料，并且去毒效果不理想。以后又研究出加碱去毒法、白陶土吸附法、微生物去毒法、紫外线照射法、酿制蒸馏法，以及国外有用有机溶剂抽提毒素用化学药物破坏毒素等方法，虽然都有一定效果，但需要特殊设备并存在残留化学物质。目前以氨方法较好：将黄曲霉毒素污染的谷物封闭在18 kg氨压，72～82℃环境中1～2周，打开24～48 h后即可喂饲用，其内黄曲霉毒素98%～100%被破坏，此饲料含氮量增加，并且不破坏赖氨酸，安全又增加了营养，用此饲料喂家禽，其机体组织中未测出残毒及其有害物质。

二、麦角中毒

家禽采食混有麦角菌寄生的麦类谷物和糠麸皆会引起麦角中毒（ergot poisoning）。猪、牛也较敏感，但马属动物抵抗性较强。

症状 病禽多呈慢性中毒，鸡冠、肉髯、爪趾变冷并发绀，直至变成黑色，发生干性坏死，脱落。伴发肠炎。

诊断 根据病史、饲料来源调查、中毒症状可做出初步诊断。若要作出确切诊断，可做鸡的生物试验和饲料中麦角的化学鉴定。

1. *可疑饲料的生物学试验* 用引起发病的可疑饲料喂健康中雏鸡，可人工复制出典型的麦角中毒病例。鸡群停止饲喂可疑饲料，发病停止，鸡群逐渐恢复健康。

2. 麦角的化学鉴定 取检样10 g，加乙醚20 mL，稀硫酸(1∶5)10滴混合。将瓶口塞好，振摇，放置5～6 h，过滤，在滤液中加碳酸氢钠饱和溶液0.5～1 mL，振摇，静置，观察水层，其碱性溶液应现堇紫色、紫蓝色或红色。

防治 防止饲料中有混入麦角的麦类谷物和糠麸，若发现中毒现象，应立即停喂可疑饲料，并做生物学试验和麦角的化学鉴定，把鸡群中发病鸡挑出进行对症治疗。

三、禽肌胃糜烂病

禽肌胃糜烂病(poultry gizzard erosion)是鸡的一种与哺乳动物及人的胃肠溃疡出血相类似的非传染性疾病，主要发生于肉用仔鸡，1～5月龄鸡均可发生，鸭也能发病。

病因 过去曾有过几种不同看法：认为饲料中含硫酸铜超过400 g/t；饲料中缺乏维生素B_6、维生素K、硒、锌等可诱发此病；日粮中加0.4%的组胺可引起典型的肌胃糜烂；吃食大量发霉饲料和垫料，饲养密度过大等多方面因素共同作用的结果。目前，多数学者认为日粮中鱼粉的比例超过15%时，就有可能发生肌胃糜烂，鱼粉含量越高，发病率就越高。日本学者千田雄文等研究证实鱼粉中的有毒物质是组氨酸。1982年终于成功地从10 kg鱼粉中分离出7 mg高活性的复合物，Okanalai(1983)分析其物为2-氨基-9-(4-咪唑)-7-氮杂壬酸，命名为肌胃糜烂素(gizzarosinong)，并人工合成出。试验证实此物拌料、肌肉注射和静脉注射，均能复制出禽肌胃糜烂病，其毒力是组胺的100倍。

症状 病禽厌食，精神不振，步态不稳，喜蹲伏，羽毛松乱，消瘦贫血，发育迟缓，呕吐黑色物(所以又叫"黑吐病")，腹泻，拉棕色或黑褐色软粪，突然死亡，死亡率低(2.3%～3.3%)。本病常伴发营养缺乏症、代谢病、传染病或寄生虫病。

本病发病特点是禽群饲喂一批新饲料后5～10 d发病，而更换饲料后2～3 d发病率就停止增长。

病理变化 嗉囊扩大，其内充满黑色的液体，肌胃扩张，质地软，病变部肌肉发白。肌胃、腺胃、肠道内有暗褐色或黑色的内容物。肌胃内沙砾极少或绝无，含有多量的水样分泌物。病雏的主要病变发生在腺胃和肌胃相接处，随后沿着皱襞向肌胃中区后区发展，类角质变色，皱襞增厚，外观呈现疣状或树皮样。病的后期，在皱襞深部出现小点出血，以后出血点增多，逐渐扩大、糜烂和溃疡，溃疡向肌层深部发展，可造成胃穿孔，穿孔常发生在接近十二指肠的肌胃壁较薄处。十二指肠出现黏液性、卡他性出血性炎症，黏膜表皮坏死或形成局部性病变。

防治

(1)日粮中鱼粉含量最好为12%～15%，当发现肌胃糜烂时，应更换鱼粉或减少鱼粉的用量，改用其他蛋白质饲料。

(2)严禁用腐烂变质的鱼货生产鱼粉，对鱼粉应加强监测。

(3)应在日粮中补充维生素B_6、维生素K、维生素E等维生素，排除管理中的应激因素。

(4)有人提出用去氢胆酸治疗本病，饲料中加入牛磺胆酸可以预防，用猪或牛的胆汁治疗病鸡。

四、食盐中毒

给家禽饲喂适量食盐，可增进食欲、增强体质。但是，饲料中食盐含量因配料时比例过大或配制不均等种种原因而过高时，易引起食盐中毒(common salt poisoning)。特别是幼禽敏感性很高，鸭比鸡更敏感。家禽对食盐中毒量和致死量视年龄、种类、饮水等因素不同而有差异。一般来讲，鸡和鸭的食盐最小致死量为每千克体重 4 g，鸽子的食盐致死量为每千克体重 3.3 g。

症状　吃食减少或停食，嗉囊扩张，强烈口渴，腹泻，极度兴奋，喙不断张合，鸣叫。有时呈现神经症状，惊厥，头颈弯曲，翼、肢麻痹，胸腹朝天，仰卧挣扎，最后循环、代谢障碍，自体中毒死亡。

病理变化　幼龄鸡有明显的消化道充血和出血，皮下组织水肿，心包积液，肺水肿，肾脏和输尿管有尿酸盐沉积，睾丸囊肿，脑膜血管充血扩张，有出血点。

诊断　根据病史、饲料调查、症状及病理剖检变化综合分析，可作出初步诊断，若需确切诊断，尚需要做以下 2 项化验：

(1)将胃肠内容物冲洗、过滤、蒸干，取氯化钠结晶加入硝酸银溶液内，即出现白色沉淀；或者取残渣在火焰上燃烧呈鲜黄色。

(2)测定肝中氯化物含量。必要时，可在实验室设备较好的化验室进行。

防治　严格控制饲料中食盐的含量，尤其是对幼雏，防止鱼粉含盐量过高。发现有中毒可疑时，立即停喂可疑饲料和饮水，改换新鲜的饲料和饮水。但对严重急性中毒病禽，应控制给水，否则会促进食盐吸收扩散，反而使症状加剧，促使死亡。一般病畜皆可好转、痊愈，不必需要特殊治疗。

五、高锰酸钾中毒

高锰酸钾常作为养鸡场消毒饮水或微量元素补充剂，浓度过高，对消化道有腐蚀作用，若被吸收进入血液，能损害肾脏和脑，导致植物神经功能紊乱。钾离子过高对心脏有高度抑制作用，可导致死亡，称为高锰酸钾中毒(kalii permanganas poisoning)。

症状　病鸡口腔、舌咽部黏膜呈红紫色和水肿，有时腹泻，呼吸困难。

病理变化　整个消化道呈现腐蚀和出血现象。

防治　家禽高锰酸钾饮水浓度应控制在 0.01%～0.03%。低浓度时，对肠道发酵分解产物有消毒作用；它还原二氧化锰，又有收敛作用。故作饮水时，一定要低浓度，溶解好。

六、五氯酚钠中毒

五氯酚钠水剂是灭生性除锈剂，主要用于稻田，也用作杀虫剂，杀灭丁螺，防治血吸虫病时常用。家禽误食或误饮了五氯酚钠污染的草和水，或皮肤接触，均可引起五氯酚钠中毒(sodium penta-chorophenol poisoning)。

毒理 五氯酚钠易吸潮，可溶于水，具有中度挥发性，可经消化道、呼吸道及皮肤进入家禽体内，以皮肤吸收较为显著。它在体内代谢迅速，排出快，无蓄积作用。进入机体 24 h 后，即有 70%随尿排出。五氯酚钠可进入细胞的线粒体，使氧化磷酸化过程失常，细胞摄氧量增多，细胞呼吸控制失常，三磷酸腺苷活力增强，组织内高能磷酸键物质减少等。其后果是机体代谢过度旺盛，细胞氧化过程所产生的大量“能”不能通过磷酸化作用发生转化、储存，大量的“能”变热散发出去。还有可能影响中枢的热调节功能，因而产生一系列的中毒症状。

症状 家禽中鸭、鹅皮肤接触中毒时，引起眼、口黏膜、腿和蹼皮肤发红，疼痛。重症的局部发泡、脱皮、口渴、呼吸困难、肌肉痉挛、惊厥，急性中毒时能在几小时内死亡。慢性中毒时，病禽食欲减退，无力，视力降低，衰弱。

病理变化 急性中毒时，肺充血和出血。胃肠黏膜充血、水肿，黏膜表层细胞坏死。肝、心和肾充血，其实质营养不良变性。

防治 防止家禽采食和饮用五氯酚钠污染的饲料及水，禁止鸭、鹅进入施过药的池塘水沟放牧，治疗可用碳酸氢钠饮水。

七、一氧化碳中毒

家禽一氧化碳中毒(carbon monoxide poisoning)，多发生在冬季、早春，禽舍及育雏室烧煤取暖时，由于烟道堵塞，倒烟，门窗紧闭，通风不良，导致发生中毒。

毒理 因为一氧化碳比氧对血红蛋白的亲和力大 200～300 倍，它通过上呼吸道进入肺部和循环血液中，很容易结合成碳氧血红蛋白，并且碳氧血红蛋白的解离又比氧合血红蛋白的解离速度慢 3 600 倍，所以，就使血红蛋白失去运氧能力，引起组织缺氧。一氧化碳浓度较高时，还可与细胞色素氧化酶的铁结合，抑制组织细胞的呼吸过程，阻碍对氧的利用。由于中枢神经系统对缺氧敏感，因而脑细胞首先受害，并出产生一系列全身症状。

症状 轻度中毒表现羽毛蓬乱，精神委顿，食欲减退，生长迟缓，重度中毒表现精神不安，呼吸困难，运动失调，头向后仰，然后转入呆立，嗜眠，昏迷，死前发生痉挛和惊厥。

病理变化 脏器和血液均为鲜红色或樱桃红色，并有充血和出血现象。

防治 经常检查禽舍和育雏室的取暖煤炉，防止漏烟、倒烟，设风斗和通风口，保持室内通风良好，一旦发生中毒，将禽舍通风换气或将病禽移入空气新鲜的禽舍内，即可逐渐好转。

八、喹乙醇中毒

喹乙醇又名喹酰胺醇、快育诺、倍育诺等,化学名称为N-(2-羟乙基)-3-甲基-喹啉酰-1,4-二氧化物。由于喹乙醇具有提高畜禽生长率、改善饲料转化率和抗菌作用,并有用量少、价格便宜、使用方便、不易产生耐药性及防治禽霍乱效果显著等优点,因此在养禽业中得到广泛应用,但使用不当往往引起喹乙醇中毒(kuiyichunium poisoning)。

病因

(1)对喹乙醇添加剂的性质了解不够,使用过量所致。据报道,鸡每千克体重一次服用90 mg以上即可引起中毒死亡。

(2)添加的喹乙醇在饲料中混合不均匀,使部分家禽摄食量过大而中毒。

(3)重复添加喹乙醇而引起中毒。使用者不了解某些饲料厂家在生产配合饲料时已添加有喹乙醇而又添加,致使实际用量过大导致中毒。

(4)个别家禽生产者缺乏知识,误将克和毫克混淆,或将每千克饲料的药物添加量与每千克禽体重的用药量混同,也可引起中毒。

症状和病理变化 病鸡采食减少或停止,精神不振,缩头,鸡冠呈黑紫色,拉黄白色粪。死前痉挛、角弓反张。据有关报道,喹乙醇中毒后引起死亡较为迟缓。一般在停药后2～3 d才开始大批死亡,死亡持续一段时间才能停息。病死鸡病理变化与新城疫和最急性禽霍乱相似。

剖检病鸡,可见口腔内有多量黏液,血液凝固不良,心肌迟缓,心外膜严重充血、出血,部分死鸡的心肌出血。腺胃黏膜色黄易脱落,充血间有出血、溃疡。肌胃角质膜下有出血小斑;腺胃与肌胃交界处有出血带。小肠呈出血性炎症变化,盲肠扁桃体肿胀、出血,盲肠充血、出血,泄殖腔充血,子宫和卵巢充血。肝脏和肾脏淤血肿大。肝肿大2～3倍,呈暗褐色,质脆;肾肿大3～5倍,呈黑红色,质地软易破碎。胆囊肿大充盈。

诊断 根据发病经过,有过超正常量喂喹乙醇史或正常量喂时间过长的病史,结合临床症状、死鸡剖检变化等特点,即可诊断。

防治 目前尚无有效的解毒药治疗,主要是预防,使用喹乙醇时应注意以下几点:

(1)严格按照规定的添加量应用。我国的《兽医药品规范》规定,每吨家禽的饲料添加喹乙醇25～35 g。按此规定的量添加,已满足家禽生长的需要,不要盲目加大用量。

(2)为了预防和治疗家禽某些细菌性疾病,也应严格控制剂量和用药时间,预防量为每吨饲料添加80～100 g,连用1周后,应停药3～5 d,必要时隔几天重复一个疗程。

(3)饲料中添加喹乙醇时要充分混合均匀。应先将喹乙醇与少量的饲料混合均匀,然后逐渐扩大搅拌均匀,最后再混入全部饲料中,可防止少数家禽摄食量过大而中毒。

(4)防止重复添加,应了解所购的配合饲料是否已添加喹乙醇。

九、棉籽饼中毒

棉籽饼含有丰富的蛋白质，由于含有多种有毒的棉酚色素，长期过量饲喂可引起棉籽饼中毒(cottonseed cake poisoning)。

病因及发病机制 棉籽饼的萃取物中含有游离棉酚、棉酚、棉紫素、棉绿素、棉黄素、棉蓝素、二氨基棉酚、6-甲基棉酚等15种棉酚色素或衍生物。棉籽饼中棉酚的含量因棉花品种、生长环境和棉籽加工方式不同而异。一般的游离棉酚含量为0.02%～0.10%，总棉酚为0.5%～1.2%。

以游离棉酚为代表的棉籽毒是一种嗜细胞性、血管性和神经性毒物。当其进入消化道以后，对胃肠黏膜发生刺激作用，可引起胃肠卡他或中毒性胃肠炎。毒素进入血液后，会给心脏、肝和肾带来刺激与损害。对组织刺激可引起组织发炎，增强血管的渗透性，并能促进血浆和红血细胞渗入到周围组织，发生浆液性浸润和出血性炎症。游离棉酚易于机体的铁结合，由此引起缺铁性贫血，并导致溶血。在棉酚的作用下，血中不能容纳适量的维生素A，可引起维生素A缺乏症，导致消化、呼吸、泌尿器官黏膜炎症和变性。游离棉酚易溶于磷脂，故能在神经细胞中累积起来，引起神经机能紊乱。

生产实践中所见的棉籽饼中毒，多是由于长期不间断地饲喂未经去毒处理的棉籽饼，致使棉酚在体内蓄积而引起。潜伏期为10～30 d。日粮中缺乏蛋白质，以及缺乏钙、铁、维生素A，均可增加对棉酚中毒的敏感性。

据报道，棉籽饼中还存在一类具有环丙烯结构的脂肪酸——环磷醇脂肪酸，此物能使母鸡的卵巢和输卵管发生高度萎缩，产蛋率降低，蛋变小，蛋的质量变差，孵化率下降，蛋黄变成茶青色或淡绿色，蛋清发红色。蛋清变淡红色是由于卵黄中铁扩散到蛋清中，而与蛋清的伴清蛋白螯合所致。这与卵黄外周卵黄膜渗透性增高有关，同时卵黄颜色也就变淡。

症状 病鸡精神委顿，采食量减少，体重下降，母鸡产蛋率和孵化率降低，蛋清发红色，蛋黄颜色变淡呈茶青色。中毒鸡腿无力，衰弱甚至抽搐，呼吸和血液循环衰竭。血红蛋白和红细胞数下降，血清总蛋白质和青/球蛋白比下降。有些鸡伴有维生素A及钙缺乏的症状。

病理变化 剖检死鸡可见有胃肠炎、肝、肾退行性变化，肝脏变色，有蜡质样色素沉积，胆囊和胰腺增大，心外膜出血，肺水肿，胸腔和腹腔积液。母鸡的卵巢和输卵管出现高度萎缩。

诊断 根据较长期饲喂棉籽饼的病史，结合鸡群临床症状和尸体病理变化即可作诊断。

防治 应立即停止饲喂棉籽饼，对病鸡采用减轻胃肠炎等病症的对症疗法。本病应以预防为主，为了扩大家禽的蛋白质饲料来源，降低饲料成本，应该设法充分利用棉籽饼。常用方法如下。

(1)对未经去毒处理的棉籽饼和棉仁饼限制喂量。间歇饲喂，不宜长期连续饲喂，并且在饲料搭配上，要供足钙、铁、蛋白质和维生素A。

(2)减毒处理后再饲喂，可选用以下减毒方法。

煮沸法：把棉籽饼打碎加水煮沸1～2 h，若再加入10%的任何谷物同煮，可使毒性大大减弱。

干热法：将棉籽饼置锅里，以80～85℃干热2 h，或以100℃加热30 min，也可大大减弱毒性。

碱处理：可用2%石灰水，或2.5%草木灰水，1%苛性碱浸泡棉籽饼24 h，再经水洗涤剂净即可饲用。

铁剂处理：用0.1%～0.2%硫酸亚铁溶液浸泡4 h后，即可直接喂用。一般常用1.25 kg饲料级硫酸亚铁，溶于1 125 kg水中，浸泡50 kg棉籽饼一夜后，即可饲用。

(3)自20世纪70年代以来，美国开发用“液体旋风分离器”将棉酚腺(即有毒棉酚存在的棉籽色素腺体)与棉籽蛋白分开的新工艺，制得优质棉籽蛋白。我国也制造出无毒的棉籽蛋白，应用于饲喂家禽试验。

(4)培育无色素腺体的棉籽，其棉籽饼也就不含有有毒棉酚。最早是美国加利福尼亚州沙福特棉花试验站培育出4个无色素腺体的品种。以后，埃及、叙利亚、伊朗等国家引种杂交，埃及还用辐射处理超级长绒棉“吉扎45”种子，育成不含有棉酚的“巴蒂姆”品种。我国农业科技人员于1984年也培育出一批无毒棉新品系，其棉仁蛋白质达43%～50%，含有多种氨基酸，是一项大有开发前景的科技成果。

十、磺胺类药物中毒

磺胺类药物是一类化学合成的抗菌药物，有着较广的抗菌谱，对某些疾病疗效显著，国内广泛使用此类药物。但是，此类药物的反应比用抗生素稍多，甚至引起中毒。

病因　临床上常用的磺胺药剂分为两类：一类是肠道内容易吸收的，如磺胺嘧啶(SD)、磺胺二甲基嘧啶(SM2)、磺胺间甲氧嘧啶(SMM)、磺胺喹啉(SQ)和磺胺甲氧嗪等；另一类是肠内不易吸收的，如磺胺脒(SG)、酞磺胺噻唑(PST)及琥珀酰磺胺噻唑(SST)等。前一类药物比较容易引起中毒。

在防治家禽寄生原虫病中，常用SMM、SM2和SQ等，用药过程中必须使用足够的剂量和连续用药才能收效，否则原虫容易产生耐药性，这种抗药性能遗传好几代。有些磺胺药的治疗量和中毒量又很接近。用药量大或持续大量用药、药物添加饲料内混合不均匀等因素都可能引起中毒。早在1939年Levine就发现，每吨饲料中含有2 000 g、3 000 g或4 000 g磺胺，连续饲喂2周，小鸡就会产生中毒反应。

中国农业大学动物医学院药理教研室以1 250 g/t SM2和混饲饲喂38日龄仔鸡3 d，其增重为对照组的138.7%，6 d为114.5%，12 d为105.1%，而达15 d时增重却下降，仔鸡体重仅为对照组的90%。随着浓度的增加，SM2可明显抑制仔鸡的生长。如分别以1 250 g/t、2 500 g/t、5 000 g/t、10 000 g/t、20 000 g/t及40 000 g/t的SM2混饲饲喂38日龄仔鸡15 d，增重率分别为90%、58%、51%、28%、6%及－17%。

雏鸡饲料中含2 500 g/t SM1时，可导致生长停滞和肝、脾坏死。分别给鸡饲喂含5 000 g/t SM2、SM1或10 000 g/t SG的饲料8 d，可引起鸡脾出血性梗死和肿胀，其中SM2的毒性最大，SG的毒性最小。

毒理　磺胺类药物种类很多，各种磺胺药对动物的毒性不同，根据其吸收程度和作用时间等，可简要归纳为以下几个方面。

(1)肾脏损害。动物对各种磺胺类药物的平均吸收率，以家禽为最高，70%～90%的口服药量可由肠进入血中。磺胺类药物在血液中大部分保持游离形式，其代谢产物，特别是氧化产物可以导致全身毒性反应。一部分磺胺在肝脏中经过乙酰化而变为无抗菌作用的乙酰磺胺，且仍保持其原型磺胺的毒性。其乙酰化产物一般溶解度较小，常在肾小管内析出结晶，造成阻塞和肾脏损害。由于过敏，可以引起血管（包括肾血管）本身的损害及肾组织的水肿，肾间质内嗜酸性粒细胞的变性、坏死。

(2)中毒性肝病和血液病变，如白细胞减少症、溶血性贫血、再生障碍性贫血，改变消化器官及中枢神经系统机能，因而出现消化障碍或神经症状。

(3)过敏反应。磺胺类药物能与体内蛋白质结合而成为抗原，故可发生过敏反应。某些磺胺药还能引起高铁血红蛋白症和硫化血红蛋白症。

症状 病仔鸡表现抑郁，羽毛松乱，厌食、增重缓慢，渴欲增加，腹泻，鸡冠苍白，有时头部肿大，发蓝紫色，由于局部出血造成。凝血时间延长，血液是颗粒白细胞减少，溶血性贫血。有时发生痉挛、麻痹等症状。

成年母鸡产蛋量明显下降，蛋壳变薄且粗糙，棕色蛋壳褪色，或者下软蛋。有的出现多发性神经炎和全身出血性变化。

病理变化 首先观察到皮肤、肌肉和内脏器官出血，皮下有大小不等的出血斑，胸部肌肉弥漫性或刷状出血，大腿内侧斑状出血。肠道有弥漫性出血斑点，盲肠可能含有血液。腺胃和肌胃角质层下也有出血点。

进一步检查，肾脏明显肿大、土黄色，表面有紫红色出血斑，输尿管增粗，并充满尿酸盐，肾盂和肾小管中常见磺胺结晶。肝脏肿大，紫红色或黄褐色，表面有出血点或出血斑，胆囊肿大，充满胆汁。脾也肿胀，有出血性梗死和灰色结节区。心肌也可有刷状出血和灰色结节区，心外膜出血。脑膜充血和水肿。骨髓变为淡红色或黄色。

磺胺毒性实验报道很多，他们观察到胸腺、脾脏和腔上囊等免疫系统的生长、发育都受到明显的抑制，体积减小和重量降低，以及这些器官中的淋巴组织萎缩。

诊断 主要根据病史调查，是否应用过磺胺类药物，用药的种类、剂量、添加方式、供水情况，发病时间和经过，还要现场观察临床症状及病禽剖检病理变化，进行综合分析即可得出诊断。

必要时，应对可疑饲料和病禽组织进行毒物检验分析。请有关检验部门严格取样和科学化验分析。磺胺药物在病禽组织内是稳定的，即使停药后仍然可在组织中残留几天。肌肉、肾或肝中磺胺药含量超过 20 mg/kg 时，就可诊断为磺胺中毒。

防治 要以预防为主，为了防止用磺胺药引起鸡群中毒，应严格选择好适宜的毒性小的磺胺药，控制好剂量、给药途径和疗程，并在给药期间增加饮水量，保证供应适宜温度的饮水。

第十七章　猪营养代谢病

一、仔猪低血糖症

仔猪低血糖症(hypoglycemia of piglet)往往发生在1～4月龄,临床上以阵发性神经症状为特征。死亡率为30%～70%,有的窝猪可达100%。

病因

(1)新生仔猪饥饿是主要原因。常见于母猪怀孕后饲养管理不当,母猪缺奶或无奶,新生仔猪饥饿24～48 h,从而引起血糖降低而发病。严重时整窝仔猪同时发病死亡。

(2)寒冷是促使本病发生的诱因。在冬末、春初季节,新生仔猪饥饿加上寒冷更易多发此病。

(3)仔猪胃肠道机能不全,如缺乏消化母乳所必需的乳酸杆菌也可促使发生低血糖症。

(4)仔猪肝功能不全,不能贮存适量的肝糖原,并不能从氨基酸转化为葡萄糖,从而影响血糖供给,使血糖低下。

(5)仔猪内分泌紊乱,有的仔猪脑下垂体前叶机能缺陷,容易引起胰岛素的作用过强,产生过量的胰岛素而造成低血糖症。

(6)仔猪营养衰竭,如患大肠杆菌性败血症、传染性胃肠炎、链球菌病及先天性肌痉挛等。

症状　主要呈现神经和心脏一系列症状。病初步态不稳,平衡失调,四肢绵软无力或头向后仰、发抖、四肢作游泳状抽动等阵发性神经症状。严重者,体温下降,体表皮肤发凉且感觉迟钝,针刺时无痛感反应。心律不齐,心跳频数达200次/min。病后期,全身瘫软,昏迷,心跳变弱而慢,只有80次/min左右。若不及时治疗,可于发病后24 h内死亡。

血液检查:健康仔猪血糖含量为140～170 mg/100 mL,患低血糖症时,仔猪血糖含量为20～40 mg/100 mL。

治疗

(1)腹腔注射葡萄糖溶液。5%葡萄糖溶液15 mL,每隔4～6 h重复1次,直至仔猪能哺乳或人工补饲为止。

(2)试用肾上腺皮质激素,如可的松,每千克体重4 mg,肌肉注射,至血糖升到50 mg/100 mL以上为止,一般4 d为一疗程。

预防　加强怀孕后期母猪的饲养管理,给予富含维生素、矿物质的全价饲料,不但可使所产仔猪健康,而且能保证母猪产后有多量的奶水,可防止仔猪低血糖症的发生。

冬末、春初季节,注意母猪产仔及授乳期间的保温,免遭寒冷侵袭,可减少本病发生。

二、仔猪贫血

仔猪贫血(anemia of piglet)是以缺铁为主的造血物质的缺乏所致的仔猪营养代谢病。在集体人工饲养条件下的仔猪最易患此病,其发病率可达30%~50%,死亡率达15%~20%。此外,羔羊、犊牛、驹也可发病,一般都以春季发病率高。

病因 由于母乳缺乏铁,母乳又是仔猪主要营养来源,新生仔猪的铁贮存量也少,因此,单纯以母乳为食而又不及早补料的仔猪,集体人工饲养在水泥地面或硬木板的圈舍内的仔猪,生长迅速而铁供应不足的仔猪,容易患缺铁性贫血。

发病机理 铁在机体内主要是与蛋白质结合成正铁血红素化合物(血红蛋白和肌红蛋白),血红蛋白的铁约占全身含铁量的60%,肌红蛋白的铁约占总铁量的3%。正铁血红素是功能基,铁的作用是氧的载体和电子的转运体,在呼吸过程中,通过其氧化还原活动及运输电子的能力实现其功能。初生仔猪血红蛋白平均为9~11 g/100 mL,在8~10日龄时,则要出现生理性血红蛋白下降,可降至4~5 g/100 mL。同时,出生仔猪的铁贮存量较低,每个仔猪有45~50 mg;生后早期的仔猪生长率不高。仔猪在3周龄体重达到初生体重的4~5倍,8周龄达到8倍,铁的日需要量为15 mg,而每天仅能从母乳中摄入铁1 mg,因而引起仔猪缺铁性贫血。缺铁不仅引起血红蛋白合成减少,降低机体细胞色素氧化酶等多种酶的活性,引起脂类、蛋白质及糖类的合成障碍,而且导致红细胞发生异常。严重缺铁时,有的胃腺上皮萎缩,使盐酸分泌减少,出现食欲减退、皮肤干燥等临床症状。

症状 本病主要发生在3周龄左右的仔猪,10周龄后很少发生。患病仔猪食欲减退,被毛粗乱,白猪则被毛发黄,大多腹泻,生长率降低。稍有运动后心跳和呼吸显著加快,可视黏膜苍白。

血液检查,主要是低色素的小红细胞性贫血,红细胞可降到每立方毫米132万~312万个,血红蛋白量降到25%以下,血色素低于1。红细胞形态大小不均,甚至出现异性红细胞,网织红细胞增多,发现多染性红细胞和其他有核红细胞,白细胞也中等增加。在白细胞相中,淋巴细胞显著增多,嗜酸性细胞减少,不见嗜碱性细胞。

防治

(1)设置小块放牧地或土地运动场,使产后母猪和仔猪每天适当的运动和放牧。

(2)舍饲仔猪必须补充铁质直至断奶。补喂铁的化合物,可补硫酸亚铁、乳酸亚铁,也可用红黏土(含氧化亚铁)代替。用硫酸亚铁2.5 g,氯化钴2.5 g,硫酸铜1 g,酵母粉10 g,常水1 000 mL的混合液,每天每头5 mL。也可用硫酸亚铁溶液(硫酸亚铁450 g,硫酸铜75 g,水2 L)每日涂抹母猪乳头。还可在猪栏内放红壤土5 kg,内加硫酸亚铁5 g,硫酸铜和氯化钴各1 g,在仔猪开始采食时应立即补充。

此外,仔猪出生后头12 h内口服铁葡聚糖或多素芽糖铁200 mg;3日龄仔猪口服1次酒石酸铁(150 mg铁),可在3周龄内维持足够的血红蛋白水平。

(3)肌肉注射铁制剂,可选用"血多素"、葡萄糖铁钴、右旋糖酐铁、山梨醇铁等注射液,均是防治仔猪贫血的有效方法。

需要注意:口服可溶性铁盐,剂量不要过大,否则,可引起猪胃肠炎、腹泻和死亡等中毒现象。

(4)通过给母猪喂苏氨酸铁来预防仔猪贫血,将苏氨酸铁从分娩前1周到离乳(乳猪20日龄)以0.15%的比例(含*DL*-苏氨酸铁159 g)添加到饲料中。Graff等认为,氨基酸螯合铁的吸收率为无机铁(硫酸铁、碳酸铁、氧化铁)的4.9倍。

(5)给妊娠母猪产前1个月,直到断乳,补加0.5%乳铁素(含螯合铁1.5%、甘氨酸2.0%,含生理调整元素、生物菌、多种维生素、矿物质等营养素),可预防母猪仔猪贫血,增强仔猪活力,避免下痢等。

三、蛋白质缺乏症

蛋白质是生命代谢过程的特殊物质,也是所有组织和器官的基本物质,并且是机体内部酶、激素、色素、免疫体等活动性生化物质的重要部分。猪日粮中蛋白质按每千克体重1 g以上的比例调制。试验证明:用6.5%蛋白质饲养试验动物,可以引起蛋白质缺乏症(protein deficiency),不仅仔猪死亡较快,而在体内存有一定数量体蛋白的大猪,也难免于死亡。在蛋白质缺乏症中,制造抗体蛋白的能力降低,产生颗粒性白细胞和淋巴细胞的能力降低,以及骨髓和淋巴样组织较少。

猪日粮中蛋白质长期缺乏,猪体就要动用贮备的蛋白质,使体内出现氮的负平衡。首先是消耗肝脏中的蛋白质,其次是动用血液蛋白质,最后消耗肌肉及组织中的蛋白质。患猪首先表现机体免疫功能减弱,血浆蛋白质发生相应变化,以后血红蛋白水平也下降,临床表现生长受阻,活力不足、贫血组织萎缩和体重降低等症状。虽然仔猪个体没有什么明显症状或特征性的症状,但是,猪抵抗疾病的能力已大大地降低,容易感染病毒性、细菌性的传染病,以及某些寄生虫病。

另外,猪的某些传染病和寄生虫病也能严重地引起蛋白质代谢紊乱,这是属于继发性蛋白质缺乏症。根据病原毒力和持续时间不同,其病状也有差异。一般地讲,其病状和剖解变化都比原发性蛋白质缺乏症严重。主要表现食欲不振,各种体液和血液中丧失蛋白质来源,组织蛋白被破坏,体蛋白合成衰竭。一般的病理结果是贫血,白细胞减少,体重下降,外伤愈合慢。

四、猪黄脂病

猪黄脂病(yellow fat disease)是屠宰后的猪肉存在的一种黄色脂肪性组织,通称“黄膘”。一般是生前不明显,多在宰后检验时发现。

病因　通常由于采食过量的不饱和脂肪酸甘油酯和维生素E不足所致。鱼粉、鱼脂、鱼内脏、油渣、蚕蛹等富含不饱和脂肪酸的饲喂量超过日粮的20%,持续喂食3～5周而致病。另外,长期过量饲喂芜菁、紫云英、胡萝卜等富含黄色色素的饲料,也可沉积而使脂肪黄染。

症状　生前临床检查症状不明显。一般有食欲减退,倦怠,衰弱,被毛粗糙,增重缓慢,结膜色淡,血液检验,血红蛋白降低、红细胞计数在正常范围内,为低色素性贫血。

病理变化 体脂肪呈柠檬黄色，骨骼肌和心肌呈灰白色，变脆；肝呈黄褐色，有显著的脂肪变性。肾呈灰红色，横断面可见髓质呈浅绿色。胃肠道黏膜充血。淋巴结肿胀、水肿，有散在性的出血点。

防治

(1)调整饲料日粮，除去富含不饱和脂肪酸甘油酯的饲料，或是限制在10%以内，并且在宰前1个月停喂。

(2)日粮中添加维生素E，每天每头500～700 mg，或是加入6%的干燥小麦芽或30%的米糠皆有预防效果。

第十八章　猪中毒性疾病

一、亚硝酸盐中毒

亚硝酸盐中毒(nitrite poisoning)可发生于各种家畜，以猪为多见，其次是牛、羊、马。

病因

(1)青绿饲料调制不当。青绿饲料，如白菜、青菜、菠菜、甜菜、莴苣叶及甘薯叶等，若贮存或调制不当。如发生腐烂或盖锅焖煮未充分搅拌，煮熟后焖放，在一定的温度(60～70℃)条件下或自然堆放腐烂产热(20～40℃)条件下，由于硝化细菌及转化酶作用，使青绿饲料中所含的硝酸盐大量地转化为亚硝酸盐，猪食入后而发生中毒。

各种青绿饲料苗均富含硝酸盐，尤其是在重施化肥和农药的情况下。硝化细菌广泛存在于自然界，大肠杆菌、梭状芽孢杆菌也含有硝酸盐还原酶。有人测定新鲜青菜含亚硝酸盐 0～0.1 mg/kg，自然放置第 4 天为 2.4 mg/kg；到第 6～8 天并有腐烂情况下，含量可达 340～386 mg/kg，小白菜煮熟后，焖在锅里 24～48 h 可达 200～400 mg/kg。

据试验测定，亚硝酸盐对猪最低致死量为 70～75 mg/kg，对牛最低致死量为 150～170 mg/kg，但是硝酸盐对牛最低致死量为 650～750 mg/kg，并且硝酸盐主要是对消化道发生强烈刺激，而不像亚硝酸盐那样剧毒。

(2)误饮含大量硝酸盐、亚硝酸盐的水，也可引起中毒；如从施过化肥耕地排出的水，或浸泡过大量植物池塘水。

(3)误食硝酸铵、硝酸钠等化肥，硝酸盐在胃肠道内，转化为亚硝酸盐而引起中毒。

毒理　亚硝酸盐的毒性作用主要有以下几点：

(1)亚硝酸盐进入血液，首先使血液中正常的氧合血红蛋白(二价铁血红蛋白)迅速地氧化成高铁血红蛋白(变性血红蛋白)，即三价铁同一个羟基(—OH)呈稳固的结合，从而丧失了血红蛋白的正常携氧功能。血液呈现黑褐色，发展成为贫血缺氧症及高铁血红蛋白。但是，亚硝酸盐所引起的血红蛋白变化为可逆反应，血中辅酶Ⅰ、抗热血小板及谷胱甘肽等，都可促使高铁血红蛋白还原成正常的低铁血红蛋白。所以，少量高铁血红蛋白不会引起中毒，健康动物通常就有 0.7%～10%的血红蛋白被氧化成高铁血红蛋白；而只有达到 30%以上，才呈现中毒症状；若达到 80%～90%时则死亡。

(2)亚硝酸盐可透过体内屏障及胎盘组织，少量多次地进入，可引起妊娠母猪发生流产、弱胎或死胎。

(3)亚硝酸盐还有扩张血管的作用，导致外周循环衰竭，助长缺氧症的发展。

(4)广泛存在自然界的亚硝酸盐与仲胺等作用，在适宜的条件下，可以形成亚硝胺或亚硝酰胺，已检出的 100 多种亚硝胺类化合物，证实有 80 多种可致癌。

症状 猪中毒的症状特点是喂饲后0.5～2 h突然发病，病程短促，最急性的病猪未被发现症状，就已经死亡。一般中毒病猪呈现呕吐、流涎、吐白沫，走路摇摆或呆立不动，心跳和呼吸数皆增加。呼吸困难、张口伸舌。鼻端、耳尖既可视黏膜呈蓝紫色，皮肤呈灰白色，皮肤及四肢末梢均发凉，体温大多下降。严重病例，全身无力或卧地不起，四肢痉挛或全身抽搐。有的呈游泳状，挣扎，然后进入昏迷。剪尾、耳尖不易出血或出少量血，血液黏稠呈黑褐色或酱油样，最后窒息死亡。

猪慢性中毒时，表现多种多样，如流产、虚弱、分娩无力、受胎率低。步态强驹，发育不良，增重慢，腹泻，维生素A缺乏，甲状腺肿等症状。

诊断 根据所喂饲料，喂后迅速发病，平时吃得多的较先发病，病情重，先死亡，病程短促，病猪血液呈酱油色，暴露空气后经久不转变成鲜红色，也不易凝固。以及临床症状特点，可以初步诊断出本病，若需要确切诊断，可以做以下两项检验。

(1)血液检验。取血5 mL，滴入数滴1%氰化钾或氯化钠，血液立即变为鲜红色。

(2)取可疑饲料液或呕吐物液检验:用格列斯反应法。

①原理。亚硝酸盐在酸性条件下与对氨基苯磺酸作用，生成重氮化合物，再与甲苯胺偶合而生成一种偶氮色素，呈红色。

②试剂。取1 g甲萘胺，10 g对氨基苯磺胺，89 g酒石酸置乳钵中，研细，制成粉末状固体试剂，保存于密闭的棕色瓶中备用。

③操作。取检液1～2 mL，放入小试管中，加入试剂0.2～0.3 g，振摇试管，如有硝酸盐存在，立即呈现红色。视颜色的深浅而定亚硝酸盐的含量，其比例如表18-1所示。

表18-1 亚硝酸盐含量与颜色对比 mg/L

溶液颜色	亚硝酸盐含量
刚显示玫瑰色	小于0.01
淡玫瑰色	0.01～0.1
玫瑰色	0.1～0.2
鲜艳玫瑰色	0.2～0.5
深玫瑰色	大于0.5

治疗

(1)用1%美蓝液(取美蓝1 g，溶于10 mL纯酒精中，再加灭菌生理盐水至100 mL)，按猪体重每千克用0.1～0.2 mL，静脉注射，或耳根部肌肉或皮下注射。若注射2 h后仍未好转，可重复注射1次。

(2)用甲苯胺蓝，按猪体重每千克5 mg，加灭菌生理盐水稀释成约5%液，静脉注射，或肌肉或皮下注射，也可腹腔注射。此种疗法使高铁血红蛋白还原速度比美蓝块37%。

(3)维生素C注射液100～500 mL，根据猪体重大小酌情用量，静脉或肌肉、皮下注射。

此外，根据具体病情可选用葡萄糖注射液，强心剂等药进行对症疗法。

预防

(1)接近收割的青绿饲料不要施用硝酸盐化肥农药，以防增高其中的硝酸盐含量或亚硝酸盐含量。

(2)农村家庭养猪时，不要饲喂腐烂变质或堆积发热过久的青绿饲料。青饲料最好生喂或制成发酵饲料再喂。如果需要煮熟时，要用急火，敞开锅盖煮，煮熟后立即取出，冷后再喂饲。

(3)对可疑饲料、饮水，可用格列斯反应法预测亚硝酸盐的有无和多少，防止本病的发生。

二、氢氰酸中毒

氢氰酸中毒(hydrocyanic acid poisoning)是由于采食富含氰甙的植物或误食了氰化物农药而引起的中毒性疾病。各种家畜均可发生，以猪发生的较多。

病因 主要是由于大量采食富含氰甙的植物引起发病。常见富含氰甙的植物有高粱和玉米的幼苗、叶子，特别是高粱、玉米收割后再生的幼苗，或是雨涝、霜冻后的幼苗中氰甙的含量更高。亚麻叶、亚麻籽饼、桃仁、杏仁、枇杷仁、李子叶、梅子叶、木薯、苏丹草、海南刀豆、狗爪豆、南瓜藤等也富含氰甙。此外，偶有误事氰化物农药的中毒。

毒理 氰甙本身是无毒的，是氢氰酸的有机衍生物—甙(配糖体)。但是，当氰甙配糖体经植物的脂解酶的作用下，氰甙经水解而释放出剧毒的氢氰酸。如若猪吃了氰化物农药，在胃的酸性条件下更易转化为无毒的硫氰酸，几天内随尿和唾液排出。未被解毒的氢氰酸中的氰离子能抑制细胞色素氧化酶、过氧化氢酶、接触酶、脱羧酶、琥珀酸脱氢酶等40余种酶的活性。其中以细胞色素氧化酶受抑制最深，主要是氢氰酸能与细胞色素氧化酶辅基上的铁结合，使氧化酶失去传递氧的作用，使组织细胞内的生物氧化过程不能正常进行，造成组织缺氧，引起内呼吸障碍。在这一过程中，由于血红蛋白携带的氧不能被组织细胞所接受，则静脉血液内的含氧量越来越高，这时动、静脉血液的颜色均呈鲜红色。

组织缺氧，首先引起中枢神经系统机能严重障碍，因为中枢神经系统对缺氧特别敏感，以及氢氰酸在类脂质内溶解度较大。中枢神经系统受害尤其以血管运动和呼吸中枢为最甚。所以，中毒病猪先兴奋，后抑制，最后呼吸麻痹窒息而死亡。

症状 猪大量采食富含氰甙的饲料，多数于食后3～6 h出现症状；若误食了氰化物农药后，约0.5 h内急性发病。病猪呈现不安、腹痛、呼吸困难，可视黏膜鲜红色，流涎或流泪。有的感觉过敏呈兴奋状，很快转为抑制，衰弱无力，后肢麻痹，卧地不起，头弯向一侧，肌肉痉挛，眼球突出，瞳孔散大，脉搏细弱。体温下降，呼吸微弱或浅表，最后呼吸麻痹死亡。

诊断 根据饲料调查、发病情况、临床症状等只能做出初步诊断，若需要确诊要靠治疗诊断和实验室毒物检验综合判定。毒物检验可以用以下两种方法：

1. 苦味酸试纸法

(1)原理：氰化物在酸性条件下，使热生成挥发性氢氰酸气体逸出，遇苦味酸试纸生成异紫酸钠，而呈橙红色(小量)或砖红色(大量)。

试剂：

①苦味酸试纸。将定性滤纸剪成7 cm长，0.5～0.7 cm宽的纸条，浸入1%苦味酸溶液中，取出阴干备用。

②10%酒石酸溶液。

③10%碳酸钠溶液。

(2)操作：先准备一个125 mL的三角烧瓶，瓶口安上带孔的橡皮塞，孔内插入口径0.5～0.7 cm的玻璃管，管内放苦味酸试纸一条，取检材10 g放入125 mL的三角烧瓶，加入10～

15 mL浸没检材，将管内苦味酸试纸滴 1 滴 10%碳酸钠溶液，并向瓶中加 10%酒石酸溶液 5 mL，立即将瓶塞安上，将三角瓶放置 40～50℃水浴中 30～40 min，如有氰化物存在，试纸变成橙红色，大量时呈红色。

2. 普鲁士蓝法

(1)原理：氰离子在碱性溶液中与硫酸亚铁作用，生成亚铁氰化钠，再在酸性中与三氯化铁形成普鲁士蓝。

试剂：

①10%硫酸亚铁溶液(新配制)。

②1%三氯化铁溶液。

③10%盐酸溶液。

(2)操作：取检材 10 g，放入 50 mL 三角烧瓶内，加碱性馏水 1～2 mL(可于馏水中加入 10%氢氧化钠 2～3 滴即行)，再加入 2～3 滴 10%硫酸亚铁液，摇匀，加入 1%三氯化铁 1 滴，再加入 10%盐酸使之呈酸性，如有氰化物存在，便呈蓝色。

治疗

1. *特效疗法* 首先用 1%亚硝酸钠，猪按每千克体重 1 mL 计算，加入 10%～25%葡萄糖注射液内，给病猪静脉注射，紧接着再由同一针头，缓慢注入 5%～10%硫代硫酸钠溶液，按每千克体重 1～2 mL 给药。这 2 种药必须按此顺序先后给药，不能倒过来先给硫代硫酸钠，也不能只给其中的一种药。否则，疗效不好或容易好转后又复发，这是由于亚硝酸钠的亚硝酸根离子具有氧化作用，能使血红蛋白氧化为高铁血红蛋白。这种高铁血红蛋白在体内具有和氰离子较强的亲和力，它能够夺取已与细胞色素氧化酶结合的氰离子，形成氰化物高铁血红蛋白，从而解除氰离子对细胞色素氧化酶的抑制，使其恢复活力。

应用亚硝酸盐治疗氢氰酸中毒，疗效快而且明显。但是，疗效不持久容易发生中毒症状，由于解毒形成的氰化高铁血红蛋白，只有在亚硝酸根离子高浓度时才能有此作用；并且由于氰化高铁血红蛋白结合不稳固持久，容易还原回去。氰离子出来又与细胞色素氧化酶结合，再次引起中毒。注射硫代硫酸钠，其硫基在体内酶的参与下，能够和病猪体内游离的或已与高铁血红蛋白结合的氰离子结合，使氰离子变为无毒的硫氰酸盐(SCN^-)排出体外解毒。

2. *注射美蓝疗法* 用较大剂量的美蓝，即用 1%美蓝，按每千克体重 1 mL 给病猪静脉注射，可收到一定的疗效，其疗效仅为亚硝酸钠疗效的 1/7。由于美蓝为氧化还原剂，它在血中浓度高时，能将血红蛋白的铁氧化成无毒的硫氰酸盐而排出体外。

3. *对症疗法* 根据病情可选用下列方法。

(1)用 1%硫酸铜 50 mL 或吐根酊 1～5 mL 给猪口服，起到催吐作用。

(2)用 10%硫酸亚铁 10 mL，给猪口服，它与氰离子结合成亚铁氰化物，再洗胃，从而有解毒作用。

(3)用 0.1%高锰酸钾液洗胃，或者用 0.1%硫酸亚铁 10 mL，给猪口服，它与氰离子结合成亚铁氰化物，再洗胃，从而有解毒作用。

(4)用 0.1%高锰酸钾液洗胃，或者用 0.1%高锰酸钾适量口服，有一定的除毒作用。

预防 不要大量喂富含氰甙的植物饲料。

三、酒糟中毒

酒糟是酿酒工业在蒸馏提酒后的残渣，历来供喂猪、牛做饲料使用。酒糟的组成成分极其复杂，饲喂猪、牛引起的酒糟中毒(brewery grain poisoning)问题有待深入研究。

病因及毒性

(1)突然地大量饲喂或偷食新鲜酒糟，能引起中毒。因为酒糟中残留酒精，还含有酒油(主要是戊醇)和醛。酒精的毒性，由于酒油的存在而增强。因而可引起酒精中毒。

(2)猪食吃了陈旧的或被发酵的酒糟，引起有机酸中毒。由于酒精发酵酸败可以形成多种游离酸，如醋酸、乳酸、酪酸等有毒物质。

(3)猪吃了用霉败原料酿酒的酒糟，或是发霉的酒糟，有可能引起真菌毒素中毒。如用黑斑病甘薯酿酒，其酒糟中含有翁家酮等毒素；用混有麦角菌的大麦酿酒，其酒精中含有麦角毒素；用发芽马铃薯酿酒，其渣中含有龙葵素；麦芽或啤酒糟被棒曲霉菌污染，可引起棒曲霉毒素中毒。

症状　根据其病因及毒性物质不同而表现出不相同的临床症状。

1. 酒精中毒　猪急性中毒时，表现不安，兴奋、步态不稳易跌倒，嗜眠，逐渐失去知觉，出现麻痹，体温下降，虚脱，卧地不起等症状。

2. 有机酸(如醋酸、乳酸、酪酸)中毒　猪急性中毒时，表现食欲不振，腹痛，腹泻，体温升高，心动过速，呼吸促迫，以及胃肠炎症状。

3. 真菌毒素中毒　若是翁家酮中毒，病猪以呼吸困难为主的中毒症状；如是龙葵素中毒，病猪神经症状较轻微，呈现明显的胃肠炎症状；若是棒曲霉毒素中毒，则以神经症状为主。

猪酒精慢性中毒时，均表现消化不良，顽固性胃肠卡他，孕猪流产率高等症状。

防治　针对病因采取有效措施是能够防治本病的。治疗多采取对症疗法。

第四篇

鸡、猪的其他“群发病”

近30多年以来，我国畜牧业持续、稳定地发展，已经发展成为一个畜牧生产大国。2008年我国畜牧业产值已突破万亿大关，达1.7万亿元，畜牧业成为农民增收的主要来源，但与世界发达国家相比，我国畜牧业占农业总产值的比重还不高，仅占34%，一些发达国家达到50%以上，最高可达70%～80%，这表明还有很大的发展空间。养鸡与养猪的家庭饲养已逐步发展成规模化为主体的饲养格局，在饲养生产中，猪禽疾病的种类和防治也发生了很大的变化，畜禽疾病的种类明显增多，诊防困难加大。在普通病中，也出现了一些至今我们还不完全知道的确切病因，只是临床概念的病名的"群发病"，本书这次再版时，以鸡、猪"群发病"介绍，以供同行们参考、研究。

第十九章　常见的9种鸡、猪"群发病"

一、笼养鸡瘫痪

笼养鸡瘫痪(paralysis in cage hen)又称笼养蛋鸡疲劳症或软腿病，是笼养蛋鸡的一种抗骨折强度降低的疾病，多发生在产蛋末期。特征为骨骼易断碎，尤其从笼子里捉鸡时易发生骨折，甚至宰后加工的肉质中存在残余的碎骨片。生前病鸡主要呈现腿软弱和麻痹状态，所以，又叫笼养鸡麻痹。

病因　不清楚。曾怀疑因日粮中无机磷含量不足所致，但通过日粮中减少或不给无机磷试验，未能复制成功。可是有人以日粮含钙3%及含磷0.7%为对照，当钙水平降低为2%，或当磷水平降低为0.34%，都能看到鸡的软腿病或骨骼变得更脆。看来似乎还是与日粮中低钙或低磷，或二者比例不当有重要关系。从流行病学调查结果分析，鸡群产蛋率越高，其骨骼的脆性越大，产蛋应激可能与发病有密切的关系。

症状　笼养鸡经过较长的时间产蛋后，出现常蹲伏不起，或躺下等站立困难症状，甚至呈瘫痪麻痹状态，其骨骼容易断折，往往在抓提鸡时能使之骨折。可是病鸡外表却显得健康、活泼，产蛋率无明显下降，蛋的质量也正常。

防治　尚无有效的防治方法。可试用下列方法：

(1)检查和调整日粮中钙磷含量和二者的比例，制定出防治探索方案。有人发现，于宰前日粮中含钙6%，可增高骨骼的强度。平时注意日粮钙的含量不低于3.2%～3.5%，有效磷保持在0.4%～0.42%，适当增加2%～3%的脂肪和植物油，维生素D_3，以及其他维生素、矿物质。

(2)蛋鸡上笼前实行平养，自由运动，增强体质，上笼后经2～3周的适应过程，正常开产。鸡笼的尺寸要适宜，鸡舍要光照充足，环境安静，减少外界应激。

(3)将病鸡移到地面或宽松的笼内饲养，大多可在4～7 d内自然恢复。

二、肉鸡腹水综合征

肉鸡腹水综合征(ascites in broilers)是以幼龄鸡腹腔内积聚大量的浆液性液体为特征的一种综合征,而不是一种特异性的疾病,可由多种因素引起的。主要侵害4周龄以上的肉鸡,雄性比雌性的严重。肉鸭、火鸡、蛋鸡和观赏禽类也有发生本病的报道。

病因 病因复杂,曾报道过发病的原因概述如下:

(1)慢性缺氧,本病在高海拔(1 500 m以上)地区较为普遍,是其主要病因,故曾称"高海拔病"。近年来报道,在低海拔地区或集约化饲养的肉鸡,在冬季门窗关闭,通风不良,二氧化碳、氨气及尘埃浓度增高导致缺氧,其发病率和死亡率明显增高。

(2)中毒性因素所致,心脏和肝脏受损,导致心力衰竭,或和肝脏血压升高,引起腹水。如饲料中毒、饲料中霉菌毒素中毒,食盐中毒、药物(痢特灵、莫能霉素等)中毒、长期或大量使用消毒药、慢性一氧化碳中毒、菜籽和棉籽饼等植物副产品中有毒物质,皆可致病。国内外有些学者采用饲喂高油脂蛋白饲料,在低盐环境下能够复制出腹水综合征;高能量的饲料(如每千克12.6 MJ能量)和颗粒饲料,也因促进生长和新陈代谢旺盛而较易引起腹水;饲料含百万分之五的多氯二苯能引起腹水综合征。

(3)有些学者认为肉鸡本身的内在因素所致,肉鸡生长速度过快,易患肺动脉高血压而致腹水综合征;有的从病鸡组织中发现了病毒,或分离到大肠杆菌,但缺乏证据证明这些微生物为本病的致病病原。

症状 病鸡腹部膨胀,触之有波动感,站立困难,不愿活动,嗜睡和躺卧;行动缓慢,呈鸭步样。严重病例可视黏膜发绀,呼吸困难,在抓鸡时易抽搐死亡。

剖检 可见病死鸡全身组织器官淤血,水肿。腹中积液量可达100~500 mL,液体清亮、麦秸色或带血色,腹内有纤维蛋白凝块。全身骨骼肌淤血,深红色;肺水肿、淤血;肾淤血、肿胀、质地变脆;心包积液,心脏增大和右心明显扩张;肝硬变、缩小。

防治 根据发病原因而采取相应措施,往往可收到明显疗效。

(1)早期限饲,在肉鸡2~3周龄时限制采食量,可明显降低发病率。

(2)改善鸡舍环境,通风,尤其冬季可采用恒温装置定时让气流通过,补充氧气。在孵化的末期,向孵化期内补充氧,能降低初雏腹水综合征的发病率。

(3)青海省畜牧兽医科学院经过研究,给5周龄肉鸡补硒(日粮含硒量达0.5 mg/kg),使该病的死亡率下降了40%。南美洲地区常用添加维生素C(500 g/t饲料)的方法防止本病,取得了较好的效果。

三、出血性综合征

出血性综合征(haemorrhagic syndrome)是以鸡的肌肉、内脏器官和发育不全的骨髓等组织发生出血为特征的一种血液恶病质疾病。主要发生在青年鸡,其中以3~9周龄鸡更为多见，发病数量不一致，从几只到整个鸡群都发生。死亡率由1%～40%不等，平均为5%～10%。以贫血和出血为特征症状。

病因 综合美国、以色列、丹麦等国的报道，有以下致病因素：

(1)饲料中霉菌毒素所致，曾用病鸡舍饲料分离到各种霉菌做菌饲料，喂小鸡试验，以及饲喂接种过含0.5%霉菌基质的饲料，两项试验皆复制出本病，但霉菌毒素问题还需要进一步研究。

(2)乱用磺胺药、抑球虫剂、抗生素和饲料添加剂而发生。也曾有鸡吃了三氯乙烯浸出的黄豆油粉中毒而致病。但是，没有上述两种因素也仍然可发病。

(3)鸡包涵体性肝炎、传染性法氏囊病或其他的一些传染病继发的骨髓损害所致。

(4)日粮中缺乏硒或维生素K和维生素E。

综上致病因素，出血性综合征的病例都不是由单独一种病原而发生的疾病，很可能有许多不同原因单独或同时起作用而产生的一种相似的临床和病理综合征。

症状 病鸡吃食减少，消瘦。可视黏膜苍白或黄疸，可见到眼前房出血。有些病鸡腹泻。贫血，血象检查：红细胞、颗粒白细胞和凝血细胞数都明显减少。

剖检 病死鸡的皮肤、肌肉和内脏器官均有出血。血液呈樱红色，黏稠度呈水样。可见到苍白的脂肪性骨髓，是由脂肪组织代替了骨髓的造血成分所致，这一点很有诊断价值。除肝、脾和肾可呈现出血外，胫部和趾部的出血常形成溃疡，颈、胸和大腿皮下组织可见到黄色胶冻样渗出物。有人曾见到肺中有出血和霉菌性肉芽肿等继发性损害。

防治 本病的病原尚不能完全肯定，采用改善饲养管理方法以减少出血性综合征的发病率。①搞好清洁卫生，不用霉菌侵害的饲料或垫料；②尽量减少疫苗接种、鸡舍热度过高等应激因子的作用；③选用适宜的防治球虫剂，若用磺胺类药物，要注意使用剂量和疗程。

四、家禽猝死综合征

家禽猝死综合征(sudden death syndrome in poultry)又称急性死亡综合征。以生长快速的肉鸡多发，肉种鸡和火鸡也有发生。一年四季均可发生，无挤压致死和传染流行规律。

病因 尚未清楚，大多数认为与营养、环境、酸碱平衡、遗传及个体发育等因素有关。初步排除了细菌和病毒感染，化学物质中毒，以及硒和维生素E缺乏。

1. *营养因素* 日粮组成是本病发生的因素之一，饲喂葡萄糖高的日粮，比喂玉米或动物性混合脂肪的日粮高1倍以上；小麦-豆饼型日粮比玉米-豆饼型日粮的发生率高；喂颗粒饲料的鸡的死亡率较喂粉料的鸡群高；日粮中添加脂肪时，发生率显著地高于未添加脂肪的鸡；在日粮中添加葵花籽油代替动物脂肪可显著降低本病的发生。

2. *环境因素* 在饲养密度大，持续强光照射、噪声等环境因素作用下，能增大诱发。

3. *酸碱平衡失调* 这是健康鸡发病的原因之一。

4. *与遗传及个体发育有关* 肉鸡比其他家禽易发病，初产母鸡在20%～30%的开产时，其死亡率也较高，以后逐渐降低。肉鸡在3周龄和8周龄左右是两个发病高峰期。肉鸡体重愈大发病愈高，公鸡比母鸡发病率约高3倍。

症状 发病前不表现明显的征兆，突然发病，病鸡失去平衡，向前或向后跌倒，翅膀扑动，肌肉痉挛，发出尖叫声，很快死亡。死后出现明显的仰卧姿势，两脚朝天，颈、腿伸直，少数鸡呈俯卧姿势。病鸡血中钾、磷浓度皆显著低于正常鸡。

剖检 死鸡体壮，嗉囊合肌胃内充满刚采食的饲料。心房扩张淤血，内有血凝块；心室紧缩呈长条状，质地硬实，内无血液。肺淤血、水肿。肠系膜血管充血，静脉怒张。肝脏稍肿、色淡。

防治

(1)提高日粮中肉粉的比例而降低豆饼比例；添加葵花籽油代替动物脂肪；添加牛磺酸、维生素 A、维生素 D、维生素 E、维生素 B_1 和吡哆醇等，可使猝死综合征发生降低。

(2)不用颗粒料或破碎料，而改用粉料饲喂；对 3～20 日龄仔鸡进行限制饲养，避开其最快生长时期，降低生长速度，可减少发病。

(3)加强科学饲养管理，减少应激因素。改连续光照为间隙光照；防止饲养密度过大；避免转群或受惊吓时的互相挤压等刺激。

(4)添加生物素 300 $\mu g/kg$ 饲料，可降低本病死亡率。

(5)添加碳酸氢钾 3.6 kg/t 饲料，能显著减低死亡率。

五、异 食 癖

异食癖(allotriphagia)是由于营养代谢机能紊乱，味觉异常和饲养管理不当等引起的一种非常复杂的多种疾病的综合征。家禽异食癖的不一定都是营养物质缺乏与代谢紊乱，有的属于恶癖，因而，从广义上讲异食癖也包含有恶癖。

病因 此综合征发生的原因是多种多样的，可因畜禽种类和地区而异，不同的品种和年龄则表现亦不相同。一般认为有以下几种：

(1)日粮中某些蛋白质和氨基酸的缺乏，往往是鸡和鸭啄肛癖发生的根源。鸡啄肛癖可能与含硫氨基酸的缺乏有关。

(2)钠、铜、钴、锰、钙、铁、硫和锌等矿物质不足，都可能成为异食癖的病因，尤其是钠盐不足促使家禽喜啄食带咸性的血迹等。某个小鸡只要有点小损伤，其他小鸡都来啄食这种血迹。

(3)维生素 A、维生素 B_2、维生素 D、维生素 E 和泛酸缺乏，使体内许多与代谢关系密切的酶和辅酶的组成成分的缺乏，可导致体内的代谢机能而发生异食癖。

(4)饲养管理不良所造成的，如过度拥挤、闷热、饮水不足；射入育雏室的光线不适宜，有的雏鸡误啄照射在足趾上的血管，迅速引起恶癖；或产蛋窝位置不适当，光线照射过于光亮，下蛋时泄殖腔突出，好奇的鸡啄食之，引起其他鸡都来啄食，造成流血，伤口小洞扩大，甚至腹部穿孔肠管被啄出；禽舍潮湿，蚊子多等因素都可致病。

(5)鸡群中有疥螨病、羽虱外寄生虫病，以及皮肤外伤感染也可能成为诱因。

症状 家禽异食癖临床上常见有以下几种类型：

1.啄羽癖 以鸡、鸭多发；幼鸡、中鸭在开始生长新羽毛或换小毛时易发生；产蛋鸡在盛产期和换羽期也可发生。先由个别鸡自食或互啄食羽毛，背后部羽毛稀疏残缺，然后，很快传播开。啄羽癖影响鸡群的生长、发育、产蛋量，鸭毛残缺，新生羽毛粗硬，品质差而不利于屠宰加工利用。

2. *啄肛癖*　多发生在产蛋母鸡和母鸭，尤其是产蛋后期，由于腹部韧带和肛门括约肌松弛，产蛋后不能及时收缩回去而留露在外，造成互相啄肛。有的鸡、鸭由于拉稀、脱肛、交配后而发生的自啄或其他鸡、鸭啄之。群起攻之，造成死亡。

3. *啄蛋癖*　多见于鸡产蛋旺盛的季节。由于饲料中缺钙或蛋白质不足。

4. *啄趾癖*　大多是幼鸡喜欢互啄食脚趾，引起出血或跛行。

防治　根据具体的病因，采取切实可行的相应的防治措施，方可收到明显的效果。

(1)雏鸡去喙。应用电动去喙器械去掉一点嘴尖。必要时以后再行去喙。

(2)有啄癖的鸡、鸭和被啄伤的病禽，要尽早地挑出，隔离饲养与治疗。

(3)检查日粮配方是否达到全价营养，找出缺乏的营养成分及时补给。如果蛋白质和氨基酸不足，则需要添加豆饼、鱼粉、血粉等；若是缺乏铁和维生素 B_2 引起的啄羽癖，则每只成年鸡每天给硫酸亚铁 1～2 g 和维生素 B 10～25 mg，连用 3～5 d；若暂时弄不清楚啄羽癖病因，可在饲料中加入 2%石膏粉，或是每只鸡给予 0.5～3 g 石膏粉；若是缺盐引起的恶癖，在日粮中添加 1%～2%食盐，供足饮水，此恶癖很快消失，随之停止增加的食盐量，只能维持在 0.3%～0.5%，以防发生食盐中毒；若缺硫引起啄肛癖，在饲料中添加 1%硫酸钠，3 d 之后即可见效，啄肛停止后，改为 0.1%的硫酸钠加入饲料中，进行经常性的预防。总之，只要及时补给所缺的营养成分，皆可收到良好的效果。

(4)改善饲养管理消除各种不良因素或应激原的刺激，如疏密程度，防止拥挤；通风，室温适度；调整光照，防止强光长时间照射，产蛋箱避开曝光处；饮水槽和料槽放置要合适；饲喂时间要安排合理，肉鸡和种禽在饲喂时要防止过饱，限饲日也要少量给饲，防止过饥；防止笼具等设备引起的外伤，只要认真重视管理是可以收效果的。

六、肉鸡低血糖-尖峰死亡综合征

肉鸡低血糖-尖峰死亡综合征(hypoglycemia spiking mortality syndrome of broiler chickens，HSMS)一种主要侵害肉仔鸡的传染病，其病原目前尚未确定。临床表现为突然出现的高死亡率(>1.0%)至少持续 3～5 d，同时伴有低血糖症。病鸡头部震颤，运动失调、昏迷、失明死亡。有些病鸡可以自然康复，但常会出现生长发育不良，矮小和气囊炎。本病自美国半岛地区首次报道后，加拿大、南非、马来西亚、欧洲等国家均相继报道有本病发生。

病原　肉鸡低血糖-尖峰死亡综合征是一种病原尚未定论的急性传染病。有的学者认为是Ⅱ型腺病毒，有的认为是沙粒病毒，更有学者认为是继发病毒病引起的急性肝坏死而致的肝源性低血糖症。

流行病学　肉鸡低血糖-尖峰死亡综合征病主要侵害 7～42 日龄的肉仔鸡，蛋雏鸡也可发生。8 日龄开始发病，死亡高峰 12～16 日龄，4%～8%的死亡率持续在 2～3 d，之后死亡率逐渐下降，呈典型的尖峰死亡曲线。如果处理不当，会产生免疫抑制，特别在 21 日龄后易继发新城疫和传染性法氏囊病，出现新城疫和传染性法氏囊病的典型症状及病理变化，并断断续续的死亡会一直持续到出栏。该病没有季节性，在受到噪音、过冷、过热、断喙、免疫、停水等应激因素容易诱发 HSMS。另外，生长快的公鸡发病较母鸡多。人工诱发本病可以用病鸡组织匀浆做嗉囊、皮下或腹腔接种，潜伏期可能为 10～12 d，饲喂反复发病鸡场、鸡舍内捕捉的拟步甲虫可以复制本病,但目前还不能证明拟步甲虫就是真正的传播者。

症状 患鸡食欲减退。一般发病后 3～5 h 死亡,病程长的约在 26 h 内死亡。发病鸡主要有两种典型的临床表现形式:

1. 神经型 发病初期,鸡群无明显变化,采食、饮水、精神都很正常,随着疾病的发展,患鸡出现食欲减退、大声鸣叫、转圈、歪斜、头部震颤、无力,头颈着地或向一侧倒卧,或蹲地或肢体外伸共济失调等神经症状,最后出现瘫痪、昏迷直至死亡;饲养管理好的快速生长的肉公鸡最常受侵害,相同饲养条件下肉鸡公雏发病率约为母雏的 3 倍。

2. 下痢型 早期下痢明显,晚期则因排粪不畅使米汤样粪便滞留于泄殖腔,部分病鸡虽未出现明显的苍白色下痢,但解剖时候可见到泄殖腔内有大量米汤样粪便,鸡冠发绀,青紫色,腿、爪干燥、脱水。一般发病后第 3～4 d 为死亡高峰期,以后逐渐减少,鸡群中常有个别鸡转为僵鸡,生长缓慢,头部有震颤症状,在急性临床症状消失后常出现跛行。

病理变化

1. 剖检病变 腺胃与肌胃交界处有明显的出血点或坏死,偶有溃疡或出血,临近的腺胃乳头可见明显出血点。肝脏肿大,颜色白黄,弥漫有针尖大小的白色坏死点,胸腺、胰腺萎缩,法氏囊肿大,内积少量淡黄色黏液,出血、并有散在坏死点,肠道淋巴集结萎缩,十二指肠黏膜出血,泄殖腔内积有大量米汤样白色液体,输尿管内有尿酸盐沉积,脾脏萎缩,肾脏肿大,呈花斑状,输尿管有尿酸盐沉积。血凝不良,病鸡血浆呈苍白色,而健康鸡血浆为金黄色。

2. 组织学病变 肝脏出现弥散性坏死灶,病灶中心肝细胞坏死,肝胆管上皮细胞溶解;胰腺细胞坏死、淡染;小肠黏膜固有层出现肥大细胞、纤维细胞和巨噬细胞浸润;十二指肠黏膜上皮不完整;法氏囊髓质严重排空,残留的淋巴细胞坏死,胸腺皮质和脾白髓排空;肠道相关淋巴组织滤泡大小正常,但中心呈纤维素性坏死;肾小管上皮肿胀、脱落,管腔内充满尿酸盐颗粒。

诊断 根据 HSMS 的流行病学调查、临床症状、剖检变化和血糖测定等各个方面因素,进行诊断,如临床上表现为 8～18 日龄肉仔鸡发病,出现头部震颤、共济失调和瘫痪等症状,肝脏有坏死点和米汤样白色腹泻,感染鸡血糖水平在 20～80 mg/dL 之间,这些可作为判断 HSMS 的重要依据,由于 HSMS 的病原还未确定,国际上还没有该病的特异性诊断方法,因此还需要与一些常见的疾病如沙门菌、脑脊髓炎、脑软化、慢性球虫病、肉鸡猝死综合征等进行鉴别诊断。

鉴别诊断 与鸡传染性支气管炎区别。鸡传染性气管炎剖检有明显呼吸道与"花斑肾"病变,而肉鸡低血糖尖峰死亡综合症不明显。根据发病情况、临床表现、剖检变化及实验室检验确诊为肉鸡低血糖-尖峰死亡综合症。

治疗 国内外资料表明,HSMS 目前尚无特异性治疗方法,在生产实践中可在鸡群饮水中添加葡萄糖、电解多维及免疫增强剂,以改善和提高机体的免疫功能,增进机体的抗病力,同时可使用一些抗生素来防止其他细菌的继发感染。如菌净 75 g,加乳糖加新双黄连 250 mL,配水 200 kg,每天 2 次,饮水 3～5 d;百炎康加黄芪多糖,配水 300 kg,每天 2 次,饮水 3～5 d。清开灵加黄芪多糖或干扰素肌肉注射。

预防 通过控制光照来防治 HSMS 的发生,对野外和实验感染的鸡只,限制光照可预防和减缓 HSMS 的发生,如可将光照时间由 23 h 减少到 16～18 h,2～3 d 后鸡群中的病鸡即明显减少,原理是在黑暗条件下的鸡可释放褪黑素,使糖原生成转变为糖原异生,从而有效地控制血糖的恶性下降。由于 HSMS 的一系列症状都是对低血糖的反应,因此一旦控制了血糖水平就可能阻断 HSMS 的发生、发展,从而降低 HSMS 的发病率和死亡率。另外,为了减轻

HSMS的发生和损害，必须加强饲养管理，杜绝或减少应激原的存在，特别应避免过热、过冷、通风不好、氨气过浓、噪音、停水、断料等应激原，使畜禽的生存环境和机体达到统一。

七、猪食道-胃溃疡

国内外屠宰场猪胃的检查显示，猪食道-胃溃疡(oesophago-gastric ulceration of swine)的一般发生为所检查胃的2%～25%。新疆张高轩曾于1981—1982年调查，其发生率达38%，有角化、糜烂、溃疡、潜在溃疡、愈合等8种类型。多发生于贲门无腺区。其发生与季节、地区等不同而差异性很大。

病因　尚未完全清楚，与本病发生有关的因素可能有以下几种：

1. *饲料*　①饲料粗糙；②日粮混入大量的刺激性矿物质合剂；③日粮中缺乏足够的纤维；④谷物日粮中含玉米的比例过高，发病率也较高；不管玉米是经过细磨的，还是膨胀或胶化过的，其发病率仍然有较高的倾向。

2. *应激是重要的促进因素*　本病发生限于圈养的，尤其又是喂给大量谷类食物和生长快的猪。往往易受到过分拥挤、过度惊扰、临产前管理不当等应激作用所致。

3. *遗传因素*　本病有很大的遗传性，与选育了生长快及背脂少的猪有关。

症状与病理变化

(1)急性病猪，未见临床症状即死亡，多死于胃黏膜出血。剖解常见胃中有新鲜血液。

(2)亚急性的病猪，有明显的苍白、贫血症状，衰弱、厌食，粪便由黑色黏稠糊状而变为少量覆盖有黏液的小球，卧地不起，多在12～48 h虚弱死亡。

(3)慢性的病猪，由于失血所致贫血，皮肤苍白，粪便发黑。有的伴有慢性腹膜炎的症状。剖检可见到胃黏膜过度角质化和上皮脱落，有的无真正的溃疡，但胃内有过多量的液状内容物。有的病胃中有胆汁。

防治

(1)日粮中补充维生素E 18～38 mg/kg预防。

(2)日粮中加入粗磨的燕麦或大麦秸使纤维含量达7%，有控制病势的作用。若在玉米的日粮中含有25%燕麦，就有保护作用。日粮中减少玉米含量，并饲喂粉料而不喂小丸剂颗粒饲料也有预防作用。

(3)减少进猪栏频次和环境应激作用。

(4)在猪品系育种遗传预置因素上，进一步研究和改进。

八、猪出血综合征

猪出血综合征(haemorrhagic bowel syndrome)是指猪肠道大量出血所致的突然死亡的综合征。

病因　不清楚，与以下因素有关。

(1)多见于无特异病原(SPF)的猪群和瘦肉型种猪群。可发生于断奶后所有年龄的猪，但以青年后备母猪、6～9月龄的公猪和断奶4～8周的猪发病率较高。据称，这与青年后背母猪因其生长期间喂养了低量抗菌剂有关。国内大猪场，在生长中的小猪饲料内也长期低量添加抗菌剂，往往仔猪上网不久（约4周之内），呈爆发性发病，病程一般很短，发病率在2～3周内可达50%，死亡率不超过6%，未死的猪可能变成僵猪。

（2）应激因素可能是本病的诱因，以上易致病的猪，往往在突然遭到应激作用（追打、恐吓、运输、高热等）时致病。死亡剖检时可发现小肠出血。

（3）曾有人从几次暴发中的病猪肠道分离到黏膜弯杆菌亚种。

（4）曾有人从病猪的肝和饲料中检查维生素E含量都低到了临界点，认为与维生素E缺乏有关。

（5）曾有人认为，该病是由于肠道对某些病原物过敏所致，认为饲料中的霉菌毒素可能是最初的病原物。

症状

（1）主要表现为突然死亡，在其松软的粪便中有大量的血液。

（2）其死亡的和同群中病猪，多呈现皮肤苍白，排松软的带血粪便，或带有纤维蛋白管型。其他方面正常。存活的猪发育不良和周期性排出带血的粪便。个别的猪不断失血，于发生出血后48 h内死亡。

剖检 特征的病变在小肠。肠腔中有大量血液，其中含有纤维蛋白管型。出血通常是从回肠扩展到整个小肠与大肠，找不到明显的出血地点。此外，有些病例存在增生性出血性肠病，其小肠后部1/3段的不同部位有肠壁增厚的变化。慢性病例，由于继发细菌感染，可发展为坏死性肠炎。

防治

（1）预防。曾试用：①饲料中加呋喃唑酮200 mg/kg；②添加泰乐菌素200 mg/kg饲料；③配合使用青霉素50 mg/kg饲料和金霉素100 mgkg饲料，有预防效果。

（2）对急性病例曾以抗组织胺药、皮质类固醇、维生素E与抗生素联合使用，获得疗效。

九、猪应激综合征

猪应激综合征（porcine stress syndrome）是猪个体遭受不良环境因素的极端刺激，而产生一系列抗逆反应性病征。

病因

（1）多因受到饲养管理中某些环境和精神压迫因素所致，如重新分群、运输、交配、产仔等应激原刺激机体，作用于垂体—肾上腺皮质系统引起特异性障碍与非特异性的防御反应，导致应激综合征。

（2）与遗传性也有关系。本病最常见发生于瘦肉型、肌丰满、腿短股圆而身体结实的猪，如皮特兰（pietran）猪、波中猪、兰德瑞斯某些品系猪，红细胞抗原为H系统血性的猪也多为应激易感猪。易感猪较容易受惊，难以管教，常表现肌肉和尾部发抖。

易感猪在遗传上自身稳定方面有缺陷，故遭应激时，可引起β肾上腺能感受器过度兴奋，导致三磷酸腺苷（ATP）迅速耗损，肌糖原很快分离并产生过多乳酸。遗传学研究表明它是一种隐性遗传，但外显率是不完全的，故某些纯合子是应激不易感而某些杂合子携带者却是应激易感猪。

症状与病理变化　根据应激的性质、程度和持续时间，猪应激综合征的表现形式有以下几种：

1. 猝死性（或突毙）应激综合征　多发生于运输、预防注射、配种、产仔等受到强烈激原的刺激时，并无任何临床病征而突然死亡。死后病变不显。

2. 恶性高热综合征　体温过高，皮肤潮红，有时呈现紫斑，黏膜发绀，全身颤抖，肌肉僵硬，呼气困难，心搏过速，心律不齐直至死亡。死后出现尸僵，尸体腐败比正常快；内脏呈现出血，心包液往往增多，肺充血、水肿。此类型病征多发于拥挤和炎热的季节，此时，死亡更为严重。

3. 急性背肌坏死征　多发生于德兰德瑞斯猪，早在遭受应激之后，急性综合征持续约2周时，病猪背肌肿胀和疼痛，棘突起或向侧方弯曲，不愿移动位置。当肿胀和疼痛消退后，病肌萎缩，而脊椎棘突凸出，几个月后，可出现某些程度的再生现象。

4. 白猪肉型（即PSE猪肉）　病猪最初表现尾部快速的颤抖，全身强拘而伴有肌肉僵硬，皮肤出现形状不规则苍白区和红斑区，然后转为发绀。呼气困难，甚至张口呼气，体温升高，虚脱而死。死后很快尸僵，关节不能屈伸，剖检可见某些肌肉苍白、柔软、水分渗出的特点。死后45 min肌肉温度仍在40℃，pH值低于6，而正常猪肉pH值应高于6。这是与死后糖元过度分解和乳酸产生有关，肉pH值迅速下降，色素脱失与水的结合力降低所致。此种肉不易保存，烹调加工质量低劣。

有的猪肉颜色变得比正常的更暗红，称为“黑硬干猪肉”（即DFD猪肉）。此种情况多见于长途运输而挨饿的猪。

5. 胃溃疡型　猪受应激作用引起胃泌素分泌旺盛，形成自体消化，导致胃黏膜发生糜烂和溃疡。急性病例，外表发育良好，易呕吐带血胃内容物，粪呈煤焦油状。有的胃内大出血，体温下降，黏膜和体表皮肤苍白，突然死亡。慢性病例，食欲不振，体弱，行动迟钝，有时腹痛，弓背伏地，排出暗褐色粪便。若胃壁穿孔，继发腹膜炎死亡。有的猪只在屠宰时才发现胃溃疡。

6. 急性肠炎水肿型　临场上常见的仔猪下痢、猪水肿病等，多为大肠杆菌引起的，与应激反应有关。

7. 慢性应激综合征　由于应激原强度不大，持续或间断反复引起的反应轻微，易被忽视。实际上它们在猪体内已形成不良的累积效应，致使其生产性能降低，防卫机能减弱，容易继发感染引起各种疾病的发生。其生前的血液生化变化，血清乳酸升高，pH值下降，肌酸磷酸激酶活性升高。

防治

（1）应加强遗传育种选育繁殖工作，通过氟烷试验或肌酸磷酸激酶活性检测和血型鉴定，逐步淘汰应激易感猪。

（2）尽量减少饲养管理等各方面来的应激因素对猪产生的压迫感而致病。

（3）在出栏运输前，预先投服镇静剂，以减少产生过度应激反应。如选用盐酸氯丙嗪每千克体重1～3 mg，1次肌肉注射，或安定每千克体重1～7 mg，1次肌肉注射。

参 考 文 献

1. 甘孟侯. 中国禽病学. 北京:中国农业出版社,2003.

2. 甘孟侯. 中国猪病学. 北京:中国农业出版社,2005.

3. 甘孟侯. 禽流感. 2 版. 北京:中国农业出版社,2002.

4. 孔繁瑶. 家畜寄生虫学. 2 版. 北京:中国农业大学出版社,1997.

5. 蒋金书. 动物原虫病学. 北京:中国农业大学出版社,2000.

6. 蒋金书. 动物医生手册. 北京:北京农业大学出版社,1995.

7. B·W·卡尔尼克. 禽病学. 9 版. 高福,等译. 北京:北京农业大学出版社,1991.

8. 王小龙. 动物营养代谢病与中毒病. 北京:中国农业出版社,2009.

9. 甘孟侯. 畜禽群发性疾病的防治. 北京:中国农业大学出版社,1996.

10. J. P. F. D'Mello. Farm Animal Metabolism and Nutrition: Critical Reviews. CABI, 2000.

11. Gibney M. J., MacDonald I. A., Roche H. M. Nutrition and Metabolism (The Nutrition Society Textbook). WileyBlackwell, 2003.

图书在版编目(CIP)数据

畜禽群发病防治/甘孟侯,蒋金书主编. —3 版 . —北京:中国农业大学出版社,2009. 10
ISBN 978-7-81117-858-6

Ⅰ. 畜… Ⅱ. ①甘… ②蒋… Ⅲ. 畜禽-动物疾病-防治 Ⅳ. S858

中国版本图书馆 CIP 数据核字(2009)第 153203 号

书　　名　畜禽群发病防治(第 3 版)
作　　者　甘孟侯　蒋金书　主编

策划编辑　潘晓丽　　**责任编辑**　潘晓丽　李丽君　王艳欣
封面设计　郑　川　　**责任校对**　王晓凤　陈　莹
出版发行　中国农业大学出版社
社　　址　北京市海淀区圆明园西路 2 号　　**邮政编码**　100193
电　　话　发行部 010-62731190,2620　　读者服务部 010-62732336
　　　　　编辑部 010-62732617,2618　　出　版　部 010-62733440
网　　址　http://www.cau.edu.cn/caup　　**e-mail**　cbsszs@cau.edu.cn
经　　销　新华书店
印　　刷　北京时代华都印刷有限公司
版　　次　2009 年 10 月第 3 版　2009 年 10 月第 1 次印刷
规　　格　787×1 092　16 开本　25 印张　600 千字
印　　数　1～3 000
定　　价　39.00 元